U0173291

詩意的風景園林

——中国风景园林学会女风景园林师分会2020年会论文集

中国风景园林学会女风景园林师分会
《中国园林》杂志社
金荷仙　王磐岩　主编

中国建筑工业出版社

图书在版编目（CIP）数据

诗意的风景园林：中国风景园林学会女风景园林师分会 2020 年会论文集 / 中国风景园林学会女风景园林师分会等主编 . —北京：中国建筑工业出版社，2020.11
ISBN 978-7-112-25421-7

Ⅰ. ①诗… Ⅱ. ①中… Ⅲ. ①园林设计—中国—文集
Ⅳ. ①TU986.2-53

中国版本图书馆CIP数据核字（2020）第167259号

封面题字：华海镜

责任编辑：杜　洁
责任校对：姜小莲

诗意的风景园林
——中国风景园林学会女风景园林师分会2020年会论文集
中国风景园林学会女风景园林师分会
《中国园林》杂志社
金荷仙　王磐岩　主编
*
中国建筑工业出版社出版、发行（北京海淀三里河路9号）
各地新华书店、建筑书店经销
北京建筑工业印刷厂制版
北京中科印刷有限公司印刷
*
开本：880 毫米 × 1230 毫米　1/16　印张：25 ½　字数：889 千字
2020 年 11 月第一版　2020 年 11 月第一次印刷
定价：**118.00**元
ISBN 978-7-112-25421-7
（36404）

编委会

序

诗意的风景园林，是中国风景园林学会女风景园林师分会2020年会的主题，也是本论文集的主旨。诗意风景园林是园林艺术的境界和追求，也是风景园林人叙说不尽、攀登不止、与古通今的永恒主题。

与古而言，园林先贤往往将生命体验融入风景园林。无论是在静谧安好还是在波澜壮阔的人生旅途中，都能走向诗意的人生。

于今来说，物质主义、消费主义和快餐文化的盛行，消耗了大量的自然资源，侵蚀了人们的精神领域，常人已难以凝神静气。回眸远望，咀嚼传统文化的滋养，社会呼吁传统文化的回归、生态文明建设的持续深入发展。园林人敢为风气先，应时而动，聚焦以提高效能为核心的空间规划转型，从国土空间层面的资源合理有效利用，到旧城更新中的节约集约用地，风景园林师始终走在时代前沿，重塑更为和谐的人与自然、人与人之间的关系，在改造物质环境的同时，重建人们的精神家园。对诗与远方，充满期待与向往。

成立于2014年的中国风景园林学会女风景园林师分会正是在这样的使命下应运而生，此后积极开展各项活动，团结凝聚女风景园林工作者，充分调动和发挥其在风景园林学科建设和行业发展中特有的优势和作用，为促进社会和谐、行业进步、学科拓展作出贡献。

理解风景园林的诗意不是一件容易的事情。一般的细心观察与审美追求，是达不到风景园林诗意的伊甸园的。园林先贤，大凡有归居田园的生活历练，或有桃花仙境的生活理想，或有曲水流觞的审美情趣。传统文化素养深厚，懂得生活，悟得人生，投身大自然怀抱，融入大自然，是大自然的“乐之者”。尔后，于不经意间悟得大自然之趣，领悟风景园林之诗意。

辛弃疾的《丑奴儿·书博山道中》一词，借写愁道出了人生的两种境界，经历了一个深入生活，再超越生活的过程。少年时，涉世未深，对愁没有真切体会，却“爱上层楼，为赋新诗强说愁”，所说是肤浅浮躁的、干瘪的。至晚年，历尽生活艰辛，对愁有刻骨铭心般体味，却“欲吐还休”“道天凉好个秋”，内涵一定是丰富多彩、闪光的。愿天下园林人都能走出“为赋新诗强说愁”之迥境，让风景园林的诗意娴熟于心，创造出更多优秀的诗意风景园林作品。

受新型冠状病毒疫情肆虐的影响，2020年女风景园林师年会虽然无法如期举行，但论文的征集仍受到了大家广泛的关注与支持。仅从2019年11月18日始至2020年1月15日止，大会邮箱共收到论文近100篇。经过查重、格式审核和内容切贴度等方面筛选，共有60余篇稿件入选论文集。同时，会议主办方组织女风景园林师分会骨干成员及女风景园林师的部分“男朋友”，对入选论文稿件进行了双复审，遴选出《圆明园四十景命名的诗意表现》《高桐轩年画作品中的风景园林观》《风景的人文化进程——桂林山水园林审美解读》等10篇优秀论文，分别推荐刊登于《中国园林》《广东园林》和《园林》杂志，实现了同行业杂志间的联动。

这些论文围绕诗意风景园林内核展开，内容涉及规划体系调整、老社区的改造更新、共同缔造行动等当前风景园林行业的热点话题，展现了诗意风景园林的精神风貌、价值取向及审美要求。

我们幸遇百年未有之大变局，风景园林行业面临新形势、新问题及多学科多行业的交融互通。保护自然资源及文化遗产、改善人居环境、营造优美祥和的精神家园，是风景园林人的时代重任。瘟疫肆虐更突显了诗意风景园林的可贵与重要，增加了重任的分量。祖国日益富强，诗情画意般的生活不再是美好的憧憬，而是切切实实可以为我们带来身心健康、舒缓压力、减少疾病传染的田园牧歌式的幸福家园。

女风景园林师们，请拿起彩笔，再绘诗意风景园林，为实现美好的中国梦，加倍努力吧！

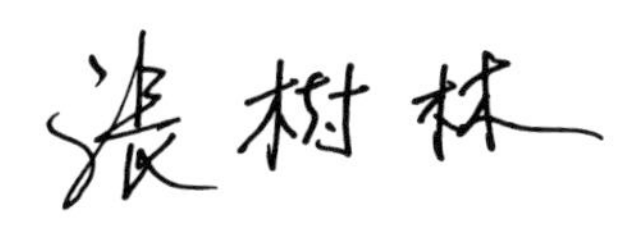

目　录

美丽乡村建设

风景园林理论与实践

风景园林文史哲

风景园林植物

诗意的风景园林

高桐轩年画作品中的风景园林观①

Outlook of Landscape Architecture in Gao Tongxuan's New Year Pictures

许家瑞 杨 森 赵 忆 刘庭风

摘 要：高桐轩是晚清杨柳青著名的民间年画画师。通过分析学术界已经确立为其本人所做的22幅年画作品中的风景园林要素，研究人物活动及文化内涵，结合《墨余琐录》原文探析高桐轩的风景园林观。发现晚年的他以雅俗共赏的年画形式，始终推崇在风景园林中以人为本的诗意的生活观念，并结合中国传统文化进行宣教。

关键词：风景园林；高桐轩；年画；雅俗共赏；诗意生活

Abstract: Gao Tongxuan was a famous painter of New Year pictures of Yangliuqing in the late Qing Dynasty. By analyzing the landscape architecture elements in 22 New Year pictures painted by himself which has been confirmed by the academic circles, and making a study of the character activities and cultural connotation, this paper analyzes Gao Tongxuan's outlook of landscape architecture by combining with the original text of *Moyu Suolu*. It was found that in his later years, in the form of elegant and popular New Year paintings, he always advocated the people-oriented idea of poetic life in landscape architecture and combined with Chinese traditional culture for propaganda.

Keyword: Landscape Architecture; Gao Tongxuan; New Year Picture; Suit Both Refined and PopularTastes; Poetic Life

木版年画是中国民间传统艺术的瑰宝，是大众过年时不可或缺的民俗需求。北方年画粗犷豪放，南方年画细腻柔美。天津杨柳青畿近京都，为了顺应都市大户人家的审美要求，崇尚精雅与华美[1]。在冯骥才《中国木版年画集成——杨柳青卷（上下）》中，有近三成的年画作品有自然山水和园林风貌，集中于历史故事、小说评书、传说和世俗杂画4大类型。在这些年画作品中，山水、景石、建筑和动植物等风景园林元素各有展现，充分体现杨柳青年画“构图完善、造型秀美”的特点。

中国讲究“画园一体”，绘画发展一直影响着造园造景的变化，两者深入互动，于清代达到顶峰：首先，自魏晋南北朝出现的各类画论影响了风景园林的兴造论和审美观；其次，盛唐出现的园林画辅助风景园林设计，通常结合肖像画和题诗表达情感，颂扬风雅。此类绘画皆属于文人绘画，对应的也是文人造园。相较于文人绘画的“雅”，民俗特征浓厚的年画就显得“俗”味十足。研究年画作品中的风景园林观，是研究年画画师对待风景园林的一种评价观念，有别于研究其作品的作画、风格和美学思想，对研究园林史及园林文化有推动作用。

---

① **基金项目：**天津市研究生科研创新项目“高桐轩年画作品中的园林图像研究”（编号2019YJSB170）资助。

1 高桐轩生平概述

高桐轩，名荫章，字桐轩，以字行，自号柳村居士，雪鸿山馆主人。晚清民间职业画家，肖像画家，杨柳青民俗木版年画画师[2]。

道光十五年（1835年），高桐轩生于天津杨柳青一布商之家，自幼天资聪慧，心灵手巧。15岁随父南下苏沪，期间遍览风土人情，常听鼓词评书，尤爱赏画作画。咸丰三年（1853年）太平天国运动后，高家无法经商，只能依靠操持农事维持生计。闲暇之余，高桐轩对绘画的自学和窃习未曾间断，具备一般画工所掌握的才能和方法，但因“师承不明”而不能以绘画为业。咸丰十一年（1861年）前后，高父去世，高桐轩兼职瓦工、木匠来减轻家庭负担，间或绘制施工图样。同治四年（1865年），高桐轩开始有偿为人画肖像，随后被地方官推荐供职于内廷“如意馆”，作为“待召”性质的民间画师，主要绘制贴落画，同时也参与节日、时令或祥瑞题材的绘画制作。在如意馆供职期间，高桐轩也为京畿地区的达官显贵画像。光绪二十年（1894年），59岁的高桐轩回归杨柳青，次年开设雪鸿山馆，从此专心研究木版年画，不再为他人画肖像，并撰写画论专书《墨余琐录》，命其子高翰臣整理修订。

高桐轩一生辗转道光、咸丰、同治、光绪四朝，游历于京畿地区的宫廷、园林、王公贵臣府第、乡村与市井之间，这种艺术经历不仅使他有意吸收了晚清宫廷画风与西洋线法画的艺术表现技巧，而且还将古代文人的绘画传统与晚明以来民间版画的审美趣味融入其创作中，形成了与杨柳青传统木版年画不同的艺术风格：表现主题始终不离风景园林，所描绘的风景园林也始终承载人物活动，可谓独树一帜。目前学术界明确认定是高桐轩作品的年画有22幅，均是其开设雪鸿山馆后的作品。

2 高桐轩年画作品中的风景园林要素

山、水、石、屋、木和生是构成中国风景园林的基本要素。本文在细分要素的基础上对高桐轩22幅年画进行数据分析（表1）。

高桐轩年画作品中风景园林元素分析　　表1

分类		出现次数	出现作品	出现概率（%）
山	自然山体	11	荷亭消夏、拱向蟾轮、瑞雪丰年、吉羊如意、四美钓鱼、谢庭咏絮、二顾草庐、文姬归汉、踏雪寻梅、携琴访友、同庆丰年	50
	堆叠土山	3	春风得意、加官进禄、侍女鹦鹉图	13.64
	堆叠石山	1	吉羊如意	4.55
水	水池	5	荷亭消夏、拱向蟾轮、春风得意、四美钓鱼、谢庭咏絮	22.73
	溪流	4	二顾草庐、踏雪寻梅、携琴访友、同庆丰年	18.18
	湖	2	吉羊如意、渔家乐趣	9.09
石	置石	11	荷亭消夏、拱向蟾轮、庆赏元宵、加官进禄、四美钓鱼、潇湘清韵、灯下课子、儿童乐境、教子登科、儿童兴趣、仕女鹦鹉图	50
建筑小品	亭	13	荷亭消夏、春风得意、瑞雪丰年、加官进禄、吉羊如意、四美钓鱼、潇湘清韵、谢庭咏絮、儿童乐境、教子登科、儿童兴趣、同庆丰年、鹦鹉仕女图	59.09
	廊	11	荷亭消夏、拱向蟾轮、春风得意、瑞雪丰年、庆赏元宵、加官进禄、吉羊如意、四美钓鱼、潇湘清韵、谢庭咏絮、儿童兴趣	50
	轩	10	荷亭消夏、拱向蟾轮、庆赏元宵、加官进禄、吉羊如意、四美钓鱼、潇湘清韵、谢庭咏絮、儿童乐境、教子登科	45.45
	月洞门	10	荷亭消夏、拱向蟾轮、瑞雪丰年、庆赏元宵、加官进禄、吉羊如意、四美钓鱼、潇湘清韵、儿童乐境、儿童兴趣	45.45
	房	9	荷亭消夏、拱向蟾轮、瑞雪丰年、庆赏元宵、加官进禄、吉羊如意、潇湘清韵、谢庭咏絮、儿童兴趣	40.91
	石桥	6	荷亭消夏、拱向蟾轮、春风得意、四美钓鱼、踏雪寻梅、携琴访友	27.27
	楼	5	荷亭消夏、庆赏元宵、四美钓鱼、谢庭咏絮、二顾草庐	22.73
	竹篱门	4	二顾草庐、携琴访友、庄家忙、同庆丰年	18.18
	什锦窗	4	荷亭消夏、瑞雪丰年、吉羊如意、四美钓鱼	18.18
	堂	4	春风得意、瑞雪丰年、庆赏元宵、加官进禄	18.18
	木桥	3	吉羊如意、教子登科、渔家乐趣	13.64
	草房	3	二顾草庐、庄家忙、同庆丰年	13.64
	八边洞门	3	瑞雪丰年、四美钓鱼、教子登科	13.64
	帐篷	1	文姬归汉	4.55
	塔	1	二顾茅庐	4.55

2.1 风景园林要素——山

自然山体在高桐轩年画作品中占比极大，其形象能够快速建立画面的骨架，多呈圆顶或类圆顶，体型大而稳固，符合京畿地区的自然风貌。清朝画家华翼纶《画说》

续表

分类		出现次数	出现作品	出现概率（%）
建筑小品	凉棚	1	吉羊如意	4.55
	方洞门	1	谢庭咏絮	4.55
	阁	1	春风得意	4.55
木	竹类	12	拱向蟾轮、瑞雪丰年、庆赏元宵、加官进禄、吉羊如意、四美钓鱼、潇湘清韵、谢庭咏絮、儿童乐境、二顾草庐、携琴访友、庄家忙	54.55
	松树	7	拱向蟾轮、瑞雪丰年、庆赏元宵、加官进禄、谢庭咏絮、二顾草庐、携琴访友	31.82
	盆栽	6	拱向蟾轮、潇湘清韵、灯下课子、教子登科、儿童兴趣、渔家乐趣	27.27
	梅花	6	瑞雪丰年、庆赏元宵、四美钓鱼、谢庭咏絮、二顾草庐、携琴访友	27.27
	柳树	5	荷亭消夏、春风得意、同庆丰年、渔家乐趣、庄家忙	22.73
	棕榈	5	瑞雪丰年、加官进禄、四美钓鱼、潇湘清韵、儿童乐境	22.73
	梧桐	3	拱向蟾轮、四美钓鱼、潇湘清韵	13.64
	桂花	2	儿童乐境、教子登科	9.09
	芭蕉	2	拱向蟾轮、灯下课子	9.09
	桃树	1	春风得意	4.55
	玉兰	1	鹦鹉仕女图	4.55
	杏树	1	同庆丰年	4.55
	荷花	1	荷亭消夏	4.55
	蓼花	1	四美钓鱼	4.55
	牡丹	1	鹦鹉仕女图	4.55
	芦苇	1	渔家乐趣	4.55
动物	大雁	3	文姬归汉、携琴访友、渔家乐趣	13.64
	驴	3	二顾草庐、踏雪寻梅、庄家忙	13.64
	马	2	二顾草庐、文姬归汉	9.09
	蝙蝠	1	拱向蟾轮	4.55
	燕子	1	春风得意	4.55
	鸭	1	渔家乐趣	4.55
	仙鹤	1	谢庭咏絮	4.55
	骆驼	1	文姬归汉	4.55
	鸡	1	同庆丰年	4.55
	鹿	1	加官进禄	4.55
	猫	1	渔家乐趣	4.55
	牛	1	同庆丰年	4.55
	山羊	1	吉羊如意	4.55
	鹦鹉	1	鹦鹉仕女图	4.55
	北京犬	1	儿童乐境	4.55

道："山麓必有林，有林斯有屋。余行山中数千里，所见无不皆然。[3]"在年画《二顾茅庐》中，远方虚勾宝塔寺庙，藏于松林之中，更使山体轮廓添了"参错"。

中国古典园林常采用挖湖堆山的方式掇山，造出来的土山可作宅旁靠山、宅侧砂山或宅前案朝山。由于可以种植植物，亦可登临游赏，土山一般作为园林的骨骼构成，在年画中均出现于中部，隐约可见，成为画面的背景。《吉羊如意》中有石山一座，颇有气势，位于画面中部、流水右侧，上有四角方亭一座，连有登山坡顶连廊，下接一卷棚歇山顶厅堂。石山上种植两棵小乔木，有两个妇人坐于亭中远眺浩渺湖面景色。

2.2 风景园林要素——水

除《吉羊如意》《渔家乐趣》的自然湖面之外，水池均以规整方正形态出现，用毛石与砖砌平直驳岸。在《拱向蟾轮》画面左下角可见园林水口，但画中已是枯水期，水池无水，对应时间是中秋农历九月，也证明了京畿地区水资源的宝贵（图1）。费汉源在《山水画式》道："凡山水间人物点擢者，多真静野朴之风。[4]"描绘溪流潺潺，使得高桐轩年画中的人物多淳朴风范，更加贴近乡野生活。然而不论是溪流、水池或湖面，出现占比却远没有山多，说明高桐轩所描绘的风景园林原型更多借鉴了京畿地区的山区，对自己所居的水源丰富的杨柳青地界描绘较少。

图1 《拱向蟾轮》[1]

2.3 风景园林要素——石

京畿地区有北京房山产"北太湖石"，质地坚韧，石色偏黄，比重较大，与南太湖石相比，只具"透、漏"，不具"瘦、皱"，与高桐轩年画中的置石十分吻合。《园冶》选石中说"时遵图画"[5]，《荷亭消夏》中露出水面的三角结构景石、《灯下课子》《儿童兴趣》窗前的景石、

《儿童乐境》《庆赏元宵》和《加官进禄》中的孤峰均有很强的观赏性，也为年画的整体构图增加了稳定性。除了观赏性，石材还有很重要的实用性[6]。《拱向蟾轮》《仕女鹦鹉图》中的卧石更像是庭院中的几案，拥有特定的意义。《四美钓鱼》中的太湖石傍宅而立，成为壁山，孔洞甚多，画中贾宝玉更是透过石洞窥伺四美的垂钓活动。《潇湘清韵》则是上部成峰，下部成座，成为林黛玉和贾宝玉互诉情怀之处。

2.4 风景园林要素——屋

高桐轩在《墨余琐录》中认为所有的山水格局和人物活动都是可以杜撰的，唯独园林建筑的法度必须符合规范："至楼台宫室等界画未有尺寸不合法度者，故画界画者，胸中先有一部'匠家镜'始堪落笔。[7]"结合亲身的瓦工木匠之经历，高桐轩绘制园林建筑因为有尺有度，以线画法表现准确清晰，顷刻间即可构建格局。除了重视尺度感和透视感，高桐轩还特别重视建筑等级和装饰风格，"凡百姓庶民之户，门窗隔扇不宜加花镂翠……王府大内宫室……殿要起脊添兽，屋顶要按四注、歇山、悬山、硬山诸式以定主次。不然正殿、庑殿、皇宫王府则笼统不分矣。[7]"

在构建园林格局和布置园林建筑时，"若楼台殿阁为画中人物之托头者，要深远不近掩映中复有虚实变化。虽数间小筑，必须门窗轩豁，曲折深奥而又不违尺度。园林景物，须厅堂整齐，亭榭参差，台阁重气象，花木重栏楯，总不离'相题立局，随方逐圆'八字布图为妙。[7]"此处亦有借鉴钱泳《履园丛话》之说："惟将砖瓦木料搭成空架子，千篇一律，既不明相题立局，亦不知随方逐圆。[8]"意在园林建筑布置应该因地制宜。

亭、廊、轩、榭、堂和阁在年画中均有组合运用。以《瑞雪丰年》(图2)为例，画中左侧一栋单层卷棚顶门厅，接一月洞门庭院，后又一条平顶竖纹栏杆折廊接一栋单层卷棚顶建筑，右侧一座四角方亭，后又八边洞门庭院，也与折廊相接，背景中有水平布置什锦窗的围墙。整幅画面关系舒朗，空间交代明确，地域风格明晰，装饰精美，描绘精细。

当画面描绘的空间不再是园林时，建筑等级、构建和装饰细部样式就不再是高桐轩刻画的重点，而是变为风景中的一个符号，建筑的存在是为了画面表达的连贯性。以河流面目出现的水体上，几乎总伴随着桥的出现，例如《二顾草庐》(图3)《踏雪寻梅》和《携琴访友》中架于水上的石桥。同样，其他建筑也没有复杂描绘，区别于富家宅园中亭台楼阁的富丽堂皇，其风景题材中的建筑多是平民隐士者的草房几间，一派天真自然。

图2 《瑞雪丰年》[1]

图3 《二顾茅庐》[1]

2.5 风景园林要素——木

松、竹、梅在高桐轩年画作品中较为常见，展现长寿、傲骨、高尚等含义，而《春风得意》的桃柳和《荷亭消夏》的荷花也对应季节变化，衬托时令活动。梧桐则象征高贵的品格，寓意忠贞的爱情，出现于《四美钓鱼》与《潇湘清韵》中，作为主景之一。《拱向蟾轮》则描绘了中秋少女拜月以求美好姻缘的画面，题诗云："十五学拜月，拜月十五夜，心自重月圆，何尝愿早嫁。"故而也有梧桐。

因有年少南下的经历，所以高桐轩所作年画中的芭蕉一定程度上可以视为艺术创作。《拱向蟾轮》和《灯下课子》中的芭蕉均设置在院落边角，影影绰绰，被建筑遮挡一二，颇有江南风韵。而另一南方常见植物棕榈由于适应能力强，能够在京畿地区种植，也出现于《瑞雪丰年》《四美钓鱼》《潇湘清韵》和《加官进禄》中。棕榈常绿，也被寓意为同松竹梅一样的傲骨，其叶鞘纤维也可以用作蓑衣、编制的材料，果实可榨油，又称多宝。牡丹、玉兰、桂花、蓼花及盆栽也是年画中运用的植物要素，不仅增添了园林的色彩，也使得年画更加贴近实际生活。

2.6 风景园林要素——生

《加官进禄》中的鹿通“禄”，《吉羊如意》中的山羊通“祥”，寓意祥瑞。《拱向蟾轮》的5只蝙蝠意为五福临门，《谢庭咏絮》中的仙鹤搭配松树，寓意延年益寿。相较于符号式的寓意表达，《春风得意》中随意的几只燕子、《教子登科》中飞舞的昆虫和《儿童乐境》中的北京犬（图4）反而更有生气和神韵，贴近真实生活。在《仕女鹦鹉图》中，鹦鹉则成了自由和向往生活的代表，高桐轩题画诗云：“含情欲说宫中事，鹦鹉前头不敢言。”说明了此鹦鹉寄托了少女的情思，并不一定是真实的生物。

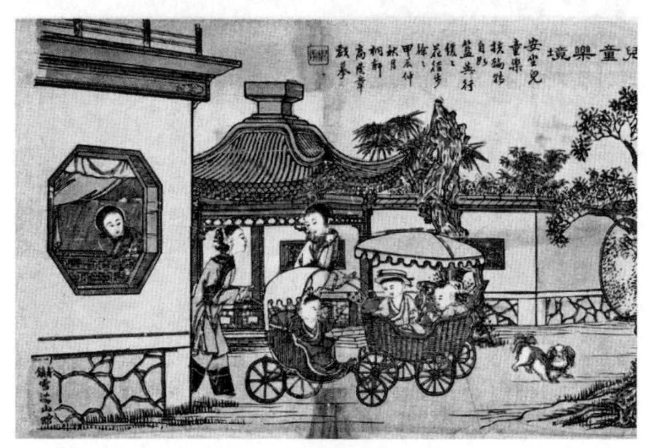

图4 《儿童乐境》[1]

驴、马、牛这些体积较大的动物是为了贴合画面的主题和内容而加以绘制，往往都配合年画中的人物有其功能体现。《二顾草庐》《踏雪寻梅》中的驴都以载具的面目出现，同样功能的还有《文姬归汉》中的马。《同庆丰年》（图5）和《庄家忙》中的牛、驴也是农忙中必不可少的帮手。而《渔家乐趣》中的猫、鸭、大雁的存在则体现了一派水岸渔事、闲趣人家的情调。

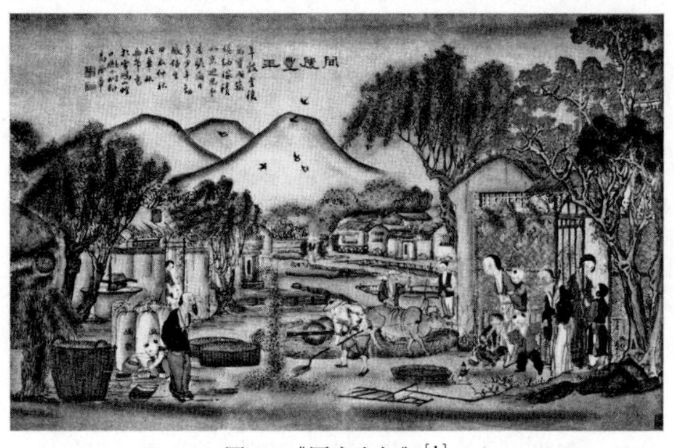

图5 《同庆丰年》[1]

3 高桐轩年画作品中的人物活动及文化内涵

高桐轩描绘的园林空间宏大而不失精致，传神而不忘写实，主要体现了晚清京畿地区富庶人家私家园林的格局与场景，并且详细描绘了使用者的生活细节，其次描绘的自然山水与乡村景观，则表现了文人隐逸题材和农事、渔家和谐欢乐的生活场景。总的来说，风景园林要素的多种排列组合，最终是为了衬托人物活动和表达文化内涵，主要分为以下6类。

3.1 节令祥瑞

节令祥瑞类型出现人物占比为：孩童66%、妇女32%、老妪2%。人物活动以孩童嬉戏为主，展现对当下的热爱和对未来的期盼。《瑞雪丰年》腊月飞雪，孩童铲雪嬉戏、堆塑狮子，题诗云：“好趁仓盈庾亿地，何妨白战补天功。”期盼来年丰收。《庆赏元宵》为十五闹春，孩童奏乐嬉戏，买灯欢欣。

3.2 休闲行乐

休闲行乐类型出现人物占比为：孩童58%、妇女30%、少女9%、老妪3%。人物活动以游赏园林、放松步行为主，展现闲适生活与日常情感。《荷亭消夏》去东湖看藕花（图6），《儿童乐境》闲聊散步，《儿童兴趣》嬉戏打闹。《仕女鹦鹉图》以鹦鹉寄托宫中情思，《春风得意》则以风筝表达“春云有路总能通”的积极态度。

图6 《荷亭消夏》[1]

3.3 宣扬教化

宣扬教化类型出现人物占比为：孩童50%、妇女28%、少女17%、老妪5%。人物活动以长辈教导、孩童学习为主，展现传统文化的延续。《拱向蟾轮》少女拜月，愿“貌似嫦娥，面如皓月”，祈求日后嫁得良人，情感和睦。《教子登科》以自行车“蹬踏”寓意“登科”，《灯下课子》教育孩童努力读书。

3.4 典故名段

典故名段类型出现人物占比为：少女41%、男子31%、少年13%、女子10%、孩童5%。《四美钓鱼》与《潇湘清韵》取自《红楼梦》。《谢庭咏絮》谢安、谢道韫、谢朗“柳絮之才”故事，取自《世说新语》。《二顾草庐》取自《三国演义》。《文姬归汉》蔡文姬泪别匈奴族人，与左贤王及汉族使者回归大汉，取自《后汉书·董祀妻传》。

3.5 雅致意境

雅致意境类型出现人物占比为：男子50%、少年33%、老人17%。《踏雪寻梅》描绘远处高山负雪，近处三人成行。孟浩然踏雪寻梅，表达文人追寻傲骨的气节。《携琴访友》则是文人带小童携琴访友于山水草庐之间，属于隐逸题材，显得风雅。

3.6 农事渔趣

农事渔趣类型出现人物占比为：男子41%、女子22%、孩童22%、老人13%、少女2%。人物活动以乡间生活、农事为主，展现生机盎然的快乐场景。

4 高桐轩年画作品中的风景园林观

王树村先生在《杨柳青年画·民俗生活卷》评价高桐轩年画：“既合王府贵戚朱门建筑之阁局，又有帝都苑囿设计之雅趣，技艺之高妙为一般画家所不及。[9]”推测晚年的高桐轩创作年画时充分借鉴了皇家园林与京畿地区的私家园林。例如《吉羊如意》（图7）与北海静心斋沁泉廊至枕栾亭处（图8）画面结构相同，透视效果相似，而对应平面格局不同，说明高桐轩的年画作品经历了“由园到画”，通过搭配要素，凸显了人物活动及文化内涵。使大众能通过这些作品直截了当地感受到京畿地区风景园林的艺术魅力，从而体会高桐轩对风景园林的评价观念，再“由画到园”地建立起自我认知。

图7 《吉羊如意》[2]

图8 北海静心斋沁泉廊至枕栾亭处（作者摄）

4.1 雅俗共赏

在《墨余琐录》中，高桐轩认为作画须放下杂念，心静自然所画之物徐徐浮现，他说：“想出之山村旅店，茆屋竹篱，花蹊柳径，秀山丛林，或华屋丽榱，或壮观宫室等可游可居之处，即以我为真主，宛然身历其境，漫步闲游于其中，随意而出，随意而入，再三熟思而后将画中所需之人物逐景填入其间，好画自然天成。[7]”虽然拥有皇宫苑囿、富庶之家的观游经历，可高桐轩在作画时却首先想到他的出身、家乡和对自然山水及乡民亲友的热爱，致使他的作品没有跳脱出大众的审美范畴去一味地追求文人品位，更偏自然、乡土、市井的他在风景园林的审美格调上达到了俗与雅的融合。

4.2 以人为本

高桐轩认为再完美的景致也不能脱离人而存在，所以才有年画中活灵活现的种种情景。他十分反对董其昌的绘画言论，认为董其昌“至如刻画细谨，为造物役者，乃能损寿，盖无生机也”的说法实乃谬论。他认为董其昌长寿是因为其官居高位，画无关世事的泼墨山水，心情闲适当然长寿，而民间画工如若无法细致地体会人、观察人、描摹人，画的根本不是真实的生活。这当然需要长时间辛苦的伏案劳作，然而他却以此为乐："吾尝以尺壁之阴分之为三,一分作艺；一分习画读书；一分则琴酒种畦，故吾年踱花甲近古稀而精气不衰。[7]"

4.3 诗意生活

鲜明的主题搭配题画诗，或应景，或点题，或满怀希望，或寄托情思，生动地描绘着画中人的表情、姿态、动作和活动，颇有文人气质。在高桐轩的作品中，人离不开风景园林：劳动在其中，读书在其中，游乐在其中，教育在其中，祭拜在其中，意境也在其中。人需要诗意的生活，就如同《灯下课子》(图9）一般，即使画面的重心在室内母亲对于孩子的功课辅导，但左侧窗户敞露，右侧门帘拨开，都是为了让满园景色透入，些许留白可产生无限遐想，顿觉诗意盎然。

图9 《灯下课子》[2]

5 结语

通过年画，高桐轩传播了风景园林诗意审美、雅俗共赏的人本价值观念，与同期其他画师不同，他没有把创作重点放在时局事件和现象变化上。如《时兴童女演对》《女子自强》《女学堂演武》和《女子求学》等杨柳青年画宣扬男女平等，主张女子读书，拥有独立意识均是年画女性人物图像题材观念上革新的体现[10]，又如《抢当铺》反映八国联军侵入北京后，北京城穷苦的劳动人民自发与盘剥贫民的当铺做斗争等[11]。虽也在年画中加入新鲜事物，却是穿着西洋服饰、帽子，乘坐西洋儿童车的孩童等生活元素。正如《墨余琐录》中说道："莫若持一技之长，不求闻达，虽穿布农吃粗粝，然俯仰则宽然有余。"他没有能力做到造园造景，但在生命最后的岁月中不断传播风景园林文化，给人民群众带去了快乐、希望，让他们能够努力、奋斗，向着属于自己的诗意生活持续进步。

注：本文刊登于《中国园林》2020年第3期第40～45页。文章在收录本书时有所改动。

参考文献

[1] 冯骥才. 中国木版年画集成·杨柳青卷（上）[M]. 北京：中华书局，2007：4.
[2] 王拓. 晚清杨柳青画师高桐轩研究［D］. 天津：天津大学，2015：192.
[3] 黄宾虹，邓实. 美术丛书［M］. 南京：江苏古籍出版社，1997.
[4]（清）费汉源. 山水画式上中下卷［M］. 天明9年和刊本，1789.
[5]（明）计成. 园冶［M］. 李世葵，刘金鹏编. 中华书局，2011.
[6] 刘燕，刘庭风. 郑绩《梦幻居画学简明》中的园林观［J］. 国画家，2017（2）：64.
[7] 王树村. 高桐轩［M］. 上海：上海人民美术出版社，1963：48-59.
[8]（清）钱泳. 履园丛话［M］. 北京：中华书局，1997.
[9] 王树村. 杨柳青年画（民俗卷）[M]. 台北：台湾汉声出版公司，2001.
[10] 袁宙飞. 清代木版年画的地域风格：对女性人物刻画的比照［J］. 文艺争鸣，2010（16）：97-99.
[11] 吴文佳. 来自民间的现实关怀：谈清末民初年画中的现实主义［J］. 中国民族博览，2016（1）：113-114，119.

作者简介

许家瑞，1991年生，男，湖北宜昌人，天津大学建筑学院风景园林学在读博士研究生，工程师。研究方向为风景园林历史文化。电子邮箱：348300969@qq.com。

杨森，1997年生，男，安徽安庆人，天津大学建筑学院风景园林学在读硕士研究生。研究方向为风景园林历史文化。

赵忆，1994年生，女，山东菏泽人，天津大学建筑学院风景园林学在读博士研究生。研究方向为风景园林历史文化。

刘庭风，1967年生，男，福建龙岩人，博士，天津大学建筑学院风景园林系教授，博士生导师，天津大学地相研究所所长，中国风景园林学会理论与历史专业委员会副主任，教育部基金评审专家，天津市市政规划建筑项目评审专家，内蒙古乌海市规划委员会专家，亚洲园林协会学术部部长。研究方向为中国园林历史与理论、景观画论、园林哲学、风景园林规划设计，《中国园林》编委。

圆明园四十景景名的诗意表现

The Poetic Expression of Scenery Names of the Forty Scenes in Yuanmingyuan Park

史英霞 赵丹青 孟祥彬

摘　要：中国古典园林中的许多景名都具有浓郁的诗情画意。景名是风景园林一个重要的组成部分，是对园林景点的高度凝练，是为景观增色、体现诗意的途径之一。借助地名的三要素，从景名的音、形、义3个层面分析圆明园四十景的诗意表现，以期为今后景点的命名提供一定借鉴。音的层面，音节恰当、朗朗上口、抑扬顿挫的景名平仄更能体现诗意；形的层面，景名文字的选用和书法艺术的题名都可体现景观诗意；义的层面，引用典故、借助已有景名和创造诗意景名均可体现园林的诗意。

关键词：风景园林；圆明园四十景；景名；诗意

Abstract: Many of the scenery names in Chinese classical gardens have strong poetic and artistic meanings. As an important part of landscape architecture, the name of scenery is a highly condensed view of the landscape, and it is one of the ways to enhance the landscape and reflect the poetry. Based on the three elements of place names, this paper analyzes the poetic expression of scenery names of the forty scenes in Yuanmingyuan Park from the aspects of sound, form, and meaning of the scenery names, providing some reference for the naming of scenery in the future. At the aspect of sound, the name with proper and catchy syllables and cadence is more poetic. At the aspect of form, the choice of scenery text and the title of calligraphy art can both reflect the poetry of landscape. At the aspect of meaning, quoting allusions, using existing scenery names and creating poetic scenery names can all reflect the poetry of landscape.

Keyword: Landscape Architecture; Forty Scenes in Yuanmingyuan Park; Scenery Name; Poetic Expression

中国古典园林作为一个成熟的园林体系，具有鲜明的个性特征，浓郁的诗画意境是其区别于世界其他类型园林的风格之一[1]。景名是对园林景点的高度集中概括，能直接从文学角度体现园林的诗意。所谓景名，即景点这一地理实体的名称，也可说是对特定位置及范围内景点的语言代号，属于地名的一类。凡名须副实，才是确切的名，否则即无意义[2]。地名学属于语言学的范畴，借助汉字的属性特征，地名学普遍认为地名包含音、形、义三要素，即结合语音学、文字学和语义学来研究地名[3]。景名既是地名，也是由汉字组成的词语，无论是从交叉学科的地名学还是单纯地从语言学角度均可从音、形、义3个层面探讨景名的特点。音、形、义三者蕴含着景点的景观信息，从中既能领略景点的诗情画意，也能了解景点的历史文化[4]，是景点风格特征的体现，是景观信息的高度凝练。

宋代有西湖十景，元代有钱塘十景，清代皇家园林的题名之风则更盛，静宜园有二十八景，静明园有十六景，圆明园有四十景[5]……景名是园林景观的点睛之笔，而如今越来越多的景名由于缺乏斟字酌句而显得过于直白，俗之又俗，缺乏诗意韵味，无法和游者产生良好的共情效果。1986年艾定增在《中国园林》发表的《景名漫谈》一文从景名溯源、用事用典和审美等层面分析我国传统园林景名的特点[4]；2000年金学智在《中国园林美学》一书中从美学角度探讨了园林景点题名的文心诗眼[5]；2018年唐宁在语言学视域下，从景名的修辞、结构、选词、意境和组织等方面探讨景点命名的特色[6]。目前关于景名的研究主要集中在命名规律、文化内涵、审美作用和美学原则等层面，研究对象主要集中在西湖十景、私家园林和皇家园林等传统园林景名上。虽然关于景名的研究都会不可避免地提及诗情画意，但还未有研究从音、形、义角度出发系统探讨景名的诗意体现。

圆明园四十景作为皇家园林的典范，不仅有原创景名，也有仿造江南意境而借用的西湖十景之名，其景名既有北方皇家特点又有南方文人特色。本文从《圆明园四十景图咏》中统计得出圆明园40处景群中包含的景名272个，并以此为出发点从景名的音、形、义3个层面来探讨圆明园四十景的诗意是如何体现的。

1 景名中“音”的诗意体现

宗白华先生在《美学散步》中提到，诗的定义可以说是“用一种美的文字……音律的绘画的文字……表写人的情绪中的意境”[7]。诗者，歌也，无韵不诗，立韵生格[8]。诗的一大特点便是音节的节奏、韵律，尤以讲究对仗、平仄和押韵的格律诗为甚。《礼记·乐记》有云：“凡音之起，由人心生也。……声成文，谓之音。[9]”景名依托文字，而文字具有音的作用，从组词构造便能听出景名的节奏与韵律，感受声音带来的听觉体验并幻想出自然形象。

景名越长所包含的景观信息越多，其平仄的节奏变化也会越丰富，但景名并非越长越好，既需要包含足够的景观信息给人以景观的形象描绘，又要精炼便于记忆和口口相传，从有限的文字中想像出无限的景象。通过对圆明园四十景272个景名的平仄分布进行统计，景名中以三音节景名（134个）和四音节景名（109个）为多，二音节景名（18个）次之，其他音节景名（共11个）较少，如五音节、六音节和七音节景名（图1，表1）。三、四音节的句式更类似于宋词中的短句，其原型来自格律诗七言句的2个基本原型句式，即“平平仄仄平平仄”和“仄仄平平仄仄平”。从前四字截取出四字句，从后三字截取出三字句[10]，所截取的句式在圆明园四十景景名中的体现也较为明显，如四音节的“平平仄仄”（14个）和“仄仄平平”（17个），三音节的“平平仄”（15个）和“仄仄平”（14个）。格律讲究变通，不拘平仄，故而也产生了其他句式，如景名平仄中的“仄平平”（39个）和“平仄仄”（6个）等。此外景名的读音还需要尽量简单易读，平声发音平和轻快，读起来朗朗上口，如栖云楼（平平平）；而平仄相间的景名读起来抑扬顿挫，富有节奏和韵律，听起来具有诗意的美感，如澹泊宁静（仄平平仄）、无边风月之窗（平平平仄平平）；反之全仄声生硬难读，较为拗口[11]，节奏感也相对较差，故而在景名中所占比例很少，如三音节的湛绿室（仄仄仄）和四音节的坦坦荡荡（仄仄仄仄）。因

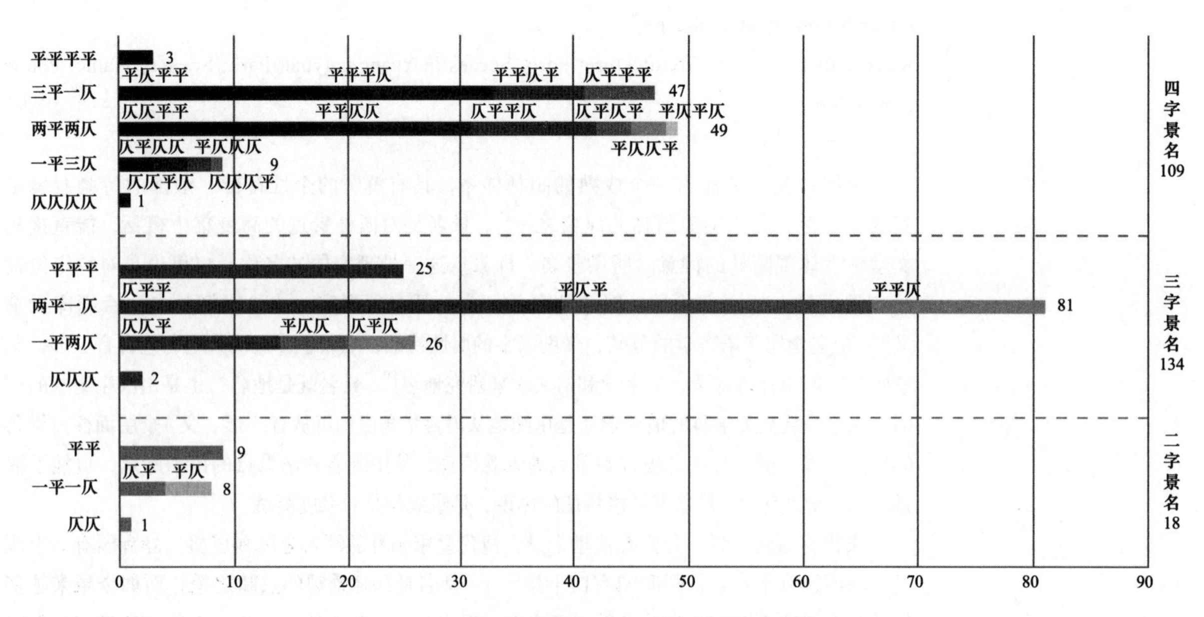

图1 圆明园四十景景名平仄分布（作者绘）

圆明园四十景景名平仄分布　　表1

景名音节	平仄分布		数量（个）		例子
二音节景名	平平		9		含清、知鱼、前湖
	一平一仄	平仄	4	8	福海、兰墅、传妙
		仄平	4		后湖、问津、抑斋
	仄仄		1		静鉴
三音节景名	平平平		25		栖云楼、澄怀堂、知耕织
	两平一仄	仄平平	39	81	蕊珠宫、水村图、绾春轩
		平仄平	27		同乐园、时赏斋、延赏亭
		平平仄	15		桃源洞、寻云榭、濯鳞沼
	一平两仄	仄仄平	14	26	舍卫城、广育宫、镜水斋
		平仄仄	6		如意馆、山水乐、岚镜舫
		仄平仄	6		紫霞想、二仙洞、晏安殿
	仄仄仄		2		湛绿室、戒定慧
四音节景名	平平平平		3		双峰插云、溪岚书屋
	三平一仄	平仄平平	18	47	夹镜鸣琴、蓬岛瑶台
		平平平仄	15		天然图画、长春仙馆
		平平仄平	8		山高水长、南屏晚钟
		仄平平平	6		万方安和、坐石临流
	两平两仄	仄仄平平	17	49	北远山村、上下天光
		平平仄仄	14		西峰秀色、濂溪乐处
		仄平平仄	11		澹泊宁静、九州清晏
		仄平仄平	3		廓然大公、澡身浴德
		平仄仄平	3		别有洞天、香远益清
		平仄平仄	1		欢喜佛场
	一平三仄	仄平仄仄	3	9	一天喜色、洛伽胜境
		仄仄平仄	3		水木明瑟、绘雨精舍
		平仄仄仄	2		极乐世界、安养道场
		仄仄仄平	1		抱朴草堂
	仄仄仄仄		1		坦坦荡荡
其他	平仄相间		11		天地一家春、深柳读书堂、无边风月之窗
合计			272		

此在景点命名时可取音于诗词韵律，借助诗词的格律体现景点的诗意。

2 景名中“形”的诗意体现

景名的“形”也就是景名所对应的汉字，文字发明前汉语有发音、有意义却无字形，造字之后，汉字才成为音、形、义三位一体的文字。《尔雅·释言》载：“画，形也。”《说文》云：“形，象形也。”字以象形，画以绘万物之形，故画训为形[12]。景名有音的作用，更有形的作用，也可理解为绘画的作用。中国传统文学讲究诗画同源，诗中有画、画中有诗，也可谓是“诗是无形画，画是有形诗”，诗意内通画意[7]。景名的文字可以表现出空间的形象和色彩，也就是说，从景名的文字便可以引发人的想像，在脑海中生成一幅象形的画面，感受景名所描绘的情景，产生形神的共鸣，引发诗意和画意的融合。

2.1 景名的汉字本身具有诗意

汉字作为一种符号蕴含深意，其创造参考了广袤万物的形态与神色，一笔一画勾勒出了世间万物，这为我们领会诗意提供了线索[13]，书法中晋人尚韵，唐人尚法，宋人尚意，明人尚态[7]，很多景名借助书法以匾额楹联等形式实体化，增加了景名的诗意体验。如“山”字，在甲骨文中是3座山峰相连，高耸连绵之形；“水”字是古代人看到水的流动后想到的，“水”字的象形文字宛如流动的水，中为水脉，旁似流水。像这些从甲骨文演化而来并保留其原始形态的文字还有很多，其笔画走向似乎是在我们眼前描绘出了连绵山峰、潺潺流水、云卷云舒、一轮明月，这些景物所具有的自然美拥有广泛的认可度，由此带来的诗意是极为具象的。

圆明园四十景中许多景名都包含自带诗意的汉字，如云（16个）、山（14个）、月（11个）、水（11个）和风（5个）等。此外，书法艺术的景观题名也提升了景名的诗意。如圆明园，即使我们只闻其名、不见其景和题名，也能从景名的汉字联想出昔日盛景；如“平湖秋月”，看到这个景名眼前便浮现一轮皓月当空，高台楼阁倚窗眺望，只见湖面宽广，视野开阔，水月相融，不知今夕何夕之景。

2.2 景名所点出的景物具有诗意

汉字中的一音多字和一字多音的现象较为普遍[14]，有了字形才能和特定的意义结合起来，从而点出景物并获取景名中有用的景观信息。如“西峰秀色”和“濂溪乐处”中的“西”和“溪”，在有了字形之后，便能确定景物的类型和意义；又如“山高水长”的“长”也只有结合景名含义才能确定相应的读音。

圆明园四十景名中所点出的景物主要分为2类：一是造景所用的植物，花木向来是诗人吟咏的对象之一，诗人也赋予了不同花木相应的文化内涵，此外植物本身所具有的色彩与姿态、声响与香气、意蕴与审美也为景名增添了美的元素，故而在看到“映水兰香”“曲院风荷”之名时就不禁联想到映水的兰香，接天的莲叶，映日的荷花，花木之名本身所具有的深刻文化内涵在表达诗意上占据着无可代替的位置；二是造景的园林建筑，建筑是内心情感的外化，是设计者情感的寄托[15]，亭、台、楼、阁、轩、榭等都是园林中特有的建筑形式，简单的一个字便饱含了建筑的形态和意象，构建出一幅充满诗意的美景，如“蓬岛瑶台”一景是在福海中央作蓬莱、方丈、瀛洲3个小岛，岛上建筑为仙山楼阁之状，一个景名就道出了整个景点最精彩的部分，诗意跃然纸上。

3 景名中“义”的诗意体现

《毛诗序》有云：“诗者，志之所之也。在心为志，发言为诗。”诗以言志，名以制义。景名所包含的义，指的是字义，它不仅仅是景名表面所表现的文字含义，更多的是通过文字来表达更深层次的内在含义。圆明园四十景中就有很多采用诗词歌赋甚至儒、道、佛经典等以表达造园的立意与意境的景名，或明喻隐喻，或比德比兴，确有点睛之用，使景点不再是一个简单的地理实体，而是兼有言志和抒情作用的诗意景观[4]。基于同一文化背景的前提，游者便可通过景名从有限的文字中感受到无限的内涵，这时景名就如同中国画中的留白，通过一点指引，给人以无限的遐想，化虚为实，情景交融，感受景名所传达的诗情画意和美的意境。圆明园四十景景名中表达诗意的“义”有以下3种类型。

3.1 引用典故体现诗意

《红楼梦》在“大观园试才题对额”中借宝玉之口提出了“编新不如述古”的高见[16]，也就是借助历史典故来点景和写景。典故包含2种，一为“事典”，即古代故事；二是“语典”，即有出处的词语[17]。如“武陵春色”，以摹写陶潜《桃花源记》的艺术意境而见称[18]，将原文中富有诗意的景象巧妙地移植到了圆明园中。《圆明园四十景·武陵春色》在诗序中写道：“循溪流而北，复谷环抱。山桃万株，参错林麓间。落英缤纷，浮出水面……”在该景群中有渔人舍船的“桃源洞”，还有入洞后的豁然开朗之景，如“洞天日月多佳景”“紫霞想”和“桃源深处”等，看到这些景名再结合周围的景象，人们便不由得顿生武陵渔人之感，引发对桃花源的无限遐想[5]。此外，“蓬岛瑶台”和“瀛海仙山”取自于一池三山的典故；“澹泊宁静”取自于《淮南子》“是故非澹泊无以明志，非宁静无以致远”；“上下天光”取自于范仲淹《岳阳楼记》“上下天光，一碧万顷”；“夹镜鸣琴”取自于李白“两水夹明镜，双桥落彩虹”的诗意。这些借助典故来体现诗意的景名，字数虽少却包含了丰富的意义，传达出更多的隐藏信息，给人一种言外有物的诗意遐想。

3.2 借助已有景名体现诗意

清代诗人王壬秋在《圆明园宫词》中写道：“谁道江南风景佳，移天缩地在君怀。”这是对帝王心态的揣摩[19]。皇家园林中有很多仿造江南园林的例子，朱启钤先生曾在《重刊〈园冶〉序》中提到，“南省之名园胜景，康、乾两朝，移而之北，故北都诸苑，乃至热河之避暑山庄，悉有江南之余韵。[20]”江南园林的造园主体多是文人，文人写诗，诗是他们的心中所感，园则是他们物化的诗，园林也就成了诗的居所，从而使得仿造江南园林所建的北方园林也具有类似的诗意。

圆明园四十景中便有对西湖十景和苏州狮子林景名直接移植的“柳浪闻莺”“苏堤春晓”“花港观鱼”“狮子林”等景名。“三潭印月”位于“方壶胜境”景群西部，仿造杭州西湖的“三潭印月”之景，同样在池中设置3座石塔。《圆明园四十景·方壶胜境》中有对三潭印月之景的描写“高冈翙羽鸣应六，曲渚寒蟾印有三。[17]”借助已有景名可以在此地之景和彼处之景间形成巧妙的联系，人们在此地感受的景名所带来的景观体验可以让人联想到彼处的风情余韵，聊逍遥兮容与。

3.3 创造诗意景名体现诗意

并非所有的景点都需要有典故出处，恰到好处的典故能为景名增色不少，而有些景名虽无典故，但仍旧很有诗意。典故之所以为典故，正如历史之所以为历史一样，今天将会成为明天的历史，而今天的创造也会成为明天的典故。圆明园乃至其他古典园林中的景名都成了如今可以借鉴的典故范畴，但有些景名在命名之初并无典故出处。正如前文所提及的《桃花源记》，陶潜在作文之时也并没有想到会被借鉴，而正因经历了时间的鉴别成为经典之作，才有被借鉴的可能。

圆明园四十景中的“水木明瑟”没有明确的典故出处，依然为我们描绘了一幅“林瑟瑟，水泠泠”的诗意景象；“多稼如云”描绘了一幅“鳞塍参差，野风习习”的诗意画面；“坐石临流”则描绘了一幅“激波分注，潺潺鸣籁”的诗意图景。这一方面得益于文字本义的恰当描述，景名是无形的画，画又是无形的诗，也正是名中有画，画中有诗；另一方面得益于圆明园四十景图咏，图和题咏是对景名的补充，相得益彰，也就如同今人为景点编故事让景点脱离单纯的地理实体一样。圆明园中类似的景名大多是基于对景物的诗意描绘，缺少了一些直抒胸臆的寄情之言。

4 结语

园林是无言的诗、有形的诗、凝固的诗、以物质要素构建的诗[5]。景名是构建园林的诸多要素之一，也是直接体现园林诗意的要素，既要重拾文化自信，保持传统景名的诗情画意，又要注重时代特色，做到真正的画龙点睛。通过对圆明园四十景景名的分析，可以得出景名在体现园林诗意上的几条规律，也为今后新景点的命名提供了一定的借鉴：

1）景名尽量以三四字为好，尽量规避全仄音的使用，可以取音于诗词韵律，借助诗词的格律来体现景点的诗意；

2）景名的选字应字字斟酌，以能贴近该景点的意境为佳，寥寥数字凝练出如画诗境；

3）景名可以通过引经据典、借助已有景名或创造诗意景名等来表达造园的立意和体现诗情画意。

注：本文刊登于《中国园林》2020年第3期第46～49页。文章在收录本书时有所改动。

参考文献

［1］周维权．中国古典园林史［M］．3版．北京：清华大学出版社，2009：27.
［2］辞海编辑委员会．辞海［M］．上海：上海辞书出版社，1979：829.
［3］邱洪章．地名学研究：第2集［M］．沈阳：辽宁人民出版社，1986：1-2.
［4］艾定增．景名漫谈［J］．中国园林，1986，2（1）：60-61.
［5］金学智．中国园林美学［M］．2版．北京：中国建筑工业出版社，2005：61-375.
［6］唐宁．语言学视域下的景点命名分析［J］．长春师范大学学报，2018，37（3）：119-121，133.
［7］宗白华．美学散步［M］．上海：上海人民出版社，1981：2-244.
［8］黄桂祥．风染层林：阿蛮古体诗集［M］．广州：花城出版社，2018：249.
［9］（元）陈澔．礼记［M］．上海：上海古籍出版社，2016：424.
［10］陈卓生，刘桂眉．唐诗宋词平仄浅说［M］．北京：中国国际广播出版社，2001：117-124.
［11］王荣艳．莘县地名的语言文化分析［J］．清远职业技术学院学报，2018，11（4）：6-9.
［12］顾廷龙，王世伟．尔雅导读［M］．北京：中国国际广播出版社，2008：178-179.
［13］谭捍卫．字象与诗意：汉字的微观诗学［J］．社会科学论坛：学术评论卷，2008（6）：37-43.
［14］宋健华，王惟清．中国人取名的学问［M］．上海：学林出版社，2013：218.
［15］沈钰．建筑艺术中的情感创作与诗意表达［J］．大众文艺，2019（22）：131-132.
［16］曹明纲．人境壶天：中国园林文化［M］．上海：上海古籍出版社，1993：214.
［17］王其亨，盛梅．古典园林中的景题与用典［J］．规划师，1997（2）：22-28.
［18］中国圆明园学会．圆明园四十景图咏［M］．北京：中国建筑工业出版社，1985：33-63.
［19］郭黛姮．乾隆御品圆明园［M］．杭州：浙江古籍出版社，2007：215.
［20］（明）计成．园冶注释［M］．陈植，注释．北京：中国建筑工业出版社，1981：16.

作者简介

史英霞，1990年生，女，河南焦作人，中国农业大学园艺学院观赏园艺与园林系在读博士研究生。研究方向为风景园林规划与设计。电子邮箱：canshiyingxia@qq.com。

赵丹青，1995年生，女，河南信阳人，中国农业大学园艺学院风景园林专业在读硕士研究生。研究方向为风景园林规划与设计。

孟祥彬，1963年生，男，北京人，博士，中国农业大学风景园林学科学位点负责人，教授，博士生导师，全国风景园林硕士专业学位研究生教育指导委员会委员，中国城市规划学会风景环境规划设计学术委员会委员，中国圆明园学会第二届理事会学术专业委员会委员，中国圆明园学会皇家园林研究分会副会长。研究方向为风景园林规划与设计、园林建筑设计，《中国园林》编委。

风景的人文化进程

——桂林山水园林审美历程之解读①

Human Culturalization Process of Landscape

— Interpretation of the Aesthetic Process of Guilin Landscape Garden

吴曼妮　郑文俊　胡露瑶　王　荣

摘　要：园林作为一种文化载体，其美学思想的演变过程既是社会形态演变的外化，也是历史阶段人与自然关系的折射。从风景园林史学与美学的双重视角，解读桂林山水园林的审美历程。研究发现，桂林山水园林审美文化的发展可划分为寻形赋情、重理塑神和意蕴相生3个阶段，发展过程具有渐进性、层累性，是人文性和艺术性不断递进的过程。其园林审美特质表现为以自然为本源、整体的环境观和丰富的审美联想。研究为桂林园林文化的传承发展及当代城市风景建设提供一定的理论支持，并对岭南风景园林史的完善具有推进意义。
关键词：风景园林；山水园林；审美历程；地域文化；桂林

Abstract: As a kind of cultural carrier, the evolution of garden aesthetic thought is not only the externalization of social form evolution, but also the reflection of the relationship between human and nature in the historical stage. From the double perspectives of landscape architecture history and aesthetics, this paper interprets the aesthetic process of landscape garden in Guilin. It is found that the development of the aesthetic culture of Guilin landscape garden can be divided into three stages: seeking for shape and expressing feelings, emphasizing on theory and shaping romantic charm, and combining meanings. The process of development is gradual and hierarchical, which is a process of continuous progress of humanity and artistry. The aesthetic characteristics of the garden are characterized by the nature, the whole environment and the rich aesthetic association. The research provides certain theoretical support for the inheritance and development of Guilin landscape culture and the construction of contemporary urban landscape, and this is of great significance for the improvement of Lingnan landscape architecture history.
Keyword: Landscape Architecture; Landscape Garden; Aesthetic Process; Regional Culture; Guilin

中国园林的演变是一个非单线进程[1]，从整体化认识向特定时段、特定地域转向是当代学术研究的发展取向[2]，对历史语境下园林及其表征的再解读是探寻规律、形塑新物的重要途径[3]。桂林山水园林作为自然山水园的重要形态，表现出独特的审美倾向，形成了以自然山水审美为主调的园林景观体系和地方风景营建范式，其园林审美文化具有历史延续性和现实指导意义。既有研究对桂林山水园林的相关美学探讨主要集中于山形水势[4-7]或山水诗画[8-9]，以风景园林视角来分析审美表现和园林意境的成果匮乏。通过对《临桂县志》《粤西文载》《桂林石刻》等历史文献的文本分析，梳理桂林山水园林的审美发展历程，探讨审美发展规律及本质原因，总结山水园林审美特质与人文化进程，为桂林城市风景建设提供理论支持，同时

① **基金项目：**国家自然科学基金项目（编号51878087）、广西自然科学基金项目（编号2018GXNSFAA050068）和广西哲学社会科学基金项目（编号18FSH003）共同资助。

桂林山水园林主要建设途径 表 1

建设途径	营建特点	典型案例	所依托的风景资源
名山胜景的园林化	在对山水景观的开发过程中，在景观较好的位置建设构筑物供观景使用。供以观景休憩的构筑物不断增加、道路系统的逐渐完善，演化成为山水园林	城西湖山风景组	西山、西湖、隐山、西山西北侧诸峰
		城北群山景观	叠彩山、宝积山、宝积山北诸峰、虞山
城市水利的园林化	在满足水利需求的同时，进行园林营建活动是古代中国公共园林营建过程中常用的手法之一。桂林在此类园林营建过程中，多结合湖山景观特点，其园林营建范围囊括水利设施范围与相邻的周边山体	环城水系风景带	漓江、桃花江及周边诸山
		西湖	隐山、西山、堤堰系统
寺观建筑的园林化	依凭原有寺观发展形成，范围由寺观向外延伸。桂林寺观景观本多选址于环境清幽、景色独特的地点。寺观园林中能够更好地对园林周边景观进行借景	栖霞禅寺	七星山、栖霞洞
		开元寺	漓江、漓山
		西庆林寺	西山
人文印记的园林化	桂林山水名胜随着相关山水诗文与文人典故的增多而具有丰富的文化内涵。由文人印记衍生形成的山水园林景观以文人典故发生地为主体，逐渐向外扩展	桂海碑林	月牙山瑶光峰、龙隐洞、龙隐岩
		古南门	黄庭坚系舟处、古南门、榕树、应奎楼、榕杉湖
		曾公岩	道教摩崖石造像、刘谊《曾公岩记》石刻、七星山诸峰

也是对岭南园林史及中国园林史研究的丰富和补充。

1 桂林山水园林审美文化的形成背景

1.1 桂林山水园林的概念界定

园林分类并非一个绝对的标准，从基址选择来看，桂林山水园林当属“天然山水园”的划分[10]；陈从周教授在《中国园林鉴赏辞典》中将桂林独秀峰、叠彩山、伏波山等列为“名胜园林”[11]；林广臻等依据营建主体将桂林榕杉湖、西湖等归纳为岭南州府园林，并认为其具有历史形态下的初始公共性特征[12]，此概念又与周维权先生对公共园林的定义有相似之处。综合建园基址、开发模式和空间特征，将桂林山水园林定义为：依托于桂林自然山水资源或名胜古迹，各类风景建筑、人文印记、植物和物象所构成的整体景观环境，其具体表现为：以桂林地方山形水势（真山真水）为骨架，个性化的地理特征在园林构成要素中占主导地位，在尺度上没有明确的空间界限，在服务对象上具有一定公共性质。

1.2 园林审美文化的形成背景

1.2.1 园林审美原型——独特的山形水势

桂林地区喀斯特自然风貌的形成要早于人类社会的产生。大自然为桂林山水提供了美的物质基础——美的形式。喀斯特岩溶地貌所造就的独特山形水势，既是桂林山水园林的构成主体，也是其园林审美原型。岩溶地貌发育形成峰林、峰丛和孤峰，洞穴、地下河遍布，兀立的群峰之间又分布着岩溶盆地，漓江及其支流穿流其间，山水景观“清、奇、巧、变”[13]，既有拔地而起的英姿，也有隽秀精致的文雅。但由于远离中央集权和开发自然环境的能力有限，较长时期内这种具有美感的客观条件尚未转化为人们的审美对象。秦汉以后，桂林山水的原始性自然美才开始逐渐走入大众视野。至魏晋，山水游赏成为一种文人风尚[14]，对山水自然之美的赏会，为山水园林的发展奠定了基础。

1.2.2 园林建设途径——自然风景的园林化

自然风景资源的多元园林化方式是桂林山水园林建设的主要途径（表1）。桂林园林营建活动，多依托于对城市内外丰富的山水风景资源。即使私家园林，也是择城中风景秀美、临近湖塘之处而建，以真山水入园。山水形态在园林美感构成中的比重决定了其园林性质和审美意识的发展方向。

2 历代桂林山水园林审美意识的变迁及阶段特征

冯继忠先生在对近2000年的中国风景园林感受与审美发展进行深度分析后提出，中国风景园林经历了“形－情－理－神－意”5个演变阶段[15]；金学智先生依据时间轴线将中国古典园林美的历史行程分为“秦汉以前、魏晋至唐、宋元明清”3个阶段，并认为这3个阶段之间存在着较为分明的审美界阈[11]。通过对比发现，桂林山水园林乃至整个岭南地区的园林审美文化在逻辑关联上与全国发展主线大体一致，但在时间线上明显晚于主线历程，具有一定滞后性[12]。

2.1 寻形赋情：原始性自然美到人化自然的初步探索

魏晋时期的桂林山水园林人地审美关系，处于“钟物不钟人”的状态，即以山水自然形态气韵的欣赏为主。唐代的桂林作为朝廷贬官流放之地，迎来了大批中原文人的入驻。这些来桂任职或被贬流放的文人惊异于奇山秀水，热衷于游览山水，抒情散怀，从而促进了风景的发现。清光绪《临桂县志》卷首《山川志序》记载：“桂林山水名天下，发明而称道之，则唐、宋诸人之力也”[16]。风景游览活动为山水园林的发展奠定了基础。唐中期后，一批来桂为官的名宦诗人率先开始了人化自然的初步探索，以李昌巎、裴行立和李渤3人的园林实践最具有代表性。李昌巎开发独秀峰，是基于自然的人化修整；裴行立营建訾家洲时开始有了相地构园、遥借山水、精巧点缀的整体规划意识[17]；而李渤开拓南溪山，则是文人情感与园林的融合。

李渤，敬宗元年任桂林刺史兼御史中丞[18]，喜游山水，开发隐山六洞并为之提名、设道观，后又探幽南溪。曾作《南溪诗》《南溪诗序》《留别南溪二首》，在其《南溪诗序》中记录了他对南溪山的开拓，丘振声所著的《桂林山水诗美学漫话》中从诗歌情感及美学角度对此篇章做过解读[19]，在此笔者以风景园林的视角重新梳理。序中言：“溪左屏列崖巘，斗丽争高，其孕翠曳烟，逦迤如画；右连幽墅，园田鸡犬，疑非人间。”一句“疑非人间”表达出对南溪山风景的高度赞美，但李渤认为还有更多的提升空间，便依照自己的审美进行修缮，于是“既翼之以亭榭，又韵以松竹，似宴方丈，如升瑶台，丽如也！畅如也!”其中开路、筑亭、植物造景和理水均有涉及，可看出李渤已有了自己的造园思路。关于南溪山风景的论述也不再是对景物单纯的客观描写，而是包含诗人审美想像的情思：“丽如也！畅如也!”丽，是风景的直接感受；畅，则是由感生情之后的身心体验；前者是情境，后者是心境。“丽、畅”二字点明了风景的精神作用，实现了由“景”到“境”的艺术提升。

唐代对桂林山水的欣赏由“崇尚自然，不假人工”到“凿山筑亭、疏泉引水”，实质上代表着这个时期人们对美学追求的突破，山水审美观完成了自然美到艺术美的延展。园林意识从唐初只是一种顺乎自然的稍加妆点，到后期逐渐形成趋于完整的规划思想。

2.2 重理塑神：景中取理的技术美与艺术美的双重升华

与全国主线完全吻合的是，桂林山水园林的营建规模及审美意识由唐至宋产生了巨大跨越。自唐代开始，国家对粤西地区的政治把控和文治教化政策便开始同步进行，并以任命地方官吏的方式具体执行，如李昌巎、柳宗元等在桂办学，兴儒家礼乐[20]。南宋朝廷更加注重对粤西地区的文化整合，宋代文人将理学带入桂林地区，在景观营建中注重景中取理，格物致知。

宋代桂林山水园林的人工化、精细化程度远超于唐。如安抚使程节重修唐代桂州城之东城楼，并更名为湘南楼，为当时桂林的地标式建筑[21]。程节还在叠彩、伏波、独秀三山之间建有八桂堂，八桂堂具有完整的园林形态，在布局和空间处理上也颇为独到：庭院楼阁堂室齐备，并利用一组对称式建筑将空间分割为前庭与后庭，前庭有开阔的“平湖”，后庭有园圃、土丘，水中设有洲岛[22]。而明性见理的认知提升，加之他们大多颇具文学造诣，所建景观普遍具有浓厚的文化氛围，建造灵感来自于民谣、诗篇、民间传说或是向人们传达一些哲理，如范成大修骖鸾亭，是源于韩愈的“飞鸾不假骖”；伏波山蒙亭，相传由时任广西经略使吴及所建，李师中为之起名，并作《蒙亭记》，寓意启物之蒙，昭彰于世人[23]；黄邦彦的《重修蒙亭记》亦云：“亭蒙于外显于内，晦而明，暗而彰，其理固然……”

宋以后的园林营建与审美中，主观因素和艺术化加工痕迹明显加重，园林所体现的精神文化性进一步增强，融入了丰富的哲思与审美联想。

2.3 意蕴相生：诗中有画的园林审美意境生成

明清，桂林山水园林发展进入了相对全面和丰富的时期。明政府为加强对广西地区的统治，设广西行省，封靖江王，修靖江王府于桂林城中心独秀峰下。靖江王府“宫殿朱邸四达，周垣重绕”[24]，花园则以独秀峰山体和月牙池为核心，布置有大量园林建筑，是为桂林地区唯一的王府园林。

经历了多民族文化与中原文明的涵化，明代的桂林山水文化、山水文学发展迅速，汪森曾言“明世登春秋两闱者甚众”，印证了这个时期山水文学的兴盛[8]。文化教育的繁荣引起了山水园林发展的一个重要质变——造园主体由来桂官吏转向广西本土文人。自魏晋以来，中国的文人士大夫深受隐逸文化影响，私家园林便是在这种心理定式影响下将隐逸意识物化到园林山水的杰作，在进退之间，成为城市与山林的折中载体。清代桂林地区所建的私园，无论是从造园手法还是审美思想都已趋于成熟，具有独特的艺术构思、山水意趣和意境之美。意境属于美学的深层次范畴，对造园者的文化内涵有极高要求，清代桂林山水园林的成就，便来源于造园者普遍具备较高的文化素养。如桂林本籍画家罗辰建芙蓉池馆，罗辰诗书画均擅，著有《芙蓉池馆图》《桂林山水图》1册（共33幅）及《芙蓉池馆诗草》[25-27]。又如著名的李氏三园：诗人李秉礼建西湖庄，其弟画家李秉绶于叠彩山建环碧园，其子李宗瀚擅长书法，在榕湖东建拓园。

清代桂林私家园林中唯一留存至今的，便是唐岳所建的雁山园了。唐岳曾在道光年间科举考中解元，精于诗文。在设计建造雁山园时，他还邀请了山水画家农代缙相助，合二人之力对雁山园进行了从总体到局部的精细构思。园内山石水体天然形成，建有涵通楼以藏书会友，还有碧云湖舫、澄研阁、花神祠，以及再现田园生活的稻香村。整体风格古朴自然，不假人工，充分体现出桂林山水秀、奇、险和幽的特点[28]。以真山真水为背景的独特优势加上巧于因借、精在体宜的造园手法堪称我国历史上特有的大型自然山水园林。

从城市中的山水园林，再至集游憩、会客、居住于一体的私家园林，可谓是将文人群体对隐逸山林脱离俗世的追求同对山水之美的欣赏结合到了极致。这个时期的桂林山水园林，暗含“居尘而出尘”的文人理想和诗中有画的园林意境美，并在体量、色彩和造型上与青山碧水幽洞相和，形成了独特的地方风格。

综上，桂林山水园林审美意识的发展历经3个重要时期，发展过程具有明确的阶段性特征（表2）。

3 桂林山水园林审美特质

3.1 以自然为本源

园林之胜，唯山水二物。在真山真水中建构起来的桂林山水园林，体现出遵从自然的审美特质。这一方面体现在风景开发活动中对桂林山水特色的准确把握，桂林山形小巧秀美，水系蜿蜒曲折，园林建筑体量轻盈纤巧，相得益彰。另一方面，桂林园林营建一直以山水优先，以人工补形胜之不足而不显人力之能，山势处理、水景形态、建筑尺度与地理环境深度契合，形成了具有较强适地性的景观营建模式。

3.2 整体的环境观

桂林山水园林体系作为人居环境的大背景，整体风景形态和谐统一。山浮绿水、水绕青山的景观格局，将闹市与幽山、城市与郊野2个不可调和的对立空间进行综合，使其成为和谐统一的整体。山水之间，人居于其中而游于其中。除王府园林与私家园林外，桂林山水园林多为开放性布局，边界的消除扩大了风景的感知范围，使园林不仅仅作为独立的艺术空间来欣赏，还与自然万物共同构成一个复合的审美环境。

3.3 丰富的审美联想

园林意境的欣赏是一个物我交融的过程[29]，审美主体通过联想的方式将个人情感、思想体悟赋予现实景象，从而传达出特定的感知信息。

（1）作为主体实景要素的桂林山水形态本身具有一定的象形美，能够产生一定的审美引导。鹦鹉山蹲坐似鹦鹉，宝积山山坳奇石堆垒如珠宝，月岩远望如明月高悬……象形美为山水园林奠定了浅表层次的审美形象[6]。

桂林山水园林审美发展的阶段特征　　表2

审美发展阶段	园林特征	审美关注点	同一性
寻形赋情（唐—北宋初）	开发程度较低，以自然山水形态而辅以人工稍加妆点	自然风景之形胜，补形胜之不足	注重山水态势、节奏与韵律、奇峰异洞，丰富的审美联想，畅怀于自然超脱尘世樊笼的精神愉悦
重理塑神（宋元）	显山聚水，工于营筑，代表成就为环城水系的建设和大量精巧的风景建筑	山水的汇聚与衔接，景物所传达的哲思，山水整体格局，精美的建造技艺，因时而异的动态之景	
意蕴相生（明清）	王府园林、私家园林出现，建造技艺成熟，具有诗情画意，凸显意境与精神内涵	隐逸文化与个人意志的表达，园林整体布局、空间组织、诗画情趣、园林意境	

（2）园林虚景对实景的补充与提升。时分、气象的流动，园林植物的季相变化，为山水园林带来了因时而异的虚景，使园林审美体验极具“即时性”和“当下性”，给予游人广阔的想像空间，激发审美主体的能动性。著名的元桂林八景和清续八景都离不开云雾烟霞等虚景的加持。

（3）园林构景的艺术加工。在桂林寺观园林中，形态各异、风格独特的摩崖造像通过引起人们的惊奇、崇敬、畏惧等心理来规范人们的日常行为，起到教化民生的功能，突出了宗教教义，同时大大丰富了桂林的山林景观。

（4）园林景题的点景。桂林山水园林景题形式多样，含记录、描述、象征、表意和用典5种命名手法。如四望山销忧亭，“山名四望，故亭为销忧”[30]，四望山与销忧亭二名出自东汉诗人王粲的《登楼赋》：“登兹楼以四望兮，聊暇日以销忧。”既描述出了该山山石奇特，“四望之下，乱石纵横”[24]的景观环境，又借用诗文，使视觉感知升华为丰富的心灵体验。又如象山“水月洞”，该洞东西通透，空明如月，宋诗《和水月洞韵》记之为“水底有明月，水上明月浮；水流月不去，月去水还流”。该命名将月光、水色与洞景相结合，在引人联想的同时突出了该景点的特征，并营造深远的意境。

4 结语与讨论

（1）与中国风景园林主线对比（图1）。桂林地区的园林营建活动开始较晚，发展周期短，发展速度较快，但同样具有渐进性、层累性[31]。历代桂林山水园林营建活动完成了自然风景环境向生态人文环境的过渡，其园林审美意识的发展是人文性和艺术性不断递进的过程。

（2）依据园林营建特征和审美关注点的不同，桂林山水园林审美意识的发展历程可分为寻形赋情、重理塑神和意蕴相生3个阶段（图2）。第一阶段：寻形赋情。自唐开始人们对自然山水的自觉审美达到了一定高度，逐渐引申出了改造自然、人化自然的艺术追求，并对景物赋予情思。第二阶段：重理塑神。宋元，山水园林发展迅速，造园技艺和艺术性都得到了极大提升，景观中主体情致

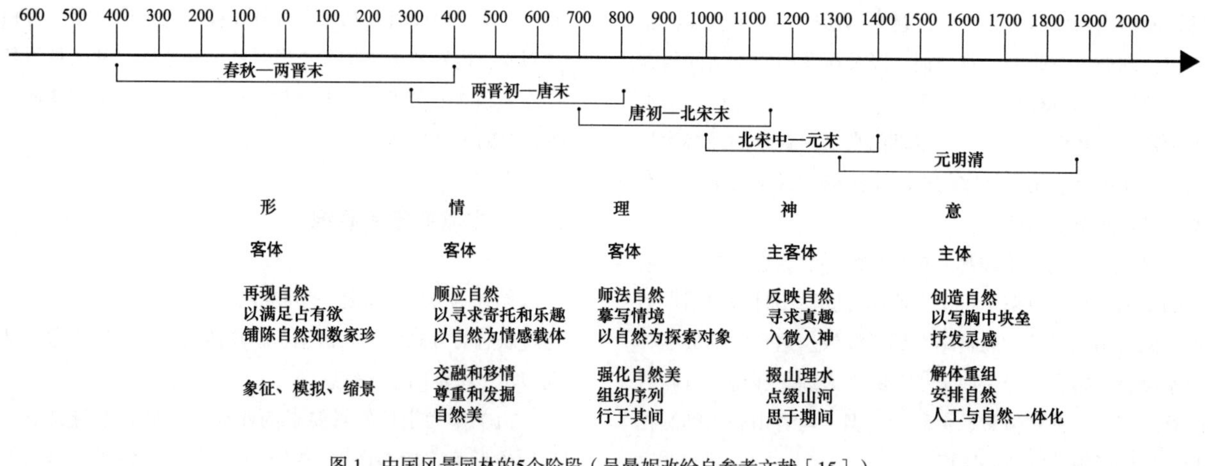

图1 中国风景园林的5个阶段（吴曼妮改绘自参考文献［15］）

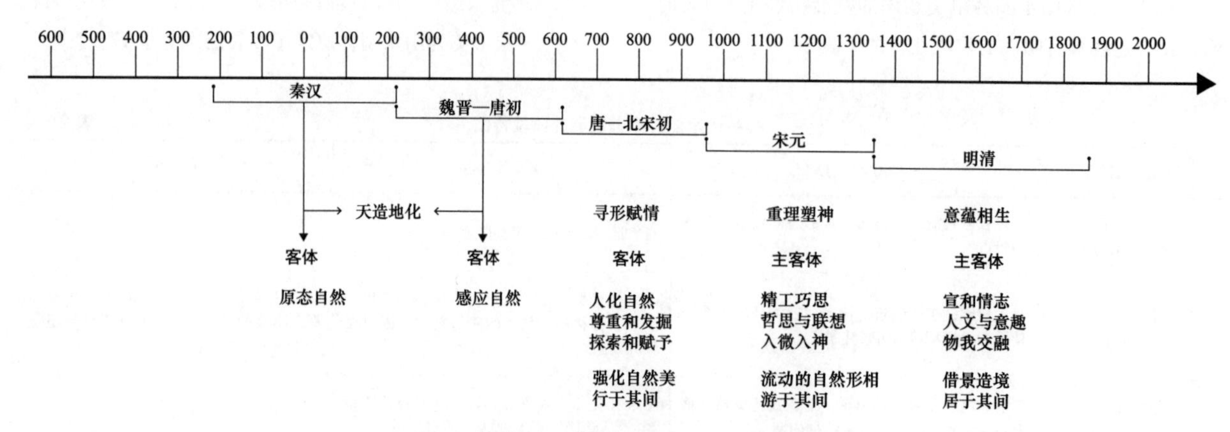

图2 桂林山水园林审美发展历程（吴曼妮绘）

逐渐浓化。第三阶段：意蕴相生。明清时期，随着美学思想的进步，逐渐成为具有浓郁诗情画意和人文内涵的艺术胜境。

园林作为一种文化载体，其美学思想的演变过程既是社会形态演变的外化，也是历史阶段人与自然关系的折射，造园方式和园林审美特质是形塑地域园林景观特色的关键所在。桂林山水园林构建于真山水、大天地之中，随自然与人文融合程度不断加深，形成了“略成小筑、足征大观”的风景营建范式，园林审美表现出以自然为主调，注重整体的环境审美观和丰富的审美联想。当代及未来的桂林园林建设应延续遵从自然的低影响开发模式，将人文环境纳入自然山水风景之中，并以保持地域审美特质为城市景观风貌的控制原则。在此基础之上，结合新时代城市发展的生态、文化等综合需求，进一步强化山水园林的人文内涵、城市整体园林系统的游憩服务功能，以及生态功能及美学功能，展现时代精神与良好的地域风景园林形象。

致谢：感谢桂林市委党史研究室凌世君副研究员对本文的指导。

注：本文刊登于《中国园林》2020年第3期第50～54页。文章在收录本书时有所改动。

参考文献

[1] 冯仕达，慕晓东. 中国园林史的期待与指归［J］. 建筑遗产，2017（2）：39–47.
[2] 周向频，陈喆华. 史学流变下的中国园林史研究［J］. 城市规划学刊，2012（4）：113–118.
[3] 田中淡，李树华. 中国造园史研究的现状与课题（下）［J］. 中国园林，1998，14（2）：24–26.
[4] 袁鼎生. 超循环有序，非线性平衡：桂林山水景观生态分析［J］. 社会科学家，2008（10）：12–17.
[5] 张利群. 论桂林山水审美中的儒家文化蕴涵［J］. 社会科学家，1997（2）：50–56.
[6] 李启军. 试论桂林山水美的审美生成及其层次：兼谈山水审美的主体条件［J］. 桂林旅游高等专科学校学报，1999（S1）：93–95.
[7] 朱环新. 桂林山水的结构美［J］. 社会科学家，1997（6）：81–84.
[8] 梁晗昱. 论古代桂林山水诗的从产生、发展及其流变［D］. 南宁：广西大学，2013.
[9] 梁莹华. 明清桂林山水诗研究［D］. 南昌：南昌大学，2013.
[10] 周维权. 中国古典园林史［M］. 北京：清华大学出版社，2010.
[11] 陈从周. 中国园林鉴赏辞典［M］. 上海：华东师范大学出版社，2001.
[12] 林广臻，陆琦，刘管平. 唐宋岭南州府园林的公共性探析［J］. 风景园林，2018，25（7）：107–111.
[13] 韩光辉，陈喜波，赵英丽. 论桂林山水城市景观特色及其保护［J］. 地理研究，2003（3）：335–342.
[14] 李文初. 中国山水文化［M］. 广州：广东人民出版社，1996.
[15] 冯纪忠. 人与自然：从比较园林史看建筑发展趋势［J］. 中国园林，2010，26（11）：25–30.
[16]（清）吴征鳌. 临桂县志［M］. 桂林蒋存远堂，1905.
[17] 刘寿保. 唐代桂林山水园林史论［J］. 社会科学家，1991（3）：70–76.
[18]（后晋）刘昫，等. 旧唐书［M］. 北京：中华书局. 1975.
[19] 丘振声. 桂林山水诗美学漫话［M］. 南宁：广西人民出版社，1988.
[20] 钟乃元. 唐宋粤西地域文化与诗歌研究［D］. 南宁：广西师范大学，2010.
[21] 姚远. 桂林历史城市人居环境山水境域营造智慧研究［D］. 西安：西安建筑科技大学，2013.
[22] 刘寿保. 宋代桂林山水园林景观论［J］. 社会科学家，1992（3）：88–92.
[23]（清）汪森，编辑. 粤西文载校点［M］. 黄盛陆，等，校点. 南宁：广西人民出版社，1990.
[24]（明）张鸣凤. 桂胜；桂故［M］. 桂林：广西师范大学出版社，2017.
[25] 罗瑛.《芙蓉池馆诗草》校注［D］. 南宁：广西大学，2001.
[26] 刘汉忠. 桂林美景妙笔传：清罗辰笔下的桂林山水图［J］. 收藏界，2012（5）：93–94.
[27] 罗瑛，袁芸. 浅谈罗辰《桂林山水图》配画诗的艺术美［J］. 广西大学学报：哲学社会科学版，2000（S3）：98–100.
[28] 孟妍君，秦鹏，秦春林. 岭南名园：桂林雁山园造园史略［J］. 广东园林，2011，33（4）：12–16.
[29] 高翅. 试论中国园林景观意境的创造［J］. 华中农业大学学报，1995（4）：397–400.
[30] 桂林市文物管理委员会. 桂林石刻［M］. 桂林：桂林市文物管理委员会，1977.
[31] 彭孟宏，唐孝祥. 冯纪忠的比较园林史研究及其审美文化启示［J］. 南方建筑，2017（6）：106–110.

作者简介

吴曼妮，1996年生，女，陕西安康人，桂林理工大学旅游与风景园林学院风景园林学系在读硕士研究生。研究方向为风景园林历史与理论。电子邮箱：836563768@qq.com。

郑文俊，1979年生，男，湖北天门人，博士，桂林理工大学旅游与风景园林学院、植物与生态工程学院副院长，教授，博士生导师，教育部高等学校建筑类风景园林专业教学指导分委员会委员。研究方向为风景园林历史与理论、乡土景观。电子邮箱：149480860@qq.com。

胡露瑶，1994年生，女，湖北天门人，桂林理工大学旅游与风景园林学院硕士，桂林旅游学院旅游管理学院助教。研究方向为风景园林历史与理论。

王荣，1982年生，男，广西全州人，博士，桂林理工大学旅游与风景园林学院院长助理，副教授。研究方向为历史地理学。

澳门卢廉若公园中的诗情画意

Poems and Couplets of Garden Lou Lim Iok in Macau

邓 锐 周 妍

摘 要：澳门园林融合了中西方不同的风格，形成兼容、开放、多元的园林形式。卢廉若公园作为澳门近代“三大名园”之一，其独特的历史使公园形成与众不同的风貌——以大面积的水体、山石及植物进行造景，又融入了西式装饰风格。通过史料考证和现场调研，对卢廉若公园的总体布局和景观序列进行分析，并探寻公园从叠山理水、建筑特色到楹联绘画体现出的诗情画意，继而深化人们对卢廉若公园意境美的感受和认识。
关键词：澳门园林；卢廉若公园；诗情画意

Abstract: Macau Gardens combine different garden styles of China and the West to form a compatible, open and diversified garden form. As one of the "three famous gardens" in modern Macau, Garden Lou Lim Iok has a unique history that makes it look different. The garden has a large areas of water, rockery and plants, which are integrated into a western decoration style. Through historical literature research and field investigation, this paper analyzes the overall layout and landscape sequence of Garden Lou Lim Iok, explores the poems and couplets from rockery and water, architectural features, couplets and paintings, so as to deepen people's feelings and understanding of the artistic conception of the garden.
Keyword: Macau Garden; Garden Lou Lim Iok; Poems and Couplets

“春草堂前思渺冥，水边顾影尚伶俜。低昂看尽卢园柳，未折家山一段青”[1]，诗中的“卢园”现称“卢廉若花园”，又称“卢九花园”“娱园”，是港澳地区唯一具有苏州园林风韵的公园[2]。公园内中西方造园手法的相互融合成为其最突出的特点，使其被评为“澳门八景”之一。本文以诗情画意为经纬对卢廉若公园（以下简称“卢园”）开展研究，勾勒出其造园艺术的风采和特性。

1 历史沿革

今日的卢园为当时娱园的一部分，面积仅1.13hm^2，不及当年的二分之一，位于罗利老马路与荷兰园马路交界处[3]。其为富家子弟卢廉若所建，至今已有近百年的历史（表1）。

历史轨迹表 表1

时间	人物/机构	事　件
1870年	卢华绍	购入园地
1889年	卢廉若	于园址北部建造卢廉若洋楼
1904年	卢廉若	重金聘请广东香山画师刘光廉设计
1912年	卢廉若	孙中山先生重临澳门，受到卢廉若款待，下榻卢家花园并在春草堂会见中外重要人士
1925年	卢廉若	完工，取“筑园娱亲”之意，故称“娱园”
	培正中学	购得娱园北面卢廉若洋楼及周边土地，娱园又曾作为岭南小学校舍
1952年	私人开发商何贤	娱园西侧隐园及卢煊仲洋楼等被拆除用来建造地产南侧的业权转到社会名流何贤手上
1973年	“澳葡政府”	购入娱园主体建筑春草堂以南的园林
1974年	“澳葡政府”	向公众开放，为纪念卢廉若，命名为“卢廉若公园”
1992年		被评为“澳门新八景”之一

注：表格内容来源于参考文献［3］。

2　园林布局序列

2.1　总体布局

早期的卢园布局可从《澳门掌故》中得知：“进园，则圆门当道，曲径通幽。荷池上，九曲桥回；竹斋前，千篇屏障……娱园之西厢，乃主人仲弟所居，另辟门向贾伯乐提督街，颜曰隐园，与娱园虽一墙之隔，固有门可通，而亭台树石相若”[4]。

现在的卢园根据地理条件，分为以春草堂和水池为主的水庭和以养心堂与百步廊组成的旱庭（图1）。水庭部分以春草堂为主体建筑，堂前的水池作为全园的景观中心和构图重心，周围以假山、建筑和花草树木围绕。旱庭部分由以养心堂为主景的前庭、瓶状门洞以及百步廊围合而成，其中活动以观赏盆景为主。两个院落之间采用巧妙过渡的方式，使园内环境气氛既联系贯通，又特点分明[5]。如旱庭与水庭间采用月门洞及瓶门作为空间划分，又通过假山的堆叠将两个庭院联系起来。

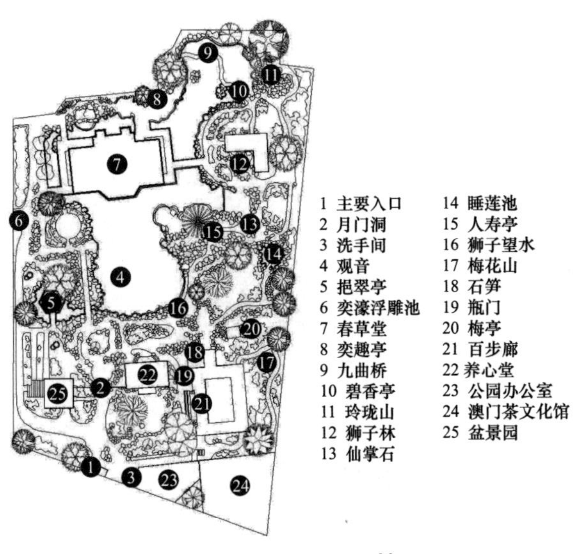

图1　卢园的总体布局[3]

2.2　景观序列

进入主要入口，正对书有“屏山镜楼”四字的月洞门。门的西侧原为兰花花房，现改造为盆景园；东侧为旱庭部分，其主体建筑养心堂为单檐中式建筑。

进入月门洞后，穿过山石堆叠、花草繁茂的道路，开阔的水池映入眼帘，完美地诠释了“山穷水尽疑无路，柳暗花明又一村”的诗境。中部以大面积水景为主，池中有山石堆砌的观音立像，凹凸自然的岸线与岸边植物相互衬托，映天碧翠，颇有江南别致精巧的风韵。水景西侧有四面环水的挹翠亭，在亭中休息时，可欣赏池中观音、碧水荷香，给游人增添了几分诗情画意。主庭中的主体建筑“春草堂”，漫步其中可欣赏中西合璧的建筑风格。穿过春草堂，经过狭窄弯曲的石林小径依次来到弈趣亭和九曲桥，桥下满植荷花（*Nelumbo nucifera* Gaertn），池塘桥榭、翠竹红荷，让人从中感受到中国传统园林文化的气息。主庭东侧为成组假山，奇峰怪石与古榕翠竹间建有人寿亭，亭东侧正对仙掌石。往北走有峥嵘百态的小狮子林，通过后便是碧香亭与玲珑山。

卢园既吸收了岭南园林的秀丽纤巧，又受到西方文化的影响，呈现兼容、开放、多元的特点。卢园也包含了苏州园林的风韵，在狭小的空间里，利用叠山理水，种植花草，与楹联匾额相结合，达到移步换景的效果，形成诗情画意的艺术意境。

3　卢园的诗情画意

3.1　前世今生的文化氛围

卢园有着戏剧的文化底蕴。据史料记载，卢廉若喜爱粤剧，便在园内盖搭戏台，并取名为“龙田舞台”，起初仅是“与家人遣兴”，后觉“独乐莫若与众同乐”，在街角另辟院门，上演粤剧，故名噪一时。但在1930年，戏台毁于附近的澳葡兵营火药库爆炸[3]。

卢园也一度成为革命活动的指挥中心，革命先驱孙中山先生曾写到“始决计倾覆清廷，创立民国。卒业之后，悬壶于澳门与羊城两地，实则为革命运动之始也”[6]。他不仅在此处创设同盟会支部，拍下长近1m流传千古的巨幅照片，还开办了“濠境”阅览社，为此地增添了文化氛围。

如今，人们在踏寻前人的足迹时，常于此处静思默想，感悟人生真谛，或与好友在此聚会雅集，进行思想上的交流。此处常年举办各类传统活动，如书法比赛、花灯展、盆景展等，甚是热闹，其中的收获非单纯的赏景所能比。

3.2 独特的诗情画意

3.2.1 传统的叠山置石

园内石景主题不同，形态各异，或叠石成林，或孤峰独立。公园东北角的玲珑山“仿山涧渊潭叠石理水，山高近10m，假山分数级叠台层层跌落，山顶植有一株参天古榕，四周灌木、花草丛生，小路回转曲折”[5]；园内的仙掌岩、石林、小狮子林等，在园林空间中实现了“隔断”的功能，也在平坦之处营造了不同的景象层次；水池中有山石堆砌的观音立像，整体构图简练而生动；沿岸用湖石所堆砌的“狮子望水”，意趣盎然。具体的置石方法，大致可分为对景布置、群体布置和孤立布置等（表2）。

3.2.2 具有地方特色的理水手法

《园冶》书中云：“山依水为妙，倘高阜处能注水，理涧壑无水，似少深意”[7]。卢园内水面面积约占园林面积的五分之一，主水体布置在中心位置，采用自然式驳岸，蜿蜒曲折的岸线从视觉上扩大了水池的范围。

园中水的处理有静态和动态之分，但多以静态的水出现。设计中以小桥、亭榭分割水面，以树木、花草、山石倒映水面，形成“亭台楼阁、小桥流水、鸟语花香”的意境。如公园主体建筑春草堂与挹翠亭四周被水环绕，再以中式小桥联系周边。公园东北角的玲珑山的水体则采用了动态的处理，涓涓溪水从假山顶部跌落，形成五叠瀑布，可在亲水平台上驻足垂钓、观赏群鱼。夏日荷花盛开，红莲摇曳，池畔柳丝低垂，随风飞舞，造就了“斜风绕曲径”“池塘淡淡风”的诗情画意。这与岭南园林中的理水手法相同。

置石方法与营造的意境　　表2

置石方法	主要特点	实　例	营造的意境
对景布置	为营造空旷的园林或庭院空间，在建筑物的对面布置假山	仙石掌（图2）	稳定、浑穆古朴
群体布置	假山以较大的密度有聚有散地布置成一群，使石群内各山石相互联系，相互呼应，关系协调	玲珑山（图3）、狮子林	营造山林景色、充满自然气息
孤立布置	孤立独处地布置单个假山，并且假山是直接放置在或半埋在地面上	观音立像（图4）、狮子望水	生动有趣、灵秀飘逸
散点布置	是以若干块散石布置，“散漫理之”的做法，最大特点就是分散、随意布置	月门洞两侧、水池岸边（图5）	随意、散漫、放松
山石器置	用山石作室内外的家具或器设	仙石掌旁的石凳石桌（图2）	质朴、敦实，给人们以回归自然的意境

图2　仙石掌及石桌石凳

图3　玲珑山山洞

图 4 观音立像

图 5 池岸散石

3.2.3 以植物烘托意境

中国人将植物作为文化和文脉流传的载体，使植物成为诗人感物喻志的象征。对于园林景观而言，以植物创造出意境美，含义深远。园内植物种类最繁多的是竹类，居而有竹，清气满园，碧叶经冬不凋，清秀而又潇洒。其中，最大者为粉麻竹（*Dendrocalamus pulverulentus* China et But.），高可参天；最小者为观音竹（*Bambusa multiplex* var. *riviereorum* R.Maire）；最多者为唐竹［*Sinobambusa tootsik*（Sieb.）*Makino*］，因其为散生竹种，地下茎蔓延，无处不在；最奇者为佛肚竹（*Bambusa ventricosa* Mc Clure）；颜色最美者为黄金间碧竹［*Bambusa vulgaris* f.vittata（Riviere & C.Riviere）T.P.Yi］；最婀娜多姿者为崖州竹（*Bambusa textilis* var. *gracilis* Mc Clure）、青皮竹（*Bambusa textilis* Mc Clure）[8]。

卢园的妙处还在于九曲桥下的荷花。据统计，园中拥有百余种名品荷花。每逢夏日，红荷漂香，轻摇碧波，美不胜收，令人流连。“曲桥端赖红阑傍，片片初荷漾绿池。池畔有亭双韵在，斜看碧水听流澌”[9]，文人雅士多在卢园赏莲后赋诗留世。澳门人爱荷如斯，将荷花作为安定、圣洁的象征，卢园因荷盛名于澳门园林，故深受澳门人的喜爱，每年7月都在此举办荷花节，游人络绎不绝，甚是热闹。

卢园起初梅花（*Armeniaca mume* Sieb）极盛，文载“有梅花五百树，香雪弥望”，现春草堂两侧有梅花数株，新建的“梅亭”和“百步廊”侧有几株姿态苍劲的老梅，营造出古色古香的意境。

4 别具一格的艺术风格

4.1 随处可见的诗文楹联

《红楼梦》第17回中说过“若大景致，若干亭榭，无字标题，任是花柳山水，也断不能生色”[10]。诗文楹联糅进园林的艺术处理手法，是中国古典园林所独具的成就。园中的诗词楹联将自然景观与山水楼阁糅合提炼（表3），

卢园中的诗词楹联 表3

地　点	对　联	意　境
挹翠亭	纵横域外大瀛海，俯仰壶中小绿天； 莲青竹翠无由俗，柳色波光已斗妍	体现亭外观景意趣十足，营造惬意、欢快的意境
春草堂	姹紫嫣红，喜名园集四时美景； 吟青挹翠，寻胜境忆三代英豪	把四时美景与三代园主相对，营造了缅怀与崇敬的氛围
奕枫亭	漫步曲桥寻画稿，闲凭奇石听书声	将声音纳入观赏范围，自有一种天然妙趣
碧香亭	碧水丹山曲桥垂柳，香风醉月词馆诗人	动静结合，以动衬静，使月色美景更深入人心，营造了月色朦胧之美感
	如画风光饶雅兴，娱人景色此中寻	营造了富有情趣的自然景色
人寿亭	奇石尽含千古秀，异花长占四时春	营造了古树参天与山石浑然一体，富有自然野趣的意境
	点缀更添卢苑胜，竭来如接屈公吟	体现了人寿亭景致优美
	出淤泥而不染，亭亭净直； 干云霄以无尘，习习清冷	营造了荷叶田田，荷风扑面，清香远送的意境，又体现出园主人的气节
奕濠浮雕池	三径绿荫成翠幄，一潭清水跃门鱼	上联营造出一个幽静、深邃的自然意境，下联是园主对鲤跃龙门、宦运亨通的向往

中西合璧的园林建筑 表4

地点		中　式	西　式
春草堂	外墙颜色	—	外墙粉刷米黄色，配以白色线条装饰
	廊柱	—	古罗马科林斯柱式和混合柱式，柱顶上修饰也是白色欧式花纹
	檐廊	岭南建筑形制	构造采用圆柱和弧形扇窗
	屋顶	—	白色宝瓶围栏的女儿墙阳台制式
	披檐	绿色琉璃瓦、飘逸的檐角	—
	屋顶	卷棚歇山顶，飞檐翘角	—
碧香亭	石柱身和横梁	—	以圆形、几何图框样式进行装饰，框内无画作诗词
	地面	—	白色和墨绿色小瓷砖拼花构成几何图案，呈方形布局
	连接的九曲桥	围栏采用传统图案	受葡式巴洛克风格影响，呈连续弯曲弧线
月形门洞	园路铺装	外部园路采用中式传统图案——仙鹤作为铺装	内部则是采用各色碎石铺砌的充满葡式风格的圆形图案
奕濠浮雕池	装饰	刻有《后羿求仙丹》图	彩陶壁贴

不仅装饰点景，而且表现了园主对于诗词书画创作的追求和对美好生活的向往之情，经后人吟咏，自景而生，生而入景，循环往复，浑然一体。

4.2 中西融合的园林建筑艺术

卢园内多数建筑为中西融合的风格，其独特的形式呈现了不一样的建筑景观（表4）。

4.3 精心布置的绘画雕塑

绘画雕塑也是园林文化中最精妙的组成部分。公园西侧有彩陶壁贴装饰的奕濠浮雕水池，刻有《后羿求仙丹》图，糅合了东西方装饰风格；旱庭中的瓶门上方刻有中式传统壁画，映衬了周围的竹林；入口前庭的园路不仅有石砌的仙鹤图案，也有各色碎石铺砌的充满葡式风格的圆形图案；月门洞通过嗅觉与视觉营造意境，"正面的'屏山镜海'对应门框内的山石花台与清秀的石笋，形成框景；而背面的'心清闻妙香'与拱门周边种植的桂花［*Osmanthus fragrans*（Thunb.）*Loureiro*］、竹丛相呼应"[5]。园中放置着各式的石雕，如水池中有山石堆砌的观音立像等。

5 结语

正如《澳门杂诗图释》中的所言"竹石清幽曲径通，名园不数小玲珑。荷花风露梅花雪，浅醉时来一倚筇"[11]，卢园在得天独厚的气候和地理优势下，有中西多样的建筑造型，独具意境的楹联匾额，本土结合苏州园林特色的造山理水手法，处处烘托意境的植物配置。从历史使用原因到现在的改建，卢园在功能上多有体现雅韵风情，不仅有形式美，还升华到了诗情画意的意境美，是澳门园林的艺术瑰宝，其一草一木到整个园林的布局特色都能让人感受到澳门园林独特的诗情画意。

注：本文刊登于《广东园林》2020年第1期第41～44页。文章在收录本书时有所改动。

参考文献

［1］佟立章．卢园看柳［M］//毅刚．澳门四百年诗选．澳门：澳门出版社，1999：180.
［2］梁希敏，黄金玲．以小见大的古典园林精品［J］．城市建设理论研究（电子版），2011（28）.
［3］陈志宏，费迎庆，孙晶．澳门近代卢氏娱园历史考察［J］．中国园林，2012，28（9）：102-107.
［4］王文达．澳门掌故［M］．澳门：澳门教育出版社，1999：131.
［5］陈婷．澳门卢廉若公园的造园特色［J］．农业科技与信息（现代园林），2009（3）：1-4.
［6］孙中山．孙中山自述［M］．北京：人民日报出版社，2014：12.
［7］计成．园冶注释［M］．陈植，注释．北京：中国建筑工业出版社，1988：60.
［8］关俊雄．从诗词楹联看澳门卢园［J］．广东园林，2012，34（1）：16-20.
［9］吴笑生．娱园春咏［M］//章文钦．澳门诗词笺注（民国卷下）．珠海：珠海出版社，2003：561.
［10］曹雪芹．红楼梦［M］．北京：人民文学出版社，1996: 65.
［11］汪兆镛．澳门杂诗图释［M］．澳门：澳门基金会，2004：124.

作者简介

邓锐，1988年生，女，贵州省阳人，澳门城市大学博士在读，贵阳学院，讲师。研究方向为城市规划、城市公园。电子邮箱：1446547015@qq.com。

周妍，1998年生，女，贵州都匀人，贵阳学院，本科在读。专业方向为园林。

画游到园游：山水画理在园林空间营造中的表达

Painting Tour to Garden Tour: the Expression of Traditional Chinese Painting Theory in Landscape Spatial Composition

张 瑾 王洪成

摘 要：本文在中国山水画与传统造园发展相辅相成的研究基础之上，从“画游－园游”的角度，尝试就山水画理对中国古典园林空间营造所产生的影响进行探讨。通过结合中国古典园林实例的造园手法，分别从“物游”与“心游”两个层面分析画理在造园实践中的表达，为设计者从山水画的“画游”角度去理解传统园林的“园游”路径提供参考依据。

关键词：山水画；画游；画理；园林

Abstract: Based on the study of the parallel development of Chinese landscape painting and traditional gardening, this paper attempts to discuss the influence of landscape painting theory on the space construction of Chinese classical gardens from the perspective of "painting tour-garden tour". Combined with the gardening methods of Chinese classic garden examples, this paper analyzes the expression of painting theory in gardening practice. From two aspects of "physical Tour" and "ideological Tour", this article provides a reference for designers to understand the "tour of gardens" path of the traditional garden from the perspective of "tour of paintings" of landscape painting.

Keyword: Landscape Painting; Tour of Paintings; Landscape Painting Theory; Garden

引言

纵观山水画的发展历程，其山水画理与传统园林造园实践密切相关。刘管平教授认为，中国人自古以来就有着亲近自然、追逐山水的欲望，古人歌颂山水，便出现了山水诗；古人描绘山水，便出现了山水画；古人创造山水，便出现了中国古典园林[1]。从作为中国山水画发展开端的魏晋南北朝到山水画发展兴盛的宋朝，山水画中的构图、意境、表现技法等画理逐渐渗透于古典园林的造园理念和手法中。陈炜炫[2]、李鹏南[3]、钱瑶和李元媛[4]等人均在其论文中研究了山水画在中国古典园林造景及空间理念方面的体现和内涵，但以“游观”为线索梳理山水画理与园林营造关系的研究还较少。

笔者尝试结合山水画理，从“画游—园游”的角度来解读山水画与园林艺术之间的联系，希望能对现代风景园林艺术研究有所帮助，以期满足园林造景在更高层次上的审美需求，使人深入理解园林空间营造的表达方式和思想底蕴。

1 “游”在山水画中的表现

1.1 “游”的审美形成与发展

“游”的审美理想最早出现于北宋郭熙的《林泉高致》中。事实上，“游”的审美理想与中国山水画的发展一直有着密切联系。早在山水画发展萌芽期，就已经诞生了“游”思想的雏形，即“卧游”。南朝宗炳在《画山水序》中提出“卧游”：“老疾俱至，名山恐难遍睹，唯与澄怀观道，卧以游之”。两宋时期，“卧游”的理想开始逐渐受到文人雅士的推崇，如苏东坡的“澄怀卧游宗少文”，秦少游的“卧游”以疾良愈等。北宋郭熙进一步完善前人的“卧游”思想，于是山水画中“游”的审美理念才被正式提出。至元明清各代，“游”的审美广泛普及，在文人墨客的创作中，游观文学逐渐成形，并取得辉煌成就。鉴于山水诗文与山水画的一脉相承，“游”的审美思想也通过山水画理渗透于宋至明清时期的画作中。

1.2 “游”的山水画内涵

国内学者曾从字义层面出发对古代早期“游”的发展历程提出看法，认为“游”从行为方式发展为思维方式，是“游”发展的基本过程。根据这一研究思路，笔者认为从行为方式和思维方式去分析“游”在山水画中的审美表达，可以直观表现出“游”的审美价值。山水画中“物游”层面表达的是游观活动与山川美景的交融，“心游”层面则体现儒道释哲学思想催生下的高层次的精神需求。

1.2.1 “物游”以再现自然景观

中国的山水画注重表现山远孤寂，水深静幽等风景迤逦的自然风光。以文徵明的《浒溪草堂图》为例（图1），画中描绘的草堂精舍是文人雅士聚集活动的场所，画面中除了群山环绕、溪水深远悠长的自然景致外，还生动刻画了嘉客来访、烹茶阔论等生活场景。古代的山水画家立足于现实生活，游走于自然环境，并如实地用笔描绘对大自然的感受，多创作以论道访友、寻幽游乐为题材的山居图、行旅图等用来寄情于山水，此为物游的真切体现。

1.2.2 “心游”以突破时空限制

传统山水画运用的是散点透视法，不同于西方风景画，其擅长运用几何透视法展现以自我为中心的几何空间的瞬间影像（图2）。中国山水画中表现“心游”的时空意识是在散点透视的基础上伸展景象而塑造的一个鸟瞰神游的心灵空间，是一个突破时空限制的动态画面，如南宋马远的《寒江独钓图》，以寥寥数笔水纹和大片的留白表现江水的烟波浩渺，打破图幅限制，创造出孤寂萧瑟的情感氛围和广阔的想像空间。

图1 文徵明《浒溪草堂图》（源自网络）

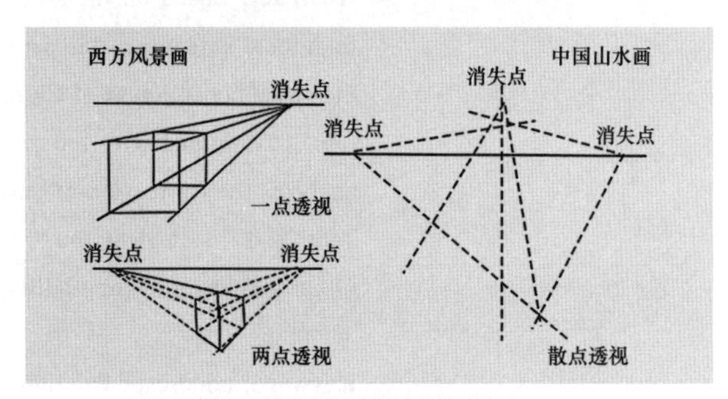

图2 散点透视与几何透视的对比

2 “画游”——山水画理的意象表达

根据目前国内学者对山水画的研究，将画理的概念大致界定为以下三种方式：形式上，画理是具有客观依据又符合形式美规律的一种绘画语言[5]；审美上，画理是对自然界的感受和象征民族特征的审美模式及标准[6]；内容上，画理即绘画的道理，是历代许多画家对绘画原理的规律和理论进行的总结[7]。综上所述，画理是涵盖多方面绘画理论、艺术化表现审美意象的绘画语言形式。

南开大学陈玉圃（2007年）所著《山水画画理》对山水画理进行了较为全面的介绍。其中笔墨、构图、气韵、正见主要是画面内容和形式的凝练，而意境、修养、炼形、虚实等则更侧重于画意在精神层面的升华。

“人在画中游”是对山水画作的高度评价，充分概括了其独特的审美视角。“画游”是一种精神自由的状态，在这种渗透而又游离于画面的审美角度下从两个层面对山

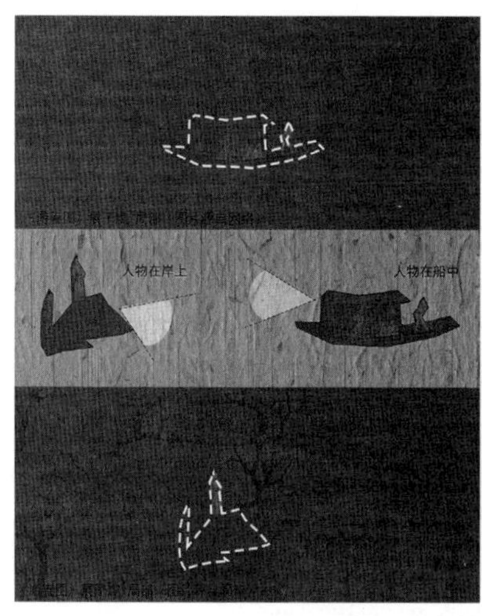

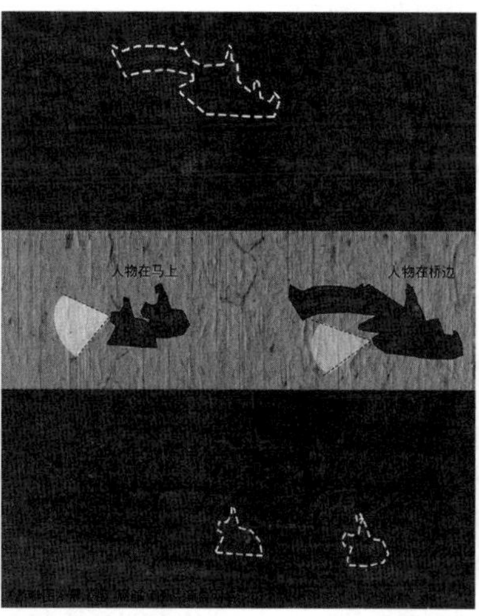

图3 根据人在画中变化位置进行观景活动

图4 山水景色随着视觉进行移动

水画理进行解读。从“物游”的角度讲，画理中的“气韵”讲究形貌各异的景物同趋势相连贯，即“游目”的观察方式，通过韵律式组合山川景物的多种构图提炼得“游观”的构图特色。从“心游”的角度讲，主观意念境界化的“意境”追求的是情景融合的境界重构，而“炼形”中推崇精神气韵与真山水的再创造，结合山石皴法、云水虚实的画法，可得“以大观小”的山水技法。

2.1 画游——物游于形

2.1.1 “游目”的观察方式

“游目”是山水画家对自然风景的观察方式。其有两层含义：（1）根据人在画面中变化位置来进行观景活动。随着人物行走或停留的地点不同，画卷描绘的景色随之发生改变，如展子虔在《游春图》中展现春色的方式就是结合画中不同位置的人物活动来进行的，以游人的活动限定景观空间（图3）。（2）山水景色随着视觉进行移动。宗白华先生说：“画家的眼睛不是从固定角度集中了一个透视的焦点，而是流动着飘瞥上下四方，一目千里，把握全境的阴阳开阖，高下起伏的节奏[8]。”郭熙的《溪山行旅图》将整幅画面划分为近、中、远三个层次，从山脚的茶寮到山腰，穿过小桥流水的行客再到山顶处笼罩在云雾中的古寺，行笔如流水般将山行路上景色优美的几个场景统一于一张画卷中（图4），这种方式是通过塑造视觉流动空间来实现“移步换景”的景观效果。

传统园林的造园手法同样融入了这种艺术化的观察方式，借助园林中的亭、台、楼、廊等限定要素，巧妙地利用景墙、假山置石、挖填水体结合植物等来增加空间的流动感，使游人穿行其中，产生“步移景异”的空间体验。

2.1.2 “游观”的构图特色

画家通过“游”的视角选取重点描绘的景色，并且把这些可视点串联成线，构成线性的画面结构。这种构图方式依据线的样式可以分为水平线构图法、对角线构图法和“S”线构图法（图5）。线性构图将画面中的景观小空间或以直线或以曲线进行排列，增加空间的流动性，加强整体

图5 山水画的线性构图法

的韵律感。

传统园林的造园手法之所以重视对其游线的设计，同样也是受到了山水画中线性构图方法的影响，园林中采用“俗则屏之，嘉则收之”的方式将各具特色的景点以“线”的方式进行联系。

2.2 画游——心游于神

2.2.1 “以大观小”的尺幅山水

中国山水画中的以“大”观“小”，即画家要从独特的视角去统领全局，在有限的尺幅画卷中表现真实山水的神韵和气势。于是这种山水画独有的“大小观”成就了古典园林的咫尺山林。从“壶中天地”到“芥子须弥”，这种“以大观小”的思想在传统园林的发展中不断升华，从具象到抽象，从造园要素到空间意境，逐步渗透于造园的各个方面，成为中国传统造园思想中具有鲜明画意的空间魅力。

就像山水画会受画幅局限，中国的古典园林，尤其是私人宅园往往会受到地域面积的限制，因此在造园过程中，对于园林空间的处理就显得至关重要。如何突破空间的局限，在有限的空间中创造无限的空间感受，山水画家和造园家纷纷在自己的作品中给出了答案，即“以大观小”的处理方法。

2.2.2 境界重构的写意山水

无论是山水画还是园林营造均重视意境的表现，王国维曾在《人间词话》中指出：“境界非谓景物也，喜怒哀乐亦人心中之一境界”，故画家以心游意，意者即心音，画家将浓烈的个人气质通过笔墨和宣帛进行宣泄，笔下的尺幅画卷则是这种将主观世界迹化后的自然山川。因此意境即是以主观情感为脉络，山川物象为骨骼的境界重构。

山水画中主要借助位置经营、笔墨色彩、形态构成三方面处理画面关系，从而达到突显主题意境的效果：在位置经营上，如欲现高峻奇险的境界，要先经营高耸巍峨的物象位置；在笔墨色彩上，烟云浸峦、水泽温润的物象多用淡墨，而表现山石刚韧、林木粗犷则用墨浓重，线条突出；在形态构成上，树形、水形、山形等物象在疏密、大小及曲直关系的表现上都有不同程度的把控。这些在传统山水画境界重构中的空间表现方法，也直接影响着中国古典园林的空间构成。

3 “园游”——古典园林的空间营造

3.1 园游可入画

畅游山水以入画，凭画游景以构园。“画游”与“园游”之间彼此渗透、相互影响，形成密切的联系纽带。长久以来，山水画凭借其历史悠久的文化底蕴、独树一帜的艺术表现和精辟凝练的山水画理，在潜移默化中对传统园林的空间营造和发展进程产生了深刻而久远的影响。在创作内容方面，园林的相地立基、莳花弄草、掇山叠石、巧于因借等营造理念均是在不同程度上受到山水画理的启发。而在造景思想、观赏审美以及艺术造境方面，“画游”与“园游”之间也有着明显的共通性。

3.2 园游江南——画理的空间表达

3.2.1 园游——物游其景

（1）观察方式引导园林造景

山水画中不同的绘画形式如册页、手卷、长卷等往往引导着相同的观察方式，即“游目”，其使得画中描绘的空间具有流动性。观其画，视线便随空间流动而移动，画中对于空间的细节刻画与园林造景所追求的“步移景异”有着异曲同工之妙。

中国古典园林拙政园对于“步移景异”造景手法的运用可谓是炉火纯青，从文徵明所作《拙政园三十一景图》中就可窥一斑。这本册页是以拙政园的景点为主体绘制而成，共计三十一景，每一景点为一图，每张图各有自己的视觉焦点，虽因受到图幅限制，各景点之间的空间关系未能直接表现出来，但是借助每张图的题咏说明，还是可以大致了解各个景点的空间分布，并通过画页切换达到移步换景的效果。如对小飞虹、小沧浪等重要景点选取不同的视角，通过刻画细节展现引人入胜的景致，其对拙政园实景的营造具有指导作用（图6），由此可知这种观察方式与园林造景之间的密切联系。

（2）构图方式指导游线设计

中国山水画擅长利用线性构图方式，打破时间概念来把不同时间段发生的游赏活动绘制在同一画面上。仇英的《独乐园图》就是依据北宋司马光在其《独乐园记》中记录的景象绘制的，其采用水平线构图的方式来串联一个个描绘园居生活的画面以及钓鱼庵、种竹斋、见山堂等景致。联系古典园林的营造，可见这种绘画形式更像是一幅表现园林游线的园景图。

作为苏州唯一一座住宅与花园完整保留的园林，网师

文徵明《拙政园三十一景图》嘉实亭与拙政园嘉实亭实景

文徵明《拙政园三十一景图》待霜亭与拙政园待霜亭实景

文徵明《拙政园三十一景图》小沧浪与拙政园小沧浪实景

文徵明《拙政园三十一景图》小飞虹与拙政园小飞虹实景

图6 《拙政园三十一景图》与拙政园实景对照（图片来自网络）

图7 网师园平面游线图

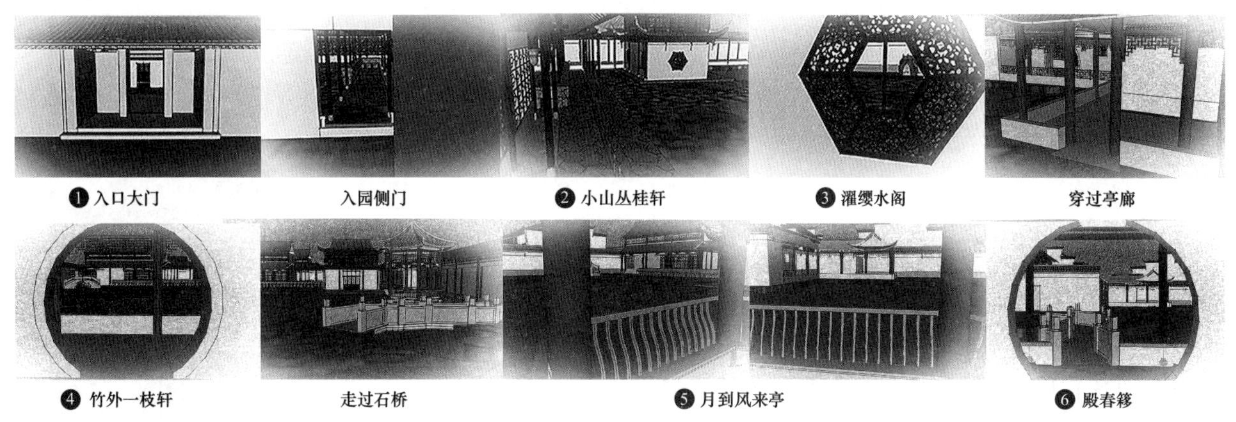

❶入口大门　入园侧门　❷小山丛桂轩　❸濯缨水阁　穿过亭廊

❹竹外一枝轩　走过石桥　❺月到风来亭　❻殿春簃

图8 网师园游线景观图解

园尚保留修建最初状态的景观游线。现以网师园的游线分析为例，探讨传统绘画的构图方式与园林游线设计之间的联系。参考网师园游线的相关文献，结合调研结果[9]，对网师园的游线设计进行分析（图7）。结合网师园的空间模型，将设计游线中的景观绘制成线性图解（图8），可知山水画将小空间运用线性构图统一于图幅的方式对园林的游线设计是有直接影响的。

3.2.2 园游——心游其境

（1）画法运用把握园林尺度

传统造园家对于“小中见大”的运用主要体现在对空间尺度的把握中。要想在山石数方、湖水数斗的小园中营造山岳高耸、江湖万顷的空间，其建筑、植物、桥梁等尺度需要相应地缩小，并借助周边的参照物来衬托山石高峻，水流深远。

以留园中冠云峰庭院的造景为例，选取浣云沼以北包括浣云沼在内的地域为研究范围（图9）。在平面尺度上，以冠云峰为主体的山石组的占地面积最大，其他要素尤其是建筑的尺度有明显的缩小（表1）；在立面尺度上，除冠云楼外，其余建筑、山石的高度均低于冠云峰（表2）。虽然冠云楼略高于冠云峰，但因其为三开间五架屋，横向跨度较大，作为冠云峰的背景，在视觉上反而更加衬托出冠云峰高耸奇峻。以冠云峰石组的尺度为标准，量化庭院内部其他各景的占地面积和立面高度两组数据，可知突显冠云峰的挺拔高耸与景观尺度的掌控是直接相关的。

图9 冠云峰庭院局部效果图

主要景观要素占地面积对比表　　表1

景名	占地面积（m^2）	比值
冠云峰山石组	120.06	1
冠云楼	85.93	0.71
冠云亭	4.69	0.04
冠云台	12.89	0.12
浣云沼	75.53	0.63
连廊	118.55	0.99

主要景观要素立面高度对比表　　表2

景名	高度（m）	比值
冠云峰	5.15	1
岫云峰	4.48	0.87
瑞云峰	3.63	0.70
冠云楼	5.33	1.03
冠云亭	4.53	0.88
冠云台	3.53	0.69
浣云沼	-0.47	—
连廊	2.85	0.55

（2）画境布局映射园林借景

“借景无由，触情俱是”，孟兆祯先生曾提出借景作为园林规划设计理法的核心，其在自然和人文环境两个层面进行了渗透融汇。因此不仅是自然景观，那些可以唤醒人的情感记忆、引发内心共鸣的人文物象，都可以成为借景的对象。借景手法在园林空间营造中的运用，使园中实景不再是一种单纯的空间组合，而是实现人文内涵与自然景象在空间内的境界重构。

受山水画理影响，画家笔下情景交融的画境布置映射于园林造景中逐渐衍生出“泉流石注，互相借资”的营园手法。《园冶》将借景手法划分为远借、邻借、俯借、仰借、应时而借五类。上文对于山水画中的意境塑造主要是借助位置经营和笔墨色彩（即季相与虚实对比）等方面进行分析，而从画境布置的角度可将园林的借景手法大致划分为两大类（表3），一类是依据借景要素位置的不同而分，包括远借、邻借、俯借、仰借，另一类则依据借景要素在时间和空间的变化，包括应时而借和虚映成景。

依据山水画理划分的借景手法类型　　表3

依据	手法	借景要素位置	实　例
物象位置	远借	远处	 苏州拙政园远借北寺塔
	邻借	近处	 杭州郭庄近借西湖之景
	俯借	下方	 苏州拙政园放眼亭俯借水景
	仰借	上方	 杭州西湖南屏晚钟仰借雷峰塔的景色
时空变化	应时而借	时间：天文、气象、植物季相等	 苏州网师园借明月之景
	虚映成景	空间：水面、镜面等反射性材料	 苏州拙政园水面倒影之借

注：图片源自网络

4　结语

“善画者擅园，擅园者善画”。纵观历史，山水画的发展与传统园林造园实践的发展是相辅相成的，本文从“画游—园游”的角度探讨山水画理在古典园林中的空间表达，为现代风景园林设计师从多角度、多层次理解传统园林深厚的文化底蕴提供了帮助，同时对于现代园林的营造具有重要的借鉴意义。

注：本文刊登于《园林》2020年第3期第20～26页。本文章在收录本书时有所改动。

参考文献

[1] 罗瑜斌，刘管平．山水画与中国古典园林的起源和发展［J］．风景园林，2006（01）：53-58.
[2] 陈炜炫．山水画视角下的岭南园林的空间造境逻辑［D］．广东：华南理工大学，2019.
[3] 李鹏南．北宋园林空间形态与山水画图式语言的关联性分析［J］．美术，2019（10）：132-133.
[4] 钱瑶，李元媛．中国传统山水画在苏州园林假山艺术中的运用——以环秀山庄为例［J］．美术教育研究，2019（18）：52-54.
[5] 鲁晓雯．“合于天造，厌于人意”—由苏轼之“常理”说看宋代绘画中的“理”［D］．辽宁：辽宁师范大学，2016.
[6] 黄勤．绘画写生中的物理和画理［J］．老年教育（书画艺术），2018（01）：8-9.
[7] 张子艳，徐文生．绘画中的情理与画理——以宋代花鸟画为例［J］．美术教育研究，2019（19）：16-17.
[8] 宗白华．美学散步［M］．上海：上海人民出版社，1981：97.
[9] 刘怡宁，唐芃．何以游园：基于山水画的园林游线研究［J］．城市建筑，2017（14）：32-36.

作者简介

张瑾，1996年生，女，山西人，天津大学风景园林系在读硕士。研究方向为风景园林理论与设计、低碳园林。

王洪成，1965年生，男，吉林人，天津大学风景园林系教授，博士生导师。研究方向为风景园林理论与设计、低碳园林。

江洋畈诗境六品

——走进现代园林“诗境”的路径和方法

Six Styles of Poetic Realm in Jiangyangfan:
the Approaches to the “Poetic Realm” of Modern Garden

贺碧欣

摘　要：本文以杭州江洋畈生态公园在“西湖文化”场所方面的隐喻表达和生态的设计坚守为切入点，从游客的凝视角度研究造园的目的和功能，尝试用诗性的阐述方式梳理现代园林与诗品的关系；用哲学的思辨论证分析园林与诗的关系。并试图引入《二十四诗品》中“自然”等六品意境风格来解读杭州江洋畈生态公园的“内心”，用品读古典诗歌的方式走进现代公园“诗境”，并获得走进其中的密码，为设计者和游赏者提供一种可能性——即诗意化解读现代园林的路径和方法。

关键词：江洋畈生态公园；园林；诗境；《二十四诗品》

Abstract: This paper analyses and discusses the purpose and function of landscape gardening from the breakthrough point, taking the metaphorical expression of Hangzhou Jiangyangfan ecological park as the example, which is one of the representatives' culture site of West Lake with its feature of metaphorical expression and ecological design. This paper attempts to use poetic exposition to sort out the relationship between the modern garden and lyrical quality. It uses philosophical speculation to demonstrate and analyze the relationship between garden embedded poetry. It also attempts to introduce six artistic conception styles, such as "nature" in *Twenty-four Poetic Styles* to interpret the "core" of Jiangyangfan ecological park. Meanwhile, it obtains the code to enter the "poetic realm" of the modern park in the way of reading classical poetry to provides a possibility for designers and tourists, that is, the way and method of poetic interpretation of contemporary garden.

Keyword: Jiangyangfan Ecological Park; Garden; Poetic Realm; *Twenty-four Poetic Styles*

废弃之地，诗意却汩汩流淌。

—— 题记

江洋畈生态公园（以下简称江洋畈）位于杭州西湖与钱塘江之间的山谷大坝，最初只是一处淤泥堆积地，属荒寒废弃之地。在设计施工之前，淤泥经过数十年的自然演替，种子萌发出很强的生命力，形成以南川柳（*Salix rosthornii* Seemen）等植物为主的杂木林谷地沼泽景观。作为生态公园，江洋畈无疑是一个另类设计：保留了大范围的原生场地，整体风貌呈现现代、轻盈、偏于西化的气质类型，使人在游览过程中会产生截然相反的双重感受，如理性与浪漫、亲切与疏离等。其中串联于漂浮栈道上的生态指示系统，以图文牌的形式科普了淤泥疏浚、植被资源和动物种类等方面的知识，但只限于客观科普阐述，并无任何文字形式的场所文化和诗意暗示。

一般认为，在中国传统园林中，建筑是园林有机组成中最物质的部分，而诗词楹联碑刻等文字暗示是园林中最具精神性的部分。传统的园林被称为山水诗画的物化形式，并通过诗词楹联的题点进行诗意化的表达，能让身体实现画中游和诗中行，能让头脑意会到诗意、美和智慧。如果从诠释传统、建构“西湖文化”的诗意化角度来解读江洋畈，它是杭州西湖景区唯一一座没有从设计内容直观表达诗词内涵以体现“西湖文化”的公园。那么江洋畈这座现代城市园林的构成，就存在如下思考：如果物质的建筑部分还在，一旦脱离了诗词楹联碑刻和其他类型的文字暗示，作为园林的结构还完整吗？其诗意化表达和“西湖文化”的传承在哪？江洋畈究竟是杭州西湖景区公园的一股“清流”，还是一个“悖论”？这亦是笔者在本文试图求解的内容。

1 园林与诗

1.1 园林是什么

著名建筑师童寯在《说园》中提到：“中国造园的目的是陶醉与欣喜，基本上是智慧的艺术。”又在《苏州园林》里写道：中国园林是“一处真实的梦幻佳境，一个小的假想世界”。所以，从某种程度来说，中国传统造园如同造梦。

现代社会建造城市公共园林的目的和功能何在？如纽约中央公园（New York Central Park），位于曼哈顿超高密度城市场所，被认为是从都市峡谷跋涉出来所见到的“世内桃源”，人从城市与公园中来回穿越能够获得“黑暗与光明”“生与死”的超脱感受。据此分析，这种城市公共园林能使人的精神在城市压力下得到舒缓。

由此总结：园林应区别于界墙之外以日常交通工具为主体的时空系统，通常是以人的步履为度量标准的独立时空系统，其游线组织安排完全抛除外界的影响，甚至与外界无关。在园林的时空里，天地、草木、虫鱼的力量都在放大，人的双脚踩在大地上，获得的是实实在在的“栖居”体验。就这个方面来说，游园的人本身是期待着摈弃日常以寻求诗意的存在和精神的放逐。所以不论是中国传统私家园林还是现代城市公园，最可贵之处应该是有别于日常生活体验的部分，即倾向于梦境和理想。中国传统园林，能让人“劳身颐神”而身心回归自然，其终极思想是完成人类和天地的对话。

1.2 诗是什么

从文学意义上来说，中国传统诗歌及其理论成果，深深影响了绘画与园林。所以这里的诗并非完全是文学指向，而是一种更大范围的意向性指引，从这点来说，园林就是中国山水诗画的物化呈现。

诗对于现实生存的人类如同空气一样不可或缺：“诗”或现（文字）或隐（文字之外），以不同形式和状态存在，它可以引导人类仰望天空，也可以使人眷恋大地。海德格尔（Martin Heidegger）在《诗·语言·思》中认为：“只有当诗发生和到场，安居才会发生。”诗可以被看作是通往灵魂的途径，人类通往园林或是其他静谧空间，其终点可能是虚无又或是一个回环往复的过程。建筑学家诺波舒兹（Christian Norberg-Schulz）曾说：“诗有办法将科学丧失的整体性具体地表达出来”。在现代技术型社会，诗属于科技代替不了的那一部分。所以“诗”可以被理解成连接人和自然的一个秘密通道，属于精神的补缺。

1.3 园林组成与诗意触点

园林的组成因素为物质与精神两部分，两者缺一不可。以诗词楹联等为载体的精神建构指向的传统园林，可视为诗意的“触点”。那没有这个触点就不能开启诗意之旅了吗？

司空图在《二十四诗品》的“含蓄”品中有“不着一字，尽得风流”的说法，他认为从诗中没有写到的虚空之处去补充想像，从中可以获得诗的意蕴和内核。从这点来说，“不着一字，尽得风流”，基本能奠定江洋畈诗境的基调是退隐、含蓄和隐喻的。所以，诗意的“触点”并非只是诗词楹联这类所指，应该具有更多的指向可能，譬如说《二十四诗品》所隐含的诗境探寻——那些仍需不断探索的、看不见的“触点”。

2 关于《二十四诗品》

2.1 什么是《二十四诗品》

在确定以“诗品”敲开江洋畈“诗境”之前，对于“诗品”的发展脉络先作一个梳理。《二十四诗品》（以下简称《诗品》）之前，有皎然在《诗式》中提出的“辨体一十九字”，《诗品》之后有王国维的《人间词话》等。但司空图的《二十四诗品》能更清楚地表明“诗境”作为宇宙的本体和生命之“道”，即“意境”的美学本质。《诗品》认为诗的境界构成风格的核心。不仅如此，《诗品》还运用了感性与理性、形象与抽象相结合的表述方法，从场所之美的感性层面上升到创作（设计）之美的理性层面，继而进入园林的哲学思考中。

《诗品》将诗歌的境界分为二十四类，依序分别为：雄浑、冲淡、纤秾、沉着、高古、典雅、洗练、劲健、绮丽、自然、含蓄、豪放等，其中每一品都有相应的意向描绘，每品不分高下，各有特点。如用“荒荒游云，寥寥长风”来表现雄浑，用“雾余水畔，红杏在林”来展示绮丽等，这些意向描述本身是优美且情景交融的[1]。本文以笔者对《诗品》的认知范畴来解读江洋畈的“诗境”类型，将园林的场所精神通过合宜的“诗品”来描绘和呈现，以探寻园林诗境风格类型和园林审美的丰富性。

2.2 为什么是江洋畈

以一个游客的凝视角度来体验江洋畈：当车行至密林掩隐的虎玉路一段，江洋畈诗意之旅就开始了。基地地势较高，三面围山一面开阔，从停车场沿着缓坡步入江洋畈公园主入口，在上行的漫步过程中，会感受到因江洋畈独特的场所感而产生的朝拜的心理体验。从坡下至入口大约需要2～3min，这段时间是一个内心逐渐放空的状态，对于越来越接近公园的入口会怀有微妙的期待：接下来将会获得怎样的诗品之旅？

海德格尔在《通往语言之路》一书中说：“作品存在意味着缔建一个世界”。从作品的角度来说，江洋畈必然是个契机：多年的废弃之地在静寂中等待着缔建，直到成为一处理想世界。这个公园在整体设计上应用了现代简约的设计元素：笔直的线条、几何化带有“构成”意味的构筑物形式、硬边和阴影、金属材质的应用等。但是，除了这些物化的构筑物，更多看到的是和周围山谷契合的场所感、疏野空阔的杂木林、用野生花草为种植带边界的“荒地”，以及沼泽林带蜿蜒小径等现状。

2.3 《诗品》与江洋畈

游览江洋畈会产生对立和双重的感受，无论其设计元素如何现代和西方化，江洋畈总体给人的感受仍然是东方的、含蓄的表达，具有浓郁的东方意境和哲思，线性的时间特征在此消隐，场所的过去和未来同在，来自西湖淤泥地里的诗意像种子一样在此地萌发。而《二十四诗品》是纯粹古典和东方的，两者如何建立联系呢？

3 江洋畈诗境六品

笔者以江洋畈生态公园这一审美主体的游赏经验为蓝本，通过比对分析它与《诗品》中契合的部分，一步步走进江洋畈的诗意世界。

3.1 自然

“自然”在《诗品》中的描述：“俯拾即是，不取诸邻。俱道适往，着手成春。如逢花开，如瞻岁新。真与不夺，强得易贫。幽人空山，过雨采苹。薄言情悟，悠悠天钧。”[1]这是一种不加修饰、自然而然的风格境界，是江洋畈诗境审美体系中的核心所在，江洋畈的“自然”通过表象和内在两个方面来阐述（图1）。

图1 江洋畈生态公园的“自然”之诗境

获得“自然”途径就是随手拈来和顺其自然，一旦走进江洋畈，清新自在的气息迎面扑来，“俯拾即是”。这个体验过程就像弯腰捡东西一样自在。江洋畈以保留和梳理现状为宗旨，通过仔细打理收拾，以疏林杂木为基调，适当对公园生态系统和植被边界重新设计，让地貌回归到“幽人空山，过雨采苹”的自然态。

“自然”之诗境的核心表达：“俱道适往，着手成春”，即“道法自然”。借用李白“清水出芙蓉，天然去雕饰”的诗句来表达，可以明白“自然”之境的核心所在就是去雕饰、不堆砌造作[1]。江洋畈生态公园里的核心景观是生境岛。无论是大人还是孩子，最热衷的莫过于走进公园的腹地——这处芜杂的绿心之中，顺着蜿蜒曲折的木栈道，去探寻江洋畈的核心秘境。这里真实体现了人与自然的和谐共处，将人与自然、城市与自然、技术与自然做到了一个很好的融合。

3.2 实境

“实境”是指直观看到的情景，强调真切和实在，《诗品》有如下描述：“取语甚直，计思匪深。忽逢幽人，如见道心。晴涧之曲，碧松之阴。一客荷樵，一客听琴。情性所至，妙不自寻。遇之自天，泠然希音。”其中，“取语甚直，计思匪深”说的是“实境”品的“直”与“浅”，具有目之所见简单明了的涵义[1]。例如生境岛的内部围合部分是原生的现场样貌，保留了大片原生植被，梳理了生境岛外的植物，为下层植物生长创造条件。游人可以畅通无阻地“抵达”江洋畈诗意内核，观察到场所最原始的地貌状态和它的演化进程，时空得以消解。这在现代园林中尤为可贵（图2）。

图2 生境岛界内围的“实境”意象

另外，江洋畈的设计语言有以下特点：用简单的、直线条的构筑物路线，尽可能少地重塑场所结构，保护好园区的整体地貌，让游人更为便捷地接近真实的自然。园区核心区贯穿的科普标识体系，帮助游人全面而直接了解江洋畈的生态体系。和自然相比，实境应该是自然诗境的承接。自然和实境，在江洋畈公园中互成依托，实境是自然生长的土壤，自然就是实境的衍生。

3.3 流动

“流动”在《诗品》中的描绘：“若纳水辖，如转丸珠。夫岂可道，假体遗愚。荒荒坤轴，悠悠天枢。载要其端，载同其符。超超神明，返返冥无。来往千载，是之谓乎。”在这里“流动”具有流转和变动的诗境风格，此品集中反映了流动的形体特征和外在形态[1]。江洋畈公园保留了完整的生态系统，设计师恢复了一部分沼泽湿地，将它与原来的芦苇塘联系起来，创造了“流动”的生境条件。“荒荒坤轴，悠悠天枢”，这套生态系统形成自然演替的生态样本，为动植物的栖息提供适宜的生存环境，让整个园区呈现生机勃勃的生命状态。

江洋畈公园有个明显的基地优势，就是地势高，三面围山一面开阔，这样会制造诸多视觉、听觉和感觉上的惊喜。江洋畈的流动，不仅反映在循环着的生态系统整体中，还来自生态系统的活力，来自风生水起、虫鸣鸟啭的生态环境、园路组织、游人可达性等几个方面。如高处的枕霞廊可获得片刻休息，极目眺望，依稀可辨宛若银带的江面，听到火车穿行的轰隆和鸣笛声以及来自谷底的空气流动——风。风的流动带动或远或近的声音；芦苇深处，白鹡鸰（*Motacilla alba*）扑棱棱拍打着翅膀，白鹭（*Egretta eulophotes*）在水面上下翻飞，叽叽咕咕地叫。四野无人之境生机涌现，雪芒摇曳，诗意滚滚而来，“若纳水輨，如转丸珠”，空气、风、水、植物生长、动物栖居，依次呈现。

江洋畈诗境的“流动”还反映在园区的整体设计上，生境岛的界墙形态、植被的物候相所提供的动态体验过程，都属于“流动”的范畴，尤其是秩序感和园路组织方面。虽然是很危险的基地条件，但是园路的可达性很强。长约1 km的漂浮栈道能引导游客深入库区探索自然群落和生境环境[4]，栈道的形式蜿蜒曲折回环往复，用《诗品》来说就是：“超超神明，返返冥无。来往千载，是之谓乎”（图3）。

图3 江洋畈生态公园腹地的漂浮栈道

3.4 疏野

“疏野”在《诗品》里描述为“惟性所宅，真取不羁。控物自富，与率为期。筑室松下，脱帽看诗。但知旦暮，不辨何时。倘然适意，岂必有为。若其天放，如是得之”，强调直率表露适意无为、坦然随性的状态[1]。司空曙在《江村即事》里有“罢钓归来不系船，江村落月正堪眠”的句子，说的正是“倘然适意，岂必有为”的生命哲学。对飞速发展的技术型社会为导向的主流价值观而言，由“疏野”带来的生命体验恰恰是另外一个极端和反差，而这正是现代园林珍贵的特质之一。

江洋畈这种无目的的随意性无处不在：在疏野空阔的杂木林间行走，栈道中心部分沿生境岛而展开，行至其中，荒寒山水、无用之用，天地之间疏野空阔。大部分柳树芜杂粗放，即使大面积倒伏、枯死，但直立的新枝又从旁侧密密匝匝地萌发，极具朴野气质。自然界本就是这样，不必追求精致和圆满，生命的自由度在江洋畈获得最大化。可以这样说：江洋畈将此种荒僻和疏野发挥到极致，留了荒僻也就成就了江洋畈疏野的诗意。

3.5 沉着

“沉着”在《诗品》里描述为：“绿杉野屋，落日气清。脱巾独步，时闻鸟声。鸿雁不来，之子远行。所思不远，若为平生。海风碧云，夜渚月明。如有佳语，大河前横。”这里，“沉”可理解为沉静、深沉；“着”为执着、专注。深沉专一的感情和寂静之地相融合成为“沉着”的诗境[1]。

江洋畈有一段用砂土创新实践的“黄泥路”，具有让人亲近的安全感和吸引力，谓之“乡间的小路”。海德格尔说“诗人的天职是返乡”[2]，这更像是一段沉思之路，承载着回不去的乡愁和童年（图4）。另外，江洋畈的天际线是远山和密林，远山环绕三面，从密林的空阔之处可以看见钱塘江的银色缎带。而北边的山脚有一处高压线塔，这处高压线塔和密林深处的火车鸣笛声会将人拉回现实，有“惊梦”之感，让沉迷于“沉着”诗境的心灵体验为之一颤。所以，人们在游园过程中，出入这两套时间体系中，在园中游历直到走出园林，会有梦中醒来回归现实的感受。不管是传统古典还是现代新颖，都是不同状态的梦境，醒来后都要回归到以车船飞机为参照系的现实时间体系中来。

图4 一段江洋畈“乡间的小路”

3.6 含蓄

“含蓄”在《诗品》的注解是：“不着一字，尽得风流。语不涉己，若不堪忧。是有真宰，与之沉浮。如渌满酒，花时返秋。悠悠空尘，忽忽海沤。浅深聚散，万取一收。”“含蓄”是江洋畈的基调，“不着一字，尽得风流”正是江洋畈生态公园的“含蓄”的诗境体现。

这里要引入“西湖文化”这一话题。关于公园的区域定位，它属于西湖景区，却异于传统意义上的景区公园。“西湖文化”是在地政府和居民所关注的，大多数西湖景区公园中的人文遗迹、诗词楹联积极向外呈现“西湖文化”，而江洋畈只是应用了图示牌冷静而理性地“科普”园区的生态知识。怎么解？

如果从生态系统的内在意义上探寻，发现可以同时从时间和空间实现江洋畈的“西湖文化”之回归：时间方面，江洋畈从山谷间的淤泥库变成茂密的次生林地，不仅仅是一个自然演进的过程，它本身就是西湖疏浚历史和文化的一部分；从空间距离看，江洋畈虽然远离了西湖，却与西湖紧密联系。如果说西湖中的淤泥是“西湖文化”的血脉，那江洋畈和西湖中的白苏两堤、湖心岛一样，都是西湖疏浚的结果。从这点上来看，江洋畈其实已经隐喻了传承“西湖文化”的内在思想，只不过表现形式不同而已[3]。再加之设计将自然和生态系统的知识传达给公众，本身就是一种对场所文化的再现。在当代，文化有多重的含义，并不仅仅指历史层面上的文化，更隐喻了生态意义上“生生不息”内在探寻的文化。

4 结语

江洋畈生态公园，官方的定位是生态科教基地，游客的评价是露天的生态博物馆[4]，笔者从“诗品”的角度也可以将其定位为“诗园”。如果只是游园，游人内心有诗，就会收获很多具体至微的诗意和精神世界；内心无诗，直接得到负氧离子的滋养，身心疏阔，自然宁静，能感受到从容美好的人生意义；热爱学习的人，从园区的游览和科普标识系统里获得科学知识。试问，园林设计师在设计中是否能带着“诗心”来思考？在创作过程中，能否借鉴“诗境”的表达，如诗的意境、格调、节奏和韵律，用品读古典诗歌的方式来自觉开启现代公园“诗境”的密码呢？

本文以诗论园，通过尝试从《二十四诗品》中挑出相对契合江洋畈的六品，对其诗境六品进行分析和品评，思考它们之间的相通和交融。研究表明，对这六品只能意会，很难做出定量的指标，否则诗境落入分析的窠臼，就会发展成“悖论”。但对于持续变化的园林来说，诗境的意向本身就是难以表达和不可以琢磨的，所以说，园林与诗、物质与意向的探讨永无止境。而通过《二十四诗品》解读江洋畈之“诗境”，希望能为设计者和游赏者提供一种诗意化解读园林路径和方法的可能性。

注：本文刊登于《园林》2020年第3期第27～32页。文章在收录本书时有所改动。

参考文献

［1］郁沅．二十四诗品导读［D］．北京：北京大学出版社，2012.
［2］（德）M·海德格尔．人，诗意地栖居［D］．上海：上海远东出版社，2004.
［3］王向荣，林箐．杭州江洋畈生态公园工程月历［J］．风景园林，2011（1）：18-31.
［4］唐宇力，张珏，范丽琨．拟天然生境 造精雅空间—江洋畈生态公园建设工程实践探索［J］．中国园林，2011（8）：13-16.

作者简介

贺碧欣，1975年生，女，硕士，浙江绿城景观工程公司高级工程师。研究方向为风景园林规划设计、植物景观规划设计。电子邮箱：57523833@qq.com。

古典园林空间与爱情关系的分析研究
——以《牡丹亭》和《浮生六记》为例①

A Study on the Relationship between Garden Space and Love: Take the Peony Pavilion and the Six Notes of Floating Life as Examples

谷光灿　冯诗雁

摘　要：园林是居于宅内与宅外之间的过渡部分，闺阁小姐的活动多限于自家园林，但即便是自家园林，封建时代的闺阁女性也不常去。正因为如此，古代戏曲文学中，园林作为故事发生的经典场所，爱情传奇渐渐呈现出独特的“后花园模式”。本文基于爱情发生的原理和过程，从《牡丹亭》《浮生六记》的描述中，抽取作者构思或者描述的、与爱情心理发生以及行为发生相关的园林空间与要素，梳理促成爱情发生的园林空间要素，给予古典园林以爱情生活视角，还原古典园林的生活使用实态，并启示园林设计。
关键词：园林；要素；爱情；后花园模式

Abstract: The garden is an excessive part between the inside and outside of the house. The activities of boudoir girls are mostly limited to their yards. However, even their gardens may not be a place that women in the boudoir often go to in feudal times. Just because of this, as the ideal place where the story happened, the love legend gradually formed a unique "back garden mode". In this paper, from the principles and processes of love occurrence, the descriptions in Peony Pavilion and Six Notes of Floating Life, it extracts the garden space and elements related to the psychology and behavior occurrence of love. The author conceives or describes, combs the garden space key factors that contribute to the appearance of love, gives the classical garden the attention of love life perspective, restores the real state of life and use of the traditional garden, and enlightens landscape design.
Keyword: Garden; Key Element; Love; Backyard Garden Pattern

自古以来，园林作为人们生活、游憩，乃至抒发情感、表现其精神世界的诗意场所，似乎同爱情的发生有着密不可分的关系。本文界定爱情相关的园林空间为男女产生情愫的场所，包括一男一女相处、其中一方单独相思、一群人中男女相互倾心等情况。在周维权、彭一刚、汪菊渊等学者所著的历史书籍中可以看出，前人在园林的造园手法、空间结构等研究领域颇有成果，但对于古人真实的生活场景却较少关注，而古人的情感同园林空间联系的研究就更少。我们可能难以找到古人真实生活的历史依据，但从古典戏曲、散文笔记中，能通过文学家或者笔记的视角发现园林与爱情之间存在的联系。

1　园林与爱情故事

发生于园林中的爱情故事，常见于中国古典文学当中，特别是戏曲小说如《牡丹亭》《红

① **基金项目**：中国国家自然科学基金“巴渝传统场镇的景观价值识别和活态保护研究”（编号：51978094）。

楼梦》《西厢记》《墙头马上》等，而以《浮生六记》为代表的古代笔记典籍中，大量描述承载古代夫妻恩爱生活的园林却很少。著名学者陈寅恪在《元白诗笺证稿》中说："吾国文学，自来以礼法顾忌之故，不敢多言男女间关系，而于正式男女关系如夫妇者，尤少涉及。盖闺房燕昵之情景，家庭米盐之琐屑，大抵不列载于篇章，惟以笼统之词，概括言之而已。此后来沈三白《浮生六记》之闺房记乐，所以为例外创作，然其时代已距今较近矣"[1]。这是实际的爱情生活笔记流传下来较少的原因。有学者认为："后花园连同园中之情是作者按照理想主义而非理性主义的原则塑造，所谓'理之所必无，情之所必有'；尽管后花园的布局与现实生活中的私家园林不乏相似之处，但青年女子可以随时徜徉其间的设计却表明这仍是罗曼蒂克意义而非写实意义的环境"[2]。在"后花园模式"[3]下，才子佳人们摆脱了社会规则和宅内的礼法约束，在避人视线的园林空间中相遇相爱，情感得以释放。

本研究试图从爱情与园林的最佳虚构代表作《牡丹亭》和较为详细记载的爱情笔记《浮生六记》这两个一虚一实的典籍，从环境行为和环境心理的角度，来尝试讨论传统生活中爱情与园林空间的关系，心理发生和行为发生空间之间的关系，以及相关特点对现代园林设计的启示。

2 园林与爱情关系的研究

园林与其他的社会空间相比，因为围墙等一些园林要素的存在，使之成为一个独特的、有别于其他社会空间的场所，具有强大的私密性、隐蔽性和神秘性，在外界看来，是私人消遣的隐秘之处，不容轻易靠近和探究。"人对私密空间的选择可以表现为一个人独处，希望按照自己的愿望支配自己的环境，或几个人亲密相处不愿受他人干扰，或者反映个人在人群中不求闻达、隐姓埋名的倾向"[4]。中国园林追求"曲径通幽"的空间格局，喜欢设计复杂地形，采取各种手法来组织安排丰富多彩的空间，内向型空间和贴近自然的环境符合人们"隐"与"藏"的心理，可能容易激发人们的私密情感，诸如对爱情的向往或者爱情本身的发生。如柳永《正宫・玉女摇仙佩》一词中"须信画堂绣阁，皓月清风，忍把光阴轻弃。自古至今，佳人才子，少得当年双美，且恁相偎依"[5]。这里描写的"皓月清风""画堂绣阁"的园林生活场景，正是园林中的景致与人的情感的和谐共融。

爱情是个体与个体之间强烈的依恋、亲近、向往，以及无私、无所不尽其心的情感。著名精神分析家弗洛伊德认为，在人的一切行为中起决定作用的是人的本能，人的心理驱动力都是从本能中获取的。性本能作为人类最原始的生命冲动，常常受到意识、社会伦理、道德准则的制约和压抑[6]。由此，对于爱情心理发生场所相较于爱情行为发生场所来看，后者更有着私密场所的规定，这是讨论传统园林与爱情关系的前提。

本文通过《牡丹亭》与《浮生六记》两个典籍，对园林与爱情之间的关系进行解读，分析园林中爱情心理发生和行为发生的特殊空间模式，以获取空间的具体特点，甚至要素的一些选择表达。

2.1 《牡丹亭》

明万历四十五年，剧作家汤显祖创作了《牡丹亭》[7]。该剧描写了官家千金杜丽娘春游牡丹亭，发起春情，梦柳梦梅，而倾心相爱的故事[8]。牡丹亭有学者讨论是在江西大余南安府的遗迹[9-10]。但由于还没有充分实现论证，故此仍以牡丹亭的描写为汤显祖所为，不去讨论牡丹亭园林的真实情况。

2.1.1 园林要素描述

根据表1的戏文抽取，提取其中的园林要素主要有：牡丹亭（编号8、17）、芍药栏（编号7、8、10、16）、水阁（编号13）、榭（编号14）、画廊（编号8）、画船（编号5、13）、秋千（编号2、10、13）、太湖石山（编号2、7、8、10）、杜鹃（编号6）、荼蘼（编号6）、牡丹（编号6）、芍药（编号8）、垂杨（编号8）、榆树（编号8）、梅树（编号11）、竹（编号14）。根据编号6、7、10，可以得知其中牡丹亭、芍药栏、太湖石山、秋千的位置关系是相距较近的。其中芍药栏是与牡丹亭相配的赏花场所，为长廊式建筑，"回"字形结构，栏中有假山，放置有太湖石，栏内栽种芍药，"回"字形廊门挂有楹联、字画，备有座椅，人既可漫步栏内，又可歇息[11]。综上可作图1所示：1～6是杜丽娘游园思春之处，花园空间变换较多，动线为湖边，荼蘼架、看花等满园春色。7是杜丽娘和柳生爱情发生之地，仅是一个固定的较为隐蔽的场所，即芍药栏旁、牡丹亭旁、湖山石边。而8～11为杜丽娘相思寻梦的空间，同整个花园的空间进行回应，同时集中到7、12～15为柳梦梅游园拾画，花园空间尽显凄凉衰败之气。16是柳郎居住梅花馆屋外描写，17描述的是凄凉的花园，请回杜丽娘之身。

《牡丹亭》有关园林描述戏文部分抽取 [12] **表 1**

编号	章节	内　容
1	闺塾	原来有座大花园，花明柳绿，好耍子哩
2	闺塾	景致么，有亭台六七座，秋千一两架，绕的流觞曲水，面着太湖山石，名花异草，委实华丽
3	惊梦	梦回莺啭，乱煞年光遍。人立小庭深院
4	惊梦	袅晴丝吹来闲庭院，摇漾春如线。（行介）你看："画廊金粉半零星，池馆苍苔一片青。踏草怕泥新绣袜，惜花疼煞小金铃。"（旦）不到园林，怎知春色如许
5	惊梦	原来姹紫嫣红开遍，似这般都付与断井颓垣。良辰美景奈何天，赏心乐事谁家院！朝飞暮卷，云霞翠轩；雨丝风片，烟波画船——锦屏人忒看的这韶光贱
6	惊梦	（贴）是花都放了，那牡丹还早 （旦）遍青山啼红了杜鹃，荼蘼外烟丝醉软。春香啊，牡丹虽好，他春归怎占的先！（贴）成对儿莺燕啊。（合）闲凝眄，生生燕语明如翦，呖呖莺歌溜的圆。（旦）去罢。（贴）这园子委是观之不足也。（旦）提他怎的！（行介）观之不足由他缱，便赏遍了十二亭台是枉然。倒不如兴尽回家闲过遣
7	惊梦	（生持柳枝上）"莺逢日暖歌声滑，人遇风情笑口开。一径落花随水入，今朝阮肇到天台。"恰好花园内，折取垂柳半枝。姐姐，你既淹通书史，可作诗以赏此柳枝乎？转过这芍药栏前，紧靠着湖山石边
8	寻梦	一径行来，喜的园门洞开，守花的都不在。则这残红满地呵！哎，睡荼蘼抓住裙衩线，恰便是花似人心好处牵。这一湾流水呵！何意婵娟，小立在垂垂花树边？才朝膳，个人无伴怎游园？画廊前，深深蓦见衔泥燕，随步名园是偶然
9	寻梦	那一答可是湖山石边，这一答是牡丹亭畔，嵌雕栏芍药芽儿浅。一丝丝垂杨线，一丢丢榆荚钱。线儿春甚金钱吊转
10	寻梦	他倚太湖石，立着咱玉婵娟。待把俺玉山推倒，便日暖玉生烟。捱过雕栏，转过秋千，揹着裙花展。敢席着地，怕天瞧见。好一会分明，美满幽香不可言。呀，无人之处，忽然大梅树一株，梅子磊磊可爱
11	寻梦	偶然间心似缱，在梅树边。似这等花花草草由人恋，生生死死随人愿，便酸酸楚楚无人怨。待打併香魂一片，阴雨梅天，守的个梅根相见
12	拾画	则见风月暗消磨，画墙西正南侧左。苍苔滑擦，倚逗着断垣低垛。因何蝴蝶门儿落合？客来过，年月偏多，刻划尽琅玕千个。早则是寒花绕砌，荒草成窠。偌大梅花观，少甚园亭消遣。（净）此后有花园一座，虽然亭榭荒芜，颇有闲花点缀。则留散闷，不许伤心。（生）怎的得伤心也！（净作叹介）是这般说。你自去游便了。从西廊转画墙而去，百步之外，便是篱门。三里之遥，都为池馆。你尽情玩赏，竟日消停，不索老身陪去也。"名园随客到，幽恨少人知。"（下）（生）即有后花园，就此迤逦而去。（行介）这是西廊下了。（行介）好个葱翠的篱门，倒了半架。（叹介）（集唐）"凭阑仍是玉阑干王初，四面墙垣不忍看张隐。想得当时好风月韦庄，万条烟罩一时乾李山甫。"（到介）呀，偌大一个园子也 则见风月暗消磨，画墙西正南侧左。（跌介）苍苔滑擦，倚逗着断垣低垛，因何蝴蝶门儿落合？原来以前游客颇盛，题名在竹林之上。客来过，年月偏多，刻画尽琅玕千个。咳，早则是寒花绕砌，荒草成窠。怪哉，一个梅花观，女冠之流，怎起的这座大园子？好疑惑也。便是这湾流水呵
13	拾画	门儿锁，放着这武陵源一座，好处教颓堕。断烟中，见水阁摧残，画船抛躲，冷秋千尚挂下裙拖。门儿锁，放着这武陵源一座。恁好处教颓堕！断烟中见水阁摧残，画船抛躲，冷秋千尚挂下裙拖。又不是曾经兵火，似这般狼藉呵，敢断肠人远、伤心事多？待不关情么，恰湖山石畔留着你打磨陀。好一座山子哩。（窥介）呀，就里一个小匣儿
14	拾画	小嵯峨，压的这旃檀合，便做了好相观音俏楼阁。片石峰前，那片石峰前，多则是飞来石，三生因果
15	拾画	一生为客恨情多，过冷淡园林日午矬
16	冥誓	画阑风摆竹横斜，惊鸦闪落在残红榭
17	回生	老姑姑，已到后园。只见半亭瓦砾，满地荆榛。绣带重寻，袅袅藤花夜合；罗裙欲认，青青蔓草春长。则记的太湖石边，是俺拾画之处。依稀似梦，恍惚如亡。怎生是好？（净）秀才不要忙，梅树下堆儿是了

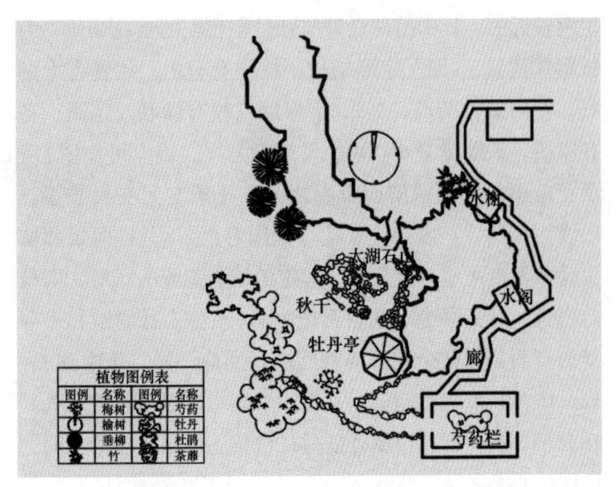

图 1　牡丹亭园林示意图

（注：根据书中提及绘制，其他未提及部分不作布点）

2.1.2　园林空间描述

从"闺塾"游园，到"惊梦""寻梦"，再到后来"拾画"的柳梦梅游梅花观，《牡丹亭》这一爱情剧的主要情节都发生在汤显祖描写的南安太守府的后花园，也即后来的梅花观里，园林中的亭台楼阁、花草树木是为主人公杜丽娘的爱情梦想铺就的空间背景："画廊金粉半零星，池馆苍苔一片青""绕得流觞曲水，面着太湖大石"的园林美景，"朝飞暮翠轩，雨丝风片，烟波画船"的美妙意境。

南安府后花园是杜丽娘思春、和柳生相遇以及杜丽娘打发相思的三个场景之处。其中和柳生相遇的定情之所比较固定在范围较小的空间，为爱情行为发生的空间，为丽娘的思念高潮之处，而思春游园和相思游园皆是较大的园林空间。杜丽娘死后，后花园变成梅花观，为柳生春病闲游、游园拾画，为衰颓伤景、狼藉萧条、荒草荆藤，从满园春色变成满园肃杀。

2.1.3 园林植物描述

在牡丹亭中，牡丹、芍药、垂柳、青梅等富含春意的自然意象也带有爱情的隐喻，它们在杜柳的爱情发生过程中被作者反复提到。牡丹开在春盛之时，是花中之王，剧中象征着杜丽娘的青春和美貌。《诗经·郑风》中有一首《溱洧》中写“维士与女，伊其相谑，赠之以芍药”[13]，描述的是春暖花开、雪融河涨之时，年轻男女到河边嬉戏交游，彼此打情骂俏，相互赠送芍药花作为定情信物的画面，芍药自古就被人们用来象征爱情；柳树常用来赞美女子的柔美；青梅常常用来代指女子，比喻青春韶光，表现女子对爱情的渴求。这些自然要素与丽娘的青春韶华互为映衬，既烘托出梦境的美好，也表达出情感的炽热，承载着关于青春、生命与爱情等多重至情意蕴。

对美好事物的向往、追求是人的天性，相比于闺房、厅堂的刻板、沉闷，春天的花园充满了勃勃生机，散发着鲜活的生命气息，是相对自由的空间，人与自然在园林中相互感应，情感同自然景物也相互对应，因为管理的不同，后花园以及梅花观为牡丹亭人物活动时带上贴合的园林状态。

“中国园林不仅仅是一个自然的境域空间，它随着春夏秋冬的四季更替，随着四季中阴晴风雨霜雪云等天时景象的变换而不断发生变化，这种自然天象的动态变化使一个静态的自然景象空间变得更加鲜活生动起来”[14]。《牡丹亭》中，在杜柳两人爱情发展的不同阶段，汤显祖描写的园林的要素与景色也不尽相同，对于园林岁月的变迁和更替不乏恰当描绘。而其中对春日花卉的描述，是重要而显著的，花是杜丽娘产生春情的关键要素。到了梅花观，曾经春情荡漾的牡丹、芍药、榆钱、荼蘼架等，成为闲花（野花荒草）而亭榭荒芜，而柳生看到的梅花观更是梅花树下一堆，即为丽娘之坟。不变的只有太湖石、倒塌的飞来石等，以及断墙颓垣、半亭瓦砾、冷秋千、竹林等，从一个被管理的南安太守后花园到一个疏于打理的坟冢的梅花观，成为两个不同性质的园林。同出一个地方不同的配置，显然带给人的情绪与反应也是不同的。

2.2 《浮生六记》

《浮生六记》是清代文人沈复的作品，是以抒情散文的形式描述他与妻子布衣素食的日常生活，不同于《牡丹亭》，这是一部生活实录。

2.2.1 园林要素描述

从作品中抽取有关园林的描述（表2）：客居会稽时（编号1），周围景致幽美，使作者更加思念家乡、思念妻子，竹影、月色、风声、蕉窗，自然景物形成的灵动意象交融在一起，形成了情景交融的艺术境界，构成园林最感人至深的意境，体现了缠绵悱恻的情致。沈复与妻子在沧浪亭畔（约1800年）“我取轩”度过了最美好的一段时光，有老树、绿荫、水窗（编号2），在如此僻静幽美、充满生机的环境中谈论古史、品月评花，人生何其自在潇洒。

根据表2的文字抽取，笔者尝试绘出“我取轩”的平面示意图，其园林要素主要有：水轩（编号2）、板桥（编号2、5）、水窗（编号3、5）、老树（编号2）、柳树（编号4）、水蓼（编号4）。可以得知其中的位置关系：“我取轩”临水，檐前一棵老树，周围植物丰富，旁边一座板桥，隔岸树林有柳树、水蓼（图2）。

《浮生六记》园林景色段落抽取[15] 表2

编号	章节	地点	原文
1	卷一（闺房记乐）	客居会稽	居三月，如十年之隔。芸虽时有书来，必两问一答，中多勉励词，余皆浮套语，心殊怏怏。每当风生竹院，月上蕉窗，对景怀人，梦魂颠倒
2	卷一（闺房记乐）	我取轩	时当六月，内室炎蒸，幸居沧浪亭爱莲居西间壁。板桥内一轩临流，名曰“我取”，取“清斯濯缨，浊斯濯足”意也。檐前老树一株，浓荫覆窗，人面俱绿。隔岸游人往来不绝。此吾父稼夫公垂帘宴客处也。禀命吾母，携芸消夏于此。因暑罢绣，终日伴余课书论古、品月评花而已。芸不善饮，强之可三杯，教以射覆为令。自以为人间之乐，无过于此矣
3	卷一（闺房记乐）	我取轩	是夜（七夕），月色颇佳，俯视河中，波光如练。轻罗小扇，并坐水窗，仰见飞云过天，变态万状。芸曰：“宇宙之大，同此一月，不知今日世间，亦有如我两人之情兴否?”余曰：“纳凉玩月，到处有之。若品论云霞，或求之幽闺绣闼，慧心默证者固亦不少。若夫妇同观，所品论着恐不在此云霞耳。”未几，烛烬月沉，撤果归卧
4	卷一（闺房记乐）	我取轩	七月望，俗谓鬼节，芸备小酌，拟邀月畅饮。夜忽阴云如晦，芸愀然曰：“妾能与君白头偕老，月轮当出。”余亦索然。但见隔岸萤光明灭万点，梳织与柳堤蓼渚间
5	卷一（闺房记乐）	我取轩	正话间，漏已三滴，渐见风扫云开，一轮涌出，乃大喜，倚窗对酌，酒未三杯，忽闻桥下哄然一声，如有人堕。就窗细瞩，波明如镜，不见一物，惟闻河滩有只鸭急奔声

续表

编号	章节	地点	原　文
6	卷一（闺房记乐）	沧浪亭	过石桥，进门折东，曲径而入。望见叠石成山、林木葱翠。亭在土山之巅，循级至亭心，周望极目可数里，炊烟四起，晚霞灿烂
7	卷一（闺房记乐）	沧浪亭	携一毯设亭中，席地环坐，守着烹茶以进。少焉，一轮明月已上林梢，渐觉风生袖底，月到波心，俗虑尘怀，爽然顿释
8	卷一（闺房记乐）	仆妇家中	时方七月，绿树阴浓，水面风来，蝉鸣聒耳。邻老又为制鱼竿，与芸垂钓与柳荫深处。日落时，登土山观晚霞夕照，随意联吟，有“兽云吞落日，弓月弹流星”之句。少焉，月印池中，虫声四起，设竹榻与篱下，老妪报酒温饭熟，遂就月光对酌
9	卷一（闺房记乐）	太湖	解维出虎啸桥，渐见风帆沙鸟，水天一色。芸曰：“此即所谓太湖耶？今得见天地之宽，不虚此生矣！想闺中人有终身中能见此者！”闲话未几，风摇柳岸，已抵江城
10	卷二（闲情记趣）	萧爽楼 （友人鲁璋家）	楼共五椽，东向，余后其三。晦明风雨，可以远眺。庭中有木犀一株，清香撩人。有廊有厢，地极幽静
11	卷二（闲情记趣）	南园、北园	苏城有南园、北园三处，菜花黄时，苦无酒家小饮。携盒而往，对花冷饮，殊无意味。或议就近觅饮者，或议看花归饮者，终不如对花热饮为快
12	卷二（闲情记趣）	南园	饭后同往，并带席垫至南园，择柳荫下团坐。先烹茗，饮毕，然后暖酒烹肴。是时风和日丽，遍地黄金，青衫红袖，越阡度陌，蝶蜂乱飞，令人不饮自醉

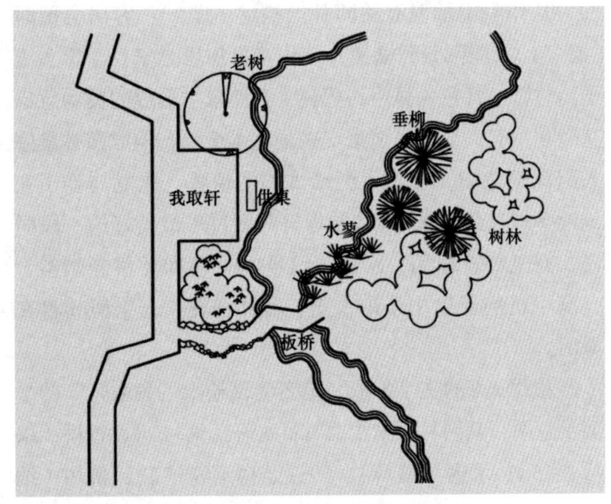

图2　沧浪亭畔“我取轩”示意图
（注：根据书中提及绘制，其他未提及部分不作布点）

2.2.2　园林空间描述

沈复夫妻同游沧浪亭时，同“我取轩”一样，景色也十分优美（编号6、7），有叠石、林木、亭子，还有云霞、风声、月色。他们登高眺望、品茗作诗，抛去了俗世杂念，怡然自得。借住老仆妇家避暑时，虽位于乡野，但绿荫浓重、池风蝉鸣，于绿荫深处垂钓、登土山而观晚霞夕照、月光下对饮，几样简单的自然景物作为背景，便使世人觉得沈复夫妻的爱情令人羡慕。据表2不难发现，沈复格外注重和妻子的赏月情景，也比较留心于身边的风花木树，并将其作为情之所寄，浪漫时刻不乏对月、水、风、云等自然要素的描写。

沈复与妻子的温馨爱情生活多表现为平淡的赏月、赏花（油菜花）、纳凉、品茗等情景，同《牡丹亭》比较，没有浓重的情感氛围，注重的是日常生活和温馨踏实的情感世界；没有旺盛的周遭空间环境的感知力，而是淡泊清雅和稳定的爱情心理发生行为。作为成熟的夫妻，二人并不对园林保佑爱情行为发生的渴望，而是在园林中得以更加升华情感的笃定与温馨，是为《浮生六记》常见的爱情心理发生的空间描述。

3　结论

园林不仅仅是一个物理空间的存在，它与人的情感和生命有着紧密的联系。《牡丹亭》园中诗意浪漫的氛围促进爱情发生，园林的自然属性和自由氛围往往激发人追求自由爱情、自由生命的意识，以及伤感生命和爱情的孤独，有戏剧性的高潮的特点。而《浮生六记》则是用稳定安详的景物对应了沈复夫妻笃定亲密无间的情感。由此推测花前月下，白天到夜晚，是爱情从初始到发展的一个逻辑过程。在古典文学中，如《牡丹亭》，涉及爱情发生的空间时，会有多数相关“花”的描述，似乎人们赏花多是在爱情初次发生、进行的场所中才有的活动，花本身也是植物的爱情时期、繁殖时期。对爱情空间进行细致描述的《浮生六记》，多为赏月（赏月即可临风）。

园林为人们营造一个闲适的场所，可以暂时避开外界干扰，释放内心的亲密内向的精神和情感的需求，园林成为爱情发生的典型场所；从相识的花前的浪漫喧闹生机勃勃的试探，到相觅相思的凄凉场景，再到相知的月下的稳定安详，是可以逻辑推测的爱情过程，《牡丹亭》和《浮生六记》为此提供了很好的范例。

注：本文刊登于《园林》2020年第3期第8～13页。文章在收录本书时有所改动。

参考文献

[1] 陈寅恪著．元白诗笺证稿［M］．北京：商务印书馆，2015.

[2] 葛永海，张莉．明清小说园林叙事的空间解读——以《金瓶梅》与《红楼梦》为中心［J］．明清小说研究，2017（02）：36-52.

[3] 陈文新，杨春艳．从后花园到大观园：两种恋爱空间、恋爱形态之比较［J］．黑龙江社会科学，2008（01）：98-104＋4.

[4] 冯茜茜．园林景观设计中心理学思维的研究［J］．河南林业科技，2006（02）：38-39.

[5]（宋）柳永著．柳永词集［M］．上海：上海古籍出版社，2014.

[6]（奥）西格蒙德·弗洛伊德著，周珺译．自我与本我［M］．天津：百花文艺出版社，2019.

[7] 闫婷婷编著．妙笔生花怎么来的［M］．甘肃：敦煌文艺出版社，2016（04）：47.

[8] 仲方方．浅析《牡丹亭》在中国戏曲史上的地位与价值［J］．黑河学刊，2010（08）.

[9] 王燕飞．二十世纪《牡丹亭》研究综述［J］．戏剧艺术，2005（4）：33-43.

[10] 谢传媒．《牡丹亭》故事源头之谜告破——《牡丹亭》故事之源在大余［C］．中国·抚州汤显祖国际学术研讨会论文集，2006.

[11] 周建华，余画凤．光照临川笔．春分庾岭梅——解读古南安“牡丹亭”的遗迹［J］．东华理工大学学报：社会科学版，2003，22（4）：23-25.

[12]（明）汤显祖著，徐朔方，等．牡丹亭［M］．北京：人民文学出版社，1963.

[13] 陈君慧主编．古诗三百首［M］．黑龙江：北方文艺出版社，2013.

[14] 陈丽勤．汤显祖和莎士比亚戏剧文本中的自然场景意象研究［D］．厦门大学，2006.

[15]（清）沈复著．陈君丹校注．影梅庵忆语．浮生六记［M］．江苏：江苏凤凰文艺出版社，2019.

作者简介

谷光灿，1973年生，女，博士，重庆大学建筑城规学院副教授，研究方向为风景园林历史与理论。电子邮箱：guguangcan@cqu.edu.cn。

冯诗雁，1996年生，女，重庆大学建筑城规学院硕士生。

文心画境，诗意回归

——关于风景园林创作方法之“文化复兴”

Literary Mind，Picturesque Scene and the Poetic Sentiment Return: Cultural Revitalization of the Landscape Architecture Creation

安画宇　王清兆

摘　要：诗情画意是中国古典园林之精神内核，然而随着风景园林学科落入现代主义的窠臼，功能与理性至上，感性体验日渐式微，主题立意沦为符号与标签，“意在笔先”为层层解析所取代。面对困境，文章作者在实际工作中尝试以传统园林创作方法入手，着意打造“文心画境、诗意回归”之整体观感意象，并根据不同项目特点探讨了多种立意方法，意在寻回中华文化优良基因，倡导风景园林规划设计之“文化复兴”。

关键词：风景园林；设计方法；意在笔先；古诗创作；山水画

Abstract: The poetic sentiment and picturesque scene were the spiritual core of Chinese classical garden, but functionalism and rationalism are the first with the development of landscape architecture into modernism. Perceptual experience decline. Theme idea becomes symbols and labels."Theme then writing" was replaced by analysis layer upon layer.Facing difficulties, the authors start from traditional design method，create the holistic image of "literary mind，picturesque scene and the poetic sentiment". Different methods being explored to the different situation are meant to retrieve Chinese culture gene and propose "cultural revitalization" of the subject.

Keyword: Landscape Architecture; Design Method; Theme Then Writing; Poetry Creation; Chinese Landscape Painting

当前，随着西方理性思维的广泛应用，重感性的中国传统价值取向日渐式微[1]，面对传统文化断裂式困境，本文意在以探寻风景园林创作方法的文化复兴作为出发点，追求东方智慧、审美体系与当代价值观的契合，以传统园林“天人合一”“意在笔先”的哲学精神和创作手法做出几次尝试，希望可以将“本土的文化”和“诗意的园林”融入新时代的风景园林发展建设之中。

1　深受西方文明影响的风景园林创作和新的发展动向

随着西方现代主义文明席卷全球，风景园林学科于中国古典园林之外另立新径，大大扩展了学科的内涵与外延，与建筑学、城市规划学紧密结合，呈现功能主义、理性主义至上的倾向，强调对事物进行层层分解，而非综合。然而，随着人文主义思潮的兴起，科学理性主义思维受到了挑战，认为它是从机械、静止的观点出发去认识事物，抹杀了事物的个性和差异。因此特别强调用体验和直觉作为认识事物和认识世界的方法，强调从自我存在的立场去审视宇宙和人身，从主观经验引申社会关系和社会存在。必须要在经济和技术发展中将人的价值和人文精神恢复到核心位置上来，充分发展地区的、文化的多样性与个性[2]。可以看出，西方文明发展到今天，它和中华民族古老智慧越来越相同，这已成为当代人类文明发展中出现的一个重要动向。

2 中国传统造园手法

反观中国传统古典园林，在创作过程中，第一步就是要创造出一个生意盎然的自然美境界，同时设置若干个建筑物，形成一个具有浓厚生活气息的生活美环境，称为生境；第二个进程，就是把自然和生活中美的素材，进一步上升到艺术美的境界，融入某个山水画家的笔意和个人艺术风格，称为画境；最后，从生境、画境触景生情，进入第三个境界，称为意境。古人云：诗言志、诗缘情。所以意境也就是诗境，诗中的志，诗中的情就是园林意境中的意[3]。这三个境界相互渗透、情景交融。

最具代表性的中国古典园林常常是由文人、画家缔造，他们有着对自然美的深刻理解、"天人合一"哲学体系的传承，同时也把对人生的体验、官场浮沉的感怀融于造园艺术中，"意在笔先"，以诗言志，以画绘境，以园林的丘壑林泉寻求精神寄托。

这样的创作手法与"人文主义"所追寻的、以"个人体验"为先的、具有"文化地域性"的造园理念不谋而合。虽然由于所处时代背景，缺乏对大众文化和生态文明的思考，但是相对于设计手法而言，是基于感性思维的，具有整体性、有机性与连续性的，是在融合了自然、艺术、意境之美而后布局建设的造园方法。

3 将传统园林"意在笔先"的设计方法运用于现代风景园林创作的实践

基于以上思考，笔者在实际工作中运用了"意在笔先"的创作手法，以"诗情"与"画意"为立意，而后进行布局与创作，现将几种实践方法总结如下：

3.1 主题字的提炼与表达

以郑州市贾鲁河综合治理工程西流湖段公园首轮方案设计为例。根据贾鲁河的前身就是楚汉相争时的"鸿沟"，提炼"鸿"作为主题字。"鸿"是"江边鸟"，本意是指江边高飞迁徙的大雁等大型飞禽，引申为宏大、高远、兴盛之义。既可以展现江边飞鸟的原生态直观印象，又可以表达远大的志向、昌盛清明的盛世之景。设计主题定为"长波江鸟飞，故鸿织新绿"，意指经过整改的贾鲁河将会水清泛波，草深藻绿、鸿雁高飞、虫嘶蛙鸣、杨柳岸郁郁以映城郭，古河水泱泱织补绿色生机。

同时，根据主题理念和方案构思，将公园景观结构分为5段，分别以"鸿"命名并表达设计核心内容：

（1）鸿台渐进：长波飞鸿，肃肃其羽，琼岛芳华，高台渐次进。该段地形陡峻，势如高台，河水绕台而过，透迤清亮，以"鸿台渐进"寓意渐高渐远、层层递升；（2）鸿雁于归：长波飞鸿，提提其归，集在中泽，林密水草丰。该段河道蜿蜒，驳岸陡峭，适宜营建陡坎夹岸的河流湿地景观，以"鸿雁于归"寓意鸿雁归来可驻足于此；（3）鸿爪雪泥：长波飞鸿，嗷嗷其鸣，参差流年，雪泥落鸿爪。该段现状遗存较多，以"鸿爪雪泥"寓意对其保留利用以展现城市的历史印记；（4）鸿明清盛：长波飞鸿，翩翩其翔，水平岸阔，影留清平境。该段湖面开阔，气象恢宏，疏朗大度，以"鸿明清盛"寓意歌舞升平的盛世之景；（5）鸿鹄千里：长波飞鸿，振振其途，苇荡舟泽，一碧润千里。该段由开阔的湖面过渡至河流和浅滩，洲岛相依，林木丰厚，生境种类繁多。至高处概览，有"鸿鹄高飞、一举千里"之感。

3.2 "城市八景"传统范式的沿袭

以郑州市贾鲁河综合治理工程西流湖段公园深化设计阶段为例。在首轮方案设计的基础上，深化方案选取西流湖段的具体历史故事作为背景，以"城市八景"模式为范例，创作了西流湖新十六景。

城市八景由魏晋初始，至宋代形成固定范式，以四字为景名，前两字描述地点，后两字描述景物特点，并配以七言律诗和山水画。本案将七言律诗简化为七言绝句，扩展八景为十六景。

（1）千金梅岭（图1）

女将千金守碧川，古刹青灯岭下眠。

寒梅傲骨真本色，冬雪更添玉娇颜。

图1 千金梅岭

典故：千金，即千金奶奶庙，今位于西流湖南区东岸，经宋、元、明、清诸朝代，几经兴毁。相传五代年间，此地董大庄的女将董千金战胜流寇之后为保名节投京水河而死，当地人们为纪念她建立了一座“千金奶奶庙”。立意：根据千金奶奶庙的典故与地形、水系的特点，引入内涵丰富的植物梅花作为核心景观，以强化主题。

（2）西流晴云（图2）

西流湖畔起高阁，势破云霄欲与歌。

碧落晴空斜阳醉，霞光共影舞长河。

立意：将核心景观“阁”的最美画面定格于夕阳西下，彩霞满天，华灯初上之时，想像水边高阁的宏伟、华美与直入云霄之势。

图2 西流晴云

（3）京水春晓（图3）

汴流古水汇京襄，豫陕驿途多彷徨。

宋谷守修逾百载，石桥淹没叹春光。

典故：京水，相传得名于春秋战国时期郑国的都城京襄城，也有一种说法是因为贾鲁河是京城汴河的主要动脉。豫陕官道取道京水桥，慈溪外逃前往西安时也曾经过此地。当时河水常常上涨冲毁石桥，为保证畅通，清官府立宋、谷两个大家族为“桥户”，专门负责修缮。京水桥在西流湖扩湖改造时被淹没在湖底。立意：将百年古桥的淹没、沉寂与桃红柳绿的满园春色形成对比，越能激发凭吊与怀古之意。

图3 京水春晓

（4）北岗桃源（图4）

北岗逶迤绿径蹊，桃源谷口几行迷。

崖前花落逐流水，壁上娇莺自在啼。

典故：北岗，西流湖西岸村庄名，同时也指现状地貌有土岗高耸。立意：将古村名称、现状的岩壁特点、攀禽生境、流水脉脉与古文化中的桃源结合起来，一派鸟语花香仙境之趣。

图4 北岗桃源

（5）佛光秋渡（图5）

比丘尼众奉佛坛，颂祉灵光梵众天。

槛外染秋霜叶赤，阶前渡客漾舟还。

典故：佛光寺，西流湖西岸尼众寺院。立意：将现状的寺庙与水上交通需要的码头结合起来，并以秋景点染，取佛教“普度众生”之意，形成景点。

图5 佛光秋渡

（6）陇海丹枫（图6）

百年陇海千年水，纵横中州汇风云。

霜冷荻花秋瑟瑟，铁桥丹枫映旧痕。

图6 陇海丹枫

典故：1909年，陇海铁路首段建成，由开封至洛阳，途经此地。立意：百年历史的陇海铁路与流淌千年的贾鲁河在此相交，配以苇荡舟泽、枫叶霜华，意在突显历史沧桑变幻之感。

（7）苍野松风（图7）

苍野林亭枕素澜，坐观叠瀑入西川。

深林莽莽长风起，不辨松涛共潺潺。

典故：苍野亭，位于西流湖公园内邙山干渠以北，20世纪80年代西流湖公园所建。立意：此景点为现状遗存，诗中描摹了松涛阵阵与流水潺潺和答之意。

图7　苍野松风

（8）长波飞鸿（图8）

翩翩肃羽飞江鸟，浩荡长风越碧涛。

送罢斜阳归岸阔，鸿骞凤立影飘遥。

典故：长波，贾鲁河。鸿骞凤立：鸿鹄高飞，凤凰挺立。比喻超卓突出。立意：该景点为全园面积最大的功能性建筑所在地，位于湖面东侧，为湖西城市核心轴线之对景。此建筑通体白色，前端翻卷而起，既像“飞鸿”之飘遥落影，又像狂风卷起之白浪。

图8　长波飞鸿

其余八景为保吉凝碧、荷湾夜雨、太子书苑、长河引虹、贾鲁芳华、皓月水镜、石佛樱雪、汴水苍葭，不一一赘述。终篇以《西流湖记》记载造园之盛况：

黄河之水西入郑，水网连连润古都。

草长莺飞蛙鸣起，堤潆柳郁映城出。

西流湖，原为贾鲁河上游之河道，卌载前，经拓挖而得以引“黄河水西流入郑州”，解市民用水之难。其时，湖水清澈，景色宜人，乃避暑乘凉上佳之所在。戊戌年春，逢贾鲁河疏浚，乃重修其园，增旧制，新建十六景。

今西流胜状，水清藻绿，洲岛华茂，上承激流涌泻，下接汀沚潆洄，远望叠翠积秀揽城阙，近观飞阁峙云朝天歌；遇晴则水天一色，游目骋怀，若雨则烟波浩渺，雾迷津渡；春有百芳竞芬；夏有茂林修竹；至秋风乍起，物染霜华，流波照影，如漱玉濯锦；纵冬日万籁声销，尚有松涛过耳、梅雪满目。

呜呼，感风云会于中州而时运盛，林水相逢而万物兴。极目视之，暇以游之，晴川映华光，佳景临胜地，此乐更何极！

3.3　“地理气场”与“造景意境”的凝练

以笔者曾为河北省雄安新区某方案建议被采用的设计理念为例。白洋淀自古上游有九河——潴龙河、孝义河、唐河、府河、漕河、萍河、杨村河、瀑河、白沟引河，形成了“九河入淀”之势。将“九河入淀”的平面景观格局，结合孙筱祥先生“三境”理论的纵向之势，赋予雄安新区“九川归一，浩境三叠”的设计理念，并以七绝记之：

燕南古淀汇九川，北望倾城起碧澜。

阆苑琼芳叠画卷，烟波浩荡传千年。

我国传统文化中，“九”是个位数字中最大的一个，被认为是一个至阳的虚数、极数，常表示最多，无数的意思，“九川归一”体现了循环往复，以至无穷，螺旋式前进和发展运动的哲学思想。“九川归一”提升了地理现象用以表达雄安新区的强势气场，而“浩境三叠”则借园林艺术理论凝练出层层递进的造景意境，运用精简内敛、意蕴深厚的文学方式表达意义重大的建设场景，既着眼于中国特色文化信息的传递，又弘扬了东方文明、古老智慧，增强民族自豪感。

3.4　“生态技术与古老智慧”的联结

以某城市绿心概念性规划设计理念为例。项目总面积约11km^2，上位规划要求“体现东方智慧的营造理念、倡导融合共享的功能格局、树立人本精神的价值导向、强调谦逊自信的形态风貌”。

笔者建议将景观结构与主题理念相互融合，形成“一水渡无名，五苑融慧远”的主题结构。同时以七绝记之：

古水南渡无名洲，万物生发画屏幽。

五苑环伺融慧远，胜境难辞逍遥游。

“一水”指引东侧河水进入场地，围合出“无名”之洲，以河为界，限制游人进入，形成万物生发、自在生长、“无为而无不为”的生态核心。“万物作焉而不为始，生而不有，为而不恃”，取意“无名乃万物之始”，将其命名为“无名洲”，正是东方文明与生态理念的结合。

“五苑”指“文化、体育、科学、教育、娱乐”5个功能组团，与公园景区相结合，形成相互促进的发展模式；“融慧远”既可追溯“远古”时期可居、可游、可赏、可耕作的皇家园囿模式，又意味着与古老智慧结合的发展理念与崭新模式可以“源远”流长。

3.5 诗意回归，再现千古名篇的绝美意境

某主题园林，位于两条河流交汇处的小岛，面积约5hm^2，甲方要求以“芳林”为主题，再现江南古典园林意境。

“芳林”，指春日的树木，也泛指丛林。既已有“春日”“江水”“丛林”三者，若观之以月、以夜，足以再现千古名篇《春江花月夜》之绝佳意境！

《春江花月夜》为唐代诗人张若虚所作。以月为主体，以花林、春江为场景，描绘了一幅幽美邈远、惝恍迷离的春江月夜图，抒写了真挚动人的离情别绪以及富有哲理意味的人生感慨，通篇融诗情、画意、哲理为一体，创造了一个深沉、寥廓、宁静的境界，素有“孤篇盖全唐”之誉。

笔者建议以该诗为母题拓展，摘取诗句中所述场景，将诗人千年之前所见之“春江花林”、所思之“人月初见”，作为造景元素用于今日的造园，构成诗中所述之故事线。以延续一个又一个千年之后的“人月相见”，再现“流水脉脉，江月年年，人生代代”的邈远意境，形成芳林八景：春芳甸、霰雪林、弄扁舟、青枫浦、白沙汀、月华楼、落花潭、乘月轩。并以七绝记之：

芳林皎皎又春花，明月年年照夜华。
梦落闲潭千载渡，江流脉脉尽相答。

3.6 几种创作方法之利弊

对比以上几种主题理念的创作方法，“主题字的提炼与表达”偏重于寻求历史文化的字面表达，强化了方案设计与历史的联结。“城市八景范式”是对传统造园方式的再现，可以将重要景点的场地历史，景观营造细腻的表现出来，需要注意在梳理整体景观格局后进行，切忌过于琐碎和堆砌。“‘地理气场’与‘造景意境’的凝练”则适用于场景较大，地理格局有特点的场所。“‘生态技术’与‘古老智慧’的联结”得益于古老东方文化中人与自然的关系的深刻内涵，然而需要与现代科学的技术手段相互补充才能产生实际效益，将方案设计落到实处。“诗意回归，再现千古名篇的绝美意境”，文中所述“芳林园”之创作乃因缘际会之作，中华文化中诗词歌赋内容博大、意境深远，是无比瑰丽之宝库，有待进一步挖掘和探讨如何在现代风景园林的创作中应用。

4 结语

虽然席卷全球的现代主义文明造成了中华传统文化断裂，然而这些断裂在中华文明的历史长河中屡见不鲜，正是因为这些断裂，才有了兼容并蓄，博采众长与文艺复兴，创新发展，这是中华文化之源远流长与韧性所在。中国著名哲学家冯友兰先生曾指出“未来的世界哲学一定比中国传统哲学更理性一些，比西方传统哲学更神秘一些，只有理性主义与神秘主义的统一才能造就与整个未来世界相称的哲学”[4]。风景园林作为融合了人文与自然的学科，更加便于在偏感性的东方文明与偏理性的西方文明之间假设桥梁，走出探索之路。

参考文献

[1] 刘滨谊，廖宇航．大象无形·意在笔先——中国风景园林美学的哲学精神[J]．中国园林，2017，33(09)：5-9.
[2] 张京祥．西方城市规划思想史纲[M]．东南大学出版社，2005：176.
[3] 孙筱祥．生境·画境·意境——文人写意山水园林的艺术境界及其表现手法[J]．风景园林，2013(06)：26-27.
[4] 冯友兰．冯友兰谈哲学[M]．当代世界出版社，2006.

作者简介

安画宇，1978年生，女，硕士，北京北林地景园林规划设计院有限责任公司所长，高级工程师。研究方向为风景园林规划及设计。电子邮箱：592426739@qq.com。

王清兆，1984年生，女，硕士，北京北林地景园林规划设计院有限责任公司项目主任，高级工程师。研究方向为风景园林规划及设计。

“诗意地栖居”与宜居园林①

"Poetic Dwelling" and Livable Landscape Architecture

李宇宏　王艺璇

摘　要：海德格尔“诗意地栖居”理论映射了中国古典园林理念，即人与环境的生命联系。在技术异化的今天，宜居园林已然成为实现“诗意栖居”理想的重要载体。本文从“筑居”“诗意度量”和“技术异化”探讨在园林环境中合理规避技术异化，诗意与技术共存的可行性。

关键词：诗意栖居；诗意度量；技术异化；宜居园林

Abstract: Heidegger's "poetic habitation" theory maps the idea of Chinese classical gardens, that is, the life connection between people and the environment. Today, in the alienation of technology, livable Landscape Architecture has become an important carrier for realizing the ideal of “poetic dwelling”. This paper discusses the rational evasion of technology alienation in the Landscape Architecture environment from "building" "poetic measurement" and “technical alienation”, in order to explore the feasibility of coexistence of Technology and Poetry.

Keyword: Poetic Dwelling; Poetic Metrics; Technology Alienation; Livable Landscape Architecture

关于马丁・海德格尔（Martin Heidegger，1889～1976年）思想的核心，学者们主要有两种观点。以马科斯・米勒、比梅尔为代表的，认为“其思想的核心是双重的，它既是对存在的探索又是对无蔽的探索”；以曼弗雷德・布雷拉格为代表的，认为“构成海德尔格思想之核心的，既不是那些存在问题，也不是关于人的本质构造问题，而是对这两类问题必然的相互关系的洞察。[1]”我们更倾向于后者。

1　海德格尔的诗意栖居之思考

海德格尔认为现代人正面临着生存困境，即他所说的“沉沦于世”“无家可归”，他认为造成这种困境的根源是技术异化，揭示通往人之本真存在路径，便是“诗意地栖居”之路。

1.1　筑居与栖居

依据海德格尔的思想，“筑居”不仅是指人建造自己的住所，也指珍爱、保护、操劳和种植。海德格尔看到了筑居与人的真我之间的内在联系。在《筑居思》中，他认为人实际上是一个筑居者，筑居可以说是栖居的基础。筑居是人们获得生活空间的一种建造方式。而栖居最应该达到的目的即自由，栖居的自由把人的真我本质保护起来。“栖居的基本特征就是这

① **基金项目：**本成果得到2020年中国人民大学中央高校建设世界一流大学（学科）和特色发展引导专项资金支持。

种保护，人终有一死，在有限的生命里，人的存在基于栖居，栖居的涵盖范围便凸显出来”[2]。筑居过程体现了人的劳作动态。

人为了更好的生存有可能选择通过某种方式去伤害赖以生存的自然界，因此，以栖居的方式来规范筑居。栖居遵循的原始结构，是追求天地人神四者的整体统一，该理论认为：“天、地、神、人持留于筑造物中，他们各行其是，又相辅相成，无法分割。我们可以通过一方窥探到其他三方的丰富性[3]。”如今人栖居多受外界蛊惑，天地人的整体统一被破坏，随着科技的进步，人逐渐打着拯救人类与地球的旗号掩饰征服大地的欲望。因此，在我们这个技术时代，“栖居的真正困境并不只在于住房匮乏，而在于人类要想追寻真正的自由，首先必须学会栖居。技术异化所带来的人无家可归状态就在于人还根本没有把真正的栖居困境当作困境来思考。[4]”

1.2 诗意的度量

人如何才能使栖居成为栖居？只有通过作诗。海德格尔说：“栖居之所以可能是无诗意的，乃栖居本质上是诗意的。[5]”人存在于大地上的本身就是一种“诗”，作诗可以使人更加真我的追寻栖居的本质。那么，究竟何为诗意，究竟如何才能进入栖居？是通过“筑造”即“创造”，深层意义可以总结为“天人合一”。从古时的耕耘到现代的建造，都是筑居的方式之一，人以自己的方式创造筑造物，不仅指房屋居所，其中也包括手工品和各种人工产物，这是一种自然而然的行为与向往，是自由的表现，但当人们把它们视作目的渴慕并追求，那么它们反而会妨碍栖居的本质表现。

“测度”之所测，是测人之栖居于其中的那一“度”、天地合一的那一“度”。“测度是栖居的诗意因素，作诗即是度量”[4]。

但是，在我们这样一个时代，人们早已遗忘了存在之诗意本质，在各种浮华表象与功利下迷失了生活的本真自我。杜甫的“安得广厦千万间，大庇天下寒士俱欢颜”希望房屋是用来居住，而不是牟利的，筑造本身就是一件大大的喜事，“筑造本身就已经是一种栖居。”

1.3 两种栖居

海德格尔认为栖居的本质就是诗意，现代生活之所以是非诗意的，是因为人们不断的度量和精细计算。当面对两种截然不同的世界——技术世界和艺术世界(生存世界)。我们渴求的是后一种世界。但技术的发展在一定程度上会破坏自然，技术发展为人类带来了便利，因此被当作人类进步的标志，但我们更应与时俱进，追求“更加青山绿水”的诗意境界。

在《荷尔德林与诗的本质》一书中，海德格尔引用荷尔德林的诗句：“充满劳绩，然而人诗意地，栖居在这片大地上。”人生存在自然界中注定“充满劳绩”，人们为了所追求的物质而付出相应的努力，但是这并不是人生存并栖息于大地的本质，人所追求的“诗意地栖居”代表着对事物本质的向往，栖居不仅仅是单纯的建造劳动，更是一种捐赠。

人类栖居于大地本身就是诗意的，海德格尔之所以强调“诗意地栖居”是由于随着时代的变化，我们已失去了本真的栖居意识，目前多数拥有的只是一种“技术的栖居”。这两种栖居方式的区别在于对“神”和“万物”的态度。在技术性的栖居中，“神”是不存在的，自然界可以随着人类的意识被控制和改变。然而，事实证明，人在本质上并不是自然万物的征服者，而是作为“天地神人”四重整体之一要素自由的栖居于大地上。

2 “诗意栖居”的园林途径

园林是为人类创造精神游憩的人造空间，即促成人生活栖居的诗意，其作为“第二自然”恰恰构成了栖居场所[6]。“充满劳绩”“诗意地”意在说明栖居有着物质与精神的双重诉求。园林是诗意的审美空间，是诗意的度量，同时也是合理规避现代技术异化的有效方式之一，使人不为劳绩所禁锢，是其所是地生活。

2.1 造园与栖居

人置身于园林中，既欣赏美景，又成为园林景观的构成部分。人的双重参与性，使得园林充盈文化意义和场所精神。因此园林最终都归于一种境域，最主要是精神的自由与空间的开敞性——向自然开敞，其本质上使人在自然品性中得以自明与归属[7]。

在中国古典园林中，诗意更是体现得淋漓尽致。“源于自然、高于自然”的审美法则，使人造美与自然美融为一体，一亭一舍诗里藏情，一木一石画中生境，将建筑与园林中的人联合，中国古典园林的诗意就体现在古人的生活态度与对生命的认识中。“诗意”作为园林中极为重要的审美要素，充分发挥了东方园林的独有美感。北宋画家郭熙在《林泉高致》中提到：“山水有可行者，有可望者，有可游者，有可居者……但可行可望不如可居可游之为得。”揭示了人在场所中的体验过程是栖居的重要本质，人生活在大地上，其精神意义表现的动态行为更为重要，栖居的诗意便体现于此。

海德格尔认为，“劳绩”是人在一生中的外显追求，体现了自然的生产性功能，而园林作为“第二自然”恰恰构成了栖居场所，体现了自然的功能。“充满劳绩”“诗意地”意在说明栖居有着物质与精神的双重诉求[7]。

2.2 园林的诗意度量

根据海德格尔论述的延伸，当一处园林具备“天地神人”四重集结存在的统一与完整性，那它便能成为帮助人完成栖居的“诗意”场所。园林有着自己的表达语言，是以人的体验为主生成的停留场所，黑格尔把此种场所称之为“第二自然”，通俗来说就是“户外自然和人工环境。”

园林的目的是构建栖居场所，场所的服务对象是人，其集结的意义是为了人在此的需求。构建一个场所的步骤是多样的，包括规划设计、勘察施工、后续管理等，这与教育行业等完善的服务体系密不可分。考察园林与服务对象的关联性，实质上是人对于生存的关照。空间只有在人的参与下才能称之为场所，是人赋予了场所意义；“天地人神”集结的意义虽不同，但四者是相辅相成、缺一不可的。这是“诗意地栖居”的基本前提。

2.3 园林与技术异化

纵观园林的发展，从造园、风景造园到园林学科发展，若以工业革命为分界，从研究实践方法、尺度、对象都发生了根本性的转变。随之所带来的技术异化问题也日益凸显，技术从手工实现了到现代的转变。园林与技术异化二者之间的变化存在共性，说明人类生活栖居的方式发生了变化，古老的造园栖居模式面临着现代技术异化所带来的种种风险与挑战。因此，园林的逐步转变成为救赎的方式。

海德格尔所认为的“诗意地栖居”便是黑森林农舍，虽然在技术发达的今天，这种场所缺乏人类居住的基本便利条件，但他仍在书作或演讲中以此为例。因为黑森林农舍是一种显现人类自由生活理想的栖居模式。农舍位于朝南背风的半山腰，空旷幽静，植被茂盛，有时里面会摆着祭台和棺木，同时为孩子留出空间。海德格尔认为整个场所体现着“神性”与人性的结合，海德格尔描绘的诗意正是这种生活世界的直接呈现。[8]

中国古典园林深受绘画、诗词的影响，追求“师法自然”，许多园林都是在文人墨客的直接参与下建造的，其中的“天人合一”思想与海德格尔理论异曲同工。例如网师园中看似散漫自然的景物，实则是古人“道法自然”的结果。

相对于中国古典园林，现代园林中的建筑多为全园的景观元素之一，力求达到自然美与人工美的统一。随着技术的发展，建筑材料也开始多样化，许多新型材料不仅在性能上耐风吹日晒，而且能在色彩上与自然相呼应，常用的手法有很多，例如以硬质铺装模拟河流景观。为加强效果体验，强调引申与变异的设计手法，现代技术的运用也提高了植物生态、防护、生产等功能。虽然追求便利思维的技术时代挤占了一定“诗意”的空间，但园林设计力求在技术之中寻求诗意，追求自然美与人工美的统一。

园林作为人类精神游憩的场所，从造园思想和“天地神人”四重集结统一与完整性上来看，是“诗意”的；从现代建造方式来看，其植物种植、土壤培育、构筑物设置等方面均依托现代技术，它又是“技术”的。一定程度上，园林具有“诗意”与“技术”的双重属性，园林与技术异化相互作用，在现代生活中为人类提供新的“栖居形式”，使得人能够“是其所是”的生活，在技术中寻求“诗意”。

3 技术与诗意的共存

技术的异化一定程度上推动了社会的发展。海德格尔认为人类应该规避技术，完全追求“诗意”生活，实则是一种对现实的逃避。园林的发展也使得现代技术融入自然中，为技术与诗意的共存提供了可能性。

3.1 诗意栖居的局限性

“诗意栖居”理论也具有一定的局限性。一是具有“乌托邦”色彩，海德格尔所说“作为真理之自行设置入作品，艺术就是诗。”由此可见，以艺术的形式来营造人类“诗意地栖居”的家园，这种通过语言去构筑人类实际栖居的家园虽然充满诗意，却也陷入了空中楼阁、不食人间烟火的窘境，难以落到实处。二是逃避技术异化，未能提出合理的“诗意”途径，将诗意地栖居的构建最终聚集于“神性”，在“上帝缺席”“诸神隐匿”的贫困时代里，海德格尔的理论构建就是对贫困时代的反拨。

3.2 园林助力诗意栖居

国际上，人类面临着全球变暖、生态失衡、环境恶化、生物多样性锐减等全球性问题；国内，栖居随着农村与城市的发展也发生了异化。人们随处可见的是整齐但毫无特色的建筑，单调、乏味、无情趣的住区环境，与心中所追求的幸福感、归属感背道而驰。而毫无“场所精神”的、无法产生归属感的居住空间正是居住者心理产生巨大伤害的文化生态根源[9]。园林作为联结诗意与技术异化的纽带，需要积极参与到跨行业、跨地域的改善人居环境的行动中；解决技术异化与城市扩张带来的人与人之间的淡漠疏离的问题，营造具有幸福感、归属感、真我意识的栖居场所，创建“诗意地栖居”的环境。

海德格尔强调“人是存在的看护者”和“世界之四重整体”的思想，体现了一种有机生态整体主义理念，为如何看待自己、面对自然以及健康生存提供新的思想资源和理论认识[10]。园林研究应结合海德格尔“诗意”思想广泛探索，必然能成为合理规避技术异化、实现诗意与技术两种“栖息”的现实所在。园林将助力拓展极具乌托邦色彩的“诗意栖居”理论，使其发挥新时代意义。总之，宜居园林应是创建具有健康性与安全性、文化性与生态性的栖息环境，要有家的安全、温馨、舒适、亲情，还要具有活力和智慧，并可持续发展，实现真正的友好栖息环境。

参考文献

[1]［德］比梅尔著，刘鑫刘英译．海德格尔［M］．北京：商务印书馆，1996：30.
[2] 海德格尔著，孙周兴编译．海德格尔选集［M］．上海：上海三联出版社，1996.
[3] 裴越．诗意栖居与诗化人生的比较——论海德格尔与中国士大夫的诗意追求［J］．合肥工业大学学报（社会科学版），2019（01）：120–123.
[4] 海德格尔著，孙周兴译．通向语言之途［M］．北京：商务印书馆，2001.
[5] 海德格尔著，孙周兴译．演讲与论文集［M］．北京：三联书店，2005.
[6] 倪梁康．关于空间意识现象学的思考［J］．新建筑，2009（6）：4–7.
[7] 盛宇坤．风景园林的伦理意蕴——从海德格尔“诗意地栖居”论［D］．浙江：浙江大学，2013.
[8] 郜元宝编译．人，诗意地栖居：超译海德格尔［M］．北京：北京时代华文书局，2017.
[9] 刘晓明．展望未来我国园林的发展［J］．中国园林，2007（04）：34–35.
[10] 包庆德，陈艺文．回顾与展望：海德格尔环境哲学思想研究［J］．南京工业大学学报（社会科学版），2018（02）：1–12.

作者简介

李宇宏，1968年生，女，博士，中国人民大学艺术学院，教授，博士生导师。研究方向为园林艺术，景观规划与设计。电子邮箱：ruc–liyuhong@163.com。

王艺璇，女，中国人民大学艺术学院，在读硕士研究生。研究方向为景观规划与设计。

诗画的情意

——风景园林中的光影意象

The Affection of Poetry and Painting: The Artistic Conception of Light and Shadow in Landscape Architecture

强钰婉　邓　宏

摘　要：从古至今，风景园林设计都离不开对光影的推敲。除了日常照明之外，光影具有独特的艺术美感与诗情画意，利用光影塑造意境往往能实现许多令人惊叹的效果。本文以光影“诗情画意”意境的缘起为切入点，以中国古典园林中光影为审美对象，通过研究中国古典园林中光影的表现及设计手法，提取其在中国古典园林的应用精髓，其次分析了现代风景园林中光影的营造方式与手法，展现风景园林中光影的如诗画一般的魅力。

关键词：光影；诗情画意；风景园林；意境

Abstract: From ancient times, the design of landscape architecture is inseparable from the elaboration of light and shadow. In addition to daily lighting, light and shadow has a unique artistic and poetic beauty. Using light and shadow to shape the artistic conception can always achieve many amazing effects. Based on the "poetic artistic conception" of light and shadow, this paper expounds the aesthetic object of light and shadow in Chinese classical garden, through the study of the performance of the light and shadow in the Chinese classical garden and design methods, to extract the essence of its application in Chinese classical garden. Then analyzes the construction method and technique of light and shadow in the modern landscape architecture, in order to show the poetic charm of light and shade in landscape architecture.

Keyword: Light and Shadow; Poetic Painting; Landscape Architecture; Artistic Conception

“光”总是象征着希望、美好，而影给人来了静谧与凉爽，幽暗的空间更是能引起人的沉思。耀眼的阳光有着七彩的光晕，萧瑟的暮霭，充满诱惑的夜空又反馈着黑暗的神秘。然而，万家灯火的燃起比白昼的景致更辉煌。日有阳光，夜有灯月，如美妙的音乐一般敲击着的心房，这就是光影的魅力。

我们身处于自然环境中，被变幻的光影包围。生活离不开光影，从古至今，无数文人墨客为着迷离绚烂的光影有感而发，现代形式多样的灯具和灯光设计更使得夜晚的城市多姿多彩。光影总是和实体空间融合在一起，它既可以是表现空间形象的载体，也可以是营造空间氛围的主体。风景园林园林中的光影究竟带来怎样的诗情画意?

1　光影“诗情画意”意境的缘起

1.1　“诗情画意”概念界定

诗情画意，在现代汉语词典里解释为诗画一般的美好意境。出自宋·周密《清平乐·横玉亭秋倚》："诗情画意，只在阑杆外，雨露天低生爽气，一片吴山越水。"人在游、动、行中才能领略园林创造的意境，故古代园林艺术是一种时空综合的园林艺术。中国古典园林的艺术创作，充分地把握了这一时间特性，运用不同艺术门类之间的触类旁通，融铸成了时间主义艺术与空间主义艺术的诗画一体的园林艺术，使得园林从总体到局部都自然包含着浓浓的诗画艺术情趣，这就是通常我们所谓的"诗情画意"[1]。

1.2 源于自然的恩赐

"阴晴显晦，昏旦含吐。千变万状，不可弹纪。(白居易《庐山草堂记》)"这两句诗精确而生动地描绘了自然光的不可预测和无穷变化，却也恰恰真正显示出自然世界中光影的重要性和巨大魅力。光影诞生始于自然宇宙，是宇宙源于自然的一种恩赐。天然的光与色不但亮丽，其中还蕴含着光色的构成及规律，它的丰富性和协调性都同样令人叹服。

1.3 光影的艺术气质

风景园林中光影变化缘于生活中最平常的体验：每天早晨上学路上，看着朝霞慢慢打开，温暖的阳光洒出，地面上慢慢透出树叶斑驳的影子；阳光透过窗子，那散落的光影，就像一缕檀香，又似素净山河，那一窗明静的光影私语道出了最诗意的自然；黄昏时从桥上走过，桥上的栏杆在夕阳照射下投下长长的、具有韵律的阴影，桥洞和岸边梧桐的影子交织在粼粼水波中，温情且耀眼……光与影的消染使城市里每个平凡不堪的角落有了别样的美丽，不论晴天、雨天、黄昏还是夜晚，都会呈现出不同的光影与色彩，都会因光影的存在而变得不平凡。

2 中国古典园林中的光影意境

塑造意境，是受中国美学思想指导而产生的艺术手法之一。中国古典园林向来注重意境的塑造，而意境的表达需要有符合设计师意图的审美对象来引发人的联想，这种审美对象一般需要具有丰富的文化内涵与审美意蕴。"光影"因其表现出的富有独特艺术魅力的自然视觉形象及丰富的古典园林文化历史艺术内涵，在古典园林中就常被人们用来塑造种种令人遐想的古典园林意境。光影因自身"虚缈"的属性，被运用于园林实体造景，是中国古典园林"借景"的重要内容和形式，光影天然的美学特征和艺术特征更是受到了我国历代艺术家和文人雅士的推崇和欣赏。

2.1 中国古典园林中以光影为审美对象

中国古典主义园林中常常以塑造特定的园林光影运动意象作为召唤园林意境的审美客体，这种特定的园林光影运动意象主要有"疏影横斜水清浅，暗香浮动月黄昏""云破月来花弄影""日沉红有影，风定绿无波"等，都具有强烈艺术感。

我国古代书画家很早就开始观察自然，学会欣赏自然景物因昼夜、四季等变化所产生的自然景色。因此，时空变幻的景观也逐渐成为中国古典园林中光影首要的一种审美对象。如郭熙在《林泉高致》中所描绘的就是山景的一种变化："这个山景由春夏秋冬看如此，秋冬秋春看如此，'所谓四时之景不同'也。由朝由夕看如此，暮由朝看又如此，所谓'朝暮之变态不同'也。如此则又是一由而下又兼数十百之一的意态，可得不究乎！"使人能够有不同昼夜、四时之感的基本条件就是动态光影的运动变化，古人十分喜爱这一种动态光影的美感，并赋予其晨昏旦暮、春夏秋冬不同时间景象以不同的视觉情感与思想意境[2]。此外，古时候对自然光源的有限利用使得古人对自然光与自然光的景象组合有着异常的强烈崇拜与钟情。日月星辰、雨雾云霞、水光潭影、气雾岚烟等。古人常将自然朦胧之境的自然景物同仙境美景联系在一起，所谓"应时而借"，搭配光影展示古时风景园林的诗画情意。

2.2 中国古典园林中引入光影的设计手法

2.2.1 采光口引光

采光口是中国古典园林中光影艺术设计的一个重要手段，其中最主要的就是通过对门窗采光的重塑，来组合营造不同的园林光影意境。中国古典园林建筑中的那些门和窗，往往都有精心设计的雕花图案和手工雕镂，仔细琢磨简朴却而别具匠心。现在看来，也都仍是工艺美术作品中的上品。镂空的图案，不仅可以使整个墙面空间产生虚实变化，同时大大增加整体空间层次感。不同角度的阳光折射的光线相互映射呈现出各种镂空图案，成为一道灵动而有诗意的光景（图1）。四扇、八扇、十二扇，斟酌光和影，谁都要赞叹这精妙绝伦的意境[3]。

2.2.2 光影组织空间结构

光影可以说中国古典园林中空间组织的最有效、最便

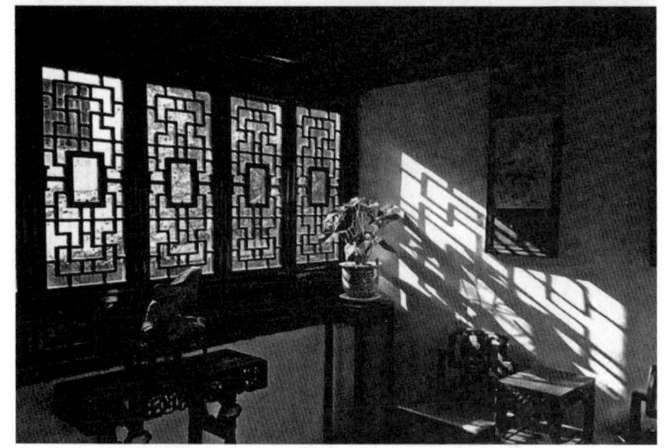

图 1　园林建筑门窗光影表现

图 2　斜阳狮子林

捷也是最有意境的构成要素。光影使景观产生色彩反差和明暗变化，而这种反差与变化对于增强空间层次感有着显著的效果。中国古典园林一向讲究抑扬、藏露、疏密的对比统一，光影本并不是要刻意表达对象，但是在抑扬、藏露、疏密的表达中都无意识地利用了光影的明暗，带给人别致的空间感受。光、影的强烈对比，也突出景物之间的主次关系，达到吸引人视线的目的。

2.2.3　光影引出的诗情与画境

光影效果作为影响空间视觉设计和构图的重要组成因素，在烘托空间气氛、表现空间主题和意境的等方面功不可没。水陆植物细密的光线投影、窗棂上的投影所形成的倒影，使得中国古典园林静止、有限的内部空间和形象在光影的渲染下显得动感而丰富。中国的古典园林向来强调“天人合一”，强调与自然的亲切对话；建筑的亭、落地窗和镂空的门窗总是毫不掩饰地展现自然风和光影拥有的一切——辟牖栖清旷，卷帘候风景。但这一切如果没有自然光影的交错，再灵的莲花山石也会失去勃勃生机；其次光影的烘托也会使古典园林的建筑空间更具艺术韵味[4]（图2）。

古代没有电灯，使得造园师们更加的注重对自然风和光线的综合运用。他们擅长“应时而借”“应地而借”，将自然现象与园林景观完美有机结合。充分利用建筑、山石、植物等与光影的交织映像，将其引入建筑中，可以引发人们无限的文化联想与视觉意趣。从水面的“倒影”观赏各种景物，平添许多新奇：有时倒影如镜，有时浮光掠影，有时水面被白色雾气层层笼罩。如“闭门推出窗前月，投石冲破水底天”，描绘了光影在古典园林水面空间中创造的无限奇幻的意境，何其妙哉（图3、图4）。

图 3　承德避暑山庄

图 4　网师园

3　现代风景园林中光影意境的营造

除却已经保留下来的古典园林建筑，我们可以从中领略到精妙绝伦的“光”构园外，还有许多我们已无法亲见的流光溢彩的光影世界，但是幸而前人以“画”与“诗”的形式记录了光影的美妙，并流传至今，为我国现代风景园林的光影设计与意境营造奠定了深厚的基础。

现代风景园林设计更加注重可持续发展，以实现设计空间中景观功能性与自然文化性、艺术性的和谐统一。光影作为园林设计中的非自然景观元素，确实存在并影响着其他景观元素——建筑、水体、地形、花木以及构筑物、园林艺术小品等，同时也被其他景观因素影响，并具有可塑性。

3.1　现代风景园林中光影构成的意境

意境的塑造是为了唤起人们对眼前之景更多更深层次的联想，是虚与实、情与景的完美结合。光影影响着园林空间的视觉审美，其形象的呈现与氛围感的塑造，使得人对一个景物的光影形象产生联想，因此景物光影形象可以通过这两个方面来塑造园林空间视觉上的审美意境，以传达园林设计者的设计理念、意图。比如设计师常将园中月影、花影、倒影等作为能反映园林建筑意境及其构成的重要艺术元素，激发参观者对于“溶溶月色，瑟瑟风声，静扰一榻琴书，动涵半轮秋水”“若道湖光宛是镜，阿谁不是镜中人”的奇妙联想。

3.2　现代风景园林光影意境的营造

在我国现代风景园林设计中，光影的组合形式在设计上具有更大的自由。光影的组合设计，除了将其与自然景观有机融合，表现光影的万千变化之美，还可以利用不同材料、结构、色彩的实体与光影形象间接的组合，形成“光形”与“物影”。而人工智能光源的丰富程度大大提升了光影在现代风景园林中的运用空间。利用人工光源与实体要素、现代自动控制灯光技术再结合书画文字等，可以轻松塑造风景设计师想到的任意一种光影意境（图5）。

图 5　现代风景园林光影表现

如设计师隈研吾的作品“水玻璃”表现了传统光影的精彩。“水玻璃”是一个面向太平洋的宾馆，铺了水的地面是这个建筑的主角。隈研吾尝试用水作收边，像被水整齐切断了的边缘让环境与人自然地结合起来[5]。

园林是无声的诗、是立体的画，惬意生趣、宁静而悠然。现代风景园林，把诗意搬进了现实，以自然和谐的光影造景，加之立体多样的植物景观结合自然，创造了丰富的光影意境，给现代都市生活的平添一份诗意。

4　结语

中国古典风景园林中，造园师就对自然光影进行了深度的挖掘和利用，塑造了许多令人意想不到的自然唯美的光影意境。对于现代风景园林，在充分领会古典风景园林自然唯美的光影意境的设计精髓之外，充分追求园林空间功能性、文化性、艺术性的和谐统一。还可以利用多种现代技术，如利用丰富的人工光源进行光影意境设计，会比古典风景园林的自然光影意境更为丰富。天地万物再美，少了光也黯然失色。一束束光线，一片片灯火，在设计师的手中被极致的演绎，掌握好光的运用，就能充分展现中国现代城市夜之魅力，这大概就是光影在风景园林中诗情画意的所在了吧。

参考文献

[1] 彭一刚. 中国古典园林分析[M]. 北京：中国建筑工业出版社，1986.
[2] 白桦琳. 光影在风景园林中的艺术性表达研究[D]. 北京：北京林业大学，2013.
[3] 闵淇，王琼. 古典园林光影设计手法探析. 南方农业，2013（4）：1-8.
[4] 周雪霏. 光影在建筑空间中的作用[J]. 大众文艺，2010，（17）：50.
[5] 陈雁. 光构园[D]. 中国美术学院，2008.

作者简介

强钰婉，1996年生，女，重庆大学建筑城规学院在读硕士研究生。电子邮箱：549209821@qq.com。

邓宏，重庆大学建筑城规学院，副教授。

别境深情[①]

——蒹葭园的构景、融情与成境

Other Circumstances of Deep Feelings: the Construction, Fushion and Completion of Jianjia Garden

宋如意

摘　要：论文通过对以《蒹葭》为主题的一次小园设计的总结，希望探索文学类主题园林的设计方法，即园林如何表达具有特定情境的文学，园林之景与境，境与情，能达致什么深度。在设计手法与步骤上，分为构景、融情与成境三步。

关键词：诗蒹葭；文学类主题园林设计方；构景；融情；成境

Abstract: This paper discussed the key points in literary-themed garden designing, including how to build a literary theme, and the interaction between landscaping and human emotions. By reviewing the pattern of a small garden themed in "the book of poetry", we suppose there are three steps in literary-themed garden designing.

First, to build the theme, put up a garden landscape highly correlated with the poetry content. Secondly, emotional endowing, comprehensive mobilizing all senses, such as eyes, ears, nose, tongue, body and mind... to understand the meaning of landscape from different perspectives, and continuous brewing emotion.Last but not least, to create imagination, use various gardening techniques to organize visitor activities in order to better the visitor experience, and use adapted to create words, symbols, poems or music should create a terrific atmosphere.

Keyword: "the Book of Poetry" Jianjia; Literary-Themed Garden Designing; Build the Theme; Emotional Endowing; Create Imagination

1　析题

1.1　《蒹葭》的情感与意境

《诗经》中的《秦风·蒹葭》以其情感的深刻执着与蕴意的隐晦多姿，独树一帜，广为流传，被评为“《诗经》三百中，论境界，无句可出其右”（钱钟书）。

蒹葭

蒹葭(jiān jiā)苍苍，白露为霜。所谓伊人，在水一方。
溯洄(sù huí)从之，道阻且长；溯游从之，宛在水中央。
蒹葭凄凄，白露未晞(xī)。所谓伊人，在水之湄(méi)。
溯洄从之，道阻且跻(jī)；溯游从之，宛在水中坻(dǐ)。

---

① 别境深情：《园冶》（明）计成：（八掇山）岩、峦、洞、穴之莫穷，涧、壑、坡、矶之俨是；信足疑无别境，举头自有深情。蹊径盘且长，峰峦秀而古。多方景胜，咫尺山林，妙在得乎一人，雅从兼于半土。题目从计成句中分别选取了“别境”和“深情”两个词，表达园林乃诗之“别境”，境中满载诗之“深情”。

蒹葭采采，白露未已，所谓伊人，在水之涘（sì）。
溯洄从之，道阻且右；溯游从之，宛在水中沚（zhǐ）。

全诗以清丽、迷离的笔调，描写了一场求而不得的追求。诗中的所谓伊人，忽焉在前，忽焉在后，明明看见她就在那里了，等到一番辛苦跑到近前，伊人却又从眼前消失，“宛在”了另一个地方。两个人之间，始终隔着那么一段距离。

《蒹葭》其诗，有几个突出特点：

第一，用极简之字，铸无限之情。整首诗出场人物只有两位，一位是“所谓伊人”，全诗无一字描写这位伊人眉眼若何，只是追着她跑来跑去。另一人物就是伊人的追求者，也是只写他的追求行动与场景氛围。然而，其“深企愿见”之情、执着追求之意、求之不获仍不弃之精神，全都跃然纸上。

第二，主题的隐晦性与宏大性兼具。《蒹葭》从来就没有被固定在爱情诗的范畴里，有人说它是隐士诗，也有人说它是讽喻诗。总之，一切美好的、值得如此去追求的人、事、物、真理等，都是“所谓伊人”。这就使《蒹葭》在诗歌意蕴上更加宏大、深广，极富张力。

第三，情绪的叠加，一唱三叹。蒹葭“苍苍、萋萋、采采”3段叠加，使情绪反复递进。戛然而止的结尾，则给读者留下无尽的想像空间。

1.2 《蒹葭》的复式结构

这首诗字面上只在两个方面着墨，从而形成明显的复式结构：

其一，场所、时令、氛围（表1）。

场所与时令 表1

场所：大河之上	景色景物：蒹葭苍苍、蒹葭萋萋、蒹葭采采
时令：秋	时令时辰：白露为霜、白露未晞、白露未已

其二，追求伊人的过程、包含路径以及伊人出现的不同场景（表2）。

追求伊人的路径、过程及场景 表2

以为伊人在哪里	追求的路径和过程	伊人似乎在哪里
在水一方	溯洄从之，道阻且长；溯游从之	宛在水中央
在水之湄	溯洄从之，道阻且跻；溯游从之	宛在水中坻
在水之涘	溯洄从之，道阻且右；溯游从之	宛在水中沚

2 构景

诗歌所以能几千年传唱不衰，就在于诗“以旧瓶装新酒”的体验式魅力，只要人类的情感世界不泯灭，诗的艺术魅力就一直在，它在主客体每一次的吟咏、书写、同情、共境之中，完成一次又一次历久弥新的审美再创造。

景观作为高度综合的设计门类，设计行为是一种管理，而管理是一门艺术。对诗歌作品的景观设计，第一步需要对诗歌的意与境，做出准确的理解。接下来就是要做出景观的表达，整个设计表达的过程和游园者体验并参与这个表达的过程，是一套精准而优美的管理。设计师需运用全维度的手法，将游园者导引进入诗歌与园林的叠加情境，促成情与境的交融。这个管理的过程，同时管理形而下的物质层面，和由形而下生成的形而上的精神和感情，此时游园活动升华为情与境交融的审美活动，设计管理才称得上是艺术。

2.1 同构

诗的主题性决定了园林的主题性。主题当中的情节、人物、文学结构、环境等都需要纳入到这个景观构架之下，从同景、到同情、再到共境。

构景需要先构建一个与诗同情共境的景观构架。

诗所呈现的“复式结构”，即一条线是那些确定的，比如秋天的早晨，白露、蒹葭、大河的环境等；一条线是游移不定的，即由追求目标的飘忽不定而决定的，追求者行踪的上下求索。

设计上首先同构游园的路线——将追求伊人的路线与伊人出现的场景叠加，呈现动与静的复式结构，与诗歌的复式结构相合。

2.2 构景——构景成象，抽象叠加

所设之景，需是一个与诗歌的主题与结构，关联度很高的景象。“象”是中国哲学与艺术的重要概念，“象”涵盖万有、包罗万象，因此用的时候需要“抽象”，以取简便。本次设计取大环境宏阔壮美的自然之“象”，再融进人文意“象”，将诗歌蕴藉含蓄的文化意象表达出来。

2.2.1 “移”来大河之“象”

设计者将汉字“河”字所凝聚的大河之象移借过来，因为“河”字，尤其是篆体的“[篆体河字]”，本身就是对自然河流形象的抽象（象形字），其弯曲盘转的笔画当中，蕴涵着河道、

洲岛、高低夹峙等意象，与《蒹葭》诗中追求伊人的“蒹葭苍苍”“溯游溯回”的大河景象十分契合，自然天成（图 1）。

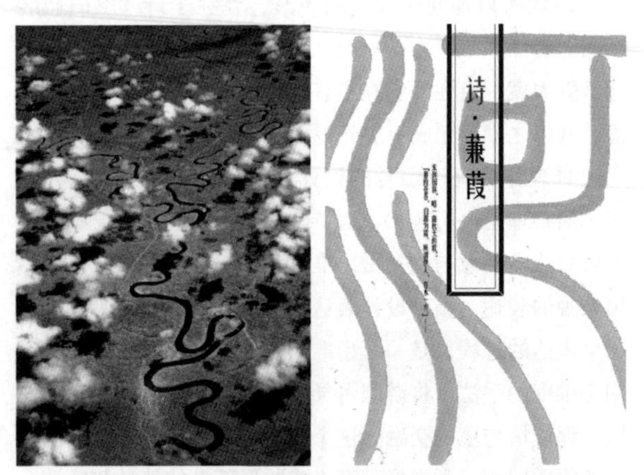

图 1 移：自然界的河道形象与汉字“河”的小篆体

2.2.2 “缩”就“高山流水”

所谓“缩”，就是浓缩、抽象。将汉字“河”的篆书体，抽象浓缩成一条在大地上断续、摆动的大河，涓滴细流从象征高山的石柱上流下，曲折的直线、片段的河道，含蓄地暗示了《诗经》诞生的以黄河为发源地的华夏文明，如同河流一样，于断续中传承，在曲折处前行，虽千回百转，却从不止步，永无尽境——这样一个中华文明的哲思底色（图 2）。这个意象一出，场景的人文内涵一下就宏阔起来了。浓缩与抽象出来的直线、折线表达出自然向人文的过度。

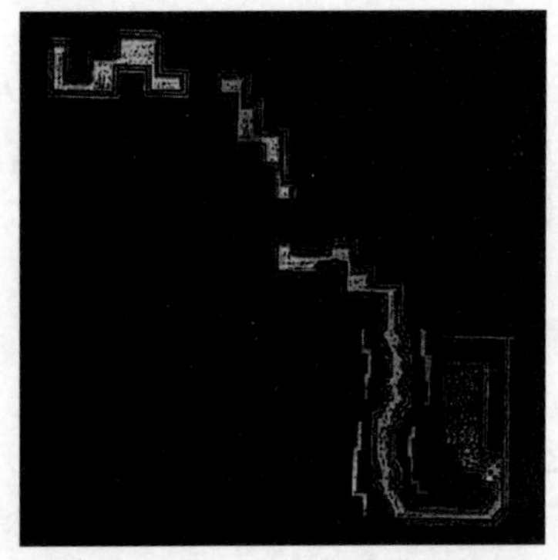

图 2 缩：从“河”字的小篆形态抽象浓缩而成的“河”字折线河道

2.2.3 “叠”出自然与人文交叠的诗歌意象

将以上两者——象形大自然河流的曲线与道路，与象征人文的折线河道叠加之后，代表人文元素的“河”字轨迹，从自然曲线中凸显出来，两种线条开始出现穿插、回旋，此时道路的交错回环，高低跌宕，喻示了所追求的对象可望而不可即的情境，园林构景与《蒹葭》诗中的复式结构，与追求却求而不得的情节出现意象的合和，景象此时已经为游园活动和各种角色的情感活动，铺设好了充满暗示与象征意味的景观底构（图 3）。

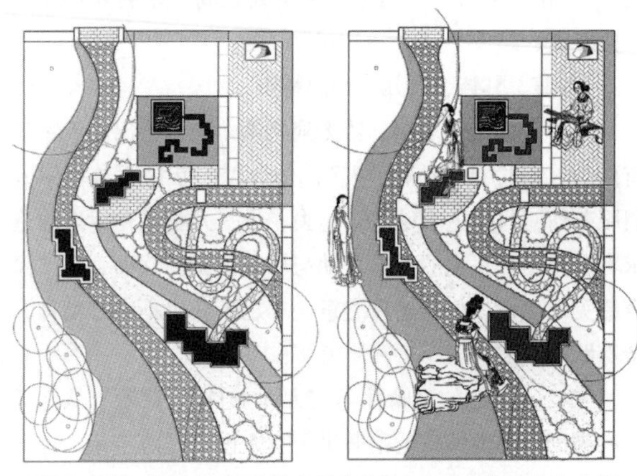

图 3 叠：两种“河”字抽象形态的叠加，自然与人文的交织

3 融情

3.1 赋意——赋予意义，融合情境

情与境怎样才能交融？光有泛泛的景尚不能成“境”，需加人“意”（诗歌的情节与角色）以后，生成有“意”的形象系统，这时就不仅是形而下的“景”了，主、客体互动之后，出现了形而上的“境”，同时主体孕育“情”，调动“情”，使“情境”相随、相融。“情境”与“意境①”相比，更强调人的主观的“情”。设计通过景点题名的方式赋予景观诗的意义（表3）：

诗句与景点题名列表 表 3

诗中伊人出现的句子	景观中暗示伊人出现的景点题名
在水一方 在水之湄 宛在水中坻 宛在水中沚	一方水池（一方：那一边） 湄池（湄：水和草交接的地方，也就是岸边） 坻滩（坻（chí）：水中的沙滩） 沚凳（沚（zhǐ）：水中的沙滩）
诗文原句	**景点题名**
蒹葭苍苍 溯洄从之 白露未晞 所谓伊人	蒹葭石径、植物蒹葭 溯回滩（溯洄：逆流而上） 未晞台（晞（xī）：干，晒干） 伊渡（小桥）

① 意境是指抒情性作品中所呈现的那种情景交融、虚实相生的形象系统，及其诱发和开拓的审美想像空间。他同文学典型一样，也是文学形象的高级形态之一。（《文学理论教程》童庆炳主编）

3.2 场景情调设定

气氛的烘托，使环境氛围与情节更符合诗歌的设定，各种信号的叠加效应，使游人情绪更加饱满 。

时令：秋，白露成霜的清晨。

情节：溯流上下，追求心中思慕的对象“所谓伊人”，却求而不得。

情境：迷离、微昧、忧伤、企盼。

色调：白、浅黄、靛青、蓝黛、艾绿、绛紫、赭。

味道：淡淡的甜香，清冽而飘忽。

结构：回旋跌宕。

背景音乐：自然流水声 / 古琴曲（宫调《高山流水》或徵调《文王操》)。

3.3 景观情境结构中的角色设定

园林很小，几乎是方寸之间，但是希望给人以大河蒹葭，白露横江的想像空间（图4)。同时，园林应该不仅具有静态的画面，还应与一套细致的游园活动设计嵌套在一起，不同的角色都有各自的作用，合和之后生成系统，产生诗的意境。这就需要借鉴舞台艺术的设计手法，分角设色，交感互通，使人与景、景与情、情与境之间发生诗意的审美互动（图5)。

图4 总平面图

图5 “美人隔河而笑，相去三步，如阻沧海。”
——《管锥篇》钱钟书

3.3.1 人物与景设

（1）伊人：保持其神秘性，依然不以“实”的形象出现，依靠想像。

伊人“隐现”：以“所谓伊人”反复出现的场景隐喻“伊人”——一方水池 、湄池、坻滩、沚凳、伊渡。

（2）追求者：游人以“追求者”的身份角色带入，通过游园路线设定的游园活动，与诗歌当中的情节情景共境。

3.3.2 植物与景设

（1）蒹葭：蒹葭（芦苇）是这个主题园林中绝对的重要配角，具有多重复合功能。首先蒹葭是诗和园林共同的题目，它是环境的背景植物，是主客体之间的媒介，是时间、地点、节令的暗示，是这一场求而不得的追求的见证，是人物抒情的对象，是古与今的桥梁。景观中沿象征河岸的曲线，种下一大片蒹葭，形成场景中极富视觉冲击力的一道风景，由它所框定的西部边界，在秋天具有强烈的色彩和丰茂的形象，将游人一下就带入了《蒹葭》的环境意境（图6)。在消融边界的同时也隔绝外界，将对边界的处理融入对大环境的铺垫与对情节或情绪的暗示。

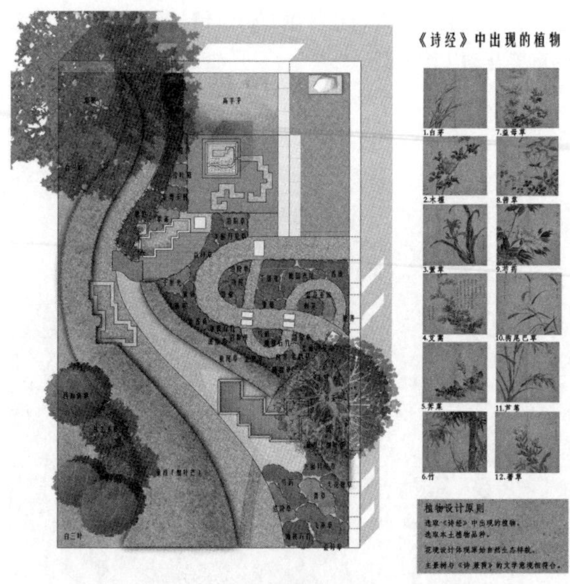

图6　运用《诗经》中出现的植物，与有助于营造诗歌意境的花径植物

（2）其他植物：与蒹葭配合，营造一个宏大、丰盛，生生不息的大环境背景，同时又具有秋天节气的肃杀、凄清，和白露晨光的迷离、微昧的诗境氛围。用以体现思慕追求的热烈，和求而不得的失望，以及这二者间微妙的平衡。

栾树：一棵秋天果实的树。栾树那三角状干枯的果夹，就像一盏盏茶色的小灯笼，一年四季，悬挂在枝头，看到它们，就不由得人不想到秋天。

玉兰：一棵春天最美的树。古时候，春秋两个字就代表一年四季，不再言冬夏。仿佛时间的两条腿，就那么走啊走……

两棵主景树与蒹葭等植物材料一起，在场景里暗示了时间的流动与凝固，使场景出现时空的多维性。

4　成境——同情共境，情景交融

至此已经完成了《蒹葭园》设计的3个步骤当中的前两个：第一，构景，这个景是根据诗的内容来的，为下一步生成“情”与“境”服务。第二，融情，综合调度所有能触动眼耳鼻舌身意的手法，在生成有意之“境”后，使主体情感带入，情绪逐渐酝酿。

接下来就是第三——成境，即通过造园手法组织与管理游园活动，体现情感与境界的交融，可综合运用文字、音乐等对情感与境界做进一步升华。

4.1　“隔”，重复“吸引——拉开距离”这个审美过程

园中的道路与游览路线设计，和由景名构成的兴趣焦点以及场景中由道路和植物等的回环阻断、穿插盘旋而意外出现的景墙、翠竹、花丛、沙洲、台与台阶、雕塑、置石、坐凳、石灯、芦苇、竹林、花径植物小桥等，都使景物出现“隔”的情趣，游人在诗意的联想中，不断重复“吸引——拉开距离”这个审美过程，更加强了意境的迷离微昧，正所谓“隔花阴人远天涯近”（《西厢记》崔莺莺语）。园林景物中的“隔”，与《蒹葭》中的情感之“隔”，两种“隔”的交织反复、叠叠递进促成情与境的交融。

4.2　游园过程中五感的觉醒

游园的过程，是一个不断与惊喜相遇的过程：沿着“芝兰小径”涉过旱溪，来到彼岸的花丛，细嗅花香，俯察品类之盛；起身走到“溯洄滩”的尽端，再无去路，迎面只见一株玉兰之树；从“蒹葭石径”中途转弯，跃上小浮桥“伊渡”，掠过“一方水池”，然后搭一步汀步，来到河源小广场，细究水流的源头来处，顺着大石柱的跌水往上看，原来上面竟然是个“河”字喷泉；转身拾阶而上“未晞台”，抬头看到墙上镌刻的《蒹葭》，不觉吟之咏之，足之蹈之……随着感觉的颗粒度逐渐丰满，诗意便在游园的过程中不断生成、不断浓郁，园中景物与游园活动唤醒游人的五感，促使情与境的交融。

4.3　文字点景成境——深化园林主题，升华有情之境

小园的北部，设一个进入的正门，门楣及门柱可以题额。设计者在此处以一副集联点出《蒹葭》其园的诗情与寄寓：

“白露蒹葭成道阻，信足疑无别境，叹千古伊人宛在？

清霜半落沙痕浅，举头自有深情，惟此地溯游溯回”①。

门额提：“采采国风②”。

① 对联其他句子出处：

a. 作燕谋［当代］钱钟书：兄事肩随四十年，老来犹赖故人怜。比邻学舍灯穿壁，结伴归舟海拍天。白露蒹葭成道阻，春风桃李及门妍。何时北驾南航便，商略亲诗到茗边。

b. 菩萨蛮［宋］叶梦得：平波不尽蒹葭远。清霜半落沙痕浅。烟树晚微茫。孤鸿下夕阳。梅花消息近。试向南枝问。记得水边春。江南别后人。

② “采采”，a. 茂盛、众多貌。b. 美妙的乐声。“国风”，《蒹葭》出自《诗经》风，秦风。

图 7　园风门与楹联效果

图 8　全园鸟瞰效果图

图 9　局部效果图

5　总结

当时做完设计，写了一篇《设计题记》，记曰：

造园不止需造景，园林是以植物材料为必须要素的高度综合性营造。

计成著书《园冶》，以一“冶”字，准确概括出园林这一大熔炉，需采天地间有形之精华，佐以人文、技艺，先化而后冶之的过程，化合是天地大功，然而最终成就这一化合的高温，也就是人类的情感，近来却鲜少有人提及。

诗人早就指出，“落红都不是无情物”，何况园林？何况赏园之人？何况造园之人？

有景、有境、有情，才是园林。

情景、情境的交融，是造园的目的，是造园人的追求。

移天缩地是造园手法。

于一勺水、一拳山间，将无限天地收于怀抱。

然而古往今来，人与园林之间，与那些浓缩自天地精神的园林之间，

总还是隔着什么。隔着什么呢？

也许就是人和仙之间的距离吧？

人永远在道上走着，一会儿顺道而行，

一会儿歧路亡羊，永远上道而不入道。

作为凡人，我们只能让想像成为翅膀，

逍遥遨游，

忽而临川俯钓，

忽而吟啸丘泽，

感天地之微昧，徒超尘而遐逝，

苟纵心于物外，安荣辱之所如[①]。

所以，隔是我们玩味园林时的态度，

也是凡人们安处万丈红尘的常态。

隔，是天地赐予我们的接引，

也是追求与被追求之间的距离。

我理解“冶”字，正是园林的核心，即她是以天地之间的“象”为原材料，经过主园之人的冶炼加工，形成一个与宇宙图景同构的图景，即“虽由人作，宛自天开”。这时的原材料的“象”已经被加入了人的“意”和“情”，所谓“本于自然，高于自然”，自然造物主已经伟大到无以复加了，我们人类所谓的“高”那么一点，也就只有人的“意志”与“情感”了，算是孤鸿照影的自怜吧。

而深情与执着，无疑是美的蕴涵。中国人喜欢“比德”，什么是“德”？顺道而为，遵循天地大道就是德。大道虽然微昧，但是追求大道的过程已经足够我们审美。也许这就是《蒹葭》千古不灭的魅力所在吧？

古与今之间隔着岁月的河，蒹葭就在那岸边招摇……

作者简介

宋如意，女，1972年1月16日出生，硕士，北京市园林古建设计研究院有限公司职员。研究方向为园林设计、园林史、设计理论、设计方法论。电子邮箱：sryruyi@126.com。

① “感天地之微昧，徒超尘而遐逝，苟纵心于物外，安荣辱之所如。”等句源自东汉辞赋家张衡的《归田赋》。它形象地描绘了田园山林那种和谐欢快、神和气清的景色，反映了作者畅游山林，悠闲自得的心情，又颇含自戒之意，表达了作者超脱的思想境界。

诗意的家园，精神的乐土

——记杭州西溪湿地

Poetic Home Spiritual Paradise: Xixi Wetlands of Hangzhou

王晓萍 李文玲

摘 要：杭州忆，最忆是西溪。杭州西溪湿地像一首现代生活中的田园牧歌；是一座稀缺的江南城市湿地公园；在那里，鸟儿可以自由飞翔，鱼儿可以自在游畅，植物乐于扎根生长，人儿诗意生活的天堂。

关键词：诗意生活；原生态；自然环境；文化积淀

Abstract: Among all the sights in Hangzhou, Xixi is the deepest impression. The Xixi wetlands like an idyllic pastoral in modern life and an infrequent urban wetlands garden. Birds can fly at liberty here, fishes can freely swim here, plants are happy to grow here and humans enjoy poetic life here.

Keyword: Poetic Life; Original Ecology; Natural Environment; Cultural Antecedents

“暧暧远人村，依依墟里烟。狗吠深巷中，鸡鸣桑树颠。户庭无尘杂，虚室有余闲。久在樊笼里，复得返自然”。这几句诗仿佛就是陶潜为西溪发的感慨。如果有幸领略过春季西溪绚丽的花海，会期盼西溪端午的龙舟盛会；夏季游过西溪荷花飘香的水上绿道，会向往西溪秋天火红的柿子；朝拜过“词人圣地”，会想在西溪南漳野渡观白鹭闲舞，看蒹葭深处的芦花飞荡；秋去冬来，走过绚烂的三季，复归于平淡，会想在西溪寻找雪后的静谧，在静谧中探访疏影横斜的草堂新梅。

规划西溪的人是慧者，慧眼识真，变废为宝。西溪湿地的形成，可以追溯到四五千年前的良渚文化，它是杭州最早的文明发源地。“曲水湾环，群山四绕，名园古刹，前后踵接，又多芦汀沙溆”。有人说，西溪湿地藏在千年的时光里，自唐代始，西溪就以赏梅、竹、芦、花而闻名，正式建置西溪镇则是在宋太宗端拱元年。逃亡临安的赵构看到这片桃花源不由发出赞叹：“西溪且留下”。到明清时期，西溪两岸的社会经济与文化，得到了多方面的发展，一些农民在此养鱼育蚕、种竹培笋形成独特的农耕文化，一些文人雅士开始修建草堂、庄园在此过起隐居生活，形成独特的湿地文化。

据《西湖志纂·西溪纪胜》载：康熙二十八年南巡至西溪，由昭庆寺乘马至木桥头登舟，从骑俱止桥外，独与高士奇泛小舟至西溪山庄，观览久之御书“竹窗”两字，并留下《西溪》五言律诗一首：“十里清溪曲，修篁入望森。暖催梅信早，水落草痕深。俗籍渔为业，园饶笋作林。民风爱淳朴，不厌一登临”，那时的西溪到达鼎盛时期。

设计西溪的人是智者，深挖西溪的独到之处：城市湿地、水乡村落、文化圣地，非常难得地避免了城市趋同，使西溪湿地成为中国江南水乡渔桑湿地之典型，与西湖、西泠共担杭州“天堂”之美名。西溪湿地具有深厚独特的水乡历史文化积淀，是文化中国最有诗意的世俗生活的地方。

西溪之胜，独在于水，如果说西湖像秀女温婉，那么西溪则更像村姑质朴。水是西溪的灵魂，“芦锥几顷界为田，一曲溪流一曲烟”是她最真实的写照。行舟河渠可以领略“火柿映波、秋芦飞雪”，漫步三堤可以感受“鱼塘栉比如鳞，诸岛星罗棋布”，空中俯瞰“水道如巷、河汊如网”犹如水上迷宫，只有在西溪才会有独特的“万塘览胜”之水景。

西溪之重，重在生态。人与自然和谐才能共生，才能永续前行；西溪湿地尽量保留和恢复原有生物，丰富植物资源。为加强生态保护，在湿地内设置了费家塘、虾龙滩、朝天暮漾3大生态保护区和生态恢复区；在农田、养殖场、院落以及花园设置人工鸟巢；用易发芽的柳树桩代替松木桩；入口处设湿地科普展示馆，园区内有3个生物修复池和一块湿地生态观赏区。西溪的多年生态建设，打造出世界闻名的“西溪模式”。

西溪是鸟的乐园，现已发现181种鸟类。典型的湿地植被和湿地景观，为鸟类和多种生物提供栖息地及食源。园区设有多处观鸟亭，白鹭、灰鹭、白额雁、绿头鸭、翠鸟等随处可见。在南漳湖芦苇荡放养白鹭，白鹭水边觅食、悠闲飞舞，呈现出群鸟欢飞的壮丽景观。西溪是鱼的故乡，鲤、鲫、鳊、鳙等各种鱼类随处可见，是最具西溪地方特色的水乡物产。

西溪湿地是植物的王国，这里没有名贵树种，芦、菱、萍、莲水中皆是；柿、柳、樟、竹、桑、李、桃、榆岸边自然生长。尽管它是河边的柳、水中的荷、岸上的柿、养蚕的桑、横斜的梅，经过大自然的巧妙搭配，看每一棵都不俗，观每一处都是景。水道旁特意保留下来的2800余株老柿树，每到秋季火红的柿子挂满枝头，形成柿子林尽染秋色一片。深潭口百年老樟树下的古戏台，据说是越剧北派艺人的首演地。

生态是西溪湿地的血肉，文化则是西溪的灵魂。西溪在提升生态资源与湿地地域文化品位的同时发掘西溪“梵、隐、俗、闲、野”的特点。西溪自古就是隐逸之地，千亩交错的湿地，隔断了城市的繁华，被文人视为人间净土。历史上众多文人雅士在此开创别业，“秋水庵”是明代大书画家陈继儒所题，“西溪草堂”的主人是明代文人冯梦桢，“梅竹山庄”是清代文人张次白所建，他们为西溪留下了大批诗词文章。“交芦庵”“曲水庵”“洪庄”“高庄”等，都是能体现湿地原生态文化的地方。在西溪湿地，有一个地方，每年霜降后举行词人的举祭纪念，接受对中国词爱好者和对中国词人敬仰者的朝拜，那就是“词人圣地”。同时，通过建立“龙舟博物馆”“鸟类博物馆”等让湿地原生态文化更为彰显。

西溪民风，淳厚质朴。自唐代以来，种桑养蚕积淀了西溪的“农耕文化”。走在烟水渔庄的“西溪人家”，在水乡民居的建筑里会为你重现西溪原居民的农家生活劳动场景，会为你讲述“桑·蚕·丝·绸故事”；走在古色古香的“河渚老街”，你会为西溪热茶坐下来，你会为西溪小花篮蹲下来，你要扯几尺蓝印花布，你要尝几个古荡盘柿，你惊叹于龙头雕刻的精致，你啧啧于西湖米酒的香甜……这里的民俗文化和传统特产会让你流连忘返。“无龙舟不端午”成为非物质文化遗产的龙舟盛会，历史悠久、形式独特，被誉为“花样龙舟”，每年端午节在深潭口、蒋村、五常等地举行，是展现农民精神与艺术的一次盛会。

西溪湿地，莫如说是“西溪师地”。在这里，以优雅的环境为师，以宁静的自然为师。有诗赞曰：“千顷蒹葭十里洲，溪居宜月更宜秋……黄橙红柿紫菱角，不羡人间万户侯”。有人说西溪的诱惑是不动声色的，湿地内芦白柿红、桑青水碧、竹翠梅香、鹭舞燕翔、蛙鸣鱼跃，无不吸引着我们。西溪很好地利用历代先民留下的宝贵遗产，将文化积淀和自然环境很好地结合，实现了让人们在大自然中诗意的生活的愿望。

作者简介

王晓萍，女，河南郑州人，郑州市西流湖，高级经济师。研究方向为园林管理、园林植物研究。

李文玲，1969年生，女，毕业于河南农业大学观赏园艺专业，本科学历，郑州市绿文广场管理中心高级工程师。研究方向为园林管理及园林文化研究。电子邮箱：kdz217@163.com。

融合中国山水园林意蕴的岩石园景观营造研究

Study on the Rock Garden Landscape Construction Containing the Implications of Chinese Landscape Gardens

张雪霏 刘宏涛 邢 梅

摘 要： 岩石园是起源于西方的一种园林形式，以展示岩生生境和岩生植物为主，具有独特的景观特色。但当前国内岩石园的建设只是简单的岩石堆砌，缺乏科学性和地域特色。意蕴是中国园林的特色，因此通过研究岩石园的主要景观元素及中国山水园林特有的意蕴，将二者相结合，最终提出融合了中国山水园林意蕴的岩石园景观营造模式，打造具有韵味且科学的中式岩石园。

关键词： 岩石园；意蕴；置石；植物；营造

Abstract: Rock garden is a form of garden that originated in the West. It mainly displays rock habitats and rock plants, and has unique landscape characteristics. However, the current construction of domestic rock gardens is only simple rock stacking, lacking scientific and regional characteristics. Implication is a characteristic of Chinese gardens. Therefore, by studying the main landscape elements of rock gardens and the unique implication features of Chinese landscape gardens, combining the two, and finally proposing a rock garden landscape construction model that incorporates Chinese landscape garden implication to create charm and scientific Chinese style rock garden.

Keyword: Rock Garden; Implication; Rock; Plant; Construction

岩石园起源于16世纪，最早是由英国倡举并取名为“Rock garden”[1]，岩石园形成的缘由是为引种高山植物，通过驯化、育种，进而丰富园林观赏植物种类[2]。17世纪中叶，因对阿尔卑斯山上丰富多彩的高山植物的引种需求，欧洲一些植物学家修建了高山园[3]。早期高山园采用自然式布局，模仿引种植物的原生境，植物与岩石有机结合[4]，形成美丽景观，现在看来，高山园即为现代岩石园的前身。18世纪，在“回到自然”思想的引导下，园艺家和造园家对自然界中裸露的岩石和生长于其间的植物形成的独特景观产生极大兴趣，于是岩石园开始在西方风靡。经过不断的革新、进步、实践，19世纪40年代，岩石园这一专类园的创造才初步形成。20世纪开始，岩石园逐渐在世界各国发展起来[5]，1871 年英国爱丁堡皇家植物园建立了世界第一个岩石园，1934年胡先骕、秦仁昌、陈封怀先生在庐山创建了中国第一个岩石园。

根据岩石园的起源与发展可知，岩石园最初的功能是收集特定的高山植物展示对应的高山生境景观，随着岩石园的扩展，岩石园在种类上已从高山植物发展到岩生植物，功能上除引种、驯化等相关的科学研究外，休憩、游览也成为岩石园的重要功能。因此，对于岩石园的定义，根据岩石园的发展历程以及总结国内外专家学者的研究[6-10]可知，岩石园主要通过砌叠岩石和在石间、石缝种植植物以模拟自然界的岩生环境，展示岩生植物，是自然岩石和岩生景观在人工园林中的再现。

岩石园在我国的发展较为缓慢，相关研究也未成体系。通过实地调研庐山植物园岩石园和上海辰山植物园岩石园，发现当前国内岩石园置石方式单一，植物设计季相差别大，整体缺乏地域特色。因此，通过研究岩石园的主要景观元素，为岩石园的建造提供参考，在此基础上融合中国山水园林的意蕴特点，最终构建具有中式特色的岩石园。

1 岩石园主要景观元素分析

通过对当前文献的分析，岩石园的研究重点主要在置石元素和植物元素，因此，为提高岩石园建造的科学性、规范性，本文主要对岩石园的置石元素和植物元素深入总结（表1）。

1.1 置石元素研究

根据文献分析和国内实地调研，当前岩石园主要置石种类为砂岩、石灰岩、凝灰岩以及砾岩[10, 11]，主要置石方式有以下5种：即护坡型、冰碛石和碎石堆型、裂缝型、干沙床型、墙园型[12]。这5种置石方式景观效果独特，科学实用价值高，充分考虑了工程要点和植物生长需求，具有排水良好、环境适宜的特点。

岩石园置石方式 表1

置石设计类型	图例	特点	结构
护坡型	 护坡型	主要针对陡峭斜坡和地面有突出岩石的地形，生长植物以小灌木和多年生植物为主	从下至上：土丘＋不规则岩石＋卵石、小碎石
冰碛石和碎石堆型	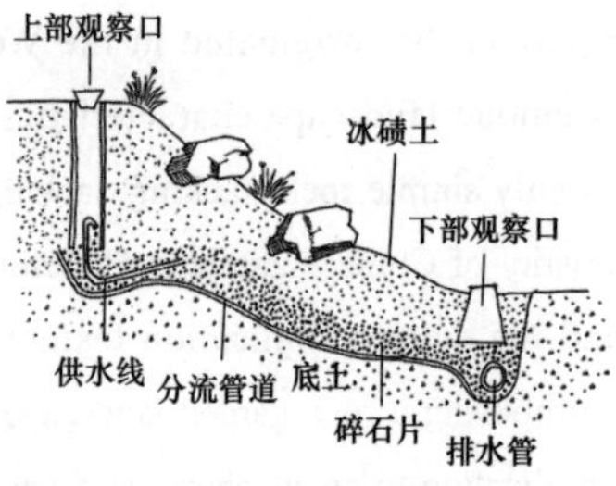 上部观察口、冰碛土、下部观察口、供水线、分流管道、底土、碎石片、排水管 冰碛石和碎石堆型[22]	主要模仿高山苔原具有的冰碛石和碎石堆地貌。植物较少，以多年生、耐旱草本植物为主	从下至上：底层土壤＋管道＋冰碛土＋种植土＋砾石
裂缝型	 裂缝型－分层式  裂缝型－无层式	裂缝型岩石园在形式上比较贴近自然环境，裂缝型有分层式和无层式两种结构。分层式结构堆成有“山脊线”的山状；无层式结构大部分位于土壤中，只有部分岩石上表面和边角露出地面	从下至上：土丘＋薄层砂岩
干沙床型	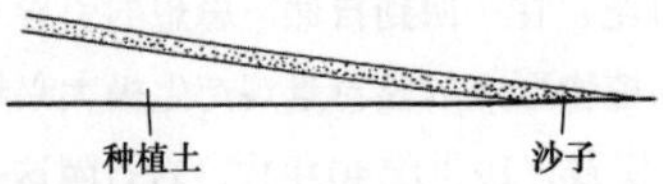 种植土、沙子 干沙床型	主要模仿草原、荒地、沙地、岩石坡、冰川等的岩生环境。建造一定的坡度，铺满细沙即可。以多年生、耐旱草本植物为主	从下至上：种植土＋沙子＋少量岩石（装饰用）
墙园型	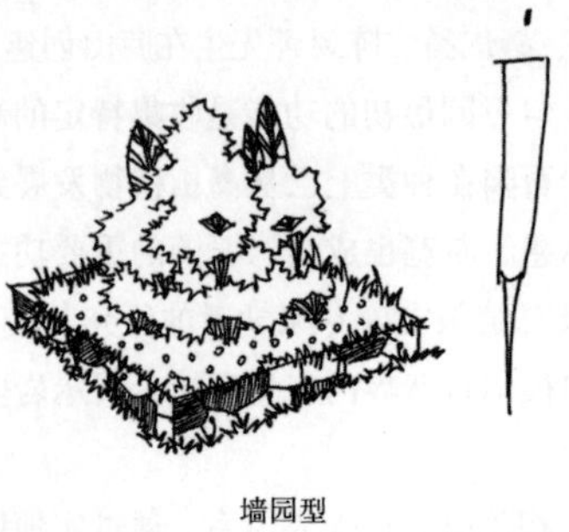 墙园型	岩石园中常用种植池形式	用岩石打造种植池，内填种植土

1.2 植物元素研究

对国内外岩生植物的文献资料和调研结果分析，可总结得到岩石园岩生植物的特点、类别和配置原则。

岩生植物是一类可在岩生环境中正常生长发育的植物类型。苔藓植物、蕨类植物、裸子植物、被子植物均有适合的岩生种类。在长期的适应进化中，岩生植物主要形成了以下4个突出特点：其一，植株低矮，株形紧密[13]。因岩生环境土壤贫瘠且时有寒风吹袭，为了保护自身、降低能耗，植物通常以低矮、匍匐或分枝紧抱形成垫状的形式接近地表层生长；其二，根系发达，抵抗力强。为了提高对恶劣岩生环境的适应力及抵抗力，岩生植物形成了强大的根系、较短的茎段、较短的叶间距以及极长的花序。此外还形成了其他适应干旱的特殊形态，如垫状体、小叶性、叶席卷、莲座叶、表皮角质化和革质化等；其三，生长缓慢，生长期长[13]。岩生植物年生长量小，生长缓慢，生活期长，多为多年生植物。其四，颜色艳丽，观赏性高。岩生环境中紫外线增强引起岩生植物体内类胡萝卜素和花青素的含量升高，花色就越艳丽[14]，这种变化一方面是为了适应恶劣岩生环境，另一方面则是为了诱导昆虫传粉。

根据以上岩生植物特点，可认为岩石园中常用岩生植物类型应主要以多年生草本和灌木为主，乔木为辅，因此，基于对景观效果的考虑，总结可应用于岩石园的植物种类如表2所示。

岩石园适用植物表 表2

分类	种　类
乔木类	乔木类：圆柏属（*Sabina* Mill.）、刺柏属（*Juniperus* L.）、松属（*Pinus* L.）、桦木属（*Betula* L.）、锦鸡儿属（*Caragana* Fabr.）
灌木类	喜光类：蔷薇属（*Rosa* L.）、瑞香属（*Daphne* L.）、金丝桃属（*Hypericum* L.）等 耐阴类：杜鹃属（*Rhododendron* L.）、绣线菊属（*Spiraea* L.）、忍冬属（*Lonicera* L.）、荚蒾属（*Viburnum* L.）、十大功劳属（*Mahonia* Nutt.）、黄杨属（*Buxus* L.）、卫矛属（*Euonymus* L.）、野扇花属（*Sarcococca* Lindl.）
多年生花卉类	喜光类：银莲花属（*Anemone* L.）、百合属（*Lilium* L.）、景天属（*Sedum* L.）、乌头属（*Aconitum* L.）、毛茛属（*Ranunculus* L.）、石竹属（*Dianthus* L.）、点地梅属（*Androsace* L.）、紫菀属（*Aster* L.）、菊属（*Chrysanthemun* L.）、龙胆属［*Gentiana*（Journ.）L.］、珍珠菜属（*Lysimachia* L.）、蓼属（*Polygonum*（L.）Mill）等 耐阴类：报春花属（*Primula* L.）、落新妇属（*Astilbe* Buch.-Ham.ex D.Don）、升麻属（*Cimicifuga* L.）、石蒜属（*Lycoris* Herb.）、酢浆草属（*Oxalis* L.）等 喜湿类：秋海棠属（*Begonia* L.）、虎耳草属（*Saxifraga* Tourn.ex L.）、冷水花属（*Pilea* Lindl.）、堇菜属（*Viola* L.）、天南星属（*Arisaema* Mart.）、凤仙花属（*Impatiens* L.）、细辛属（*Asarum* L.）等
禾本科草类	薹草属（*Carex* L.），莎草属（*Cyperus* L.），早熟禾属（*Poa* L.）等

岩生植物种类较多、生境广泛。在植物配植时，一般应遵从的原则是：花期交替、花色对比、季相丰富；灌木在侧，草本在缝，习性种植。为了加强观赏性，延长观赏期，应合理选择多年生草本、灌木（岩生被子植物）和少量矮小乔木（岩生裸子植物）相互配搭，多年生草木花色艳丽，矮小乔木枝叶遒劲，二者相映成趣，丰富岩石园景观。

2 中国山水园林意蕴解析

意蕴是中国山水园林独特的韵味和风景，虽无形却具有无尽的诗意。在古代，画家和诗人是园林景观的主要设计师和建造师，有关园林的著作也由他们所作。因此，绘画布局理论与园林布局理论常相互渗透[15]，山水画的诗意盎然也体现在山水园林的建造中，最终形成了“虽由人作，宛自天开”的中国山水园林景观。因此，意蕴、中国山水园林、中国山水画是密不可分的。自宋朝之后，诗情画意更成为判断一个园林优劣的标志，意蕴美成为衡量一处园林佳劣的标准。

意蕴是山水的灵魂，最早体现在山水画中。中国山水画的意蕴是画家在写实基础上，抽象表达诗词歌赋，隐晦融入个人情感，最终体现源于自然而不止于自然的艺术境界。欣赏者通过有限的画面激发无限联想，最终产生共鸣，领会景物之外的深意[16]。中国山水画中表现意蕴的主要表现方法有：立意、构图、笔墨设色、造景、造境[17]，也有学者指出可通过虚实结合、笔墨表现、精神表现来展现山水画中的意蕴[16]。

中国山水画意蕴表现方法对中国山水园林的意蕴表达也有启示，从二维平面到三维立体景观，有学者认为绘画中构图理论、绘画技巧以及形式美法可应用于园林布景中，指导中国山水园林建设[18]；有学者认为形式美、空间布局及二者的高度统一也对中国山水园林的意蕴表达影响深远[19]；也有学者认为绘画中山水立意、构图方法对园林景观设计影响深远[20]。

综上所述，可以简要概括中国山水画表现的外向美、空灵美、情感美、诗意美对中国山水园林的意蕴美具有启示作用：意蕴是一种含蓄而具有诗意的精神联想，通过有限的视觉形象产生，是一种虚的联想和情感表达；中国山水画对于中国山水园林的启示主要体现在构图与造境上，在具体实践中可通过空间布局和景观元素配合表达。

3 融入意蕴的岩石园景观营造方式

根据对岩石园景观元素的研究和中国山水园林意蕴的解析，可总结出岩石园景观元素的类型、特征以及在园林景观中营造意蕴的方法。为将中国山水园的意蕴融入岩石园，使传统的西方岩石园具有独特的中国诗意，可采用的表现方式如下：空间上采用自然式布局，将中国山水画“三远”的内涵与岩石园主要景观元素结合来营造。

宋代郭熙《林泉高致》归纳山有三远：“自山下而仰山巅，谓之高远；自山前而窥山后，谓之深远；自近山而望远山，谓之平远。”即“三远”指山的“高远、深远、平远”。因此，为达到这三种境界，在岩石园中体现中国山水的意蕴，可将岩石园划为3种类型，即“高远”“深远”“平远”并分类设计。

“高远”主要反映的是山峰的巍峨险峻、气势逼人。在体现“高远”类型的设计中，纵向上应控制置石的高度，保证叠石为岩石园的全园制高点；为了突出“高耸”的特点，还可设计跌水，模拟高山飞瀑的，从而引发险峻巍峨的心理，达到山峰“高远”之意蕴。植物可结合地形、“山势”进行栽植，无固定的栽植模式，目的是显示自然而随机、富有山林野趣的美感。植物种类可选用常绿乔木、小灌木类丛植形成整体外形骨架，石缝处配植多年生花卉和禾本科草类。

“深远”主要反映的是山与山之间山重水复、重叠明灭的关系。在体现“深远”类型的设计中，可借用园林中“障景”的手法。通过置石位置、材质、形态等特点，加强置石彼此间联系，给人以“山重水复疑无路”之感，在纵向上置石高低不齐，横向上前后相依。在植物设计时，植物种类可选用乔木类、小灌木类及多年生花卉和禾本科草类，乔木和灌木类可采用孤植、对植或丛植的形式，孤植展示个体美，对植强调联系，丛植作为配景或诱导景观。

“平远”主要反映的是在一山看另一山的感觉，是一种视野开阔、心旷神怡之感。在体现“平远”类型的设计中，置石设计的高度应为3种类型中最低，但置石间还应参差不齐、前后相依，景色相互衬托。在这种类型的设计中应注意保证视野的开阔和留白空间，突出山峰“平远”之意蕴。在植物设计上，可以小灌木类和多年生花卉、禾本科草类为主。灌木类可片植、散植，片植主要展现植物的观赏性和空间延伸感，散植主要表现植物的秀美；多年生花卉、禾本科草类可丛植于阶旁、路旁、林下、草地、岩隙、水畔等处。花丛内植物种类不用过多，应有主次、高矮、疏密之别，最终呈现大小不等、聚散有致的效果。

此外，中国山水园林的意蕴美的含蓄、虚实也可通过置石远近对比、实景倒影对比来实现；中国山水画中的留白手法也可在岩石园中用于意境表达，以无胜有，以少胜多，从而令人回味。

在空间上的意蕴构建，从空间和观赏点的距离入手，确定各类型设计的大致位置。已知物体竖向高度和人的视线之间有着如下关系[21]（图1）：

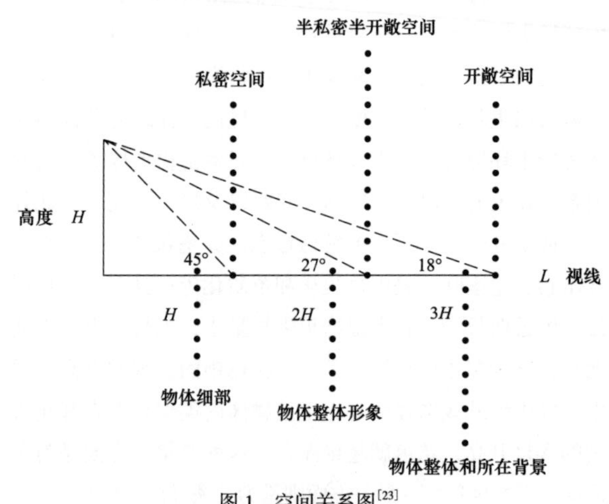

图1 空间关系图[23]

在图1中，竖向高度H和视线距离L之间关系反映了不同的空间关系和视角尺度。当$L=H$时，观察者感觉处于私密空间内，适宜观察物体的细部；当$L=2H$时，观察者感觉处于半私密半开放空间，适宜观察物体的整体形象；当$L=3H$时，观察者感觉处于开敞空间，适宜观察的物体本身及背景[22]。

综合所述，融入中国山水园林意蕴的岩石园主要景观元素营造模式如下所示（表3）。

融入中国山水园林意蕴的岩石园主要景观元素营造模式

表3

意蕴表达	置石设计类型	植物元素	空间范围
高远	护坡型、裂缝型-分层式、冰碛石和碎石堆型	结构1：矮乔木+矮灌木+草本 例：圆柏（矮乔木）+结香/金丝桃+石竹/垂盆草 要点：片状分布，阳坡 结构2：匍匐矮灌木+苔藓、地衣（陡坡） 例：铺地柏+虎尾藓 要点：陡坡或缓坡分布密集，岩面上生长苔藓、地衣	$2H$以内
深远	护坡型、裂缝型-分层式、冰碛石和碎石堆型	结构1：矮乔木+矮灌木+多年生花卉 例：圆柏（矮乔木）+黄杨/荚蒾+酢浆草/石蒜 结构2：灌木+草本 例：杜鹃+报春花/金龟草 要点：覆盖度高，可种植在阴坡	$2H$以内

续表

意蕴表达	置石设计类型	植物元素	空间范围
平远	裂缝型－无层式、干沙床型	结构1：多年生花卉散植 例：虎耳草 / 凤仙花 / 小花鸢尾 要点：团块状分布 结构2：多年生草本（禾本科草类为主） 例：苔草 / 十石韦 / 高山紫菀 要点：以草类为主，其他为伴生种	3*H*以内
留白	裂缝型－无分层式	结构：草类 例：苔草 / 早熟禾 要点：植物生长稀疏、组成简单	各类景观之间，作为背景或配景

4 讨论

本文通过总结岩石园的主要景观元素特点，分析中国山水园林的意蕴表达，再通过空间构造和景观元素配合，将中国山水园林特有的诗意和韵味与西方岩石园景观元素相结合，最终在满足科学性的同时兼具艺术性[23]。

本文主要得出以下两方面的成果：

（1）通过对岩石园主要景观元素——置石元素和植物元素的研究，总结其种类、特点及应用形式。

（2）将意蕴表达方法与景观元素设计相结合，提出了融入中国山水园林意蕴的岩石园主要景观元素的营造模式。

岩石园作为城市中方便易行、经济有效、效果独特的城市公园，是城市绿化中极具潜力的项目，将中式意蕴融入岩石园建设，在科学建园的同时符合中国人的审美和艺术品味，为岩石园在城市绿化中的广泛使用、加强人与自然的联系、改善公众健康等方面发挥重要作用。

参考文献

[1] 余树勋. 园中石［M］. 北京：中国建筑工业出版社，2004.

[2] 汤珏，中外岩石园比较及案例研究.［D］. 浙江：浙江大学，2006.

[3] 李明胜. 岩生植物造景研究——以上海辰山植物园岩石园植物配置为例［J］. 安徽农业科学，2008. 36（22）：9480–9481.

[4] 黄亦工. 岩生植物引种、选择与造景研究［J］. 中国园林，1993.（3）：55–59.

[5] 汤珏，包志毅. 从国外岩石园的发展看具有中国特色岩石园的建设［J］. 华中建筑，2008. 26（8）：102–106.

[6] Royal Horticulture Society. “Rock Gardening: plants” [EB/OL][2016/08/15] https://www.rhs.org.uk/advice/profile?PID=838.

[7] 苏雪痕. 植物造景［M］. 北京：中国林业出版社，1994.

[8] 吴涤新，花卉应用与设计：修订本［M］. 北京：中国农业出版社，1999.

[9] 赵世伟，张佐双. 园林植物景观设计与营造.［M］. 北京：中国城市出版社，2001.

[10] 建设部城市建设研究院. 园林基本术语标准［M］. 北京：中国建筑工业出版社，2002.

[11] Hessayon D G. The Rock & Water Garden Expert [M]. London：Random House, 2000.

[12] Joseph tychonievich. Rock gardening [M]. Portland：Timber Press, 2016.

[13] Mcgary M J. Rock garden design and construction [M]. Portland：Timber Press, 2003.

[14] 王海龙，徐忠. 岩石园设计［J］. 西昌学院学报：自然科学版，2004.（3）：100–102.

[15] 李明胜. 岩生植物造景研究——以上海辰山植物园岩石园植物配置为例［J］. 安徽农业科学，2008. 36（22）：9480–9481.

[16] 孙筱祥. 中国山水画论中有关园林布局理论的探讨［J］. 风景园林，2013.（6）：18–25.

[17] 刘龙. 中国山水画的意蕴美［J］. 青年文学家，2010.（13）：97–97.

[18] 梁晓丹. 中国山水画的意蕴美在景观设计中的应用［D］. 北京：北京林业大学，2016.

[19] 尹安石. 论中国绘画的审美意蕴与景观设计的当代出路［J］. 艺术百家，2007. 22（3）：136–138.

[20] 赵潇. 论中国山水画对我国现代景观设计的启示［D］. 北京：北京服装学院，2008.

[21] 陈尚峰. 中国山水画对现代景观设计的启示［J］. 西部人居环境学刊，2006. 27（2）：34–39.

[22] Mcgary, M.J.Rock garden design and construction [M]. Portland：Timber Press, 2003.

[23] 胡长龙. 园林规划设计［M］. 第三版，北京：中国农业出版社，2010.

作者简介

张雪霏，1992年生，女，内蒙古乌兰察布人，华南理工大学建筑学院在读博士研究生。研究方向为风景园林小气候、生态景观工程。电子邮箱：fifi3353@163.com。

刘宏涛，1965年生，男，湖北武汉人，硕士，中国科学院武汉植物园副主任研究员，硕士生导师。研究方向为观赏植物的引种栽培、新品种选育、风景园林规划设计与工程技术。

邢梅，1982年生，女，山西曲沃人，硕士，中国科学院武汉植物园工程师。研究方向为风景园林规划设计与工程技术。

浅谈诗意的风景园林
——景观与情感

The Poetic Landscape Architecture: Landscape and Motion

顾　晨

摘　要： 以发展的眼光来看，人们对景观的需求已从最初的物质性追求转变为当下的情感性追求占主导位置的趋势中了，诗意存在于我们生活的各个角落，当人类勇敢走出洞穴的一刻，在真实与梦幻间摆动的不仅是真理，更是理性与感性碰撞出的灵魂的光。人喜爱简单，人类又复杂多变，纯净朴实是美，柔肠百转亦是美。活着的意义是什么？如果没有情，万物皆是空。

关键词： 诗意；景观；情感；本能；反思

Abstract: From the perspective of development, people's demand for landscape has changed from the initial material pursuit to the current trend that the emotional pursuit occupies the dominant position. Poetry exists in every corner of our life. When people bravely walk out of the cave, it is not only the truth, but also the light of the soul from the collision of rationality and sensibility that swings between reality and fantasy. People like simplicity, and people are complex and changeable. Purity and simplicity are beauty, and softness and flexibility are also beauty. What is the meaning of living? Without emotion, everything is meaningless.

Keyword: Poetry; Landscape; Emotion; Instinct; Reflection

1　心理与诗意

从弗洛伊德到荣格再到鲁道夫，无论是动物性的本能，还是漫长社会种族经验留下的生理痕迹（集体无意识），或是知觉活动组成的整体性经验，心理学不断探索情绪与情感的起源、发展以及与精神的关联。揭示着人们对自我认知的渴求，而在自我认知层面，情感影响的精神环境激发了人们的心灵审美需求。

“当一个人没有办法很清楚地描述生命情状时，他会选择用诗来描述，因为诗里有另外一种对生命的关照……诗的作用是潜移默化的，它能让你更清楚地看到生命的状态[1]……古希腊哲学家亚里士多德说过：‘诗比历史更真实’。意思是说，历史是对客观事件的记录，诗是对心情的记录，在所有事件结束后留下情感的结语。事件会消失，可是心情会变成永恒。[1]”

2　情感与风景园林

当下，快节奏的生活模式从生理层级打乱了人们经历漫长岁月形成的生命活动内在节律，人们对于情感的需求与解读也在物质和所谓更高层次的自我实现追求中变得模糊不清。人们需要一个场所，可以疏解竞争关系和社会压力下的紧张情绪，使内心负向的不稳定情绪消解，达到身心平衡的状态。因此要去自然中寻求一种原始的自我情愫，从融合了自然景致的园林景观中感知超我的自在。风景园林作为营造人类美好的室外环境的行业，因与自然密不可分的关系，让发展趋向情感成为必然。自然可以唤醒人类对本我与超我的知觉，而情感是贯穿其间的纽带。赋予景观诗意是要将其生命化，景观空间不能是死的、无意义的，它要成为唤醒情感的场所，成为现代人追求的可以使人回归本能的情绪，回归反思情感的精神场所。

3 诗意与景观场所的直接关系

风景园林广义来讲即是景观，诗意与景观场所的关系其实就是情感与景观场所的关系，情感是情绪、感受等一类现象的统称。和景观场所产生直接关系的是情绪，它的产生多来自外部环境的单项刺激，是一种本能性的情绪。能接收这类环境刺激的感观分别为：视觉、听觉、嗅觉、触觉。

3.1 视觉感受环境的基本情绪

景观即是观景，视觉感受和景观场所的关系最为密切。我们可以感受到环境中不同颜色，不同光线、不同形状。

色光可以直接作用于人的感觉器官：红色使人血液循环加快，让人产生警惕感、兴奋感；绿色使人感到舒适、放松；色彩的温度也是产生上述情况的诱因之一。

形状与光线、色彩的关系密不可分，因为二者的变化我们可以感知形状，如尖角让我们产生紧张感，弧形让我们变得平静、柔和。

错视是人类眼睛捕捉色彩时产生的一种奇特现象，色彩纯度、明度的变化以及色相的对比会增强空间感、物体感，在远近、轻重、软硬、膨胀与收缩的变化中产生直观的情绪体验。

3.2 听觉感受环境的基本情绪

振动、传播媒介、频率从科学角度解读了人类听觉运行的机制，我们对某些频段的声音产生生理性的惧怕、恐慌，对另一频段的声音感到舒适、愉悦、有安全感。人类身体对自然传递的特定声音能产生直接的生理反应，听到啾啾鸟鸣、潺潺溪水流动的声音，听到微风拂动树叶碰撞的声音等，都会让人神清气爽、心境舒达。

3.3 触觉感受环境的基本情绪

岩石的粗糙感、植物的柔韧感同样会唤醒存在于潜意识里的生物进化遗留的印记。与环境协作、斗争的相处模式在骨髓里给我们留下了对自然的渴望，这是一种习惯性的存在，它可以是熟悉感、亢奋感、平和感、喜悦感等，在时间长河里等待触发。

3.4 嗅觉感受环境的基本情绪

植物的香味带来的环境情绪是基于人类祖先对食物的需求，例如清香会让我们有食欲、情绪平和等。

4 诗意与景观场所的进阶关系

诗意是艺术、文化、情感交融的精神吟诵，诗意的景观场所可以将观者带入自我的情感经验、文化积累，心理知觉，最终形成情感的共鸣，因观者体验和觉悟的不同，亦可达成不同维度的精神升华。

当你被一个景象震撼到、感动到的时候，往往会不自觉的深思、反思，这是人类认知系统不断进化的结果。“只有在反思层次，才存在意识和更高级的感觉、情绪及知觉；也只有这个层次才能体验思想和情感的完全交融。在更低的如本能层次和行为层次，仅仅包含感情，没有诠释或意识。诠释、理解和推理来自反思层次[2]”。

4.1 视觉尺度的复杂情感传达

色彩会让人产生间接性的心理效应，这是它作用于人的视觉后，再扩展到人的思维之中形成的一种反思情感，例如黄色让我们感到明亮如阳光，从而联想到光辉、权利；蓝色让我们联想到天空，感觉明朗、舒畅，进而联想到翱翔、自由自在。

因为光线、色彩的变化我们感知形的存在，二者共同作用于人类的认知和情感系统。色光是直接感受，“绿蚁新醅酒，红泥小火炉”“碧云天、黄叶地”；形状是间接感受，“大漠孤烟直，长河落日圆”。大多时候形在诗歌中传达了反思性情感，而在景观中我们恰恰可以利用这种心理效应，在现实和虚拟的呼应中寻找灵感，创造出令观者产生情感共鸣的场所。

4.2 其他感觉尺度的进阶情感传达

一方面因为感觉的作用，一方面因为各个单一感觉有着并生、共同作用的机理，这使得我们对环境感知而产生的情感变得丰富多彩。听觉、嗅觉、触觉更多的时候配合视觉增强感知力或彼此之间相伴而生，如“清风半夜鸣蝉”“暗香浮动月黄昏”“蓝田日暖玉生烟”。

值得关注的是，触觉可以引发与众不同的象征，一般来说“光滑表面让人感到亲切、温暖、细腻和脆弱，而粗糙表面则令人感到距离、沧桑、坚强和隽永……而纺织材质则不然，光滑的纺织品给人皮肤柔和的体验，粗糙的毛纺品因其松软等特点也能减少距离感[3]”。这种和色彩一样可以触发反思情感的功能在景观中的运用方式有待开发。

5 精神场所与情感在景观空间中的表达

园林景观场所给予使用者的，应是一种回归的意义。世间烦扰、七情六欲，寻一方净土，赏当下之自然、悠然，回归单纯的美好；或是情景感染下的内心的反思，回归精神场所的契机。设计者应始于这样的初心，在细节上“以景抒情”，在宏观上“寓情于景”，让情感共鸣自然发生。

5.1 直观的生命体验与抒情

中国古诗词是民族性的财富，生命源起地的优势让我们对其享有独一无二的理解能力，由诗词入手引发景观设计创作理念与手法，是我们可以切入的饱含文化底蕴的情感角度。

周邦彦一派的咏物词，满纸细腻的小情感，“叶叶心心，舒卷有余情”，你在南方看到芭蕉叶时必会对那大大的绿叶爱不释手，《毛诗序》有说：“诗者，志之所之也，在心为志，发言为诗。”喜爱之情到了一定程度想要表达，通过言语抒发出来就成了诗。好的表达让人产生共鸣，看到这句芭蕉叶的描写，观者也会心下欣喜，就像爱芭蕉叶一样爱它，两相呼应，诗与景相得益彰。设计者在营造空间的时候能否以诗人的心境去创作呢？我们是否也可以运用与时俱进的方法，去加深观者的体验？例如在植被上悬挂二维码，让观者能够通过手机快捷的在当下的环境中聆听一段呼应情境的优美朗诵，也许此前他并不知晓这首诗，而这样的引导既可以丰富观者的情感体验，又可以继承与传播民族文化艺术。

辋川别业是王维在辋川山谷营造的一处园林，在《辋川集》和《辋川图》的描绘下，不知令多少人对其满怀向往和憧憬。《白石滩》的清浅白石滩浣纱明月下，《辛夷坞》的芙蓉发红萼无人且纷落，《竹里馆》的知音明月赏琴啸，个个令人神往。辋川别业早已不复存在，原址也因诸多因素没能修建起一座令文人墨客慕名而去赏游的优秀园林，空间在，却没有天时地利人和？可这拆分出来的每一个独立的景致和情怀是否可以善加利用，寄希望于设计者的个人积累，如果我们的情怀和设计能力足够，在细节上让它们重获新生、传承发展，何尝不是一种责任和自我实现。

5.2 从生命体验到复杂的衍生情绪

“以物观物，性也，以我观物，情也。”形而上的情感解读，让景观空间变成生命化的场所，使观者既可以产生直接的感官体验，又可以完成情感的升华。不片面化、不偏见，用包容的观点，去开发多角度的分析方式。

5.2.1 光影与桃花源记

董功的阿那亚礼堂（图1），安藤忠雄的光之教堂（图2），是光影在两个方向上的诠释。对比来看，在景观中我们不缺乏前者的光线色彩与光影投射变化，而对后者的思考可能会迸发火花。在光线明暗比例关系中，如果暗面大，光的引入就会产生更加强烈的视觉冲击，这是光影的特殊性，这样的对比会唤醒人们原始性的对黑暗的惧怕和对光明的渴求。《桃花源记》有说：“山有小口，仿佛若有光。便舍船，从口入。初极狭，才通人。复行数十步，豁然开朗。”洞穴内的微光代表着什么？是在视线受阻碍，空间闭塞下的希望，这其实是信仰的发端。安藤忠雄说光之教堂的精华之处是人人平等的理念通过牧师与观众所处的同一水平位置与以往教堂设计方式的比对来传达，基础情感触发反思情感的奇妙就在于此，观者、使用者、设计者对空间因不同的人生经验和感受产生反思情感，既有共情性又触发个体独有的情感。空间被赋予时间上的生命流动，四季更替、日出日落，表观自然变化之美，内观心灵变化之情。

图1 阿那亚礼堂

图2 光之教堂

图3 陈放设计反战海报

图4 北海道景观空间内的雕塑

5.2.2 格式塔心理学的完形原则

格式塔心理学完形原则的运用，能够使观者通过视觉复原，在脑中复合形态，设计者通过拆分、隐藏形状的部分内容，加强视觉冲击力，加深情感的体会度，例如中国设计师陈放设计的反战海报，断指传到了战争的残酷，强化了胜利手势的形态，人们联想到手指健全的样子，刺激性的反思战争的意义、生命的意义（图3）。

在景观空间中，作为视觉延展的形，对于情感的引导、升华起重要作用，设计者可以通过运用格式塔心理学，扩展形的影响方式和范围，在雕塑、景墙、座椅、廊架、绿篱等景观体上进行头脑风暴、情感流动，提高反思情感的触发频率（图4）。

6 结语

西方设计理念经历了重“工业”，轻“人文”，重“装饰”的“后现代”设计阶段，直到21世纪，在近50多年的探索后才逐步转向“环境与人的关系”“艺术化生存”等设计理念的实践[4]。东方文化尤其是中国古典文化，虽然在自我革新的路上一度停滞不前，但自李耳始，就已有“万物作而弗始，生而弗有，为而弗恃，功成而不居。夫唯弗居，是以不去”之领悟。万物按各自的规律发展，相辅相成，不强加干涉，这是自然哲学、人生哲学，亦是设计哲学。

人类从无知，到自以为知，到盲目自大，对周遭一切肆意踏足，再到因一手造成的后果遭反噬。这是欲望吞噬理智的过程，更是欲望吞噬情感的悲剧。

东西方开始反思，而诗意的风景园林设计趋势反映了人们对自我和环境关系的悔悟和对未来的觉知。发展生态文明将是一个永久的命题，生命与环境的关系在于爱，而情感便是爱的源泉。

参考文献

[1] 蒋勋. 蒋勋说文学：从《诗经》到陶渊明 [M]. 北京：中信出版社，2014.
[2] 唐纳德·A·诺曼. 设计心理学3：情感化设计 [M]. 北京：中信出版社，2015.
[3] 张鑫，郭媛媛. 设计心理学 [M]. 武汉：华中科技大学出版社，2012.
[4] 周武忠. 东方文化与设计哲学 [M]. 上海：上海交通大学出版社，2017.

作者简介

顾晨，女，1987年生，学士，北京市丰台区园林绿化局林业工作站专技岗位，中级工程师。研究方向为景观设计。电子邮箱：guchen_tiger@163.com。

诗意源于自然

Poetry Originates From Nature

郭 倩

摘 要：随着物质生活的逐渐富足，人们越来越重视精神的满足，于是诗意的美与小资生活成为人们对于美好生活的向往。风景园林作为一个实在的客体，应该成为能够反映人内在追求的精神花园。设计师作为规划的主体，应该具备心的感知力，以一种更天然本真的状态，来感受饱满且浑圆一体的世界，去营造一个没有太多痕迹却可居可游的地方，而诗意是自然呈现的一种美的状态，难用逻辑和常理来求得，是自然而得。

关键词：诗意；自然；美；自在

Abstract: With the gradual abundance of material life, people pay more and more attention to spiritual satisfaction, so poetic beauty and petty life have become people's longing for a better life. As a real object, landscape architecture should become a spiritual garden that can reflect people's inner pursuit. As the main body of planning, designers should have a sense of heart, feel a natural integration world in a more natural and authentic state, and create a place to live and tour without too many unnatural construction. Poetry is a state of beauty presented by nature. It is difficult to find by logic and common sense. It is contented.

Keyword: Poetry; Nature; Beautiful; Comfortable

当我们谈论诗意的时候，会想到千古流传的一句句诗词，也会想到打动人心的一幅幅书法与画作，但何为诗意呢？又或者那令人向往的诗意是如何与风景园林相融合呢？我认为，诗意源于自然。它不是一项技能，而是一种美的状态，只有营造出这种美的状态，才可称为诗意的风景园林。

1 诗意是一种美的状态

古人说："歌以咏志，诗以传情"，诗歌本为一体，都是用来抒发心中的情感。不只是诗词，中国的传统艺术与人的精神息息相关。东汉著名的文学家、书法家蔡邕曾在《笔论》里开篇便写到"书者，散也。欲书先散怀抱，任情恣性，然后书之；若迫于事，虽中山兔豪不能佳也。"在当时，读书、绘画、写字、言诗，这些文人日常的所为并非是为了炫耀技艺的高超，而是为了"散怀抱"，心中有千万种情感，需要一种方式来表达，琴棋书画便成为首选。苏轼说王维"诗中有画，画中有诗"，所以中国画很多不是写实的，和西方逼真的写实画法有着很大差异，中国画讲究"不问四时，如画花，往往以桃杏芙蓉莲花同画一景"，不但不写实，还有点违背常理，但古人却觉得"此乃得心应手，意到便成，故造理入神，迥得天意。"它趋于一种象征化的表达方式，"书画之妙，当以神会"，文人欣赏的是一种境界，而非真实的景物。朱自清认为“桃杏芙蓉莲花虽不同时，却放在一个画面上，线条、形体、颜色却有一种特别的和谐，雪中芭蕉也是如此，这种和谐就是诗[1]。”

所以，诗意不是一种可以按照逻辑和常识推理出来的，它是当人的审美达到一定高度之后呈现出来的一种美的状态，它可以用来画画，也可以用来作诗、写字，或营造属于自己的一个花园，都是美的，都可以达到一种诗意的状态。

2 诗意源于自然

中国传统艺术萌发于夏、商、周时期，在魏晋南北朝时期得到了长足的发展并逐渐定型，宗白华先生认为这是一个“最富有艺术精神”的时代。在这个时代里，“王羲之父子的字，顾恺之和陆探微的画，戴逵和戴颙的雕塑，嵇康的广陵散（琴曲），曹植、阮籍、陶潜、谢灵运、鲍照、谢朓的诗，郦道元、杨衒之的写景文，云冈、龙门壮伟的造像，洛阳和南朝的闳丽的寺院，无不是光芒万丈，前无古人，奠定了后代文学艺术的根基与趋向。[2]”

在那样一个“中国政治上最混乱、社会上最苦痛的时代”，却有这样的一群人，他们有着显赫的身份与地位，却有着让人瞠目的行为与言语，有人说他们无视礼教、行为不羁，也有人说他们自由奔放，有着真性情。而我总觉得这样一个动乱的年代，有着这样一群人，他们懂得生命真正的意义，他们诗意地生活着，他们的山水艺术心灵无形中对于中国传统艺术文化的产生有着重要的推动意义。

2.1 天地感而万物化生

他们是如此真实的热爱着自然，在他们看来，自然可用来比拟万物（也包括人），在他们眼中，天人本来合一，天人合一是当时的一个生活状态和默认的事实，而非一个追求的目的和向往的生活。外表、内在、思想、际遇、生活与自然无不合一。自然带来的不仅仅是视觉之美，而是可以深入人心，借由自然得以感悟人生种种，他们真切的渴望与自然相融合，真情地感受自然，进而可以更好地感知自己、感悟人生。而这一切最终的目的是为了得自在，然而只有那个天地自然才会让人看到自在，只有心自在了，才能看到这世间万般的美，才会有诗意与艺术。

《世说新语》的言语篇中记载了这样一个小故事：司马太傅斋中夜坐，于时天月明净，都无纤翳，太傅叹以为佳。谢景重在坐，答曰：“意谓乃不如微云点缀。”太傅戏谢曰：“卿居心不净，乃复强欲滓秽太清邪？[3]”

在司马太傅心里，他认为如果你的心是干净的，那么你就会喜欢看到“天月明净”，一丝无云的天空，那如果你心不净，就会喜欢“微云点缀”的天空，我们且不论到底是有云的天空好看还是无云的天空好看，这不是此文的重点。重点是在他们眼中，心可感知日月天空，甚至心可蔽月，只要心干净，眼里就会干净，看到的景象也是干净的，天与人是你即是我，我即是你的关系。心中的所想与眼中的所望与空中的景色是融为一体的。

有很多东西是无法通过视觉和触觉感知的，比如时间，人在事务繁忙中往往感觉不到时光匆匆而过，古人也是如此。当桓公看到柳树已长到十围的时候，才恍然大悟，发出“木犹如此，人何以堪！[3]”的感慨，自然可以触动人心，让人发现自己不曾发现的情感，感受自然，其实最终是感受自己，更加了解自己，看见自己，自然便是那指月的手指。

2.2 宁做我，得自然

对自然的深情与喜爱，深深地影响着他们的性情。《世说新语》中记载了这样一则故事：“王子猷居山阴，夜大雪，眠觉，开室，命酌酒，四望皎然。因起彷徨，咏左思《招隐诗》，忽忆戴安道。时戴在剡，即便夜乘小船就之。经宿方至，造门不前而返。人问其故，王曰：‘吾本乘兴而行，兴尽而返，何必见戴？’[3]”读完不禁感慨万千，好一个“乘兴而行，兴尽而返”，那一刻的王子猷，其行为已经超越了理性，而被自己的心深深的牵引着，他渴望去看雪，在兴致起来的时候，他没有压制自己的情感，而是任其起之，任其行之，直至尽兴，或许只有那个时代的人才会有这样的真性情吧。

《世说新语》中记载了很多这样的故事，他们任性的不与人来往，倔强的要因为一句话罢免某人，有时候却也如孩童一般为了争论某个话题彻夜不眠，也会因为一句话而与人结为好友，这种看似任性与不羁的性格其实是源于真实的本心与自在的灵魂。

他们深情的感受自然，真实的做自己，幻化到艺术之中，便是诗意的“真”。“气韵生动”的自然是活的，不是死的，“行到水穷处，坐看云起时”所表达的场景是无限的，不是空泛的。中国文化中的诗意不是虚无缥缈，它源于自然，这个自然包含两重意思，一个是真实的自然，它需要我们放下功利的心，去真实的感受这个存在着天地万物的自然，去发现自然的美，去借由自然来看到自己，更真实地了解自己。第二重意思就是自在，因为了解了自己，所以可以真实的做自己，可以在这天地之间，在世事纷扰之中，真实的做自己，达到一种自在的状态，而这种状态所拥有的一种美的感觉或在此情怀之下所呈现的生活状态皆可称之为“诗意”。

3 齐山——诗意山水

艺术的意义，常决定于被反映的现实的意义。徐复观先生在《中国艺术精神》一书中曾经这样解释中国艺术，他说艺术是反映时代、社会的，有两种不同的方向。中国的艺术走的是一种反省性的反映，中国的山水画让人有如在炎暑中喝下一杯清凉的饮料的感受，而非西方达达主义、超现实主义等，是一种顺承性的反映，对现实有如火上浇油，更增加观者精神的残酷、混乱、孤危、绝望的感觉，此类艺术不为一般人所接受[4]。中国的园林也是如此。它是一种心的外在的美的呈现，是一种物我两忘的状态。私家园林多半是服务于园主人，主人像打理自己一样，去养一个枝繁叶茂的精神花园。这个花园营建的主观性较强，它处处映射着主人的所思所想，融合着主人的万千情感。但如今的风景园林更多是服务大众，需要在规划设计的时候考虑大众的种种需求，但其出发点是相同的，无论是古代的文人还是现代的大众，都是有着人的情感。古人说“《易》以感之[3]”，园林亦以感之，这中间的媒介便是设计师，设计师承担了双重的身份，他既有一颗可以感知美的心，也深深熟知那情感所在，才可将两者完美融合于场地之中，将诗意融于场地的设计、融于现状的自然，也融于每一所建筑之中。

3.1 诗意的齐山

本项目位于安徽省池州市齐山—平天湖国家级风景名胜区内，齐山是国家级文物保护单位，其山高不过百米，方圆几公里，但它集精湛的石刻艺术、深厚的人文底蕴以及石峰独秀、岩洞奇特的地质景观于一体，是风景区乃至池州市最核心的风景资源和文化资源。齐山文化自唐代以来，近千年源远流长，自杜牧始，上千首诗词流传于此，山上的摩崖石刻更是千古流传的珍宝。

池州被誉为“千载诗人地”，除了那首脍炙人口的《杏花村》和李白的《秋浦歌》，殊不知大量的诗词是在齐山，这个地方从最初就具有了诗的品质。岳飞、沈辽、包拯、王安石、刘禹锡、陆游、文天祥……他们是如此的热爱这个位于山水之中的池州城，热爱这个城边上的小山。他们喜欢在翠微亭上饮酒，在华盖洞里品茗，在飞觞泉旁枕流，在响板洞下静坐……那一首首诗词，一句句摩崖石刻就是那时的印证，甚至他们隐居于此，在齐山上营造了云巢、齐山书院和玩月楼等建筑。在读《齐山志》的时候，我一直在想，那个书中的仙山真的是眼前这座不起眼的小山吗（图1）？那简直是人间仙境，是人人向往和喜爱的心之桃源。古代齐山上的胜景，巧夺天工，自唐代以来，历代能工巧匠在此建亭、坊、台、阁，使齐山平添了许多佳境。其建筑风格又各具特色，有的飞檐翘角，耸立于山崖之巅，有的雕梁画栋，深藏竹树环合之中（图2）。

齐山自唐代以来，所形成的文化与景观已有近千年，但能够保留下来的少之又少。我们有义务将这千年的景观传承下去，这是我们这代人的责任，千年齐山，不可中

图1 现在的齐山——普通小山

图2 古代的齐山——仙山

断，文化需要继承，这诗意的山水需代代相传。

3.2 诗意的场地

此次规划的场地就位于齐山南侧，紧邻齐山，是风景区南部的入口区和旅游服务区。场地面积约30hm²，现状并非空无，恰恰相反，有很好的林子、农田和水面（图3）。一座古刹传来悠悠钟声，坐在水边望着这山，感觉好美，这里是观山的最佳之地。穿行在一片片树林之间，渴望坐下来小憩片刻，吃点好吃的，和朋友聊聊天，没有嘈杂的车水马龙，抬头便是美丽的树叶与蓝蓝的天空。

若不是长久没有打理长出了那许多的野草，这农田还会更美些；还有那水面上的绿藻如果可以去除的话，水景是如此的迷人；那些乌桕林、法桐林和栾树林，一到秋天便是色彩斑斓，可以想像他们美丽的样子，它们是这个场地的主人（图4～图6）。

它们构成了场地丰富的生态系统，有着自身的美，是设计应该尊重和保护的基础。

3.3 诗意的风景园林

郭熙说："君子之所以爱夫山水者，其旨安在？丘园养素，所常处也；泉石，啸傲所常乐也；渔樵，隐逸所常适也；猿鹤，飞鸣所常亲也；尘嚣缰锁，此人情所常厌也；烟霞仙圣，此人情所常愿而不得见也。[5]"中国人喜爱的始终是这些，山、水、泉、石，渔樵隐逸，而现代人喜欢的也是这些，我们更渴望在一个安静的地方居住、游乐、享受美食，做喜欢的事情，它们是相通的。

林中幽静，适宜居住，于是在此处规划了一个隐逸的山林式高端酒店，所有的客房都是面向林子的，每一间都是景观房，真正实现古人在齐山上所能感受到的"一卷窗牖间，时复为隐儿[6]"的生活状态。在这里，建筑是低调

图3 场地现状图

图4 现状水面

图5 现状农田

图6 现状林地

的，像日本的虹溪诺雅，建筑安静的隐藏在一片片的树林之中，是自然的样子，朴素的美直指人心（图7）。客人们可以在绿荫下吃饭、小聚，在水边静坐、瑜伽，在林中游乐，穿行，或什么都不做，静静待着就很好，想想就很向往。

田间水边，适宜游赏。保护好现状的农田，种植具有观赏性的农作物，比如油菜花，比如向日葵，也可以种草花，春夏交接之际，一片片的草花盛开，显示着自然的大美（图8）。“东岭有樵夫，问年六十六，云是农家流，薪茅宜积蓄，壮者出耕田，儿童远驱犊，年虽近古稀，力勤宜俭朴。[6]”《齐山志》中的这首诗读着特别朴实，这里古代就是有人耕种的地方，这农田仿佛已然穿越千年，是时候展示给后人看了。

田间水畔，展现的是齐山南麓之美。古齐山那幅图画的不是很清楚，但文字的记载却字字清晰。齐山南侧有湖，湖水中有石墩，曰“石洲”，又名“珠儿山”。方圆数百米，像一颗璀璨的宝石镶嵌在万顷碧波中[6]（图9）。石

图7　酒店意向图

图8　平田花风意向图

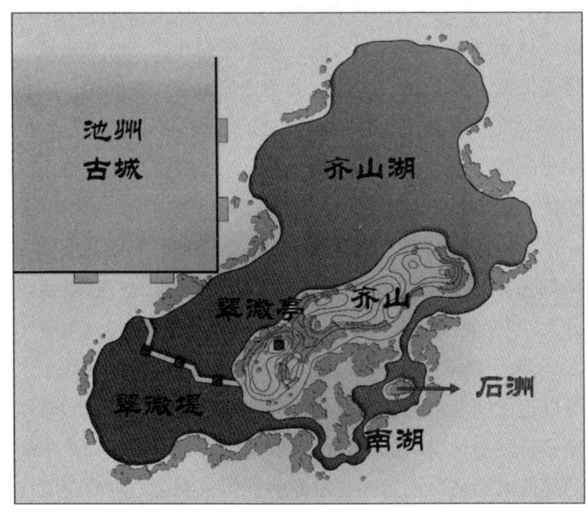

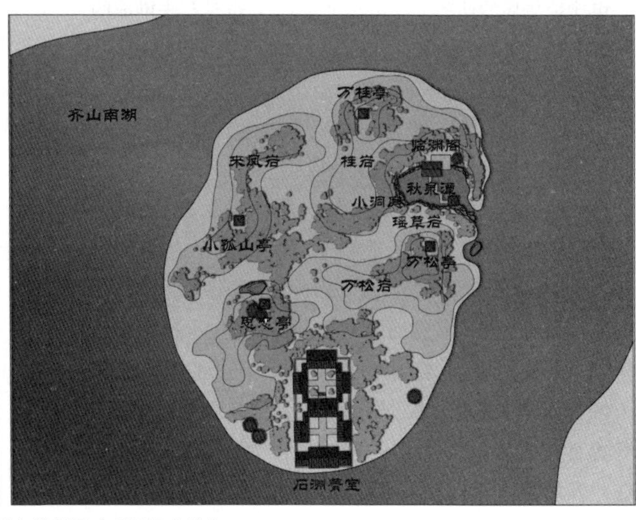

图9　石洲位置及景点假想图（项目组自绘）

图 10　五云亭（源自五云庵）

图 11　重建蕉笔岩、洗笔池

图 12　再现石洲之小洞庭的美景

图 13　石洲书院

洲上有旧景二十四，宋代池州通判赵昂曾在其间读书。

初次读到描述“石洲”这段文字的时候，我脑海中浮现的便是北海的琼华岛，它像一颗璀璨的宝石镶嵌在绿波之中，岛上尽布精美的建筑，堪称仙境宝岛。而齐山南麓的石洲是什么样子呢，无人知晓，关于它的记载仅留下一篇（明）《沈大韶游石洲记》，已没有图画流传。我们只能根据这一篇文字推测，古人喜爱的隐逸山水，我们尝试把一些景点设置在田间水边，让更多的人知道这里原来有一个堪比琼华岛的仙岛（图10～图13），它也是石头堆成的，有着奇峰、奇石、奇气，它不应该被淹没在历史之中。

4　浑然天成，诗意自得

《道德经》中讲：“天下神器，不可为也。为者败之，执者失之。”万物以自然为性，故可因而不可为也，可通而不可执也。物有常性而造为之，故必败也；物有往来而执之，故必失矣[7]。规划设计亦是如此。我们或许可以大刀阔斧创建一片新天地，但却失去了它本身的美与常性。我更喜欢多去观察场地本身与周围，感受它的历史与现在，人力或许只是一点，与其很巧妙的结合便足矣。

“景皆天就，不类人为”，中国的传统艺术一直在追求化解作品里的人工痕迹，让人工作品之形与自然的偶然形浑化合一，其目的都是要让人工作品获得“高古浑然”里的“浑然”“莫测端倪”里的“莫测”神性[8]。我们喜爱“虽由人作、宛自天开”的美，所以可否这样理解，一个风景园林的营建，人工只是一部分，自然是另一个参加者，它或许占了大部分。尤其是对于风景区或者自然山地中的场地而言，我们必须尊重自然。如果让它成为主导，想不“宛自天开”都难。

古人讲：“画到无痕时候，直似纸上自然而然生出此画。试观断壁颓垣剥蚀之纹，绝似笔而无出入往来之迹，便是墙壁上应长出者，画到斧凿之痕俱灭，亦如是尔。昔人云‘文章本天成，妙手偶得之。’吾于画亦云。[8]”他们想尽一切办法追求的“泯然无迹”，比如如今我们自以为是的“因地制宜”更加的浑然天成。纵观避暑山庄里的那一个个坐落于山地之间的院落，它仿佛是顾恺之心中认为可以传神写照的“阿堵”[3]，是那山水之间的“眉眼盈盈处”，也是喜爱这自然之美的人，可以栖息之地。

当一切浑然天成之时，诗意自然而得。它不是一个可以追求的结果，而是当我们如此之想、如此之做的时候便会自然呈现出来的一种美的状态，甚至不需要一个华丽的辞藻来命名，或者一句堆砌的词句来附会，它的美就在那里。

参考文献

[1] 朱自清. 论雅俗共赏 [M]. 北京：生活·读书·新知三联书店出版，2008.
[2] 宗白华. 论《世说新语》和晋人的美 [J]. 重庆，1940.
[3]（南朝宋）刘义庆著，（南朝梁）刘孝标注. 世说新语 [M]. 杭州：浙江古籍出版社，2011.
[4] 徐复观. 中国艺术精神 [M]. 北京：商务印书馆，2010.
[5]（北宋）郭熙. 林泉高致 [M]. 济南：山东画报出版社，2010.
[6] 汪春才. 齐山志 [M]. 合肥：黄山书社，2011.
[7] 王弼. 老子道德经注 [M]. 北京：中华书局，2011.
[8] 董豫赣. 浑然天成–化境八章（二）[J]. 时代建筑，2008.

作者简介

郭倩，1984年生，女，硕士，中国城市建设研究院有限公司高级工程师。研究方向为中国古典园林、风景园林规划与设计。电子邮箱：214804704@qq.com。

曹州八景在赵王河河道景观的转译与运用

The Translation and Application of CaoZhou Eight Sceneries in Zhaowang River Landscape

朱婕妤　武姜行

摘　要：“八景”是一个城市文化的高度浓缩，它多角度反映了各地自然风貌与文化特色。本文探索了曹州八景所产生的背景，基于背景将其分为因时而生、因物而生、因人而生3类。之后对于曹州八景的转译体系进行探索性构建，根据实际情况横向对比后再分为保留、改造、替换3类。并根据不同的转译类型最终在赵王河下游湿地公园中实践探索赵王河新八景的形成。

关键词：曹州八景；景观转译；河道景观

Abstract: "Eight sceneries" is highly concentrated by urban culture, which reflects the natural features and cultural characteristics of various places from various angles. This paper explores the background of the eight sceneries in Caozhou. Based on the background, it can be divided into three categories: time,things and people. After that, the translation system of the eight sceneries in Caozhou is explored, and according to its production and actual situation, it is divided into three categories: reservation, transformation and replacement. Finally, according to different types of translation, the new eight sceneries in Zhaowang River Wetland Park will be formed.

Keyword: Eight Sceneries of Caozhou; Landscape Translation; River Landscape

1　曹州八景产生的背景条件与意义

1.1　曹州八景产生的历史背景

1.1.1　曹州八景的渊源

“八景”一词缘起于道教，一指人的耳、目、鼻、口、舌等器官，《玉清无极总真文昌大洞仙经》曰：“八景！八门者，身中所具之门户，为神气之所出入”[1]。另一指行道受仙之气色景象[2]，为八时与之一一对应（立春—元景、春分—始景、立夏—玄景、夏至—灵景、立秋—真景、秋分—明景、立冬—洞景、冬至—清景）。“八景”最早的记载可追溯到《梦溪笔谈·书画》中：“度支员外郎宋迪工画，尤善为平远山水，其得意者有平沙雁落、远浦帆归、山市晴岚、江天暮雪、洞庭秋月、潇湘夜雨、烟寺晚钟、渔村落照，谓之‘八景’”[3]。

“八景”是对于地区或者片区历史、风物、人文等要素高度凝练与抽象的序列集合，多角度反映了各地自然风貌与文化特色，也体现了当时的社会审美与综合价值取向。经过历朝代的创新与发展，“八景”已经成为一种风景园林现象，甚至成为一个城市的“名片”。

1.1.2 曹州古城的历史渊源

如表1所示，曹州古城的历史演变前后经历以下阶段：从唐虞夏商到隋直至1552年形成延续至今的内方外圆的“铜钱式”城市格局。

菏泽历代所属国统计表 表1

朝代	所属国	朝代	所属国
唐虞夏商	兖州、徐州、豫州	唐	曹州济阴郡、宋州淮阳郡、郓州东平郡、濮州濮阳郡、澶州
周	曹国及鲁国、卫国、宋国	五代	曹州、单州、澶州
秦	东郡、砀郡	宋	兴仁府、济州、单州、广济军、濮州开德府
汉	济阴郡、山阳郡、东郡	金	曹州、济州、单州、大名府、濮州、开州
晋	高平国、濮阳国、东平国、济阳郡、顿邱郡、阳平郡	元	济宁路总管府、曹州、濮州
南北朝	济阴郡、北济阴郡、高平郡、任城郡、东平郡、濮阳郡、东平郡、顿邱郡、阳平郡	明	兖州府、东昌府
隋	济阴郡、东平郡、东郡、济北郡、武阳郡	清	曹州府

注：根据《曹州府志》·舆地志[4]记载整理绘制

中华人民共和国成立以来，菏泽城市伴随着祖国的日益昌盛也进入城市扩张的加速期，在原有“铜钱式”老城城市布局之下不断西边扩张，进入20世纪80年代，菏泽城市东西向分别收到黄河和赵王河的制约，直到90年代城市跨过赵王河继续向西边扩张，在赵王河的东西两侧形成新老城区的鲜明对比。

1.2 曹州八景产生的自然条件

曹州地处黄泛平原，古代文明的孕育离不开水源的滋养，曹州古城的形成与菏泽城市的形态变迁与其周边的水系也有着密切的联系。纵观历史黄河、赵王河、万福河这3条河对于曹州古城的城市形态产生了深远的影响[4]。

1.2.1 全域下黄河水系的变迁

纵观历史黄河以“善淤、善决、善徙”而闻名，菏泽地区是黄河水系变迁的辐射影响区域。黄河有记录的大改道共计26次，其中涉及菏泽地区的达到12次之多，从数据中便不难看出位于黄泛区的菏泽从古至今都受到黄河水系的深远影响。黄河水系对于菏泽的影响是宏观全域的，但因为地理位置的上曹州古城离黄河还有一定距离，不会受到其直接性影响，因此以曹州古城为文化背景孕育出的“曹州八景”受到黄河文化的影响相对较小。

1.2.2 区域下古济水与万福河的变迁

古济水与万福河虽然在尺度上与黄河水系无法相比，但是对于曹州古城的区域影响力要远超黄河水系。中华人民共和国成立以来菏泽城市进入高速发展的时代，位于城市西北方的黄河限制了城市向西北方向扩张，菏泽城区在原有老城区“铜钱式”的城市布局的基础上不断向东扩张，从20世纪80年代跨过赵王河继续向东扩张发展，经过20多年的发展形成赵王河两岸新老城区“对视”的城市新格律。新旧城市文化的碰撞也在这种城市形态下相继产生。在未来30年菏泽城市发展规划中可以看出今后菏泽城区要跨过万福河的制约逐渐向东南发展。而万福河的历史地位远不及身为“四渎”之一的古济水（如今的赵王河）。古济水也如同“菏泽母亲河”一样在千年的历史长河中见证着菏泽的变迁发展，并且自身也是时代变迁的参与者。古济水与曹州古城是孕育“曹州八景”重要的物质载体，因此笔者认为以古济水对于曹州古城的影响是3条河流中最深远的，也是古济水与曹州古城深厚的文化底蕴才孕育出“曹州八景”，也成就了如今的新菏泽。

1.3 曹州八景的产生

曹州八景的产生源于文化的因时而生、因物而生、因人而生。因时而生的景观注重因时间更迭所带来的时效性或季节性；因物而生的景观描述的一般是客观存在的事物，所描述的物体可大可小，包含种类极为广泛；因人而生的景观重点在于对人类活动的表达或者情感的描绘。第三种景观所展现的一般是人文性或社会性景观，而前两种一般是客观性、自然性景观的展示。

1.4 曹州八景对于城市的意义

曹州八景是以曹州古城、古济水为文化载体，对“时”“物”“人”艺术加工后的描述与概括总结。“曹州八景”是古曹州文化的精髓，而对于今天菏泽来说是展示其文化底蕴的窗口。尽管曹州八景所记载的景色绝大多数已经消失了，但是笔者认为那些消逝的景点可以运用景观的手法复原优化，而曹州文化、古济水文化、菏泽故事不会因为时间的更迭、变迁而消逝。而赵王河作为古济水的传承对象，以它为载体优化复原“曹州八景”是恰当、因地制宜的。而被复原的新八景会更加符合当代菏泽城市的需求，有一天赵王河新八景会成为一张像“燕京八景”“西湖十景”那样的城市名片，成为菏泽城市的代名词。

1.5 菏泽市域曹州八景的应用情况调查

菏泽市共有A级景点25个，文保单位464个，其中有5个在曹州八景中有所提及[5]。如表2所示，但遗憾的是曹州八景的发源地并没有对八景的资源妥善利用与开发。曹州八景在菏泽市域范围内没有被应用到景点，且没有进行文化挖掘开发，因此曹州八景在赵王河河道景观中的运用具有唯一性及合理性。

曹州八景相关景点一览表　　表2

名称	所属地	年代	等级	地址	对应八景名称
青邱堌堆遗址	牡丹区	新石器时代至汉	省级	牡丹区马岭岗镇寺西范村	清邱烟柳
历山古遗址	鄄城县	新石器时代	省级	鄄城县阎什镇历山庙村	历山春雨
桂陵之战遗址	牡丹区	战国	市级	牡丹区何楼村及周围	桂陵柿叶
雷泽遗址	鄄城县	新石器时代	县级	鄄城县彭楼水库	雷泽秋风
定陶县法源寺	定陶县	商周	AA	定陶县马集镇法源寺景区	兴化晨钟

注：数据来源于菏泽市旅游局、菏泽文化广电新闻出版局，作者整理

2 曹州八景景观转译

曹州八景分布虽然较为集中，但是有些八景已经消失，或者因为部分遗迹现状基础条件的制约无法被原景重现。可以运用景观转译（Landscape Translation）的手法实现历史原景重现。转译是一套表义系统以一定规律对另一套表义系统的生成产生影响的过程，其本质是信息传递[6]。八景原型转译主要是在八景原型的基础上创造新的景观物态，实现新系统与原系统的历史对话关系[7]。

2.1 曹州八景转译体系的构建

2.1.1 曹州八景的景观分类

曹州八景产生原因有因时而生、因物而生、因人而生三种不同的条件。在这三种不同的因素催动下，将“曹州八景”分为三种不同的景观类型分别是：时效性景观、植物性景观、生活性景观。如表3所示，分别总结三类型曹州八景景观的特点、该类型的景观转译重点和对应的八景名称，为曹州八景景观转译体系的构建提供依据。

曹州八景景观分类表　　表3

类型	景观特点	转译重点	对应八景
时效性景观	注重对应表达季节性景观的四季之景，该类型景观存在观赏时间的限制因此在景观布置上要注重观赏次序的合理性	季节性景观营造可通过植物季相表现、铺装色彩等具体转译的实际落实	雷泽秋风 双河晓月 兴化晨钟
植物性景观	注重植物景观的表达，以及特定的植物景观所表达的特殊人文情怀，该类型以自然式植物景观营造为主	植物景观的重现，以重点植物为骨干树种，通过种植丰富景观表达	灉水荷花 桂陵柿叶 清邱烟柳
生活性景观	注重百姓生活的人文性景观的表达，该类型景观互动参与性与科普教育性高	人们生活场景的展示，对应人文精神的传承、互动、参与、科普	历山春雨 华驿归骑

2.1.2 曹州八景转译体系的构建

如图1所示在曹州八景的景观分类的基础上建立景观转译体系，本体系分为两个部分景观语言转译与空间格局转译。首先分析八景重点表达的景观核心，判断核心内容的合理性，并将其分为保留、保留改造、景观替换3种转译类型。针对这3种转译类型分别进行不同的改造，最终形成“赵王河八景”，完成曹州八景在景观语言上的转译。在赵王河八景基础上打造统领片区的核心景观，并将空间结构层面上的转译分为景观性片区、人文性片区、功能性片区。转译体系的构建使得曹州八景的转译更有针对性与科学性。

2.2 曹州八景的转译

2.2.1 赵王河河道下游湿地公园景观语言的转译

曹州八景的景观语言转译分为保留、保留改造、景观替换3种不同的转译类型。保留型在原有景观的基础上进行丰富，保留改造型在营造主体不更换的前提下调整表达要素，景观替换型调整主体营造要素，尽可能保留其文化核心，具体八景景观语言转译措施见表4所示。

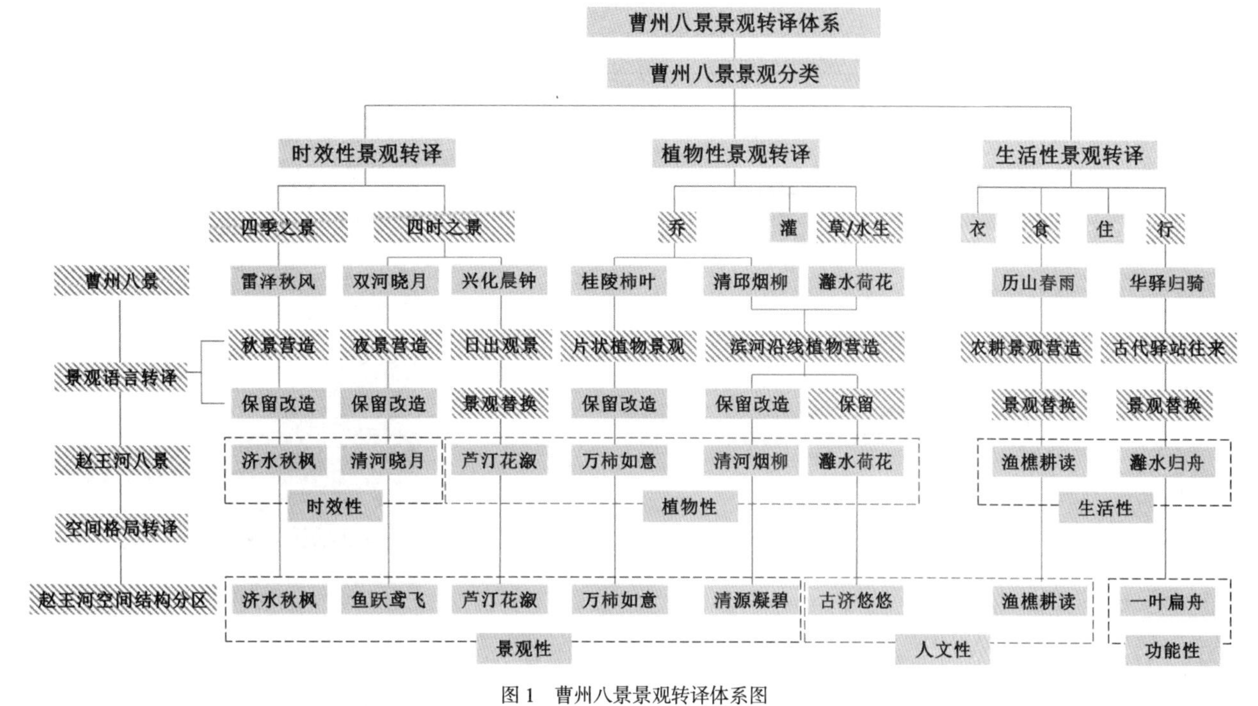

图 1 曹州八景景观转译体系图

曹州八景景观语言转译表 表 4

曹州八景名称	转译类型	景观语言转译手法	新八景名称	效果图
清邱烟柳	保留改造	保留原有八景的“柳”字，“柳”是该景观的转译重点，利用现状防洪柳堤，在其两岸种植大量的垂柳转译该景观	清河烟柳	
桂陵柿叶	保留改造	该景点保留其“柿”字的景观主体，在该节点种植大量片状柿子树，将景点改为“万柿如意”取谐音和美好寓意，新景点更加适合当代菏泽	万柿如意	
双河晓月	保留改造	该景点保留“月”字的景观主体，注重夜景景观营造，设置夜景照明在岸边种植大量荷花取河的谐音进行景观转译	清河晓月	
历山春雨	景观替换	保留其原景的农耕文化要素，并加以丰富，变为渔樵耕读节点反应现代人们的生活场景，加入互动活动丰富参与性	渔樵耕读	

续表

曹州八景名称	转译类型	景观语言转译手法	新八景名称	效果图
雷泽秋风	保留改造	秋景的营造应是本节点的景观转译重点，该节点种植秋叶观赏树种如红枫。取“枫”字谐音保留“秋”字，将地点置换为济水，该节点主打秋季植物观赏景观	济水秋枫	
灉水荷花	保留	八景中唯一的保留型景点，在“荷”字上景观做精做细，设置莲花形态亲水平台，并在水边种满荷花，烘托景观主题并完成景观重现与优化	灉水荷花	
华驿归骑	景观替换	保留“归”字并替换整体景观，灉水归舟节点注重表达古济水当年船运的繁忙景象，船型主建筑的设置在功能上满足园区需求，建筑本身也成为文化的载体	灉水归舟	
兴化晨钟	景观替换	芦汀花溆种植大量芦苇打造湿地滨水植物景观，种植花卉丰富植物景观色彩	芦汀花溆	

2.2.2 赵王河河道下游湿地公园空间格局的转译

曹州八景空间格局的转译分为：景观性景区、人文性景区、功能性景区3种类型，不同类型的景区定位其空间格局的转译侧重不同。景观性景区转译注重对片区景点的营造，满足人们视觉上的需求。人文性景区在转译时要注重文化科普性活动的安排，具体空间格局转译手段如表5所示。功能性景区的核心是满足游客功能性需求，该景区内部一般会设置大型的游客服务中心。

曹州八景空间格局转译表　　表5

八大景区	景区定位	空间格局转译手法	平面图
清源凝碧	景观性	清源凝碧景区空间格局上是以清河烟柳为核心景点的景观性展示区域，打造湿地柳岸景观，重现当年美景	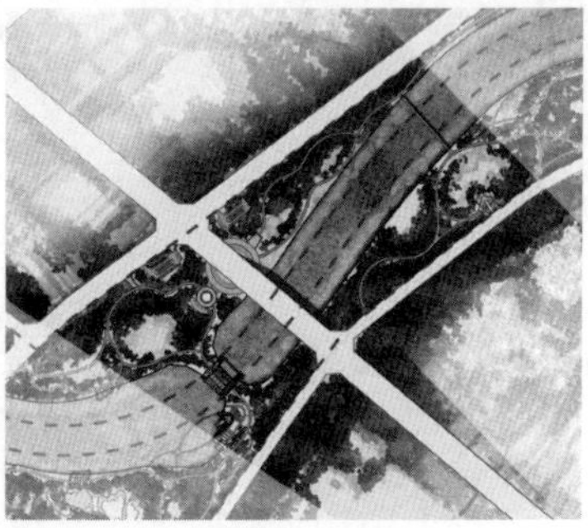

续表

八大景区	景区定位	空间格局转译手法	平面图
万柿如意	景观性	万柿如意景区以万柿如意为园区核心景点，柿子树作为风景林大面积片植营造良好的景观效果	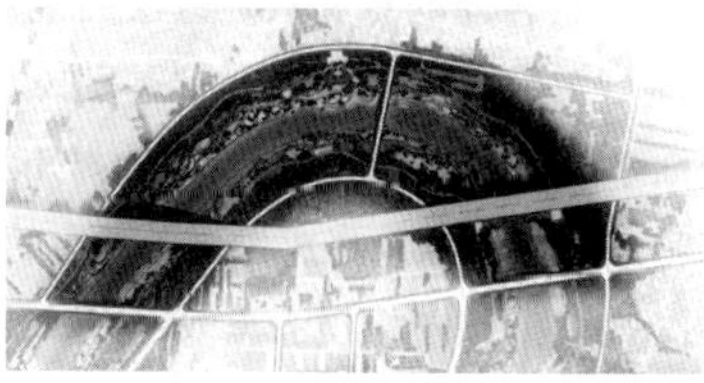
鱼跃鸢飞	景观性	鱼跃鸢飞景区中的核心景点为清河晓月，重点为夜景景观营造区域，满足游客夜游景区的需求	
渔樵耕读	人文性	渔樵耕读景区的片区定位是文化展示片区，该区域重点打造文化科普与展示，组织互动体验活动，增强整个园区的参与性与趣味性	
济水秋枫	景观性	济水秋枫景区空间格局上是以济水秋枫为核心景点，打造秋色叶景观区，丰富园区景观层次，让园区在秋天依旧丰富多彩更具观赏性	
古济悠悠	人文性	古济悠悠景区重点讲述古济水的故事，因此该片区为人文性景区，通过小品、铺装等讲述当年的故事，弘扬古曹州的优秀传统文化	
一叶扁舟	功能性	一叶扁舟景区属于功能性景区，该景区的核心是一个船形的建筑，该建筑具备综合服务功能，满足游客的游览需求	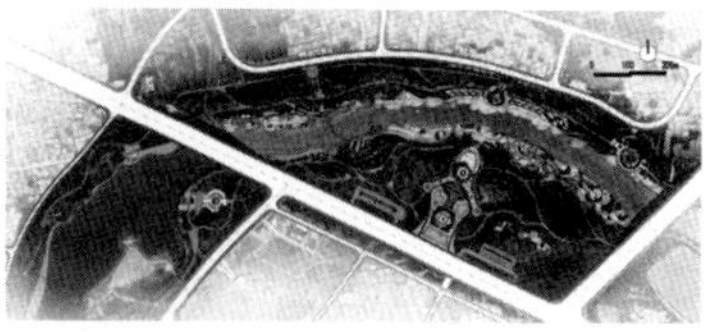
芦汀花溆	景观性	芦汀花溆景区打造郊野性湿地景观，河道两边种植大量芦苇与荷花，原生型景观高度还原当年古济水的风貌	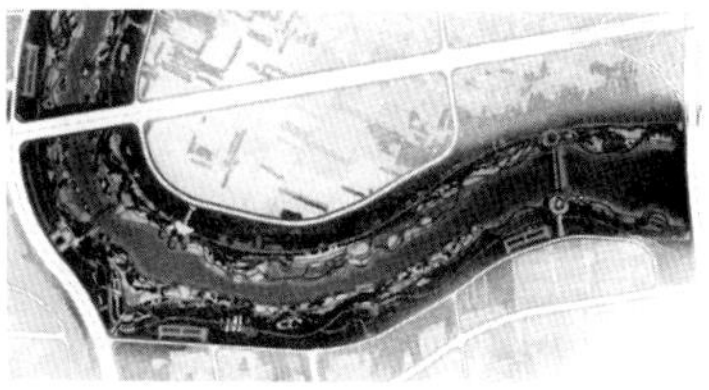

2.3 曹州八景转译的意义

曹州八景转译的意义从片区层面说对曹州古城（今菏泽老城区）是一种文化的保护、发扬与传承。从菏泽城市层面来说赵王河新八景更加符合城市和市民的文化需求，未来赵王河新八景将成为菏泽城市的一张“名片”，作为菏泽对外展示的文化窗口。从国家层面来说“曹州八景”的转译可以成为一种尝试，中国是一个具有深厚历史文化底蕴的大国，各个地区各个时代有着不计其数的“八景”，这些都是当地的文化精髓。曹州八景的转译仅作为一种文化新生的尝试与探索，为其他地区八景转译抛砖引玉。希望更多的优秀中国传统文化可以得以保留与传承，早日实现从文化大国向文化强国的转变，而八景的转译不过杯水车薪、沧海一粟，但也希望为文化复兴出一份绵薄之力。

3 小结

八景文化研究与转译对于区域风貌保护、文化的传承与创新有现实意义。对于城市而言，八景是特定地区特定时代背景下自然环境和社会人文环境的综合表达。曹州八景的转译尝试运用景观的手法让曹州八景焕发新的生机与活力，通过转译将原有文化相对完整、景观风貌好的部分保留优化，对文化载体破损、景观营造缺失的部分进行替换重组，传承与创新并存。曹州八景的转译与应用一是能够保护与传承菏泽城市的自然风貌与人文风情，二是能够延续城市历史文脉，形成城市独有的文化意象与名片。

参考文献

[1]（元）卫琪．正统道藏［M］．上海涵芬楼影印本，1923.
[2] 耿欣，李雄，章俊华．从中国“八景”看中国园林的文化意识［J］．中国园林，2009，(05)：34-39.
[3]（北宋）沈括．梦溪笔谈［M］．张富祥译．北京：中华书局，2009.
[4]（清）刘藻．曹州府志［M］．济南：齐鲁书社，1988.
[5] 王自强等．中国古地图辑录·山东卷［M］．北京：星球地图出版社，2006.
[6] 卢鹏，周若祁，刘燕辉．以“原型”从事“转译”——解析建筑节能技术影响建筑形态生成的机制［J］．建筑学报，2007(03)：72-74.
[7] 王鑫，李亮．八景文化传承与风景营造方式研究［J］．住宅科技，2018，38(05)：24-28.

作者简介

朱婕妤，1982年生，学士，中国城市建设研究院有限公司，风景园林院园林一所副所长，高级工程师。研究方向为城市更新、海绵城市及公园城市。

武姜行，1992年生，硕士，中国城市建设研究院有限公司设计师，助理工程师。研究方向为风景园林规划与设计、海绵城市及公园城市。电子邮箱：nina9212@sina.com。

女性与风景园林

钱塘苏小小墓与杭州西湖女性风景

The Tomb of Su Xiaoxiao in Qiantang and the Female Scenery of West Lake in Hangzhou

何嘉丽　王　欣

摘　要：南朝名伎苏小小之墓是杭州西湖女性风景的典型代表，历代文人追思拜谒苏小小墓，共同构建了“西泠桥畔苏小小”这一形象。西泠是杭州西湖最古老的名胜之一，名人墓祠、园圃印社，文化底蕴丰厚，又以苏小小而名。苏小小文学形象依托西泠风景空间的演进而不断丰满，形成了“创作—解读—重构”的风景欣赏模式，成为人们寄情于景、借景抒情的最好例证，同时形成了具有集体认同的风景空间，所谓“景物因人成胜概”。本文试以苏小小墓为切入点，聚焦西泠之演变，其女性化风景的形成与发展，探寻情感作为风景内核的多样性特质。

关键词：西湖西泠；苏小小墓；文化景观；女性风景；墓葬园林

Abstract: The tomb of Su Xiaoxiao, a famous courtesan in the Southern Dynasty, is a typical representative of the female scenery in the West Lake. Poets of all dynasties thought back and paid tribute to Su Xiaoxiao's tomb, jointly constructed the image of "Su Siaoxiao by the Xiling Bridge". Xiling is one of the most ancient scenic spots on West Lake in Hangzhou, where there is quantities of celebrity graves, temples, gardens and the famous Xiling printing society, as well as their rich culture. The evolution of Xiling landscape space continually enriches the literary image of Su Xiaoxiao. It is forming a landscape appreciation model which is a process of creation, interpretation and renewal, also becoming the best example of people's placing the emotion in the scenery and expressing feelings through them, to form the landscape space with a public identity, namely "Humanity is the soul of a landscape". This paper tries to focus on the tomb of Su Xiaoxiao and take Xingling's evolution as an vivid example to explore the formation and development of female landscape, pursues the diversity characteristics of emotion as the core of complex traits.

Keyword: Xiling of West Lake; the Tomb of Su Xiaoxiao; Cultural Landscape; Female Landscape; Grave Garden

女性主义空间的研究始于当代[1, 2]，因女性与风景二者兼具外表之美和内在之情的审美共鸣而相通融[3]，加之其依存[4]与互动[5]，直接体现了风景的诗意。西泠是杭州西湖最古老的名胜之一，有苏小小墓（图1），即慕才亭，为纪念南朝名伎苏小小而建，题联“湖山此地曾埋玉，花月其人可铸金”。西湖是诗意的文化景观遗产，西泠因苏小小而名，是“景物因人成胜概”的典型代表。西泠桥，在今孤山路西尽端[6]。岳飞、秋瑾墓等亦在西泠。

以往学界对孤山的关注集中于孤山行宫[7]、西泠印社[8]等南麓景点，极少提及西麓西泠一带。本文试从苏小小文学形象的生成入手，结合诗词方志，分析西泠风景的女性化特性[9, 10]，探究情感与风景间不可分割的沟通与融合。

图1 西湖慕才亭与苏小小墓（1920年代）

1 诗意西泠：苏小小意象的源流

《西湖梦寻》载："西泠桥，一名西陵，或曰即苏小小结同心处也。"[6]寥寥数语点出西泠的梦幻与浪漫（图2）。苏小小其人，于史无争，她的形象建立在文化记忆与文学想像交构的历史框架中[11]（表1）。

图2 西泠桥畔苏小小墓（1910年代）

苏小小形象特征生成历程表 表1

时期	苏小小形象特征	文 献
隋唐	善女：风流歌女，痴情追爱	《西陵苏小歌》
两宋	名伎：才貌绝世，细腻多情	《钱塘异梦》
元明清	佳人：超脱凡尘，山水情深	《西泠韵迹》

古乐府之《钱唐苏小歌》，最早收录于南朝梁陈时文学家徐陵所编《玉台新咏》卷十，诗曰："妾乘油壁车，郎骑青骢马。何处结同心？西陵松柏下"[12]。钱唐即钱塘，诗歌以"妾"的口吻讲述了苏小小自己与"郎"邂逅定情的故事，赋予"钱塘西陵"一地无限的遐想。

唐时，由"柳色春藏苏小家""教妓楼新道姓苏"等句[6]，苏小小渐以歌女身份进入大众视野。李贺《苏小小墓》词吟："幽兰露，如啼眼。无物结同心，烟花不堪剪。草如茵，松如盖。风为裳，水为珮。油壁车，夕相待。冷翠烛，劳光彩。西陵下，风吹雨"[13]。首次对苏小小坟墓空间的描写，折射出诗人自身怀才不遇和坚守理想的一生，亦丰盈了苏小小永恒守候的痴情形象。

北宋张耒《柯山集》载太师文正司马光之侄司马槱梦遇苏小小之事，后为北宋李献民敷衍成小说《钱塘异梦》，通过苏小小与司马光之侄司马槱梦中相恋的故事，塑造了苏小小多情佳人的形象。

至清，署名古吴墨浪子搜集的白话小说《西泠韵迹》[14]系统演叙了苏小小的生平事迹①，称其家住西泠桥畔，常坐油壁香车，游历西湖山水，在湖堤与少年阮郁一见钟情，却无疾而终。她打定主意要"寻个桃源归去"，却伤寒而亡。书生鲍仁惜其知遇之恩，将苏小小葬于西泠。

至此，才貌绝艳的苏小小终以凄美悲壮的形象留存人间，而对于钱塘这一空间的遐想，成为后世对西泠于风景审美的重要线索。回到《西陵苏小歌》本身，其所截取的简短的生活片段暗示了一个令人向往的空间：钱塘。在这个纯粹空间里，倚靠秀丽的西山，有一方水土，生长着蓊郁的松柏，"我"与"郎"在那里"结同心"。这一空间承载着世人对于美好家园、美好生活和美好情感的向往，也成为西湖风景人文之美的母题。苏小小对山水的深情及对凡尘的超脱，亦点染了西湖西泠，传奇形象与人文风景相辅相成。

2 画意西泠：风景原型的生成

南宋《咸淳临安志》载："苏小小墓在钱塘西陵桥，一名西泠桥，西林桥，从此可往北山。"西泠位于西湖孤山西麓，西泠桥沟通北山与孤山（图3、图4）。孤山位于西湖北部，属葛岭支脉，可追溯至七千万年前。西湖海湾形成之初，孤山因与葛岭间陆地海拔较低而被水淹没，始成湖上之山。此地多见名人墓祠、园圃印社，文化底蕴丰厚，又以苏小小最为著名（表2）。

苏小小形象最早出现于南朝，西湖孤山一带游线的开发则追溯到唐时。白居易《杭州春望》诗注"孤山寺路在湖洲中，草绿时，望如裙腰"[13]，孤山—白堤分隔湖面，形成里外湖，灵动生趣。

① 苏小小与阮郁的爱情故事，脱胎于北宋钱塘娼女杨爱爱与金陵少年张逞的风流传说。详见文献［11］：152。

图 3 西泠桥（1912年）[26]

图 4 今日西泠桥（源自网络）

孤山、北里湖一带景观历史沿革 表 2

时期	西湖建设	孤山—西泠景观	诗 咏
南朝	西湖成型	葛岭孤山陆地雏形	
隋唐	南北湖形成	建孤山寺；西泠一水两岸	白居易《孤山寺遇雨》[13]："空蒙连北岸，萧飒入东轩"
北宋	苏公堤始成	林和靖隐居孤山；西泠建西村，设渡口	郭祥正《西村》[15]："远近皆僧舍，西村八九家。得鱼无卖处，沽酒入芦花"
南宋	北里湖开发	寺庙宫观，酒楼妓观；西麓架西林桥	董嗣杲《西林桥》[16]："水竹云山拱画图，因怀唤渡想东都。雨遗晴蝀衔西照，风遏春船入里湖"
元明	堤岛破坏	孤山旧景尽失；西泠桥改筑	李流芳《西泠桥题画》[16]："西泠桥树色，真使人可念，桥亦自有古色。近闻且改筑，当无复旧观矣。对此怅然"
清代	西湖全面建设	孤山建行宫、设八景；建西泠苏小小墓	王纬《泛舟西泠桥》[15]："明湖里外一桥通，风景由来各不同……藕花白白复红红"

"孤山路①，西陵桥，又名西村。"[14]宋时，杭州承袭吴越都城之兴盛，西湖形胜得到极大地发展，西湖两堤三岛的格局初步形成。孤山西泠一带，始有"西村"。北宋郭祥正《西村》[15]一诗，描绘了此处僧舍人家、渔舟酒香入芦花的乡野景致。村中有一处渡口，摆渡往返孤山与北山之间，称"西村唤渡处"。后架桥其上，唤西林桥（图5）。南宋董嗣杲著《西湖百咏》，其《西林桥》[16]诗注称西林桥为古西村唤渡处。西林，谐音"西陵"[17]，西侧又有群山，被广泛认为是苏小小故事的原型所在。加之白居易诗词曾六咏西湖苏小小，风景与人物形象进一步叠合。

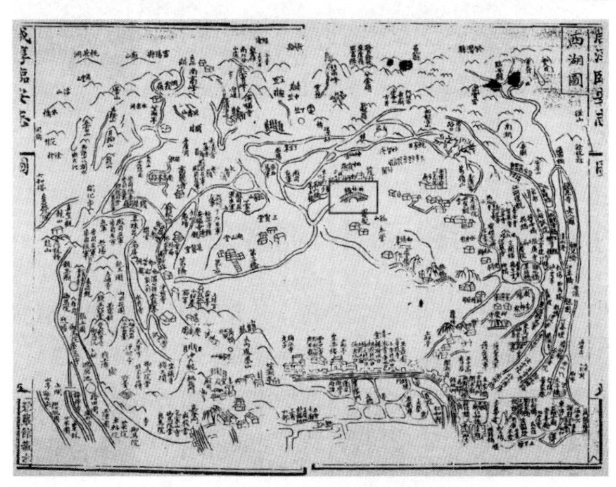

图 5 两宋杭州西湖上的西林桥[17]

南宋，王朝的南迁与皇都的建设，带来了以孤山、北里湖等为代表的北域风景建设高峰，《梦粱录》[18]等志书描绘了彼时北街北湖寺庙宫观、酒楼妓观的繁荣景象，亦出现"西泠"之名。志文还记载了游船经西泠桥入里湖游赏的热闹画面："水面画楫，栉比如鱼鳞，亦无行舟之路。歌欢箫鼓之声，振动远近，其盛可以想见""至午则尽入西泠桥里湖，其外几无一舸矣""看画船，尽入西泠，闲却半湖春色"[18]。

过西泠桥入北里湖，葛岭与孤山高低夹持，两岸雕楼画阁，水色旖旎，与疏朗旷达的外湖形成强烈对比，似入别世（图6）。一方面，游船北湖、访花问柳之举总借寻苏小小之名，苏小小作为一个理想化形象，折射出时人对女性的心之所寄，形象作用于空间，构建了旖旎的气氛；另一方面，西泠作为空间转换区，恰如通向理想国的摆渡处，成为后世苏小小超脱形象的重要意象来源，风景作用于形象，通过更为深刻地意识形态思考，创造出全新的寄托。

元代至明代，西湖堤岛遭破坏，里湖风情不再，张岱称其"旧景尽失"[6]。西泠桥也降为通行之用。清代，西湖全域规划建设日臻成熟，孤山修行宫、设八景。康熙心系苏小小，南巡游湖亦问其墓。彼时西泠，既非清逸的隐

① 孤山路指西湖北域白沙堤至孤山一段，有古刹孤山寺等，唐前已成。

世摆渡之处，亦非百舸竞渡的繁华水市，只古朴，托着有心人对苏小小的记挂。历史上的西泠桥几经改建（图7），民国三年（1914年）重修，放宽桥面；民国十年（1922年）为通车，降低桥身，改桥面石级为平坡，取消通船[6]，彻底改变了西泠景区的游赏模式。苏小小墓20世纪50年代犹在，60年代废，80年代重建至今。

图6 民国早期高拱入画的西泠桥[25]（1910年代）

图7 自葛岭俯瞰西泠（1930年代）

3 记忆西泠：文本的解读与重构

苏小小墓究竟是何人何时建于何处西陵，历史上一直有所争议。《湖山便览》[6]总结了苏小小墓址可能的推断有四说："……《临安志》《武林旧事》俱载墓在湖上……《春渚纪闻》谓：司马才仲为钱唐幕官，廨舍后有苏小墓。《辍耕录》又谓：西陵乃钱唐江西……则其墓不在湖上西陵桥。陆广微《吴地志》又据唐徐凝诗，谓墓在嘉兴县治侧"，最终得出"代远人微，姑勿深考"的结论。

实际上，钱塘所指范围甚广。历代诗咏自白居易便未言苏小家的具体位置，反而铺陈了故事背景"钱塘"一地的大好风光，或为后世苏小小传奇演绎的重要空间线索。由诗而言，符合"苏小小结同心处"首先应是山水秀美之地，此外还应有傍西山、植松柏和车马可行的游观之道三个风景特征。由时间推测，此地则需在六朝时就已形成一定的风景规模。杭州古称钱塘，西湖孤山不仅西临诸山，六朝有"天嘉之桧"①，唐前已有白沙之堤，自古更有柔媚的湖山风光，是西陵苏小的理想出处，张岱甚至认为，西陵与西泠之别仅是笔误，反而白居易写断桥的"柳色青藏苏小家"一句，最道西湖风景与苏小故事情境的恰如其分[6]。

今西泠苏小之墓建于康熙年间，"实系伪作"[6]。坟冢之中，未有我们想像中那位才情绝艳的女子。"西泠桥畔苏小小"这一形象顺应西湖风土的形成诞生，西泠作为集体记忆的物质土壤，在不断重复的仪式（寻觅与拜谒）和重构的文本（咏诵与解读）中日趋固定，"从民间认同上升为官方认同，从集体认同上升到民族（国家）认同"[11]。游西泠、觅小小这一举动，充满着历代观览者关于自我和民族的想像（表3）。

西湖西泠景观历史沿革与苏小小文学形象特征之联系

表3

形象特征	时期	风景原型	范　围	景象特征
善女	南朝	西陵	广义的钱塘	钱塘人家
	隋唐	孤山（寺）路	白沙堤—孤山	明媚质朴的自然山水
名伎	北宋	西村唤渡处	北山南麓、孤山西麓	出尘脱俗的郊野村舍
	南宋	西林桥；西泠	西泠桥；北里湖	诗情画意的门户景观
佳人	明清		西泠桥；慕才亭	西泠整体性割裂，点状化、边缘化；以苏小小墓闻名

苏小小的形象，自始至终象征着人类自我关注的柔软情感。最初，以乐府形式出现的《钱唐苏小歌》源于南北朝自我意识的萌芽。诗歌截取了一个简短的生活片段，构建了一个纯粹空间：钱塘，承载了世人对于美好家园、美好生活和美好情感的向往。而后，"六朝遗恨草茫茫……咫尺西陵不见郎"[13]，苏小小墓这一凄美风景寄托着以李贺、徐凝为代表的晚唐文人的失落。最终，苏小小"生于西泠，死于西泠，埋骨于西泠"的风流形象，寄托着抛却

① 《西湖游览志》载："六朝已前，史籍莫考，虽水经有明圣之号，天竺有灵运之亭飞来有慧理在塔，孤山有天嘉之桧，然华艳之迹，题咏之篇，寥落莫睹。"可见当时即有松桧种植。见文献［6］。

自身的叹老嗟卑而追求宇宙人生的情感，在人生无常、山水如故的体察中超尘脱俗[11]。苏小小对西湖山水这一精神家园的追寻和对“从对情的执着迈向对美的执着”[11]的自我价值的建构，极度张扬了天人合一的审美理想，从而混融于西湖山水的风景认同之中。

4 梦回西泠：风景认同

《湖壖杂记》[6]载：“游人至孤山者，必问小青；问小青者，必及苏小。孰知二美之墓俱在子虚乌有之间……引人入胜，正在缥缈之际。”苏小小虽为虚构，其形象却源自个人情感的探索，充满着个体的共鸣。通过苏小诗文（文本与解读）和寻苏小墓（仪式与回溯）的过程，体现了人与风景的对话，并使人们在其中获得自我与群体相融通的认同。关于“西泠桥畔苏小小”的集体记忆，不断生发和传承，成为人们游赏风景的重要动机，所谓“景物因人成胜概”。这种现象在文化景观中十分常见，亦是人文风景的活力和灵魂所在。

值得注意的是，以苏小小墓为契合点的风景记忆并非偶然。作为风景中明确界定人物形象的观赏对象，18世纪英国自然风景园林中，“废墟（Ruins）”和“坟冢（Tombs）”成为一种特殊的景观语言，它凝聚了历史的记忆和淡淡的愁绪，构成了英国新浪漫主义庄园园林风格的基调[19-20]。这种情感来自于参观者自发性地对先逝者的追溯和比照，一如西泠桥畔那位苏小小姑娘，越是平淡凡尘，就越靠近个体生命的思考和个人情感的抒发，象征人类本身最普遍的经历与际遇，直击观览者的内心。

白居易《杭州春望》“涛声夜入伍员庙，柳色春藏苏小家”[13]将苏小小与伍子胥对比，楼钥《次韵李季章监簿泛湖》“孤山不见处士庐，司马空寻苏小墓”[21]将苏小小与林逋对比，清赵翼有《西湖杂诗》六首之三“苏小坟连岳王墓，英雄儿女各千秋”[16]将苏小小与岳飞对比，对比中可见个体其多样社会角色间的矛盾。西湖景区中，多有名人墓葬、英雄庙祠，往往象征着丰功伟绩和某种高尚的品格。这样的风景充斥着男性的、社会的、神化形象的崇拜，与苏小小墓所象征的个人情感的柔美平凡形成了“儿女与英雄”，即“自我与社会”的二元对比[11]：“自我认知”与“社会存在”“个体”与“群体”“感性”与“理性”“优美”与“壮美”……这些多元的感知支撑着西湖风景的多元特质，独立而细腻、优美却亲和。“苏小坟上的那一抔土之所以总能留着，使一代又一代人见坟上芳草而为之断肠，其本质原因即在于个人和人类社会都少不了儿女的一面，审美上都少不了优美的一面”[22]。

西泠因苏小小而名，风景的发展与解读，其审美都与伊人所在的那个钱塘密切相关。西泠的风景特质与苏小小的形象交织相融，固定了一种柔美的基调。西泠的风景形象是女性化的，更是个人化，它既不具庞大规模或华丽外形，亦不同于社会人格的宏大叙事，甚至比起那些以宇宙时空为起点的思考更为纯粹和平易，仅仅关乎人的情感。

今天，女性的社会角色不断改变，风景中的女性形象不再是“儿女情长”和“附庸风雅”，女性化风景的视角本身亦成为被反思的对象。“青山有幸埋忠骨”，正如西泠桥的另一头，辛亥革命烈士秋瑾墓与北宋忠士岳飞墓相伴，象征着独立、刚毅、巾帼不让须眉的壮美和女性精神的革新。

5 结论

西湖西泠因苏小小而名，其风景的发展过程与苏小小形象的生成交织，承载着丰厚的风景记忆。透过西湖苏小墓，“西泠桥畔苏小小”这一人文学依托风景空间的演进而不断丰满，其“创作—解读—重构”的风景欣赏模式，是人们寄情于景、借景抒情这一动态过程的最好例证。探寻风景与情感的多样性联系，有助于更好地理解以人文精神为核心的风景文化实质。对西湖女性化空间的关注，则从另一个侧面揭示了风景与人的这种深层次交互。事实上，在女性主义得到更多探索的今天，男性视角下女性化标签本身已经成为反思的内容。好在风景园林从最初就提供了包容性的语境，吸收和沉淀着时代层累之下的人文印记，关注情感的承载而胜过意识形态本身。尊重多样的个人，表达多元化的情感和审美，或将成为风景园林更好地服务于个体的期待。

（文中图片引用除特殊说明外均引自《西湖老照片》[23]、《西湖旧影》[24]）

注：本文刊登于《园林》2020年第3期第2～7页。文章收录本书时有所改动。

参考文献

[1] 张天洁，李泽. 管窥女性主义视角下的风景园林史英文文献研究［J］. 中国园林，2014，30（03）：19-24.
[2] 金荷仙，武静. 女性视角下的绿色生活与风景园林—中国风景园林学会女风景园林师分会第二届年会在武汉召开［J］. 中国园林，2015，31（11）：108.

[3] 杜春兰，蒯畅. 庭园常见美人来—探寻中国女性与园林的依存与互动［J］. 中国园林，2014，30（03）：11-14.
[4] 吴若冰，杜雁. 中国古代私家园林女性心理及行为空间探析［J］. 中国园林，2018，34（03）：81-86.
[5] 刘珊珊，黄晓. 风雅的养成—园林画中的古代女性教育［J］. 中国园林，2019，35（03）：76-80.
[6] 施奠东主编. 杭州市园林文物管理局编. 西湖志［M］. 上海：上海古籍出版社，1995.
[7] 唐慧超，金荷仙，洪泉等. 清西湖行宫园林历史沿革与造园特色研究［J］. 中国园林，2019，35（04）：58-63.
[8] 都铭，张云，陈进勇. 园林 风景与城市：近代城湖关系变迁下西湖湖上园林的演进与转型［J］. 中国园林，2019，35（04）：52-57.
[9] 杜春兰，刘廷婷，蒯畅等. 巴蜀女性纪念园林研究［J］. 中国园林，2018，34（03）：75-80.
[10] 杨小乐，金荷仙，陈海萍. 苏州耦园理景的夫妻人伦之美及其设计手法研究［J］. 中国园林，2018，34（03）：70-74.
[11] 杨华. 苏小小形象的历史生成：文化记忆与文学想像［J］. 浙江学刊，2018（04）：146-154.
[12]（陈）徐凌编.（清）吴兆宜注.（清）程琰删补. 玉台新咏笺注［M］. 长春：吉林人民出版社，1999：541.
[13]《唐诗观止》编委会编. 中华传统文化观止丛书 唐诗观止［M］. 上海：学林出版社，2015：45.
[14]（清）古吴墨浪子著. 中国古典文学名著丛书 西湖佳话［M］. 北京：华夏出版社，2013：49.
[15]（清）厉鹗辑撰. 宋诗纪事4［M］. 上海：上海古籍出版社，2013.
[16] 罗荣本，罗季编著. 西湖景观诗选［M］. 杭州：浙江工商大学出版社，2013.
[17]（宋）潜说友. 咸淳临安志［M］. 浙江古籍出版社，2012：17.
[18] 王国平主编. 杭州文献集成 第2册 宋代史志西湖文献［M］. 杭州：杭州出版社，2014.
[19]（日）曾根俊虎著. 北中国纪行 清国漫游志［M］. 北京：中华书局，2007：317.
[20] 陶楠. "废墟"原型的表征—探究英国自然风景园林中的浪漫主义审美的内涵［A］. IFLA亚太区、中国风景园林学会、上海市绿化和市容管理局：中国风景园林学会，2012：4.
[21]（日）针之谷钟吉著. 邹洪灿译. 西方造园变迁史 从伊甸园到天然公园［M］. 北京：中国建筑工业出版社，1991.
[22] 张福清主编. 宋代集句词评注［M］. 广州：暨南大学出版社，2016.
[23] 李虹主编. 赵大川，韩一飞编著. 西湖老照片［M］. 杭州：杭州出版社，2005.
[24] 西湖天下丛书编辑部编著. 西湖旧影［M］. 杭州：浙江摄影出版社，2011.

作者简介

何嘉丽，1995年生，女，浙江杭州人，浙江农林大学风景园林与建筑学院在读硕士研究生。研究方向为风景园林理论与历史。电子邮箱：prideliz@126.com。

王欣，1973年生，男，浙江绍兴人，博士，浙江农林大学风景园林与建筑学院、旅游与健康学院副教授，硕士生导师。研究方向为风景园林理论与历史。

女诗人薛涛与望江楼公园①

Poetess Xue Tao and Wangjianglou Park

焦 丽 董 靓

摘 要： 以纪念女性为主的园林是中国历史园林的特殊类型，理清其营建的动因和经验，是传承中国园林文化的重要补充。纪念唐代女诗人薛涛的望江楼公园，其兴建、发展、造景等方面与薛涛的人生经历、个性品行紧密结合。基于历史文献梳理和园林空间分析，剖析了望江楼公园的发展变迁历程，归纳了针对薛涛的园林景观的纪念性造景手法，从遗迹、植物、建筑、活动等方面分析了女诗人薛涛与望江楼公园之间相辅相成的关系。

关键词： 薛涛；望江楼公园；女性纪念园林；园林造景；园林文化活动

Abstract: Garden focusing on commemorating women is a special type of Chinese historical gardens. Clarifying the motivation and experience of the garden's construction is an important supplement to inherit Chinese garden culture. As a memorial garden, Wangjianglou Park is closely combined with Xue Tao's life experience, personality and character in the construction,development and landscaping. Based on the review of historical literature and the analysis of garden space, this paper analyzes the development of Wangjianglou Park, summarizes the commemorative landscaping techniques for Xue Tao's garden landscape,and analyzes the complementary relationship between the poetess Xue Tao and Wangjianglou Park from the aspects of ruins, plants, architecture and activities.

Keyword: Xue Tao; Wangjianglou Park; Women's Memorial Garden; Landscape Design; Cultural Activities

名人纪念园林是巴蜀园林的重要组成部分，女性名人纪念园林更是其中具有独特风情魅力、凸显巴蜀人文的重要类型。望江楼公园作为成都园林中首屈一指的女性名人纪念园林，是巴蜀女性纪念园林的代表[1]，其发展变迁历程与园林造景艺术都对巴蜀纪念园林的研究具有深刻意义（图1）。作为纪念唐代女诗人薛涛的园林，望江楼公园的兴建、发展、造景皆围绕薛涛的个人经历、文采修养、品性情操等要素，所塑造的独特风格的纪念性景观，彰显着薛涛之傲骨品性，阐扬着薛涛之诗意人生。

本文基于望江楼公园的发展历史研究，通过分析其园林空间及造景方式，总结出针对女性纪念者的独特造园手法，从而丰富纪念园林艺术，补充巴蜀女性园林研究。

① 基金资助：国家自然科学基金项目（51678253）；华侨大学科研基金项目（15BS302）

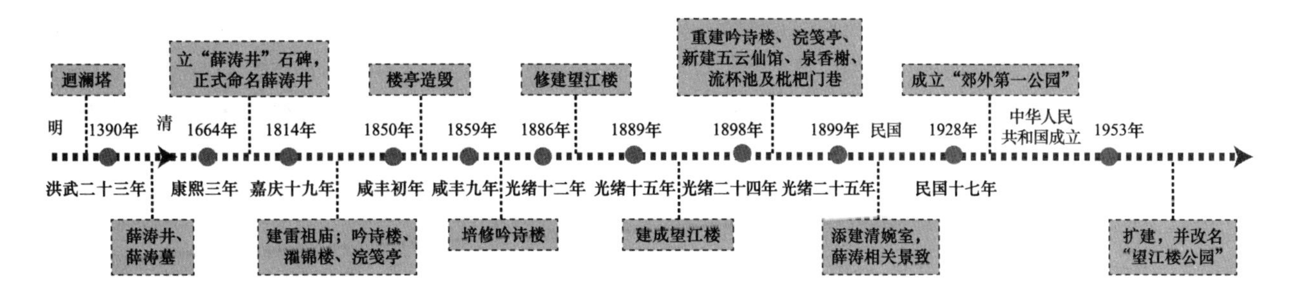

图1 望江楼公园发展历程

1 忆薛涛而兴园

1.1 女诗人薛涛生平

薛涛在唐代四大女诗人中名列首位，被人们称为传奇“女校书”。王建赞其为“管领春风总不如”①的“扫眉才子”。她一生命途多舛，但从未自艾自怜，其诗文造诣极高，才情人品影响世代人。幼年早慧，名倾一时，十六岁父死家贫，堕入乐籍[2]。生活的苦难没有湮灭了她的才华，薛涛终其一生投身于诗文创作中，共赋诗五百余首，著有《锦江集》,《全唐诗》收录其诗九十一首。薛涛现存诗词多为酬唱、咏物、赠别、写景抒怀之作[3]，风格清新雅正，时有宏音，皆具思想性和艺术性。薛涛虽命途多舛、颠沛流离，仍然关心国事，关心社会。“按辔岭头寒复寒，微风细雨彻心肝，但得放儿归舍去，山水屏风永不看”②“平临云鸟八窗秋，壮压西川四十州，诸将莫贪羌族马，最高层处见边头”③。其豪迈胸襟、傲骨节行在众多名家中独树一帜，不愧居于唐代女诗人之冠。

薛涛不仅留下了令世人传颂的诗歌，还给后人留下一系列人文景点。她惜纸幅大而长剩，为方便写小诗，其自制深红色狭长小笺，名“薛涛笺”，受到时人的认可，风行千载[4]。后人为仿制薛涛笺而汲水于薛涛井。薛涛井现址于锦江南岸，旧名为“玉女津”，因明代蜀献王于此处取井水仿制薛涛笺，遂称“薛涛井”[5]。“江楼南去二三里，荒陇犹留土一抔”④，薛涛墓距薛涛井只有几里之远，这两处成为后世人文景点，文人墨士、往来游子汲薛涛井水烹茗赋诗，凭薛涛墓栏杆而吊唁，以表敬重之情。

1.2 望江楼公园的发展历程

望江楼公园反映了巴蜀人民崇尚自然、敬仰先贤的人文传统，其营建可追溯于明代（图1）。望江楼旧址曾为迴澜塔，后因战乱而毁，现今望江楼公园中保存最早的文物遗迹为薛涛井，最早有记载于明洪武二十三年间（1390年）[6]，清朝冀应熊于康熙三年（1664年）亲笔题写“薛涛井”之字刻于石碑，竖于井后[7]。后嘉庆、咸丰、光绪年间渐添薛涛相关建筑[8]，嘉庆十九年（1814年），建雷祖庙、吟诗楼、濯锦楼、浣笺亭。咸丰九年（1859年）造崇丽阁，后于光绪十二年（1886年）再经营建。光绪二十四年（1898年）加建五云仙馆、泉香榭、流杯池及枇杷门巷。光绪二十五年（1899年）添建放置薛涛石像的清婉室，另修多处相关景致。民国十七年（1928年）于今望江楼公园古建筑群范围成立“成都市郊外第一公园”（图2），占地约1.4hm^2。中华人民共和国成立后（1952年），在“郊外第一公园”基础上扩建，一年后开放，并

图2 成都市郊外第一公园大门

① 语出唐·王建《寄蜀中薛涛校书》。
② 语出唐·薛涛《罚赴边上武相公二首》。
③ 语出唐·薛涛《筹边楼》。
④ 语出李淑熙《访薛涛坟》。

改名为“望江楼公园”，占地约5hm^2。1960年，公园经过多次扩建，占地面积增至约12hm^2，逐渐形成现有规模[9]。

望江楼公园（图3）位于今成都市区锦江向南由西折转处，形似开口朝西北的半圆，东临锦江，西临四川大学，面积约12.53hm^2，东北侧为以明清古建筑群为主的文物保护区（2.6hm^2），西南侧是免费开放的供市民休闲活动的园林开放区（9.93hm^2）。其不仅是游客云集的风景名胜景点，也是满足市民户外活动需求的市民公园。同时，望江楼公园以别出心裁的建筑布局、独具特色的植物配景，营造出诗意的园林景观与舒适的微气候环境[10]，让游人在缅怀纪念女诗人薛涛的同时，可以优哉游哉地享受园林之意境。

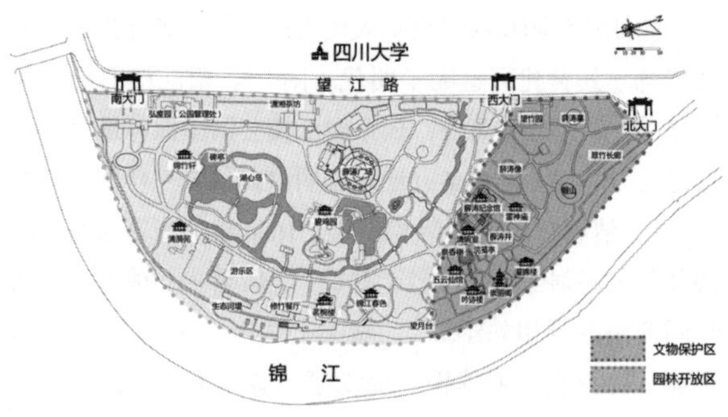

图3 望江楼公园平面示意图

2 言薛涛而造景

2.1 薛涛井与薛涛墓

望江楼公园中的薛涛井（图4）虽不是唐代薛涛汲水制笺旧址，但是可以看出历代骚客墨者对薛涛的推崇敬重之情。当代薛涛井整体呈圆形，下铺莲花台座，上配八角形井口，井后红墙镶嵌有“薛涛井”石刻。望江楼公园中楹联题刻常取“茗盏”之词，其中刘咸荥联最为耳熟能详：“此间寻校书香冢白杨中，问他旧日风流，汲来古井余芬，一样渡名桃叶好；西去接工部草堂秋水外，同是天涯沦落，自有浣笺留韵，不妨诗让杜陵多”。可见明清以来，雅人韵士都喜欢取“薛涛井”之水烹茗制笺题诗，以表达对女诗人薛涛的缅怀爱重之情。

薛涛墓由于历史久远、资料稀少，原遗址早已不存，后世学者莫衷一是，确切地点无从考定。有资料记载，20世纪60年代薛涛墓及墓碑题刻曾被发现于距望江楼公园仅一墙之隔的四川大学校园，但最终毁于十年动乱[11]。张蓬舟根据晚唐郑谷《蜀中》诗句“渚远清江碧簟纹，小桃花绕薛涛坟”作为考证参照，推断薛涛墓应在望江楼东面的锦江之滨[12]。后人根据明清时期零星资料史记①，重修薛涛墓（图5）于望江楼公园的西北角，植以幽篁环绕。薛涛墓的主体由墓、墓碑、墓基平台3部分组成，四周有石栏围合。根据“天圆地方”的传统风水学说和“天人合一”的道家思想，薛涛墓为圆、墙界为方，寓意女诗人薛涛于自然中安息，受后来人凭吊，表达人们对薛涛的崇敬之情。

图4 薛涛井

图5 薛涛墓

2.2 薛涛与竹

纪念园林中本多以松柏为基调树种，巴蜀地区特有的竹图腾活动与竹崇拜文化，渗透于巴蜀纪念园林中，以望江楼公园最盛。薛涛为竹之知音，竹如涛魂之化身。她一生爱竹，以竹喻己，常以咏竹诗托物言志，寄托自己“虚心自持、高洁傲岸、劲节负霜”的情操，赋有《酬人雨后玩竹》《竹离亭》等诗。唐、明文献记载薛涛墓旁“桃替

① 据明何宇度《益部谈资》中“涛墓在江干。题碑：‘唐女校书薛洪度墓’”，晚清陈矩《洪度集》中“墓去井里许，在民舍旁”，李淑熏《访薛涛坟》中“‘江楼南去二三里，荒陇犹留土一抔’可知薛涛墓距薛涛井最多二三里之远”考证。

松柏”，清代记载“竹桃相替”，当代综合历代文献①，采用竹桃并植的手法营造薛涛墓背景环境[13]。这更多是以薛涛的诗为依据，还原其喜好，更加贴合其形象。

为纪念薛涛，望江楼公园自1954 年从各地引种竹子，最终荟萃了国内外200余种竹子，数量达到全国首位，其中不乏名贵稀有竹种如龟甲竹［*Phyllostachys edulis* 'Heterocycla'］[14]；且以追求极致的方法栽种竹子，使其渗透在园林造景的每一处，高挺者丛植为背景、列植为长廊（图6），低矮者作地被配景，并以竹为材营建屋舍。望江楼公园中的竹反映了薛涛的刚强不屈的性格，“闺秀—乐伶—校书—女冠”，改变的是身份，不变的是傲骨。

图6　翠竹长廊

2.3　建筑

望江楼公园中除薛涛井与薛涛墓可供凭吊之外，明清时期建造的一系列雅致的建筑群重现了女诗人制笺吟诗的场景（表1）。

望江楼公园延续川派古典园林空间处理方法，因地制宜、因式而导，区别于传统纪念园林，空间布局没有采用轴线对称手法，建筑之间互不相对，而是与花木景观相对。作为女性纪念性园林，望江楼公园削弱了传统纪念园林中的沉重严肃的氛围，以自然叙事的手法写意薛涛的生活：或取水制笺，快作小诗；或倚栏沉思，吟诵诗文；或曲水流觞，与友和诗；或登楼远眺，目送故人。游人在漫游中回顾薛涛之生平，体悟薛涛之风采。以文物保护区为例，大致将其分为两个院落空间（图7），北侧以薛涛井为中心，建筑之间距离较大，并以松柏等高大乔木营造宁静庄严的氛围；南侧以流杯池为中心，以小桥流水等细腻精巧的手法构建园林化、生活化的空间，营造薛涛与友人曲水流觞、吟诗相和的场景，以俊逸洒脱、婉转悠扬的风格表现薛涛晚年的隐居思想。

总览全园，望江楼公园的景观风格可概括为：（1）流畅，一气呵成，流畅和谐；（2）含蓄，安静中含热情，平淡中寓真意；（3）温馨，情景交融，舒适宜人。

望江楼公园明清建筑纪念性分析　　表1

建筑名称	建筑特点	要素提取	形象传达
吟诗楼	共两层，上层经假山石阶而上，可观锦江风景和庭院景观，下层以雕塑再现薛涛与友人吟诗之场景	还原薛涛晚年居住过的吟诗楼（原址位于成都城西碧鸡坊）	再现薛涛生活及吟诗场景
濯锦楼	与锦江平行而建，上下两层，全木结构，形如临江而行的画舫	纪念薛涛载酒船上，惜别友人而建	表现薛涛重友重义的真性情

① 据晚唐郑谷《郑守愚文集·蜀中》中“渚远清江碧簟纹，小桃花绕薛涛坟”，明邓原岳《咏薛涛坟》中“三尺荒坟傍狭邪，坟前流水绕桃花”，清郑成基《薛涛坟》中“昔日桃花无剩影，到今斑竹有啼痕”，清沈寿榕《玉笙楼诗录·重修薛涛墓二首》中“断碑已没断墙遮，自忆前游水一涯，我与春风先有约，明年添种小桃花”考证。

续表

建筑名称	建筑特点	要素提取	形象传达
浣笺亭	背靠薛涛井，侧对崇丽阁，面向荷花池，现为唐代制笺文化纪念馆，展示唐薛涛笺古法制作的工艺流程	纪念薛涛制笺成就	“古井平涵修竹影，新诗快写浣花笺①”，表达薛涛为诗制笺、执着于诗的痴情
崇丽阁	园中最宏丽的建筑，共四层，一、二层有四面，三、四层为八角，与对岸相望。临江而峙，与锦江浑然一体，刚柔相济，雄浑与灵性合二为一。楼上供奉有文曲星	晋代左思《蜀都赋》“既丽且崇，实号成都”	体现薛涛诗歌之风格，婉转中见风骨；薛涛文学诗歌之才情与文曲星相应

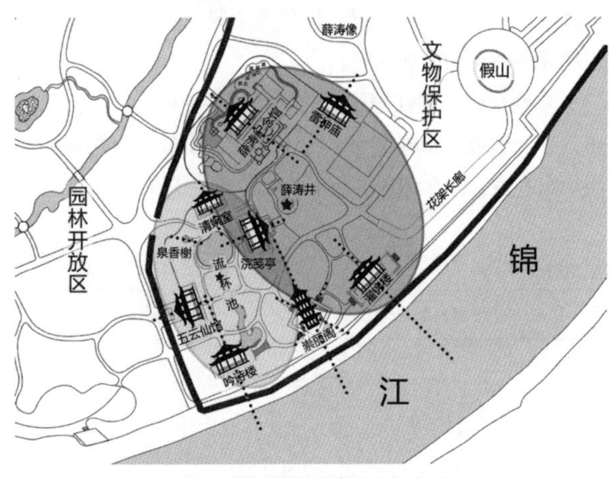

图 7 望江楼公园建筑空间布局

3 扬薛涛而活态

为纪念薛涛，望江楼公园自 2010 年起多次举办了相关文化活动。2018 年以“纪念薛涛，唐风诗韵”为主题举办了“三月三”上巳节音乐诗会，开展了曲水流觞、制薛涛笺等系列体验活动，以诗歌朗诵、琴歌吟唱、古诗今曲等多种形式重现薛涛诗歌的魅力。活动传承了中国传统民俗文化，弘扬了巴蜀第一才女薛涛，提升了望江楼公园的知名度和美誉度，薛涛文化与望江楼公园在相辅相成中再次焕发新的活力。

4 结语

望江楼公园是纪念女诗人薛涛的文化地标，其发展历程、造景方式、文化意象无一不反映了其与薛涛的渊源。作为女性纪念园林，望江楼公园一反传统纪念园林的规整肃穆，将薛涛精神渗透到园林造景之中，以竹为景，彰显薛涛傲骨之节气；以建筑为史，重现薛涛吟诗之场景；以活动为机，宣扬薛涛多才之造诣，使游人在轻松自然的氛围中，更加贴近女诗人薛涛的生活与情感。望江楼公园因薛涛的传奇人生和文学造诣而更加富于诗意，薛涛的诗情傲骨以望江楼公园园林景观为载体、文化活动为契机而历久弥新，千古长存。

致谢：感谢国家自然科学基金委、成都市公园城市建设管理局、成都市望江楼公园管理处对本文研究的支持。

注：图 2、图 5 来自望江楼公园官网（http://www.wangjianglou.com/），其余图片均为作者自绘自摄。

本文刊登于《广东园林》2020 年第 1 期第 45～49 页。文章在收录本书时有所改动。

参考文献

[1] 杜春兰，刘廷婷，蒯畅，等. 巴蜀女性纪念园林研究［J］. 中国园林，2018，34（3）：75-80.

① 欧阳梦兰题浣笺亭联。

［2］张蓬舟. 薛涛诗笺［M］. 北京：人民文学出版社，1983.
［3］王玉梅. 试论唐代女诗人薛涛［J］. 辽宁教育学院学报，1997（2）：82-86.
［4］刘天文. 近百年薛涛研究述评［J］. 天府新论，2004（3）：136-139.
［5］黄廷桂. 四库全书·四川通志［M］. 上海：上海古籍出版社，1987.
［6］何宇度. 益部谈资［M］.［出版地不详］：辽海书社，1990.
［7］窦忠如. 四川成都府志［M］. 北京：中国文史出版社，2015.
［8］吴巩，董淳纂，曾鉴修. 华阳县志［M］. 台北：学生书局，1967.
［9］廖嵘. 西蜀古典名园——成都望江楼［J］. 四川建筑，2005（5）：7-10.
［10］董靓，焦丽，李静. 成都市望江楼公园微气候舒适度体验与评价［J］. 城市建筑，2018（33）：77-81.
［11］彭芸荪. 望江楼志［M］. 成都：四川人民出版社，1980：83.
［12］薛涛. 薛涛诗笺［M］. 张蓬舟，笺. 成都：四川人民出版社，1981.
［13］张超. 蜀中才女薛涛人文风尚探析［J］. 西昌学院学报（社会科学版），2017，29（2）：60-64＋69.
［14］王道云. 望江楼竹类图志［M］. 成都：四川科学技术出版社，2016.

作者简介

焦丽，1994年生，女，山东泰安人，华侨大学建筑学院，在读硕士研究生。专业方向为风景园林规划设计。

董靓，1963年生，男，四川成都人，博士，华侨大学建筑学院人-境交互实验室，教授，博士生导师。研究方向为风景园林规划设计、智慧城市设计。电子邮箱：leon@dongleon.com。

基于女性视角的传统园林空间研究综述

Review of Research on the Space of Traditional Garden from the Perspective of Women

吴若冰 杜 雁

摘　要：中国传统园林空间具有复杂而广泛的意义，女性视角的园林空间研究不仅强调在生物性别上女性对园林空间的影响，更是从社会背景和社会关系中探寻女性对传统园林空间生成的重要意义。本文梳理基于女性视角的传统园林空间研究的相关文献，研究成果主要集中在传统园林空间中的女性情感与行为、女性生活实践对传统园林空间营造的影响、女性气质与园林空间审美三个方面。当前学者多数研究物质空间中的女性生活，而对社会建构下女性与园林空间关系的相关研究仍显单薄。未来相关研究需聚焦女性在园林空间中参与和建构的过程，透过空间的社会性强调女性对园林空间生成机制的影响。

关键词：女性视角；传统园林；社会性别；空间意义

Abstract: The space of the traditional Chinese garden has complicated and wide-ranged meanings. This article researches from the perspective of women not only emphasize the influence of women on the scope of biological gender, but also explore the significance of women in the production of space of traditional garden from social background and social relationship. This paper combs the relevant literature of space of traditional garden from the perspective of women. And the research results mainly focus on three aspects: women's psychology and behavior in traditional garden space, the influence of women's living practice on the space construction of the traditional garden, moreover femininity and the aesthetic of the traditional garden. Nowadays, women's life in physical spaces is widely studied. While the relationship between women and the space of traditional graden under the social influence is lagging behind. Further analyses on the process of women's participation and creation in the production of space and emphasize the influence of women on the formation mechanism of garden space through the sociality of space are needed in the future.

Keyword: The Perspective of Women; Traditional Garden; Gender; Spatial Meaning

1 引言

中国传统园林空间涉及丰富的文化层次，性别因素作为空间背后的文化投影，对空间的产生往往具有重要的意义。在封建社会男尊女卑观念的影响下，女性在社会发展史上长期处于被动和弱势的地位，女性虽然难以参与到园林的规划建造中，却往往是园林的重要使用者。长期以来园林空间被描述和设定为中性的、无性别差异，人们往往忽略古代女性在真实生活中可能存在的主动角色及其生活实践与园林空间的互动关系，园林的女性特征作为园林文化极为特殊的组成部分亦未受到足够的重视，因此通过女性视角重新审视传统园林空间的生成尤为重要。

2 总体趋势分析

女性视角不仅强调女性的生理属性所具有的特征及经验，还会关注女性的社会属性以及由此形成的女性气质和行为方式等内容。近年来，学者对女性视角空间研究的关注度呈整体上升趋势，基于女性视角的传统园林相关研究逐渐增多，研究中出现的高频关键词主要包括“女性休闲生活”“女性空间”“空间布局”“女性审美”“社会性别角色”等（图1）。学者在研究初期往往通过对女性社会生活史的研究，较多关注传统园林空间中的女性情感与行为，通过分析史料、画作、诗词和戏剧作品中女性角色的园林生活，强调女性与传统园林的密切关系。此后，基于女性视角的传统园林空间的研究热点逐渐转向女性与传统园林空间营造的关系研究，主要分析女性生活实践与传统园林的空间布局、空间序列、空间功能、空间要素和空间审美等方面的关系及其影响，研究内容较为丰富，但缺乏具体的案例研究，并缺少对女性社会关系的探索与分析。近几年，相关研究更多将女性与传统园林的关系置于时间、空间和社会的背景之中，更加深入地研究女性在传统园林空间中参与和建构的过程，从更深层面挖掘传统园林空间中的社会性别含义，并通过诸多具体案例来研究女性与传统园林空间的关系及其影响，从中可以看出学者对女性与传统园林空间关系的认识逐渐在加强。当前研究成果主要集中于传统园林空间中的女性情感与行为、女性生活实践对传统园林空间营造的影响、女性气质与园林空间审美3个方面（表1）。

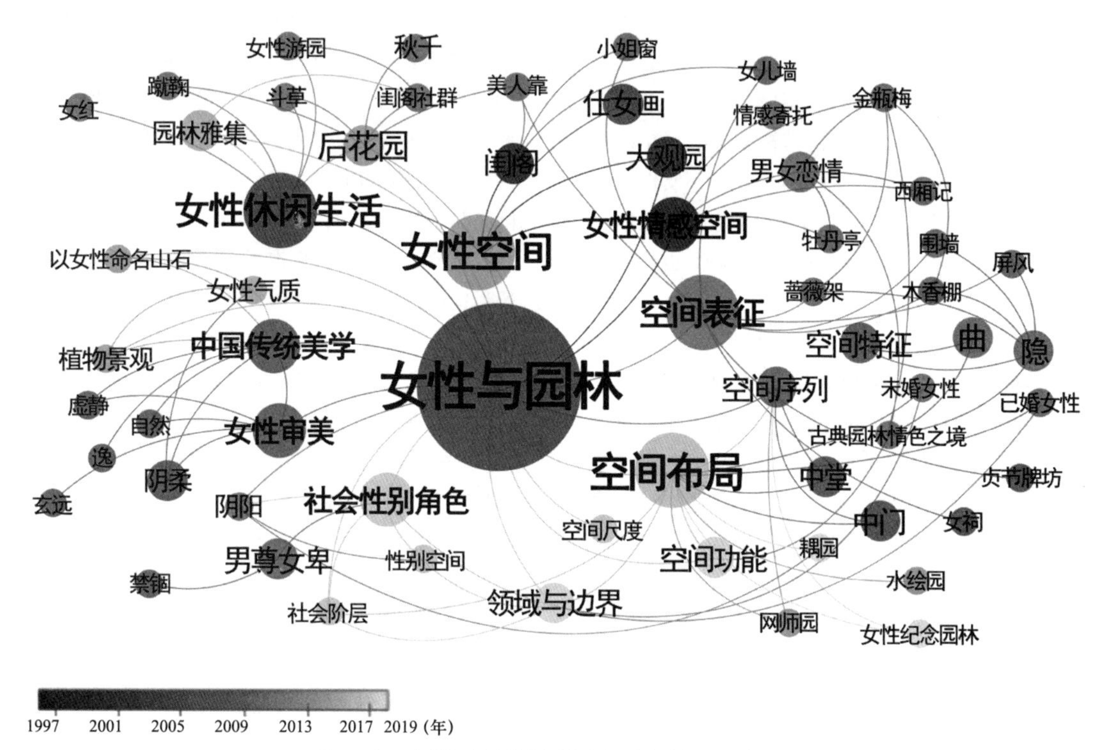

图1 基于女性视角的传统园林空间研究关键词聚类图谱

当前基于女性视角的传统园林空间研究成果 **表1**

研究方向	研究内容	研究案例
传统园林空间中的女性情感与行为	女性园林生活的社会背景	建筑[2]、明清江南女性园林生活的社会背景研究[13]
	女性休闲活动和情感思绪	被遮蔽的现代性：明清女性的社会生活与情感体验[8]
女性生活实践对传统园林空间营造的影响	社会等级秩序对空间布局的影响	上房：性别空间与私的概念——居住：从中国传统城市住宅到相关问题系列研究之三[31]
	女性行为特征对空间功能的影响	试探中国古代女性对私家园林的影响[33]
	女性角色特征对空间营造的影响	巴蜀女性纪念园林研究[37]、苏州耦园理景的夫妻人伦之美及其设计手法研究[35]
女性气质与园林空间审美	女性美与园林美	中国传统美学中女性审美的研究价值[39]、庭园常见美人来——探寻中国女性与园林的依存与互动[40]
	女性气质在园林空间中的表征	试论女性与中国古典园林[29]

3 基于女性视角的传统园林空间研究综述

3.1 传统园林空间中的女性情感与行为

3.1.1 男尊女卑社会下的宅园空间

"如果空间是生产的，那么必然有其生产过程，对生产过程的考察也就具有了历史维度"[1]。因此，学者首先阐明了中国古代社会政治、文化背景。秦红岭阐明男尊女卑社会制度形成的起源：从西周开始，由父系家长制蜕变而来的宗法制度，使父系血缘关系成为维系家庭和家族的纽带，压制了女性在宗族中的权利，男尊女卑的格局由此在社会政治制度的层面得以确立[2]。时至唐代，社会伦理制度对女性的规训进一步强化了女性从属、卑微地位。黄毅分析了《女论语》在唐代闺阁内的体现[3]："内外各处，男女异群""莫窥外壁，莫出外庭"，《女论语》为女性建立了立身为人、勤俭持家、知礼待客和敬孝长者等道德行为的规范。封建传统思想对女性的禁锢不仅反映在精神形态层面，而且在物质空间的伦理关系上巩固了女性卑微的社会地位。秦红岭提出，中国封建社会的宗法、礼制和阴阳学说不仅对传统建筑的布局有深刻的影响，也让男尊女卑的性别格局具有合理性[2]。男尊女卑的性别关系，强烈地体现在宅园空间的每个层面：空间属性、空间布局、空间形式和空间活动等。张献梅指出，宋代理学使封建礼教思想发展到更为完备的具体运作阶段，男尊女卑的封建社会制度主要表现在居住空间上对女性的禁锢、在祠堂建筑上对女性的限制和统治者积极倡导兴建贞节牌坊对女性精神的控制[4]。宋以后，进一步强化了男尊女卑的性别秩序，尤其是"将男女与内外相联系，并将其提升至'合天地之大义'的高度，这也成为后世诠释男女空间区隔的经典依据"[5]，因此女性受到统治阶级更为严格的约束和规训。上述研究表明，空间作为社会的产物，其生产过程会随社会的变迁而发生改变，即在不同的时代背景下，女性与宅园空间的关系会受到不同社会制度和社会关系的制约，从而呈现出不同的空间表征与空间实践。

3.1.2 社会风尚转变下的私家园林空间

随着明代中晚期社会风尚的转变，女性虽然仍处于父权社会的制约之下，但其社会地位、经济地位和家庭地位较之以往有了明显的提升，社会风气的开放激发了江南女性参与文学创作和社会活动的热情，园林空间则为女性诗词题咏、陶冶心灵提供了更多自由。众多学者研究了明清时期女性游园[6-8]和女子园林雅集活动[9-11]的盛况。宋立中以明清江南妇女"冶游"现象为研究对象，认为女子游园、朝圣之盛况虽与封建伦理制度产生了强烈冲突，在某种程度上侵占了男性固有的特权，但客观上有利江南社会进步和妇女社会地位的提高[12]。在日常生活中，园林空间亦因其自然、不规则、非对称、起伏曲折的空间特质为女性休闲娱乐和情感酝酿提供了特定的场所。尹小亭从古代女性的教育观、女性社会角色和地位等方面对女性的园林生活背景进行研究，指出私家园林在一定程度上扩充了女性的活动空间，满足了她们的精神需求[13]。

3.1.3 特定社会文化中的园林空间

在同一时期，受不同地域自然环境和社会环境的影响，宅园也形成了不尽相同的空间结构，女性在宅园中的情感与行为由此受到较多影响。如学者以晋商大院、徽州民居、江西民居等地域传统宅园为例，从物质空间、精神空间和社会空间三个层面分析了宅园空间对女性主体的建构[14, 15]，即物质空间着眼于宅园的空间结构；社会空间主要指向空间场域的表征与语义；精神空间指生存空间对女性性别身份的塑造和意识形态的规训。研究指出，宅园空间是一个社会空间，不仅限制了女性活动的物理界限，还是一种象征性秩序，界定了女性在社会中的角色和地位，通过精神约束塑造了顺从、卑微的家内女性。

另有学者从文学、绘画和戏曲等与园林密切相关的内容着手，通过研究传统园林空间中女性的情感与生活，进而探索女性与传统园林空间的关系[16-18]。其中较多学者对《红楼梦》中大观园与女性角色展开了研究，如依据《红楼梦》中的闺阁文化、女性意识和女性活动[16, 19-20]，提出大观园中植景空间的营造与人物性格的密切相关[21]。李金宇通过古代文学作品解读中国古典园林中的情色之境，并究其生成原因：私家园林常用回廊、幽径、抑景、藏景等手法形成幽深曲折的园林空间，其"遮"与"隐"的特点恰好符合了恋人谈情说爱之地私密性和浪漫性的要求[22]；高居翰、刘珊珊和黄晓以园林绘画为考察对象，分析园林空间在女性生活起居、接受教育、休闲娱乐等生活实践中占有的特殊地位，以及园林空间女性特征的表征方式[23, 24]；巫鸿基于中国女性题材绘画，运用"空间"的宏观方法论，提出超越个体女性形象之上的"女性空间"的概念，通过把女性形象还原到整体园林空间和社会环境之中来阐释女性与空间在特定社会文化中的意义与内涵[25]。

概括来看，当前学者们主要以两种研究方式展开对传统园林空间中的女性情感与行为研究。其一是基于女性园林生活的社会背景，研究传统园林空间对女性情感与行为的影响。如张献梅、张峰率、李溪、朱静和毛白滔等从建筑空间布局、空间属性、空间功能、建筑构件以及装饰等角度，对中国传统宅园中男性空间与女性空间进行比较研究[4, 26–27]，认为宅园空间不仅是从物质空间层面限定女性的活动范围，还是教化性和等级性空间，包含着对女性更深的规训和束缚[28, 29]；其二是通过研究传统园林空间中女性的情感与生活，分析女性与传统园林空间的关系，从中探索传统园林空间背后的社会性别含义[16–24, 30]。但这种研究方式更多是以诗词书画和戏剧作品为研究材料，缺乏对具体传统园林案例的分析与研究。

3.2　女性生活实践对传统园林空间营造的影响

宅园作为家庭生活的场所，女性是其中重要的使用者。然而“三从四德”的道德规范和缠足的劣习将女性长期囿于深闺之中。因此在中国传统园林漫长的发展与演进中，女性对园林空间的影响逐步显现在园林空间的各个层面。当前学者主要从3方面分析传统园林空间的女性影响因素。

3.2.1　社会等级秩序对空间布局的影响

学者对不同女性群体生活的宅园空间进行分析，指出男尊女卑的空间分隔状态会因女性阶层、地位和年龄的差别而不同。如诸葛净通过考察西门庆宅院的家庭结构、生活活动与住宅空间结构的关系，剖析性别空间的涵义，对不同女性角色（正妻、小妾、丫鬟、媒婆和妓女）如何体现在住宅空间结构中作出分析[31]，研究指出性别隔离并非仅源于生理差别，同时也建立在社会建构的性别（角色）差别观念上。朱静和毛白涛从传统民居中堂、正房、闺房、后堂等空间布局方面分析了古代未婚女性与已婚女性活动空间的异同[32]。

3.2.2　女性行为特征对空间功能的影响

部分学者关注特定园林空间、园林建筑、设施和装饰的功能，分析女性生活实践对其产生的影响。如园林出入口的设置、小姐楼、戏厅（台）[33]、琴房、棋房和书房[34]的空间布局和空间形式在很大程度上是为女性服务，女儿墙、小姐窗和美人靠等建筑构件[32]亦映射出传统园林对女性行为规范、生活方式和兴趣爱好的考量。李昊洋等通过考察女性在园林空间中的生活实践，指出古代女性对于园林空间的需求主要体现在空间功能层面[34]。

3.2.3　女性角色特征对空间营造的影响

学者往往通过对具体的园林考据来分析园林中的女性生活实践及其影响要素。如杨小乐、金荷仙等通过对耦园的整体规划、山水布局、植物配置、建筑设计、装饰设计、诗文品题等多维层面的全面梳理，分析园主夫妇对园林空间生成产生的影响，尤其是女主人严永华与耦园的依存与互动，突出赋情感于宅园的设计方式[35]；陈鑫鑫等通过分析郭庄现存宅园的山水建筑，从园林空间的氛围、尺度和功能等方面探寻女性的影响因素[36]；杜春兰等以邛崃文君井、成都望江楼和石柱太保祠等巴蜀女性纪念园林为例，强调其在空间布局、植物景观、建筑形式等方面因纪念对象的个人经历、性格特征不同而采取不同的空间表达方法，突出女性情感与行为在园林空间中的建构过程[37]；徐琛以冒辟疆所筑的水绘园为例，通过对诗词、古籍等资料的分析，探索女主人董小宛的女性意识在园中的体现[38]。

综上所述，传统园林空间的女性影响因素相关研究较为丰富，以诸多案例分析深入探索了女性在园林空间中的生活实践及其对空间生成产生的影响，尤其是近两年内，学者在相关研究中更多关注到女性的主体性，从女性的自然生理属性和社会性别属性探索女性与园林空间的互动关系，以发掘园林空间更为深刻的内涵。然而当前学者对传统园林空间的女性影响因素分析更多体现在空间的局部层面，缺乏宏观视角审视园林空间与女性所处的社会背景、文化和政治经济的联系，因而难以从女性视角描绘出一个更为全面的场景。

3.3　女性气质与园林空间审美的研究

女性与中国美学史的关系是非常紧密的。“中国很多美学范畴的生成，都是女性审美文化直接参与和建构的结果。”[39]中国古典园林在漫长的发展中形成“虽由人作，宛自天开”的崇尚自然的审美意识，与中国传统美学中象征自然的女性美是相通的。因此美学上的共通使女性美与园林美相互融揉，“非美人借韵于山花水月也，山花水月直借美人生韵耳”，女性的气质美为园林空间更添一分韵致。

3.3.1　女性气质与园林空间的关系

程勇真以中国传统美学中的女性审美为研究对象，指出女性文化和女性审美与中国古代一些重要的美学范畴如“韵”“逸”“玄鉴”“虚静”“自然”“中和”等有密切的关系[40]；杜春兰和蒯畅从女性视角欣赏传统园林之美，认为中国古代女性美与园林美相融相通，二者在长期相互依存的过程中，园林空间与情调逐渐呈现女性化的特征[40]；高居翰、黄晓和刘珊珊通过对女性在园林中活动的仕女画的研究，指出园林建筑是极具女性气质的一种，“如沈复就曾认为扬州园林的工巧处、精美处，‘宜以艳妆美人目之’”[23]。

3.3.2 女性气质在园林空间中的表征分析

李金宇认为中国古典园林呈现出女性化的特点，和园主、营造者的传统审美心理有关："作为男性的造园家、园主恰恰是把园林当女性来营构、赏玩的，园中的景物无不是理想女性的化身"[29]；张宁宁从秋千与古代闺阁女性的空间关系入手研究秋千的审美特征，认为"秋千"作为与女性、女性生活紧密相关的审美意象，它所呈现出摇曳多姿的动态美、个性鲜明的形象美、唯美动人的情境美与女性美相互映衬[41]；李昊洋等发现传统园林中以女性作为象征对象或以女性命名的山石多如繁星，而这种现象从侧面也反映了男性对于园林的一些心理需求[34]；高居翰指出许多园林构件的名称都含有浓郁的女性意象，如画廊、月亮门、美人靠等，这些园林要素可与女性特征相互映照[23]。

4 思考与建议

虽然女性对于园林空间的影响具有重要意义，但是女性生活空间的边缘化以及女性活动空间形成的被动性使传统园林空间的女性视角研究着实不易。当前学者基于女性视角的传统园林空间已经做了较多的研究工作，采用的研究方法和研究内容也为未来相关工作提供了诸多借鉴。笔者在此基础上为未来基于女性视角的传统园林空间研究提出几点建议：

4.1 关注女性生理特征与经验，重视女性在园林空间中参与和建构的过程

在传统园林空间研究中，研究内容更多从营造理念、营造艺术、空间特质等方面进行分析，而较少关注宅园中日常生活领域的空间实践对园林空间营造产生的影响。"空间的生产始于身体的生产。"传统园林空间不仅蕴含着与身体和感官有关的要素，园林空间使用者的日常生活经验和需求也促成了风格多样的园林空间。女性作为园林空间的主要使用者，她们往往能够敏于感觉，使得园林空间在营造过程中必须考虑敏感、较小、柔弱等生理特征，还要为深居于"内"的女性提供保护和可能的自由。因此，基于女性视角的传统园林空间研究应更多关注女性对空间使用和感知的方式、身体意义上的女性特征和经验，结合女性在社会文化影响下的行为规范、休闲活动和审美意趣等空间实践，重视女性在园林空间中参与和建构的过程，才能从更深层面挖掘女性对园林空间营造产生的影响。

4.2 强调园林空间的生成机制，从女性与园林的互动关系中探索空间的内涵

列斐伏尔指出，空间不仅应被看作是为行动和思想服务的工具，作为一种生产的方式，空间也是一种具有统治性和象征权力的工具。传统园林空间作为社会文化的缩影，将礼制的、政治的和社会生产关系等内容转化为空间语言，并将这种语言对生活在其中的人反复灌输。另一方面，空间实践作为人类创造空间的基本方式，亦是物质及社会关系的基础。因此，通过女性视角审视传统园林空间意义的关键，在于从传统园林空间背后复杂的关系网络中探索女性与传统园林空间的互动关系，试图从女性视角建立一条完整的传统园林空间研究的逻辑线索，从而书写不同于传统园林空间研究范式和内容的"她历史"。综合来看，当前的研究更多关注传统园林物质空间与女性的关系，而女性生活背后隐含的社会空间和社会关系与传统园林空间存在怎样的联系，相关研究仍显薄弱。因此在审视女性与传统园林关系时，需通过时间、空间和社会3个维度，更为全面地解读女性之于园林空间的深层含义。

注：本文刊登于《园林》2020年第3期第14～19页。文章在收录本书时有所改动。

参考文献

[1] 汪原. 亨利·列斐伏尔研究[J]. 建筑师，2005（05）：42-50.
[2] 秦红岭. 她建筑[M]. 北京：中国建筑工业出版社，2013：37-44.
[3] 黄毅.《女论语》:《论语》思想在唐代闺阁群体中的再现[J]. 文学教育（上），2008（03）：134-135.
[4] 张献梅. 宋代理学禁锢女性在建筑上的反映[J]. 重庆科技学院学报（社会科学版），2007（04）：125-126.
[5] 铁爱花. 宋代士人阶层女性研究[M]. 北京：人民出版社，2011：42.
[6] 汤宇星. 从桃叶渡到水绘园—十七世纪的江南与冒襄的艺术交往[M]. 杭州：中国美术学院出版社，2012.
[7] 李金宇. 中国古代园林的背后—历史、艺术和审美[M]. 江苏：广陵书社，2015.
[8] 赵崔莉. 被遮蔽的现代性：明清女性的社会生活与情感体验[M]. 北京：知识产权出版社，2015.
[9] 高彦颐. 闺塾师明末清初江南的才女文化[M]. 南京：江苏人民出版社，2005.
[10] 娄欣星，梅新林. 明清环太湖流域家族女性文人群体的兴起及特点[J]. 云南师范大学学报（哲学社会科学版），2014，46（03）：111-121.
[11] 黄仪冠. 园林雅集与闺阁社群—论清代随园女弟子之诗画空

间［J］. 安徽大学学报（哲学社会科学版），2014，38（02）：58-68.
［12］宋立中. 明清江南妇女“冶游”与封建伦理冲突［J］. 妇女研究论丛，2010（01）：39-48.
［13］尹小亭. 明清江南女性园林生活的社会背景研究［J］. 大众文艺，2011（22）：171-172.
［14］孙文娟. 晋商大院的女性空间初探［J］. 理论界，2013（02）：143-145.
［15］何水. 徽州民居中女性空间浅析［J］. 安徽建筑大学学报，2007，15（05）：92-94.
［16］梅向东. 闺阁文化与《红楼梦》［J］. 中国典籍与文化，1997（2）：18-21.
［17］张震英，雷艳平. 闺阁园林间的浅吟低唱——从宋词看宋代闺阁的园林情调［J］. 学术论坛，2013，36（02）：73-76.
［18］安家琪，刘顺. 中国古典戏曲中“后花园”意象探微——以《牡丹亭》《西厢记》《墙头马上》为例［J］. 齐齐哈尔大学学报（哲学社会科学版），2012（06）：54-57.
［19］王乃芳. 从大观园的兴衰看《红楼梦》中的女性意识［J］. 文教资料，2014（07）：13-14.
［20］张静. 论《红楼梦》女子雅集活动［J］. 艺术科技，2017，30（06）：226.
［21］张军. 大观园植物景观与人物性格的关系研究［J］. 中国园艺文摘，2012（04）：109-110.
［22］李金宇，徐亮. 论中国古典园林中的情色之境——园林在古代文学作品中的另类解读［J］. 南阳师范学院学报，2009，8（05）：51-54.
［23］高居翰，黄晓，刘珊珊. 不朽的林泉［M］. 北京：生活·读书·新知三联书店，2012.
［24］刘珊珊，黄晓. 风雅的养成——园林画中的古代女性教育［J］. 中国园林，2019，35（03）：76-80.
［25］巫鸿. 中国绘画中的“女性空间”［M］. 北京：生活·读书·新知三联书店，2018.
［26］张峰率. “男尊女卑”伦理观对中国传统居住建筑的影响［J］. 中外建筑，2012（01）：51-52.
［27］李溪. 内外之间——屏风意义的唐宋转型［M］. 北京：北京大学出版社，2014.
［28］刘雨婷. 重门掩幽怨，草木爱情柔——中国古代文学中的女性情感空间［J］. 同济大学学报（社会科学版），2010，32（03）：34-41.
［29］李金宇. 试论女性与中国古典园林［J］. 苏州大学学报（哲学社会科学版），2008，29（04）：107-110.
［30］刘珊珊，黄晓. 理想的中国爱情与“家园”［J］. 中华遗产，2014（06）：76-87.
［31］诸葛净. 上房：性别空间与私的概念—居住：从中国传统城市住宅到相关问题系列研究之三［J］. 建筑师，2016（05）：90-96.
［32］朱静，毛白滔. 浅析中国传统文化影响下的女性空间［J］. 艺术与设计（理论），2009，2（08）：158-159.
［33］邱巧玲，李昊洋. 试探中国古代女性对私家园林的影响［J］. 中国园林，2013（08）：40-44.
［34］李昊洋，陈舜斌，唐光大. 女性因素在中国古代私家园林中的影响及其作用［J］. 广东园林，2011，33（05）：4-7.
［35］杨小乐，金荷仙，陈海萍. 苏州耦园理景的夫妻人伦之美及其设计手法研究［J］. 中国园林，2018，34（03）：70-74.
［36］陈鑫鑫，陈楚文，黄杉栅. 杭州古典园林中的女性痕迹——郭庄女性园居初考［J］. 包装世界，2017（03）：103-105.
［37］杜春兰，刘廷婷，蒯畅，富婷婷. 巴蜀女性纪念园林研究［J］. 中国园林，2018，34（03）：75-80.
［38］徐琛. 水绘园：冒辟疆董小宛传奇的演绎空间［M］. 苏州：苏州大学出版社，2013.
［39］程勇真. 中国传统美学中女性审美的研究价值［J］. 中州学刊，2006（05）：289-291.
［40］杜春兰，蒯畅. 庭园常见美人来——探寻中国女性与园林的依存与互动［J］. 中国园林，2014, 30(03): 11-14.
［41］张宁宁. 唐诗宋词中“秋千”意象的三种状态［J］. 哈尔滨学院学报，2015，36（01）：56-59.

作者简介

吴若冰，1994年生，女，硕士，上海同济城市规划设计研究院有限公司助理规划师。

杜雁，1972年生，女，博士，华中农业大学园艺林学学院风景园林系副教授，美国华盛顿大学（UW）建成环境学院访问学者，研究方向为风景园林历史与理论。电子邮箱：yuanscape@mail.hzau.edu.cn。

女性视角下的水果湖儿童公园更新策略探究

Research on the Renewal Strategy of Fruit Lake Children's Park from the Perspective of Women

赵芊芊　杜　雁

摘　要：女性视角体现在空间层面，是一种强调身体的体验与感知，倡导人与环境相互塑造的理论[1]。目前对于女性视角的应用多存在于规划层面或直接从女性心理和生理角度出发的探索，缺少针对实际案例的研究。本文意图从女性视角出发，以武汉市水果湖儿童公园的更新为例，探究女性视角在风景园林中的应用。最后提出女性视角可以对我国城市发展进行自下而上的补足，在未来的发展中拥有广阔的前景。
关键词：女性视角；儿童公园设计；访谈法

Abstract: The feminine perspective embodied at the spatial level is a theory that emphasizes physical experience and perception, and advocates the mutual shaping of people and the environment. At present, the application of women's perspective is mostly at the level of planning or exploration directly from women's psychological and physical perspectives, and there is a lack of research on actual cases. This article intends to explore the application of female perspectives in landscape gardens from the perspective of women, taking the renewal of Wuhan Fruit Lake Children's Park as an example. Finally, it is proposed that the female perspective can complement the current situation of China's urban development from the bottom up, and has broad prospects for future development.
Keyword: Female Perspective; Children's Park Design; Interview Method

女性主义于19世纪末20世纪初兴起以来，经历了兴衰和发展之后，广泛地渗透到了政治、艺术、文化的各个层面。人们对女性主义在城市建设和发展中的研究有强烈的角色反思和社会批判色彩。女性作为除男性之外的群体，在社会活动中扮演着重要的角色。"女性化"不应只是一种外在形象的体现，更应该是作为一种相对于男性更独特的思维方式和视角去观察世界，利用女性化的方式解决不断发展和变化中的问题，以女性特有的细腻、感性等用于更广泛的情境。

女性视角，体现在空间层面，是一种强调身体的体验与感知，倡导人与环境相互塑造的理论。目前对于女性视角的应用多存在于规划层面或直接从女性心理和生理角度出发的探索，但这些仅是女性视角所包含的一部分内容。由于女性主义思想中所蕴含的颠覆、批判与主流意识形态的偏离，因此，女性视角大多只停留在学院式的清谈理论阶段，少有实践。但其发展是必然趋势，必将开启新的批判视野，并重新树立人文关怀。本文意图从女性视角出发，研究其在风景园林中的应用。

1　女性视角的解读

越南战争纪念碑与以往高耸入云的纪念碑不同，它更像是一道刻入大地的伤痕，从远处眺望不能感觉到它的特别之处。你唯有走近观察它，以一种亲密的姿态去阅读这片场地。当人们从远处走来，穿过城市的钢铁森林，遇见一片开阔绿地，顺着黑色的伤痕逐渐向下走去，进入一个与世隔绝的空间，墙壁上镌刻着死难者的名字，镜面一样光滑的表面倒映着人们的影子。此时，整个世界只存在纪念碑和对面的阅读者。这是一种私密的、一对一的关系，人们会不由自主地陷入沉思，在触摸和接近中与大地连成一体的、母性般的建筑空间中，感受到心灵的抚慰。林璎的作品多带有时间与空间的思考，越战纪念碑是一段凝固的时间，而耶鲁大学“女子桌”代表着只有起点，没有终点的流动时间。

目前可以定义为女性化现代园林的案例很少，但是我们可以从一些女性建筑师的优秀作品中汲取经验。通过阅读林璎的作品，对女性视角有更加深入的理解，女性视角不应只是一种外在形象的体现，也不应只是从关爱女性生理和心理的特殊照顾，更应该作为一种女性思维方式去解读问题，以细腻、感性的手法解读人与环境的关系、时间与空间相交融、空间在时间中流动。人作为积极参与者，将与设计的内容进行私密而又亲近对话，对话的过程，是一场浸入式的身体体验，引起想像的参与，时间、空间将被重塑，并赋予新的内涵，同时人会获得身体上、心灵上的感动。

2 基于访谈法的水果湖儿童公园现状研究

2.1 场地概况

武汉市水果湖儿童公园位于武汉市中心老城区，场地面积约1hm^2，周边用地类型多样、商住混杂，又临近湖北省政府所在地，且场地北面是一条商业步行街（图1），场地东侧与南侧紧邻小型的教育机构；居民的日常生活需求均可满足。附近住宅区分布密集，人口密度较大，且人群结构复杂。交通便利，场地周边有5个公交站点，即将开通的地铁8号线将在水果湖儿童公园设置地铁出入口。

根据现场的访谈记录和基础调研可知，场地现状可看作是儿童营利性游乐设施堆砌的组合，且配套服务设施老旧（图2）。主要活动人群为0～6岁的儿童，6岁以上的儿童较少。工作日公园的使用者大多为幼儿和照顾孩子的老人，节假日多有带着儿童来此游玩的年轻父母们。因此节假日的人流量明显高于工作日，在公园内游玩的儿童集中在非盈利的、有游戏设施的场地。老年人数量较多，活动范围占据场地35%左右的面积。场地现状绿化覆盖率较高，在老人休闲打牌的区域因乔木种植间距过密、生长状态较差，因此选择性保留植物，并进行植物配置，选择更加适宜儿童的植物种类，可形成良好的景观效果。

图1 水果湖步行街（图片来源：作者自摄）

图2 公园内游乐设施（图片来源：作者自摄）

2.2 研究方法

研究方法主要采用访谈法。访谈作为言语事件，表明访谈不是一方“客观”地向另一方了解情况的过程，而是双方相互作用、共同构建“事实”和“行为”的过程。采取半开放式的访谈能够将被访谈者的真实意见和情感记录下来。

水果湖儿童公园现状调研时间持续一年，有效访谈人数为42人，分别在四个季节内进行。主要访谈对象为在公园内活动的母亲们，同时收集部分带孩子的老年人与父亲的意见。母亲这一角色在儿童的成长过程中占据着不可替代的地位。与父亲所扮演的角色不同，母亲往往细腻温柔，更加了解儿童的需要和偏好，能够明确表达出对场地的更新诉求。通过现场对母亲们的访谈可以发现，母亲们对场地的更新期待与儿童认知发展的环境需求有许多相似之处。对使用水果湖儿童公园的母亲们进行访谈的记录，将作为更新策略生成的重要依据和支撑。

2.3 基于访谈法的更新建议

此次更新目的是从女性视角出发，解决场地问题，并非局限于关爱女性的角度。基于女性视角，向母亲们展示并征询有关设计方案的意见。通过对母亲的访谈、记录和基础调研，从以下几个方面更新水果湖儿童公园：

（1）空间回归，避免游乐设施的堆砌

正如L母亲和其他母亲所言："这个公园整体面积就很小，感觉也不可能扩建。现在的这些设施把场地占满了，而且都挨得很近，小孩子没有地方活动。""公园里现在设施，应该已经在这里很多年了，都很老旧了，而且经常会出状况，有点危险，我一般不敢让孩子使用这些游戏设施。"在L母亲的叙述中，体现出需要整合一个开阔空间以满足儿童奔跑等活动。由于公园现有的游乐设施占据大部分空间，导致儿童活动受限。因此，部分使用率较低、存在安全隐患的游乐设施需要拆除，并重新梳理空间序列。

（2）儿童的活动应该满足身体与精神的双重需求

Z母亲表示："游乐设施不仅要有趣，而且要有教育意义。不是单纯的玩乐、锻炼身体，我希望我的孩子可以在游戏的过程中能够获得一些东西。"H母亲则深刻理解接触自然对儿童成长的意义："作为一名心理咨询师，我认为对自然的感知和体验是十分重要的。孩子对自然大地有一种本能的向往，我经常接孩子放学走路回家的时候，我给他拎着书包，他会把鞋子、袜子都脱掉，就这样赤脚走回家，他觉得这样直接接触地面让他感觉很安心。"儿童身处自然环境中并与之沟通，将会获得精神上抚慰与安宁。因此，在公园内建立自然感知空间十分必要，需要为儿童在钢铁与混凝土浇筑的城市中开辟一处日常可接近的"绿色庇护地"。

（3）基础服务设施亟待完善

根据L母亲和W母亲的描述："在这个公园应该设置一个专门给家长休息的区域，像我的孩子比较大了，并不需要我一直跟随，只要她知道我在这里，需要的时候，她自己会知道过来找我。"L母亲："虽然现在有很多年轻的女性辞职在家专门带孩子，但是周一到周五还是有相当一部分老人在照看小一点的孩子。"W母亲："为方便老人和儿童的活动，需要设置相应的配套设施如卫生间、育婴室、休憩座椅等，并在细节上进行关照。"

（4）创造活动空间的过渡区域

针对即将建成的地铁8号线入口，Q母亲表示："公园入口广场最好不要直接和地铁口相连接，中间要有一些措施，保证儿童的安全。"

同时，大部分母亲强调老年人活动要与儿童活动进行分隔，避免冲突。在时间维度上，对空间进行复合，并创造过渡区域。

3 具体更新策略

3.1 重塑空间序列与功能

水果湖儿童公园使用者与环境联系的重新建立是重点。通过对场地空间的重新组合，场地的主要使用者——儿童将不再被老旧的游乐设施"敷衍"，真正开始与场地建立联系。场地内西南与东南区域的游戏设施使用率较低、空间长时间闲置，因此将场地内部分使用率低且老旧的游乐设施拆除，以此获得更大的儿童活动空间。并重新组织交通流线，避免儿童的活动空间被人流切割。

访谈中许多母亲提到空间的组织应该与儿童活动相结合。上下攀爬是所有年龄段儿童都很喜欢的游戏活动，可以设置攀爬网或者攀爬的高地及出入口。在群体活动中，模仿也是学习的过程，需要提供可以容纳2～3名儿童的私密空间和团体的模仿活动空间。通过重新梳理空间序列，儿童在场地活动的过程中将学会如何与同伴建立联系，陪同家长也将参与游戏与儿童合作完成任务。

3.2 强调自然感知

中西方的文化中，女性作为大地的代表和象征，例如通常有"大地母亲"等词。人类将土地滋养万物的功能与女性的孕育本能赋予情感与认知关联，即包容性、接纳性、丰富度，这与男性世界的独断性、侵略性、单一化截然不同。因此，尝试用地形的变化创造丰富的游戏空间，注重身体的空间体验，力求使用儿童可以理解的空间语言进行设计。

H母亲认为光脚花园等自然的空间，可以让孩子直接触摸到各种元素的质感，让他集中精力体验和感知，"我希望可以多设置一些自然类的设施，沙坑、吊桥之类。水也是不可缺少的，是引发儿童想像力的催化剂。"更新中应关注儿童与自然之间的互动关系，且关注身体与精神体验。在城市中，创造一个让正处在认知发展阶段的儿童们能够与自然大地深入交流的场所。

3.3 关注不同人群的需求

周一至周五主要照看儿童的是老年群体，他们普遍体力较弱。因此，需要在公园活动空间设置充足的休憩座椅，特别在幼儿活动区，方便家长在旁照顾。设置方便儿童使用的卫生间和育婴室，满足更换衣物、哺乳等的需求。设置固定的休憩区，为等候儿童活动的家长提供空间，同时也提供给家长们相互交流的可能性。

3.4 创造缓冲区与复合功能空间

在入口处设置障碍围栏，以减少交通人流。不同类型的空间之间设计缓冲区（即儿童自我挤压的角落），为情绪快速变化的儿童提供安抚的区域。在保证安全性的前提下，要提供满足儿童掌控感和自我挑战的机遇。儿童一周活动时间中，周一至周五集中在下午放学后和傍晚时段，白天活动主要在周六日，在时间规划上减少老年人与儿童活动的重叠区域。在有限空间内强调活动复合性，避免中老年群体侵占儿童活动空间的矛盾和使用冲突的发生。

设计中应当秉承“少就是多”的原则，留有未来发展的余地。不做过度设计，为儿童的创造性活动提供空间。

4 结语

女性视角强调更新过程中研究者与被研究者的平等地位，尊重场地使用者的权利和体验。规划设计师调研的作用是为这些空间的使用者提供专业知识和引导，鼓励他们提出需求和意见，以此建立人与场地更紧密的联系。

本文尝试将以女性视角为主的研究结论应用于水果湖儿童公园的更新策略研究中，主要通过访谈的研究方法提出：将场地中被原有游乐设施占据的空间重塑以满足更多的需求。儿童作为时间与空间的参与者，需要与自然进行亲密的“对话”。人在塑造环境的同时，环境也影响着人，空间的改善会在更广阔的社区、城市、甚至是社会层面上产生影响。

女性视角目前虽未形成系统的理论与评判标准，但其理论在未来的发展却是不可限量的。

参考文献

[1] 汪原. 女性主义与建筑学［J］. 新建筑，2004（01）.
[2] 林璎，文斌，孙帅. 关于我的创作［J］. 风景园林，2010（01）：25–43.
[3] 黄春晓，顾朝林. 基于女性主义的空间透视——一种新的规划理念［J］. 城市规划，27（06）：81–85.
[4] 杨威. 访谈法解析［J］. 齐齐哈尔大学学报（哲学社会科学版），2001（4）：114–117.
[5] 孙晶晶. 注重心灵感知的儿童康复景观设计［J］. 中国园林，2016（12）：58–62.
[6] 黄瑞茂. 社区营造在台湾［J］. 建筑学报，2013（04）：13–17.
[7] 马宏，应孔晋. 社区空间微更新 上海城市有机更新背景下社区营造路径的探索［J］. 时代建筑，2016（04）：10–17.

作者简介

赵芊芊，1996年生，女，河北邯郸人，学士，农业部华中都市农业重点实验室，华中农业大学园艺林学学院风景园林系在读硕士研究生。研究方向为风景园林规划设计。

杜雁，1972年生，女，湖北长阳人，博士，农业部华中都市农业重点实验室，华中农业大学园艺林学学院风景园林系副教授。研究方向为风景园林历史与理论。电子邮箱：1040004269@qq.com。

汪汝谦及其交游群体

Ruqian Wang and His Friends

曹瑞冬

摘　要：晚明时期，汪汝谦往来于吴越之间，与众多的名士才姝相识相交，并展开园林、戏曲、古物、书画、梦境、茶和酒等文化活动。汪汝谦的儒雅风流、任侠好客为其留下了“贾而好儒”“黄衫豪客”的美誉，而以汪汝谦为中心的交游群体通过一个个人物、一件件轶事和一首首诗赋诠释了玩赏家和隐士的生活态度和价值取向，展示了晚明江南的物质文化和精神文化。

关键词：汪汝谦；交游群体；名士；才姝

Abstract: During the late Ming Dynasty, Wang Ruqian exchanges between Wu Yue, and met with many famous scholars and started cultural activities such as garden, opera, calligraphy, antiques, dreams, tea and wine. Wang Ruqian's elegant and graceful, chivalrous hospitality to the left "Confucianism", "yellow Hawk" reputation, and The outing group centered on Wang Ruqian interprets the life attitude and value orientatation of connoisseurs and hermits, through the characters the anecdotes and poetry one by one, and demonstrates the material and spiritual culture of late Ming Dynasty in Jiangnan.

Keyword: Wang Ruqian; Make Friends; Literati; Famous Scholars

晚明时期，江南文人自我放逐，他们无法给出自己在历史中的意义，于是他们将意义问题转为审美问题，出入园林、戏曲、古物、书画、梦境、茶和酒中，并把文化和精神诉求于结交名流、才姝、僧人和商人，构成了“无用”的交游群体和从事于“无用”的文化活动。其中徽州富商汪汝谦和他的交游群体充分展现了这一时期社会对个人价值的评估和传统社交关系的“失范”。汪汝谦和书画家、书画收藏家、金石收藏家、曲艺家的交游不以宗族、经济或性别为标准，而以交游和交游群体为中心展开诗赋酬唱、金石雕镂、曲艺编排和游逸嬉乐等文化活动。陈寅恪先生在《柳如是别传》[①]中用不少篇幅考证汪汝谦和柳如是的关系，而当下关于汪汝谦的研究大体围绕其交游对象，陈虎在《陈继儒与汪汝谦交游考论》和《“交情约略看花前”——从钱谦益作伪看其与汪汝谦之关系》[②]两文中从汪汝谦与陈继儒、钱谦益的交往分析晚明士人与商人的关系，傅湘龙则在《汪然明与晚明才姝交游考论》和《徽商汪然明与晚明才姝群体的涌现》[③]中就汪汝谦“黄衫豪客”的形象和其于才姝群体的影响两方面进行论证。但这些研究没有从交游群体的整体角度考察，对其形象也大多从外部论证。然交游不仅仅是一种生活方式，更是在群体中的每个人以价值实现为目标的活动，我们仍需关注汪汝谦在交游群体中的价值需求和实现过程，分别从名士和才姝两个群体探究。

---

① 参见陈寅恪：《柳如是别传》，生活·读书·新知三联书店，2001 年。
② 陈虎，《陈继儒与汪汝谦交游考论》，《宜春学院学报》2012 年第 5 期。陈虎，《“交情约略看花前”——从钱谦益作伪看其与汪汝谦之关系》，《绥化学院学报》2012 年第 8 期。
③ 傅湘龙，《徽商汪然明与晚明才姝群体的涌现》，《徽学》2012 年第 3 期。吴建国，傅湘龙《汪然明与晚明才姝交游考论》，《中国文学研究》2010 年第 10 期。

1 汪汝谦的家世及生平

当下，汪汝谦被纳入徽商、徽商家族文学、新安画派的整体范畴中局部研究。徽商作为汪汝谦扮演的社会角色，与他生平从事的经济活动有关。《先考松生府君年谱》中载："重刊参寥子集，宋僧道潜撰。道潜于东坡守杭时，筑智果精舍居之，崇甯末赐号妙总大师，是书为汪然明先生所刊，府君据以付梓。[①]"此外，他还自辑《东坡称赏道潜之诗》一卷，《秦少游集摘》一卷，柳如是《湖上草》一卷《尺牍》一卷。而汪汝谦徽商身份的决定因素是地域和家世，据《安徽新安汪氏重修八公谱》载："我汪氏得姓自鲁成公次子食采，于汪始声名，自童死于郎之战始播迁江东，自汉骧将军文和公始载迁于歙，自齐军司马叔举公始载迁登源，厥号汪村，自唐越国公华始载迁黄墩，自越国公孙辰州令褒方公始载迁溪。自辰州六世孙茂公游猎始，其修辑藏溪族谱[②]"，其后子孙繁衍，后裔遍布徽州六邑，至宋时居歙者已分十六族，汪汝谦则是"宋秘书丞叔敖分居歙之从睦"的一支。论及家世三代，其父汪可觉，字天民，歙县人，万历四年丙子科进士。长子汪玉立，字与可，以子贵赠文林郎、翰林院庶吉士，并未追寻功名。次子汪继昌字徽五，号梅岸，生于万历四十年（1612年），卒于康熙二十二年（1683年），顺治五年举乡荐，六年成进士，汪然明以子继昌封广西参议[③]。伯兄汪汝淳字孟朴，太学生，与冯梦祯、黄汝亨、李之藻、陈邦瞻等名人文士交好，黄汝贞称其"内贞而外和，笃人伦，而条于事理""忧人之乐、乐人之乐而不侵为然诺"[④]。其祖父汪洵，字德润，承蒙故业，以赀事周王，官周府审理。从汪道昆所作《孝廉汪征士传》中可查汪汝谦的祖辈是"孝弟力田"之家，直到曾祖父辈才开始服贾从商，而从汪汝谦父辈开始，又以儒业为己任，开汪氏由"商"转"文"之肇端，其子辈如汪汝谦之流没有追求功名，但仍旧在"振箕裘之业"的基础上"奋起文学"，最终在其后辈中完成了家族由"商"转"士"的过程。"士"的大门向商人打开，正如汪汝谦子孙父辈科举入仕反映了当时科举考试中的"商籍"："仕宦已入流品，及曾于前元登科仕宦者，不许应试。其余各色人民并流寓各处者，一体应试。有过罢闲吏役、娼优之人，并不得应试。[⑤]"在这种相对公平的标准下，徽商通过个人和家族的努力争取"士"的身份和尊荣，致使士商之间界限变得模糊和动摇。但当社会趋于混乱和权力斗争渐于复杂时，徽商凭借功名跻身仕途的做法会产生短期的停顿，然他们向士绅阶层靠拢的追求并没有停止，譬如汪汝谦依靠财富基础，广泛结交名士，在文化领域寻找精神共鸣，努力让个人行为符合名士尊崇的儒家道德。例如，钱谦益在《墓志铭》中对其仁义侠德高度评价："然明生十三年而孤，俨然如成人。事其母，捧手肃容，视气听声，七十年如一日，人以为白华之子。视其诸兄若娣，同仁均爱，绝少分甘，人以为棠棣之弟。抚孙恤甥，睦姻收族，三党婚嫁葬霾，于我乎取，人以为有葛藤之仁。缓急扣门，不以无为解，分宅下泣，侧席而坐，存亡死生，不见颜色，人以为有伐木乾糇、我行收恤之义。盖其为人，量博而智渊，几沈而才老。其热肠侠骨，囊括一世之志气，如洑流渍泉，触地涌出。[⑥]"

但是，徽商的"士化"道路并非一帆风顺。我们将汪汝谦纳入名士的社交群体时，也发现其生平有一个比较突出的特点：汪汝谦自少年时期便开始悠游吴越，其后主盟风雅，辗转吴闽，一生似乎总在以游历和交游的名义辗转各地，可以称其为"流寓各处者"。游历和交游构成了汪汝谦生活的重要主题，并围绕主题创作了许多诗赋，据《八千卷楼书目》载："春星堂诗集三卷，明汪汝谦撰，西湖韵事一卷，不系园集一卷，随喜庵集一卷，明汪汝谦撰。绮咏一卷续绮咏一卷，明汪汝谦撰。[⑦]"串联了汪汝谦一生的重要活动。首先，汪汝谦于垂髫之年主盟风雅前，就在生十三年而孤，兄长承蒙故业的基础上读书游历，出没于金陵、扬州、上海等繁华之地，和名流文士相互觞咏，和名妓才姝相互酬唱，吟诗作对，征歌选伎，吟风弄月，游山玩水，将青春以浪漫、绚丽、浮华的姿态呈现。正如黄汝亨、董其昌借"诗缘情而绮靡，赋体物而浏亮"[⑧]对"红妆紫陌"的讴歌：

"万物之色艳冶心目，无之非绮，惟名花名姝二者，来香国呈媚姿，令人飘飘摇摇而不自禁，则情为之萦。然明有情人也。今展其诗，大都吴姬越娃，长干桃叶之美人，及梅林菊圃、茶畹柳堤，与高贤韵士相遭，而觞咏之趣，所云情生者也。作者谓绮伤大雅，滥觞六朝，不知应物称体，斯二者为宜，何厌绮乎？况乎芳菲易谢，美丽不

① （民国）丁立中，《先考松生府君年谱》，先考松生府君年谱第四，清光绪宜堂类编本。
② （明）汪尚琳，《安徽新安汪氏重修八公谱：新安汪氏八公谱叙》，明嘉靖十四年刊本。
③ （清）丁廷楗，《（康熙）徽州府志》，徽州府志卷之十一，清康熙三十八年刊本。
④ 黄汝亨，《寓林集》卷五《汪长公孟朴六十寿序》，四书禁毁书丛刊本。
⑤ 彭孙贻，《明史纪事本末补编》卷二，《科举开设》。
⑥ （清）钱谦益著，《钱牧齐全集 六》，上海古籍出版社，2003 年 08 月第 1 版，第 1155 页。原文"九十年如一日"与《从睦汪氏遗书》考证，应为"六十年如一日"。
⑦ （清）丁仁，《八千卷楼书目：卷十六集部》，民国本。
⑧ （晋）陆机，《陆士衡文集：卷一赋一》，清嘉庆宛委别藏本。

常，古人逢落花而兴悲，叹佳人之难得，然明有心谅同之也。岂以我辈钟情，目之为惑国风好色比之于淫乎哉！①”

把自己从完全道德的生活中解放出来，把纯粹的情感呈现出来，把生命拓展到社会的各个领域，这种由情至美的思想成为联系士绅和商贾的精神纽带。汪汝谦一生珍而重之的山水风景是杭州西湖，这里的风景拥有不同于往昔糜烂生活的宁静和纯粹。汪汝谦也和许多文人一样用保护的方式创造西湖文化，如在《重修水仙王庙记》中记载："使君复念孤山梅魂无寄，鹤梦谁通，继起放鹤亭。余补种梅花，以存旧观，陈徵君记其事。②”陈继儒在《重建放鹤亭记》中以"和靖快心于使君，将无邀苏、白诸公拍肩把袖而还，嬉于此亭之上下乎？若种梅笼鹤，歌咏而流传之，代孤山拾遗补阙，则有使君之子殿生、徐仲交、陈则梁、顾霖调、汪然明、吴今生在，皆鹤背上人也。是不可以无记。③”指出汪然明和自己共同的高洁志趣。此后，汪汝谦在此度过了一生绝大多数的时光，并陆续建置了雷峰塔黄汝亨之居室"云岫堂"、岣嵝山之山庄"翠烟阁"，灵鹫山上之山庄"准提阁"以及西泠王休微之净室"未来室"，最终在天启三年先后建造了画舫"不系园""随喜庵"，以西湖主人自居，开启其主盟西湖风雅的佳话。汪汝谦不系园建成时，黄汝亨为其作《画舫约》："偶得木兰一本，断而为舟，四越月乃成。计长六丈二尺，广五之一，入门数武，堪贮百壶。次进方丈，足布两席，曲藏斗室，可供卧吟。侧掩壁橱，俾收醉墨。出转为廊，廊升为台。台上张幔，花晨月夕，如乘彩霞而登碧落；若遇惊飙蹴浪，欹树平桥，则卸栏卷幔，犹然一蜻蜓艇耳！中置家童二三，擅红牙者，俾佐黄头以司茶酒。客来斯舟，可以御风，可以永夕。远追先辈之风流，近寓太平之清赏。陈眉公先生题曰：不系园。④”

而后汪汝谦借《作不系园》记录建造不系园的动机："年来栖迹在湖山，野衲名流日往还。弦管有时频共载，春风何处不开颜。情痴半向花前醉，懒癖应知悟后闲。种种尘缘都谢却，老航一舸水云间。⑤”徜徉于山水风光，绝迹于俗世尘缘，回溯返璞归真的生命，追逐琴棋书画的雅趣，汪汝谦这种富于诗意的情感共享和精神共鸣是一种理想境界，可以说是陶渊明式"采菊东篱下，悠然见南山"的人文心态，但在那个年代又可被称为"文人的集体逃避与放逐"。不系园和汪汝谦成为当时杭州乃至整个江南地区议论的话题，董其昌在《汪然明绮集引》中指明："汪然明为西湖寓公，主盟风雅，郑庄之驿不虚，太丘之道甚广。胜流韵士之外间有鱼玄机、薛洪度一二辈亦入游籍，故称诗以绮名。⑥”所谓的主盟风雅是以汪汝谦为中心邀名流、高僧、知己、美人来此画舫茗香、品茶、饮酒、酬唱、弹奏，寄情山水，共享真情。后来，汪汝谦又抱着同样的动机建造了"随喜庵"，将其"远追先辈之风流，近寓太平之清赏"的目标进一步贯彻。据《湖船录》载："渠以千金穿，石以百夫辇。辛苦构名园，无乃蚕作茧！坐君随喜庵，出入自游衍。树走红桥移，草青白鸥显。有风恣渺茫，无风泊清浅。鱼鸟若倒悬，烟云赐亦腆。湖山不转君，君被湖山转。⑦”但汪汝谦建造不系园、随喜庵不单单是为解"游山玩水"之需要，还有就是为自己拓宽社交网络，建构人际关系。正如他在《随喜庵集》卷首这样说道：

"余昔构不系园，非徒湖山狎主，实为名士来宾。时当黄贞父先生休沐南屏，主盟风雅，因有'九忌''十二宜'之约。时骚人韵士、高僧名姝，啸咏骈集，胜情幽蔓，常在乌声鸥背间，庶免花朝月夕之硝矣。方再易岁，而贞父先生嗑然长往，宜忌虚榜。即一不系园，不胜今昔之感。嗣后复作楼船，董元宰宗伯颜曰随喜庵，规制叠更，台阁窈窕，来吾庵者定作随喜想。⑧”

汪汝谦以西湖为主题建造山庄、别墅和画舫，表面是传统文士附庸风雅的举措，实则是富商在名士和才姝群体中的炫富。他巧妙运用金钱手段迎合名士的风流心态，并为名妓才姝提供经济支持，以此来获得"贾而好儒"和"黄衫豪客"的美誉，这可以被当作商人惯用的"投其所好"。但我们也不能否认，汪汝谦基于这类动机的文化活动丰富了西湖文化的内涵，也标志着江南文化发展进入鼎盛时期。然而，汪汝谦仍旧无法回避时代提出的"朝代更迭"命题，身处乱世的他不得以结束了西湖的美梦，再度出游广陵、白门，开启了断断续续的吴闽之游，在此期间创作了《闽游诗记》。这场出游并不是为了交游天下，而是寻访友人和平复自己的忧愁心绪，如他去拜访隐居于佘山的陈继儒时，汪汝谦《游草》卷首有《秋游杂咏自序》：

"时观里琼花，桥边明月，泊秦淮桃叶，小姬家无不三五踏歌，十千买醉，繁华佳丽事种种，在人胸臆。亡

---

①（明）汪汝谦撰，《绮咏一卷续集一卷》，四库全书存目丛书编纂委员会，《四库全书存目丛书·集部》，第 192 册，齐鲁书社，1997 年 7 月第 1 版，第 807 页。
②（清）汪汝谦，《西湖韵事》，清光绪中钱塘丁氏嘉惠堂刊本。
③（清）王复礼，《御览孤山志》，清光绪中钱塘丁氏嘉惠堂刊本。
④（清）陈梦雷，《古今图书集成经济汇考工典》考工典第一百七十八卷，清雍正铜活字本。
⑤（清）汪汝谦，《不系园集》，清光绪中钱塘丁氏嘉惠堂刊本。
⑥（明）董其昌《容台集》，文集卷四，明崇祯三年董庭刻本。
⑦（清）厉鹗，《湖船录》，清光绪中钱塘丁氏嘉惠堂刊本。
⑧（清）汪汝谦，《随喜庵集》，清光绪中钱塘丁氏嘉惠堂刊本。

何，今秋一重过，而邗沟落叶，触目烟霜，旧游俱不可问；月夜步金陵曲中，访一二故识，筝寒雁断，哑哑只柳上乌耳。即余弟师挚素称金石收藏家，而图书鼎彝已作王谢燕子，飞去堂上久矣！至于文酒萧条，友朋零落，可胜今昔之感！因惘然返棹，一访陈徵君顽仙庐，苍颜一笑，相对囅然，使人淡然意消。于是知切感苍亡赖不足当，有道人前耳。[①]”

从其前后诗文可查，汪汝谦在“盛世的完结，乱世的开启”中的情感心路经历着由盛到衰的变化。他难以对友人的离去、战火的蔓延和民生的凋敝释怀，所以借交游和诗文抒发内心的愤懑，结果羁旅生涯却增添了更多痛苦。在送红颜知己林天素归闽时，汪汝谦以《冬夜送女画师林天素还闽时（汪）然明置酒林弹琵琶为别》表明离愁：“数梢愧杀管夫人，闺中女儿秀蛾睩。菡萏鸳鸯绣不真，明发言归思未歇。自写河山作离别，一抹萧条落木风。千里荒寒忽惊别，须臾掷笔共黯然，凄锵更上数条弦。寸心泼墨墨写不尽，掩抑此中尤可怜。是时涨风冬十月，满坐无声冰石裂。乍看翠袖低暮寒，转喜红离岸映初。[②]”还有汪汝谦为杨云友去世写下了许多送葬诗句，其中《岁暮湖上送云友葬》诗云：“黯淡湖光欲暮天，薤歌执绋正残年。花飞净土香埋骨，烟暝寒林画入禅。无泪只缘情底极，遗言多见恨尤偏。君纵有招魂术，心事何由到九泉。[③]”除此之外，汪汝谦的福建之行一路寻求友人接济，最后在“囊中羞涩”的情况下接受林天素的帮助，于明代崇祯十五年（1642年）五月游历武夷山后返回杭州，结束了这一年多的浪迹漂泊。

面对时代变迁、社会动荡和生活落差，汪汝谦和他的友人们大都呈现出一种无能为力的屈服和顺从，所能做到的仅仅是把自己“痛苦和失败”的心绪记录下来，回顾往昔繁华，追忆当年挚友，感慨时局变迁，诉诸未来光明。汪汝谦在入清时已年逾六十，江浙终归于太平，他把一生中最后的时光用在修复西湖上，以期恢复西湖往日之胜景。据《蕉廊脞录》载：“汪汝谦，字然明，号松溪道人，钱塘人。迨陵谷沧移，遂入闽为福庐武夷之游。比归，隐居东城，与李太虚、冯云将、张卿子、顾林调订孤山五老之会。[④]”汪汝谦等人仍旧怀抱着美好的愿望，曾以“新诗好入花间集，佳话空传画裹身。酹酒西泠魂欲断，依然桥畔可怜春。[⑤]”寄托对西湖往昔胜景的渴望。但是，汪汝谦关于“修复”的希冀终因经济困境而落空，汪汝谦在《冬日感怀因诵少陵刘向传经心事违之句聊拟八章示玉立继昌存家语中》中诗云：“犹耽嬿集西湖舫，转念家无福负孤田。[⑥]”他已无力再支撑不系园等奢侈的文化活动，而这一群人的“西湖梦寻”终伴着晚明时代的完结落下帷幕。不过，汪氏家族在经历短暂没落后又再度辉煌起来，汪汝谦在“放浪湖山，青帘白舫，选伎徵歌”时也注重“教其子成名”[⑦]，次子汪继昌中进士，为汪氏家族注入了新希望。顺治九年初冬，汪汝谦游嘉兴，饥寒之客云集，遂售田二十一亩分应之，黄媛介称其为“谁识君家唯仗侠，空囊犹解向人倾”。汪汝谦最终于顺治十二年七月溘然长逝，享年七十九岁，在弥留之际，仍想要和友人们品画谈诗，吹箫摘阮。就这样地，他这一生就在“游逸嬉玩”中结束了，却留下了“风雅任侠”“贾而好儒”“湖山主人”的名声，引来后人无比的羡慕和向往，如沈奕琛在《湖舫诗》中这样描述汪汝谦的生活：

“藉甚企芳声，才名夸第五。乍聆玉屑霏，忽变商羊舞。寓目多伤时，感怀应吊古。春深游屐稀，十日九听雨。

空濛山色暝，因意雨催诗。玄麈琴尊合，芳名草木知。多君眉独白，愧我鬓增丝。御喜忘年友，时征绝妙辞。

芳辰欣结伴，画舫欲凌空。徙席犹沾雨，凭高可御风。长堤铺草绿，曲槛亚花红。胜会知同调，新诗雪与工。

湖山不改色，偏感人多变。只合重交情，何须论贵贱。无心云出游，息影鸟知倦。难禁雨兼风，落花红一片。

风雨妒游屐，每逢如隔年。因知诗遣兴，偏向酒逃禅。柳绿不堪折，花红殊可怜。闲情一衲伴，日日泛湖烟。

当年多画桨，罗袜每凌波。堪叹采莲曲，翻闻奏凯歌。匡时宁献策，屏迹避操戈。欣此招携日，平湖共狎鹅。

雨晴山意好，幻出诗中画。桥畔水初波，树头瀑布挂，莫言兴欲归，况值花将谢。自昔动相思，千里还命驾。

到处萧条色，湖山更可怜。堤无拾翠伴，湖绝听歌船，亭榭伤今日，云烟类昔年。得君来领略，传诵有诗笺。[⑧]”

西湖为汪汝谦和其交游群体建构了诗意般的理想世界，尽管他们无法阻挡这个世界的破灭，但似汪汝谦之流穷极一生总在探寻江南的美梦，而这些探寻过程却无意中创造了绚丽夺目的江南文化，同时在江南文化圈中找到了

① （清）汪汝谦，《游草》，从睦汪氏遗书本，清代光绪十二年刻本。
② （清）朱彭，《西湖遗事诗》，清光绪中钱塘丁氏嘉惠堂刊本。
③ （清）陈文述，《兰因集》兰因集卷上，清光绪中钱塘丁氏嘉惠堂刊本。
④ （清）吴庆坻，《蕉廊脞录》卷四，民国求恕斋丛书本。
⑤ （清）陈文述，《兰因集》兰因集卷上《春日冯云将胡仲修许才甫张卿子曾波臣集不系园过西冷奠云友感去春社集净居因用前韵》，清光绪中钱塘丁氏嘉惠堂刊本。
⑥ （清）汪汝谦，《从睦汪氏遗书》，清光绪中钱塘丁氏嘉惠堂刊本。
⑦ （清）王晫，《今世说》今世说卷六，清道光光绪间南海伍氏刊本。
⑧ （清）沈奕琛，《湖舫诗：古歙汪汝谦然明》，清光绪中钱塘丁氏嘉惠堂刊本。

自己的定位和实现自身价值的方式。当这种生活变成一种常态，汪汝谦自然地把游历和交游当作生平的一项事业。

2 汪汝谦的交游群体

我们将某人置于群体中考量其生平活动或道路选择时，必须理解这是社会规则和他人需要共同作用的结果，而能否适应群体生活是基本要求。“只合重交情，何须论贵贱”是汪汝谦的交游原则，“湖山诗酒之会”是汪汝谦的交游场合，“风雅任侠”是汪汝谦追求的交游效果（表1）。而当江南社会普遍采纳汪汝谦的交游原则时，不同阶层的人民从完全道德的束缚中解放出来，社会联系越紧密，社交网络越广泛，由此江南社会逐渐趋为团结统一的整体。汪汝谦的交游及其交游群体则是社交礼节尊卑失序、地方意识凸显的重要例证。黄汝亨作《不系园约》，有“十二宜九忌”之约，其中“名流、高僧、知己、美人”为适宜交游的对象，“妙香、洞箫、琴、清歌、名茶、名酒、淆不逾五簋、却驺从”为适宜交游的活动，并有“杀生、杂宾、作势轩冕、苛礼、童仆林立、俳优作剧、鼓吹喧填、强借、久借”[①]九项不宜交游的活动。“十二宜九忌”之约为汪汝谦的交游明确了对象和活动的规则标准，不同于传统意义的尊卑秩序或宗族门阀，但也没有突破所有规则接纳一切人民，只是将交游限定在具有共同文化追求的知识精英身上。

知识精英不等同于代表社会精英的士人，在文教兴盛、好学成风的氛围下，江南不仅涌现出众多的文人学者、书画名家，即使被视为社会中下层的妇女、儿童，受教育程度也位于全国前列，其中尤以晚明时期涌现的才姝群体最为突出。钱谦益《列朝诗集小传》记载女诗人122位，其中至少有60位生活在江南八府，青楼女子马湘兰、马如玉、薛素素、周文等，皆以擅长诗文、色艺双绝闻名，因而“倾动一时士大夫”[②]。邀名妓才姝参加名士的“诗酒之会”在余怀《板桥杂记》中有所记载：“旧院与贡院遥对，仅隔一河，原为才子佳人而设。逢秋风桂子之年，四方应试者毕集，结驷连骑，选色征歌，转车子之喉，按阳河之舞，院本之笙歌合奏，洄舟一水皆香。或邀旬日之欢，或订百年之约。[③]”从上述内容可发现，才姝群体作为名士群体的补充而存在，她们不仅充当着诗赋酬唱、曲艺表演、书法绘画等各种文化活动的载体，更作为名士诉诸交流、寄托情感的对象。正如董其昌在《春星堂诗集》附录中写道：

“岁在己亥，余北归过汶上时，于文定公以东平李室名道坤者所作《山水花卉》册见示，托路大夫求余跋，北方画学自李夫人创发，亦书家之有李卫，奇矣，奇矣！山居荏苒几三十年，乃闻闺秀之能为画史者一再出，又皆著于武林之西湖，初为林天素，继为杨云友，彼如北宗卧轮偈，此如南宗慧能偈。然天素秀绝，吾见其止云友澹宕，特饶骨韵。假令嗣其才力，殆未可量，惜其身世犹绕树三匝，非然明二三君子为之，金汤何自磨砖作镜。[④]”

晚明时期，女性对文化发展的价值在一定程度上已获得江南社会的肯定，如名妓才姝凭借自身才华，利用社会资源，独立地在江南文化圈中开辟自己的一片天地。然而她们仍旧无法彻底摆脱传统道德的束缚，并须时刻提防专制势力的戕害，所以她们的“独立”体现在与占据社会优势地位的名士或富商的依附和交游上。例如，柳如是在《致汪然明》中写道：“泣蕙草之飘零，怜佳人之迟暮，自非绵丽之笔，恐不能与于此。然以云友之才，先生之侠，使我辈即极无文，亦不可不作。容俟一荒山烟雨中，直当以痛哭成之耳！[⑤]”对汪汝谦而言，与才姝群体的交游大都会经历“从共同的文化追求上升到情感精神的交流”的过程，其“任侠”风范和事迹是与才姝交游的精神纽带。据《春星堂诗集》《绮咏一卷续绮咏一卷》《不系园集》《随喜庵集》《闽游诗纪》和其他相关史料记载，与汪汝谦交游的名妓才姝如下：

汪汝谦交游的人物表　　表 1

姓名	字号籍贯	身份	交游事实	备　注
胡茂生	福州	画家	汪汝谦《春星堂诗集》有《观胡茂生较书诗画赋此寄怀》	填词拟李清照，写竹仿管仲姬
杨慧林	字云友 杭州	诗人 画家 书法家	汪汝谦《春星堂诗集》有《雪后过云友》《冬日同杨慧林登随喜庵》《深秋看云友病》《岁暮湖上送云友葬》《春日湖上观曾波臣为云友写真》《断桥秋柳图》	曾作《断桥小景图章韵先》《西湖雨景图》，与董其昌有情

① （清）汪汝谦，《不系园集》，清光绪中钱塘丁氏嘉惠堂刊本。
② （清）钱谦益，《列朝诗集小传》闰集《香奁》；其书所载女诗人尚有多人籍贯不详。
③ （清）余怀，《板桥杂记》上卷《雅游》，青岛出版社，2010 年 4 月。
④ （清）陈文述，《兰因集》兰因集卷上，清光绪中钱塘丁氏嘉惠堂刊本。
⑤ 张超主编，《历代名家书札尺牍赏析》，线装书局，2007 年 7 月，第 231 页。

续表

姓名	字号籍贯	身份	交游事实	备注
王微	字修微 扬州	诗人	汪汝谦《不系园集》有《寄题不系园》,《绮咏》有《行香子汪然明封翁索题王修微遗照》《王修微校书游匡庐、武当，探讨诸胜，秋归湖上，晚泛》，并为其建净室“未来室”	与钱谦益、柳如是交好，后人作《梅花生扩怀王修微》[①]
林雪	字天素 福州	画家	汪汝谦《绮咏》有《冬日湖上送林天素、周喜长夜听素琵琶》《夏日湖上别林天素》《冬夜送女画师林天素还闽》	传世作品有天启元年作《山水册》
张宛仙	云间	女史	汪汝谦作《海棠睡未足》，后卖田二十一亩接济受困的张宛仙	张宛仙之“杳隐”，后人作《梦香楼怀张宛仙》
黄媛介	字皆令 浙江嘉兴	诗人 画家 书法家	黄皆令作诗赞叹汪汝谦：谁识君家唯仗侠，空囊犹解向人倾	黄媛介为明末清初众多才女之翘楚，生前以诗赋书画名闻一时，与钱谦益交好
柳隐	字如是 江苏常熟	诗人 书法家、 词人	柳如是曾作《出关外别汪然明》《赠汪然明》《答汪然明》《致汪然明》	秦淮八艳之一，被后人誉为“艳过六朝，情深班蔡”，为钱谦益妻子
吴轩轩	杭州	歌唱家	汪汝谦《绮咏续一卷》有《湖上赠吴轩轩》《友人方贡父与吴姬轩轩姊妹比邻冬日遗山岚赋》	
王玉烟	杭州	画家	汪汝谦《绮咏》有《秋夜怀玉烟》	
沙宛在	字未央 金陵	书法家 琴师	与汪然明在西湖校书	作有《露书、珊瑚网》和《睫香集》
梁喻微	杭州	画家	汪汝谦《春星堂诗集》有《送梁喻微之广陵》	
段翩若	杭州	歌唱家	汪汝谦《绮咏》有《春日偕友人湖上送段翩若校书招携同出郭，怅望滞湖边》	

汪汝谦与才姝群体的交游总体上是围绕“湖山诗酒之会”等文化活动展开。是时，湖上诸姬，如王修微、杨云友能诗，林天素能画山水兼弹琵琶，王玉烟能走马，吴楚芬能歌。汪然明召集诸名士集画舫，诸姬必与坐，红袖乌丝，传为佳事。如李渔《清明日汪然明封翁招饮湖上，座皆名士，兼列红妆，舟名不系园》诗云：“芳辰何处集名流，园在西陵不系舟。无数好花罗席上，许多仙乐在枝头。酒浇红泪千年血，诗慰丹心万古愁。莫怪一时悲喜集，从来凭吊起遨游。[②]”又如徐天麟《竺盐官沈士罗湖舫大会》诗云：“日日西泠醉，不知天各涯。谁将求友意，欲聚云水家。澹澹山嘴翠，迟迟塔影斜。相视一清啸，同心静无哗。旌楫飚远空，龙戏翻成虾。微言尘飞屑，剧饮酒鞭车。豪与挟爽襟，便欲乘余霞。何当闻落子，时复震鸣笳。美人皓齿粲，树柯沈昏鸦。使我不能去，五丝留臂纱。[③]”诗赋、清歌、美酒、才姝和西湖山水构成了让汪汝谦此生沉迷的“美”,“红妆与翠微”则是他所悟的“虚舟理”。汪汝谦《绮咏》中的“选伎徵歌”也透射其“审美”。就“销魂每为听吴歌，况复名家艳绮罗，风吹遥闻花下过，游人应向六桥多。朝同画舫惬临春，拾翠芳堤草色新。日落烟波歌舞散，多情空有月随人。[④]”可察汪汝谦视“红妆”与“翠微”于等同地位，而其《湖上赠吴轩轩》则以“眉黛谁为扫，微风柳乍舒。破瓜怜碧玉，解佩惬明珠。青鸟类窥镜，云鬓谩学梳。开从棋局摆，花下引香车。[⑤]”歌颂“红妆”的美貌与才情。

由情至美，由美溯情，始终围绕着西湖的情怀和生命的主题。汪汝谦怀着“审美以情，品美于心”的美学思想审视女性价值，以回避现实、关注以自我为主导的思想，而对社会关怀、家国之感相对冷漠。而汪汝谦基于美学价值的才姝交游逐渐成为思想交流和情感共鸣的主旋律，达成“交游先交心”的默契，这才算得上是某种程度的平等对话，一定基础上的互相尊重。比如王修微以冬日讯眉公先生诗见寄。有云：“何时重问字相对，最高峰。”余初冬曾过先生山居赋此答之，云：“元亭会问字，促膝正初冬。篱落余秋色，山斋闻暮春。清谈尘下土，幽韵涧边松。忆雨流连处，甯怀若崮峰。[⑥]”此后，汪汝谦与才姝群体的交游愈渐体现在生活的每一个细节，他曾经于冬夜梦于修

① （清）陈文述，《西泠闺咏》西泠闺咏卷九，清光绪中钱塘丁氏嘉惠堂刊本。
② （清）李渔，《李渔全集》第二卷《笠翁诗集》，浙江古籍出版社，1991 年 08 月第 1 版，第 170 页。
③ （清）汪汝谦，《随喜庵集》，清光绪中钱塘丁氏嘉惠堂刊本。
④ （清）汪汝谦，《绮咏》一卷《春日湖上观曹氏女乐》，王晓珊著，闽剧史话，社会科学文献出版社，2015，第 8 页。
⑤ （清）汪汝谦，《绮咏》一卷，四库全书存目丛书编纂委员会，《四库全书存目丛书 集部》，第 192 册，齐鲁书社，1997 年 07 月第 1 版，第 810 页。
⑥ （清）汪汝谦，《绮咏》一卷续，四库全书存目丛书编纂委员会，《四库全书存目丛书 集部》，第 192 册，齐鲁书社，1997 年 07 月第 1 版，第 815 页。

微净居，并与张卿子评梦草净居近西泠："长夜拥寒衾，残灯不成寐。沉吟构所思，良朋恍相对。迴廊覆轻阴，小阁盘高翠。昔仍集芳园，今作散花地。松柏结香邻，梅月清诗思。明窗读梦草，幻若春风至。闲情非一端，绮语呈白媚。①"可看出汪汝谦与王修微关于山水情趣是有共鸣的，而基于共同志趣的交游王修微也回馈给汪汝谦同样的"交心"："微雾独领更幽姿，袖里琅歼今尚持。天下清晖言仲举，平原高会有当时。因思木影苍林直，为觉西泠绣羽迟。②"我们还发现，联系汪汝谦和才姝群体的"情感"在遭遇人生坎坷或时代动荡时会以热烈的方式呈现，如他对杨云友的去世，非常悲痛，可从其《秋深看云友病》《春日湖上观曾波臣为云友写真》《春日冯云将胡仲修许才甫张卿子曾波臣集不系园过西泠奠云友感》中感悟：

"堪怜憔悴到妆一，萧索悲秋转可哀。悉病每伤黄叶落，幽怀未许翠眉开。正躭茗惋花前约，忽罢萧声月下回。不禁凄凉恐韵切，夜深偏向枕边来。

长怀旧恨转愁新，瞥见魂销却认真。痛惜佳人伤绝代，丁宁彩笔漫传神。隋痴无复事前事，风韵犹存身后身。白此妆台终寂寞，输他堤柳又回春。

云踪何处水粼粼，宿昔同游今委尘。但说人琴徒有恨，况从邱陇益伤神。新诗好入花间集，佳话空传画裹身。酹酒西泠魂欲断，依然桥畔可怜春。③"

也许，汪汝谦的"痛"不单单是对友人离世的感伤，还有对红颜薄命、美丽易逝的怅然。汪汝谦始终以交往和游历作为人生的事业，并以情感作为生命的主题。而他对才姝的尊重既体现在与之的灵魂交流，还体现在他给予的关怀和帮助。明茅元仪在《石民四十集》中记载这样一段轶事：

"深秋访友人汪然明，复至湖上。然明曰：'夫事固有不可知者，子素枯寂，不为平康游而平康之侠有。子之才者，渴欲一见，子亦何自异？必拒之余，且骇且疑因诘其人。'然明疑余解，含不欲吐，固叩之曰：'即向所尝，欲谒子之陶楚生也。'余曰：'异哉客言岂不妥，余即枯寂乎，然素寡谐，谓天下之士大夫夫可称真知己者一而端，无如女子衔之于心且三，年矣举世不可得，故益躭枯寂，岂沾沾好者哉！'然明曰：'吾几疑子，惜今不可得矣，近为一商所挟人，不可踪迹。余与商素交故，或得一见，见当为子解。'余曰：'仆不佞然，安可负人，又安可负异之弱女子乎？子为我谋之，但顾得一见，以报其夙昔之雅，无他肠也。'然明曰：'吾友负气不可与，言又素不嗜，才当不知子。余受子之托，试为婴其锋事，不济无以为咎。'④"

这件事记载了汪汝谦在名士茅元仪和才姝王修微之间所做的"牵线"。汪汝谦的"红娘"角色还体现在促成钱谦益和柳如是、董其昌和杨云友等人的婚姻。"才子佳人"的结合成为当时的美谈，据《虞初新志》载："王修微、杨宛叔、柳如是皆以诗歌称，然实倚所归名流巨公，以取声闻，钿阁弱女子耳。⑤"尽管我们无法否认才姝和名士之间存在的依附关系，但汪汝谦所建立的交游群体确实在某种程度上超越了传统意义的尊卑等级和礼法秩序，至少从情感的角度建立了不同群体之间的联系。同样地，汪汝谦作为传统意义的"贱民"，和名士群体的交游也并未必全依据所有的礼法规矩，相反地，却在情感上建立了相互信任的基础。针对人际交往有悖古制和社交礼节尊卑失序的社会现象，明末清初的叶梦珠发了一通议论，他说："交际之礼，始乎情，成乎势，而滥觞于文。以情交者，礼出于情之所自然，即势异、文异而情不异；以势交者，礼出于势之所不得不然，故势异、文异。二者不同，要各有为。况虽有至情，不能违势，虽因时势，未必无情，未可以是概风俗之盛衰，人心之厚薄也。⑥"名士认同情感作为社交的初始点，间接意义上承认了汪汝谦的"美学"思想，尤以武林名士把"风流"当作一种生活重心，据《钱塘县志》载："冯梦祯，字开之，秀水人，万历丁丑会试第一人。移居杭城，筑快雪堂孤山上，读书其中。旷达真率，精人伦，鉴海内名士无不望门投贽，尝为祭酒，引拔后进，皆成名士，与钱塘滩唐荆川共传，晚制桂舟贮书，载歌妓，春花秋月遨游西湖，竟月不返，亦时与僧莲池邵重生、虞淳熙兄弟、朱大复诸公结放生社，人以为无愧白太傅、苏长公。⑦"冯梦祯以交往游历为中心的生活在汪汝谦等"后人"身上有比较充分的体现，他们关于美人、名士、西湖、诗酒等志趣是一脉相承的，例如，汪汝谦在《重修水仙王庙记》中言明自己的修缮三贤祠动机：

"予曰：'孤山为和靖先生放鹤处，千古当为孤山主人。则何必借白、苏两先生之环堵而居之？'然明曰：'予

① （清）汪汝谦，《绮咏》一卷续，四库全书存目丛书编纂委员会，《四库全书存目丛书 集部》，第192册，齐鲁书社，1997年07月第1版，第819页。
② 刘燕远著，《柳如是诗词评注》，北京古籍出版社，2000年01月第1版，第156页。
③ （清）陈文述，《兰因集》兰因集卷上，清光绪中钱塘丁氏嘉惠堂刊本。
④ （明）茅元仪，《石民四十集》卷三十传，明崇祯刻本。
⑤ （清）张潮，《虞初新志》卷十五，清康熙三十九年刻本。
⑥ 叶梦珠，《阅世篇》卷八《交际》，上海：成文出版社有限公司，1983年03月第1版，第557页。
⑦ （明）聂心汤，《钱塘县志》钱塘县志纪献，清光绪中钱塘丁氏嘉惠堂刊本。

未信三之可为六也者，君将疑三之为三也乎？’予曰：‘白、苏之不必三，不独和靖之有孤山也。孤山之胜以湖，湖之胜以白，复以苏。无白，则无湖。无苏，则白之后亦无湖。湖不可无白，白复不可无苏。白、苏之于孤山，和靖不可无白、苏；和靖之于白、苏，白、苏似不必有和靖耳。然则何必三，亦何必不二也哉？’然明曰：‘噫！唯唯。’[①]”

西湖历来是中国文人建构文化的载体，也是招徕天下名士的噱头。汪汝谦修缮三贤祠，筑“云岫堂”“翠烟阁”和“未来室”，造“不系园”和“随喜庵”，在晚年成立“孤山五老会”，实则是以“投其所好”的名义向名士群体传递“交游”信息，最终其“贾而好儒”的名声在社交及文化活动中迅速建立。例如，祁彪佳在《寄汪然明书》中写道：“每念盈盈衣带，而睽违晤言，动经隔岁，岁山水妒人，亦病冗相寻，自为间阔耳。年来小筑灵如拳之山，略效菟裘，而洗石浚泉，栽荷种柳，便觉仆仆多事。然虽小致，亦不可使山灵梦梦，且辱游览诸贤辄有篇什。[②]”这些古典园林，其园主大都学问渊博、思想深奥，他们造园时不仅精心设计、别出心裁，还往往与当时社会上的文化名人、著名画家等一起探讨和规划。汪汝谦的《不系园集》和《随喜庵集》有众多名士题咏的诗赋，如陈继儒作《戊辰暮春过不系园》诗云：“西湖谁与开生面？不系园收不断云。翠壁丹崖天宿构，黄鹂绿树水平分。卷帘花扑双鱼洗，顾曲香飘百蝶裙。金谷玉津成往迹，虚舟一叶总输君。[③]”，又如张遂辰《题随喜》诗云：“昔云西湖水，日费十万钱。彼亦徒为尔，山水何与焉。吾友汪然明，风流踰少年。三年烟波上，一再构楼船。琴樽对风日，因作小流连。为园不处陆，名庵讵棲禅。长日杨柳外，有时荷叶边。信彼微风度，何曾锦缆牵。看君澹世味，事事靡不然。甯能图画裹，争此落花烟。[④]”恣情山水，写意人生，得一时则享一时，这些名士举手投足间都彰显出隐逸心态和孤高品格。他们坚信只要志在于隐，无须异于常人，匿迹深山，即便有所牵挂，也可以在心中构建出一片精神绿洲，至于山水林泉、鸟语花香之类的隐居乐趣，则完全可以在游山玩水、治园修亭中求得。而汪汝谦正是在游山玩水的过程中逐渐结交了许多江南名士，如表2所见：

汪汝谦结交的江南名士列表[⑤]　表2

姓名	字号籍贯	身份	交游事实	备注
周亮工	字元亮 江西金溪	文学家 篆刻家 收藏家	汪汝谦《不系园集》有《周栎园先生过访留饮小斋》，周亮工作《与汪然明》	周亮工曾作《赖古堂集》，也作《尺牍新钞》
苏昆生	河南固始	歌唱家	汪汝谦《绮咏》有《次儿去粤西三年不通音信，入夏焦劳成疾，伏枕浃旬，得诗八章，自嘲并示儿辈》，后在顺治九年投奔汪汝谦为曲师	曾为名妓李香君拍《玉茗堂四梦》等曲
董其昌	字玄宰 号思白 松江华亭	书画家	董其昌作《汪然明绮集引》，由董其昌命名为“随喜庵”“不系园”	万历十七年进士，授翰林院编修，官至南京礼部尚书，卒后谥“文敏”
李渔	字谪凡 号笠翁 浙江金华	文学家 戏剧家 美学家	汪汝谦《绮咏续一卷》有《笠翁一家言诗词集：元宵无月次汪然明封翁韵》《春星堂诗集：咏物四绝》，李渔有唱和“梦香楼韵事”	著有《笠翁十种曲》(含《风筝误》)《无声戏》《十二楼》《闲情偶寄》《笠翁一家言》
李明睿	字太虚 江西南昌	诗人 史学家 社会活动家	汪汝谦与其订孤山五老会，渐次修复西湖韵事	万历十三年(1585年)出生，天启年间进士，李邦华、吕大器推荐，任“左中允”
冯延年	字云将 浙江嘉兴	社会活动家	汪汝谦与其订孤山五老会，渐次修复西湖韵事，《绮咏》有《清明日，汪然明封翁招饮湖上，座皆名士，兼列红妆，舟名不系园》	冯梦祯之子，冯小青之夫
张遂辰	字相期 号卿子 浙江杭州	诗人 名医	汪汝谦《绮咏》有《冬日梦于修微净居与张卿子评梦草，净居近西泠》《灯夕雨中饮吴今生湖馆听歌作》	著有《张卿子伤寒论》《湖上白下集》
陈继儒	字仲醇 号眉公 上海松江	文学家 书画家	陈继儒为汪汝谦作《纪梦歌》《题随喜庵》《重建放鹤亭记》，汪汝谦作《陈眉公暮春过湖上连宴会于不系园随喜庵》	著有《陈眉公全集》《小窗幽记》《吴葛将军墓碑》《妮古录》，与董其昌交好

① (清) 汪汝谦，《西湖韵事》，清光绪中钱塘丁氏嘉惠堂刊本。
② 吴曾祺，《历代名人小简》岳麓书社，1984年07月第1版，第201页。
③ (清) 汪汝谦，《不系园集》，清光绪中钱塘丁氏嘉惠堂刊本。
④ (清) 汪汝谦，《随喜庵集》，清光绪中钱塘丁氏嘉惠堂刊本。
⑤ 据《春星堂诗集》《绮咏一卷续绮咏一卷》《不系园集》《随喜庵集》《闽游诗纪》和其他相关史料记载，总结出下列名士，部分名士如周元仲、顾林调、吴廷简、陈鼗卜等人尚未列出。

续表

姓名	字号籍贯	身份	交游事实	备注
钱谦益	字受之 号牧斋 江苏常熟	文学家 诗人 贰臣	钱谦益为汪汝谦作《新安汪然明合葬墓志铭》《为汪然明题宛仙女史午睡图》	清初诗坛的盟主之一，著有《牧斋初学集》《有学集》，为柳如是之夫
方士琊	江南歙县	诗人	汪汝谦《不系园集》有方士琊《雨宿随喜庵，次主人庵成诗韵春星堂诗集》《不系园燕集》	天都会成员，与潘之恒为友
黄汝亨	字贞父 钱塘人	书法家 小品文作家	黄汝亨曾作《咏不系园》《游黄山记》《戊辰暮春过不系园》《绮咏小序》，汪汝谦为其作《哭黄贞父先生七首》	明万历二十六年进士，官至江西布政司参议，著有《寓林集》《天目记游》
胡潜	字仲修 江南歙县	官吏	汪汝谦《绮咏》有《春日冯云将胡仲修许才甫张卿子曾波臣集不系园过西泠奠云友感去春社集净居因用前韵》	侨居武林，游迹甚广，北抵燕，南游闽，西入秦、蜀。善诙谐，年八十余，年八十然，犹多微词，口吃吃笑不休，郦余序其诗而未果也①
徐天麟	字亭如 江南华亭	进士	汪汝谦《随喜庵集》有《假不系园赋赠》《次韵》《竺盐官沈士罗湖舫大会》	崇祯四年（1631年）进士
崔世召	字征仲 福建宁德	官吏	汪汝谦《随喜庵集》有崔世召作《题不系园》《分得燕韵》	万历三十七年（1609年）举人，官至连州太守
陆彦章	字伯达 上海松江	书法家	汪汝谦《随喜庵集》有《假载楼船二舫携家登泛湖上纪兴》	陆树声子。万历十七年（1589年）进士，仕至光禄寺卿。工诗文，书法妍雅，小楷尤工
范允临	字长倩 号长白 上海松江	官吏	汪汝谦《随喜庵集》有《范长白先生题曰云龛今留佳名于此赋以志之》	万历进士，官至福建布政司参议。晚居苏州天平山
吴今生	—	官员	汪汝谦《绮咏》有《吴今生召集吴山，观铁梗海棠：时正风雨，笼以纱幔》《灯夕雨中饮吴今生湖馆听歌》《春日湖上祝赠吴今生》	与汪汝谦、张遂辰为诗酒友
郑元勋	字超宗 号惠东 扬州	画家	汪汝谦《游草》有《郑超宗孝廉构影园，间居侍母，秋日过访赋赠》	崇祯十六年（1643年）进士，有《临石田山水图》传世
施闰章	字尚白 号愚山 安徽宣城	诗人	为汪汝谦作《题汪然明先辈湖船》	著有《学馀堂文集》《试院冰渊》等，苏昆生在其寓所唱曲
祁彪佳	字虎子 号世培 浙江绍兴	政治家 戏曲理论家 藏书家	《祁忠敏公日记》有《役南琐记》《归南快录》《居林适笔》，并作《祁彪佳寄汪然明书》	有戏曲批评著作《远山堂曲品剧品》存世
吴苑	字鹿长 江南歙县	诗人	汪汝谦《绮咏》有《吴鹿长召集秦淮春泛》《为吴鹿长哭沙姬宛在四韵》	与李流芳为友
潘景升	字之恒 江南歙县	戏曲评论家	汪汝谦作《挽潘景升先生》二首	与汪道昆为友，著有《亘史》《鸾啸小品》等剧评
薛冈	字千仞	诗人	汪汝谦《绮咏》有《薛千仞赋四奇诗以寿米友石大参遂步其韵》	为明末东林党领袖之一
茅元仪	字止生 号石民 浙江吴兴	文学家 军事家	汪汝谦作《为茅止生先生悼亡》	著《武备志》《督师纪略》《复辽砭语》《石民四十集》《石民未出集》
吴伟业	字骏公 号梅村 江苏太仓	文学家 诗人	汪汝谦《遗稿》有《答吴梅村先生索墨》	与钱谦益、龚鼎孳并称“江左三大家”，又为娄东诗派开创者

明代中后期，江南士人好游之风极盛，文人雅士几无不好登山临水，观览胜迹者。汪汝谦的好友陈继儒自称：“闭门阅佛书，开门接佳客，出门寻山水，此人生三乐”，并醉心于“上高山，入深林，穷回溪，幽泉怪石，无远不到。到则拂草而坐，倾壶而醉；醉则更相枕藉以卧。意亦甚适，梦亦同趣”[②]的生活。而祁彪佳就曾在日记中多次记载与汪汝谦交游的事实，如“初九日，邀王百朋、张卿子来观予吴中所携书籍，王峨云来订，汪然明诸兄之酌予。[③]” 又如“二十日，舟次作书，与汪然明暇则阅圣学宗传，抵偏门齐企之。柳集玄王升之相继来。[④]”

① （清）钱谦益撰，明代传记丛刊·学林类 9（011）《列朝诗集小传》，明文书局，1991 年 01 月第 1 版，第 505 页。
② （明）陈继儒，《小窗幽记》卷四《灵》. 上海：上海古籍出版社，1999-3-1。
③ （明）祁彪佳，《祁忠敏公日记》归南快录，民国二十六年铅印本。
④ （明）祁彪佳，《祁忠敏公日记》山居拙录，民国二十六年铅印本。

他们不离轩裳而共履间旷之欲，不出城市而共获得山林之性，如黄汝亨在《游黄山记》中谈到自己对这种生活的感悟：

“顷之，抵汪然明精舍竹阁中。次日，景升至，相与纵谈黄山之胜。先是客有云：‘黄山宜秋，此日太侵暑，闻山君方负嵎，又虫隐树间客过辄下垂啮臂，猕猿复群然来狎，人不可近。’余笑答曰：‘吾愿以身殉山’。因讯景升。景升奋髯起日：‘黄山泓峥萧瑟，政宜暑。诸虫毒绝未有，有之，请当能熊。’[①]”

他们不仅作为“隐士”在书籍和山林中找寻返璞归真的人性，还作为“玩赏家”在交游和聚会中以吟诗作画、选伎徵歌、编排曲艺等文化活动丰富内心，建构人生。例如，汪汝谦在《与周靖公》中写道：“人多以湖游，怯见月诮，虎林人，其实不然。三十年前虎林王谢子弟多好夜游看花，选妓徵歌，集于六桥。一树桃花一角灯，风来生动，如烛龙欲飞，较秦淮五日灯船，尤为旷丽。沧桑变后，且变为饮马之池，昼游者尚多畏缩，欲不早归不得矣。[②]”还有他为编排曲艺、戏剧等文化活动，多番寻找“善歌者”，后在歙县老家意外邂逅苏昆生，认为是“天作之合”，并作《次儿去粤西三年不通音信，入夏焦劳成疾，伏枕浃旬，得诗八章，自嘲并示儿辈》诗云：“常怀时事怒凄凉，愁绪应消翰墨场。每听歌声耽绝调，犹怀笔砚在精良。清供适兴能增韵，良友陶情孰肯忘？今日欣逢天作合，因缘前定莫思量。[③]”汪汝谦进行的文化活动基本上以高雅艺术为主，但以群体为中心的文化创造凸显了江南社会生活发展的一大特点，即雅文化的俗化和俗文化的雅化。而名士的“隐逸”是介于入世和出世之间的一种特殊心态，他们在超越、回避现实的同时也以这种享受生活的方式与时俱进。不仅是为了丰富和安定自己的内心，促进各群体之间文化交融与发展。还在器物、戏曲、园林、居室中“凝视自身，让黑暗发出回声”，促进整个社会真正的自由和解放。吴仁安认为，在封建专制主义残酷的文化高压政策下，面对凶险的宦海风波或政治风险，江南文人士大夫在朝不保夕的残酷现实面前选择了远避是非、明哲保身的生活道路，他们在亦出（世）亦入（世）、似出（世）亦入（世）的夹缝中谋求自身的生存与发展，于是江南吴地的“隐逸”风气日盛[④]。我们或许不能排除其中存在着远离是非、贪图享受的名士，但也不能否认他们在不能改变社会的背景下努力让自己不被社会改变，积极寻求人格完善的过程。正如我们在肯定巨商汪汝谦在不系之舟、西湖梦寻中寻求平静内心的生活方式时，也须明白他的“回避并超越现实”某种程度上是“反思并顺从现实”，真正的自由和解放是以社会生存与发展为基础的。

名士建构了由精神主导的理想世界，他们眼见众生沉沦不可救医，而若吾身能独善，转行终无所玷，易箦之时，心平气和，欢舒无既，则亦丝毫无所嫌矣，故惟淡泊宁静，以义命自安，孤行独往[⑤]。然曲高和寡，他们通过交游的途径建立了以文化和精神相互联结的群体，最终仍难以回避远离社会的孤独感和失落感。或许他们在扩大社交网络、营造社交群体时不单是为了寻找知音和排遣孤独，还是为了响应整个社会的价值取向。为名为利者及其思想构成了晚明江南社会前进的动力和方向，而汪汝谦经由交游也谋取了大量的社会资本，对其个人和宗族的生存发展产生了有利的效果。其家乡人汪道昆曾说：“新都三贾一儒，要之文献国也夫贾为厚利，儒为名高，夫人毕事儒不效，则弛儒而张贾，既则身享其利矣，则为子孙计，宁弛贾而张儒。一张一弛，迭相为用，不万钟则千驷，犹之转毂相巡。[⑥]”这种“贾儒迭相为用”的发家史在汪汝谦家族中有较为充分的体现，而其“虽游于贾，然峨冠长剑，褒然儒服，所至挟诗囊，从宾客登临啸咏，翛然若忘世虑[⑦]”的“行者以商，处者以学”的处世原则和生活态度实则是依据社会现实做出的“另类”选择。既然无法以考取功名的方式跻身仕途，就让自己的生活和思想趋向于名士的价值取向。汪汝谦与名士的交游和才姝与名士的交游都存在一定的依附性，如他为名士提供游逸嬉玩的场所和互相交流的空间。《人间世》指出：“汪然明亦明末清初往来于杭徽两郡间而终则卜居于杜之名士，其事迹已不详，维杭郡诗辑称其于西湖，特制画舫，又葺湖心亭，四方名流至，选妓徵歌，或缓急相投，立为排解，即诗题中‘不系’也。‘云友’指董其昌所亟称之女画史杨云友。云将暮年，曾结五老会，其中二人即汪然明与张卿子，余二人曰李太虚，顾林调。张卿子各遂辰，杭人；李太虚南昌人，为吴梅村座师，国变不死，亦蒙叟一流人物，详见杨思寿（蓬海）词余丛话所引榜曝日记。[⑧]”他的社交网

---

① （明）黄汝亨，《寓林集》寓林集卷十《游黄山记》，明天启四年刻本。
② （清）周亮工，《尺牍新钞》，尺牍新钞卷之四《与周靖公》，清道光咸丰间番禺潘氏刊光绪中补刊本。
③ 中国艺术研究院戏曲研究所《戏曲研究》编辑部，《戏曲研究 第二十二辑》，文化艺术出版社，1987 年 06 月第 1 版，第 100 页。
④ 吴仁安著，《明清时期中央朝廷与地方关系中的江南著姓望族》《江南大学学报》，人文社会科学版，2013 年第 4 期。
⑤ 吴宓著，吴学昭编，《吴宓日记》第 2 册 . 上海：上海三联书店，第 66 页。
⑥ （明）汪道昆，《太函集》卷五十二《海阳处士金仲翁配戴氏合葬墓志铭》，明万历刻本。
⑦ 朱万曙著，《徽商与明清文学》，人民文学出版社，2014 年 3 月，第 15 页。
⑧ 林语堂主编，《人间世》，第 42 期，1934 年 4 月。

络也因名士的师长、同门、同乡和宗族关系而扩大，以西湖名流为中心拓展到整个江南地区，其中与吴梅村、钱谦益[①]等著名士人的交游极大地提高了自己的社会地位。在他看来，商贾之业完全能取得如儒士所期望的治国平天下这一儒家最高的事功追求，关键在于能否在占据大量社会财富的同时占有社会的优势地位，进一步让社会利益的天平倾向于商贾群体，从而使社会权力支配结构的演变展示出广阔前景[②]。徐国利曾明确指出这种“崇儒尊士”的本质：明清徽州社会对传统儒观和士商观的转换和重建，是在儒家伦理框架中完成的；徽州诸多新儒贾观和士商观的核心价值取向仍是儒家的，它们只是丰富和发展了传统，而没有背离和抛弃传统[③]。汪汝谦“崇儒尊士”或在致富后全力扶持子弟或族人业儒求取功名，或利用金钱打通驰往仕宦的道路，或让自己的生活趋向于名士群体。归根结底，汪汝谦的交游可视作为一种社会投资，聚焦心理层面的支持，主要体现在对才姝群体的关怀，如“柳如是游西湖，闻虞山钱牧斋宗伯舟泊六桥，遂易巾服如诸生，改名杨隐，投刺惊才绝，艳议论风生，虞山见异之，得汪然明言，其详虞山百计纳为小星称河东夫人[④]”。汪汝谦关注社会现实、努力承担社会责任的“投资”最终获得了“贾而好儒”和“黄衫豪客”的“回报”，可从钱谦益为汪汝谦所作《墓志铭》中看出。

综观全文，汪汝谦一生以交游作为生活重心，其人生是在与名士、才姝等不同群体的交游中构成的，而其交游总体而言是成功的，可从顾景星“西湖汪然明，隐德君子，子徵五俊才也，他日宜与友”和“口口才子，他日当与为友[⑤]”的评价中看出。将他置入名士和才姝两个不同群体中考量，我们能够概括他成功的主要原因：一是努力让自身价值符合群体中大多数人的需求，二是努力让自身价值趋同于强者。然汪汝谦个人于宗族、名士、才姝、社会、时代等不同群体的价值究竟是什么？我们或许能从他所作《幽窗纪梦》中发现端倪：

“壬戌入春，风雨连夕，时余斋居岑寂，恍惚若有所怀。顾见庭下寒梅初放，窗前幽兰乍舒，依依来滞人，其夜遂梦游名都甲第，巷陌逶迤，门径窈窕，阍者引余拾级而登，登其堂，曲槛层楹，焕若蕊宫绀殿，转入壁厢忽闻曳履声，余止步之侧，一人整襟而出，形神清越，风气高迈，俨沼魄于冰壶，泠泠欲仙，意其为主人翁，向前谒，恐致按剑，正在犹豫，主人乃肃客相迎，欢若平生。意谓主人爱客，不耻未同，抑或有所知余。款涯移时，延入别院，由曲廊而达竹轩，轩有题额，睨视乃草篆，曰听雪。书谢蜿蜒，大似名笔。轩下八窗玲珑，竹石掩映，琴尊书画，一一具鉴赏家。俄忽见一女郎，从曲房中珊珊徐步花下，缟衣翠带，藐若姑射之姿，旁立侍儿，亦自妩媚，渐冉冉座前。余逡巡避席，主人曰：此吾掌上珠也，使出见君，当托择一快婿，何引嫌哉！礼毕语坐，主人忽应外宾，女郎遂翳蔓帘箔，半映花枝，半遮团扇，余迫而视之，画扇仿宋元花卉，侍儿日：此林天素笔也。某爱之不忍释手。余因答家藏种种。侍儿日：他日得使一观否？余唯唯，且趋且喜，偶怀纱蜕口，出示侍儿，此天素归时画柳枝赠别者，即以此为贽可乎？女郎背而笑曰：天素别君，君何轻于一掷，如不妨涂鸦，当为君题之。余喜惧交集，莫知所从。女郎倚几，低鬟昵昵，濡翰竟题一绝句诗曰：娟嫡春风杨柳枝，谁人写入画中诗。长条好待君费折，莫谓相逢是别时。余方拟酬和，而主人就座，辄命张筵，纷纷扰扰，忽不知女郎所向，但听雨声如注，残灯晦明在壁耳。辗转萦怀，恍若有失因检天素画，宛然犹在梦中，追步前韵：一幅轻绡画柳枝，无端翻作喜中诗。雨窗漫记销魂处，仿佛章台唱和诗[⑥]”。

这是汪汝谦于天启二年的一个夜晚，“风雨连夕”，他孤独地坐在书斋里，恍惚中进入了上述内容所描绘的梦境。这场梦境简直就是汪汝谦生平活动的写照，一生总在寻访、流连和追忆“翠微与红妆”。对汪汝谦而言，美丽的山水、高雅的文化和真挚的情感构建了理想世界，他逆反世人“重金玉而贱木石”的哲学，他在器物、戏曲、园林、居室中走的每一步，所坚持的每一份成长，都是为了更接近心中的“梦境”：那种完全用感官体悟的自由与解放。当我们回忆汪汝谦和他的友人们在那个年代的西湖上的“任性”，面对孤独人生，最终发现自己的愿望实现，难道这不是幸福吗？而他们的回忆录又一次呈现了一种属于南方气韵的东西，这种水墨般的潮湿、缓慢、风雅与内里的坚韧，与地理、气候相关，更与生活态度和价值取向相关，即艺术对人生的滋养和救赎，给予我们一个时代的想像和梦境。按照群体或社会的规则，我们或许不该有这样的幻想，但每个人一生都会有“凝视自身”的义务和“坚持自我”的权利。

① 钱谦益作为东林党领袖，为其作《新安汪然明合葬墓志铭》和《为汪然明题宛仙女史午睡图》等。

② 赵轶峰，《明代的变迁》之《有关明代社会分层体系简单化及向“绅商”支配结构演变的论述》，上海：上海三联书店，2008 年，第 325-327、334 页。

③ 徐国利，《明清徽州新儒贾观内涵与核心价值取向的再探讨》，《安徽大学学报》，哲学社会科学版，2013 年第 5 期。

④ 胡文楷，《柳如是年谱》，《东方杂志》第四十三卷第三号。

⑤（清）顾景星，《白茅堂集》卷三十八，清康熙刻本。

⑥ 朱万曙著，《徽商与明清文学》，人民文学出版社，2014 年 3 月，第 322 页。

参考文献

[1] 陈虎．陈继儒与汪汝谦交游考论［J］．宜春学院学报，2012（5）．
[2] 陈虎．“交情约略看花前”——从钱谦益作伪看其与汪汝谦之关系［J］．绥化学院学报，2012（8）．
[3] 傅湘龙．徽商汪然明与晚明才姝群体的涌现［J］．徽学，2012（3）．
[4] 吴建国，傅湘龙．汪然明与晚明才姝交游考论［J］．中国文学研究，2010（10）．
[5] 吴仁安．明清时期中央朝廷与地方关系中的江南著姓望族［J］．江南大学学报：人文社会科学版，2013（4）：36-39．
[6] 徐国利．明清徽州新儒贾观内涵与核心价值取向的再探讨［J］．安徽大学学报：哲学社会科学版，2013（5）：114-120．
[7] 朱万曙．微商与明清文学［M］．人民文学出版社，2014．
[8] 陈江．明代中后期的江南社会与社会生活［M］．上海：上海社会科学院出版社，2006．
[9] 陈寅恪．柳如是别传［M］．生活·读书·新知三联书店，2001．
[10] 陈虎．汪汝谦研究［D］．安徽大学硕士研究生论文，2012．
[11]（明）黄汝亨．寓林集卷十．游黄山记［M］．明天启四年刻本．
[12]（清）汪汝谦．不系园集［M］．清光绪中钱塘丁氏嘉惠堂刊本．
[13] 赵轶峰．明代的变迁：有关明代社会分层体系简单化及向“绅商”支配结构演变的论述［M］．上海：上海三联书店，2008．
[14]（清）汪汝谦．随喜庵集［M］．清光绪中钱塘丁氏嘉惠堂刊本．
[15]（清）周亮工．尺牍新钞：与周靖公［M］．清道光咸丰间番禺潘氏刊光绪中补刊本．
[16]（明）汪尚琳．安徽新安汪氏重修八公谱：新安汪氏八公谱叙［M］．明嘉靖十四年刊本．
[17]（明）祁彪佳．祁忠敏公日记归南快录［M］．民国二十六年铅印本．
[18]（清）钱谦益撰．明代传记丛刊·学林类9（011）．列朝诗集小传［M］．明文书局，1991．
[19]（清）汪汝谦．西湖韵事［M］．清光绪中钱塘丁氏嘉惠堂刊本．
[20]（清）汪汝谦．绮咏．一卷续［M］．四库全书存目丛书编纂委员会．四库全书存目丛书集部．齐鲁书社，1997．
[21]（明）董其昌．容台集［M］．文集卷四，明崇祯三年董庭刻本．
[22]（清）厉鹗．湖船录［M］．清光绪中钱塘丁氏嘉惠堂刊本．
[23]（明）聂心汤．钱塘县志［M］．钱塘县志纪献，清光绪中钱塘丁氏嘉惠堂刊本．
[24]（明）茅元仪．石民四十集卷三十传［M］．明崇祯刻本．
[25]（清）沈奕琛．湖舫诗：古歙汪汝谦然明［M］．清光绪中钱塘丁氏嘉惠堂刊本．
[26]（清）李渔．李渔全集第二卷．笠翁诗集［M］．浙江古籍出版社，1991．

作者简介

曹瑞冬，1993年生，男，江苏省南通人，苏州大学博士研究生。研究方向为区域社会史。电子邮箱：nvshinianhui2020@163.com。

城市更新

基于“城市双修”的城市历史街区公共空间景观微更新

——以武汉坤厚里街区为例①

The Landscape Microrenewal of Public Space in Urban Historical Districts Based on the "Urban Double Repair": Taking Wuhan Kunhouli Sub-block as an example

游洁琦　徐　桀　李志信

摘　要：“城市双修”是我国城市从量变发展向质变发展转变，提出的城市转型新理念，对城市空间存量发展有重要指导意义。而历史街区作为许多城市具有的遗产资源，是城市文脉和场所精神的重要载体，其更新利用对城市发展有重要影响。本文从“城市双修”的视角出发，从人文资源修补和生态资源修复两个方面提出历史街区及其景观空间更新的“织补”策略。并结合武汉老租界区坤厚里街区公共景观空间更新的实际案例，尝试探索城市发展新常态下历史街区文化保留、景观再生等问题的解决路径，以期为城市历史街区更新中文化传承与公共景观空间品质提升提供借鉴。

关键词：城市有机更新；历史街区；城市双修；微更新；景观再生

Abstract: "Urban Double Repairation" is a new concept of urban transformation proposed by Chinese cities from quantitative change to qualitative change. It has important guiding significance for the development of urban space stock. As the heritage resources of many cities, historical districts are important carriers of urban context and place spirit, its renewal and utilization has an important impact on urban development. From the perspective of "urban double repairation", this article proposes a "dual repairation" strategy for the renewal of historical blocks and their landscape spaces under the "dual repairation" concept from the two aspects of human resource repair and ecological resource repair. Combined with the actual case of public landscape space renewal in KunHouli neighborhood of Wuhan's old concession district, this paper attempts to explore the solutions to issues such as cultural preservation and landscape regeneration of historical districts under the new normal of urban development, with a view to renewing cultural heritage and public landscapes in urban historic districts The improvement of space quality provides reference.

Keyword: Urban Organic Renewal; Historical Block; Urban Double Repair; Micro-Renewal; Landscape Regeneration

1　“城市双修”概念内涵

我国城镇化进程正处于大幅上升阶段，其快速发展带来的城市大拆大建，使得城市缺失特色文化、生态环境遭到破坏等问题日益突出。在这样的背景下，中央城市工作会议针对旧城更新、集约用地首次提出城市修补、生态修复的“城市双修”政策，旨在全面恢复

① **基金项目：**本文受国家自然科学基金（编号：51678261，51978296）；亚热带建筑科学国家重点实验课题（编号 2017ZB08）；武汉市城乡建设委员会科技计划项目（编号：201726）资助。

城市自然生态系统，并对城市功能体系等进行有机更新以提升城市空间品质，更好地延续城市文脉展示城市风貌[1]。

“城市双修”即“城市修补”“生态修复”两大内容[2]。“城市修补”不仅包括针对城市空间功能不完善、基础设施滞后的有机更新，还包括对城市人文资源的修补，如城市形态肌理、建筑风貌、道路系统、公共景观等。而“生态修复”是针对城市建设中被破坏的自然资源，绿地景观、植被和遗留的工业废弃地等修复调节。达到解决城市生态问题，构建良好生态环境秩序，提升城市环境质量，重塑人与自然、人与人之间和谐关系的目的。

2 “城市双修”对历史街区更新的引导意义

在我国城市发展模式和治理方式转型的背景下，不合理的历史街区治理将对城市的文化价值造成不可逆转的损失，因此对历史街区策略性的有机修复与更新是城市集约化发展的重要机遇与挑战[3]。“城市双修”以修复、修补为核心措施。不对环境造成过大改变，而是以“建筑”“景观绿地”等为针线，对环境局部进行策略性“织补”以连接城市历史与现代发展，保护和延续老旧街区的历史风貌，让城市发展瞻前且顾后[4]。

2.1 传承历史文脉，打造精神家园

城市的文化特色因自身的漫长发展积累而产生，这些特色是城市发展历史的积淀。城市街区是人们生存与活动的场所和环境，蕴含丰富的文化内涵和精神财富。在我国城市经济发展迅速、生活品质更新换代的今天，人们逐渐从单纯的物质需求向追求更高的生活品质与精神需求转变，由于历史街区局促的布局、破旧的环境、落后的设施逐渐与现代城市生活、自然生态相割裂。

早期历史街区未能引起足够重视，在城市的更新改造过程中被推倒重建，抹去了城市发展中鲜明的历史文脉与地域特征，使得我国城市发展趋向“千城一面”[8]。对于城市历史街区来说，需要植入“城市双修”的新型理念，即在人文资源修补的过程中运用空间修补的方法，在保留场地文脉的基础上，修缮建筑形貌，把握街区建筑肌理与街巷尺度，改善历史街区建筑功能、基础设施和提升公共服务水平等，有针对性、因地制宜地塑造宜居的城市历史街区风貌。

2.2 改善生态环境，实现和谐共生

历史街区具有以低多层为主的建筑，其密度大、土地利用率低；公共空间与绿地空间匮乏；用地结构失衡等问题，使得城市历史街区无法满足现代居住生活的需求。历史街区诸多问题的原因主要是“人与环境之间的问题”，且越随着时间推移，人口增加，面临的问题就会越严峻[5]。

通过“城市双修”修复生态资源，局部织补，场地内不合理利用的土地退还为公共景观空间，降低建筑密度，以解决历史街区环境品质下降，生态景观资源匮乏等问题，实现人与自然和谐共生，恢复历史街区的功能与活力。

2.3 完善街区功能，激发空间活力

城市历史街区以传统的居住功能为主，临街面普遍在一楼形成商铺，商住一体。场地以原住民为主，以中老年人居多，以居住为主的场地功能无法对外产生吸引力，使得空间活力不足。通过“城市双修”对历史完善街区的功能，结合现代生活需求，植入新的功能形态，使得历史街区的空间环境更适宜现代生活人群，吸引外部人流，激发空间活力。

3 “城市双修”在城市空间更新改造案例研究

3.1 项目背景

随着我国城市化的迅速发展，建筑建造加速，建筑密度加大，形成高楼林立的千城一面。城市用地也趋近饱和，在这样的发展趋势下，老旧且被非宜居条件限制的历史街区往往成为首先被铲除的对象。

武汉坤厚里因其独特的历史街区风貌、地理位置与建筑肌理，被作为武汉的历史记忆碎片幸运地遗留下来。坤厚里始建于1902年，位于武汉市江岸区中山路与一元路之间，南临胜利街，东至长江，原属于汉口德国租界区。坤厚里为武汉三镇历史城区中里分式住宅片区，是武汉为数不多的保留较完好，规模较大的历史文化街区（图1）。场地内北侧主要交通空间是“鱼骨式”的小巷路（图2），一条东西向的主巷串联整个场地，再由东西主巷向垂直方向延伸南北向的“前巷”，连接每户的前门，与前巷平行的后巷，宽度尺寸为前者一半，与每户的后门连接[6]。

图1　场地调研实拍

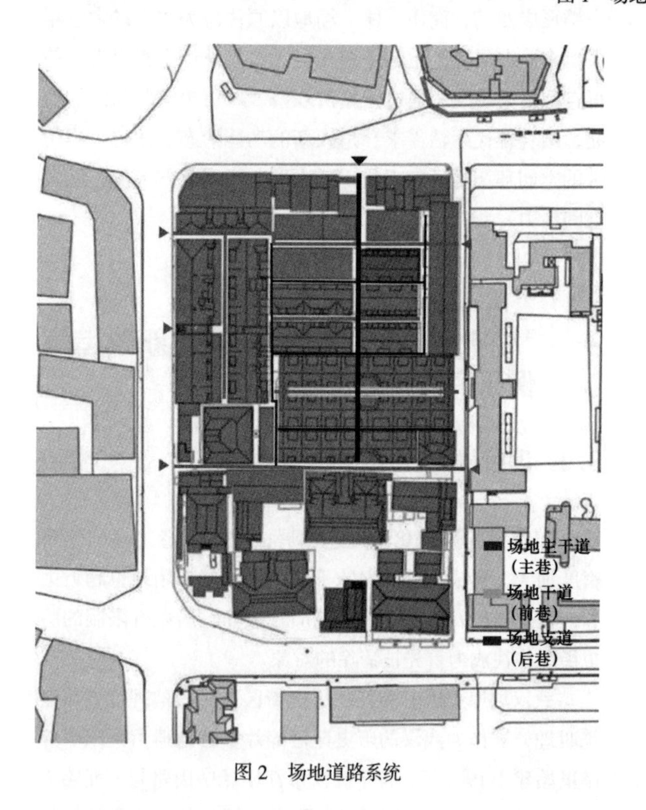

图2　场地道路系统

3.2　坤厚里街区的“双修”策略

3.2.1　人文资源的传承与再生

坤厚里街区历史人文资源非常丰富，大街小巷充满着老汉口人的生活气息，它的传承再生是一个十分复杂的过程。针对坤厚里历史街区存在的问题，遵循“城市双修”的原则，从坤厚里的场地布局、建筑形态、景观绿化等场地元素进行织补更新。

（1）场地功能织补转型

场地现状主要问题包括因建筑自发性建设导致的整体布局无序、居民密度严重超过场地的“荷载”、功能分区混乱（居住、商业、办公）、街区尺度过小，基础设施匮乏且不成体系，公共服务设施覆盖不全等问题。

在场地调研中，将坤厚里建筑分为了文保类建筑、历史住宅建筑、非历史建筑3类（图3）。为了提升场地空间品质，将场地内非历史的、损坏严重且影响整体风貌的建筑拆除，以更好的还原坤厚里历史建筑的原貌（图4）；并根据发展定位植入新的功能业态，与周边环境相协调，实现功能转型与修补。将原有单纯的居住功能转变为对外交往的商业与创客办公等，通过引入外部人流以激发坤厚里的人文活力。

（2）历史建筑更新改造

坤厚里住宅建筑大体均呈欧洲联排式布置，其建筑布局多采用传统三合院、四合院对称布置形式[5, 6]。为了提高土地利用率，将传统结合厢房的院落空间压缩成前、后小天井，为房间争取通风采光，后天井用以分隔厨房等辅助空间。内部空间净空高、功能划分整齐有序，作为曾经老汉口白领阶层的住宅来说，居住条件十分好。

随着我国城市化进程加快，城市人口大量增长，原来独门独户的住宅被划分成了几户人家共同使用，内部空间被改造变得拥挤不堪，建筑的承载量远远超出正常负荷，因此带来了许多卫生和安全方面的问题。因栋栋联排，山

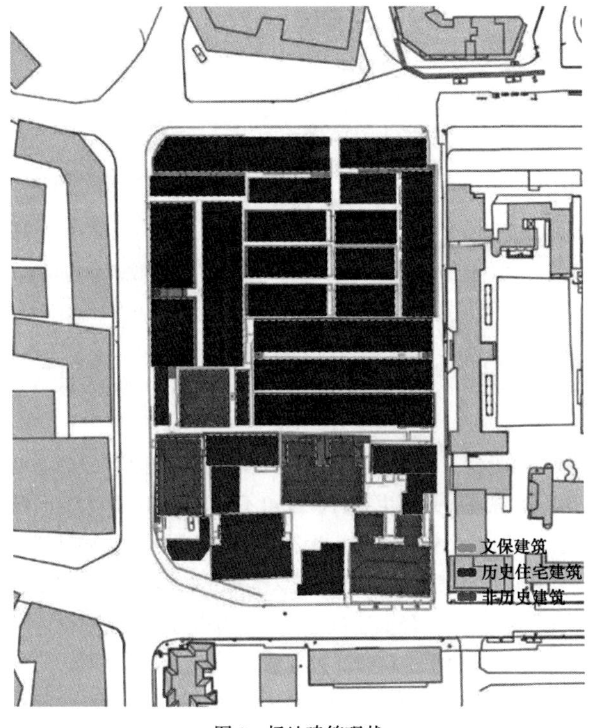

图 3　场地建筑现状

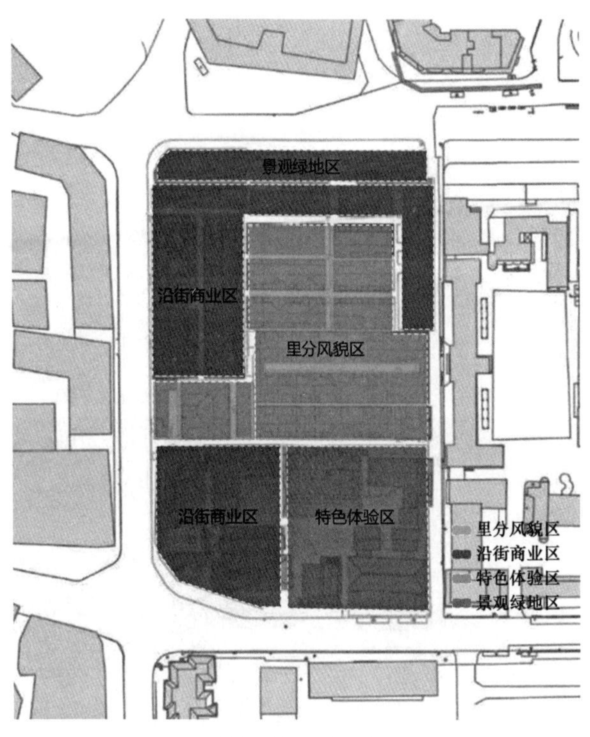

图 5　场地功能结构

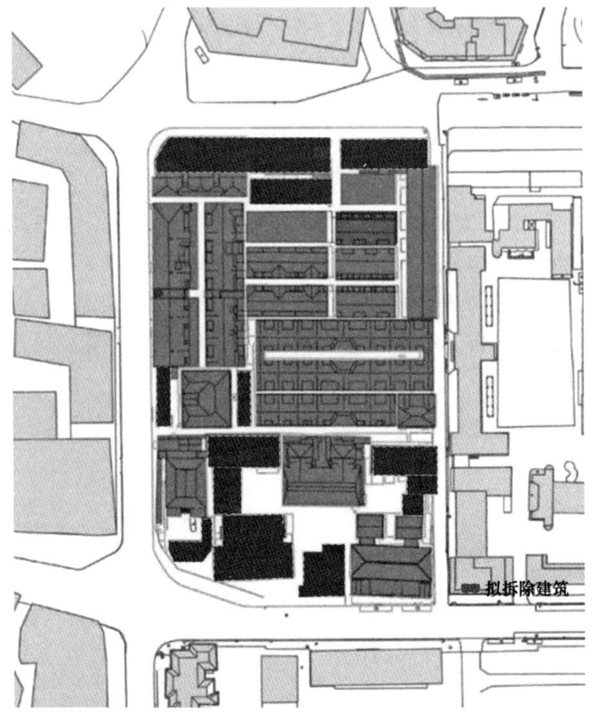

图 4　场地拟拆除建筑

墙面无法开窗，建筑面阔小而进深大，室内房间划分变多变杂，室内采光条件无法得到基本满足，居住品质严重下降。

里分建筑作为占坤厚里街区面积2/3的建筑类型，不仅是一种建筑形式，它还代表了一个阶级的生活方式，承载着武汉近百年的城市变迁印记，是近代汉口经济繁荣和西方文明渗透的见证。因此，里分建筑其实包含着两个层面的涵义：浅层是建筑物化的表象，深层次则是历史与文化精神的载体。对于历史价值与保留程度不同的建筑，应采取不同的设计改造策略[7]。

① 修旧如旧，重现历史原貌：对于坤厚里的文保建筑，西本愿寺、政府办公楼、典型里分建筑等应以原真性保护为原则，对建筑进行局部修正，并注重保留历史建筑的沧桑痕迹，传承场地文脉，尊重场所原有的精神，引发人们对过往的怀念，增强记忆归属感，

② 重焕新生：居住建筑改成商用，原本为住宅的建筑尺度应该向更大的商业交往尺度转变。改善拥挤的住家现状，对于结构较好的里分住宅建筑进行局部改造，保存并利用原有的建筑主体结构，对建筑外部进行整体修缮。对于结构保存较差的建筑，考虑利用钢架做内部支撑结构，以适应新功能的植入。

③ 原拆原建：场地南部非历史建筑现状较差影响坤厚里整体风貌且遮挡游览视线，故选择部分拆除，在原址新建与场地风貌相协调的新建筑（图6），体现新与旧的结合，现代与历史的碰撞，并打造公共景观广场，丰富场地层次，营造舒适的体验氛围。

图 6　场地新建建筑示意

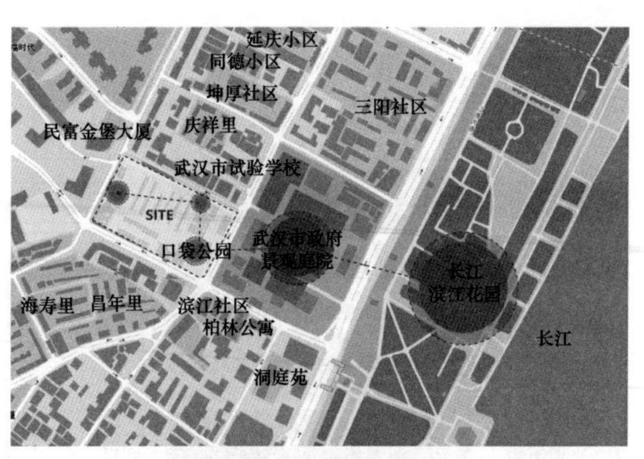

图 7　场地景观定位

3.2.2　生态资源保护与修复

（1）场地生态网络重构

对场地以及周边调研分析，确定场地的景观定位。从场地东边的长江滨江花园，再到相邻场地武汉市政府景观庭院，景观空间逐步缩小，到坤厚里场地为止景观空间不应戛然而止，而是慢慢减小，逐渐渗透到场地中去。基于此，将坤厚里景观定位为新建以小型的口袋公园为主的公共景观空间（图7）。

由于建筑密度过大、无序开发和人为破坏导致的场地生态景观破碎化，生态资源配给不足，是场地最大的问题之一（图8）。针对场地内生态资源匮乏的问题，通过调研将场地内少量分散的景观点汇总整理，并以场地分区规划、交通动线规划、降低建筑密度等方面作为场地景观设计的指导思想，根据实际情况进行景观保护与需求的开发[8]。

① 场地分区规划：场地南部功能分区以聚集人流的商业为主，场地北部以里分式风貌展示为主，内置创客办公等功能。相较之下，场地南部对于公共空间景观的需求更大，景观分区以南部主入口广场为主，北部次入口广场为辅。对中山大道坤厚里沿线的重要节点深入设计，研究节点与场地北广场入口等周围环境，突出人流引导作用。该节点的设计除了考虑满足文化和景观要求外，还应该为场地居民提供休闲活动的场所（图11）。

② 交通动线规划：梳理场地交通路网现状，合理利用场地“鱼骨式”路网的主干道，并积极配合景观资源，打造横纵两条景观主轴（图9）。场地东西向景观主轴，将周围场地资源串通相连，在引导人流的同时，人走景异，

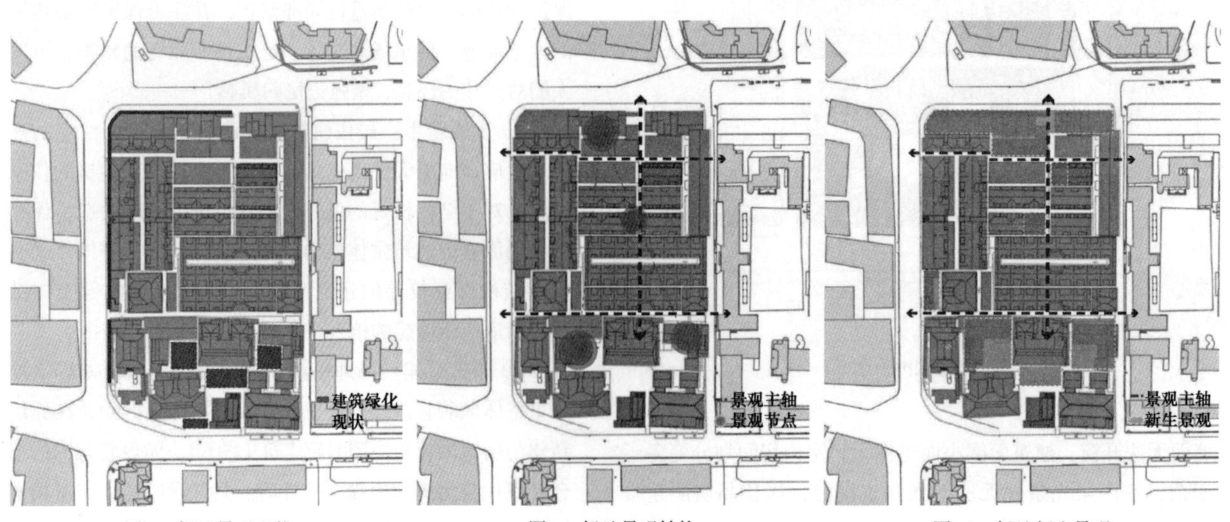

图 8　场地景观现状　　图 9　场地景观结构　　图 10　场地新生景观

在步行体系设计中实现移步换景的体验。园区的景观设计应充分与园区历史文化、现状环境相融合，从空间场所的利用改造到景观材质的选择，体现了老汉口区坤厚里的历史印记与场所精神。

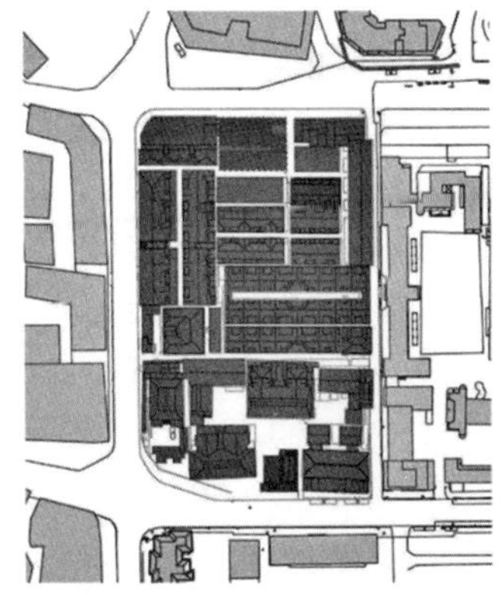

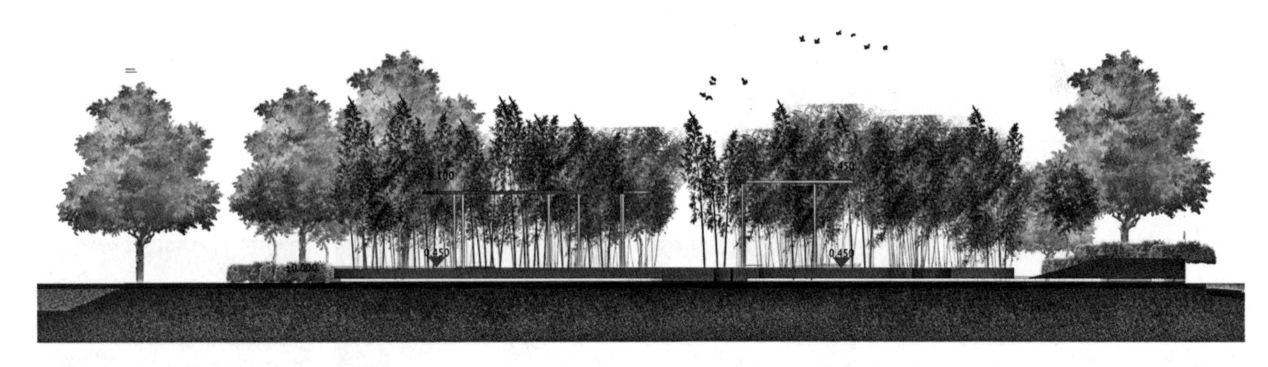

图 11　场地景观节点

③ 降低建筑密度：考虑到武汉年均降雨量较大，城市内涝现象比较严重，再加上坤厚里均为水泥硬质铺装，容易形成大面积积水等现象。将场地内建筑部分拆除之后所留下的空地改造为公共景观活动区域，既可以作为雨水缓冲区，降低场地建筑密度，提升居住空间的品质。

在保留里分建筑肌理的同时，将与生态主轴视线相交的住宅建筑部分拆除（图10），有利于留出景观节点空间。绿化形式以分散组团的方式在场地中形成多个小型口袋公园，解决场地内居民对绿地的需求（图12）。

拆除场地东南侧建筑后形成开放公共空间（图13），紧临一元小路与相邻小学建筑群，与孩童关联紧密是其特色，在景观设计中考虑了将场地与孩童的游玩活动紧密联系，形成嬉戏空间和家长休息区。并对场地内的大树进行围合式的保护，使得景观更贴近场地文化。利用高差，设置下沉绿地花园与休闲台阶，乔木、草坪结合布置，构建多层次混合式立体绿化。并穿插不同的材质铺地，消减绿地与硬地之间"严格界限"，使人与自然亲密接触，形成富有层次与人性化尺度的景观环境。

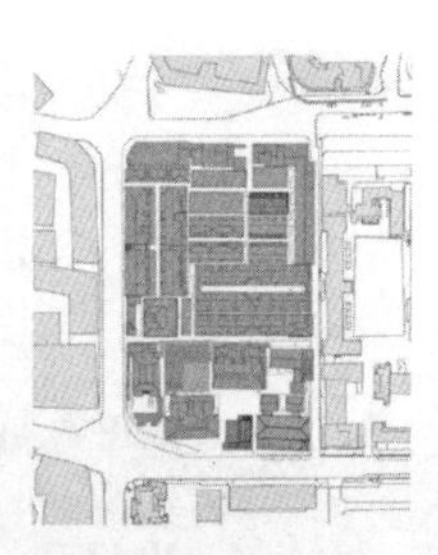

图 12　场地景观节点

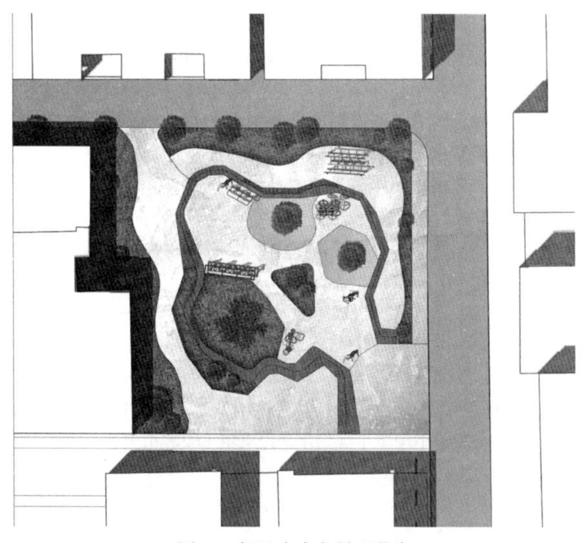

图 13　场地东南角景观节点

（2）场地景观特色保留与加强

由于场地条件限制，许多居民自发在入户庭院和门口摆盆栽植物来展现自己的生活情趣，丰富了场所的层次感（图 14），在狭小的空间里创造自己的一份景观，从侧面反映出居民对场地绿色生态的向往。

这部分的景观设计选择保留居民现有的生活方式，这是对场地文化的一种尊重。通过在居民房前抬高地形来强调围合，鼓励居民自发地利用平台摆放盆栽植物，增加场地内生态景观的多样性与场所感。并通过整理室外里分过道空间，利用遗留空地摆放植物盆栽或者种植蔬菜花卉。最大程度梳理室内外杂院空间，改变了植物乱摆放的状况，为居民提供了整齐有序且更加绿色健康的环境，提升居民生活的品质。针对居民庭院进行的景观微更新虽然规模小，但是这些微小的改变能够贴近居民的实际生活，提升居民幸福感。

通过历史街区“双修”的更新理念将历史住区改造成为里分文化展示区，承载城市历史记忆与市民文化活动的功能，提升场地空间景观环境，恢复并加强人文特色，使得改造之后的坤厚里街区成为武汉特色文化聚集地，成为

图 14　场地住户盆栽景观现状

武汉的优势文化名片。

4 结语

“城市双修”对城市修补和生态修复的理念反映出我国在弥补快速城镇化时期忽略居住环境品质的问题所提出的针对性措施与新的解决思路[9]。本文通过对历史街区的更新理念、更新策略、更新目标的提出，从城市人文资源的修补和生态资源的修复两个方面优化历史街区功能结构、修复建筑空间环境与公共景观环境、延续历史文脉、重塑人与环境的关系、最终实现历史街区可持续发展。

武汉坤厚里历史街区的案例，结合场地历史特色与周围环境对场地建筑环境和公共景观空间进行织补修复，保留并传承场地的地域文化特色，保护和再利用场地中的建筑，并赋予其新的使用功能；对公共生态景观空间进行修复，使之成为场地的有机组成部分。城市历史街区景观的更新改造激活了场地空间的活力，提高了人们生活品质，重塑了人们的精神家园，最终实现城市环境品质的优化与文化底蕴的提升。

参考文献

[1] 张磊. “新常态”下城市更新治理模式比较与转型路径［J］. 城市发展研究，2015（12）.
[2] 汪科，邵凌宇，李昕阳. 城市双修与城市转型发展——我国城市双修的意义、作用和实践路径分析［J］. 建设科技，2017.
[3] 周干峙. 努力提高旧城改造规划水平［J］. 城市规划，1987（05）：3-6.
[4] 申灵. 旧城更新中的景观织补策略研究与探讨［D］. 江苏：南京林业大学，2012.
[5] 拜荔州. 基于“城市双修”理念的安康东关片区更新规划策略研究［D］. 陕西，长安大学，2016.
[6] 罗睿，彭雷. 武汉近代里分住宅更新保护研究——以坤厚里片区为例［J］. 华中建筑，2012.
[7] 耿雪，杨嘉怡，陈立鹏. “城市双修”视角下的工业遗产更新设计——以南京金陵船厂片区为例［A］. 活力城乡·美好人居——2019中国城市规划年会论文集（02城市更新）［C］. 中国城市规划学会，2019.
[8] 关午军. 重生·再利用—城市更新中公园景观有机发展研究［D］. 重庆，重庆大学，2006.
[9] 杜立柱，杨韫萍，刘喆. 城市边缘区“城市双修”规划策略——以天津市李七庄街为例［J］. 规划师，2017（03）.

作者简介

游洁琦，1996年生，女，华中科技大学建筑与城市规划学院，硕士。研究方向为城市环境研究、街区改造与提升。

徐燊，1972年生，男，华中科技大学建筑与城市规划学院，教授。研究方向为城市环境研究、街区改造与提升。电子邮箱：953225818@qq.com。

李志信，1996年生，男，华中科技大学建筑与城市规划学院，硕士。研究方向为城市环境研究、街区改造与提升。

城市更新背景下高层建筑改造策略研究

——以阿姆斯特丹 Bajes Kwartier 监狱塔改造设计为例

Research on the Strategy of High-rise Building Reconstruction under the Background of Urban Renewal: Taking the Reconstruction Design of Bajes Kwartier Prison Tower in Amsterdam as an Example

苏晓丽　任佳龙　王　言　秦仁强

摘　要：城市人口的爆炸性增长引发了粮食安全、资源环境以及社会和经济等一系列问题，城市更新正是城市发展到一定阶段，对这些问题的一种响应。高层建筑作为城市土地利用的主要方式，对高层旧建筑的改造也将是城市更新的重要内容。本文将城市农业作为城市更新和建筑改造的主要触点，提出城市农业、自然景观与建筑相结合的有机共生模式，以重塑人与自然、人与建筑和城市以及人与人的关系。并以荷兰阿姆斯特丹Bajes Kwartier监狱塔改造为例进行项目实践，从建筑和农业景观空间的耦合营造、能源高效率利用、循环系统构建及社区嵌入3个方面的改造策略进行分析，以期为未来高层建筑的更新和城市诗意栖居环境的营造提供思路。
关键词：城市更新；高层建筑改造；Bajes Kwartier监狱塔；风景园林

Abstract: The explosive growth of urban population has triggered a series of problems such as food security, resources environment, society economy and so on. Urban renewal is a response to urban problems when the city goes into a certain stage. In the future, the reconstruction of old of tall buildings, as the main way of urban land use, will also be an important part of urban renewal. In this paper, urban agriculture is used as a catalyst point in the process of urban renewal and architectural transformation. An organic symbiosis model combining urban agriculture, natural landscape and architecture is proposed to reshape the relationship between people, nature and cities. The paper take renovation for the prison tower in Bajes Kwartier, Amsterdam, the Netherlands as an example and analyze from three aspects includes the coupling creation of architectural and agricultural landscape spaces, the efficient use of energy and the construction of recycling systems, and the embedding of communities. It will provide ideas for the transformation of urban high-rise buildings and the creation of urban poetic habitat in the future.
Keyword: Urban Renewal; High-rise Buildings Transformation; Bajes Kwartier Prison Tower; Landscape Architecture

引言

城市人口的爆炸性增长给城市内外的食物系统和人们生活质量带来了巨大挑战。据联合国（UN）报告显示，到2050年世界人口总数将超过90亿人，其中80%的人口将是城市居民，需要超出现在70%的食物来满足全球30亿以上人口的需求[1]。同时高密度的城市建筑使公共空间、绿色空间缺失，人居环境质量下降、邻里关系淡漠。而城镇化过程中城市居民与农业关系的疏离则致使这一问题更为凸显。大量的如运输成本的增加和全球性的市场竞争，导致粮食价格攀升，到2020年全球食品价格将上涨高达40%[2]。食物运输里程的增加和大量的建筑能耗将导致能源短缺和环境污染等问题。城市这个生命体，正面临着气候、健康、生态等多重挑战。城市更新正是对城市问题的响应，是城市发展到一定阶段，进入建设与更新并举的“新陈代谢”过程，是城市物质结构变迁的一种表现形态。大量旧建筑的改造是实现城市物质结构更新的重要内容之一，也是城市更新过程中重要的组成部分[3]。因此采取何种模式、何种策略对既有建筑，尤其是作为城市主体的高层建筑的，渐进化、有机化的更新，带动区域发展，是亟待探讨的问题。风景园林作为与社会和生态环境紧密关联的学科，在协调人与自然关系和构建可持续的人居环境方面发挥着越来越重要的作用[4]，因此本文以建筑改造为例，以风景园林营造为主要内容，探索城市更新背景下建筑的改造模式和策略，以期为之后城市更新的理论与相关实践有所助益。

1 建筑改造的有机共生模式

“共生”一词由日本建筑师黑川纪章在城市更新之“新陈代谢”设计思想论中提出，他认为人类已进入生命时代，城市需要多样化，异质元素共生是人类的未来[5]。《共生思想》中提出的中间领域论、人与自然的共生、部分与整体的共生、建筑与自然的延续等对于城市中建筑改造的共生模式构建和策略归纳都具有重要的启示意义[6]。城市农业作为城市可持续发展运动中理想的食品生产模式和生态城市发展示范途径之一，因其对健康产生的积极影响而被广泛认可[7]。它可以消除贫困与饥饿，紧密联系人与食物、环境和当地社区，为城市居民提供就业，并直接满足城市居民消费者的需求，影响未来城市的生活质量[8]，还包括可持续的食物生产支持系统和能源的可持续利用，如水、养分、废物和能量等。因此本文以共生理论为基础，以城市农业为城市更新中的主要触点，通过风景园林手法营造，注重建筑与城市、自然、人的关系的重塑和能源的运用，形成一种城市农业、自然景观与建筑相结合的有机共生模式。并以Bajes Kwartier监狱塔改造为例，试图通过建筑子系统的激发带动周围区域的发展，缓解城市的食品和生态危机、提升人居环境质量。

2 场地背景

场地位于荷兰阿姆斯特丹的Bajes Kwartier，是坐落于城市东南部的监狱建筑群，始建于20世纪70年代，并于2016年6月关闭。之后LOLA景观设计事务所对其进行了社区规划，期望创造一个充满活力的公共文化空间。规划中将五座监狱塔楼拆除，保留第六座塔楼，即为此次改造设计的主体建筑（图1）。规划中的Bajes Kwartier将成为一个集健康生活、工作学习、艺术体验等为一体的绿色综合中心，并带动周边社区的发展。规划预计的社区居民主要有学生、高新技术人员、创意人员以及年轻家庭等。规划中监狱塔周边环境的主要有集市广场、水花园和运河等（图2、图3）。另外，现状社区也是一个容纳1000多名难民的临时难民中心。作为社区中心和地标性建筑的监狱塔

图1 监狱塔现状图

（图片来源：https://drive.google.com/drive/folders/1huGtw_f_yQMSVfkL162ycbjZdLUcnxOt）

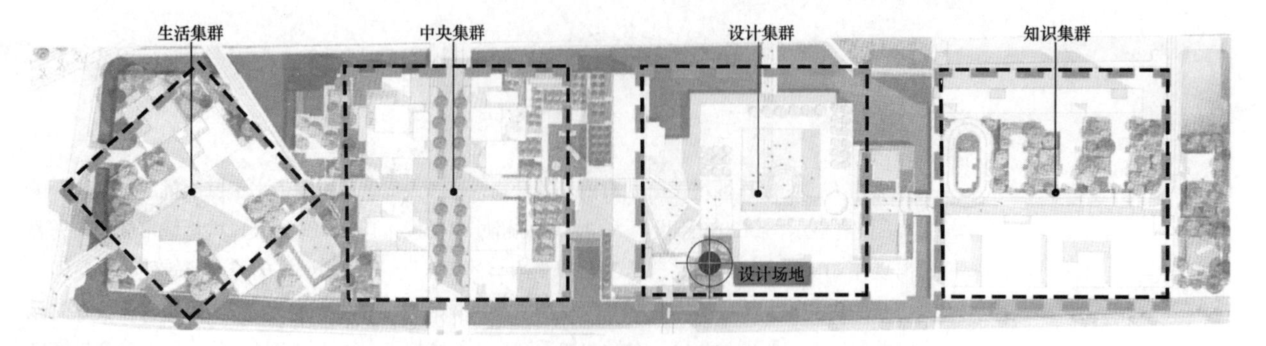

图2 社区规划分析图

（图片来源：https://drive.google.com/drive/folders/1huGtw_f_yQMSVfkL162ycbjZdLUcnxOt）

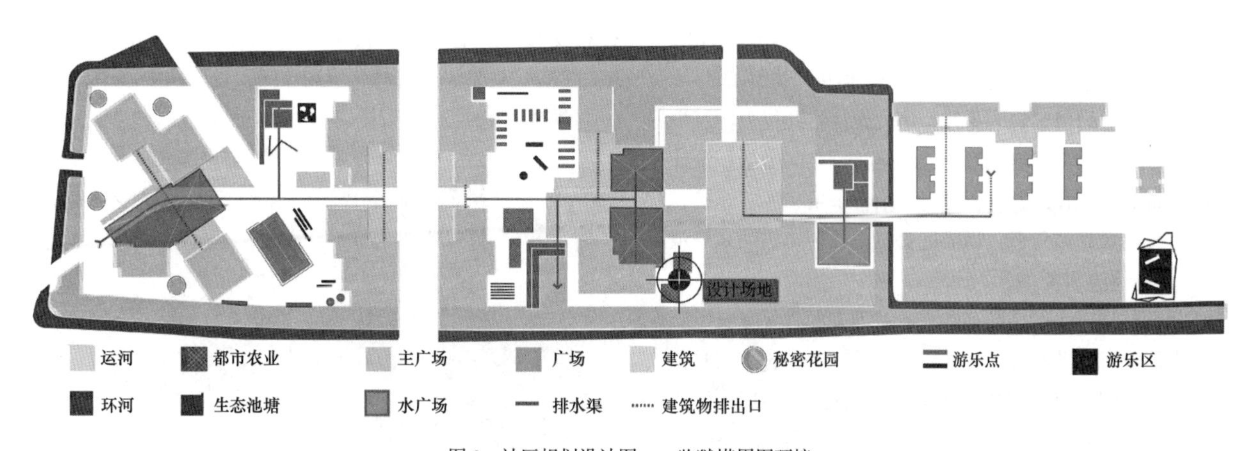

图 3 社区规划设计图——监狱塔周围环境
（图片来源：https://drive.google.com/drive/folders/1huGtw_f_yQMSVfkL162ycbjZdLUcnxOt）

改造，如何营造独特的建筑景观，实现建筑的能源中立，并创造经济和社会价值，使其成为解决儿童肥胖、环境压力、收入差距、食品需求、社会凝聚力低等一系列城市问题的典范，是设计的重要挑战。

3 Bajes Kwartier 监狱塔改造策略

3.1 建筑和农业景观空间的藕合营造

3.1.1 农业花园空间

庭园式自然空间可以净化空气，改善热岛效应，提供高质量的交流场所。高层建筑中庭园式空间的引入，标志着现代城市、人、社会、建筑、自然等要素的有机统一[9]。因此设计以寻求城市可持续空间和食物生产有机共生为目标，将农业花园式自然空间引入建筑内，主要包括城市客厅、室内花园和屋顶花园等（图4），作为社区生产空间的同时为居民提供休闲游憩、种植体验和人文教育。城市客厅位于建筑一层，可达性高且完全开放，有作为临时储水、提供亲水体验的中部水池景观和地面互动投影系统，同时也可以举行音乐会、沙龙、教学、阅览、游戏等多种活动。四个室内花园作为建筑中重要的景观元素，分布于建筑两侧的垂直方向上，设计运用当地的季节性农作物，通过不同的配置和空间设计形成四季主题农园，作为居民休憩、交流和共享的开放空间。花园允许居民参与、进行设计和种植体验。室内花园的层高为10m左右，楼板间距为1.5m，因此它也允许种植高大灌木或乔木，营造森林的景观意象（图5）；屋顶花园位于建筑的最上层，以种植盒作为主要单元，通过建立云端菜园，使每个居民都可以通过支付相应费用体验农耕生活和互动乐趣。

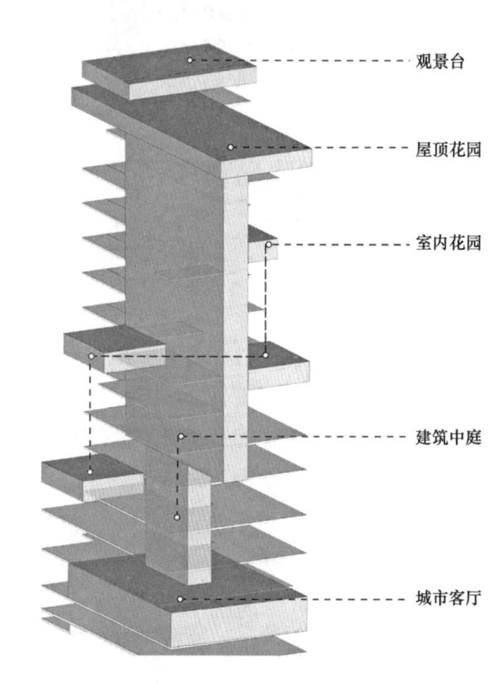

图 4 建筑内的自然花园空间

图 5 室内花园效果图

3.1.2 自然中庭景观

设计基本保留了监狱塔的结构，但由于其中部2.4m柱网划分的空间使用较为困难，因此设计将此作为建筑中庭空间，通过景观与城市农业的结合进行空间营造。设计利用建筑2.5m×18m的狭长空间，结合水培、雾培等植物栽培方式进行景观营造，形成近自然山林的建筑中庭景观空间，主要有3种类型。

（1）枯岩听水。由超薄的岩石片堆砌的、具有农田肌理的水幕空间，当人处身于宽2.5m、高6m的狭长空间时，水体沿着两侧农田肌理的岩石幕墙缓缓流下，转折起伏的玻璃台阶成为人们感受幽静亲水空间的主要路径。整个空间的最底部为浅水池，其上设置汀步，可供小孩们相互嬉戏玩乐（图6）。

图6 枯岩听水意向图

（2）谧林闻声。连续而自由的曲面水培容器层层叠叠地置于水幕墙上，水体沿着茂密的水培作物流淌。栽培容器中的感应装置会进行植物的自我介绍或者为人们讲述社区的故事以及建筑设计理念（图7）。

图7 密林闻声意向图

（3）壶中观瀑。贯穿建筑底部的城市客厅和休闲超市空间，高11m，水瀑位于三层建筑空间中转折楼梯的中部，由超薄的镜面玻璃围合，同时水幕中含有长短不一的彩色LED丝带，随着水体的流动呈现出不同意义的色彩，楼梯和环绕水瀑的水平走廊为人们提供不同的游览体验（图8）。从枯岩到密林、再到水瀑，设计在中庭中将农业与景观营造结合，给人以不同的空间体验。

图8 壶中观瀑效果图

3.2 能源利用与循环系统构建

3.2.1 能源利用

（1）建筑改造与光能利用

原建筑开窗小且内部封闭，主要依靠人工照明。设计通过对原建筑光环境的改造，使建筑充分利用自然光，主要采取以下措施：①设计运用节能可调光的光伏玻璃代替部分原有厚重的混凝土墙体，用来获取光能和增加自然光的进入；②为了使太阳光尽可能地穿透建筑，设计将建筑外表面的混凝土墙和光伏玻璃组合的形态以相反的方向，上下错位呈现；③拆除部分2.4 m柱网划分空间的楼板，形成中庭空间进行采光；④建筑开窗均采用一定的倾斜角度，以使自然光能够最大化进入室内，窗内侧有活动百叶，可以控制光照强度；⑤根据不同功能对光线的需求，在建筑垂直方向划分功能，充分利用太阳光，将需要高强度和长时间日照的植物生产空间置于建筑顶部[10]。改造后的建筑光伏玻璃总面积约为1500m^2，能提供建筑运行的90%的电能，同时玻璃内侧的垂直绿化也可遮挡强光，防止室内产生过多热量和减少对空调系统的依赖，达到节能的效果（图9）。

（2）其他能源利用

除对光能的利用外，建筑还通过风能、水体势能和生物能的循环利用来满足运行所需能量。生物能主要由餐饮垃圾、植物茎秆残余等通过生物质能处理技术，发酵后重新为植物生长提供营养和光合作用所需氧气。另外植物废料可制作临时艺术装置、有机栽培容器、餐具和食品包装等，被利用之后可通过发酵实现降解和提供能源

（图10）。风力发电运用由荷兰国际家用能源公司研制的“能源球”发电装置，有8个2m直径的形似艺术品的装置位于建筑屋顶，每年可产生14000度电，提供建筑运行7%的能量。另外设计在3种水景观空间中分别安装有微形势能水力发电装置，将水体势能转化为电能，用于景观自身LED灯等电能的消耗。

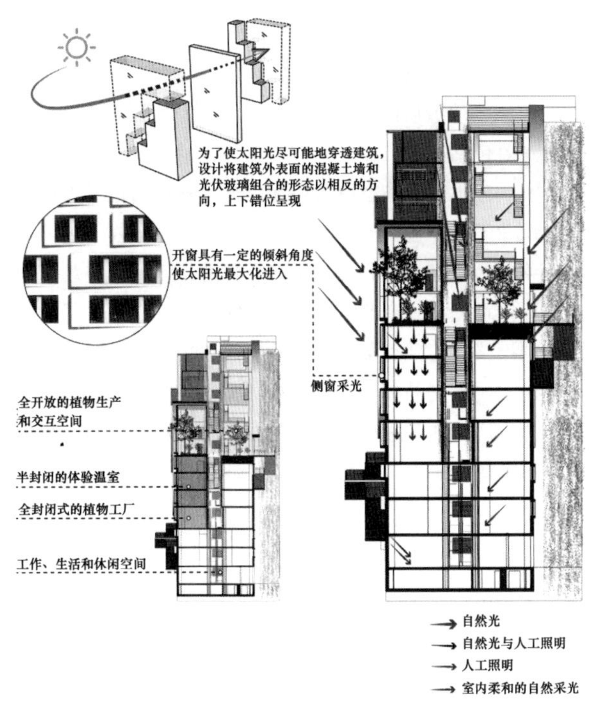

图9　建筑光照分析图

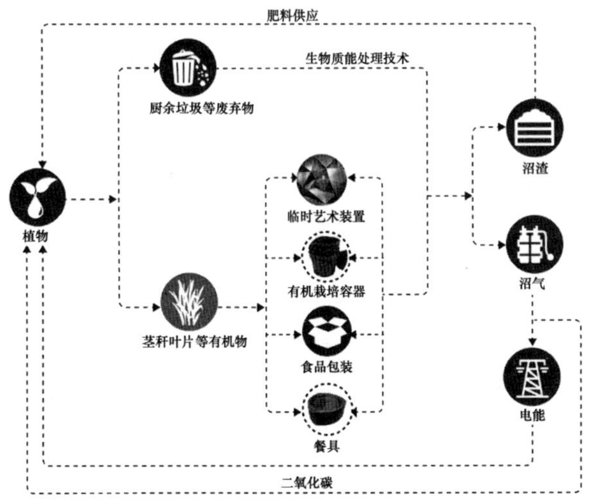

图10　植物废物利用和生物能源生产

3.2.2　水体循环利用

设计选取水为主要的景观元素，是对其城市历史文化和建筑内外景观的呼应（运河是社区和阿姆斯特丹城市肌理主要的元素，监狱塔外部也存在运河和水花园景观），也考虑到了建筑中雨水的循环利用。首先屋顶雨水通过集水池收集、过滤，再通过曲面花园，被覆盖于其上的植被净化，之后流至建筑中庭的枯岩和植被水幕墙被再次净化，再作为水瀑流至城市客厅的水池中。在这个过程中雨水也被分层分配到各个生产空间，用作植物浇灌用水，然后水池中的雨水通过社区规划中的水渠流向周边水花园进行植物第三次净化，最后至建筑最下层的储水空间中净化储存，用于二类生活用水和植物浇灌用水（图11）。对于污水的处理，则通过过滤池—沼气池—菌藻共生系统净化—沉淀过滤处理等，最后用于植物的浇灌和培育用水，其中菌藻共生系统的藻类植物可作为餐饮食品等多种产品的原料。

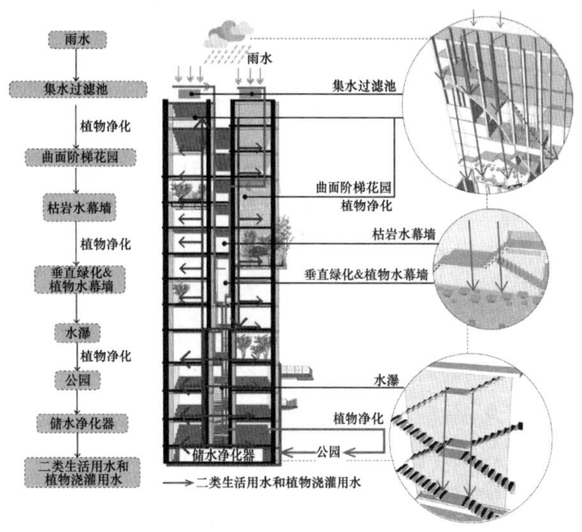

图11　雨水循环利用分析图

3.2.3　鱼菜共生循环系统

在植物生产循环设计中主要采用了鱼菜共生系统，建立了鱼类、植物、水中微生物3者的有机生态平衡关系[11]。由周边产业及建筑改造产生的废料而制作的鱼菜共生微型模块装置是建筑上部开放空间的标志性景观（图12），这种装置能够形成自身的循环，不需要维护，且研究表明，其比传统的种植方式节水80%～90%[12]。同时这种装置也出现在餐厅、工作室、超市等空间场所中，用于景观体验的同时，供应建筑物内的食品消费，并与周边产业建立联系。在此人们可以看到有机食品的来源，并鼓励人们进行产品认领养殖，从而形成集蔬菜供应、景观体验、生态教育为一体的多功能生态单元。

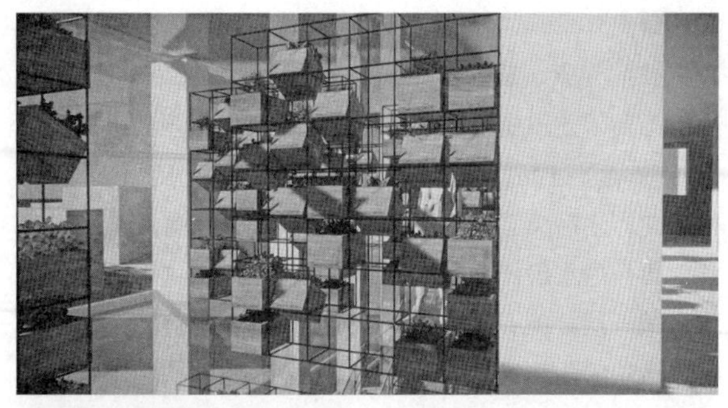

图 12　鱼菜共生装置和素食餐厅意向图

3.3　社区嵌入，关注市民健康和社区生活

建筑改造应考虑建筑与周边社区的关系，并尽可能使其融入其中。监狱塔改造后，在节假日将成为集有机消费、农事体验、食育科普为一体的都市乐园。其外部开展的都市市集活动，吸引居民和游客来此体验和消费，而内部产业为居住在社区的难民提供就业机会，创造经济和社会价值。同时可参与式的室内花园、屋顶花园、体验式植物工厂等将成为居民参与社区活动、社区文化教育的好去处，以及增强社区凝聚力的主要途径。

3.3.1　素食餐厅

素食餐厅能够有效减缓儿童肥胖，社区中的每个人都将拥有属于自己的食品菜单和健康计划，低收入人群能够享用价格优惠的有机蔬菜。同时餐厅善于通过建筑内生产的有机蔬菜制作美味的仿肉质感食品，并定期举办私人菜单订制、美食体验、菜肴培训、健康沙龙等一系列活动。素食餐厅将为年轻家庭提供一个关注饮食健康和绿色生活的平台，也是居民、家庭融入社区群体，增强社会交往的一种方式。

3.3.2　劳动就业和公共教育

监狱塔改造完成后，各功能区的运行可以为社区提供就业，主要包括植物生产、储藏、加工、包装、基础设施维护、专业技术人员以及休闲商业等服务行业。建筑将与社区学校建立课程合作，为社区居民提供现场体验、技术实习和科学研究的场所。并定期组织和举办活动，如艺术家们通过艺术画展、绿色画廊和公众创作等活动开展文化教育，植物生产加工间和温室展厅通过在线课堂、科技展示、种植体验等方式进行科普教育。通过为社区居民创造就业和提供公众教育的机会，体现人文关怀和社会公平。

3.3.3　经济价值

监狱塔改造后的大部分功能区域将为社区创造经济价值，主要包括两大方面。其一为屋顶花园种植模块租赁，办公室、艺术家工作室以及展厅、艺术画廊的租赁等；其二为产业经济，包括原生产品直接供应的经济收入（鲜花和蔬菜的市集售卖）和通过生产、自助、订单、包装、物流等所体现的植物产业链价值。社区将通过“互联网＋”的盈利模式，实现蔬菜、鲜花的生长和收获信息发送、订单发送、网上交易和社区短途送货服务等功能，同时建筑内整个生产和加工过程是透明的，允许消费者访问，使居民能够了解蔬菜生产、加工、包装和销售的全过程。

4　结语

高层建筑作为城市土地利用的主要部分，未来高层建筑的柔性更新将是城市更新精细化发展的重要内容。城市农业在城市问题突出的今天，受到了越来越多人的关注，未来与高层建筑更新改造的结合将在有限的土地上为城市居民提供稳定的食物来源，同时增强城市与农业的联系，降低食物的运输里程，并重塑人与自然、人与建筑和城市以及人与人的关系，最终成为能源中立，集产业发展、休闲娱乐、景观体验、文化和生态教育等为一体的绿色畅想空间。本次 Bajes Kwartier 监狱塔建筑的改造设计，以风景园林景观营造方法为指导，通过建筑内部农业花园景观的引入和中庭景观的营造，可再生能源的高效循环利用与水循环系统、鱼菜共生循环系统的构建，以及与城市教育、就业等结合的社区嵌入，使其成为社区的中心，而自然的农业景观空间、自足性能源供应、集观景体验和生态教育为一体的植物生产系统等将改变人们对这个曾经封闭建筑的印象，也是未来城市诗意栖居环境的重要部分。

参考文献

[1] The United Nations. World Population Prospects: The 2017

Revision[R]. United Nations: New York, 2017.
[2] OECD, UN predict rise in food prices by. OECD, UN predict 40% rise in food prices by 2020[J]. Euractiv.
[3] 曾碧青，关瑞明，陈力．我国城市更新进程与建筑改造设计[J]．华中建筑，2007，25（12）：53-56.
[4] 何亮，史漠烟，刘晓明，崔庆伟．手工小规模金矿开采区景观修复再生——2017年IFLA学生竞赛二等奖作品“The Gold Hope”[J]．中国园林，2018，34（03）：43-48.
[5]（日）黑川纪章著．新共生思想（第一版）覃力译．[M]．北京：中国建筑工业出版社，2009：63-64.
[6] 钟梦婷．旧工业建筑基于共生模式的展示类建筑改造研究[D]．湖南大学，2013.
[7] 孙艺冰，张玉坤．国外城市与农业关系的演变及发展历程研究[J]．城市规划学刊，2013，(3)：15-21.
[8] 郃杰，汤洪泉，曹晋等．国外城市农业景观（Urban Agriculture Landscape）案例评析[J]．广东园林，2013（6）：45-49.
[9] 尹江平．庭园式自然空间的引入对现代城市高层建筑设计的影响探析[J]．中外建筑，2010（4）：94-95.
[10] 刘烨，张玉坤．垂直农业建筑浅析——以绿色收获计划为例[J]．新建筑，2012（4）：36-40.
[11] Rakocy,James E,Donald S Bailey,R CharlieShultz,Eric S Thoman. Updateon tilapia and vegetable production in the UVI aquaponic system[M]//New Dimensions on Farmed Tilapia: Proceedings of the Sixth International Symposium on Tilapia in Aquaculture.Manila: American Tilapia Association,2004:676-690.
[12] Steve Diver. Aquaponics—Integration of hydroponics with aquaculture, A Publication of A Publication of ATTRA[Z], 2006.

作者简介

苏晓丽，1991年生，女，汉，华中农业大学风景园林学在读博士。研究方向为风景园林历史与理论、风景园林规划与设计。电子邮箱：1757009929@qq.com。

任佳龙，1997年生，男，汉，河南信阳人，华中农业大学风景园林在读硕士。研究方向为风景园林历史与理论、风景园林规划与设计。

王言，1995年生，女，汉，华中农业大学风景园林学硕士。研究方向为风景园林历史与理论、风景园林规划与设计。

秦仁强，1971年生，男，汉，河南信阳人，华中农业大学副教授，硕士生导师。研究方向为风景园林历史与理论、风景园林规划与设计、园林美学。

“社区空间微更新”背景下上海郊野公园乡村共治模式研究

A Study on the Mode of Rural Co-governance in Shanghai Country Parks under the Background of Community Space Micro Update

李 婧

摘 要：郊野公园是以乡村田园景观为特色，以生态系统保护与绿色产业发展为基本目标的城郊生态功能区，是将水林田路村等现状要素与游憩设施、生产相结合的开放式生态空间。将郊野公园中保留村落社区公共空间类比为城市中破旧零碎的社区空间，在公园城市的思想指导下，以社区空间微更新为载体，分析郊野公园乡村社区现存问题，通过对郊野公园内现状村落风貌景观要素的提取与分析，对要素的提炼与各元素整合方式进行研究，从村落建设、土地利用、部门管理三方面探索郊野公园中乡村社区的共治模式思路。
关键词：公园城市；社区空间微更新；郊野公园；乡村共治

Abstract: The country park is a suburban ecological function area featured by rural landscape, with the basic goal of ecosystem protection and green industry development. It is an open ecological space which combines the current elements of Water、forest、field、road and villages with the production of recreational facilities. Keep the country parks in village analogy for the urban community public space in old pieces of community space, under the guidance of the city in the park, to the community space micro update as the carrier, rural community existing problems, analysis of country park village, the actuality of country parks and feature extraction and analysis of the landscape elements, each element of the elements of the extract and integrated way, from the village construction, land use and industrial development of rural communities in the three aspects to explore the country parks the work mode of thinking.
Keyword: Park City; Micro-renewal of Community Space; Country Parks; Rural Work

上海市新一轮总体规划提出上海的未来愿景更加注重“公众”的需求，“15min步行社交圈”的理念应运而生。提出城市空间的建设与发展逐渐朝着精细化方向更新发展，取代从前的大拆大建的发展模式，更加关注公众参与与决策诉求。在这一背景下，依托郊野公园的社区村落，进行微治理改造，激活社区并进行空间重构，充分利用村民住区周围的公共空间将其打造成为有场所归属感的邻里社交圈。同时针对目前上海郊野公园社区的管理体制缺失的情况下进行探索，以期促进郊野公园社区共治的完善发展。

2018年习近平总书记视察成都天府新区时首次提出“公园城市”思想，吴志强院士在首届公园城市论坛上提出“家在公园”的理念，将市民的生活融入整个生态系统中（图1），从而得到生活的智慧。“公园城市”思想将城市绿地渗入到城市空间中去，营造“公园＋舒适开放社区”与“公园＋人文生活”的模式（图2），让绿地成为缝合城市空间的媒介，增强社区空间归属感与体验感。

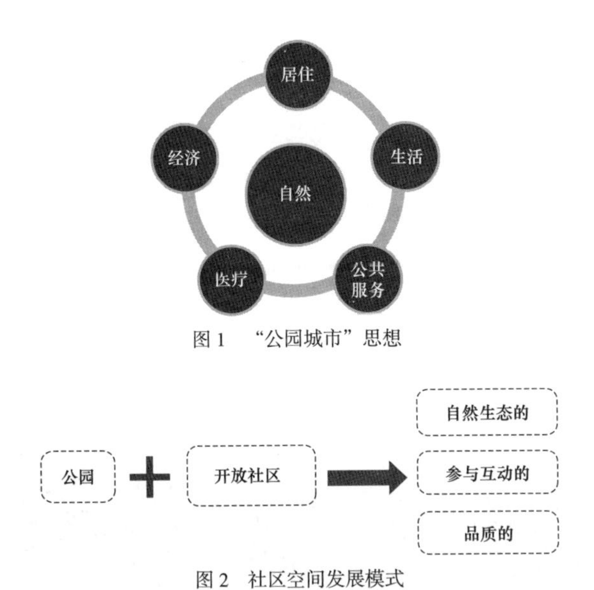

图1　“公园城市”思想

图2　社区空间发展模式

城市化进程的飞速发展使得公共空间逐渐失去原有的多样性活力，人们更多关注对社区生活精神层面的追求，希望在空间肌理运用的基础上提升其品质内涵，达到多功能复合使用的目的，基于此目的需要充分考虑公众的活动需求，发挥社区民众的参与性，优化提升社区基础设施空间，逐步更新与治理微小空间从而带动都市大空间的发展[1]。上海各区政府和基层政府启动了不同名称的空间更新与社会治理行动，规划与土地系统2015年起开展了系列公共空间微更新行动[2]。随着公众对社区空间提升微更新改造的意识越来越浓，更多的社区居民及社区规划师组织牵头参与该方向的社会实践，已逐步上升到政府并如火如荼的进行着[3, 4]。在这一过程中由政府职能部门牵头将社区居委会、志愿者组织、社区规划师、企业团体等组织联系在一起，大家协同合作，积极部署，共同为了社区乃至城市的微更新贡献一份力量。过去人们的生活方式是可亲近、流动的交流空间，随着社会节奏的加快，人与人之间越来越少的关心与沟通交流导致空间缺乏活力[5]。社区微更新旨在加强并恢复昔日邻里空间的生机，将自然回归民众，从而促进社区居民的社会交往，以生态的手段打造可持续发展的自然景观，以小见大[6, 7]。

1　社区空间微更新的发展转型

“社区”是人群聚集所在，指地区性的居住环境以及生活、历史、产业、文化与环境等多向度的意义[7]。社区空间微更新是一种过程式、渐进式的活动，包括日常基础设施、休憩空间的打造，同时满足居民精神生活的需求。微更新的支点在于通过自治的手段达到景观效用最大化，改善与社区居民生活息息相关却没有有效利用的公用空间[2]。在城市更新的大背景下，更注重绣花针式的精细化设计，从而提升居民生活品质。社区空间微更新的目标在于社区营造（图3），通过社区公共空间的更新，完善公共配套服务功能，营造良好的人文环境，促进自下而上的社区治理，全面提升社区环境品质[8]。

图3　社区公共空间利用

1.1　管理模式的升级

社区公共空间是城市公共产品，强调“公众参与”和“社会公共空间”属性。社区空间微更新完成了从单一化的管理到空间感受等全方位的体验优化。治理模式逐步从政府自上而下的行政决策转向社会多元化群体的自下而上的合作自治[9]。治理主体、治理方式过程及各方的治理关系都更民主化、合理化、灵活化、和谐化。充分考虑各年龄层次的使用者的需求，打造户外公共空间精细化。

1.2　社区文化的营造

社区空间是居民日常生活共同使用的场所，社区空间微更新是通过连接文化脉络、地域特色等场所精神，来进行社区微更新的改造。

2　上海郊野公园乡村社区现状

上海的郊野公园不同于其他城市的地方郊野公园以林地保护为主的管理建设模式，在用地性质上呈现更复杂的属性，包括水系、农田、林地、果园、村落等景观要素，由此形成独特的景观风貌（图4）。其中郊野公园内的保留村落对公园整个风貌景观产生一定的引导作用，一方面针对破旧的村落肌理进行梳理改造，另一方面整合保存较完好的村落，并形成完整的“生产、生活、生态”联动发展格局[10]。

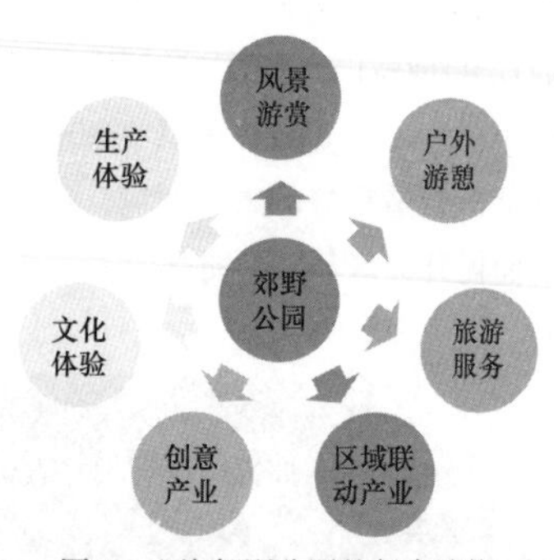

图4 上海郊野公园的复合功能

其涉及的农业生产管理、乡村社区管理、景观游憩等方面的空间设计和效用，目前存在各层级的管理制度纷繁复杂，主体引导不明确的问题，给公园管理部门带来困难。另外基于政策的引领，村落社区周边基础设施的完善程度，社区村民的日常游憩交流活动，目前尚缺乏统一的部门引导和管理。社区景观与公园整体缺乏完整性的串联，目前精简割裂，并未作为公园的一部分被完整考虑。希望通过社区村落的自治景观，实现整个郊野公园体系的和谐永续发展。这需要各级不同社会角色和部门的合作，明确社区管理责任，对社区发展进行统一调控和引导[10]。细分来说分为以下几点：

2.1 从村落建设方面

基础设施陈旧、老化、破损。郊野公园中保留村民日常生活与活动空间，村落社区未形成良好的粘合力。在满足村民基本生存的条件下，公共精神衰退、邻里关系削弱、呈碎片式发展，缺失必要的公共配套设施、基础设施（图5）。

图5 村落周边基础设施凌乱陈旧

2.2 从土地利用方面

针对老人、儿童休憩活动空间。硬质地面广场较多，缺乏多样性的活动内容形式的考虑，大面积的广场铺装未将空间进行划分，未考虑不同年龄层次的使用人群的活动需求（图6）。

图6 活动空间单一

2.3 从农业文化产业发展方面

乡村共治要着力促进农业产业发展、村民经济增长和生活水平的提高。推动人文精神的塑造，如村落历史文化的宣扬，民俗体验类地域特色活动的组织，由村落手工艺品制作而衍生出的相关产业发展。

3 上海郊野公园乡村共治策略模式

3.1 整合与共生——从乡村社区的基础设施建设方面

3.1.1 建筑风貌

对现状社区村落建筑进行走访调查、记录、整理并归类，保留建筑内外建筑风貌基本完好、乡野特色突出的村落建筑，运用景观的手段美化艺术化处理外立面陈旧破损、风貌较差的建筑[11]。如选择与村庄整体风格一致的材料进行局部或整体修缮、布局外立面改造（图7）。

3.1.2 生活基础设施

郊野公园内村庄的环境卫生、公共安全等其他日常管理工作应当由管理责任单位完成并进行属地化管理[10]。

图 7 浦江郊野公园村落建筑立面优化
（图片来源：浦江郊野公园公众号）

3.1.3 道路、堤坝驳岸

梳理道路，使得村落间交通系统畅通，包括道路面层美化修补等。村落周边河塘水系可适当增加亲水空间。

3.2 适应与共融——从土地空间利用设计方面

针对活动空间效用利用率差的现状，合理设计满足居民日常活动需求的休闲活动空间如街巷广场节点空间的打造，同时园路系统完整贯穿村落建筑形成环路，支路通往村民各户，在村民建筑门前的河流可设计滨水亲水活动空间，主要围绕居民在一天中的活动习惯如老年及儿童的社区认知花园、健身场地、亲水平台等，力求与整个郊野公园融为一体，达到家在公园的美好主旨[12]。

3.3 自治与共建——从相关部门管理方面（表 1）

项目全过程中各建设主体具体职责功能　　表 1

<table>
<tr><th></th><th>组织与发起</th><th>前期调研研究</th><th>设计改造与实施</th><th>后期维护</th></tr>
<tr><td>专业施工队伍</td><td></td><td></td><td rowspan="3">由三方共同参与建设，实现参与度较高的共建模式</td><td></td></tr>
<tr><td>乡村社区居民</td><td></td><td rowspan="2">规划设计团队展开调研研究，听取村落居民的商议意见，确定选址和设计方案，设计师提供技术支持，切实发挥空间效用最大化</td><td rowspan="3">在使用与后期维护过程中逐渐形成自更新模式，对公共空间、设施、绿化等进行维护保养</td></tr>
<tr><td>社区规划师</td><td></td></tr>
<tr><td>项目发起者</td><td>在政府各部门管理及管理执行主体等主体的政策引领下，社区村委会、规划师、社会公益组织等牵头组织协调，在社区村落共治的过程中共同完成任务</td><td></td><td></td></tr>
</table>

4 以浦江郊野公园乡村共治为例

4.1 项目区位概况

闵行浦江郊野公园首期启动区西扩工程位于整个郊野公园的西部，是本项目建筑工程所在地，面积4.09km^2。基地内林地资源丰富，内部的滨江水源涵养林、苗圃林、生态公益林、四季林等各具特色，且具有一定规模，能充分展现浦江郊野公园的森林游憩特色；其次，滨江区位和4km长的滨江岸线是整个浦江郊野公园的一大特色。

4.2 现状村落分析

项目基地内部有林地、耕地、水面、市政设施用地、村落等。大部分村落被保留，部分村落被划分为类集建区（图8）。

现状农村宅基地

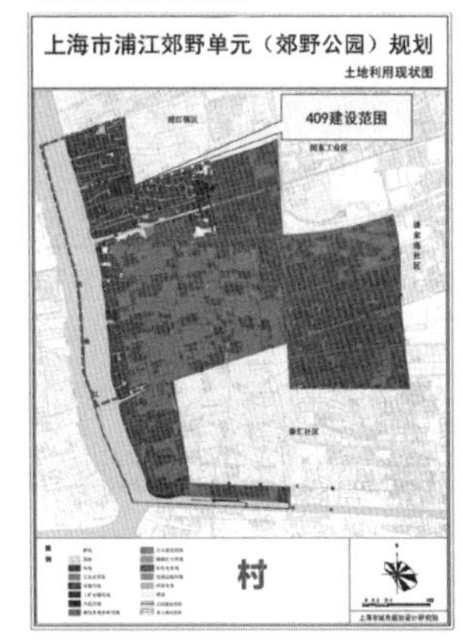

类集建区选址规划

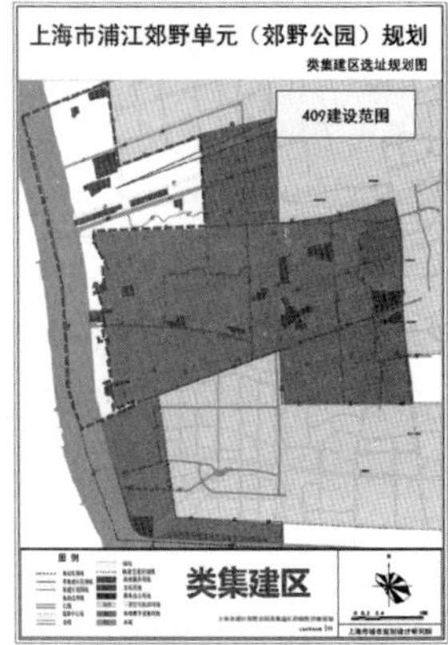

图 8 现状村落区位及类集建区选址规划

通过现场踏勘，走访调研村落居民，发现乡村社区中普遍存在着公共集散场所不足，儿童活动空间匮乏（图9），活动基础设施数量不足、陈旧破损，公共空间分布散乱[13]、活动空间功能相对单一等问题。多次实地村落走访，分析当地村民的活动习惯、活动内容及充分了解其诉求，梳理散步、休憩、棋牌、晒太阳、锻炼、文娱休闲、栽种绿植等活动，并为后期方案落实增加可实施性。

4.3 乡村共治措施

4.3.1 村落建设方面

（1）村落建筑

浦江郊野公园范围内的大部分村落属于提升阶段，基本保持原有的建筑风貌。低层高密度的错落排布形态，为江南传统民居风格，在细部设计上进行针对性的改造提

图9 村委小卖部建筑周边无集散活动空间

升，包括建筑外立面、院落围栏等要素。力求整体感的统一，塑造古朴自然的郊野村落建筑，符合郊野公园的风格。如立面材质上，采用传统的小青瓦、毛石等建筑材料，营造传统的“粉墙黛瓦”意境。出于对现代化生活的追求，当地有些村民的民宅是欧式风格的小洋房，结合村民的诉求，依据建筑的风格与形式，对建筑立面采取美化装饰，重新粉饰等措施（图10）。

图10 江南风格村落建筑群改造

村落的公共活动中心改造方面，设计一些配套设施，包括村委会、老年活动室、茶室、棋牌室[12]、小卖部周边设置集散场地空间，而非大面积的硬质场地。

（2）驳岸、栏杆

一般在村落建筑门前会有河流经过，结合周边驳岸水景设计线性观赏界面，设置亲水平台等休憩空间。结合水生植物、景观置石，形成动态有序、延展有韵律的建筑前庭空间，最终在流线组织上实现村落建筑与水系之间的有机过渡。道路系统设计需满足绿道定义和功能，即生态优先、低碳节约、安全保障、舒适健康。符合绿道分项设计要求，即绿廊系统、慢行系统、标识系统、配套服务设施系统（图11）。满足植物搭配的需求，满足绿道的维护管理的各项要求内容。村落门前驳岸栏杆的改造在增加安全性的同时兼具景观性。

4.3.2 土地利用方面

梳理郊野公园中各设计要素，选择社区村落周边的闲置空地，同时设计师深入村民。通过走访聊天、发放问卷等方式了解村民活动需求（图12）。同时在不同时间段观察并记录活动类型（图13），将调研结果整理总结为场地设计依据，从而实现村落周边环境的优化。通过梳理生产用地（耕地）、居民点的活动空间，如对街巷广场、农宅院落的综合整治，构建与郊野公园相连贯的完整结构，由原先粗犷的自发式活动、零碎化活动集结通过精细化的设计变为生态景观效果兼具的美好生活场景。

（1）弥补郊野公园生产功能缺失——乡村社区园艺

现有村落社区内建筑门前绿化形式相对单一，“草地+行道树”的基本配置普遍存在于现有村落建筑周边。通过走访了解到村民的自我动手意识强烈，希望丰富闲置空地，突破单一的绿化形式与内容，增加种植与生活息息相关的瓜果蔬菜，建设材料来源于日常生活中的回收砖瓦等具有朴素乡土气息的废旧材料，通过在村落建筑群周边或门前选址辟出一块来发展社区园艺（图14），同时也可以为村民提供交流园艺的空间场所，通过设计师提供技术方案支持，将废弃的小空间变废为宝，优化种植模式，

图11 驳岸栏杆美化；绿道系统的完善；竹篱笆增加乡野风貌

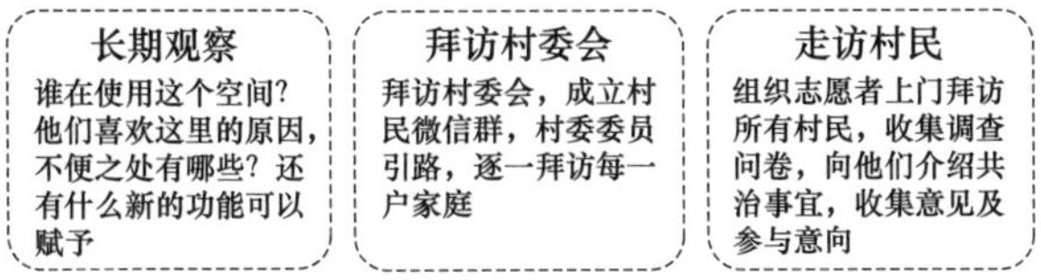

长期观察
谁在使用这个空间？他们喜欢这里的原因，不便之处有哪些？还有什么新的功能可以赋予

拜访村委会
拜访村委会，成立村民微信群，村委委员引路，逐一拜访每一户家庭

走访村民
组织志愿者上门拜访所有村民，收集调查问卷，向他们介绍共治事宜，收集意见及参与意向

图 12 前期调研流程

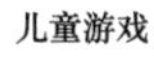

图 13 村民活动需求

图 14 村落门前庭院菜园

增加郊野公园野趣与参与度。在社区村落建筑的房前屋后空地庭院内结合休闲亭、秋千设置乡村社区花园菜地（图15），采用具有乡村特色的竹篱笆代替水泥围墙进行围合，在蔬菜瓜果藤蔓园围合的特殊性景观中体验自给自足的乐趣。除了观赏类的花园外也考虑入园有人的参与性，种植可食用品尝型包括野菜品尝中心、瓜果品尝园、中草药体验中心等，在立体层面考虑景观的观赏性，利用家里废弃的桌子、橱柜或混凝土砖块垒砌等进行藤蔓性植物的种植（图16、图17），保留并提升村落文化与村民原真生活。村民定期组织团体认领闲置地块进行生产类作物的种植（图18），通过专业指导居民参与实施、保证设计活动的科学性和完整性，实现乡村自治更新。

图 15 村落庭院门前庭院菜园与景观结合

图 16 废弃橱柜、桌子做垂直绿化

图 17 混凝土做垂直绿化，种植易打理的花草

图 18 废弃碗盆种植蔬菜

（2）健身花园

考虑到平时村民一般自发性地聚集在各家门口交谈，缺乏村民交流休憩的活动场地，基于此一方面在村委会等集中集散事务的建筑周边，利用其周边广场或社区之间的

弃用场地，布置健身设施，设计环路围合健身步道；另一方面用见缝插针的方式，选取合理场地的方式补充运动空间，根据现状球场，在球场周边设置配套休憩设施，发挥空间效用最大化，利用周边环境形成微型体育公园。另外在林下空地根据社区需要合理安排组织空间，在住宅院落中插入低强度、较安静的健身康复设施，解决不同年龄段村民对与体育活动场地的不同需求[13]。

（3）儿童乐园

考虑到村落人群年龄结构层大多为老人与儿童，在村落周边的边角空间、碎片空间等较被忽视的空间进行整合利用。根据儿童年龄分别详细设计活动场地，分为幼童和青少年的活动区域，设置游戏设施、攀爬有地形起伏的认知动物装置，并在场地周边增设座椅休憩。

4.3.3 从相关部门管理方面

通过一系列的设计操作及社会各部门之间的协调合作，基于社区空间微更新的良性运转，涉及多个利益方才能共同促进项目的开展运行，同时激发居民实现自治共治，从而完成自下而上的持续更新。作为我们设计师更应监督和维护微更新项目的可持续发展，全程参与方案的前期调研分析、具体设计及后期维护等环节[14]。

5 结语

社区空间微更新作为城市发展进程中的一环，对城市的精细化发展产生深远的影响，借鉴其发展模式，运用到郊野公园的乡村社区共治中去，促进乡村社区空间自发性的、缓慢的修补和优化，通过微更新元素的设计组合，在一定程度上促进郊野公园体系更加完善发展，推动村民公众参与和乡村生活的结合[15、16]。

参考文献

[1] 刘悦来. 中国城市景观管治基础性研究［D］. 上海：同济大学，2005.
[2] 马宏，应孔晋. 社区空间微更新上海城市有机更新背景下社区营造路径的探索［J］. 时代建筑，2016（04）：10-17.
[3] 刘悦来，尹科娈，魏闽，等. 高密度城市社区花园实施机制探索——以上海创智农园为例［J］. 上海城市规划，2017（02）：29-33.
[4] 刘悦来，尹科娈 魏闽，等. 高密度中心城区社区花园实践探索——以上海创智农园和百草园为例［J］. 风景园林，2017（09）:16-22.
[5] 刘悦来，许俊丽，尹科娈. 高密度城市社区公共空间参与式营造——以社区花园为例［J］. 风景园林，2019，26（6）.
[6] 阳建强. 城市中心区更新与再开发——基于以人为本和可持续发展理念的整体思考［J］. 上海城市规划，2017（05）：1-6.
[7] 刘佳燕，谈小燕，程情仪. 转型背景下参与式社区规划的实践和思考——以北京市清河街道Y社区为例［J］. 上海城市规划，2017（02）：23-28.
[8] 罗坤，苏蓉蓉，程荣. 上海城市有机更新实施路径研究;-《持续发展理性规划——2017中国城市规划年会论文集（02城市更新）》［N］，2017-11-18.
[9] 刘思思，徐磊青. 社区规划师推进下的社区更新及工作框架［J］. 上海城市规划，2018（4）28-36.
[10] 吴承照，方岩，许东新，郑娟娟. 城乡一体化背景下上海郊野公园社会共治模式研究［J］. 中国园林，2018（06）：28-33.
[11] 胡红梅. 大都市郊野地区村庄整治模式研究——以青西郊野单元为例［J］. 上海城市规划，2014（3）：50-54.
[12] 董衡苹，谢茵. 上海郊野公园村落景观风貌塑造规划研究——以青西郊野公园为例［J］. 上海城市规划，2013（08）：34-41.
[13] 宋若尘，张向宁. 口袋公园在城市旧社区公共空间微更新中的应用策略研究［J］. 建筑与文化，2018（05）：139-141.
[14] 侯晓蕾. 基于社区营造的城市公共空间微更新探讨［J］. 风景园林，2019，26（6）：8-12.
[15] 吴承照，方岩，许东新，郑娟娟. 城乡一体化背景下上海郊野公园社会共治模式研究［J］. 中国园林. 2018（06）：28-33
[16] 侯晓蕾. 基于社区营造的城市公共空间微更新探讨［J］. 风景园林，2019，26（6）：8-12.

作者简介

李婧，1981年生，女，本科，上海市园林设计院有限公司第二设计研究院副院长、高级工程师。研究方向风景园林。电子邮箱：876567259@qq.com。

诗意栖居

——朴门永续设计下的社区改造思路

Poetic Dwelling: the Community transformations train of Thought Below Design of Permaculture

唐芝玉

摘　要：本文从朴门永续设计概念着手，讲述新时代人们对于诗意栖居环境的追求，并介绍了朴门永续的设计起源、发展研究，明确了该理念在社区改造中的重要意义。并结合实际案例，探讨如何在社区改造中应用该理念，主要呈现在5个方面即划分片区，构建生命网络；雨水收集，水资源循环利用；废弃物回收再利用；可食种植，植物共生搭配；居民参与，社区循环可持续发展。以期对社区改造提供可操作性的实质建议与思考。
关键词：诗意栖居；朴门永续；社区改造

Abstract: Starting from the concept of Permaculture, this paper describes the pursuit of poetic dwelling environment in the new era, introduces the origin and development of Permaculture, and clarifies the significance of this concept in community transformation. Then it combined with the actual case, this paper discusses how to apply the concept in community transformation, mainly in five aspects, namely, dividing areas and building life network; rainwater collection, water resources recycling; waste recycling; edible planting, plant symbiosis and collocation; residents' participation, community recycling and sustainable development. In order to provide practical suggestions and thinking for community transformation.
Keyword: Poetic Living；Permaculture; Community Transformation

引言

Permaculture（中译为朴门永续设计、永续农业或朴门学）是由澳洲Bill Mollison和David Holmgren于1974年共同提出的一种生态设计方法。该原则主要体现在3个方面：照顾地球、照顾人类、分享多余。内涵是与自然合作而不是对抗，是长时间带着思考观察自然[1]。发掘大自然的运作模式，再模仿其模式来设计庭园、生活，注重生态系统的全部效用而不是只有一种产出；让系统自行演替，创造出一种不需要剥削环境与社会就能永续丰盛的新生活方式[2]。从朴门永续设计提出至今，该理念的应用也从家庭菜园扩散到农业种植、社区改造、生态保育等各方面，而人与环境的和谐关系则是不变的主题。

党的十九大以来，人民对优美生态环境的需要也备受重视，生态文明建设的新方案也将“人民的美好生活”与“生态文明”紧密相连。“以人民为中心”成为城市建设发展的时代要求，“坚持节约资源和保护环境的基本国策”也一并成为新时代中国特色社会主义生态文明建设的思想和基本方略。在新时代下，人们对于人居环境的追求也更上一层楼，追求诗意栖居——人景交融，绿色生态的生活方式。朴门永续设计十分切合时代主题，将生产、生活、生态融为一体，符合协调—绿色—开发—共享—创新5大发展理念。

关注人们生活，注重人们自身健康发展，创造高品质高质量诗意栖居的生活环境。因此，本文在诗意栖居目标下，阐述朴门永续设计在社区中的改造意义，并通过实例将朴门永续设计应用到社区改造中。通过划分片区，构建生命网络；雨水收集，水资源循环利用；种植可食植物，利用植物共生关系搭配；废弃物回收利用；居民参与，社区循环可持续发展5大策略达到社区环境改造升级，人与自然和谐发展的目标。以期对我国社区改造提供支撑与借鉴作用。

1 朴门永续设计发展研究

1.1 国外发展研究

朴门永续设计思想的最早可追溯到1911年美国经济学家Franklin Hiram King提出的永恒农业（Permanent Agriculture）的概念。随后，关键线设计、最大功率原理、不翻耕农作法、VAC系统、自然农法等理念和实践的出现，也促成了朴门永续设计概念形成。1974年，Bill Mollison和David Holmgren正式提出了朴门永续设计。

在接下来的几十年里，朴门永续设计在各国掀起了热潮，成为遍布全球的国际性社会运动。相关研究也接踵而至，如Penny[3]在1983年介绍了朴门永续的主要内容，认为是长久、永续发展的农业形式；Basiago[4]从印度尼西亚土著环境法律和政策制度出发，讲述朴门永续设计应作为一种土地利用治理模式。King，Christine A[5]强调生态和社区复原力的替代农业系统如朴门永续农业在传统农业和自然资源管理之间架起了桥梁。Ferguson和Rafter Sass等人认为朴门理念虽然与科学研究比较仍然相对孤立，但很多学者从多年生混养、水管理和农业生态系统配置等方面都提出了有效的科学途径[6]。Didarali和Zahra等人研究了朴门永续设计在南非和津巴布韦农村生计中的应用，认为该理念的设计改善了人类健康状况，增强了人们对环境变化的适应能力，降低了投入成本[7]。Holmgren在2019年新出版了《RetroSuburbia：降级者通向弹性未来的指南》中说明如何改造花园和社区，才能在不确定的未来变得更加自发、可持续和有弹性[8]。Stojanovic和Milutin从仿生哲学的角度辨析了综合农业和朴门永续农业，认为朴门永续农业较适宜于小规模农业[9]。Ferguson等人对美国朴门永续农场进行了多样化、劳动生产率和参与朴门永续农业之间的关系的评估，表明高水平的多样化使树木作物从任何类型的生产企业的最低劳动生产率转移到最高劳动生产率[10]。而其他新概念如可食地景、懒人农法等也在世界各地悄然兴起。

1.2 国内发展研究

朴门永续设计最早于2008年由Robyn Francis带到中国台湾地区，随后掀起了朴门永续设计热潮。而我国内地属于萌芽阶段，吴瑞宁[11]、王升歌[12]等人在村落改造中，根据民意进行可食地景规划设计，建设循环可持续环境。刘婧[13]、屈伊如[14]等人将朴门永续理念引入社区农园中，以激活老旧社区；许学文[15]等人主要运用“可食”思想，通过种植可供人类食用的植物种类来建造城市绿地。柳骅[16]、邢杰西[17]等人探索了朴门永续设计在城市居住区环境更新中的整合模式与方法。孙雅然[18]等人将可食用性思想应用于高校附属老旧居住区改造更新中，利用可操作的闲置绿地，划分区域设计。杨丛余[19]等人将朴门永续设计理念贯穿于城市农业公园规划设计，建立以多年生植物为主体的生物多样性系统。齐玉芳[20]提出建设都市农业型社区，提出6种典型的设计模式。熊月[21]、满颖[22]、张元[23]等人提出将朴门永续设计理念应用到生态农业及休闲农业建设中，改善现有的城市农场农业同质化、单一化的问题。

通过国内外研究梳理发现朴门永续设计主要应用在村落、社区改造、农业规划中，这其中最主要的则是社区环境改造。而国内相关研究多为理论性研究，对于实际操作不同维度的研究较少，因此本文从实地案例出发，在社区改造方面从大的分区入手，到雨水收集节能措施和群落搭配、居民参与等维度提出相应策略，以期为朴门永续设计在社区改造中的应用提供思路。

2 朴门永续设计在社区改造中的意义

随着新时代人们对于诗意栖居的追求，老旧社区环境已经不能满足人们对于生活更高层次的需求，而社区改造，其实质是协调人类与环境之间的关系。朴门永续设计重视系统各部分的相互依存关系，通过雨水收集、废弃物再利用、蔬菜种植等活动，在城市社区中建立人们观赏需求与自然生态之间的动态平衡[16]，能增加环境与居民之间的联系，提高社区环境的参与性和互动性，也能促进居民健康的发展。同时，朴门永续设计特有的自然田园气质能让久居城市的人们感受乡村田园，劳作的自然氛围，也为居民提供接触自然、学习自然、认知自然的机会。

朴门永续设计优先考虑社会学价值，为建立平等共享、归属感和凝聚力强的城市居住区起了重要的促进作用，保障了社会的和谐发展[24]。同时，朴门永续设计强调的自我创造、促进环境循环、公平分享等都是城市社区改造中以生产、生活、生态角度出发的设计方法，也是5大发展理念中的核心思想。

朴门永续设计理念强调人们的自发性创造，是一种自下而上的理念，倡导人们应多关注环境，自己动手改变，而不仅仅是依靠政府。该理念会促使人们思想的改变，加深人们对自然的理解，使之自觉地用实际行动保护环境。新时代下，以“人为中心”的城市社区改造，应该让人们自觉、自发的参与，实现自下而上和自上而下，双管齐下地让绿色生态理念落实到生活中。

由此可见，朴门永续设计理念在城市社区改造中有着重要的意义，对居民而言，从思想上和行动上自发的参与到生态环境保护中。自己动手参与社区建设，促进社区居民交往，也增强了社区安全性，提升社区活力，实现追求诗意栖居理想生活。对社区环境而言，既减少了维护工作，也更好地促进了社区内物质循环再利用，为其他生物创造了适宜的生态环境，使社区环境能持续发展。

3 以重庆市沙坪坝篱岛生态小区为例的朴门永续设计理念在社区改造方面的应用

3.1 篱岛生态小区现状概况

篱岛生态小区位于重庆市沙坪坝天星桥（图1），该小区靠近沙坪坝档案馆，周边有新光天地幼儿园、福源幼儿园及其他小学，是典型的单位附属老旧小区。

小区内部（图2），存在植被茂密，空间郁闭，设施老化，活动空间不足，可进入性不强，水质不好等问题，导致小区老人、儿童活动受限，虽然有绿地，却无法利用。

本次改造也主要以社区中央的绿地为主，面积约为3000m^2。主要运用朴门永续设计理念，修整绿地树木、增设活动空间、结合雨水收集、废弃物再利用、种植观赏性蔬菜。既提高景观效果，又有实用价值，同时可以让居民参与到种植过程中，增加互动性与体验性。

3.2 朴门永续设计下的改造思路

朴门永续设计理念希望将蔬菜等可食植物带回到社区，充分利用社区中的土地，对建筑物重新设计、改造或翻新以节省资源或收集资源再利用，将节能策略和太阳能技术应用到雨水收集、防风防雨、廊架、低成本运输等生产生活中。同时，社区管理维护也是极其重要的一个环节。

3.2.1 划分片区，构建生命网络

朴门永续理念采用有效率的能源规划，将社区分为5个片区。果树可作为每一排建筑物和每个房子之间的廊道，而第3区和第4区的四周可以设计蓄水设施。被废弃的社区也可以依照这类型的模式重新规划。

（1）第一区：家和耕种食物的花园。

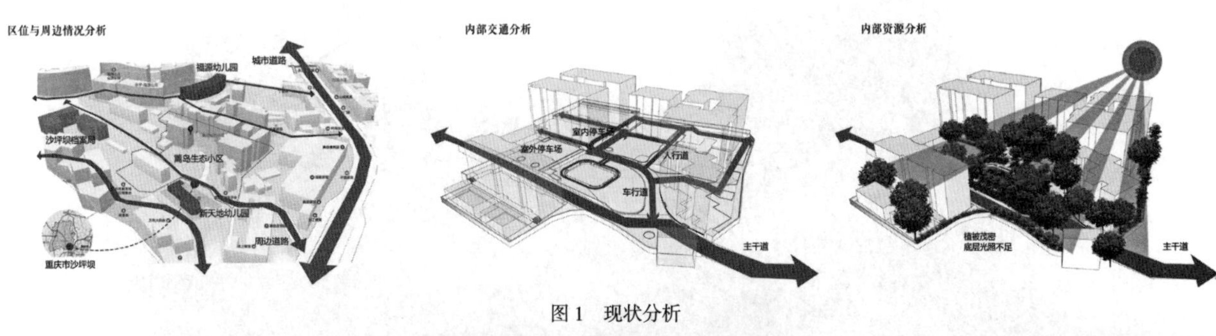

图1 现状分析

图2 现状照片

（2）第二区：果树、步道、有安全界限的开放空地。

（3）第三区：比较大的开阔空地和社区花园，可作为主要蔬菜作物生产区。

（4）第四区：防护区，防风林带等。

（5）第五区：保留一些原生植物作为野生动物的廊道或是自然保护区，或是各区之间的边界。

因此，根据居民楼与绿地的位置，以及现状植被情况，居民需求，划分为5个片区（图3），即：居住生活区、花园种植区、果蔬种植区、丛林探索区、园艺探索区。

居住生活区阳台可种植一些日常蔬菜如细香葱等，同时可利用防水布做一些简易的雨水收集措施，如图4所示，用于浇花，浇蔬菜等。

花园种植区，主要种植观赏性花卉果蔬，美化社区环境；果蔬种植区主要种植居民日常可采摘食用的果蔬，以食用为主，同时可以让居民参与种植过程，体会乡村田园劳作的氛围。丛林探索区和园艺探索区主要保留现状植被，增设活动空间，提高该区域的使用率。

以上各分区相互联系，模仿自然植被搭配，构建多样生境，也吸引更多动物，促进物质循环、能量流动，构建社区生命网络，如图5所示。

图3 功能分区

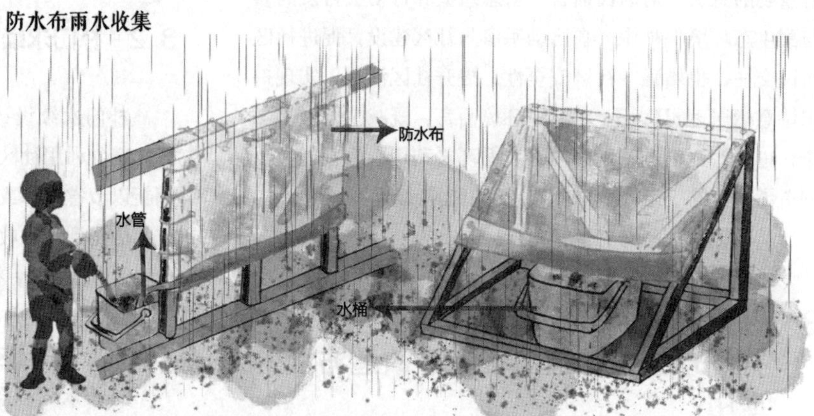

图4 防水布雨水收集

图5 社区生命网络

3.2.2 雨水收集，水资源循环利用

社区中水资源循环利用主要从雨水收集过滤，厨房、浴室中水收集过滤等几个方面入手。利用社区管网与废弃的铁桶、轮胎和社区水池、小溪、池塘等构成整个社区内部的水资源循环系统。注重植物搭配，过滤吸收雨水、中水中的有机物，起到水资源净化的作用。水净化后最终汇入池塘存储，用于蔬菜灌溉等，从而实现水资源的循环利用。

对现有水体进行改造，增加小溪流，结合雨水管网，将废弃大桶、轮胎，做成雨水储存和过滤装置，实现雨水收集，循环利用。如图6所示，屋檐的雨水可通过储水桶收集，过多的雨水可通过溢流管渗入地下，或连接到吸收沟渠，然后导入用轮胎做的庭池中蓄水，再一次过滤，多余的水和地表径流也可沿着种植湿地植物的溪流进行过滤，最终流入蓄水池塘，用于后期浇花等。

3.2.3 可食种植，植物共生搭配

植物选择上，多选择可食性植物如细香葱、番茄等。在社区不同区域也应有所区别，如在建筑附近，阳台、屋

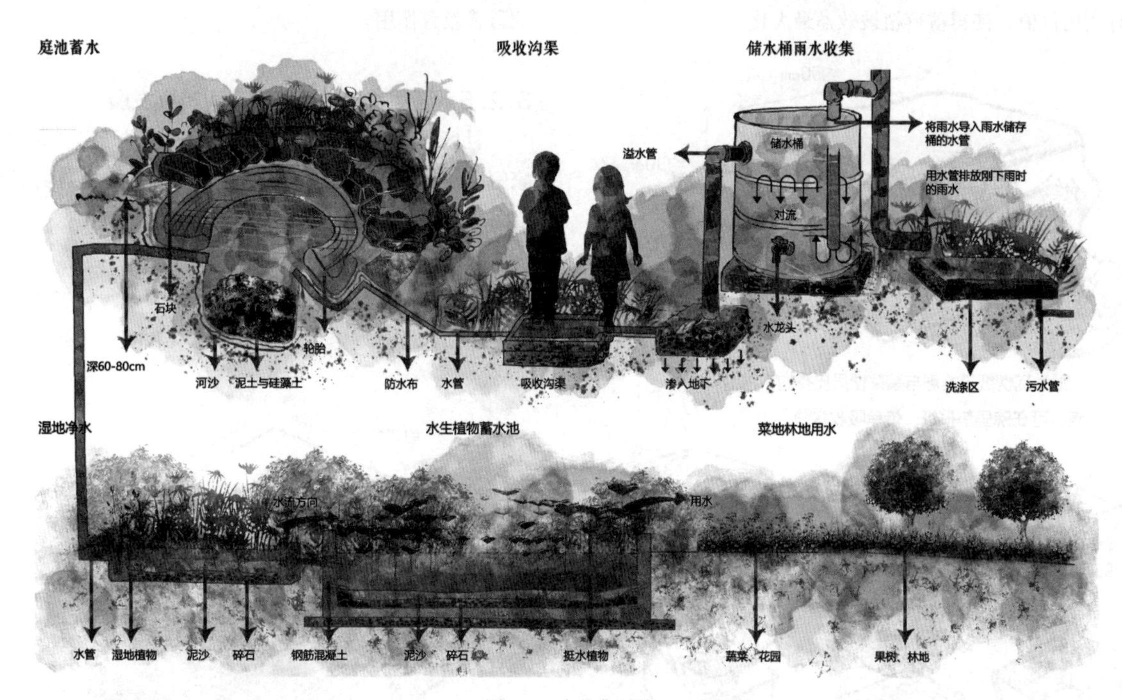

图6 雨水收集系统

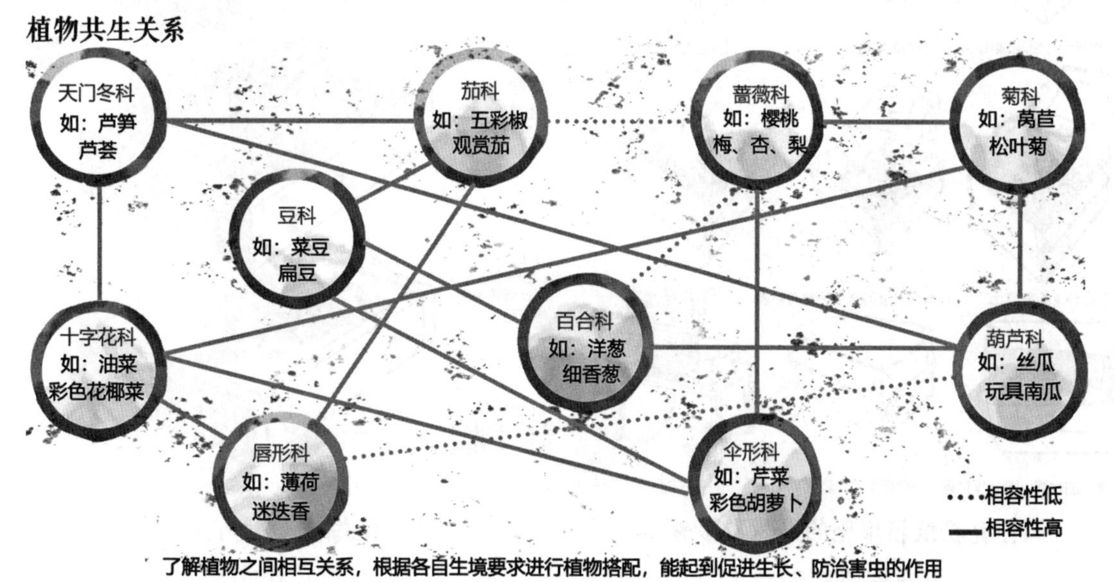

图7 植物共生关系

顶可以利用废弃的容器做成塔形、螺旋形、方形菜园[25]或种植池、花盆等，种植一些日常香料类植物如薄荷、细香葱、芹菜等，离厨房近，便于采摘。在社区花园中可将观赏性植物和可食性植物分区种植。

社区植被的搭配也要根据植物共生关系如图7所示，物种间相容性高的植物搭配则生长较好，如菊科的莴苣与十字花科的包菜、羽衣甘蓝等种植在一起可相互促进生长，防治病害。因此各个片区的植物搭配要考虑种间关系，同时多选择一些具有观赏性的果蔬植物，既有观赏价值又有实用价值，使得群落植被效益最大化。

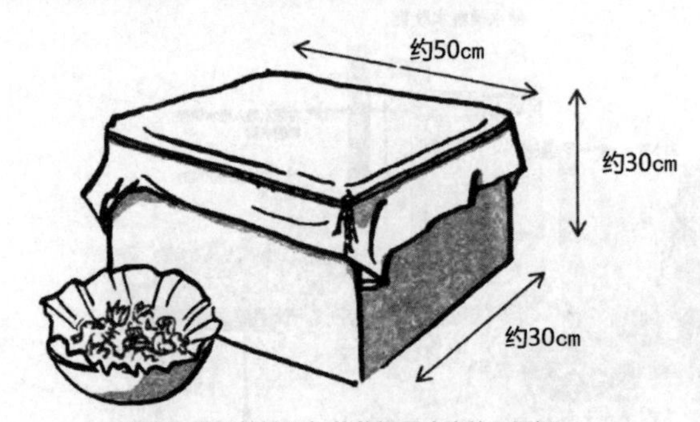

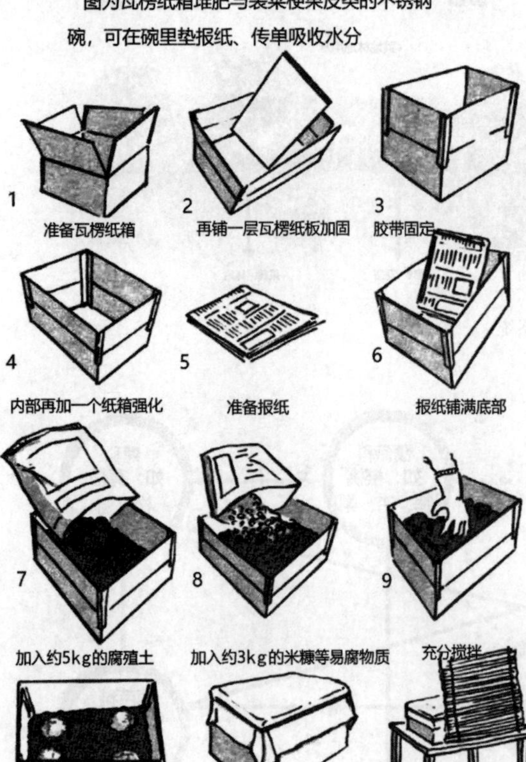

图 8　瓦楞纸箱堆肥

（资料来源：《懒人农法第1次全图解》）

3.2.4　废弃物回收利用

社区的废弃物如食物、木材、纤维、织品、落叶等易腐废弃物，可采用简单的堆肥方式，如种植前，可以将枯枝落叶，果皮纸屑等做成土壤的覆盖物，层积堆肥发酵[25]，增加土壤内部的营养物，对后面种植蔬菜也有很大帮助。而日常的易腐垃圾可利用废弃的瓦楞纸箱堆肥如图8所示，也可利用生物如蚯蚓，进行堆肥发酵，如图9所示。

废弃物的回收利用，不仅可以减少垃圾运输处理的耗费，而且能为土壤带来更多营养物质，在实践操作中也起到科普教育作用。

3.2.5　居民参与，社区循环可持续发展

社区居民要建立归属感，应互相提供帮助和鼓励，将家庭工作和休闲整合在一起，扩大交流的可能性并且使人们乐在其中，减少不可再生资源的使用。利用这种方式来创造永续且赋予价值的社区生活。

社区居民应相信彼此在各领域的专长，属于公共和个人的隐私的区分划定也需要详细定义和阐明。社区居民共

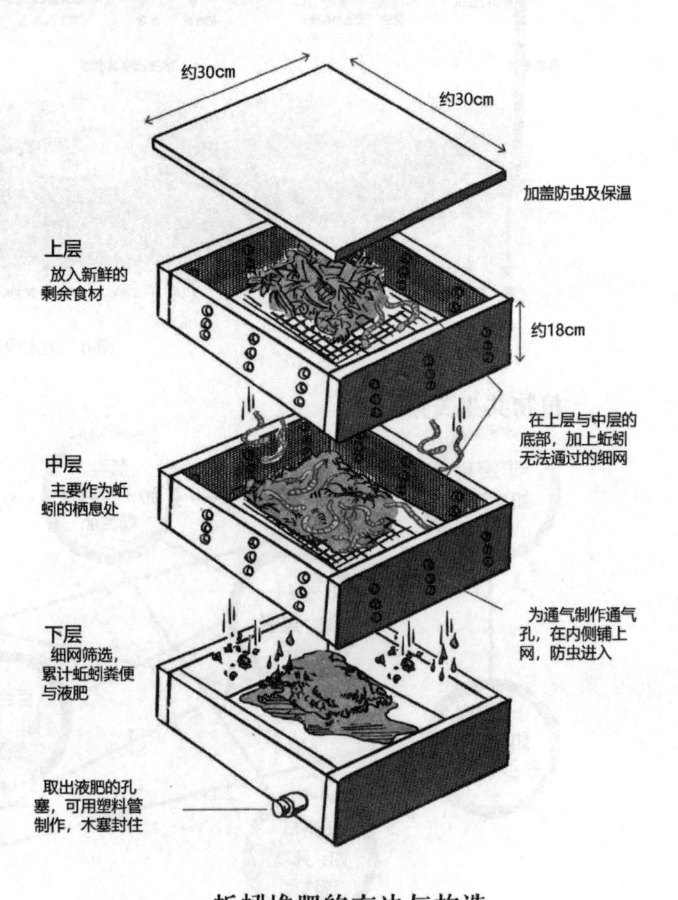

图 9　蚯蚓堆肥

（资料来源：《懒人农法第1次全图解》）

同讨论各类问题，分小组分配责任，有效率地达到目的。也可以请他人协助成立园艺社、志愿工作小组等，借由他人帮忙规划，以创造永续、自给自足的生活方式。

社区改造后，主要种植为蔬菜，养护可结合社区居民特别是老人、小孩成立专门的委员会，对社区植被进行日常管理，而社区蔬菜的产出也归居民所有。而废弃的树枝、菜叶等也可以就地堆肥，注重生态系统的全部效能，让废弃物都能发挥其价值。通过社区居民的参与，实现人与自然的互动，促进居民特别是老人、小孩身心健康，增加接触自然的机会，才能让社区循环可持续发展，实现诗意栖居的目标。

4 结论

我国城市发展已到存量阶段，在旧城更新，特别是老旧住区更新中，更应该运用朴门永续理念，提倡资源节约利用，实现生态系统输出与输入动态平衡，创建绿色、低碳的环境友好型社会。在人们追求诗意栖居的目标要求下，朴门永续设计给人创造了一种可理解、操作性强的生活方式。关注自然、关注人们生活，注重人们自身健康发展，模仿大自然运作规律，创造高品质高质量诗意栖居的生活环境。在实际操作中，可以从划分片区，构建生命网络的整体入手；建立雨水收集系统，利用废弃物价值；注重植物中间的搭配，实现植被搭配互利互惠，群落搭配效益最大化；提高居民参与性，让居民持续参入社区建设，实现循环可持续发展。

参考文献

[1] 比尔·莫利森. 李晓明，李萍萍，译. 永续农业概论［M］. 镇江：江苏大学出版社，2015.

[2] 罗斯玛丽·莫罗. 地球使用者的朴门设计手册［M］. 中国台湾：大地旅人（台湾）出版社，2012.

[3] Penny S. Permaculture: practical design for town and country in permanent agriculture[J]. Ecologist, 1983,(2-3):88.

[4] Basiago.Sustainable development in Indonesia-a case-study of an Indigenous regime of environmental-law and policy. International journal of sustainable development and world ecology[J], 1995, 2(3): 199-211.

[5] King, Christine A.Community resilience and contemporary agri-ecological systems: Reconnecting people and food, and people with people. Systems research and behavioral science[J], 2008, 22(1): 111-124.

[6] Ferguson, Rafter Sass.Permaculture for agroecology: design, movement, practice, and worldview.A review.Agronomy for Sustainable development[J], 2014, 34(2): 251-274.

[7] Didarali, Zahra.Permaculture: Challenges and Benefits in Improving Rural Livelihoods in South Africa and Zimbabwe. Sustainability[J], 2019, 11(8).

[8] 戴维·洪葛兰. RetroSuburbia：降级者通向弹性未来的指南［M］. 梅洛多拉出版社，2019.

[9] Stojanovic, Milutin. Biomimicry in Agriculture: Is the Ecological System-Design Model the Future Agricultural Paradigm?. Jornal of Agricultural & Environmental Ethics[J], 2019, 32(5-6): 789-804.

[10] Ferguson, Rafter Sass. Diversification and labor productivity on US permaculture farms. Renewable Agriculture and Food Systems[J], 2019, 34(4): 326-337.

[11] 吴瑞宁. 永续设计理念下可食地景的应用研究［D］. 山东农业大学，2017.

[12] 王升歌. 在地永续理念下海草房传统村落公共开放空间研究［D］. 山东建筑大学，2018.

[13] 刘婧，秦华. 基于朴门永续理念下社区农园的生态设计解析——以阳曲农场为例［J］. 西南大学学报（自然科学版），2017，3909：167-172.

[14] 屈伊如. 长沙市开放型老旧社区农园的可行性研究［D］. 湖南农业大学，2018.

[15] 许学文. 当代风景园林发展中的可食景观思想与实践研究［D］. 湖北工业大学，2017.

[16] 柳骅，赵秀敏，石坚韧. 朴门永续农业在城市生态住区的发展策略与途径研究［J］. 中国农业资源与区划，2017，38（07）：188-194.

[17] 邢杰西. 基于朴门永续设计理论下的居住区景观新模式研究［D］. 沈阳：沈阳农业大学，2016.

[18] 孙雅然. 哈尔滨市高校附属老旧居住区可食用性景观设计［D］. 东北农业大学，2019.

[19] 杨丛余. 基于朴门永续设计理念的城市农业公园规划设计研究［D］. 西南大学，2016.

[20] 齐玉芳. 都市农业型社区建设［D］. 天津大学，2012.

[21] 熊月，刘自强，赵飞，危晖. 朴门永续设计对中国城市生态农业的启示［J］. 西南师范大学学报（自然科学版），2019，44（07）：37-45.

[22] 满颖. 朴门永续理念下的生态农场设计探讨［D］. 中国林业科学研究院，2015.

[23] 张元. 朴门永续理念下的休闲农业规划设计研究［D］. 浙江农林大学，2019.

[24] C. E.Mancebo,G. De la Fuente de Val. Permaculture,a Tool for Adaptation to limate Change in the Communities of the Laguna Oca Bio-sphere Reserve[J]. Argentina. Procedia Environmental Sciences, 2016, 34(4): 62-69.

[25] 设乐清和. 懒人农法第1次全图解［M］. 果力文化出版社，2013.

作者简介

唐芝玉，1997年生，女，硕士，重庆大学建筑城规学院，学生。研究方向为风景园林规划与设计。电子邮箱：1558994710@qq.com。

诗意昙华林
——慢行系统下的历史街区更新设计

Poetic Tan Hualin:
Update Design of Historical Block Under Slow Motion System

刘婷瑶

摘 要：昙华林街区是承载和记录武汉悠久历史文化传统和特殊历史发展进程的重要区域。有特殊城市肌理、传统街巷空间特色、历史建筑遗存、独特的文化价值与发展优势。为了体现昙华林历史文化街区的特色，本文从风格定位、整体景观规划设计、系统规划设计和标志性景观详细设计四方面并结合城市慢行系统对昙华林街区进行更新设计。

关键词：昙华林；历史街区；城市慢行系统；更新设计

Abstract: Tan Hualin district is an important area that carries and records the long history, cultural tradition and special historical development of Wuhan. It has special urban texture, spatial characteristics of traditional streets and lanes, remains of historical buildings, unique cultural value and development advantages. In order to reflect the cultural characteristics of the historical and cultural district by Tan Hualin, this paper carries out an updated design for the district of Tan Hualin from four aspects: the style positioning, the overall landscape planning and design, system planning and design and detailed design of landmark landscape.

Keyword: Tan Hualin; Historic District; Chronic System; Update the Design

引言

昙华林街位于武昌花园山以北，凤凰山以南，东起中山路，西至得胜桥，全长约1200m，是明洪武四年（1371年）武昌城扩建定型后逐渐形成的一条老街。有着武昌最多、保存最完好的近代建筑，是武汉近代文化的缩影[①]。"诗意昙华林"的主要意义蕴含在"昙华"二字里，传自印度梵文译音，"林"即"居士林"简称。有关昙华林的传说有两种，第一种，巷内有花园，大多种植的是昙花，因为多而成林，加之古时"花"与"华"是通假字，故而得名。第二种，巷内多住种花人，一坛一花，蔚然成林，后来"坛"传为"昙"，遂有昙华林[②]。

昙华林历史文化街区拥有丰富的历史文化资源。近年来，慢行系统建设在许多城市方兴未艾，不仅解决了城市中的步行系统缺失和不通畅、城市公共空间不串联等问题，而且满足与城市生活相关的市民游览、健身等基本需求。通过多元的公共空间组织和城市居民参与性活动功能的叠加，引领城市区域性的活力开发方面起到积极作用[③]。文章以慢行系统为基础，结合历史街区的更新设计，从昙华林的风格定位、整体景观规划设计、系统设计和标志性景观详细设计4个方面的内容进行阐述。

---

① https://baike.baidu.com/item/%E6%98%99%E5%8D%8E%E6%9E%97/9550906?fr=aladdin
② https://baike.baidu.com/item/%E6%98%99%E5%8D%8E%E6%9E%97/9550906?fr=aladdin
③ 宋振华，陈红，陈春媚．城市慢行系统的复合设计——以胶州市澳门路步行桥为例［J］．建筑与文化，2019（10）：150-153.

1 昙华林的风格定位

1.1 昙华林设计理念

昙华林以生产、生活、生态“三生融合”和产业、文化、旅游、娱乐“四位一体”为建设理念，将昙华林历史街区更新设计与“全域旅游”“历史IP”“文化IP”、业态活化、功能区划相结合，打造独具吸引力，较难复制且可持续发展的历史街区文化景观，为新时代的文旅项目打开新的思路。

对昙华林街道记忆：先有昙花，后有花园，依山而建，民居错落，互为参差。忆过往，位于老武昌的东北角，地处花园山北麓与螃蟹岬（亦名城山）南麓之间，随着两山并行呈东西走向。历史上的昙华林是指与戈甲营出口以东地段。1946年，武昌地方当局将戈甲营出口以西的正卫街和游家巷并入统称为昙华林后，其街名一直沿袭至今。现在项目地块由中山路与昙华林路两条街道组成。既具传统风貌，又具现代化功能，成为多元文化交融荟萃的商业街区。

昙华林的特色在于近50栋风格各异的历史建筑，它们带给街区浓厚的历史感，毗邻的湖北美术学院和武汉音乐学院给街区注入了艺术的血液，街区和社区的重合赋予昙华林的街巷文化，大量原住居民为昙华林增加了生活气息。改造后的历史建筑应该适度开放，同时建设文化馆、历史陈列馆、博物馆等，充分发挥文化旅游资源的优势。引进特色文化公司，如特色书店、国学馆、艺术工作室等，形成与居民生活相关的文化创意产业。大力挖掘社区传统技艺资源，只有让居民完全融入社区建设，才能有源源不断的活力。只有不断深入挖掘和充分利用原有文化，大力发展集旅游、艺术教育、文化展览、传统技艺和现代艺术相结合的多元产业，走产业发展和城市原生态生活紧密结合的发展道路，昙华林才能保持生机和活力，恢复它本应有的文化影响力。

1.2 昙华林品牌定位

把握城市发展机遇，找准品牌定位。昙华林的动人之处不在于它有多少历史建筑，也不在于其艺术产业发展得多么壮大，而在于一种城市生活方式、一份岁月沉淀下来的厚重感。应该保持民风民俗，将高雅艺术和传统民间艺术深度结合，深入挖掘旅游文化资源，修复或重建历史建筑，并以旅游文化资源为导向，发展兼具传统艺术和现代艺术的文化创意产业，这样才能显示出一个多功能、全方位、富有艺术气质的城市街区，从单纯的“历史街区”“文化产业园区”，回归到一个有完整“生命”和健全“人格”的城市社会。内生型产业和外来文化产业应该良好结合，应将昙华林定位为城市文化共同体而非单纯的艺术村或创意园区，更不能是商业街区。

充分挖掘文化积淀，实现产业扩张。当前昙华林主要的经济发展方向是艺术品市场和汉绣产业，但这二者都没有发展成为优势产业，更多的店铺都着眼于餐饮和购物行业，一旦失去文化支撑，就会因变为普通商业街而丧失其文化名片的特色。

昙华林发展机遇与思考：（1）全方位系统化的品牌形象塑造。历史文化街区的保护和开发已经成为城市提升文化综合实力的重要手段和城市展示形象的窗口。昙华林要赢得知名度，提升美誉度必须全方位系统化发地进行品牌形象塑造。目前昙华林由政府街道办和文旅公司联合运营，虽取得一定成效，但品牌效应还不够。（2）利用好传统媒体，创新传播形式。传统媒体依然有价值，尤其区域性媒体是建立当地居民品牌价值认同的首选，其根植于当地风土人情，了解市民生活，最能与受众产生共鸣。拍摄制作昙华林的品牌形象片在电视台的相关频道和公交、地铁、机场等地的视频终端播放，成为展示窗口。（3）完善“一网、两微、一平台”自媒体建设，增加受众互动。微信公众号、官方微博和短视频平台应该由专门团队运营，不仅将自媒体作为一种工具，而是要将其内化到品牌发展当中，形成自己的特色，官方微博就可以是品牌符号象征。自媒体传播最重要的是加强内容建设，不管技术如何日新月异，最终能够沉淀下来与受众对话的就是内容，一定要有高质量、贴近受众需求和具有特色的内容。（4）依托VR等新技术，提升吸引力。目前在昙华林历史文化展览馆中部分使用了VR等技术，并设置有触屏，可以点击浏览历史建筑相关的信息。（5）活动落地，借助社交媒体，发挥粉丝效应。线下的实体活动和线上的传播推广密切结合，将线上的关注度转化为线下直接的体验。

1.3 昙华林慢行系统定义

慢行理论贯穿于20世纪后期，是为应对资本主义城市危机而产生的。是相对于快速的机动车交通而言的低速交通方式。精确的定义是指出行速度不大于20km/h的交通方式，包括步行交通和自行车交通。针对行人和骑车人的需求，以步行或自行车、电动车出行方式为基础打造的安全舒适的出行系统。个人休闲需求方面可以依托慢行路、人文景区和公园广场而设立都市型慢行系统，依托城镇外围的自然河流、小溪和景区而设立郊野型慢行系统。慢行系统可以缓解机动车交通压力，减少资源浪费和汽车尾气，与城市风貌、商业紧密结合，提升生活品质。慢行系统的特点是出行成本低、污染少、占用道路面积少、优美的环境能够达到放慢生活的速度的目的。但是安全性较差、受气候因素影响较大、管理难度大。

2 景观规划设计分析

2.1 场地分析

昙华林位于湖北省武汉市武昌区，融合文化、创意、休闲产业多重元素。项目地块距离武昌火车站3.5km、汉口火车站13km，距离光谷商圈15km、汉商圈12km，距离天河机场33km，拥有便捷的交通。从旅游角度分析，湖北方向基地距离武昌大学城即武汉都市旅游片区约10km，约0.5h车程；距离麻城及周边城市约100km，约1.5h车程；距离宜昌市即江汉平原乡村旅游片区360km，约4.5h车程；距离十堰即鄂西生态旅游片区425km，约5h车程；距离河南方向信阳市2h车程；距离安徽六安市即鄂东旅游片区4h车程。本次景观方案设计基地为昙华林正街与中山路交汇处，是昙华林历史文化街区的东部门户区域，用地面积约2685m^2。

2.2 昙华林设计策略

根据昙华林历史街区的风格定位，得出以下设计分析与策略，分别是表1规划策略，表2设计需求分析，表3设计策略分析，表4旅游人群分析。

规划策略　　表1

全方位	文化创意体验	当地建筑风格	本地特色景观	本地演艺节目
差异化	形象差异化	服务差异化	视觉差异化	产品差异化
复合型	产品复合	主题复合	功能复合	形象复合

设计需求分析　　表2

政府层面	降低资金成本	节约时间成本
城市层面	提升城市整体环境	场地差异化设计
居民层面	优化环境质量	增加活动空间

设计策略分析　　表3

低成本	设计导向	营造空间	控制材料
统一城市环境	统一规划设计	统一材料	统一施工
考虑城市功能	考虑公共设施	考虑商业功能	考虑活动需求
提升环境质量	结合周边环境	塑造特色景观	打造文化地域场所
提升种植策略	考虑种植成本	筛选适宜植栽	组合植栽搭配
丰富场地功能	根据场地环境设计	为不同人群设计	为不同活动形式设计

旅游人群分析　　表4

心理需求	出游动机	旅游偏好
远离喧嚣、放慢节奏、回归自然、让心出游	亲山亲水亲自然、融入自然、追求平和、宁静、舒心的意境	生态旅游
远离高楼、体验原乡，记住乡愁	寻找真实、地道的古朴生活体验	乡村旅游
对出行自主性、方便性、灵活性需求	释放自我寻找新鲜感增加情义	自驾游、背包游
高压环境、亚健康状态下对健康的需求	在旅途中养生，给身体一个健康的机会	养生旅游
缓解一周工作生活压力、出行方便灵活。轻松出游	摆脱城市的喧嚣、工作时间限制、追求高生活品质和精神需求	周末游
对冒险刺激的需求	寻求未知性和不定性的旅游方式、满足探险的成就感	户外探险旅游
对革命历史的敬仰回顾历史、感受红色精神	回顾历史、感受红色精神	红色旅游
提升自我修养，培养精神信仰	寻找文化之源、感受文化鼓舞	文化旅游
民俗节庆的体验、感受	寻找真实、地道的风土民俗	民俗旅游
青年人对个性化的追求或特殊兴趣	寻找与众不同的旅游风格与路线	私人定制的主题游
注重体验、以消磨时间来放松身心	重过程体验、慢节奏、慢心情	慢旅游、休闲游
人们对将去旅游目的地提前了解计划的一种内心安全感需要	电子信息时代下、追求旅游网上信息和空间旅游的融合	云旅游＋智慧旅游

3 昙华林街区系统设计

结合慢行系统和对昙华林历史街区的风格分析，设计昙华林地块。在街道空间统筹安排各类自行车停放、垃圾桶座椅，路灯等。需在局部设计停车场，保证行人通行空间满足消防需求。街道改造设计使街道单侧的人行道与建筑前广场形成公共空间带，为行人和自行车提供充足的通行空间（图1～图5）。将慢行道设计为彩色，使不同的颜色慢行道具备不同的使用功能。融合城市景观，在道路两侧设计骑行道、漫步道和跑步道，激发公共活力。

慢行系统充分考虑使用者的使用需求，将功能分为行人活动街区、骑行者活动街区、机动车活动区域和运营服务者活动空间4类。在行人活动街区中设置人行道、交

图1 平面方案图①

图2 平面方案效果图①

叉口、过街设施、盲道、标识牌、交通信号灯、路缘石、缘石坡道、照明设施、座椅、遮阳避雨棚、垃圾箱和绿化景观。在骑行者活动空间中设置非机动车道、隔离带、非机动车等候区、分流道、非机动车信号灯、骑行者标识、非机动车停车标识牌、非机动车过街标识、非机动车停车架、非机动车停车场。在机动车活动区域设置机动车道标识、停车道、信号灯、机动车路线标识、机动车地面标识、护柱、人行道桩、机动车减速设施、停车线、路缘石和监视摄像头。在运营服务者活动空间设置专用的售卖亭、座椅、直饮水设施与垃圾回收、照明设置、专用停车位、标识牌铺装和减速带（表5）。

图3 鸟瞰图①

图4 夜景图①

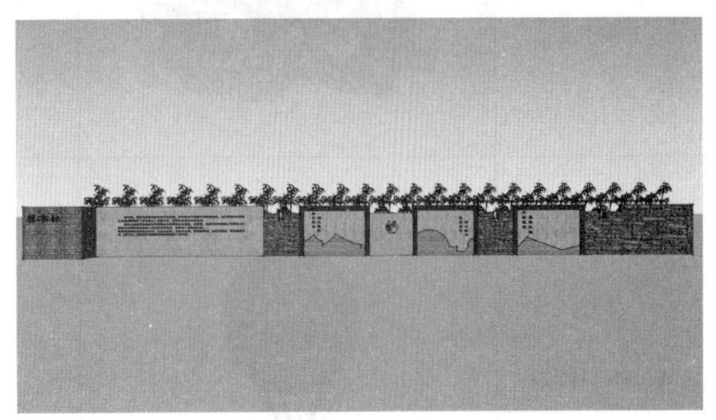

图5 景墙图①

4 结论

本文通过分析昙华林的区位背景、历史文化，制定相应的设计策略。确定昙华林的风格定位，并提出“三生融合”和“四位一体”的建设理念。分析城市发展机遇、挖掘文化积淀、并思考昙华林的机遇与发展，寻找昙华林的发展方向为全方位系统化的品牌形象。利用传统媒体、新媒体和活动传播和宣传昙华林的文化。从“历史街区”“文化产业园区”回归一个具有“完整生命”和“健全人格”的城市社会，并基于此设计昙华林街区。

① 图纸为林秋诗、王紫灵、田阔、赵文君、刘婷瑶绘制。

景观小品三视图 表5

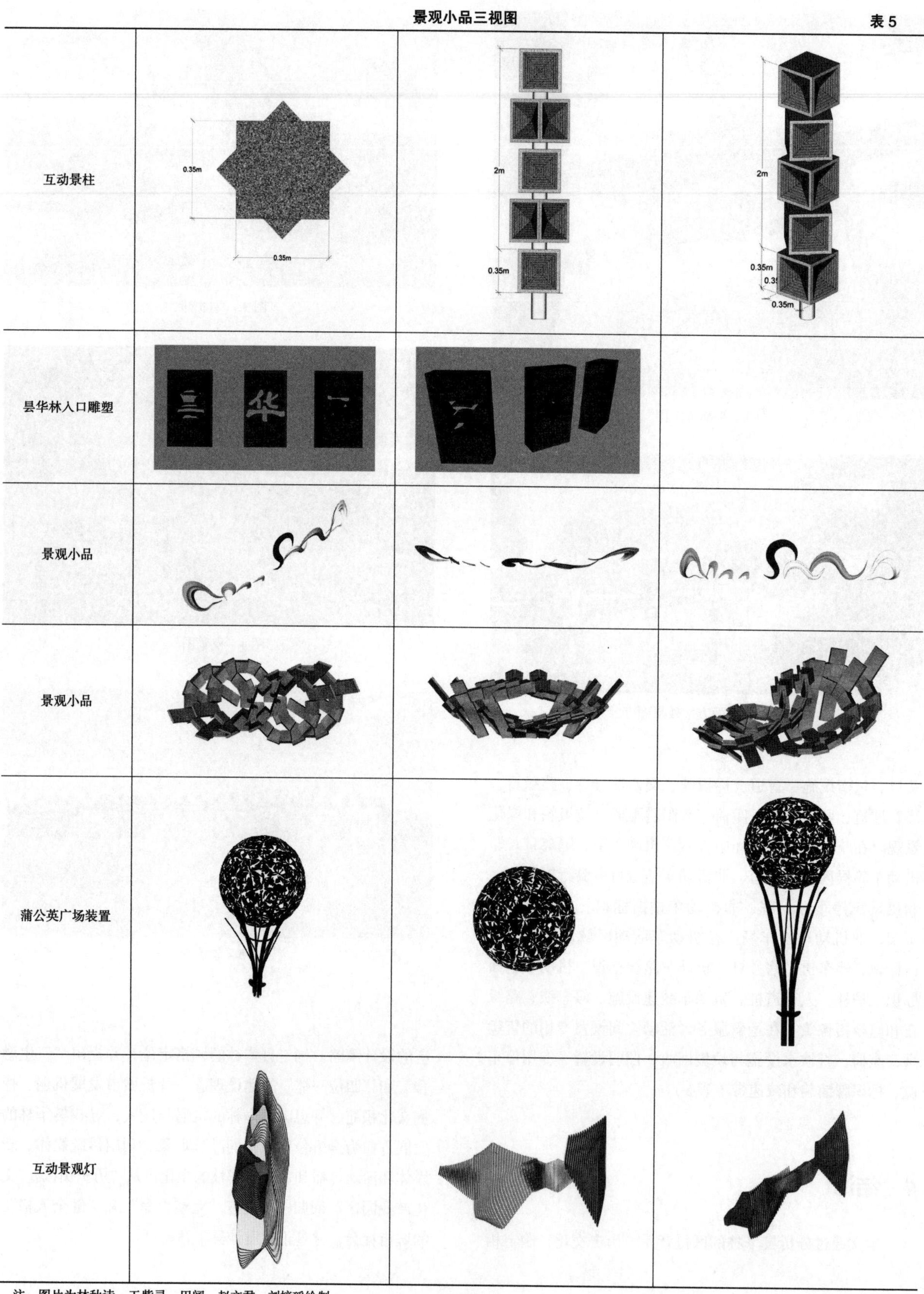

注：图片为林秋诗、王紫灵、田阔、赵文君、刘婷瑶绘制。

参考文献

[1] 宋振华，陈红，陈春媚. 城市慢行系统的复合设计——以胶州市澳门路步行桥为例 [J]. 建筑与文化，2019 (10)：150–153.
[2] 马莉. 关于保护利用武汉昙华林历史文化街区的思考和建议 [J]. 决策与信息，2019 (12)：67–72.
[3] 刘立坤. 文化景观视角下的历史街区外部空间探析 [A]. 中国风景园林学会. 中国风景园林学会2017年会论文集 [C]. 中国风景园林学会：中国风景园林学会，2017：645.
[4] 刘海岩. 近代以来武汉昙华林地区城市形态演变及动因研究 [D]. 华中农业大学，2016.
[5] 朱圆玉润，程晓梅，郑加伟. 文化创意背景下的历史街区变迁及发展研究——以武汉市昙华林为例 [J]. 华中建筑，2015，33 (12)：171–176.
[6] 李慧蓉. 武汉历史街区再生式保护、更新研究 [D]. 华中科技大学，2006.

作者简介

刘婷瑶，1993年生，女，中国地质大学（武汉）硕士研究生在读。研究方向为景观规划设计。电子邮箱：Tirooo@163.com。

美丽乡村建设

村民参与为主体的美丽乡村环境建设

——以湖北省红安县柏林寺村为例

Villagers' Participation in the Construction of Beautiful Rural Environment: Taking Bolin Temple Village in Hong' an County, Hubei as the Example

吴 雯 张 婧 邓力文 王忠杰

摘 要：从风景园林学科角度，对中国现有美丽乡村建设中环境景观规划设计模式进行分析总结，发现大多数美丽乡村建设都是基于乡村本身，具有一定的自然或人文资源，加以科学规划设计与策划运营，使乡村成功转型升级。但是我国大部分乡村地处偏远、资源匮乏，在预算有限、物资缺乏的情况下，乡村环境景观设计首先应符合实际情况，规划设计原则首先是经济的、可持续的，然后才能满足美学要求。以湖北省红安县柏林寺村为例，探索在共同缔造理念下，如何充分发挥村民在美丽乡村环境景观设计与建设中的主体性、积极性与创造性，让村民对乡村振兴有归属感、责任感和认同感。

关键词：风景园林；美丽乡村；共同缔造；环境建设；主体性

Abstract: From the perspective of landscape architecture, this paper analyzes and summarizes the existing environmental landscape planning and design modes in the construction of beautiful rural areas in China. It is found that most beautiful rural constructions are based on the village itself with certain natural or human resources, and are scientifically planned, designed and operated, successfully transforming and upgrading the village. But most of China's rural areas are remote and resources are scarce. With the limited budget and lack of materials, the design of rural environmental landscape should first meet the actual situation, and the principles of planning and design are economic, sustainable, and then aesthetic requirements. This article takes Bolin Temple Village in Hong'an County, Hubei as the example, and explores how to give full play to the subjectivity, enthusiasm, and creativity of villagers in the design and construction of beautiful rural environmental landscapes under the concept of co-creation, so that villagers would have a sense of belonging, responsibility and recognition for rural revitalization.

Keyword: Landscape Architecture; Beautiful Countryside; Co-Creation; Environmental Construction; Subjectivity

1 背景

2012年党的十八大报告提出："要努力建设美丽中国，实现中华民族永续发展"[1]，这是中国首次提出"美丽中国"的概念。2013年中央一号文件，提出建设"美丽乡村"的奋斗目标，加快美丽乡村建设的步伐才能实现美丽中国的目标，这也是新型城镇化的新要求。2017年习近平总书记在十九大报告中提出实施"乡村振兴"战略，并指出农业、农村、农民问题是关系国计民生的根本问题，要始终把解决好"三农"问题作为全党工作重中之重，加快推进农业、农村现代化，实现中华民族伟大复兴中国梦[2]。

自2004～2019年，中共中央连续16年发布以解决“三农”问题为目的的“一号文件”，2019年中央一号文件提出“扎实推进乡村建设，加快补齐农村人居环境和公共服务短板。抓好农村人居环境整治三年行动；实施村庄基础设施建设工程，提升农村公共服务水平，加强农村污染治理和生态环境保护，强化乡村规划引领”等多项措施。改善农村人居环境作为中央一号文件5个主要硬任务之一，具有重要意义[3]。

2 美丽乡村环境建设的3种模式

我国美丽乡村规划建设实践较多，从风景园林学科角度，对现有美丽乡村建设中环境景观规划设计模式总结提炼为以下3种。

2.1 建设公园化的美丽乡村，以发展旅游为目的

我国部分乡村拥有良好的地理位置及自然和人文资源，适合发展成为以乡村旅游为主题的特色乡村。这些乡村交通便捷，拥有充沛的旅游资源、完善的服务设施，改造后可吸引游客，开展特色休闲度假活动[4]。例如野三坡百里峡艺术小镇，距离北京135km。小镇紧邻拒马河，也是铁凝的短篇小说《哦，香雪》里描写的村庄。在乡村改造转型升级过程中，景观设计围绕滨河绿地、建筑立面、广场、民俗馆、咖啡屋和书屋等节点展开，主题鲜明、表现力强，给游人强烈的视觉冲击，印象深刻。

2.2 城市近郊型乡村，以展示自然风光为目的

处在大中城市近郊的乡村，距离中心城市较近，一般在一个多小时车程范围内，能够满足城市居民周末休闲或短途度假需求。与城市相比，近郊乡村保留着原始的生态风貌，拥有丰富的景观资源和土地资源。乡村中原有的植被、山水、田园村落和传统民风民俗都是构建美丽乡村环境景观的重要元素。

浙江莫干山拥有长三角地理中心的区位优势，其生态资源丰富、人文历史底蕴深厚。莫干山以发展民宿经济为目标，最初是对旧房立面进行改造，房屋整体框架保持不变，景观风貌呈现美式乡村风格。经过近几年的发展，现在的莫干山升级为打造精品化、高端化、酒店化的体验式民宿，满足不同年龄段游客及不同消费档次需求。莫干山的环境景观设计，随着乡村发展定位的不同而逐渐改变，充分利用自然资源，减少人工干预，采取“本土元素＋前沿设计＋雅致文化”的景观规划设计策略，为乡村振兴提供了成功的参考样本[5]。

2.3 发展特色乡村，以特色产业引领转型升级为目的

绿水青山就是金山银山，很多成功的乡村振兴通过发展生态产业、生态旅游，实现特色产业引领乡村转型升级（图1）。

袁家村，20世纪70年代之前是当地出了名的贫困村，改革开放初期，村书记带领全村村民大力发展集体经济和村办企业。以“关中印象体验地”为发展目标，大力发展与农民生活相关的特色美食、民风民俗。采用统一规划、统一经营、统一管理的模式，创建民俗、民风体验一条街，农户自己经营，通过股份制改革，让农民积极参与。同时，袁家村还欢迎相关企业和人才到袁家村自主创业，进而丰富产业业态，连通产业链的上下游[6]。

袁家村街巷古朴，明清建筑分列两侧，除了几个公共空间有环境景观，从街巷中只能见到商铺，基本看不到景观设计。但是进入每一个院落都有契合该房屋经营内容的庭院景观，空间小而精致，古朴典雅，景观设计对烘托主题有很大作用。

图1 袁家村实景（王忠杰摄）（一）

图1 袁家村实景（王忠杰摄）（二）

2.4 小结

经过这么多年的实践探索，有许多非常成功的案例和经验值得学习，也有失败案例带来的思考。随着农家乐、特色小镇等农业旅游的兴起，很多地区的乡村振兴模式出现雷同，景观更是千篇一律。例如“民俗村”，新建的仿古建筑，没有特色的商业运作模式，这种忽略了乡村本身特色的单一化发展模式，与最初“挖掘乡土特色，推动产业融合”发展的理念背道而驰。

以上提到的3种美丽乡村建设及环境景观规划设计，都在乡村本身具有一定资源的基础上，加以科学规划设计与策划运营，使乡村成功转型升级。但是我国大部分乡村地处偏远、资源匮乏，在预算有限、物资缺乏的情况下，乡村环境景观设计首先应符合实际情况，规划设计原则首先是经济的、可持续的，然后才能满足美学要求。不同于城市人对景观的需求，乡村环境景观设计是以创造恬静、适宜、自然的生产生活环境为目标，充分尊重乡土景观特性，展现农村特有的景观风貌。将村民生活与环境建设完美结合，以改善农村人居环境为重点。以农民为主体、以培养农民自我动手意识为目标，通过引导农民从改善身边居住生活环境开始，逐渐培养农民建设家园、建设美丽乡村的行为意识[7]。乡村景观不同于城市景观，我们怎样才能把农村建设得更像农村？

3 乡村美好环境与幸福生活共同缔造理论

3.1 理论背景

习近平总书记在十三届全国人大一次会议山东省代表团审议时强调，实施乡村振兴战略，“要充分尊重广大农民意愿，调动广大农民积极性、主动性、创造性，把广大农民对美好生活的向往化为推动乡村振兴的动力，把维护广大农民根本利益、促进广大农民共同富裕作为出发点和落脚点”[8]。实施乡村振兴战略，要激发乡村振兴内生动力，充分发挥农民群众的主体性、积极性与创造性，唤醒农民群众的主体意识、建设意识与角色意识，增强农民群众对乡村振兴的归属感、责任感和认同感。

习总书记曾多次强调，要注重扶贫同扶智、扶志相结合，要把贫困群众积极性和主动性充分调动起来，引导贫困群众树立主体意识，发扬自力更生精神，激发改变贫困面貌的干劲和决心。为贯彻落实习近平总书记的重要指示，顺应人民群众对美好环境与幸福生活的新期待，不断改善乡村人居环境，提升人民群众的获得感、幸福感、安全感[9]，国家住房和城乡建设部于2017年11月决定，选择青海省湟中县黑城村、大通县土关村、湖北省红安县柏林寺村和麻城市石桥垸村这4个定点扶贫县，深入开展乡村美好环境与幸福生活共同缔造示范村建设。

3.2 政策解读

乡村美好环境与幸福生活共同缔造是以群众参与为核心，以政府、规划师与村民为参与主体，探索总结形成以村民为主体，以问题为导向的共谋、共建、共管、共评和共享乡村治理模式[10]。一方面，通过共同缔造的方式推进脱贫攻坚和乡村振兴建设。另一方面探索形成以村民为主体的乡村建设模式，发动村民共建美好家园，实现美好环境与和谐社会共同缔造，最终形成可复制可推广的经验。

本文以红安县柏林寺村为例，探究以村民为主体的乡村环境建设模式。设计人员更多地从“参谋者”的角度，思考乡村美好环境建设的方法。

4 柏林寺村美好环境建设探索

4.1 柏林寺村基本情况

4.1.1 村庄位于城市远郊，自然环境优美

柏林寺村位于湖北省黄冈市红安县七里坪镇东南部的浅丘陵地区，距离镇区17km，属于典型的“远郊型”村庄。全村版图面积534hm²，其中总耕地面积130hm²，山林面积233hm²，村庄背山面水，自然环境十分优美。

4.1.2 村庄人口老龄化，空心化严重

随着社会的发展，农村机械化生产逐步代替了人工劳作。农村中越来越多的劳动力涌向了城镇，选择村外工作居住[10]。随着人口的不断迁移，村中老人与儿童所占比重越来越大，导致村庄老龄化，空心化现象严重。柏林寺村同样面临着人口老龄化的困境，问卷结果显示，村中有60%以上的人口选择外出工作居住，剩余40%的人口多为留守的老人，平均年龄62岁左右。

4.1.3 村民对于乡村环境建设的主动性不强

乡村环境承载着大量人类活动的痕迹，它不单是舒适与否的体现，同时也是村民日常生活的缩影，反映着村民的生活需求及审美意识。村民的思想意识与村庄环境建设总是相互作用、彼此影响，村中留守的老人对于户外休闲活动与人际交往的需求较低，因此对村庄公共环境关注度低。传统的以政府为主导的美丽乡村建设模式，让村民形成了依赖思想。在柏林寺村发放问卷调查显示，村中80%的村民对于乡村环境建设持冷漠态度，建与不建与自己无关，怎么建也毫不关心。

4.2 柏林寺村美好环境建设方法探究

乡村美好环境建设不仅是对村庄现有资源的重新挖掘与分配，更多的是要将人的思想意识进行转变。要将村民“要我建”的被动支配行为转变为“我要建”的主动建设需求，确保村庄实现可持续发展。只有将乡村环境建设与村民的实际需求相结合，让环境更好地服务于当地村民，才能吸引村民加入乡村美好环境建设的工作中来。因此，面对柏林寺村人口老龄化以及村民对于景观建设持冷漠态度的现状，如何能把村民的积极性和主动性调动起来，如何能建设出符合村民需求的生活环境，是设计团队面临的最棘手问题。我们尝试从村民使用需求出发，以“共同缔造”理念为指导原则，从“共谋、共建、共管、共评、共享”5方面着手，探索以村民为主体的乡村美好环境建设方法。

4.2.1 以人为本——决策共谋

发动村民共同建设美好家园，核心就是要动员村民群策群力，发现问题、解决问题。鼓励村民参与到美好环境建设的每一个阶段，让使用者来绘制设计方案。设计团队通过“大头针选区域”以及“空白调查问卷”这2种方式，将建设工作的内容与目的以简单易懂的方式传达给村民，专业术语“口语化”，工作内容“直观化”，让建设工作更接地气，消除村民心中的顾虑，让村民敢说、愿说。“大头针选区域”以发现问题为目的，从村民的视角出发，找出村内不符合村民使用习惯和需求的场所。工作团队将柏林寺村的航拍大图做成泡沫展板，放在村里人群最集中的广场，鼓励村民用红蓝两色大头针在展板上扎出自己喜欢和不喜欢的区域，吸引村民说出对村庄环境建设的想法（图2）。最终依据展板意见的统计结果，明确村庄公共区域建设工作的范围。

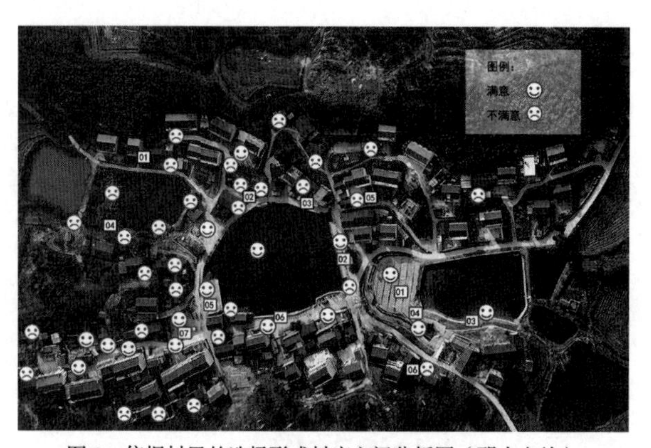

图2 依据村民的选择形成村庄空间分析图（邓力文绘）

作为村庄的使用者，村民对村庄公共区域应该布置哪些功能、布局形式什么样等问题最有发言权。因此，设计团队尝试利用“空白调查问卷”的形式，让村民直接参与方案设计。设计师挨家挨户向村民发放白纸，鼓励村民用简单的符号在白纸上画出自己心中的村庄（图3）。在这一过程中，设计师重点关注孩子的活动需求，尝试引导他们更多地走向户外，增加人际交往，通过孩子的活动带动村庄的活力。设计师通过问询和引导的方式，鼓励孩子表达出内心的需求，并在纸上画出各种游乐设施具体的位置。在设计师的鼓励下，孩子们兴奋地在白纸上描绘心中的乐园。孩子们的创作激情也感染着周围的村民，他们纷纷开始尝试在白纸上表达自己的想法（图4）。

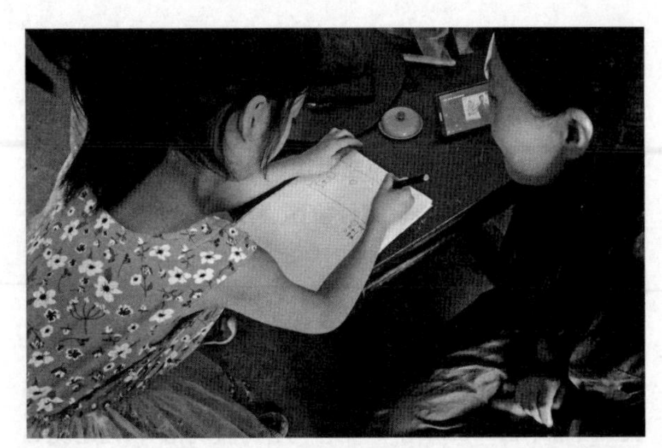

图3 村里孩子在设计人员的鼓励下绘制广场方案（邓力文摄）

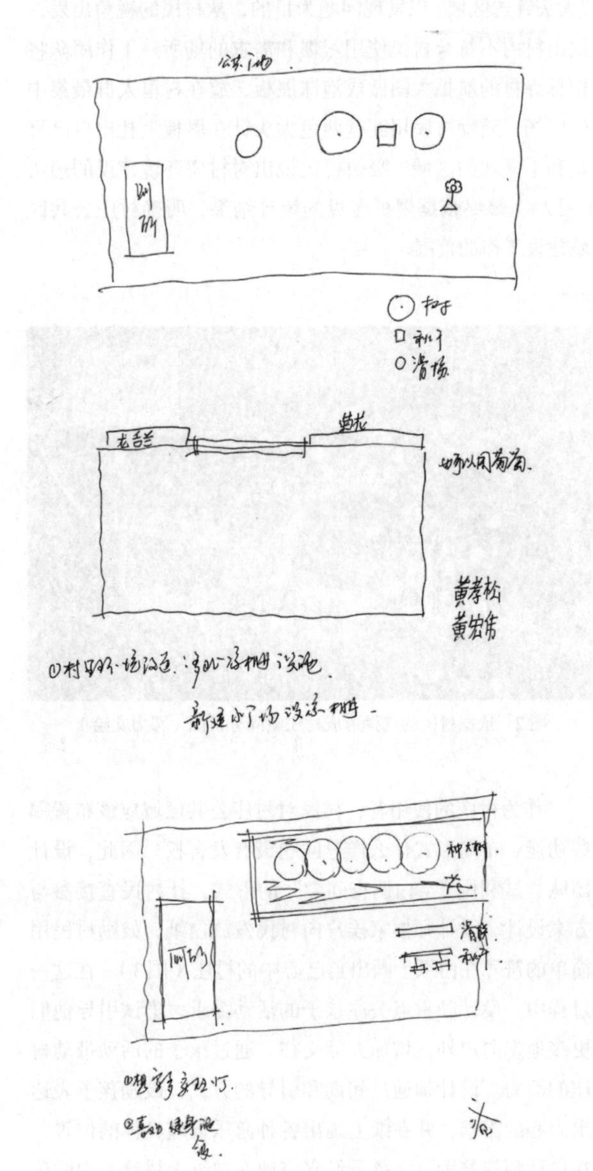

图4 村民通过简单的符号绘制的广场平面布置图（村民绘）

设计师将村民们绘制的方案整合并加以梳理，形成最终的设计图纸。村民对这种互动型的设计方式感到新奇和兴奋，他们的意见得到尊重与落实，这一过程让村民产生了强烈的参与感，从而激发出村民的建设热情。

4.2.2 村民动手——发展共建

设计方案确定后，设计师组织村民学习美丽乡村优秀案例，增强村民的景观意识，提高审美水平。在建设环节，因投资造价有限，设计师依据工程的复杂程度，将村庄内的环境建设工作分成“较难”和“容易”2组。“较难”组的建设工作主要集中在村内公共环境区域，设计师组织村内有施工经验的村民组成施工小组，就地取材，充分发挥村内传统的施工技艺，建设出具有乡村特色的公共活动场所（图5）。

图5 改造后村庄实景图（邓力文摄）

“容易”组如房前屋后环境整治这一类较为简单的建设工作，由村民自己设计、自己施工。村民利用家中荒废的水缸、木架、轮胎、瓦片和铁丝网等旧物件作为种植容器或装饰材料，营造出接地气、有生气、有记忆的院落景观（图6、图7）。

图 6 村民院落改造实景图（邓力文摄）

图 7 村民院落改造过程（张婧摄）

4.2.3 群策群力——建设共管

乡村美好环境建设一方面靠“建”，能否持续则要靠“管”来保障。只有良好的管理和后期养护机制，才能保证村庄美好环境的持久性。设计师与村民达成共识，将村内环境景观维护工作分成责任片区，明确各责任片区管护人员。通过合理的奖惩制度，督促村民维护村内环境，形成长期有效的管理机制。

4.2.4 老少参与——效果共评

乡村美好环境建设效果由村民共同评价，通过周期化和制度化的方案评比工作，持续激发村民对于景观建设的热情。在这一过程中，村民通过相互评比学习，不断提高景观设计意识和审美水平，使乡村环境建设向着更有生机与活力的方向长效发展。

4.2.5 美丽乡村——成果共享

以村民为主体的乡村美好环境建设模式让村民增强了主人翁意识，每个村民既是建造者，也是使用者，村民既有参与感也有认同感。村庄整洁，环境怡人，美好环境人人共享。

5 总结

乡村美好环境建设将视角回归到村庄本身，从村民自身需求出发，以人为本，尊重村民的想法和意愿，探索“以村民为主体的美丽乡村环境建设模式”，通过柏林寺村的实践，总结以下3点经验。

5.1 意识转变是核心

传统的乡村环境建设程序是“方案编制-资金申请-施工组织-成果验收”，这种“包办式”的乡村建设模式效率较高，能快速改善村容村貌。但由于建设过程中，村民没有作为主体参与到规划、设计、施工的全过程中去，因此对于实施完成的环境景观缺乏归属感和责任感，很难自发地进行后期的维护与再设计。旧模式往往导致“一年新、两年旧、三年荒”的情况。解决传统模式下的矛盾问题，需要转变常规的项目运作模式及设计师主导意识，从村民角度出发，让村民真正参与到乡村美好环境建设和运维中。

政府部门应该从传统的“立项目、出资金”的工作模式转变为“出机制、促保障”，通过制度创新，指导和支持村庄建设，激发村庄发展的内生动力。设计师要从传统的“出方案、搞建设”的思路转变为引导、组织村民参与全过程建设，从设计师主导转变为设计师协调、引导、服务村民。

5.2 建立制度是根本

建立多方力量共治共管的组织机制，形成“纵向到

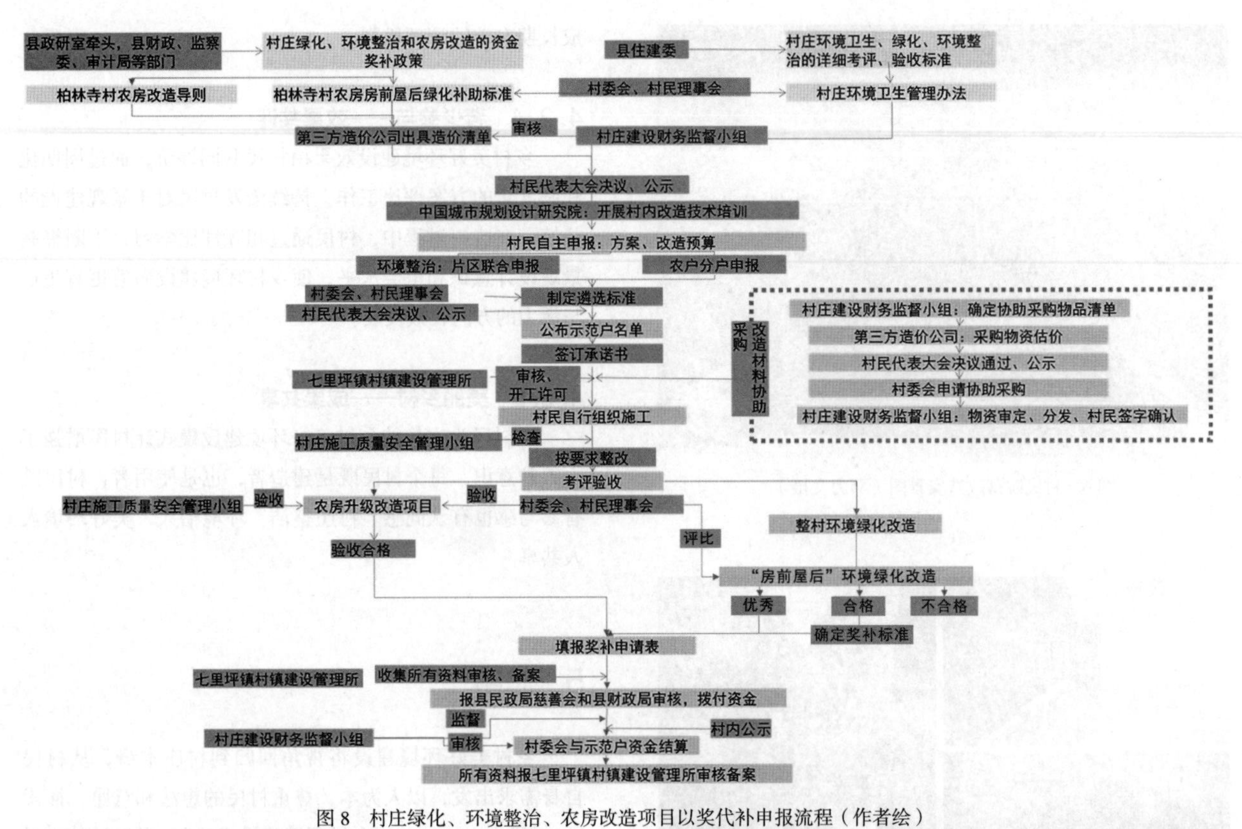

图8 村庄绿化、环境整治、农房改造项目以奖代补申报流程（作者绘）

底，横向到边”的工作机制，可高效推进建设工作。在村两委的领导下，成立村组村民理事会、经济合作社、专项责任组和监事会等组织，每个组织各司其职，共同推进共同缔造工作，协调乡村环境景观建设过程中的所有事务。在村两委领导下出台村规民约，用制度约束和引导行为（图8）。

5.3 技术支持是后盾

乡村的主人是村民，村民是村庄建设的主体。设计师承担的工作，是协助村民改善好、管理好村民赖以生存的生产、生活环境。乡村景观“共同缔造”的技术工作，不是设计师主观意识的创造，而是引导、带领村民从实际问题出发，解决亟须解决的问题与矛盾，将农村建设得更像农村。

6 结语

2019年春天，笔者对柏林寺村进行回访，村民们热情地邀请笔者加入“最美院落”评比活动，他们兴奋地交流着院落布置的新创意、新想法、植物种植维护的小窍门（图9）。干净整洁的村庄、充满建设热情的村民让笔

图9 村民自己设计并改造的院落一角实景

者坚信，以村民为主体开展的乡村美好环境建设给村民带来的不仅是生活环境的改变，更多的是思想和生活态度的转变。通过这项工作，真正唤醒村民的主体意识、建设意识和角色意识，让村民对乡村更有归属感、责任感和认同感。

注：本文刊登于《中国园林》2020年第1期第19～24页。文章在收录本书时有所改动。

参考文献

[1] 中国共产党第十八次全国代表大会文件汇编［M］. 北京：人民出版社，2012：36.

[2] 中国共产党第十九次全国代表大会文件汇编［M］. 北京：人民出版社，2017：8.

[3] 新华社. 中共中央国务院关于坚持农业农村优先发展做好“三农”工作的若干意见［EB/OL］. http://www.xinhuanet.com/mrdx/2019-02/20/c_137835522.htm.

[4] 郭隆，吴宜夏. 走进乡村 融入生态与文化之美［J］. 北京观察，2018（10）：61-63.

[5] 颜彭莉. 盘活沉睡资源，培育乡村发展新动力 生态民宿助力振兴美丽乡村［J］. 环境经济，2019（1）：17-19.

[6] 鲁雨. 袁家村特色发展模式及经验探索［J］. 天津农业科学，2019（10）：78-80.

[7] 人民网. 以农民为主体推动乡村全面振兴［EB/OL］. http://theory.people.com.cn/n1/2018/1129/c40531-30431355.html.

[8] 央广网. 乡村振兴要充分尊重农民的主体地位［EB/OL］. http://baijiahao.baidu.com/s?id=1596074568865992217&wfr=spider&for=pc.

[9] 住房和城乡建设部出台《在城乡人居环境建设和整治中开展美好环境与幸福生活共同缔造活动的指导意见》［J］. 施工技术，2019，48（4）：31.

[10] 董婵婵，杨滨章，商双娇. 结合村民素质提高的乡村景观提升途径研究：以宜兴市张阳村为例［J］. 中国园林，2018，34（5）：19-22.

作者简介

吴雯，1985年生，女，浙江人，中国城市规划设计研究院风景分院综合业务办主任，工程师。研究方向为风景园林规划与设计。

张婧，1990年生，女，江西人，中国城市规划设计研究院风景分院设计师，工程师。研究方向为风景园林规划与设计。

邓力文，1991年生，男，湖北人，中国城市规划设计研究院风景分院设计师，助理工程师。研究方向为风景园林规划与设计。

王忠杰，1975年生，男，山东人，中国城市规划设计研究院风景分院院长，教授级高级工程师。研究方向为风景名胜区与国家公园、城市生态保护与建设、滨海地区资源保护利用、城市绿地公园景观规划设计。437912333@qq.com。

社会记忆视角下乡村民俗文化景观保护研究

——以广东省清远市保安村为例

Research On the Protection of Rural Folk Culture Landscape from the Perspective of Social Memory: Taking Baoan Village of Qingyuan City, Guangdong Province as An Example

蔡健婷　李小琦　卢丹梅　赵建华

摘　要：社会记忆具有维系乡土秩序的基础性价值，而乡村民俗文化是乡村社会记忆的重要物质载体，是人类社会发展进程中遗存下来的珍贵的精神文化遗产。研究以具有独特的傩祭文化的重阳“大神会”的保安村为范例，综合运用文献分析、口述访谈、问卷调查、实地调研等研究方法，全面展示了保安村重阳“大神会”民俗文化的传承状态。从民俗变迁、仪式特色、传承方式、受众诉求及内在动力等维度分析“大神会”民俗社会记忆的断层与变迁，揭示社会记忆转型是乡土社会自我革新的选择性策略，并提出重塑社会记忆体系、优化社会记忆空间是乡村民俗文化传承的路径选择。

关键词：社会记忆；乡村民俗文化景观；保护；重阳节“大神会”

Abstract: Social memory has the basic value of maintaining the rural order, and rural folk culture is the important material carrier of rural social memory, is the precious spiritual and cultural heritage in the development of human society. In this study, Bao'an village of the double ninth festival of great gods, which has a unique culture of exorcise, was taken as an example, and the inheritance status of the folk culture of the double ninth festival of great gods was comprehensively demonstrated by means of literature analysis, oral interview, questionnaire survey, field research and other research methods. From folk custom changes, ritual characteristics, inheritance way, the audience appeal, and intrinsic motivation dimensions analysis of “the great god will” folk fault and changing of social memory, revealing the social memory formation is the selective strategy, rural social change and reshape the social memory system, optimization of social memory space is rural folk culture inheritance path selection.

Keyword: Social Memory; Rural Folk Culture Landscape; Protection; Double Ninth Festival “Great God Meeting”

引言

乡村民俗文化景观是乡村历史和地域特色的重要物质载体，是人类社会发展进程中遗存下来的精神文化遗产。社会记忆则是对这些特色载体流传变迁的记载。从结构角度看，乡村社会记忆是多面的动态复合系统，渗透在经济、文化和制度等系统中；从功能角度看，乡村社会记忆具有塑造社会心态、文化规约、社会认同和行为规制等功能意义[1]。本文选取广东省清远市保安村为案例，通过对保安村重阳“大神会”社会记忆变迁的研究，进一步揭示社会记忆对传统民俗记忆与传承机制的影响，提出保安村重阳节“大神会”民俗文化景观保护与活化策略，为乡村民俗文化景观的特色营造提供借鉴。

1 社会记忆相关研究概述

社会记忆最先是生物学研究提出，“社会记忆”概念在1968年德国生物学家冯·贝塔朗菲强调，人类与自然是充满过去事件的记忆系统[2]。最早把社会记忆融入社会学视角的是法国社会学家哈布瓦赫，他在著作《论集体记忆》[3]中提出“集体记忆”的概念，并从4个方面定义集体记忆，第一，记忆既是个人的，在某种程度上也是集体的；第二，记忆并非对过去的简单回忆，而是一种重构行为；第三，记忆不是把我们带回过去，相反是把过去带到现在；第四，集体记忆需要一定的物质载体，比如神龛、塑像、纪念碑等，这些事物组成了记忆场。同时，杨·阿斯曼在其著作《文化记忆》中提出了“文化记忆”的概念，认为“文化记忆”的特点有二：一是认同具体性，就是它涉及储存知识和对大我群体认同的根本意义；二是重构性，大我群体的知识涉及当今。文化记忆最重要的演示和传承的方式在于节日和仪式[1]。基于前人对社会记忆理论的研究，1998年德国学者哈拉尔德·韦尔策在《社会记忆：历史、回忆、传承》[4]中提到社会记忆的建构可以通过谈话共同制作过去，这是一个整体互动实践的过程。由此可知社会记忆具有不可逆性、认同性与重构性。

国外学者对社会记忆的研究主要是从地理学角度切入，是对社会记忆与人类系统变化反应的研究[5]以及社会记忆与社区复原力的探讨[6]。社会记忆复原力与旅游业之间的对策研究[7]（Adger et al，2005；Geoof A.Wilson，2012；Esteban 2010）拓展了社会记忆的研究范围（图1）。

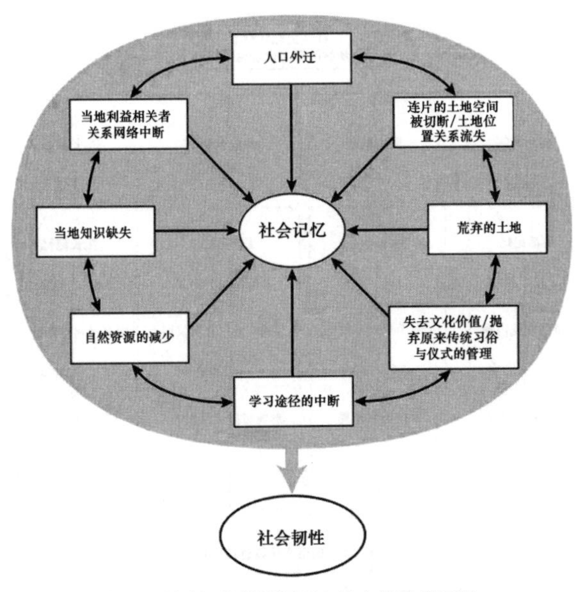

图1 社会记忆影响因子与社会韧性关系图

国内学者从地理学、社会学、风景园林学等角度分析与研究，如对乡村社会记忆的功能转向与载体[8]、社会记忆与地域秩序、空间的感知[9]、社会记忆与乡村的关系[10]、乡村社会记忆的提出与重构[11]、古村镇社会记忆符号研究[12]等（李波：2013；黄向：2013年；郑杭生：2015年；王进文：2018；胡娟：2018）。这些成果为社会变迁下的乡村民俗文化景观保护提供了较好的参考价值。

2 社会变迁下乡村民俗文化传承现状

2.1 保安村概况

保安村地处粤北山区，隶属广东省清远市连州市保安镇（图2）。相传始建于南北朝时期，是粤北秦汉古驿道“茶亭古道”上的重要历史性村落。村庄四面环山，北为道家第四十九福地——静福山，保安河从村东侧蜿蜒而过。保安村的整体形态保留了唐朝时期皇帝特许的保安皇城格局：整齐有序，由上三坊、下三坊、两街、两城、九坪、十三巷构成。全村人口1746户，约7000人，其中农业人口5782人，常住人口3000多人。

2.2 保安村民俗文化

重阳节“大神会”是保安村极具地域特色的民俗活动，以傩祭祈福为特色，2016年被列入广东省非物质文化遗产，是广东省传统民俗文化特色的代表。据悉，保安村重阳节“大神会”始于唐玄宗天宝年间，至今已有1200余年。自1985年恢复至今，重阳节“大神会”发挥着传承保安村社会集体记忆，维系乡村秩序的重要作用。“大神会”现由文明村、毓秀村、东兴村、万全村4个大村轮值大神，廖村、太坪村协助出高神[13]。

“大神会”是保安村每年定期举办的民俗节日。在每年农历九月初七～初九举行，是保安人对祖先敬畏精神的寄托，也代表着人们祈求家人平安康乐、老人寿比南山的美好愿景。

2.2.1 独具特色的傩祭展演活动。

傩，是一种原始的“驱鬼除疫”的仪式[14]。保安村“大神会”是传统傩祭文化在民间不断传承并演变至今的一种地方特色精神文化活动，其中的“大神”佩戴面具也象征“驱邪祈福”，是傩祭文化内涵的延伸。保安村的“大神会”以“抬”为主，引出“一线四重奏”——“大神

图 2　保安村重阳节“大神会”傩祭特色

会”“踩八卦”“摇高神”、壮故事等（图2）。同时，抬的“高神”均是本地历史上真实存在的先贤，他们的漆画面具与大部分地区凶神恶煞的面具不同，保安村的面具更像是一张夸张表达的人脸面具，独具当地特色。

2.2.2　敬老崇贤，祈福康宁

在保安，老人被当作智慧与家族凝聚力的象征，先贤则是高尚精神的代表。对“大神会”崇敬祭拜的对象大多是当地的乡贤，“大神”的选举对象则是60岁以上德高望重的老人家。人们也会在重阳节前贴上有关敬老爱老的对联。

2.3　乡村文化景观的社会记忆载体

根据保安村“大神会”乡村民俗文化的特质，研究将乡村民俗文化记忆载体分为文化记忆载体、语言记忆载体、民俗记忆载体3类（表1）。

保安村大神会社会记忆载体分类　　表 1

记忆载体类型	载体形式	内　容
文化记忆载体	面具图案	“故事”妆容类似戏曲妆，以红白油彩、较重的腮红，飞扬的眉形，上挑的眼线为主；“高神”的面具以模仿“高神”扮演的人物为目的，力求神似
	服饰器具	服饰：“大神”“高神”、判官、使者、“故事”、舞龙、舞狮者 器具：彩门、彩旗、香案、八音、执事牌
	传统工艺	传统“大神会”傩祭面具雕刻工艺
语言记忆载体	红告示、对联	轮值举办“大神会”的村须张贴红告示，张贴与重阳节有关的对联
	念词	判官3次踩八卦判词
	神话传说	保安人黄保义的传说、廖冲公升仙传说
民俗记忆载体	“大神会”	阴历九月初七～九月初十，请神—庆重阳—出高神—迎大神—拜神祈福、走八卦—大神盛会—送神
	福山祈福	福山寺玉皇殿拜神祈福
	饮食文化	萝卜糍、灯盏糍、芋头糍、糖糍、南瓜饼

在经济迅速发展与信息大爆炸的时代，特别是改革开放以来，越来越多的传统村落向城镇化迈进，乡村面貌焕然一新。但在社会变迁的大浪潮下，乡村民俗文化的保护与传承同时面临社会记忆变迁危机。在经济利益、社会关系变化等因子影响下，保安村“大神会”乡村民俗文化景观面临着仪式变迁、文化认同危机、展演空间不断被削弱、文化传承发展的内生动力不足等问题。

3　社会记忆转型下乡村民俗文化景观保护对策

社会记忆具有路径的依赖性，但受到现代因素的强大冲击，合法性受到严重的挑战。同理，乡村传统民俗的习俗并不是一成不变的，生活也不是永恒不变。它会以适应的方式扬弃地保存与传承。记忆转型是乡土社会自我革新的选择性策略（图3）。

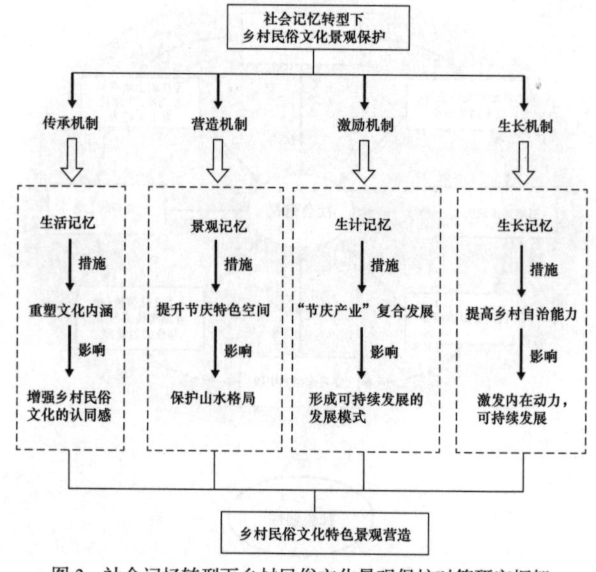

图 3　社会记忆转型下乡村民俗文化景观保护对策研究框架

3.1 重塑文化内涵，延续乡村生活记忆

乡村生活记忆是加强村民之间交流与归属、认同感的共同记忆。保安重阳节“大神会”活动的传统内涵为祭祀先人，追求美好生活，推崇爱老、敬老的传统美德。通过实地调研的问卷调查“大神会”民俗活动发现，“许愿祈福、祈求安康”和“家人团聚”占比达到了81.19%、80.20%，“看表演与凑热闹”占到了53.47%，这些表明大神会的文化内涵与主流价值观一致，但也反映一部分人对自身的文化价值的认同度不高。“大神会”新文化内涵是敬老、爱老美德的日常化，是繁忙生活中的团聚，是乡村故事的再延续。

3.2 提升特色空间，优化乡土景观

乡村文化景观是指农户在乡村中生产、生活和交往形成的特定文化载体和特定文化空间组合[15]，兼具景观与人文价值，自然环境是民俗文化传承的基础。对展演空间景观优化提升和保存乡村整体的山水格局，有利于优化乡土景观和促进乡村文化的保护、传承与发展。

3.2.1 优化民俗文化空间游径

节庆空间是乡村景观重要的记忆场，是乡村民俗文化仪式无形要素之间的表达。保安村的节庆空间兼具村落居民日常活动和节庆空间，有形和无形的元素持续发生互动。优化空间游线，有利于乡土景观记忆的优化与重构。

（1）福山祈福游径：线路从“轮值村出发—晃神坪—接龙坪—福山口—福山”，把祈福的“福山”符号融入日常空间，可设置一些指示牌提供指引。

（2）“大神盛会”游径：如图4、图5，“大神会”对展演空间的要求比较高，空间要能够满足5m“高神”的摆幅，展演游线为保安村主街道。活动展演时，人们的视线会停留在较高位置。我们需要丰富街道两旁的建筑立面，达到移步换景的效果。

接龙坪是“青龙与黄龙交接”的区域，可以通过动态装置的设计，体现“接龙”的特点与寓意。对具有仪式感的地点应重点展开设计。展览空间生活化，可以选择重要的节点，悬挂历年展演参演人员和活动的照片，增强村民的归属感与自豪感。利用闲置活动空间的设计使节庆空间生活化。

3.2.2 构建山水空间格局

乡村山水空间格局的物质形态由山形、河流和周边的农田与绿地植物组成。保安村北有福山，东有大片农田与河流远山，自然环境丰富。保持乡村的山水空间格局，需要做好河流东侧的农田控制规划，提升村落环境卫生，保护“母亲河”，实现垃圾不乱扔。将生态景观与公共服务设施有机结合，提升乡土景观自身的恢复力，强化居民爱护环境意识，使乡村景观记忆能够更好地延续。

3.3 创新节庆产业，发展可续生计记忆

节庆文化作为文化产业的一个组成部分，其广阔的市场带动作用明显。通过节庆产业挖掘经济与文化的平衡点，形成良性循环，增加民众收入，使得传统记忆可持续发展[16]。

3.3.1 完善组织结构，适应市场化发展

完善的组织结构是节庆活动顺利开展、推广宣传、形成效益的保障。保安村重阳“大神会”节庆活动的组织、安排工作应由商会、协会主导；增加游客体验环节，让更多的游客融入节庆活动，亲临感受保安村重阳节福文化；建立“大神会”文化展览馆，使重阳节“大神会”的运营向市场化方向推进。

3.3.2 打造品牌文化，增加产业附加值

打造“康养＋研学＋农业”发展模式，通过建设基地、创建品牌等一系列措施，从旅游、节庆、展演、文创4大方面打造经济增长点。增强自身文化认同感，吸引本村民返乡创业，走经济可持续发展道路。将原来的废弃古屋改造成养老安康的秘密花园，将百亩良田转变为农业观光体验田。旅游方面主打山林养生、空气养生、饮食养生、运动养生；节庆方面，可以增加摄影、书画、墙面涂鸦等专题活动，打造粤西北地区“傩祭文化第一村”；展演方面，吸纳民俗爱好者提供培训并参与互动活动。文创产品除面具、龙、狮等物质符号的提取以外，还可以将敬老、爱老、养老与“福”文化结合进行系列创作。

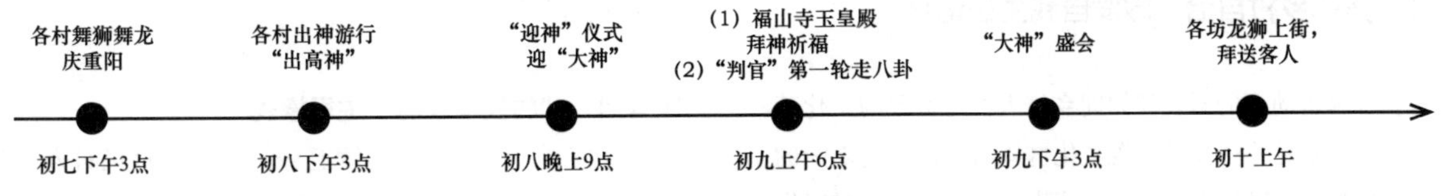

图4 “大神会”仪式路线

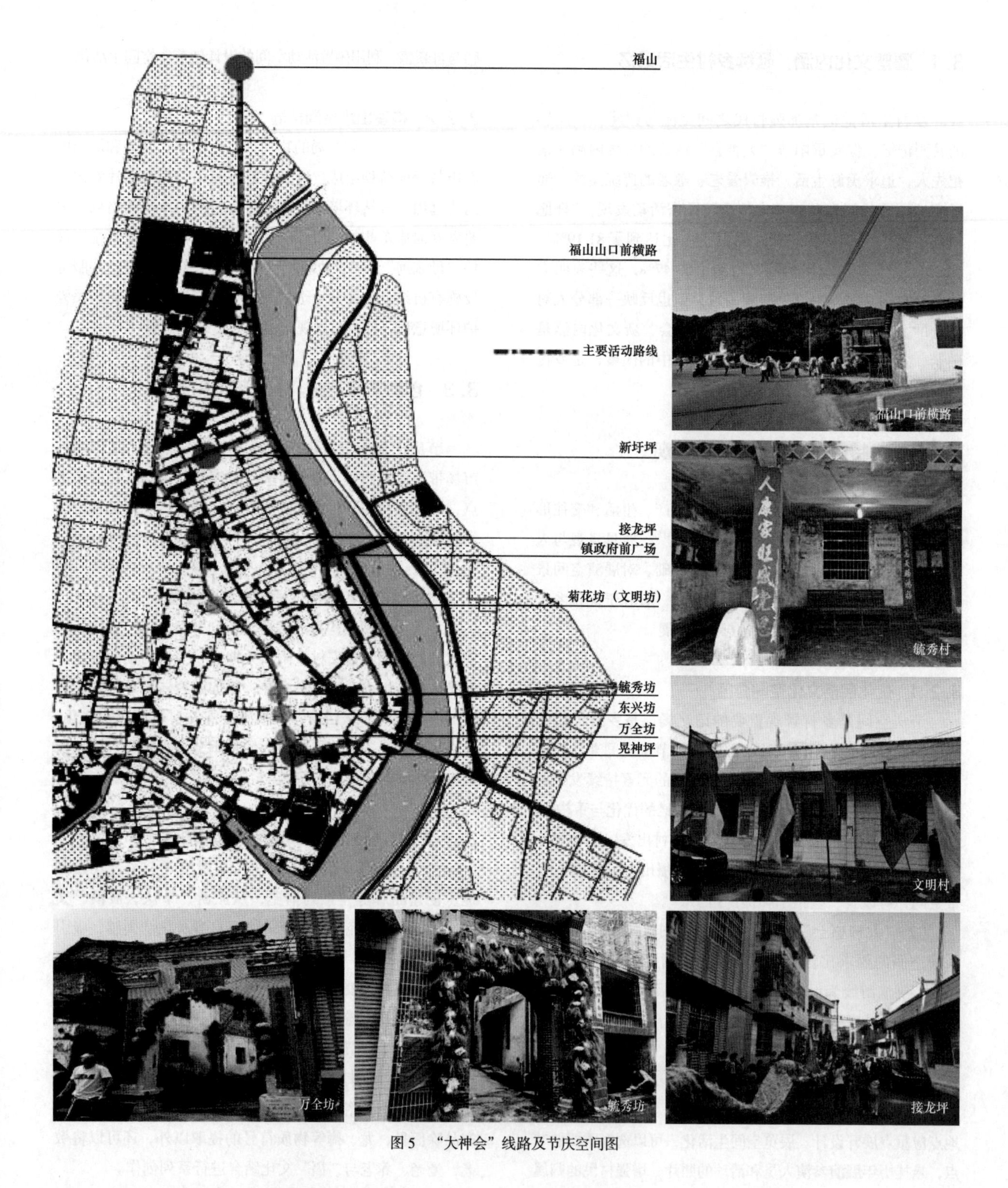

图5 “大神会”线路及节庆空间图

3.4 强化乡村自治，激发自我生长记忆

乡村内生动力的激发就如同乡村人群与资源的文化革新与延续，需要关注乡村民俗文化群体与周边环境之间的关系，发挥乡村民俗文化的自治能力，从而激发乡村民俗文化的新记忆。

3.4.1 “村民与政府”主导模式

保安村“大神会”延续至今，得益于村民自发地参与活动和政府大力扶持。村民推选德高望重的老人为“大神会”理事会委员，把控活动仪式流程。村中妇女主动参与舞龙训练和表演，确保每年舞龙活动的效果，是一种记忆的传承。她们很多是外嫁，但“大神会”活动增强了她们对村落的依恋感与归属感。中老年与儿童则是活动游行和担抬队伍的重要支柱。保安村村委与镇政府安排保安村“大神会”志愿队，维持活动现场的各项安全与秩序维护。政府补贴近1/5的活动经费，购置、更新活动所需服装、面具、锣鼓等物品。“村民与政府”的合作模式是乡村民俗发展的主导和延续的基础。

3.4.2 “村落与村落”共治模式

乡村民俗文化记忆不仅是某个村落的记忆，与周边村落的关系同样重要。“大神会”的举办轮值村由4个大村构成，分别是万全村、文明村、东兴村、毓秀村，每村一年，但剩下的4个自然村同样被要求参与游行活动与祭祀，以求来年的风调雨顺。完整的仪式流程需要依靠“大神会”理事会的各成员共同商讨，现存“大神会”仪式都是依靠老一辈年轻时的经历部分复原，活动的大部分经费是由各大自然村募捐而来，是活动保留并延续的重要经济基础。

乡村民俗文化的传承在保安村则体现的是8个自然村的文化单元，他们相互文化渗透形成“大神盛会”。村落与村落的共治，实现活动共同参与和管理，促进村落与村落的联系。“大神会”民俗活动作为发展枢纽，活动得以发展，村落关系得到巩固，文化得以传承。

3.4.3 “村落与外部”发展模式

在信息交互发展的时代，社会记忆不断地发生转型与自我革新。旅游形式向体验式旅游转变，本地文化面临外来经济、文化的巨大冲击。活动的单一与传承的断层和缺口是民俗文化传承的困境。问卷调查数据显示64.36%的村民欢迎外来的人参与“大神会”的仪式或推广。应加强与外来企业、机构及其他市县政府部门、相关文化部门的联系，宣传和发展民俗文化。

4 结语

综上所述，社会记忆是一个动态复合的系统，同样，乡村民俗文化也在不断革新的道路上进行适应性的选择、传承和发展。从社会记忆的角度去剖析乡村民俗文化景观传承面临的问题，实际上是对乡村民俗文化景观的“寻根”。基于记忆的载体要素，探寻活力机制，使更多的传统民俗文化在传承过程中有路可循。

参考文献

[1] 王进文，张军. 乡村社会记忆的提出及其重构［J］. 长春理工大学学报（社会科学版），2018，31（02）：64-68.

[2] Von Bertalanffy. 1968: General Systems Theory: Foundation, Development, Application. [M]. London.

[3]［法］莫里斯·哈布瓦赫. 论集体记忆［M］. 上海：上海人民出版社，2002.

[4]［德］哈拉尔德·韦尔策. 社会记忆：历史、回忆、传承［M］. 北京：北京大学出版社，2007.

[5] Adger, W.N., T.P.Hughes, C.Folke, S.R.Carpenter, J.Rockstrom. social ecological resilience to coastal disasters[J]. Science 309: 1036-1039.

[6] Geoff A Wilson. Community Resilience and Social Memory[J]. Environmental Values, 2015, 24(2): 227-257.

[7] Esteban Ruiz-Ballesteros. Social-ecological resilience and community-based tourism: An approach from Agua Blanca, Ecuador[J].Tourism Management, 2011, 32(3): 655-666.

[8] 李波. 社会记忆下的少数民族传统文化传承载体探析——以黔东南苗族为例［J］. 贵州大学学报（社会科学版），2013，31（03）：84-92.

[9] 黄向，吴亚云. 地方记忆：空间感知基点影响地方依恋的关键因素［J］. 人文地理，2013，28（06）：43-48.

[10] 郑杭生，张亚鹏. 社会记忆与乡村的再发现——华北侯村的调查［J］. 北京：中国人民大学，2015.

[11] 王进文，张军. 乡村社会记忆的提出及其重构［J］. 长春理工大学学报（社会科学版），2018，31（02）：64-68.

[12] 胡娟，龚胜生，魏幼红，李孜沫，丁可人. 山西古村镇类型及社会记忆符号系统研究［J］. 人文地理，2018，33（02）：107-115.

[13] 广东省连州市政协文史资料委员会编. 连州文史资料：保安村专辑（第二十辑）［M］. 2004.

[14] 郭思九. 傩戏的产生与古代傩文化［J］. 民族艺术，1989（04）：67-78.

[15] 唐晓岚，刘思源. 乡村振兴战略下文化景观的研究进路与治理框架［J］. 河南师范大学学报（哲学社会科学版），2019，46（03）：38-44.

[16] 赵玉鉴，李华，陈亮，李进生. 节庆类非物质文化遗产产业化发展模式探究——以广西宾阳炮龙节为例［J］. 地域文化研究，2019（02）：146-152＋156.

作者简介

蔡健婷，女，1995年11月，华南农业大学林学与风景园林学院2019级风景园林研究生，电子邮箱：2506211594@qq.com。

李小琦，女，1997年6月，华南农业大学林学与风景园林学院2019级风景园林研究生。

卢丹梅，女，1977年11月，硕士，华南农业大学林学与风景园林学院教授。

赵建华，女，1977年11月，博士，华南农业大学林学与风景园林学院副教授，通讯作者。

从李子柒现象看焦作乡村旅游发展新思路

New Thoughts on the Development of Jiaozuo's Rural Tourism from the Perspective of Li Ziqi's Phenomenon

王晓洁

摘　要： 本文从李子柒爆红现象入手，深入剖析当代“中国田园式生活”的概念及其与当代乡村旅游发展的关系，提出了“中国田园式生活”才是乡村旅游发展的核心吸引力的观点。进一步将中国田园式生活解构为“艺术化”的田园图景和“自在的”农耕生活，并对焦作乡村旅游发展提出重塑“中国田园式生活”的旅游发展思路：第一，回归初心、生态为先，描绘焦作乡村生态田园图景；第二，资源整合、规模集聚，走出高效率乡村振兴之路；第三，主题切入、区域发展，引领焦作乡村诗意生活。

关键词： 李子柒；中国田园式生活；乡村旅游

Abstract: This article starts with the phenomenon of Li Ziqi's plum blossom, deeply analyzes the concept of pastoral life in contemporary China and its relationship with the rural tourism development, and puts forward that pastoral life is the core attraction of rural tourism development. Further Chinese pastoral life deconstructing into artistic rural scenes and free farming life, and using them as a guide, proposing tourism development ideas to reshape "Chinese rural life" for the development of rural tourism in Jiaozuo: First, return to the original heart, ecological priority, and describe the rural scenes of Jiaozuo; second, resource integration, scale agglomeration, and walk out of the road of Jiaozuo rural efficient development; third, theme leadership, regional development, and leading the rural poetic life of Jiaozuo.

Keyword: Li Ziqi; Chinese Rural Life; Rural Tourism

1　中国田园式生活

近期，李子柒爆红引发了两极化的舆论倾向，支持者认为她拍摄和传播的“中国田园式生活”向世界输出了中国田园文化；反对者认为，她过度美化来了乡村生活，造成外国人对中国乡村认知的偏差。与这个现象相关的主要有3类群体，支持者、反对者和媒体。从与乡村关系角度来看，反对者恰恰是参与者，他们大部分有过乡村真实的生活经历，因此质疑媒体将其过度美化、传播虚假；而支持者通常为旁观者，他们大部分长期处于快节奏的城市生活，乡村真实的面貌与他们几乎没有关联，他们对乡村的认知往往来自于文学艺术作品之中或者经过“艺术化”的“真实”乡村之中。媒体则扮演了推动者的角色，以李子柒的媒体团队为代表，他们迎合当代市场需求，将零散的乡村资源巧妙的整合打包起来形成可以销售的产品，通过宣传营销带来网络流量和商业价值。

笔者认为李子柒爆红现象为我国乡村旅游发展带来了新的发展思路，乡村旅游其实是将参与者眼中的“真实乡村资源”按照市场的期望进行一系列的选择、整合、包装和营销，打造成为大家认可的“中国田园式生活”系列产品，引领一种不同于城市快节奏的、自在的田园生活。

那么，究竟什么样的生活才是符合大家期望的“中国田园式生活”，中国乡村散落的资源、环境、空间和设施究竟如何耦合才能承载这样的生活？这就是本文探讨的重点。

2 新时代乡村旅游发展的几点共识

自党的十九大做出实施乡村振兴战略的重大部署以来，国家相继推出了一系列政策文件，明确了发展乡村旅游是实现乡村振兴的重要力量、重要途径、重要引擎。在全国旅游业快速发展的大背景下，我国乡村旅游这一新的旅游形式也被越来越多人青睐。乡村旅游已从零星分布向集群分布转变，空间布局从城市郊区和景区周边向更多适宜发展的区域拓展。与此同时，乡村旅游快速发展也带来了一系列的问题，如乡村生态环境遭到破坏、乡村风貌同质化、乡村旅游产品开发低质化等。面对传统乡村旅游粗放式发展带来的诸多弊端，2018～2019年，国家相继推出了《关于促进乡村旅游可持续发展的指导意见》《国务院关于促进乡村产业振兴的指导意见》（国发〔2019〕12号）等文件，“着重推动乡村旅游提质增效，补齐基础设施建设短板，促进乡村旅游规模化、集群化、可持续发展。”

乡村旅游发展越是火爆，我们就越需要警惕，面对新时代乡村高质量发展的要求，我们必须提高站位，走可持续发展之路。

2.1 不是所有的乡村都适合发展乡村旅游

中国乡村数量众多，各地区乡村资源条件、经济发展条件和旅游市场条件差异极大。乡村旅游虽然在城乡一体化、乡村产业经济发展、乡村扶贫等方面发挥了重要的作用，但从目前乡村旅游发展情况来看，乡村旅游的发展对城市区位条件、交通条件和经济发展条件具有巨大的依赖性，乡村旅游主要发生在大城市郊区和具有知名度的景区周边等旅游发展条件适宜的空间区域。

2.2 个体村庄谈乡村旅游没有意义

以目前国内知名度较高江西省婺源县篁岭村、浙江省乌镇乌村和陕西省礼泉县袁家村为例，他们都是作为乡村旅游的成功模式进行推广的。但真正具备市场号召力的是“江西省婺源、浙江省乌镇、陕西省礼泉县”等乡村所在的城乡区域或者景区发展区域，乡村旅游依托城市或者景区更多地作为“周边游”或“一日游”等补充型旅游产品存在。由此可见，要想实现乡村旅游的可持续发展仅依赖单个乡村是不可能的，必须要依靠更广阔的区域空间，并进行资源捆绑。只有打造综合性的旅游目的地，才能实现乡村旅游可持续发展。

2.3 “中国田园式生活 ”才是乡村旅游的核心吸引力

“中国田园式生活”源于“田园中国”，而“田园中国”主要存在于文学艺术作品之中，“古人具鸡黍，邀我至田家。绿树村边合，青山郭外斜。开轩面场圃，把酒话桑麻。待到重阳日，还来就菊花。”这些诗句艺术化地展现田园之美，同时又赋予中国传统田园生活一种自在性。正是这种艺术化的田园图景和自在的生活方式，使“田园中国”能够跨越时间和空间，成为世界人们心中的理想愿景。

3 “中国田园式生活”的解构

艺术田园、传统形式和现代生活3者杂糅，几乎包含了现代人对理想田园生活的所有想像。与其说这是人们对乡村生活的过度美化、虚假传播，不如说这是在重新定义什么是当代理想的“中国田园式生活”。

李子柒爆红视频正是符合这点，既有艺术化的田园选景，即一年四季山水之间、田园之间、屋舍之间；又有与传统文化契合的生活方式，自给自足、丰衣足食。但真正让她爆红的原因是她所展现的生活方式，虽然根植于传统田园，但是在生活内容上、形式上都与当代主流价值和审美紧密相连。

3.1 “艺术化”的田园图景

深入剖析“李子柒古香古食”系列视频可以看出，这种诗意的生活方式之所以能抓住人们的眼球，主要是因为它用艺术化的方式展现了田园图景的美感，同时又能让参与者感受到亲近感，让观察者感受到距离感，美感、真实感与艺术感相互交织，令所有人心生向往。

田园图景按照空间尺度的差异可以分为7大类：背景、田景、园景、院景、内景、市景。其中背景是从宏观的人与自然关系角度出发，是人类赖以生存的生存环境；

田景是人们在自然环境中进行农业耕作形成的农业景观环境；园景主要是人类聚居环境，是指围绕乡村生活展开的日常劳作；市景指的是劳动物质交换的场所；院景是人们日常生活的主空间，通常包括家畜饲养、手工艺和美食制作等；内景指的是日常起居生活。这7大类田园图景缺一不可，他们共同的特征就是体现传统农耕社会的生存智慧——“人与自然相和谐相处”，如同山水诗画等艺术形式。“中国田园式生活”所展现的田园图景，即使是对室内生活的描述，主体也是生活场景而非人物本身。

3.2 “自在的”农耕生活

“李子柒古香古食”系列视频中展示的“中国田园式生活”按照劳作内容可以分为农耕劳作、美食制作、手工艺制作、家畜饲养共4类场景；按照社会关系可分为亲情、友情、社会交往共3类场景。但所有的场景都紧紧围绕“吃”，民以食为天，这是中国传统农耕生活的核心，以美食制作为基础，将中国传统民俗文化和现代生活的内容、形式整合在一起，这才是视频能引起中外情感共鸣的根本原因。除此之外，视频中展示的生活处处洋溢着自由和随性，这与中国传统文化强调的顺应自然、天人合一的哲学观、世界观和人生观有契合之处。古代中国的社会空间、政治上升通道、经济流动、文化多元，这些反映在农耕生活中，一年四季一日三餐都随季节、天气乃至个人心情而变，给人一种强烈的自由感。

4 焦作乡村旅游发展新思路——重塑“中国田园式生活”

焦作目前基本具备乡村旅游发展的基本条件：良好的区位条件、成熟的旅游市场、广阔的空间腹地和丰富的乡村资源，但缺乏乡村旅游的核心吸引力。本次规划重点整合焦作乡村散落的资源、环境、空间和设施，通过艺术化的手法勾勒一幅幅符合大家期望的“中国田园式生活”图卷，最终引导出体现焦作乡村“诗意生活方式”，在焦作乡村实现“中国田园式生活”的重塑。

4.1 回归初心、生态为先，描绘焦作乡村生态田园图景

优越的山水大格局和广袤的田园生态环境是焦作乡村旅游发展的基础。关注焦作乡村生态安全格局和生态环境保护，打造生态宜居的乡村环境，为田园牧歌式的生活创造一个完美的山水环境、乡村田园背景。不是所有的乡村都适合发展乡村旅游，但所有的乡村发展都必须以生态为先。因为乡村旅游发展立足于区域乡村生态环境，乡村生态田园图景的描绘更需要一个生态可持续发展的乡村区域环境。

4.2 资源整合、规模打造，走出高效率乡村振兴之路

乡村相对于城市而言资源分散、生产效率低下，乡村经济发展难以腾飞。乡村旅游本质上是集体经济、规模经济，其发展必须形成一定的规模和体量。因此焦作乡村旅游的空间尺度应放眼市域，至少是县域尺度。这并不代表要遏制村集体的主观能动性，而是要严格把控和引导，避免乡村旅游发展遍地开发、过度透支生态环境和文化资源。焦作乡村旅游发展首先要划分不同的乡村文化区域，在各自的文化区域内以文化引领整合资源、环境、空间和设施，打造符合区域文化特征的“艺术化”的田园图景序列。

4.3 主题切入、区域发展，引领焦作乡村诗意生活

焦作乡村准确把握市场需求变化，不断创新发展方式、完善服务体系、优化发展环境。重点整合乡村旅游空间并深入挖掘乡村历史文化和资源特征，通过“主题+”的乡村旅游开发方式迅速整合并重新组织广大的乡村资源，形成旗帜鲜明、各有特色的乡村“诗意生活”引导区域。乡村旅游的核心吸引力是乡村生活的体验。乡村只是一个空间发生器，以“采菊东篱下、悠然见南山”为代表的田园生活只是其中一种，但不管引导什么样的生活方式，都必须根植于乡村慢生活、慢节奏的，与乡村环境和文化基因不违和的“自在性”生活。

5 小结

实现乡村振兴的重要力量、重要途径、重要引擎不是乡村旅游而是乡村旅游的可持续发展。尽管目前国内乡村旅游发展如火如荼，成功的乡村旅游发展案例也是成百上千，但是真正具有可持续性的仍然是极少数，大部分乡村旅游产品只是昙花一现。本文提出乡村旅游发展思路其实也是乡村发展的一个理想状态，良好的生态环境、美好的

田园生活图景、自在的生活方式、现代化的生活内容，只有生活在乡村的人生活真的变好了，才能真正吸引游客前来，“中国式的田园生活”才能真正带领乡村走向可持续发展之路。

参考文献

[1] 焦作市政府. 焦作乡村旅游提升总体规划（2019-2035）[R]. 2020.
[2] 郭玉琼. 中国乡村旅游发展报告 [R]. 2017.
[3] 银元，李晓琴. 乡村振兴战略背景下乡村旅游的发展逻辑与路径选择 [J]. 国家行政学院学报，2018.05.
[4] 中国社会科学院旅游研究中心. 旅游绿皮书：2018-2019年中国旅游发展分析与预测 [M]. 上海：社会科学文献出版社，2019.
[5] 周燕，我国乡村旅游发展的政策回顾与趋势前瞻——基于2004年以来国家层面政策文本分析 [J]. 云南行政学院学报，2019. 4.

作者简介

王晓洁，1990年生，女，硕士，上海同济城市规划设计研究院有限公司中级工程师，规划师。研究方向为旅游规划与景观设计。电子邮箱：1084297387@qq.com。

浅析乡村景观设计中的诗意表达

On Poetic Expression in Rural Landscape Design

戴湘君

摘　要：诗意的表达给人以良好的心情和想像，现代乡村景观应既适应社会发展的需要，又能延续中国传统园林的美好，营造古典诗词和现代美学的艺术氛围。文章从乡村艺术的哲学基础和典型特征出发，结合现代乡村景观设计方法，深入研究乡村景观设计中的诗意表达，从精神和物质两个方面分析如何设计和创造乡村景观中的诗情画意，从现代村落回归到自然的愿望出发，探索一种符合新时代大众审美意象的乡村景观设计的表达形式。

关键词：乡村景观；景观设计；诗意表达

Abstract: The poetic expression give people a good mood and imagination. The modern rural landscape should not only meet the needs of social development, but also continue the beauty of traditional Chinese gardens, and create an artistic atmosphere of classical poetry and modern aesthetics.This article starts from the philosophical basis and typical characteristics of the concept of rural art, combined with the analysis of modern rural landscape design, deeply studies the concept of poetic expression in rural landscape design, and analyze how to design and create poetic painting in rural landscape from both spiritual and material aspects.The research purpose of this article is to start from the desire of modern villages to return to nature, and to explore a form of expression in rural landscape design that is in line with the public's aesthetic image in the new era.

Keyword: Rural Landscape; Landscape Design; Poetic Expression

1　乡村景观设计中诗意表达的重要性

1.1　与乡村景观建设相协调

城市生活节奏的不断加快，文化消费观念的质朴化发展引导乡村景观设计呈现为简单且易于识别，同时应表达深刻的含义。这就需要富有诗意的园林景观来体现乡村的设计感，并满足现代发展的审美需求。

1.2　设计感和归属感

乡村景观关注的是诗意园林中的设计感和归属氛围，而设计感与归属感又是密切相关的。诗意的园林景观可以映射出设计者内心的情感与情绪，使景观与周围环境相互呼应。设计者需要考虑现代乡村景观设计中居住者的归属感和设计感的需求，并在景观建设中给予体现[1]。

1.3 体现生态设计理念

自然诗意建筑群能够体现生态设计的理念，表达出乡村给予诗意景观的美感，体现人与大自然和谐共生的美好景象。

1.4 反映乡村的文化特色

景观的设计体现具有社会，政治，经济，文化和人文理念的基础。包容性的外观是乡村文化和社会文化的反映，景观的诗意表达能够体现古代文化底蕴，传达出乡村的文化特色。

2 乡村景观设计的诗意表达

2.1 田园诗

乡村以其独具特色的景观形象提供了物质和精神上的休息场所，但现在国内大多数乡村区域景观还停留在较为粗糙的田园农家乐，但既不包含美观，也没有诗情画意。而中国传统的田园诗体现了乡村中的艺术概念，并将无限的精神内涵延伸到有限的诗意田园中[2]。

田园类诗歌在唐朝最为成熟且达到顶峰，然后逐渐衰落，正如王凯在《自然的精神》中所说的："山水诗人不仅用心观察自然的奥秘，而且了解山水的魅力，并使用诗中意象对其进行描绘"。

例如，王维的《积雨辋川庄作》中颔联的描写："漠漠水田飞白鹭，阴阴夏木啭黄鹂"，诗人选择较为常见的乡村景观元素创造出诗情画意的美妙景象，创作田园诗歌的关键是把握风景元素的特征和元素之间的组合，王维的描写中包含分布在广阔沙漠中的稻田，在美丽的森林里轻快地跳舞的黄鹂鸟；在这个景观图像中，夏季是自然景观元素围绕农业生产要素的稻田的整个图像背景，黄鹂鸟则是一个动态的视觉元素，另一个流动的听觉元素"漠漠"可以准确地掌握稻田的景观特征：分布广泛，视野宽广。诗人通过这一切唤起了听众对自然和乡村景观形象的想像。

在张志和的《渔歌子》一诗中，同样通过语言营造意象，打造了一幅质朴、生动、亲切而悠然的乡村景观小品"西塞山前白鹭飞，桃花流水鳜鱼肥"，这首诗的首联中并没有描述西塞山的天然山区地形，但是"飞"字在读者的脑海中创造了陡峭的山脉和"流水"。在绿色的山脉、海洋和对角风与细雨中，一位身穿长袍的渔夫展现在读者面前，与整个环境相互融合[3]。老人的背影表达了他对水流有着急促但又放松的关注，正如唐代名画《渔歌》卷轴上所说：人、船、鸟、兽、烟浪、风、月都是以言为本，尽力而为。整首诗中最复杂的技巧处在下联。读者的视野从自然环境中的一个大场景骤然缩小到一个点，不是直接描述角色，而是通过形象特征来指代，为读者提供无限的想像空间：与大元素相比，采用小框架元素，景观被缩小以高大、宽敞、精致的室内装饰。元素的对比度、空间的对比度和视觉效果的对比度会自动在观众的脑海中产生想像。诗人的这种意象建构方法在乡村景观设计中值得借鉴。

美好的色彩元素运用在山水田园诗中也不胜枚举，《积雨辋川庄作》中描绘的广阔无际的田野、起飞的白鹭与幽暗宁静的乔木上鸣叫的黄鹂，一幕幕画面跃然纸上，诗人精心刻画形成丰富的视觉层次[4]。

2.2 田园山水画

在中国千年的历史长河中，山水画逐渐超越了物质范畴，具有精神意义。中国园林文化不是一个简单而独立的单一意向，而是许多丰富文化的集合。中国园林文化具有强烈的地域特色和传统文化吸引力，而古代传统山水画的发展为世界园林的发展做出了巨大的贡献，不仅如此，中国山水文化也拥有自己的思想风格，景观的不断发展，即从追求形式美到传统山水画与现代景观的建设。在发展历史中，山水画与古典园林逐渐融合。在南北朝时期，山水画与自然景观建筑正处在萌芽阶段，进入唐宋元以后，山水画和古典园林的发展逐渐进入了一个成熟时期。从历史发展的角度看，中国传统山水画与古典园林有着一致性，山水画家同时也在研究园林理论。绘画中所创作的环境一般是园林环境，这为探索古典园林景观与传统山水画的园林建筑艺术打下了坚实的基础。中国传统山水画的元素构成与中国古典园林有着异曲同工之妙。山、石、水、植物、建筑等都是以自然景观为基础，经过对传统景观元素的创造性的整理，传达人与自然和谐相处的理念[5]。

在乡村景观设计中，设计师可以从中国传统山水画中分析古典园林的艺术表达，透过山水画看古典园林表达的意境，研究中国古典园林，将其应用在乡村景观的设计中。并通过研究中国传统山水画的理论、创作方法及其对古典园林艺术的影响，对中国古典园林和传统自然美学产生更加深刻的认识。

2.3 乡土影视作品

电影和电视作品对我们的现实生活有着深远的影响。我们面对的影视不仅是一种艺术形式，更是一种大众传媒，电影、电视剧首先是大众传媒，然后才属于艺术形式[6]。民众对影视剧的选择与他们的审美、文化和个人特点有关，因为看影视作品不仅是消磨时间，更是为了达到文化消费和审美目的。一部分影视剧能够使观众对其中出现的场景产生探究的心理，这就使一些场所成为旅游目的地，详见表1。许多影视作品从不同角度描绘风景名胜、物产风情，把不同的观众带到拍摄现场，进行观光、购物、休闲，体验异域风情，体验英雄的旅游线路。

旅游产品和影视的关联一览　　表1

影视作品名称	观赏型旅游产品	活动型旅游产品	文化型旅游产品
《神雕侠侣》	九寨沟生态游	/	/
《卧虎藏龙》	古镇游	/	/
《乔家大院》	古村镇院落游	/	/
《诺玛十七岁》	哈尼梯田	/	/
《哈利波特》	“踏着哈利波特的足迹游英国”	/	/
《地道战》《长征》		“重走长征路”	红色旅游
《大长今》	济州岛	/	/
《少林寺》	少林寺	武术表演活动	/
《断背山》	艾伯塔草原	游草原做牛仔	/
《美丽家园》《吐鲁番情歌》《五朵金花》	西南、西北异域风光游产品	民歌会、赛马会、摔跤民俗活动	/

2.4 乡村地域性的风俗习惯

乡村景观具有独特性，反映了全国的自然和文化资源，还体现了特定地区的风格[7]。此外，一部分乡村自然景观也蕴含历史意义。其研究价值和旅游开发价值都很高。这种自然资源需要合理规划、有序开发，因为景观一旦消失，就无法进行重建，特别是地域性风俗、史料和独特文化，其中大部分都可以进行保护和发展，如庙会、仪式、戏剧、杂技、神话和民间传说等[8]。

3 结束语

在乡村景观中，诗意表达是一个重要的环节。设计师在进行设计时，应注意结合诗歌、山水画、影视作品、地域风俗等元素，将这些元素融合进而建设更具观赏价值和意境的乡村景观，为乡村景观设计添加优秀的田园文化的。乡村充满了自然的活力和令人沉醉的山川浪漫气息，传统文化与几千年的农业文明交相辉映。在这个主流设计迷失的时代，诗意更应被渗透到农村的生活环境中，给人们带来新的思考[9]。综上所述，文章从诗意表达的角度解读乡村景观，而从中总结出新的景观意象构建方法，这是一个初步的探索，随着新农村建设的推进，乡村景观越来越受到人们的关注，文章有望为未来的乡村景观设计提供更多的理论指导。

参考文献

[1] 欧阳慧霖. 浅析乡村景观规划设计在乡村振兴中的应用［J］. 农业开发与装备，2018，202（10）：89＋91.
[2] 姬璐璐，覃斌. 浅谈城郊乡村旅游景观设计中生态价值取向观的构建［J］. 辽宁林业科技，2011（06）：58-59.
[3] 欧阳路，李苗苗. 浅谈乡村景观设计的研究与应用［J］. 城市地理，2016（11X）.
[4] 刘艳. 浅析乡村景观在风景园林设计中的启示［J］. 科技资讯，2019，17（06）：46＋48.
[5] 徐蕾. 浅析乡村景观风貌的艺术设计手法［J］. 文艺生活·文海艺苑，2015（2）：183-183.
[6] 曹岩岩. 浅析风景园林规划设计中乡村景观地融入［J］. 企业科技与发展，2015（15）.
[7] 熊璨，陈维彬，徐斌. 地域文化在乡村景观设计中的表达——以富阳墅溪村为例［J］. 建筑与文化，2017（11）：125-126.
[8] 李传燕，闵雪阳. 公共艺术在乡村公共空间景观中的设计表达探究［J］. 建材与装饰，2018，551（42）：120-121.
[9] 欧阳. 城镇景观设计中乡村意境的研究［D］. 2015.

作者简介

戴湘君，1997年10月生，女，中南大学在读硕士研究生。研究方向为风景园林规划设计。电子邮箱：chiniscodae@163.com。

风景园林理论与实践

基于地脉、文脉的东湖绿道郊野段规划

Green Road (Country Section) Planning of East Lake Based on Geographic Context

杨和平　武　欣　魏合义　何　昉　谭益民

摘　要：城市和园林是构成大地风景密不可分的重要组分，而东湖绿道本就是城和园交融的结果，而地脉与文脉则是城园有机交融的基础。文章从地脉文脉的分析着手，梳理郊野段绿道与城市格局和风貌的关系，在“田园风情”理念的指导下，分别对立意、布局、理微的角度分析地脉、文脉的规划手法。

关键词：东湖绿道；地脉与文脉；郊野风光

Abstract: Cities and gardens are inseparable components of the earth landscape, and the East Lake Greenway is the integration of cities and gardens, while the ground and context are the basis for the organic integration of cities and gardens. Starting from the analysis of the context, this paper combs the relationship between the Greenway in the countryside and the urban pattern and style. Under the guidance of the concept of “pastoral style”, the planning method based on the context is analyzed in terms of phase, conception, layout and micro-management.

Keyword: East Lake Greenway; Geographic Context; Country Scenery

引言

“文脉”（Context）一词源于语言学，原指文章的思路与逻辑结构[1]。而风景园林里要讲的文脉更多是基于对场地调研和剖解后提取的地域文化特色。对于绿道，满足于自行车运行功能的绿道模式，在中国已有比较成熟的理论研究[2]，但让绿道能融入周边城市和区域，贴身的反应地域风貌，尚待更多尝试。正是基于这种探索，项目组规划设计了东湖绿道的郊野段。

1　风景园林规划中的地脉文脉

1.1　溯源——地脉、文脉的探讨

地脉、文脉是构建某一特色景观风貌的核心基质，是地域文化的写照。地域性景观有助于维持多样性和可持续发展的景观体系，使文化景观具有更好的识别性[3]。原创设计，盲目效仿，带来了人与传统地域空间的分离，地域文化特色的渐趋衰微[4]。

1.2 印证——现场调研

风景园林是地脉和文脉的产物，居住在特定地域的人们都与自己生活的邻里、生产的农场、居住的建筑以及自然的林地、河流等自然与文化景观形成相关，具有深远的意义[5]。地域主义景观来源于对设计场地的解读[6]。于是，项目组前后8次对场地进行了详尽的调研，明确了几个内湖的水系连通关系、塘埂的大体结构形式、水位和淤泥塘泥的厚度，对现状的乡土植物、林冠线做了特别细致的调研和分析，也对场地内“景中村”的动迁历史、人口构成做了调查。最终我们清楚地知道，武汉的地脉以东湖为自然核心，而郊野段所在的落雁景区正是东湖地脉的精神所在。

1.3 引流——设计理念

园林的指向是大自然，而不是钢筋混凝土和玻璃幕墙，也不是高墙深院围起来的“自然”[7]。风景园林是大地的艺术，绿道的规划设计更是梳理城市和基址地脉文脉的艺术。场地给设计者的初印象就是孔子与曾点的对话：“暮春者，春服既成，冠者五六人，童子六七人，浴乎沂，风乎舞雩，咏而归[8]”。这种朴素的对原生美的追求正是郊野段绿道给予的，也是作为一个风景园林规划师应该悉心呵护的，我们以“醉美乡野、田园绿道”作为我们的设计理念。

2 地脉文脉引领东湖绿道规划

2.1 立意——城市战略

地域文化是民俗民情、地方风物、文化形态、饮食、建筑、村落、历史沿革和历史遗存等地脉文脉的多方位呈现[9]。绿道的规划应立足于地域文化，东湖绿道规划从地脉文脉的角度出发，提出了连通东湖湖底隧道以应对多年来悬而未决的“景中村”和景区过境交通的问题，并以湖区为核心构建一个可以举办世界级的环湖自行车赛的一个绿道网络系统，最终实现“让城市安静下来”[10]的目标。

2.2 相地——景区

本次规划是东湖绿道一期工程4个标段（湖中段、湖山段、磨山段、郊野段）中的一段，以东湖绿道东环郊野段为核心，西起鹅咀，东至磨山东门，途经落雁路、二渔场、李家小湾、李家大湾、东湖生态园、涂家咀、团山、落雁景区、清河桥等区域的环线进行绿道规划设计，绿道线路总长度10.7km，景观设计面积约29.2万 m^2。

2.2.1 衔接大东湖风景区系统

大东湖风景区是武汉市近年里积极推动发展的区域，东湖绿道一期的28.7km串联起了磨山、听涛、落雁3大景

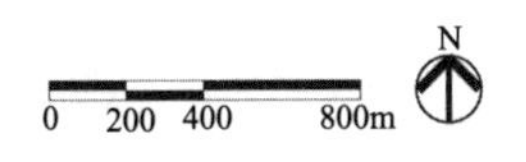

图例 LEGEND

01 鹅咀（接湖中段、磨山段）
02 落雁路步道
03 雁中咀驿站（炊烟夹道）
04 西堤步道（菱湖炊烟）
05 湖滨步道（湖城好望）
06 总观园
07 菜园步道（田野童梦）
08 柳堤步道
09 生态园驿站（零碳花园）
10 东湖生态园
11 禾草步道（塘野蛙鸣）
12 新武东村驿站（荷风林语）
13 雁落岛驿站（落霞归雁）
14 青王路门户
15 磨山景区门户（磨山景区东门）

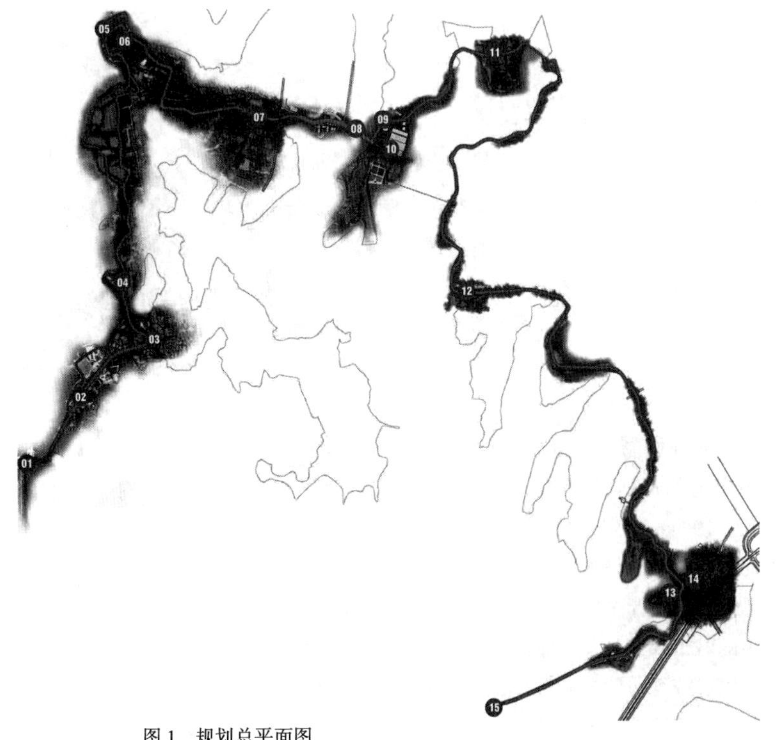

图1 规划总平面图

观，也使得大东湖经历从没有路到有了路、从城市车辆过境通道到即将回归生态本质的历程。东湖隧道的建成也使得大东湖风景区卸掉了过境交通重负，回归景区旅游道路本质。

2.2.2 统筹落雁景区和景中村

绿道是重要的生态廊道，通过绿道的建设，可以有效地串联城市散落的公共空间，改善居民生活质量，同时加强城市人居环境建设。国内对于绿道的研究多集中在单独绿道的景观规划与设计[11, 12]。落雁景区长期以来都因为“景中村”的问题无法建成，景区内有风光村等3处村庄，还有村内分布的类型多样的浴场、垂钓场、养殖场、培训机构、学校等。项目设计之初，因交通管制，进入村内的车辆相对很少。但进出的人流、村民的立意诉求、村民对景区风光的理解、对景区建设的要求繁杂且多样，正是基于对这种多元文化的珍视，我们利用一周的调研时间对村民进行了走访和调研，最终得出的结论是村民忧心于新建的绿道会影响他们的进出，但同时也很期待见到绿道能走进村子让外界更好地了解他们的鱼塘、菜地还有农庄。因此，最终的设计原则是在能避免边界争议的前提下尽可能的让我们的绿道线路在“景中村”里更加迂回，以增加路径和节点链接的机会，让郊野意象和村庄意象更好地融入绿道，同时，也让路径更加契合农田菜园的肌理和审美：往复、迂回、盘错。

2.3 布局——选线

地域的内涵带有明显的区域性、自然性、人文性和系统性特征，同时含有历史性、差异性等特点[13]。在场地原有肌理和属性的基础上，保留场地特色，赋予场地新功能，增加场地新活力，充分展现郊野道之美，结合“景中村”的自然聚落边界和场地自然风貌将其分为4段特色主题段，分别为湖光城影段、生态田园段、湿地郊原段和落雁长歌段。

2.3.1 纳湖光城影

东湖绿道的规划和设计从多个方向兼顾了城市和郊野的风景。10.3km的郊野段其西、北、东3面都有良好的城市界面，西向主要是以华侨城为主的宜居城市风光，北向主要是以杨春湖为主的现代商业商务风光，东向是落雁景区为主的城市郊野公园。将西侧城市开放空间视为统一的场所，以边骑行边欣赏美丽的城市天际线为特色建立空间和视觉上的连续性；东侧则以村庄鱼塘的野趣田园为背景，与城市风光和湖光景色形成对话。通过透视轴线和位移效果的变化，形成城市天际线—开阔湖景—绿道—野趣鱼塘—田园村庄的视觉印象。

图2 绿道郊野段西望武汉城区

2.3.2 引炊烟渔火

景区的生活就是景区的生命力，也是场地的文脉，我们在规划中常常想，能不能让“景中村”搬迁得慢一点好让我们的游客能看到更多原味的郊野风光，感受到烟火气。我们的规划也是这么做的，通过绿道选线和“景中村”的规划建设我们把村子里荒废的养殖场的烟囱、村口的破旧木船、竹筏、鱼篓或作为我们的设计素材或作为我们的借景对象，紧密地融入我们的绿道景观。

图3 废旧渔网搭建的“渔父台”实景照片

2.3.3 护蛙鸣鸟啾

国外对绿道的研究很多侧重生态保护和生态恢复[14]。“百湖”是武汉的性格，也是郊野绿道的性格，只不过这里的湖以村民的鱼塘和荷塘为主，而且这性格重在“野”。时至7月，设计组的成员欣喜于路遇的每一方棉花田、每一丛巴茫堆、每一片荷叶田、每一排水杉林，感动于每一阵蛙鼓、每一声鸟啾、每一段虫鸣，且一一记录、激烈讨论、悉心保留和大胆创意，并以1∶200的地形图详细地补充标记场地中的每一处感动，最终我们在这一区域的选线前后经历了6次调整，才满意得落入全图。

2.3.4 与高铁竞速

7月的现场调研行至高铁跨线桥下，已是全程的三分之二，但离我们不远的、飞驰而过的高铁列车带给我们重新启程的动力。一周后从返深的高铁窗口再一次瞥见景区时突然发现，郊野绿道的城市慢生活和城际高铁的匆匆行旅有着一种互成因借的妙景。

2.4 理微——景点体系

景点的形成有赖于对郊野景观的吸纳。对于城市边缘区的郊野公园而言，乡土景观资源存在的生态、活动、文化等要素特征和联系，对维护景观的健康安全具有关键意义，为营造具有地域特征的景观设计提供了必要条件[15, 16]。

2.4.1 纲举目张的景观“蛛网”

景观体系就像蛛网一样，不同的是我们以绿道的主线为纲，以绿道周边的“景中园”“道中园”为本，结合骑行者对休憩空间的要求和基址特色场地设置了3个级别的景点。

2.4.2 灿若明珠的“景中园”

选线基本确定之后，我们第一次在郊野段的绿道规划中引入了“景中园”的理念。作为景区中的绿道，东湖绿道与国内多数注重通勤的绿道明显不同，设计尽可能以“发现美的眼睛”给观者留下更多可观赏的“景中村”、田园、鱼塘和空间，希冀能够产生更多的深度游和慢速游。

2.5 景中村

东湖风景区类的“景中村”分为：城景结合型居民点、核心景区型居民点、农村聚落型居民点和城景过渡型居民点[17]，郊野段所在区域多为过渡型居民点。加大对郊野景区自然环境的生态保护和修复，强化对景中村人居环境的生态改造和整治，努力实现堤明岛翠。规划将注重保护滨水原有生态系统，塑造和展现湖湾休闲带功能和自然风貌，保证生态斑块—廊道的完整性，同时结合水生态修复和植物演替，体现湖滨郊野绿道的特色。

3 地脉文脉筑就东湖绿道景点

3.1 高铁竞速

地域文化通常闪现为一个场景或一瞬间[18]，就如高铁竞速节点捕捉的是游客在一瞬间的感受。京港高铁组成的“动脉”和东湖绿道组成的“静脉”在此交汇，而交汇点正好位于郊野段的东段，因此此处设计了一条特别的赛道——“高铁竞跑”。最初见到这个场地的时候我们想到的更多地是如何屏蔽高铁的噪声，但是因为绿带的宽度不足以消除噪声，同时空中的轨道线和地面的绿道线又正好与视线相接，最终设计选择了与其回避不如正面应对的方式表达景观的故事和戏谑。设置了6条100m标准跑道，与旁边的高铁线平行。跑道安装了感应器和计时器，电子屏可以显示选手的成绩，游客既可以漫步，也可以与高铁试比快。

3.2 零碳花园

在调研的过程中我们无意中看到风光村的一些小型的餐饮店附近较多废弃的酒瓶，其位置正好距离一个待改造的阳光温室很近。结合现状建筑的改造，萌生了建设低碳建筑和低碳绿道的想法，设计不仅以废旧啤酒瓶作为围合种植池的材料，并将部分酒瓶围合成心形、圆形或三角形。在酒瓶底洒上草种还可以通过玻璃瓶壁观测种子的生长历程，体验生命的萌发和成长，并以木格栅和麻绳作为竖向围合，构建虚实结合的空间隔断。

图4 零碳花园效果图

3.3 塘野蛙鸣

田园野趣是可人的风景，尤其对于当前高速城市化的中国，而且永远是城市寻根的最好注脚之一，是城市文脉最好的源头之一。“cultivate”有“耕作、栽培和养殖”

图5 落霞归雁平面图

之意，因与“culture”有相同的词干，而使得其行为具有“文化”的取向，这也就不难理解“cultivated landscape”在西方园林中的重要意义[14]。对于市区中的绿道，我们无法大面积的保留农田和鱼塘，但我们可以让它们演进得慢一点，同时我们可以让自然的要素带来更多的“故事和回忆”，大自然的花草树石、鸟兽虫鱼，皆有迷人的魅力。郊野段的基址位于绿道线路的东北部，远离“景中村”和周边的过境交通，可达性相对较差，但却提供给了更多亲近自然、亲近土地的可能，为给大家一个触摸自然、聆听自然、体验自然的机会和空间，方案组尽可能在现场勾画、讨论并勾勒出对现场肌理、线条、空间的抽象和理解，回到工作台第一时间做出设计草图。最终我们选择了“自然的路径·生命的剪影”作为主题。循着场地中行列式的水杉林的路径，延续种植小部分水杉作为绿道的主线，也为郊野田园绿道提供了遮阴；循着鸟类落桩的足迹，我们用农村建设中常用的木条，将其设计成自由搭接的栈道和护栏，唯一不同的是我们预留了长长的搭接柱头让斑鸭、翠鸟、灰鹊雀、大雁鹅、鹊鸭、珠颈斑鸠、湖鸥、白骨顶等郊野区域的常客能在此停驻；循着鹭鸟和蛙类沿石阶和台地跳跃的路径。我们还用场地周边的石块设计了散置的“石阶”，并在人的视线焦点处设置铜鸟或铜鸟剪影雕塑来突出主题。

图6 落霞归雁效果图

3.4 落霞归雁

落雁景区所在的团湖有两三片水杉林，调研过程中我们听老武汉、老东湖讲，每年都有好多大雁在此处歇脚。因停驻的鸟类太多以至于树梢积累了太多的鸟粪，远远看去有如经霜历雪一般。甚至有村民告诉我们停驻鸟类似乎每年都是同样的时间相同的鸟群，借着晚霞，蔚为壮观。于是，我们希望把这一“远借”的风景，借得更多、借得更久、借得更多维，设计在确保绿道主游线的同时通过渐次抬升的阶梯提供了一个层层升起的转换视角，不仅能让游客能体验“欲穷千里目，更上一层楼”，而且能更长时间地感受霞光万道，并从多角度的看到东湖风景区“落霞与孤鹜齐飞”的盛景。

4 结语

笔者以东湖绿道郊野段的规划设计为案例，论证了此类项目地脉、文脉的重要性，也总结了在地脉、文脉的引领下从城市风貌、聚落环境、自然资源、地域风情、基址要素等角度拆解地域特色，最终得出最符合场地“基因”的设计方案。并期待从更深入、更全面、更多角度读解地脉、文脉，为大地风景的独特性、地域性带来更多有益的探索。

参考文献

[1] 唐健武. 基于文脉延续的广西全州湘山寺复建的探讨 [J]. 中外建筑，2018，08：62-65.

[2] 常健，刘杰. 基于绿道类别的武汉城市绿道发展方向分析 [J]. 中外建筑，2011（06）：93-95.

[3] Antrop M. Why landscapes of the past are important for the future [J]. Landscape and urban planning, 2005(70): 21-34.

[4] 方益萍，何晓军，译. 凯文·林奇. 城市意象 [M]. 北京：华夏出版社，2011.

[5] Kelly R, Macinnes L, Thackray D. The cultural landscape planning for a sustainable partnership between people and place[M]. London: ICOMOS-UK, 2000: 31-37.

[6] 孙青丽. 地域主义景观创作来源及创作手法分析 [J]. 生态经济，2014，06：196-199.

[7] 杨和平，高翅. 论地平线在西方现代园林中的应用 [J]. 中国园林，2015（8）：38-43.

[8] 杨逢彬. 论语新注新译 [M]. 北京：北京大学出版社，2016.

[9] 许五军，黄仪荣. 地域文化特色视角下的赣州城市游憩空间规划 [J]. 规划师，2015（8）：38-43.

[10] 阮成发. 武汉市委十二届七次全体（扩大）会议暨全市经济工作会议 [C]. 2015.

[11] 金云峰，周聪惠. 绿道规划理论实践及其在我国城市规划整合中的对策研究 [J]. 现代城市研究，2012，03：4-12.

[12] 胡剑双，戴菲. 我国城市绿道网规划方法研究 [J]. 中国园林，2013，04：115-118.

[13] 朱建宁. 展现地域自然景观特征的风景园林文化 [J]. 中国园林，2011：1-4.

[14] 赵振斌，包浩生. 国外城市自然保护与生态重建及其对我国的启示 [J]. 自然资源学报，2001，04：390-396.

[15]（英）詹姆斯·希契莫夫，刘波，杭烨译. 城市绿色基础设施中大规模草本植物群落种植设计与管理的生态途径 [J]. 中国园林，2013. 03：16-20.

[16] 蒙小英. 一种源自耕作景观的园林设计语言—丹麦现代园林大师布兰特的地域之路 [J]. 中国园林，2015，31（6）：120-124.

[17] 李军，刘西. 武汉东湖风景名胜区原居民点转型途径与策略研究 [J]. 规划师，2008（9），42-44.

[18] 杨和平，魏合义，武欣. 特色小镇建设中零陵古城地域文化的表达 [J]. 中外建筑，2018（10），69-72.

作者简介

杨和平，硕士，高级工程师，深圳市北林苑景观及建筑规划设计院，武汉分院院长。

武欣，硕士，讲师，广州南洋理工职业学院讲师，华南理工大学建筑学院访问学者，电子邮箱：wuxin198404@126.com。

魏合义，博士，江西师范大学城市建设学院讲师、硕士生导师，GRC-PEH国际合作研究中心创办人，英国Newcastle大学访问研究员。

何昉，教授，全国工程勘察设计大师，住建部风景园林专家委员会专家。

谭益民，博士，教授、博士生导师，湖南工业大学党委书记，从事生态学及生态旅游发展研究。

应对儿童自然缺失症的社区屋顶空间利用研究

Research on Community Roof Space Utilization for Natural Deficiency Disorders of Children

雷梦宇　张娇娇　王　欣

摘　要： 当代儿童生活的城市空间中缺乏可进行活动的绿色空间，因此与自然之间的物理联系被割裂，患上“自然缺失症”，产生生理与心理上的诸多问题。本文通过对社区屋顶的空间利用，以及儿童心理认知的发展探究与解析，提出屋顶空间利用的模式和植物景观营造的目标。希望以此构建儿童与自然之间的物理纽带，为儿童接触自然提供平台，增加儿童与自然的互动，使社区屋顶空间成为自然教育的载体之一，以期为未来社区屋顶空间的营造提供参考与借鉴。

关键词： 儿童；社区屋顶；心理认知；空间营造；植物景观

Abstract: The urban space of contemporary children lacks a green space for activities, so the physical connection with nature is cut off, suffering from “natural deficiency”, and causing many physical and psychological problems. This paper explores and analyzes the use of community roof space and the development of children’s psychological cognition, and proposes the mode of roof space use and the goal of plant landscape construction. I hope to use this to build a physical bond between children and nature, provide a platform for children to contact nature, increase children’s interaction with nature, and make the community roof space one of the carriers of nature education, with a view to providing reference and guidance for the construction of future community roof space. Learn from.

Keyword: Children; Community Roof; Psychological Cognition; Space Construction; Plant Landscape

儿童某些年龄阶段会有把无生命物体看作是有生命、有意向的东西的认识倾向[1]，这是心理学家JeanPiaget提出的“泛灵心理”，这种心理使他们更容易从自然中感知生命的多样性，也更愿意去探求未知世界。但当代城市中的儿童却处于和自然相对隔离的状态，导致这种现象的原因，其一是由于客观世界的发展，城市化和工业化进程侵蚀自然绿地，构建起钢筋混凝土的人工空间；且在电子信息时代，儿童更易被虚拟世界引诱而脱离现实世界。其二，城市里的社区绿地大多以基础绿化为主，缺乏吸引儿童的、充满野趣的绿色空间；且城市的社区公园或是其他类型公园大都通过车流繁密的道路，家长担心孩子的安全问题又疏于陪伴。

本文希望通过提高社区屋顶空间的有效利用，为城市儿童在有限的空间里提供感知和了解自然的机会，培养他们生态自然观、环境意识、园艺技能，促进个人发展和社会交往[2]，解决城市儿童“自然缺失症”的问题。

1 儿童自然缺失症和心理认知变化

1.1 儿童自然缺失症

20世纪80年代后期，Richard Louv对美国城市、郊区和农村等地近3000名儿童的调查发现，儿童在户外活动的场地和时间减少，他们与大自然逐渐疏远[3]，Louv将此种现象称为“自然缺失症”。

据《2015青少年健康体重管理调查报告》中数据显示，中国的儿童超重者占全部儿童的8.30%，肥胖者占8.50%；从1985～2010年，儿童超重比例从1.10%增至9.62%，肥胖比例从0.13%增至4.95%。需要关注的是，肥胖是产生糖尿病、心血管疾病等病症的隐患。

另有数据统计，中国孤独症患者中0～14岁的儿童患者数量有300万～500万人。当代儿童正在面对生理与心理的双重压力，远离自然剥蚀了他们的好奇心、创造力和灵性，他们的成长过程变得单一且缺乏趣味，这对他们未来的正常交际、性格培养等产生巨大的消极影响。这种环境很难培养儿童的自然观和环境保护意识，对整个社会甚至世界环境的改善也是不利的。

1.2 儿童心理认知变化和环境心理需求

儿童心理发展，实质上就是低一级水平的图式不断完善达到高一级水平的图式，从而使心理结构不断变化、创新，形成不同的发展阶段[4]。Jean Piaget将儿童的心理的发展阶段分为：感觉动作期、前运算思维期、具体运算思维期和形式运算思维期[1]。

（1）感觉动作期

0～2岁的婴儿处于心理认知的初级阶段，对于客观世界尚未形成固定的思维方式和感官模式，感觉、动作体验是他们最主要的认识世界的方式。据研究总结[5]，儿童的视觉敏感度极高，他们80%的注意力都投射于色彩，容易被对比强烈的鲜亮色彩吸引，更偏向波长较长的温暖色彩，尤其是红色。

婴儿由于活动能力所限，规划时空间体量无须过大，需保证足够的安全感和归属感。植物多采用色彩鲜艳明亮、花叶奇特的低矮草本，辅以活泼生动的灌木、小乔木和构筑小品、铺装元素，会对婴儿视觉具有吸引力。

（2）前运算思维期

3～6岁的幼儿已经具备客观世界的认知基础，可以通过词汇和图案表达事物，对于客观事物有一定的想像力和好奇心。在嗅觉方面更喜欢香甜的气味，喜欢触感柔软的物体。

因此，属于幼儿的空间应具有“引诱性”，空间中应具有色彩鲜明、造型独特、对比强烈的抽象设计元素来吸引儿童、激发儿童的想像能力。芳香植物和独特触感的花草可以让儿童对自然有直观的感受和体验，儿童还可以自己动手进行花草的种植，感受植物的生长过程。

（3）具体运算思维期

7～11岁的儿童具有较独立的思维能力和沟通能力，能将接触的客观事物转化为内在的认知储备，拥有较上一阶段更加成熟的思维能力和逻辑能力。

因此，规划中需要为儿童提供较大的活动空间，满足儿童的探奇心理，设计时需要清晰的活动流线。可以利用不同的植物凸显空间的转变，构建造型景观植物，培养儿童的想像力和创造性思维。

（4）形式运算思维期

12岁以上的儿童具有思考假设性情境并处理抽象性思维的能力。因此在空间景观设计时要考虑较接近成人的环境，为儿童提供较多社交空间和培养创造思维能力的空间。

2 社区屋顶空间利用的可行性研究

2.1 社区屋顶空间的相关概念

德国早期社会学家F.F.Tnnies提出社区是基于亲族血缘关系而结成的社会联合的概念（F.F.Tnnies，1887），强调社区一词包含两个层面的含义，其一，是指一定数量的人群共同居住生活的地域范围；其二，是指居住在这个地域范围的人群具有的共同关系和社会互动活动（徐震，1988）。但实际上，当代城市中的社区，仅仅只是一个地域界限，缺乏精神层面的温度和归属感。因此，我们需要绿色空间，为社区居民和儿童提供交流互动的场所。

屋顶是“房屋最上层起覆盖作用的维护结构”[6]，同时也可以被理解为各类建筑物、构筑物的屋顶、露台或者天台[7]。Jerry Harpur将屋顶花园定义为“增加的室外空间，即那些可以用于就座、用餐、娱乐以及让孩子们可以安全游戏的开放区域”[8]，可见在这时已关注屋顶空间作为儿童室外活动场所的可行性。社区屋顶属于社区的第五立面，起到由建筑内部向外部空间过渡的作用。基于新中国成立各地方颁布的屋顶绿化的相关规范和标准，以及20世纪70年代建成的我国第一个屋顶花园，为社区屋顶空间的改造利用提供可操作性和依据。

本文提及的社区屋顶空间包括住宅室外露台、平台和平屋顶。

2.2 屋顶空间营造的影响因素

2.2.1 有利因素

（1）俗有儿童“上房揭瓦”之语，屋顶空间对于儿童有着先天的吸引力，而屋顶空间相对于地面来说，具有视野开敞的条件。

（2）社区的容积率大，缺乏有效的绿地，屋顶空间正是被忽视的；屋顶没有汽车和来往人群的噪声干扰，具有安静的环境；且汽车尾气的污染也相对较小，具有良好的活动环境。这些为儿童的室外活动提供了基础。

（3）没有遮蔽的屋顶空间，拥有长时间的光照条件和充足的雨水，且楼板具有吸热快散热快的特点。因此，昼夜温差大，适于一些植物生长，也易于吸引城市鸟类的停留。

2.2.2 不利因素

一方面，由于屋顶楼板承重限制，土层厚度因此受限制，且屋顶的风力较地面更大，需要考虑排水问题，这在一定程度限制了植物种类的选择范围；另一方面，屋顶空间的改造受到屋顶结构的限制，不能进行大规模的竖向设计。

3 社区屋顶空间的利用

3.1 屋顶花园——卡内基住宅多层花园的案例解析

纽约市的卡内基山区，位于曼哈顿的上城东侧，这里优雅、迷人，古典气氛中融合了现代气息。场地内建筑类型为联排别墅，深处繁华之中又远离喧嚣。项目以“巢”为主题，利用每一层的室外露台或平台以及屋顶空间，综合考量乡土材料和植物，打造了4种尺度不一的花园空间，为住户和儿童提供日常休憩和交流的户外场所。

植物种植体现当地的微气候类型——底层花园和中层的儿童“教学”平台拥有被树荫覆盖的凉爽空间，屋顶花园则完全接受阳光的照射[9]。常绿和落叶植物的搭配不仅展现了时间、空间的变幻，也给住户尤其是儿童带来季相变化体验和对生命周期体验。

首层露台花园中树木蓊郁，墙壁被常春藤覆盖，空间用银杏树阵分隔，躺椅被场地原有的蕨类植物包围。儿童花园利用柚木条搭建的垂直幕墙遮挡外界视线，为儿童提供安全玩乐的私密空间，这里的多年生常绿植物为花园空间带来活力，使儿童如同置身于自然世界。

屋顶花园分为两层，柚木围栏的造型暗暗呼应“巢”的主题。花园中的垂直绿墙设计颇具艺术与层次，墙边布置沙坑，儿童在其间玩耍时如同处于绿色瀑布之下。顶层屋顶花园的花园墙植物种类丰富，层次多样，西侧的桦树可以遮挡西晒，喜阳的草本植物在分隔花园空间和城市空间的同时又似乎在无形之中将两个空间联结在一起。

3.2 社区农园——上海创智农园案例分析

国内最早的社区农园可以追溯为屋顶花园，一些商家在商场的屋顶用木箱等容器种植蔬果和花卉，组织居民认养这些花卉果蔬，开展各类活动，让大家参与其中，进行种植、养护和采摘等工作[10]。

上海创智农园是位于开放街区的社区农园，所用土地虽为街区内的间隙，但与利用屋顶空间有着异曲同工之妙，因此可做参考。其布局分为设施服务区、公共活动区、朴门菜园区、一米菜园区、公共农事区和互动园艺区（图1）。朴门菜园区由螺旋花园，锁孔花园，香蕉圈，厚土栽培实验区，雨水收集、堆肥区，小温室等组成，这里既是核心种植供给区，还很好地展现了可持续设计。一米菜园为农业科普的实验基地，孩子们可以获得属于自己的耕种土地，体验种植过程，成熟的果实也可以归自己所

1 设施服务区　2 公共活动区　3 朴门菜园区　4 一米菜园区　5 公共农事区　6 互动园艺区

图1 创智农园平面图

有。农园还会定期邀请专业人员讲授种子认知、作物栽培等相关知识。

互动园艺区包括轮胎花园、社区花园展区等。轮胎花园鼓励儿童动手改造废弃轮胎，并在自己改造的空间中进行种植活动；在花园中组织植物认养、手工花艺等活动，增进儿童与自然之间的互动交流。

创智农园是致力于儿童自然教育与体验的社区农园，一方面，移动建筑中的种子图书馆、锁孔菜园里的植物科普解说为儿童动手种植提供了知识基础，另一方面，一米菜园的实践活动能使儿童感受动手收获的快乐。

3.3 社区屋顶空间利用模式解析

由于屋顶构造限制了土层厚度，因此在屋顶营造儿童活动花园或农园是合理且可行的方案。作为日常接触到的活动场地，空间需要有吸引力，使儿童保持新鲜感，这就需要在植物和活动设施、景观小品的设计中凸显出来。

4 植物景观的自然信息传达

因为屋顶的承载力和构造限制，可以利用植物高度的来弥补竖向设计，比喻自然界地形的丰富，营造韵律和节奏感。同时，挑选信息传达（基于五感）直接且鲜明的植物种类，为儿童提供充满生命力的“自然”屋顶空间。

4.1 植物景观营造的目标

（1）感知自然，创造“自然”图示

根据Jean Piaget提出的儿童“泛灵心理”，自然界的植物可作为投射生命与情感的物理载体，激起儿童主观世界对客观存在的情感与共鸣，使之脑海中留下“自然”图示。儿童可以通过植物的生长——花开花落，植株高度变化或是秋叶凋落、春叶新生，感知自然之中时间和空间的细微变化。在这个过程中，儿童对于自然不再是一无所知，在内心留下自然朦胧的印象，这是弥补儿童自然缺失的第一步，也是儿童认知自然的基础。

（2）体验自然，丰富“自然”图示

儿童对于自然的缺失，很大程度是客观环境中充斥着非自然元素，因此我们需要利用自然元素，构建链状或网状结构。例如，芳香植物可以吸引蜜蜂或蝴蝶，通过适当的图示信息可以让儿童了解植物的生长繁衍和昆虫的活动的相关性，让他们明白自然界生物的相互依存关系；观果植物易吸引鸟类停留，这即是间接地引入了一种生物类型，鸟鸣也属于自然界的声景。

体验自然基于五感，即视觉、听觉、嗅觉、触觉和味觉。在这里，将自然的体验分为浅层体验和深层体验。浅层体验即植物带给儿童的瞬时感官体验，如花色的视觉冲击或是花香在某一段时间带来的嗅觉体验；深层体验为多个维度的拉长式体验，也是五感的叠加式体验，即通感，儿童体验到的是植物被展开的生命周期。体验植物从发芽到开花、结果，直至死亡的过程；体验四季变换带来的植物空间氛围的变化；体验色彩与光感的转变；体验视景、声景等多个维度的感官冲击，使原本静止的景观变得富有趣味与节奏。这些体验会引发儿童的想像力和好奇心，成为他们探索自然的动力。

（3）探索自然，寻找“自然”图示

可以说，屋顶之上的“自然”是儿童了解、接触自然的媒介。除了基本的感知和体验，可以组织小型的种植或是园艺手工活动，让儿童主动探索自然。例如美国布鲁克林植物园中的儿童园，学龄前儿童可与家人共同完成园林主题的工艺或种植活动，4～6岁的孩子可以分小组照看公共圃地[11]。或是将有关植物的知识融入活动设计中，展现植物的细节，如将一张儿童尺度的桌子设计成双面对坐形式，中间用信息板隔开，一名儿童从信息板的选项中默念一颗种子，根据桌上提供的形容词如“粗糙的、扁的、有绒毛的”等来描述它的特征，另一名儿童对照信息板选项进行猜测[12]。这种寓教于乐的活动更易被儿童喜爱和接受，无形中也能增进儿童与自然之间的“情感”。

4.2 儿童屋顶花园的植物选择

鉴于儿童屋顶花园的特殊属性，其植物的选择与配置不仅要适于屋顶这样特殊的环境生长，还要为儿童提供户外活动的自然环境，使之成为感知自然的场所。总结前文对儿童心理认知发展的特点，可以总结植物选择的原则如下：

（1）安全性

儿童易对未知事物产生好奇心，对于他们易接触的植物，应避免选择有毒、有刺、易过敏的植物，如夹竹桃、月季等，可攀爬植物下应铺设草坪，防止儿童跌落。在屋顶边缘，防护绿篱应在保证安全的前提下使视线通透。

（2）尺度感和层次感

首先，植物高度的选择需要考虑儿童的身高，空间尺度需符合儿童的活动特点，以不产生压迫感为佳，由于婴幼儿尚不具备独立活动的能力，因此在空间规划时应考虑家长陪护空间与孩童活动空间的兼容性，使他们可以在小的空间中进行以植物为主体的园艺或种植活动。植物配置要有美感和亲切感，草本、灌木和乔木需要形成层次丰富的景观样貌和多样的空间类型，可供不同年龄段的儿童选择。

（3）趣味性和互动性

儿童屋顶花园需迎合儿童的喜好和心理需求，植物可选择花、叶型奇特，花色艳丽，或是叶色变化鲜明或是香气浓郁的，如醉蝶花、南天竹、栀子花等，以吸引儿童的驻足，带给他们强烈的感官体验，激起他们的好奇心和想像力；且植物造型需多样，不仅限于规则形式，还可以做成花篮或是动物等造型，使儿童产生联想，培养他们的想像力和创造力。

植物营造的开敞、半开敞或闭合空间为儿童提供不同的活动选择，儿童通过自己的理解感受不同空间的意义，在这里的活动会成为他们童年记忆的一部分。除此之外，可以留出部分空间，让他们在此进行植物的种植养护，让他们懂得植物成长需要经历的过程，自然的因素对其成长产生的影响，这不仅可以培养儿童的动手能力、引发同情心，还能维系儿童与自然之间的情感。

（4）科普教育作用

一方面，对花园中的特色植物应挂牌作简要且富有趣味的介绍，使儿童可以了解植物的特性。植物的生长过程和季相特征可以让儿童感受时间和空间变化，吸引儿童区探索更广大的自然空间。另一方面，亲子活动中，儿童可以通过家长的引导了解植物的传说故事、文化信息和生态功能，培养环境意识。

5 结语

社区屋顶空间利用的目的，是打造以儿童为中心、以家庭为单位的绿色活动场地，为其提供“自然体验”，增进人与人、人与自然之间的情感。在这片空间里，不仅能搭建儿童与自然间的纽带，弥补城市里的缺少绿地的遗憾，更多的是培养儿童的自然观，使他们懂得“绿色空间”的弥足珍贵，在潜移默化中使他们懂得保护自然、敬畏自然。

参考文献

[1] Huitt W, Hummel J. Piaget's theory of cognitive development. Educational Psychology Interactive[D]. Valdosta, GA: Valdosta State University, 2003.
[2] 苏媛媛，陈泓．可持续的培育——美国纽约布鲁克林植物园儿童花园设计策略［J］．装饰，2019（02）：82-85.
[3] 裘烨真．生态现代化视野下自然缺失症成因及对策初探［J］．国家林业局管理干部学院学报，2018，17（02）：13-18.
[4] 刘小英．皮亚杰的儿童心理发展观及教育启示［J］．太原大学教育学院学报，2011，29（02）：25-27.
[5] 王荐．基于五感的儿童公园植物景观设计探讨［D］．西南大学，2017.
[6] 中国大百科全书总编辑委员会编辑部．中国大百科全书：建筑·园林·城市规划［M］．1988.
[7] 黄金琦．屋顶花园设计与营造［M］．北京：中国林业出版社，1994.
[8] Jerry Harpur，David Stevens. Roof Gardens: Balconies & Terraces [M]. London: Mitchell Beazley INC, 2005.
[9] 章译．感受四季精彩的快乐小窝［N］．中国花卉报，2013（S04）.
[10] 戴静然，周晨．都市社区农园的生态实践——以湖南农业大学娃娃农园为例［J］．现代园艺，2019（21）：120-123.
[11] 玛里琳·史密斯，朱瑾译．美国布鲁克林植物园——培养年轻园丁的摇篮［J］．中国园林，2007（10）：19-21.
[12] 苏媛媛，陈泓．可持续的培育——美国纽约布鲁克林植物园儿童花园设计策略［J］．装饰，2019（02）：82-85.

作者简介

雷梦宇，1995年生，女，浙江农林大学硕士研究生在读。研究方向为园林规划设计。电子邮箱：1023775575@qq.com。

张娇娇，1995年生，女，浙江农林大学硕士研究生在读。研究方向为园林规划设计。

王欣，1973年生，男，博士，浙江农林大学。研究方向为中国传统园林历史与理论。

基于空间句法的城市防灾公园空间组织分析

——以苏州桐泾公园为例①

Spatial Organization Analysis of Urban Disaster Prevention Park Based on Space Syntax: A Case Study of Tong Jing Park in Suzhou

朱 颖 屠梦慈

摘 要： 防灾公园是城市防灾避难的重要基础设施，内部空间的组织方式决定了防灾公园防灾功能的有效性。本研究以苏州桐泾公园为研究对象，通过空间句法专业分析软件Depthmap对城市防灾公园空间进行整合度、平均拓扑深度、穿行度、控制度和视线聚合度等指标分析，探讨桐泾公园防灾避难空间的合理性，从空间的可达性、可视性等层面对桐泾公园防灾避难空间布局和优化提出建议。本研究从防灾避难的视角探讨城市公园防灾空间的布局，为防灾公园更新与改造提供了新的角度与方法。

关键词： 防灾公园；空间组织；空间句法；Depthmap

Abstract: Disaster prevention park is an important infrastructure for urban disaster prevention and evacuation, and the organization of internal space determines the effectiveness of disaster prevention function and disaster prevention efficiency. This study takes Tong Jing Park in Suzhou as the research object, through software Depthmap based on spatial syntax analysis including the integration degree mean depth degree, choice degree, control degree and visual clustering coefficient degree to study the effectiveness of Tong Jing Park disaster prevention refuge space, and based on the results put forward suggestions on Tong Jing Park refuge space disaster prevention layout. This study provided new methods and perspectives for the spatial layout of urban disaster prevention park.

Keyword: Disaster Prevention Park; Space Organization; Space Syntax; Depthmap

城市快速发展，导致人口和物质财富在城市中高度集聚，城市防灾减灾设施建设成为迫切需求之一。防灾公园作为城市防灾减灾重要的基础设施[1]，对于提高城市安全水平具有积极作用。当前针对防灾公园的研究主要集中在3个方面：一是防灾公园的建设研究，主要研究将城市公园绿地转换为防灾绿地的方法与途径[2-4]；二是防灾公园规划研究，主要包括选址适宜性分析以及防灾公园建设指标[5-8]等内容；三是防灾公园效能定量化研究，从不同的尺度研究防灾公园空间可达性及服务效率[9, 10]。怎样的防灾公园形式才能提供有效的防灾避难功能，其核心问题不仅在于防灾避难设施功能的完善，更重要的是防灾避难需求空间布局的合理性[11-13]。Bill Hillier[14]认为空间构成能够影响人的行为，对于防灾公园而言，在灾难来临时避灾人群能够快速到达各个功能区，而且各功能空间能够满足防灾避灾的需求，这是防灾公园效能发挥的两个重要方面，前者强调局部空间的可达性，后者强调整体空间的通达性，二者都是以视域可达为前提。然而，当前在公园尺度下针对防灾空间布局的定量研究相对较少，对防灾公园内部空间组织合理性的探讨也相对缺乏，因此无法有效地衡量防灾公园的服务效能。而从空间角度入手，研究防灾避难空间的组织，有助于防灾公园空间的优化，以及提升防灾公园的服务效能。

① **基金项目：** 苏州科技大学"风景园林学"学科建设项目、江苏省企业研究所工作站共同资助。

空间句法是基于整个空间的可视程度研究人的活动规律，能够从人的空间感知角度得到直观的、可视的量化数据，这种方法可以通过对空间进行尺度划分和空间分割，解析空间可达性、通达性和关联性[15]，这也是解析防灾避难空间之间关系的重要指标。当前空间句法已被广泛应用于公园绿地[16]、游憩空间[17]、古典园林[18]、村落空间[19, 20]、城市空间[21, 22]以及建筑空间[23]的研究中，研究成果为空间布局与空间管理提供了量化依据[24]。基于此，空间句法能够为防灾公园空间布局定量化研究提供支持。

苏州是我国社会经济快速发展的前沿城市之一，人口及物质财富的集聚也要求城市高水平的安全建设。普通公园改造更新为防灾公园，成为苏州提升城市防灾减灾的重要途径，然而普通公园空间布局是以满足市民休闲游憩为主，是否能够满足防灾避难需求需要深入探讨。本研究以苏州桐泾公园为例，运用空间句法分析公园局部空间的可达性、整体空间的通达性和关联性，以定量化和可视化方式探讨防灾公园避难空间布局，以期为苏州和其他地区防灾公园的空间组织和优化提供参考，也希望为防灾公园的动态管理提供支持。

1 研究区概况

苏州位于长江三角洲，是我国首批历史文化名城，也是全国重点旅游城市之一。2018年苏州经济总量位列全国第7，人口逾千万。长三角一体化发展上升为国家战略后，高标准、高水平配置城市公共服务体系，成为苏州城市建设的重要内容。2009年起，苏州大力推进应急避难场所建设，防灾避难绿地得到迅猛发展，截至2019年，苏州市已经建成61个以公园绿地为主的、功能齐全的中心避难场所和固定避难场所，为城市防灾减灾高水平建设奠定了基础。姑苏区是苏州政治、教育、文化、旅游中心，是苏州历史最为悠久、人文积淀最为深厚的中心城区，也是高密度人口聚集区①，该区域防灾减灾面临重大压力，防灾公园建设向质量效率型转变是必然途径。

苏州市桐泾公园位于姑苏区西南部（图1），占地面积约20hm^2，是姑苏区最大的市级公园，建有儿童游乐区、中心景区、盲人植物园区、生态休闲区和水景区等功能区（图2）。2009年在原公园空间布局的基础上，结合不同功能空间特点增加了防灾避难设施（图3），完善了防灾避难功能，成为苏州市的固定防灾公园。

图1 桐泾公园区位图

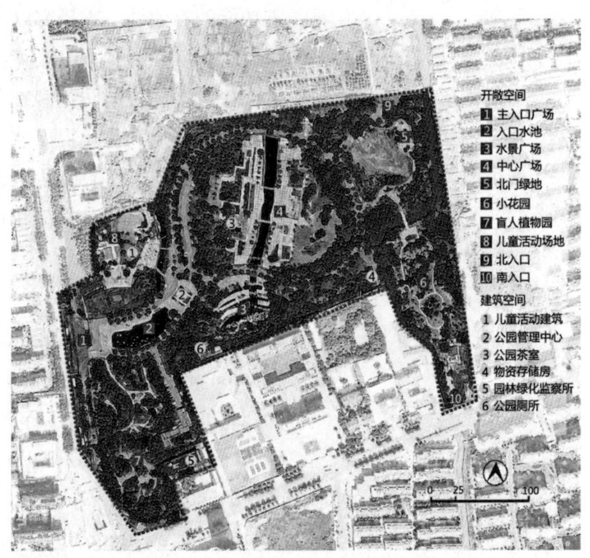

图2 桐泾公园功能空间分布图

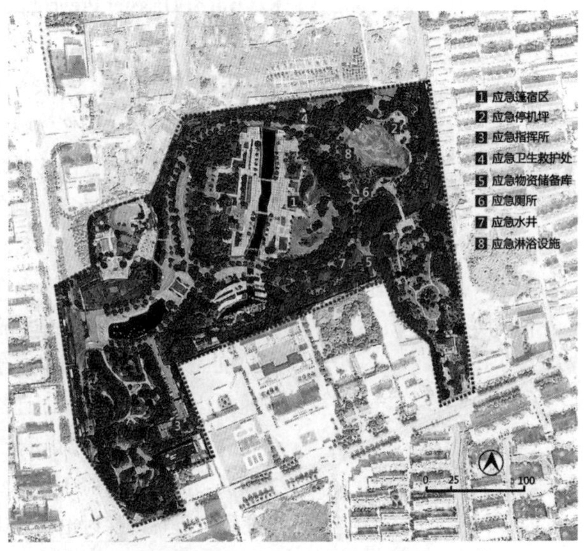

图3 桐泾公园防灾空间分布图

① 姑苏区总面积83.4km^2，2017年常住人口达95.75万人（http://www.gusu.gov.cn/，苏州市姑苏区人民政府）。

2 研究方法

空间句法是通过对空间进行尺度划分和空间分割，并通过分析复杂的空间关系，根据不同的空间分割方式形成轴线法、凸空间法和视域分割法3种不同的空间分析方法，进而对空间进行定量分析和可视化分析[25]。对于防灾公园空间研究而言，则是通过避灾时人对空间的感知和对人在避灾时使用空间的行为方式的理解，研究局部空间的可达性和空间之间的组合关系，从而形成防灾避难空间系统。

本文根据桐泾公园空间的可达性和可视性对空间进行分层，运用Depthmap软件在视域模型中绘制可行层与可视层模型，在轴线模型中用线段表示疏散空间、棚宿空间和其他节点空间，形成轴线图，然后以控制度、穿行度、评价拓扑深度、视线聚合度、可行层整合度和可视层整合度作为分析指标，进行空间影响力、空间交通性、空间共享性、空间方向性和空间可达性分析。空间系统中数值越高的部分，在图中所呈现的颜色越接近暖色调，数值越低的部分，在图中所呈现的颜色越接近冷色调，以此为基础探讨防灾空间组织合的理性（图4），各量化指标如下：

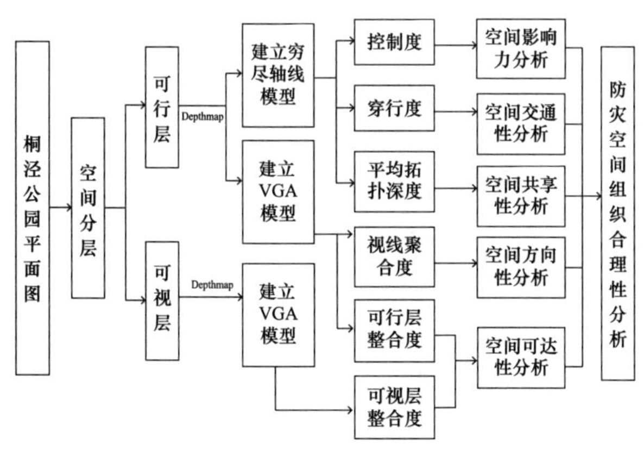

图4 防火公园空间组织分析流程图

（1）整合度(Integration)，又称集成度，或称接近度[26]，表示某一轴线到其他轴线的可达性[27]，整合度越高，该空间的可达性越高[14]，此指标可以判断灾时避灾人群到达某避灾空间的效率。

（2）穿行度（Choice）：用于表示系统内任意两个空间单元之间最短拓扑路径次数的参数[28]。穿行度越高，该空间被流线经过的频率就越高，空间在交通上的重要程度也越高。

（3）控制度（Control）：用于表示一个空间单元对周边空间单元影响力大小的参数[28]。控制度越高，该空间对于周边空间单元的影响力越大，该空间的变化对整体空间系统的影响也越大。

（4）视线聚合度（Visual Clustering Coefficient）：表示空间可见的程度，是空间方向性的参数[16]。视线聚合度越高，表明该空间受到的遮蔽越大，即周边的空间边界在视觉上对此空间的限制作用越强。

（5）平均拓扑深度（Mean Depth）：用于表示空间之间联系的紧密程度和空间之间转换次数的参数[16]。平均深度越高，则该区域对系统内其他空间的可达性、共享性和公共性越低，系统内其他空间资源越难以被使用。

3 桐泾公园空间分析

3.1 空间可达性分析

基于可行层与可视层的空间分层，可获得视线可达性和通行可达性两个指标，具体如下：

（1）视线可达性分析

基于可视层整合度分析图（图5）可知，桐泾公园主入口①和水景广场②空间开敞，视线通透性最佳，数值较高。同时，公园中心广场与东北部入口空间③之间由于线型道路空间的联系，促使空间的可视性较好，此处也是应急卫生救护场地，能够较好地完善防灾避难功能。除了以上3处外，中心广场边缘⑥的视线整合度较高，是距离南入口最近的视线通透空间，临近重要的节点空间⑦，灾时作为应急棚宿区，平时作为阳光草坪休憩地满足不同时期的需求。盲人植物园④和南入口处的小花园⑤受多层次植物群落遮挡，遮蔽性较高、整合度系数偏低，为加强场地的利用，可适当梳理这两处场地中的植物，加强空间开敞性或防灾避难指示引导。

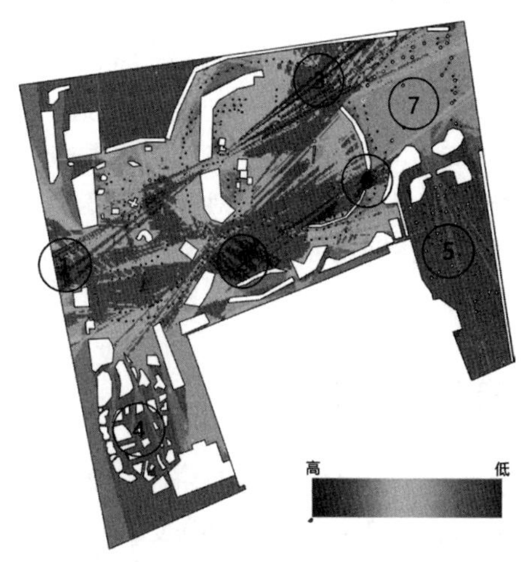

图5 桐泾公园空间可视层整合度分析图

从整体分布情况来看，空间靠近建筑外围的数值高。这是由于建筑外轮廓的凹凸结构容易形成视觉死角。

（2）通行可达性分析

通过可行层建立整合度分析（图6），能够获知在公园整体层面各个空间的可达性状况，进而确定防灾空间布局。桐泾公园水景广场紧邻中心广场①，连接此场地的道路等级较高、方向性比较明确，因而通行可达性较高，无论平时还是灾时，人群较易到达此空间，此处和周边区域作为防灾公园的应急棚宿区较为适合。中心广场①靠近北入口的绿地②也具有较高的可达性，与中心广场①连成片区，灾时尽可能为更多的避灾人群提供安全场所。北入口绿地③受区位影响，通行可达性较低，应急停机坪对于区位要求不高，但对空间隔离有一定的要求，此场地适合作为应急停机坪。南入口小花园④、主入口北侧的儿童活动场地⑤和主入口南侧的盲人植物园⑥受道路等级、路网密度等影响可达性偏低，适合作为放置防灾物资、指挥处等功能的空间。

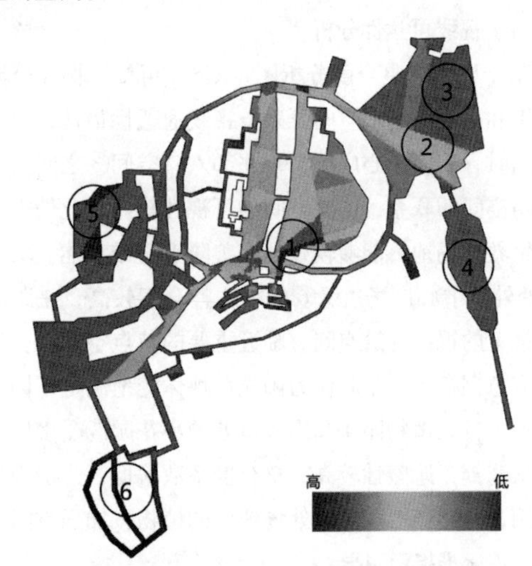

图6 桐泾公园空间可行层整合度分析图

通过综合视线可达性和通行可达性分析，得出场地内水景广场、中心广场及其偏北空间的视线、通行可达性较高，能够满足防灾功能的需求。反而主入口南北两侧的儿童活动场地和盲人植物园的可视性与可达性较低，主要原因是多层次、高密度植物对视线的遮挡以及不完善的防灾功能空间标识。

3.2 空间共享性分析

桐泾公园内部空间组织的共享性关系取决于空间平均拓扑深度的高低程度，平均拓扑深度越低，表示其空间组织共享性越高，可得出防灾公共卫生、物资和管理空间的适宜位置。在可行层分析中，通过建立穷尽轴线模型（All-line），通过对公园中人群潜在行为和运动路径的分析，能够得出较为准确的结果（图7）。根据分析发现公园内应急棚宿区①、北入口绿地②的平均拓扑深度较低，因此空间共享性较高，人群在避难时能够充分利用场地内的资源，空间适用于防灾避难且在组织结构中效果较好。公园内儿童活动场地③的指数最高，表明从公园内部到达此空间的过程更为复杂，空间的共享性较低，故场地不适用于防灾功能分配。物资存储房空间周边⑤共享性较低，反映了该空间在组织设计时充分考虑减少曝光和人群干扰，但在发放防灾物资时，应当选择平均拓扑深度较低的广场，因此在布局时需要考虑空间之间的关联性。应急指挥中心所在空间④的平均拓扑深度较高，应急指挥中心所处空间与公园其他功能空间关联性不强，空间共享性较差，理论上平均拓扑深度较高的空间在避难时难以得到系统其他空间的资源，如信息资源、物资资源和交通资源等，作为应急指挥中心虽然对空间资源依赖性不高，但是也需要明确标识，引导专业人员迅速到达，同时引导避灾人群到达避灾空间。

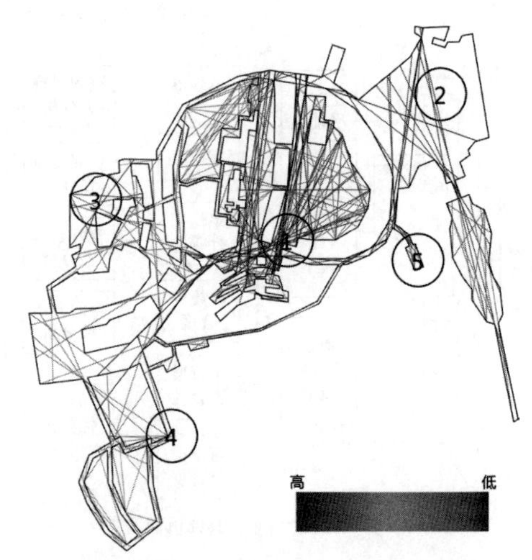

图7 桐泾公园空间平均拓扑深度分析图

3.3 空间交通性分析

穿行度指数能够反映防灾空间的交通情况，并通过其分析结果筛选避难重要的空间通道。根据桐泾公园穿行度分析（图8），发现中心广场西侧①、主入口水池东南侧道路②和儿童活动区域直达水景广场道路③的穿行度指数明显较高，证明这些空间在公园交通空间组织中占据重要地位。灾害发生时，这些空间很有可能成为避难人群进入公园避难空间的主通道。南入口至北入口空间④的穿行度较低，因此桐泾公园南入口的避难通道并不通畅，灾时应当在空间上进行拓宽和引导。

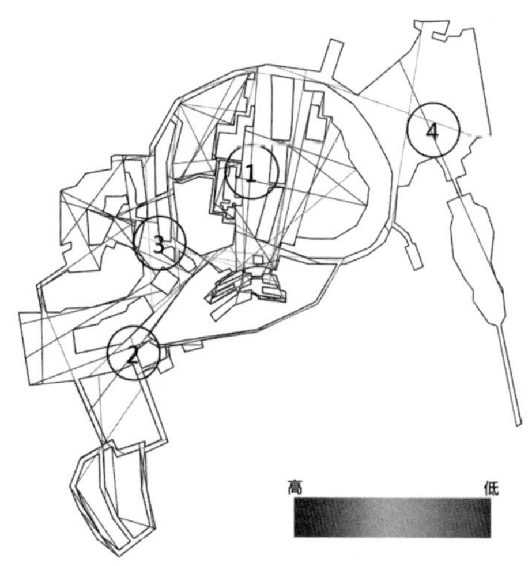

图 8　桐泾公园空间穿行度分析图

3.4　空间影响力分析

空间对整体系统的影响力程度能够通过控制度指数的分析结果反映，进而评判公园空间的重要等级，得出灾时首先要维持稳定的空间（图9）。桐泾公园内部空间的控制度在水景广场①和北入口绿地②处稳定在较高水平，其中水景广场控制度最高，说明公园在灾时必须首先保障此空间的通畅，以保证公园的防灾效果。如果在灾时这两处的空间被堵塞或被破坏，将会对整个防灾公园的空间系统产生负面的影响，降低其他空间的防灾功能。盲人植物园③、物资存储房周边场地④和南入口小花园⑤空间的影响力较低，但在灾时也被安排为应急指挥所、应急物资储备等场所，应成为仅次于中心广场等空间的保护场所。

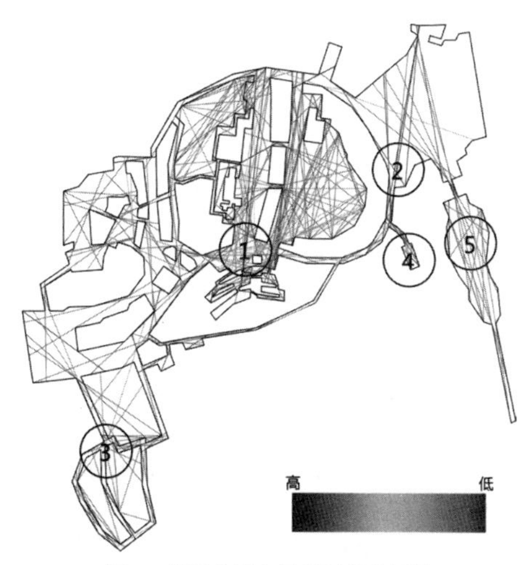

图 9　桐泾公园空间控制度分析图

3.5　空间方向性分析

防灾公园视线聚合度的高低反映了公园空间方向性和遮蔽性的强弱，从而能够发现公园中较难产生人群流动的空间。从视线聚合度分析图（图10）中可看出，桐泾公园内各空间视线聚合度差异明显。从整体分布上看，桐泾公园西部的公园入口处④、水景广场①和儿童游乐⑤的空间视线聚合度较低，表明这3处视线通达，人群流动具有较强的方向性。这3处空间尤其公园入口处④与水景广场①在灾时能够对入园避灾人群起到较好地引导作用，提升避灾效能。中心广场②和北入口绿地③等空间边界受到乔灌植物群落和构筑物遮蔽的影响，空间外围视线聚合度较高，导致人群在该空间内流动的方向不明确，此类空间在灾时不适合作为疏散空间。盲人植物园以东、园林绿化监察所北侧的小空间⑥视线聚合度表现为高值，与此处空间闭塞、视线受阻的实际相符，虽然此空间与其他空间高度隔离，但由于受到的干扰较少，因此可以在灾时作为防灾指挥功能区，作为公园防灾工作开展的核心场地。

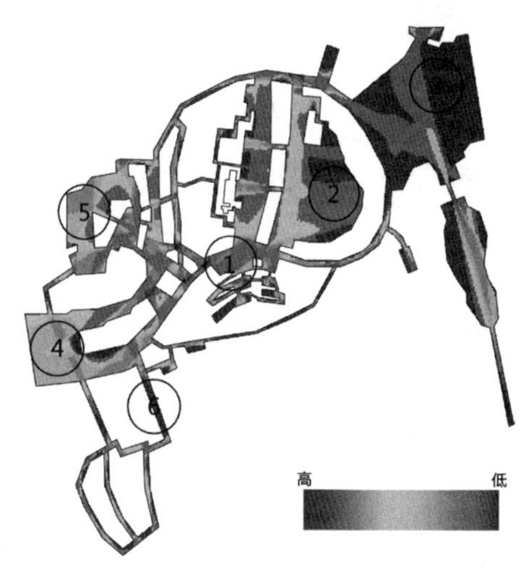

图 10　桐泾公园视线聚合度分析图

3.6　空间组织合理性分析

将桐泾公园防灾避难空间交通性、空间可达性、空间共享性、空间方向性和空间影响力分析图叠加，归类适宜防灾空间组织的指标并赋予其颜色，结合游人的使用行为，得出桐泾公园防灾空间组织合理性分析图（图11）。

桐泾公园内水景广场的防灾空间布局合理性最高，然而此处并未规划防灾功能空间；应急棚宿区、应急卫生救护处、应急水井和应急厕所等功能均设置在空间组织合理性较高的空间，在灾时引导的人群视线、安置和紧急救助等方面均可起到良好作用；入口水池东南侧空间、应急水井所在道路空间和应急卫生救护处所在道路空间组织合理性较高，灾时能够起到很好地疏散和通行作用；南入口空间的空间组织合理性较低，灾时不利于人群疏散，因此需要对此空间进行改善和重组；原有应急指挥所和应急物资储备库设置在空间组织合理性较低的区域，灾时不能起到应有的作用，应重新考虑这两处空间的功能组织。

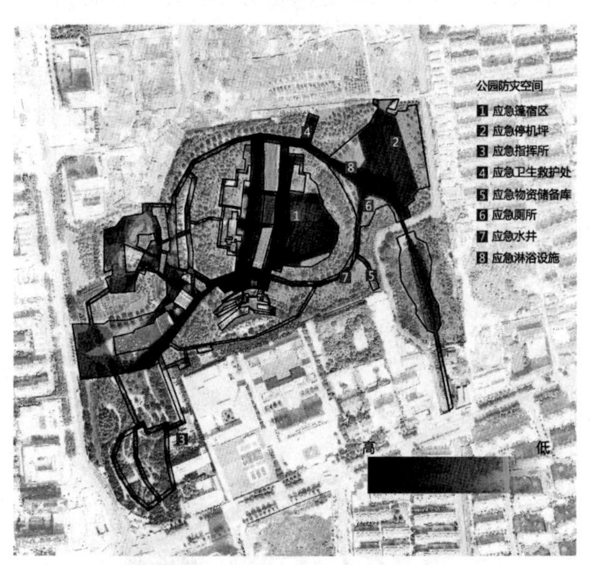

图 11　桐泾公园防灾空间组织合理性分析图

4　结语

（1）桐泾公园防灾空间的组织在休闲游憩功能的基础上，结合空间的特点和可达性建设的防灾功能空间能够满足防灾避难需求。在防灾空间组织的合理性方面，中部和东北部空间布局合理性最高；在空间可达性和共享性方面，中部水景广场、中心广场及其偏北空间较高；在空间影响力和交通性方面，水景广场的值最高，在整个公园空间中占据最重要的地位。

（2）桐泾公园防灾空间布局存在明显的不均衡。桐泾公园的防灾空间分布于中部及东北部，西部及南部空间由于可达性、共享性、通达性较低，因此防灾功能空间建设不足。然而西部及南部场地占据较大的面积，如果不加以整合利用，将导致防灾公园功能不足，建议梳理植物、增加防灾标识牌、增加路网密度，增强空间的可视性、可达性和交通性，满足公园平时、灾时的利用。

（3）防灾空间组织是防灾公园效能发挥的关键内容之一，就当前防灾公园的建设而言，空间组织从休闲游憩空间转向防灾避难空间，因而从防灾避险的视角探讨公园空间布局，找到防灾功能较为薄弱的空间，对于优化空间组织具有积极的意义。

参考文献

[1]《国务院关于加强城市基础设施建设的意见》国发（2003）36号［J］. 标准生活，2007，(01)：60-61.

[2] 初建宇，苏幼坡，刘瑞兴. 城市防灾公园“平灾结合”的规划设计理念［J］. 世界地震工程，2008，24（1）：99-102.

[3] 朱颖，王浩，昝少平，王小东. 乌鲁木齐市防灾公园绿地建设对策［J］. 城市规划，2009，(12)：48-52.

[4] 李洋. 平灾结合的城市公园防灾化改造设计研究——以天津市长虹生态园为例［D］. 河北：河北农业大学，2013.

[5] 白伟岚，韩笑，朱爱珍. 落实城市公园在城市防灾体系中的作用——以北京曙光防灾公园设计方案为例［J］. 中国园林，2006（9）：14-20.

[6] 李晓玲，修春亮，程林，王女英. 基于防灾目标的城市公园空间结构及合理性评价——邻域法在长春市的应用［J］. 应用生态学报，2016（11）：3641-3648.

[7] 郑曦，孙晓春. 城市绿地防灾规划建设和管理探讨——基于四川汶川大地震的思考［J］. 中国人口·资源与环境，2008，18（6）：152-156.

[8] 袁媛，任晓崧. 关于上海市防灾公园规划与建设的探讨［J］. 防灾减灾工程学报，2010，30（4）：452-458.

[9] 屠梦慈，朱颖. 基于空间句法的城市防灾公园空间可达性分析——以苏州桐泾公园为例［J］. 中国城市林业，2019，17（1）：16-20.

[10] 季钰，聂丽，师卫华，等. 城市防灾避险公园服务效率的量化评价——以北京市海淀区防灾避险公园为例［J］. 城市发展研究，2019，26（9）：20-24.

[11] Wolshon B. Emergency transport preparedness management and response in urban planning and development. Journal of Planning and Development，2007(133):1-2.

[12] Alcada-Almeida L, Santos L, etal. A multi-objective approach to locate emergency shelters and identify evacuation routes in urban areas. Geographical Analysis, 2009(41): 9-29.

[13] 李晓玲，修春亮，程林，等. 基于防灾目标的城市公园空间结构及合理性评价——邻域法在长春市的应用［J］. 应用生态学报，2016，27（11）：3641-3648.

[14] Hillier B. Space is the machine: a configurational theory of architecture[M]. Cambridge：Cambridge University Press，1996.

[15] Hillier B. Turneg A，Yang T，Park H.T.Proceedings of the 6th International Space Syntax Symposium[M]. Turkey：ITU. 2007: 12-15.

[16] 孙雅婷. 基于空间句法的武汉市综合性公园绿地可达性研究［D］. 华中农业大学，2015.

[17] 陶伟，丁传标，古恒宇. 空间句法理论在城市游憩系统空间规划中的运用［J］. 规划师，2015，31（08）：26-31.

[18] 梁慧琳，张青萍. 基于空间句法的江南私家园林空间开合量化研究［J］. 现代城市研究，2017(01)：47-52.

[19] 陈铭，李汉川. 基于空间句法的南屏村失落空间探寻［J］. 中国园林，2018，34（8）：68-73.

[20] 吴维凌. 旅游村落居游互动型公共空间营造实践——以何家村为例 [J]. 装饰, 2018 (6): 94-96.
[21] 周麟, 金珊, 陈可石, 王利伟. 基于空间句法的旧城中心区空间形态演变研究——以汕头市小公园开埠区为例 [J]. 现代城市研究, 2015 (07): 68-76.
[22] 甘云, 顾睿. 基于空间句法的旧城改造研究——以南京市浦口区公园北路—龙华路两侧地块为例 [J]. 现代城市研究, 2017 (06): 77-84.
[23] 程明洋, 陶伟, 贺天慈. 空间句法理论与建筑空间的研究 [J]. 地域研究与开发, 2015 (3): 45-52.
[24] 翟宇佳. 基于空间句法理论的城市公园空间组织分析与设计管理应用——凸边形地图分析方法初探 [J]. 中国园林, 2016 (03): 80-84.
[25] 伍端. 空间句法相关理论导读 [J]. 世界建筑, 2005 (11): 18-23.
[26] 张楠, 姜秀娟, 黄金川, 等. 基于句法分析的传统村落空间旅游规划研究——以河南省林州市西乡坪村为例 [J]. 地域研究与开发, 2019, 38 (6): 111-115.
[27] 王浩锋. 社会功能和空间的动态关系与徽州传统村落的形态演变 [J]. 建筑学报, 2008 (4): 23-30.
[28] 陈拓. 空间句法在居住区公园空间结构研究中的应用 [D]. 安徽建筑大学, 2013.

作者简介

朱颖，1973年生，女，博士，苏州科技大学建筑与城市规划学院风景园林系副主任，副教授。研究方向为风景园林规划设计理论与实践。电子邮箱：zhuying_china@163.com。

屠梦慈，1993年生，男，硕士研究生，苏州科技大学建筑与城市规划学院。研究方向为风景园林规划设计。

园博会主题展览园区体验式空间环境设计

The Experiential Space Environment Design for the Theme Exhibition Park of the Garden Expo

李金晓　张梦洁　安晓波

摘　要：演绎园博会展园主题，分析园博会游客需求，把握游客兴趣类型和群体分类，运用“峰—终定律”等理论为指导，以游客需求为设计主体，对位设计。突破传统的设计思维和观念，从展园布局设计、造型表达、材料运用等方面创新设计，筹谋“节点”创意内容，营造“节点”活动体验环境，借助现代技术，拓展多维度空间的环境营造。让主题展园从传统的园艺设计——让游客“人在园中游，犹在画中走”，提升到体验式展园环境艺术设计——让游客“既在园中游，定在画中留”。

关键词：园博会；峰—终定律；体验式；节点

Abstract: Deduce the theme of the Expo, analyze the needs of visitors, grasp the types of interest and group classification of tourists, use the theory of "peak end law" as the guidance, take the needs of tourists as the design subject, and design in place. Break through the traditional design thinking and concept, innovate the design from the aspects of layout design, modeling expression, material use, etc. Plan the creative content of "node", create the experience environment of "node" activities, and expand the environment construction of multidimensional space with the help of modern technology. Let the theme exhibition park from the traditional Horticultural Design - let visitors "travel in the park, still in the painting" to the experience exhibition park environment art design - let visitors “both travel in the park, stay in the painting”.

Keyword: Garden Fair; Peak Final Law; Experiential Form; Node

园博会是经过精心策划、设计、建造的可供人们参观游览的园林园艺专业空间环境艺术场所，是定期开放、供居民、游客等进入的公共园林艺术空间。是主办地城市管理和服务的窗口，是各参展地区科学园艺、技术、艺术、人文、经济、思想等方面的交流平台，更是参展地区园林设计水平的体现。因此，园博会受到政府、行业和专家学者的重视，成为专家学者的研究对象。

园博会不是简单的各地园艺特色展园的再造和堆砌，而是围绕园林专业艺术主题的表现和技艺交流。每届园博会设定不同的主题，各个参展单位围绕主题，依据不同的地理环境和气候环境，在规定的时间和空间中展开创新、创意设计，营造特色鲜明的主题园，并赋予作品科学技术、艺术、文化等方面的新理念、新思想；吸引游客游览，传播展园文化，满足游客需求。

“为游客提供更好的游园服务，让游客畅游抒情”是设计团队的目标。然而，近几年国内多地园博会投入较大，环境虽有改观，但收获的评价平平，很多优秀的园艺设计虽营造的环境氛围很到位，却难得赞誉。究其原因，是无法满足各类游客的游园需求。当今社会经济的转变带动百姓消费观念的转变，新的消费意识谋求供给方式转变。有兴趣的人购票入园参观，其需求更具目的性，对游园要求更加“苛刻”，对游园品质的追求更具现实。因此，设计师需要细分游客类型，调研分析游客需求，把握当今消费趋势，注入设计新理念。

参观园博会的游客大多是对园艺和旅游有兴趣的群体和个人，群体多为旅游团队、专业团队和家庭，比例占入园游客总数的90%左右，个人占10%左右（摘自会展协会报告）。游客按年龄可分为4个阶段：少年儿童、知识青年、中年游客、老年游客；按照知识结构可分为：学生、大众游客、知性游客、专业人士。按照游园目标可分为：景观欣赏、植物观赏、摄影、散心、认知、知识学习、锻炼、交友、团队活动、追忆、留影、绘画等。

以上行为都是“游园”的具体行为表现，都在景区之中产生，在人与人、人与展园、人与个体展品的互动间产生。互动实际是一种交流体验行为，“游园”就是人与园博园景观的互动体验。参观园博会，对于大众来说就是“游山玩水”“赏花观景”，是一种与自然景观的交流体验，用自己的感官感知游园的环境，感知园艺美景。参观是目的，体验是过程。并且，游客在游园中的体验行为是可通过手机记录和传播的。所以，展园的设计为游客服务，就要将游客体验作为重要环节来设计，作为重要创意来策划，才能赢得更多的游客青睐。体验式是当今社会消费趋势之一，是生活层次提升的表现。游园尽兴，实际就是体验到位。

让游客在游园过程中得到更好的互动体验，满足现代人游园的心理需求。设计师团队应从游客角度出发，认识和掌握“体验设计”。想要打造良好的主题园环境，赢得众多的游客好评，就需要有创意的设计，并针对展会主题，策划体验活动，设计体验空间，打造更多的艺术环境。

体验式空间环境展示设计，以“峰—终定律”为理论基础，运用艺术设计法则，在有限时空中，营造互动体验式艺术景观。“峰—终定律”是心理学家丹尼尔·卡纳曼（Daniel Kahneman）的研究成果：将心理学应用于经济学，定义出影响人们体验的关键因素，是所谓“峰”和“终”两个关键时刻的经验，即：“判断客户体验峰—终时刻和核心需求，强调客户‘峰’值时刻的核心需求和服务过程的‘终’点体验”。客户在“峰”（Peak）和“终”（End）时的“体验结果”，会对服务领域的经营效果产生重大影响。在展园服务设计方面，“峰—终定律”可作为体验式展园环境设计方法的切入点之一。

体验式展园空间设计运用“峰—终定律”是基于游客的体验特点，设计体验环节，设置体验活动；任何一个游客在展园内游览，间无论时间长短，涉足空间大小，在体验活动之后，留给游客印象最深的记忆就是在展园的“峰”与“终”时的体验，就是“关键时刻MOT（Moment of Truth)”。“关键时刻MOT”对应的创意活动，需要在展园节点上做设计。只有设计“节点”（Design Nodes）能够营造有效空间，才能开展“创意活动”（Creative Activities），才有可能实现“关键时刻MOT”。“关键时刻MOT”是“峰—终定律”指导下对设计节点的内容最有利的支撑，也是拓展设计节点的关键。“关键时刻MOT”成为服务界最具震撼力与影响力的管理概念与行为模式之一，在园林设计中被引入并被作为一种设计方法，将提升园博会展园的展览品质。

传统展园设计侧重于关注游客的视觉审美，并通过四维空间设计营造主题环境，通过视觉感受和触觉感知，领略设计师设计的“主题园”，设计是以展园突出园艺特色，通过静态的景和动态的空间位移，呈现造型景观，展示园艺主题意境，让人感知园艺营造出的“艺术与文化”。让游客感觉仿佛“人在园中游，犹在画中走”。

体验式展园空间环境艺术设计则是以游客为中心，细分游客群体，对位设计。以“峰—终定律”为指导，以“游客临近景点，感官接受刺激，继而产生感情共鸣，受景点环境和活动内容影响形成思考，最终融入景点”为设计线索。对景点做重点设计，使之形成体验中的“峰”，即成为设计节点（Design Nodes）。节点是展园设计的重要环节，也是设计重点，节点的设置不仅要考虑游客的体验空间和活动空间尺度，还要考虑群体的游览空间。当体验活动结束时，“终”的出现会是让游客铭记体验过程，同伴也可能会利用手中的摄影设备，记录体验过程。如果展园环境设计到位，就会让游客在美的空间环境中演艺“活动”角色，让游客在“活动”中融入展园景观中，成为景观之“境”。所以，研究体验式展园空间环境艺术设计，提升景观展览品质，可以让游客“既在园中游，也在画中留”，让游览园博会的经历成为游客难忘的记忆。

体验式展园空间环境艺术设计需要把握两个重点。一是“活动”的策划，二是设计节点的分布及节点的活动设施设计、意境的营造。这两部分是紧密结合，相辅相成的。“活动”是主题内容，“节点设计”是形式呈现，内容决定形式，形式为内容服务。所以，体验式展园空间环境艺术设计必须由新颖的创意活动和完美的节点环境设计共同表现。

“活动”策划是让游客理解展园展览主题内容。策划创意活动有利于游客在互动体验过程中理解展园主题；有利于游客在体验中，在心理与行为的共同作用下，感知园区美景，获得身心满足。展园中的活动可分为主动性和被动性活动。其中，主动性活动是游客在游园过程中，受到展园景观环境的影响，被艺术环境氛围引导产生主动的体验行为。而被动性活动则是根据设计师预先设定好的“活动”内容和场景，通过角色扮演，让游客参与进来，演艺特定角色。这些活动都是遵循展园的主题而设置的。由此可见，展园中主动性的活动相较被动性的活动有着更深层次的感知体验，更能体现环境设计的重要性和设计环节的关键性。

游客的体验是“游于画中”，还是“留在画中”，取决于园博会设计理念的变化和设计意识的提升。“游于画中”是游客的自我感受，让游客与园林景观产生关系，因此，在设计上应注重园林的整体格局，注重设施造型，注重景点的技术营造，注重美的环境配置，注重植被的选择和栽培以及气候的变化等，让展园的“美”能够满足游客“尽情看”的需求。“留在画中”则不仅让游客看美景，还要将他们“留”在美景之中，游客游于园中，愿意享受美景、感受美景、与美景共存。

例如，许多游客在游园中易融入活动，他们的知识和文化会对景生情，品味园林美景，且易被景观打动，做出相应的反应和行为动作，例如照相等。其行为多为潜意识，设计师在这些节点设计中要采用“经典场景”，将游客带入记忆中，使其产生身临其境的体验。让这一类游客获得更好的游园感受，体验与园林美景的交互，让他们不仅“游于画中”，还可“留在画中”。此类设计的关键是设计游客可进入景点，其次是设计游客拍摄的空间，最后是设计可供拍摄者选择拍摄角度和拍摄行为的空间。这些空间的设计需要考虑设施、植被和环境的尺度关系，需要对布局规划有所把握。所以，体验式主题园空间环境艺术设计要统筹规划。

对于面积不大的园区进行体验式设计时，不宜选择设置太多节点，可以依据设置节点，可设置1个被动性活动的节点和5～7个主动性活动的节点；节点过多会相互影响，失去秩序、层次感和连贯性。但无论是主动性活动还是被动性活动都应是设计的重点；需要增加设施和空间的尺度。同样需要强化节点周边艺术环境，在设施、植被、色彩、音响、气味、照明等方面进行舞台化处理。

体验式展园艺术设计是审美、技术、工程等的运用，而新技术的应用能够增强体验环境的感染力，提升游客的游园兴趣。例如，音响设施、彩色照明、绢花、音乐喷泉等在现代园博会景观展示中的应用，能够激发游客的体验欲望。如纽约科学馆的交互式生态游乐园，通过多媒体和VR技术，展现由6种栖息地：丛林、沙漠、湿地、河谷、水库和草原组成的大自然生态系统，每种栖息地都有不同的树木、植物和动物。这种多媒体投影和VR技术能让游客直观的参与自然，带来独特的感官体验。又如，2019中国北京世界园艺博览会中国馆采用多媒体投射技术，三维空间展示了园林四季变化的美景，让游客身临其境，感叹新视觉、新创造，感慨新技术为人们生活提供的更美的享受。

被动性活动的设计需要更多的服务空间，如：服装间、设备间等。因此节点设计上要考虑对相关节点的影响，这一设计不仅要扩大使用面积，还要关注周边景观的完整性。做到以自身“景观”为焦点打造“舞台”效果，并且这一焦点周边的环境也有景可看，形成背景效果。无形中形成了“影视场景”，为吸引更多的游客，还需设计演艺活动，例如：话剧、舞剧等，引导游客参与扮演角色，从而引发游客更大的兴趣。园艺展览也会因此获得增值。

以园博会古典园林主题区为例，通过对场地空间、家具设施、植物、建筑造型等景观元素的设计，打造影视场景和舞台效果，游客可根据兴趣选择演出服装，进入活动现场，参与到设置的情境之中。从而形成园林与人物的情景交融。

体验式展园空间环境设计应依据不同的主题展开设计，游客是设计的核心，从游客角度出发进行的设计，也是园博会高层次展览品质的具体表现。体验绝不仅是嗅觉、听觉、视觉、味觉的复合，而是带给人心灵上的享受，这种体验应在美景中完成，让游客游园记住游园的美好时刻，让游客的记忆永远留在园博会的美景之中。

参考文献

［1］李建武．峰—终定律在G公司服务管理中的应用［D］．华南理工大学，2012.
［2］陈银峰．基于综合感知的展园设计研究［D］．重庆大学，2016.
［3］小朱获．体验式景观：交互式生态系统游乐园［OB/OL］．https://www.sohu.com/a/290656922_100254484.
［4］刘伟．城市居住区体验式景观建设初探［J］．河南科技，2013（17）：137＋139.

作者简介

李金晓，1996年生，女，石家庄铁道大学硕士研究生，风景园林规划设计与方法专业。电子邮箱：837167425@qq.com。

张梦洁，1993年生，女，石家庄铁道大学硕士研究生。研究方向为风景园林规划设计与方法。

安晓波，1965年生，男，石家庄铁道大学教授。研究方向为风景园林规划设计与方法。

广州城市公园体系发展历程与规划策略研究

Study on Development Course and Planning Strategy of Guangzhou Urban Park System

许哲瑶

摘　要：本文系统地总结了广州市公园体系的发展历程和各阶段特征。公园类型不断丰富，公园体系也随着城市的定位、发展不断演变。目前，广州公园体系还存在一些问题，在我国发展“公园城市”的机遇下，广州公园体系需要提出新的规划策略以适应城市的发展需要和人们对游憩、休闲、旅游生活的需要，并结合区域公园体系规划提出推动区域生态可持续发展的策略。

关键词：公园体系；发展历程；规划策略；广州

Abstract: This paper summarizes the development history and characteristics of the park system in Guangzhou. The park type is being enriched and improved. At present, there are still some problems in the current situation of Guangzhou park system. Under the opportunity of development of "Park city" in China, the planning of Guangzhou park system needs new planning strategy to adapt to the new development needs of city and people's needs for recreation, leisure and tourism.

Keyword: Park System; Development Process; Planning Strategy; Guangzhou

公园体系是指连接公园与公园，具有生态、休闲、游憩等复合功能的绿色基础设施体系。在美国，公园体系是各大城市为解决人口急速增加、城市化进程加速使得市区扩大等问题探索出来的象征都市文化、符合经济的一种城市建设模式。公园体系与城市不同时期的发展定位，城市政治、经济、社会发展背景等有着密切的联系，且公园体系在不同发展时期有着不同的特征。

1　广州市公园体系的发展历程和各阶段特征

17世纪英国资产阶级革命导致城市公园正式产生。1918年辛亥革命后，广州第一个公园——中央公园（现在为人民公园）产生。当时广州公园类型有纪念性公园（黄花岗公园），动物公园、综合公园（海珠公园、东山公园、越秀公园）、郊野公园（白云山）等。1935年在广州市政厅工务局制定的“园林实施计划”中，首次提出公园系统建设，由“林荫大道相连公园系统”分东北区、西区、东南区、中区4大公园系统。1937年后战争爆发饥荒连年不断，到中华人民共和国成立前，仅有4处基本完善的公园，总面积为32.5hm^2。1979～1999年改革开放的20年，初步形成了城郊公园—市级公园—区级（村镇级）公园的三级城市公园体系，公园数量和面积迅速增长，但年增长率波动显著。这一时期出现了天鹿湖公园、丹水坑公园等郊野公园，村镇公园、东方世界、世界大观主题游乐园等新兴公园类型。公园实行统一领导和分级管理，同时政府也颁布了《广州市城市绿化管理规定》《广州市公园管理规定》等。2000～2010

年，广州公园体系建设在不断完善和发展，在住房制度改革、商品房的兴起等背景下，以改善居住环境的社区公园、街头绿地、滨水、道路带状公园等迅速发展，形成城郊公园—市级公园—区级（村镇级）公园—社区公园（街头绿地）四级城市公园体系（表1、表2、图1）。

广州各历史阶段公园数量一览表 表1

公园类型 \ 阶段	1918～1935年	1936～1949年	1950～1959年	1960～1978年	1979～1999年	2000～2010年	2011～2018年
综合公园	8	4	8	9	15	35	51
专类公园	5	2	4	9	30	68	50
其他	0	0	0	0	23	133	224
合计	13	6	12	18	68	236	325

（数据来源：广州统计年鉴（1998～2012年））

广州市各阶段城市定位和绿地系统布局结构以及公园体系的关系 表2

城市发展时期	城市定位	绿地系统布局结构	公园体系
1993～2000年	具有岭南特色的园林城市	—	三级公园体系：城郊公园—市级公园—区级公园
2001～2010年	宜居城市、首善之区、森林城市、山水城市	区域生态环廊、三纵四横	四级公园体系：城郊公园—市级公园—区级公园—社区公园
2017～2035年	美丽宜居花城，活力城市	—	三级公园体系：自然公园—城市公园—社区公园

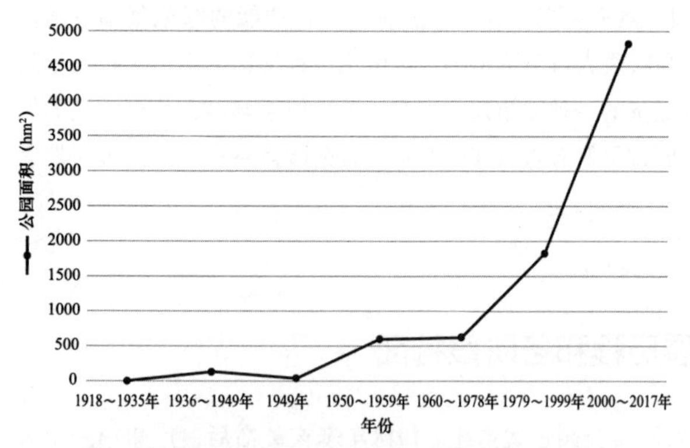

图1 广州各历史阶段公园面积增长图（单位：hm^2）
（数据来源：广州统计年鉴（1998～2012年））

2 新时期广州公园体系现状及问题

2.1 布局：城乡公园绿地服务覆盖率差异较大

广州绿地率、绿化覆盖率、人均绿地面积等指标均位列全国前列。但是，全市的公园绿地服务半径覆盖率为70.8%（2018年统计），公园的步行可达性与使用便捷度有待提升。

广州市的11个区建成区的绿地率为37.45%，绿化覆盖率为42.54%，人均公园绿地面积17.3m^2，但各区差异较大。全市最低的荔湾区，建成区绿地率为22.48%，建成区绿化覆盖率为26.3%；从化区居全市最高，建成区绿地率为58.88%，建成区绿化覆盖率为59.72%。越秀区人均公园绿地面积仅为5.69m^2，而南沙区的人均公园绿地面积可达30.04m^2（表3）。

城市园林绿化统计表 表3

城区	建成区绿地率（%）	建成区绿化覆盖率（%）	人均公园绿地面积（m^2）
广州市	37.45	42.54	17.06
越秀区	29.08	35.29	5.69
荔湾区	22.48	26.3	6.22
海珠区	24.67	30.06	11.06
白云区	48.23	51.35	18.86
天河区	29.72	41.15	18.23
黄埔区	42.42	44.82	20.00
增城区	39.72	45.81	22.5
从化区	58.88	59.72	20.57
番禺区	43.80	49.62	18.18
南沙区	37.32	43.18	30.04
花都区	35.70	40.62	16.32

（资料来源：广州市林业和园林局2018年9月绿化调研统计）

总体来说，广州市中心城区公园绿地的布局和可达性方面较为合理，但是公园绿地规模仍然无法满足日益增长的人口需求，外围城区的公园绿地在可达性和布局均衡性等方面仍需进一步提升。

2.2 管控：刚性不强，生态空间减少

在经济快速发展的背景下，广州建成区的生态空间逐步退缩，城市规划管理缺乏对生态“红线”的管控措施。绿地系统规划的绿地布局与控制性详细规划不符，导致绿地规划实施困难，市域的生态绿地被蚕食的危机日益严重，城市重要的生态资源与生态安全格局亟待管制。并且需要完善绿地的规划传导联动机制，保障刚性底线不被侵犯。

2.3 特色：“山、水、城、田、海”的自然格局未能充分体现

城区与城郊生态格局尚未形成有机的整体，高密度建

筑降低了山体、绿地景观的可视性，城市组团之间的界限不断模糊，“山、水、城、田、海”的自然格局未能充分体现。同时，公园绿地作为门户景观的载体，与各类物质与非物质文化遗产结合不甚紧密，未体现本土景观特色。

2.4 功能：多种生态服务功能有待提升

市域生态绿地建设方面，增强绿容率、缓解城市热环境、应对气候变化等问题还未有系统的园林绿化措施提供指引，城市绿地还未充分发挥包括自然、社会、经济、人文在内的多方面的生态服务功能。

2.5 森林资源：分布外围城区多中心城区少，且质量不高

广州森林覆盖率为42.31%，森林主要分布在北部、东北部的从化区、增城区，两区森林面积共200754.3hm^2，占全市森林总面积的69.78%，森林公园个数达46个；南部平原地区森林面积少，番禺、南沙两区森林公园仅10个。全市森林公园分布北多南少，森林分布不均衡，亟需增加中南部地区的森林面积，优化森林布局。

3 “公园城市”机遇下的广州公园体系规划策略

随着城乡统筹发展的需要，尤其是经济与环境的发展，公园体系是城市绿地系统和城市绿色基础设施的重要组成部分。随着现代公园体系规划理论的发展，公园体系被认为能够推动时代的进步：“公园系统并不局限于公园或林荫大道这种线性的基础建设，同时还能带动周边街区形成面状发展。公园系统建设符合经济发展的规律对延缓城市的无序扩张，公园系统是一种有计划的开发引导方法或者限制建设手段。”所以公园体系的完善有助于城市整体环境的提升和居民生活质量的提高。“在新型城镇化背景下，现代城市公园系统的功能必须具有高度复合性，应综合发挥其生态、休闲游憩和防灾避险的功能。”

3.1 规划统筹

城乡用地统计口径统一，首先与《城市用地分类与规划建设用地标准》GB 50137—2001充分对接，覆盖了市域城市建设用地范围内的绿地和城市建设用地之外的区域绿地两部分。有利于规划、设计、建设、管理、统计上多口径、多层次的工作需求，保证了城乡用地统计口径的一致性。其次是在公园数量和面积的现状摸查和调研中，结合《广州市公园名录》、广州市遥感绿斑（2018）数据，统筹整理，强化了从上位规划到公园建设管理的落地性，加强了公园建设的管控和绿线的管理。

3.2 外围城区优化公园布局，主城区品质化提升

为解决外围城区公园绿地可达性和均衡性的问题，利用外围城区的“山、水、城、田、海”自然资源，推进森林公园、湿地公园、地质公园等生态公园建设。外围城区每个区至少建设2～3处面积10hm^{2}以上的城市公园。主城区结合城市更新，打造品质化社区公园和游园，并把知名度高、具有较多或重要文物的或体现一定历史时期代表性造园艺术的城市特色公园，纳入历史名园公园名录统一管理。

3.3 搭建公园与游憩体系

将公园体系构建与休闲游憩体系构建相结合，包括完善绿道网络，活化利用南粤古驿道以及构建复合功能的登山健身步道系统3个部分。完善“区域绿道—城市绿道—社区绿道”的绿道网络体系，从2018年总里程3400km到2035年达到3800km，同时完善城市公园、社区公园的绿道配套设施建设。加强南粤古驿道活化利用，推进从化段等古驿道线路保护与修复工作，作为绿道内涵和功能的进一步延伸、拓展，古驿道绿道串联乡村地区，促进乡村旅游发展。构建复合功能的登山健身步道系统，到2035年形成约1000km登山健身步道。

3.4 形成水绿廊道交织互通的公园空间体系

“环城绿道有助于控制城市格局，改善生活环境。”构建布局合理的公园空间体系，优化城市公园布局，通过水绿廊道将各综合公园和较大规模的专类公园串联起来并延伸生态廊道，形成内外一体、有机互通的公园空间体系，保持其连续性和整体性。

充分发挥绿道网、市域水网的作用，连通城乡所有节点，形成全民共享、分布均衡、全域覆盖、蓝绿交织的开放空间网络。绿廊是串联各公园的空间纽带，也是公园体系空间系统的骨架。以区级以上综合公园为基础，结合广州主要水绿廊道，串联各大公园，规划总体形成“多廊串

多点”的大公园空间结构。强调公园和城市绿色网络的覆盖水平和可达性。

市级—区级—社区级—游园四级公园体系空间规划：市级综合公园强化公园的公共空间属性，基于开放空间的类型建立城乡一体的分级分类标准，而不局限于建设用地与非建设用地、城与乡的差别。同时提升公园的网络空间连接，强调绿色基础设施的开放空间连接性。区级综合公园布局在原城市总体规划基础上进行优化并根据居住用地布局适当增加布点，区级综合公园强调其均好性。根据人口分布情况，进一步优化社区公园空间布局，把社区公园设置到居民最需要、使用最便利的地方去，做到社区公园布局合理、均衡覆盖，确保居民步行10min就能到达最近的社区公园。对现状缺少社区公园的区域进行重点排查，尤其是白云区、黄埔开发区，布点涵盖各居住密集区。利用城市缝隙规划游园，游园集中设置在老城区，结合环城绿廊，实现老城区游园服务全覆盖。分布均匀，服务效率高，保障市民日常的休闲游憩和健身需求。

4 结语与展望

广州的公园体系建设经过半个世纪的发展，不同时期关注的重点不同，发展特点也不同，但城市与田园共存，创造宜居环境的发展目标是一致的。随着广州不断发展的城市化进程，广州的公园体系所负担的是传承城市文化、维护城市可持续发展的使命。“粤港澳大湾区”的时代机遇，借助发达的城镇化联系，打破行政界限，构建区域公园体系，珠江三角洲环城绿带的建设在抑制城市蔓延、生态保护、休闲游憩和景观美化等方面起到了积极的作用。通过长远的规划，将广州公园体系与邻接地区的开发与更新结合，提升公园及其设施的服务质量，从地区规划中发挥公园的复合功能，改善区域生态，通过区域公园游憩系统的构建，更全面地解决区域城市公园的建设和布局问题，实现区域公园体系功能、结构的优化和人们的幸福生活。

参考文献

[1] 李敏. 广州公园建设 [M]. 北京：中国建筑工业出版社，2001.
[2] 成涛. 城市环境艺术——广州环境艺术的发展 [M]. 广州：华南理工大学出版社，2000：103-104.
[3] 许瑞生. 从“中央公园”走向“绿道”——广州公共绿地建设百年回顾 [J]. 城市观察，2016（5）：129.
[4] 吴焕章主编. 广州园林（第11版）[M]. 广州：广东科技出版社，1995：16.
[5] 李敏. 广州城市绿地系统的构建与发展 [J]. 广东园林：2007年广州市创建国家园林城市增刊，2007：12-19.
[6] 陈泽鸿. 岭南建筑志 [M]. 广州：广东人民出版社，1999：484-485.
[7] 江海燕、朱再龙. 广州公园绿地系统发展历程及影响机制 [J]. 中国风景园林学会2013年会论文集（上册），2013：57.
[8]（日）石川幹子. 城市与绿地——为创造新型的城市环境而努力 [M]. 雷芸等译. 北京：中国建筑工业出版社，2013. 11：95-97.
[9] Alexander Garvin.Public Parks: The Key to Livable Communities[M]. W.W.Norton & Company. 2010.
[10] Anna chiesura. The role of urban parks for the sustainable city[J]. Landscape and Urban Planning, 2004. 68: 129~138.
[11] 许浩、谢凯. 现代公园体系规划研究评述与展望 [J]. 中国名城，2018：43.

作者简介

许哲瑶，女，硕士，广州园林建筑规划设计研究总院第一设计研究院副院长、珠海分院副院长。研究方向为风景园林规划与设计。电子邮箱：66018545@qq.com。

开封古城“城池一体”空间特性与城市海绵公园建设实践

The Spatial Characteristics of “Wall-moat in one” in Kaifeng Ancient City and the Construction Practice of Urban Sponge Park

朱婕妤

摘　要：着眼于开封古城城市双修、海绵城市建设的综合实践过程，聚焦古城城池一体格局重现、棚户区改造以及海绵综合展区建设过程中遇到的诸多问题，探讨了系统解决开封内城城墙与环城绿带的协调机制、城市黑臭水体治理以及海绵公园建设的策略与设计途径，提出了“两个坚持、三管齐下、四个方法”的设计策略，并最终实现了城池一体的古城空间再造。

关键词：开封；古城；西北湖；海绵城市；城市双修；公园绿地；城墙

Abstract: Focusing on the comprehensive practice process of urban double-repair and construction of sponge cities in the ancient city of Kaifeng, we focused on the problems encountered in the reconstruction of the ancient city and the integrated pattern of cities, the transformation of shantytowns, and the construction of sponge integrated exhibition areas. This paper discusses the coordination mechanism between the inner city wall of Kaifeng and the green belt around the city, the strategy and design approach for the management of the black and smelly water bodies in the city, and the construction of sponge park, and puts forward the design strategy of "two persistence, three measures, and four methods". And finally realized the ancient city space of the city and the construction of the city sponge park.

Keyword: Kaifeng; Ancient City; Northwest Lake; Sponge City; Urban Double Repair; Park Green Space; Wall

1　研究背景

1.1　古代城池系统和现代功能研究

1.1.1　古代城池系统的定义

“城池”一词，最早出现在《礼记·礼运》：“城郭沟池以为固”[1]，意思是说：内城外城加上护城河被当作防御设施。这也是中国城池的雏形。一般来说，城墙和护城河作为城池系统的重要组成，相伴相生，缺一不可。

随着冷兵器时代的结束，传统城墙的政治、军事防御、防灾避灾等功能逐渐消失，城池系统逐渐从保护城市、界定政权边界转变成城市版图扩张的桎梏。城池系统逐渐失去了实用功能，在城市中逐渐被遗忘，被破坏、损毁甚至拆除。古城得到了更多的建设发展空间，而作为古城社会发展史上实物资料的城池系统，却永远地消失在历史的尘埃里[2]。

1.1.2 城池系统功能的历史演变

古代的城池系统是体量非常宏大的建筑系统。纵观国内，以西安、南京、荆州、兴城、北京、平遥、崇武、寿春、襄阳十地的城池系统最为著名。各地城池系统的保护力度不一，开发建设利用方式也不尽相同。从古至今，随着城池系统功能的转变，城池系统大约经历了：古代的繁荣、近代的颓败和现代的重视3个阶段。

1.1.3 古代城池系统的现代应用

作为城市中最大规模的公共开放空间，城池系统的合理利用显得至关重要。综合分析国内城池系统的利用方式，可大致分为以下3类：

（1）城市形象区和迎宾区的打造。开封的大梁门作为郑汴一体化主轴的东端，其形象地位首屈一指。开封近年来陆续修复了安远门（北门）、新门（小南门）和曹门（东门），开封古城“五门不对”的空间格局得以重现，城门区域也是从各个方向进入开封古城的形象展示区。

（2）城市大型城墙遗址旅游景区和遗址公园的打造。

开封于2016年启动了开封环城公园6～7期工程和“一渠六河”水系连通综合治理工程（以下简称“一渠六河”工程），是对开封古城城池系统修复的又一次大胆尝试，通过“刮骨疗伤”和“细胞更新”双结合的方式，对盘踞古城外围多年的城墙贫困圈进行全面清理，修建公园绿地、博物馆对市民全面开放。

（3）城墙主题博物馆的建设，为城市居民提供了抚今追昔的文化场所。开封目前建成了大梁门博物馆，举世无双的“城摞城”遗迹，正在以博物馆的形式予以充分展示。

1.2 研究背景及研究范围——开封古城“城”与“池”待遇的天壤之别

1.2.1 国宝待遇的城

开封城墙是开封古城的重要象征之一，也是开封城市精神的结晶。历经8个朝代的繁华与落幕，见证了城市5次凤凰涅槃般地重建，充分展示了古城人民的睿智和坚强。她与开封古城一起，历经战乱和黄河泛滥，如今的开封城墙之下叠压着6个朝代的5层古城墙，展现了举世罕见的“城摞城”奇观[3-10]。更为可喜的是，每个朝代的城市格局、城市中轴线位置等参数均被保留至今。

自1994年以来，开封城墙逐渐受到开封文物保护部门的重视，1996年开封城墙正式被评定为第4批全国重点文物保护单位[11]。开封城墙除大梁门、安远门、小南门等城门及部分城墙经过修缮之外，其余80%的墙体在2010年之前都处于年久失修、日益颓败的情况。自2013年始，开封逐步实施城墙抢救性修复工程。至2018年底，已经完成了长约10km的城墙本体修复工作，预计到2020年将完成14.4km城墙的全面整修。2014年，开封城墙正式与南京、西安等城市形成“8＋5”模式，将作为“中国明清城墙”申报世界文化遗产[12]。

1.2.2 被遗忘的护城河

相比之下，与城墙唇齿相依的护城河则容易被人们遗忘。历史上的开封护城河原本非常宽阔。新中国成立后，开封市在城市规划时未考虑护城河这一城防体系中重要的组成部分，将部分河道填平、缩窄或者变成盖板沟，仅存的河道也存在着严重的污染[13-14]。如说开封的城墙尚且能称为完整，那护城河基本是一息尚存的局面了。

1.3 城墙七期城池现状情况综述——有“城”无“池”、有“城”无“景”

开封城墙七期位于开封古城城墙（明清）西北角，西与城墙四期相连，东至万岁山大宋武侠城西边界和铂尔曼酒店东边界，南至龙亭北路，北至地震局。规划总面积约10.63hm^2，其中城墙外侧面积3.4hm^2，西北湖区部分7.23hm^2。目前七期建设范围内城墙虽然存在，但墙体已严重损毁，而作为城池体系的重要组成部分，北护城河早已消失殆尽。

1.3.1 开封北城何处寻，东北门外杂木林

开封城墙西北角段，总长约1000m，内顺城一侧由于城墙本体的夯土结构已被酸枣、刺槐的次生林覆盖，郁闭度达到了0.75左右。城墙外侧，大面积棚户区侵占城墙文物保护区，被用作垃圾收购站、地震局老办公楼和居民住宅；其余为大面积的私人苗圃地，开封北城墙几乎无迹可寻。

1.3.2 黑臭水体难治理，古城西北赛荒郊

城墙北部的护城河早已消失。由于地势低洼，城墙七期所在的开封古城西北区域在历史上是开封重要的湿地，这里曾经坑塘连绵、芦苇荡漾；近年来逐渐荒废，大量建筑垃圾和生活垃圾填埋，不仅导致西北湖水面一再萎缩，湖水水质甚至达到了劣Ⅴ类，湿地生态愈加脆弱。

1.4 如何协调开封城墙与环城公园的关系

1.4.1 确定城墙与环城公园的功能定位

环城公园与开封城墙互为表里关系。环城公园绿带的

建设，其核心目的是保护全国重点文物——开封城墙，其次才是开展丰富多彩的文化体验、满足市民休闲活动功能的需求。

1.4.2 软硬结合的风貌控制要求

在环城公园的风貌控制方面，严格参照《开封市城墙保护条例》《河南省开封市城乡总体规划》中关于开封市城墙保护的具体要求，依据《开封市城墙保护规划》对于文物本体、一级保护地带、二级保护地带和三级建设控制地带的具体要求进行环城公园功能与景观的总体布局。

环城公园景观风貌凸显城墙本体，以挖掘展示城墙文化为主，由于环城公园大部分在全国重点文物保护单位的一级保护地带内，应禁止建设与城墙保护无关或影响展示城墙的景观设施；保留独特的黄河淤沙和现状大树，以保存城市的记忆。

2 两个坚持，打造具有开封地域文化特色的城墙公园及海绵城市建设示范区

2.1 时刻围绕城墙做文章——还原“城池一体”的空间结构

公园景观以城墙文化为基调，无论是北侧以城墙为主体的城墙文化公园，还是南部内顺城路以西、以北的带状绿带，均始终围绕城墙文化展开。

2.2 “城池一体”空间结构的再现

将城墙所在区域分为城墙上、城墙下、近城墙以及远城墙4个部分，并通过“四个连通”将全城14km城墙统筹规划。实现了城墙上步道通、城墙下城河通、城墙内外公园通以及绿道通。

城墙上——连通步道，可登城墙观开封古城。

城墙下——开封古城西北角独特的防御黄河侵袭的功能，原古城墙被掩埋部分的局部被清理出来，把当年黄沙掩埋的部分保留下来进行对比展示。

近城墙——研究开封古城城墙的城池空间结构，将原本存在的城防措施如壕沟、羊马墙、陷马坑、马道等，转化成景观挡土墙、雨水花园或坐凳融合在景观设计中。清理淤沙，原地面顺势下沉，形成中心雨水花园；通过唐代后主李煜写就的“问君能有几多愁，恰似一江春水向东流”的千古名句作为串联场地的“灵魂”，讲好开封古城墙的故事。

远城墙——通过保留视廊确保从各个方向观赏开封城墙的便利性。在西北湖的缓坡湿地园中，则选取多处可驻足观赏城墙的滨水活动场地，保证既能观赏到水景，也与城墙时刻保持着视线联系。

图1　城墙七期水岸生辉景点实景

图2　湖光鹭影两相和，潭面无风镜未磨

3 四个方法，在城市边缘空间中实现“城池一体”

3.1 “城池一体”概念创新

转变思路从“城池”概念的转变开始。开封古城的“城”与“池”不仅局限于城墙本体和几条护城河，而是从延续开封城市安全防御体系的角度来看。抵御兵燹、外族侵略、黄河侵袭已经不再是开封关注的城市安全命题，而城市文物保护、展示与文化传承，黑臭水体治理、“海绵城市”建设以及棚户区改造的需求日益迫切。

通过营造城市“海绵公园”，形成现代城市抵御灾害的防线，它将与城墙一起，以全新的概念来演绎现代版的“城池一体”，诠释新时代下开封人与自然的和谐发展。

3.1.1 城墙以北的“城＋池”——城墙文化展示＋海绵绿地

城墙文化公园重点凸显城墙自身的文化资源特质，在满足市民休闲游憩的基础上，强化城墙文化公园品牌，使其成为开封古都重要的文化标志。打造展示城墙历史文化精髓，服务周边居民的城墙文化公园。此段通过“海绵设施”意向化体现“池”的概念。

3.1.2 城墙以南的“城＋池”——城墙背景＋海绵综合展区

作为“海绵示范展区”打造与城市和谐共生的城市生态湿地公园、“海绵城市”建设示范点。公园设计中充分运用先进的“海绵城市”建设技术，以宣传、教育、科普、示范为主要功能，以修复自然湿地景观，净化水质，恢复生物的多样性为首要任务。公园的建设不仅为开封城墙营造优美生态的外部环境，同时也增加了西北湖滨水绿地的可参与性，为市民提供更加丰富的休闲空间与活动场地。

图 3 公园入口——迎晖衲霞

3.2 现代城市防御系统与古代防御系统的功能转变

打造与城市和谐共生的城市公园；形成生态优先、环境优美、水体洁净、充满活力的“海绵公园”；通过城市水网的不断完善，为开封打造成为“海绵型城市”奠定基础。整个公园将与城墙一起，以全新的概念来演绎现代版的“城池一体”，形成城景呼应、文化相连、传承古今的开封新景观。

3.3 确定“城池为本、海绵为体”的设计思路

严格遵照《国家文物保护法》与相关保护规划保护城墙（墙体、马面、城门、角楼、敌楼以及防空洞），维系文化肌理，传承历史记忆。利用公园绿地衬托城墙，突出城墙—绿地之间的经典空间关系。与“海绵城市”建设配合，通过大面积的透水铺装、绿色建筑、渗渠、植草沟、洼地雨水花园形成城墙“海绵公园”。根据城墙1～5期的建设经验“场地宜小不宜大，宜多不宜少”，为市民提供类型丰富的户外活动场地。公园建设进程中，保证近期先绿起来，建设小型市民活动场地；远期根据城市发展进程重点打造形象景观，服务于外地游客。

4 “城池一体”空间再造与城市“海绵公园”建设——北部城墙文化公园

4.1 “城”——历史文化的可视化

4.1.1 历史故事的可视化

图 4 道狭草木长，夕露沾我衣

图 5 恰似一江春水向东

城墙文化公园以西北角楼为中心向东西延展。“怀古”，本案北侧的孙李唐村原名逊李唐村，因南唐后主李煜逊位后被囚禁于此而得名。李煜在此留下了《虞美人·春花秋月何时了》的千古遗篇。如今角楼之上再难见一江春水之景。“通今”，运用最新“海绵公园”设计手法将场地内雨水汇聚于此，雨季为水溪，旱季为花溪，东西贯通于场地之中。西端为春水亭，结合广场、汀步、园路、雾喷、平桥等设施，一脉相承。怀古通今，一江春水的景观意向得以被重现。

4.1.2 西北角楼的可视化

由于西北角楼近期无法复建，原角楼外侧预留场地为后期提供良好的观赏视野。西北角楼高约18m，选取2～3倍高度设置停留点和活动广场，供游客和市民拍照留影。虽然西北角楼已消失在历史的尘埃里，但它曾经的身影、历史、故事仍存在于场地的记忆之中。铺装设计提取角楼的形式，在地面上形成类似于角楼阴影的景观意向，通过3种石材的颜色渐变，结合地埋灯的设置，形成虚实结合的阴影效果。游人可以在广场上感受角楼的形态，也可以登上城墙俯瞰城楼全貌，感受“场地记忆”。据记载“开封”二字是由倒影铺装中的“启封拓疆”地雕提取而来。

4.1.3 城市记忆的定格化

开封城墙西北角外侧有大量的黄河淤沙，是当年西北城墙抵御黄河淤沙的有力佐证。城墙下保留了部分坡积沙土，并采用开封城防系统中的“羊马墙”作为挡土墙，用于综合展示开封城墙的城防系统和城墙的特殊历史功能；曾经的棚户区已全面拆除，现状大树、地下防空洞和建筑建材均得以保留，通过蒙太奇的方式使其定格在城墙文化公园的景观之中，定格原住民的历史记忆，强化了原住民的归属感。

4.2 “池”——海绵设施的景观化

城墙文化公园中心为雨水花园。将城墙文化公园中所有“海绵设施”，包括透水铺装、导流渠、下凹式绿地、植草沟、雨水花园、生态树池、生态驳岸、雨水表流湿地和蓄水池，进行景观美化。通过雨水花园、渗渠、透水铺装等方式，结合城墙七期的竖向设计，实现公园内地表径流总控制率不低于85%的“海绵城市”建设标准。结合旱溪营造流水穿透石头的景观效果，以此为分界，西侧旱溪较宽为自然形态，东侧旱溪收窄为阶梯式断面，同时采用雾喷装置进行景观营造。引导游人联想到流水在自然界所能形成的自然景观。

4.3 古旧里泼洒新鲜，城池一体内部空间形态与功能现代化

在城墙与市政道路之间，以现代文化体验、休闲功能为主导，布置城市景观大道、城墙文化休闲场地、入口林荫广场、点状的亭廊榭休闲服务设施、以城墙为背景的花境和以观赏草为主的植草浅沟。充分满足了开封市民怀古、赏今、休闲、娱乐、健身和体验城市历史文化的需求。

通过“海绵展馆”的设计，为市民和游客提供了解公园建设和科普“海绵城市”建设理念和方法的场所，通过互动体验、科普宣传最大化的实现公园社会效益。

5 设计创新与特色

5.1 创新再现开封“城池一体”的城墙建筑空间特性

保护国家级文物保护单位——开封城墙，将西北湖湿地公园、海绵景观作为“池”与开封的“城”交相辉映，和谐共生。

5.2 “五个结合”的运用

将城墙公园的文化性与“海绵示范园区”的生态性相结合，营造高品质的城墙公园与西北湖景观体系。

将传统与现代相结合，与1～6期的城墙公园求同存异，营造富有开封文化底蕴的现代园林景观。

将可实施与高科技、适当超前相结合，大量运用高科技产品来营造园区景观和“海绵公园”建设展示，落实雨水收集设备、垂直绿化设备、生态浮岛、浮桥的运用。

图6 波影涟漪景观实景图

图7 梧竹幽径景观实景图

将明清城墙与古树、花溪相结合，湿地景观与草、花、树等元素相结合，形成开封城墙公园独特的网红打卡地。

景观设计手法虚实结合，对暂时无法恢复的西北角楼通过铺装和夜景照明相结合的方式再现当年角楼夕照的景观，一条东西向的花溪不仅展现了“一江春水向东流”的景观意向，同时也象征着消失已久的开封北护城河。

5.3 高差的运用

开封历代城墙呈现城摞城的景象，地下埋藏深度达到了12m，而地面出露仅8m，绿带宽度约50m，利用下凹式绿地、雨水花园使游人所在空间逐渐下沉，进而凸显出城墙的高耸伟岸的视觉效果。

6 结语

该项目于2018年9月落成，并于2018年10月正式对外开放。建成后的城墙七期既承担着保护国家级文物保护单位的责任，又承担着对公众传播知识、历史文化教育和市民休闲功能，同时它还是开封市第二批国家生态修复城市修补试点城市的第一项重要举措，是2017年度开封市的重点工程[15]。

城墙七期自开放以来，“海绵展厅”和园林景观获得了国内外友人的高度评价，刷新了开封“一城宋韵半城水”的城市意象，同时也推动了开封古城文化传播与交流。这里也成为当地百姓喜闻乐见的户外休闲场所和公共教育基地。同时乐于在城市双修展示区中参观学习，这对于传承开封古城文化、提升城市形象起到了持续而积极的作用。

参考文献

［1］王锷．礼记成书考：中华书局，2007：2-4.
［2］瞿宛林．“存”与“废”的抉择——北京城墙存废争论下的民众反应［J］．北京社会科学，2006（03）：20-25.
［3］丘刚．开封城下城摞城现象探析［J］．中国历史文物，2004（04）：70-77.
［4］张奎．新中国成立以来开封城墙兴废：城市发展与文化遗产认知变迁［J］．地域文化研究，2019（03）：104-111＋155.
［5］荆方．好一座开封城墙［J］．小康，2019（13）：68.
［6］刘海永．开封人文秘境系列之五——风雨大梁门［J］．协商论坛，2019（04）：54-55.
［7］孟超祥．清道光二十二年至二十三年开封城池修筑研究［J］．开封大学学报，2018，32（03）：56-62.
［8］许翔，余璐，王屹峰．开封城墙的历史价值及其保护理念初探［J］．建筑与文化，2017（07）：233-234.
［9］郭瓅，王新文，王领，等．碧水绕绿城 宋韵散菊香—开封市创建国家园林城市掠影［J］．城乡建设，2015（09）：60-63.
［10］敬梓源．南京、开封、西安三地城墙保护条例比较研究［J］．法制与社会，2015（19）：272-273.
［11］国务院关于公布第四批全国重点文物保护单位的通知国务院：Http://www.gov.cn/guoqing/2014-07/21/content_2721166.htm，2014.07.21.
［12］中国世界遗产预备名单2017版．搜狐，2017-04-23
［13］马海涛，秦耀辰．开封城墙时空变化及其特征研究［J］．河南大学学报（自然科学版），2008，（6）.
［14］马海涛，秦耀辰．论城墙对城市建设的影响——以开封城墙为例［J］．城市问题，2007，（4）.
［15］刘延超．汴梁晚报［N］，2018.

作者简介

朱婕妤，1982年生，本科，中国城市建设研究院有限公司风景园林院园林一所副所长，高级工程师。研究方向为城市更新、海绵城市和公园城市。电子邮箱：danceskirt@126.com。

平原造林基础上的郊野公园景观提升初探
——以东小口城市休闲公园为例

A Study of Country Parks Landscape Upgrading Based On Plain Afforestation: Take Dongxiaokou City Leisure Park as An Example

刘欣婷 张 洁

摘 要：始于2012年的北京市百万亩平原造林工程，在提升城市生态系统、环境效益以及景观风貌层面都取得了巨大成效，但随着城市的发展和人民生活水平的提高，单纯的景观生态林已不能满足周边居民的需求。本文仅以东小口城市休闲公园为例，在合理利用现状林地的基础上，从植物空间塑造和特色植物景观营造入手，尝试探讨平原造林基础上提升植物景观的方法和策略。

关键词：植物景观提升；植物空间营造；植物特色设计

Abstract: Since 2012, in order to promote environmental benefits as well as the urban ecosystem landscapes, A Million Mu of Beijing Plain Afforestation project have made great achievements. However, the simple landscape ecological forest cannot meet the needs of residents around, along with the process of city development and the improvement of people's living standard. Takes Dongxiaokou City Leisure Park as an example - based on reasonable utilization of woodland, from plant space shape to characteristics of plant landscape construction - the paper attempts to explore the methods and strategies of the plain afforestation ascending plant landscape.

Keyword: Plant Landscape Upgrading；Plant Space Creation；Plant Characteristic Design

1 研究背景

随着“美丽中国”建设的逐年深入，各地的生态文明建设已卓有成效。北京市早在2000年、2003年相继启动实施了第一道绿隔、第二道绿隔建设，对于完善城市生态空间格局，改善生态环境起到重要作用。经过多年的发展，持续建设完成的平原造林、山区造林工程及郊野公园等各类林地，极大地拓展了绿色空间，在北京市新版城市总规“一屏、三环、五河、九楔”绿色架构中，“一道绿隔城市公园环”“二道绿隔郊野公园环”“环首都森林湿地公园环”共同构成了重要的绿化“三环”，“一环百园”的建成将使第一道绿化隔离带从绿化隔离的生态功能为主的历史使命，向服务市民、融合功能的生态与休闲并重转变[1]。

2018年2月，东小口城市休闲公园获得北京市发展和改革委员会的批复，成为北京新总规批复后第一批在平原造林基础上改造提升的城市公园，因此本项目面临普遍代表性的“片儿林”式景观提升命题，其经验总结具有广泛借鉴性和案例价值。

2 平原造林基础上的改造提升

2.1 平原造林工程概述

2012年初，北京市正式启动了百万亩造林工程，对北京市绿化建设和整体环境改善起到了积极促进作用。由于主要应用林业设计方式，注重生态效益的最大化，存在树种单一、种植模式单一等问题，"片林式"的种植模式令景观效果差强人意，其社会服务功能仍需提高[2]。这为后期改造提升为城市公园带来一定难度，主要问题如下：

（1）线性化种植，现状林地呈苗圃种植结构，空间缺乏变化，没有形成疏密对比。

（2）树种单一，纯林较多，品种多样性不足。

（3）植物配置层次简单，缺乏种植空间变化，以乔木为主，缺少花灌木和地被等。

2.2 一道绿隔城市公园环

"一道绿隔城市公园环"有大量可被提升为城市公园的平原造林地块和以林地景观为主的郊野公园，植物景观资源作为公园的主体景观资源，有其不可替代的价值，植物景观的改造至关重要。东小口城市休闲公园位于"一道绿隔公园环"和"九楔"交接的重要位置，既有郊野公园自然野趣的特点，又有城市综合公园丰富精致的植物景观；在植物设计上，注重偏重自然景观的塑造，重要节点特色化、精致化[3]。

2.3 植物景观提升思路

针对现有问题和功能需求，植物景观的改造提升策略如下：合理利用现状树木，丰富植物种类，以乡土植物为主、完善植物群落、梳理植物空间，营造多样的植物景观，利用不同的植物材料、采用不同的栽植形式、创造出不同的空间效果。根据功能要求和空间布局，对不同区域进行植物的空间和色彩设计，丰富植物层次、注重季相景观，使空间构成更加变化多样。

3 东小口城市休闲公园植物景观改造

3.1 项目概况

东小口城市休闲公园位于北京中心城区正北，北中轴延长线西侧，南接奥林匹克森林公园，占地面积110.5hm^2。东小口城市休闲公园建成后与东小口森林公园一、二期共同形成大型绿地，同时也是"通往自然的轴线"——奥林匹克森林公园的北延，不仅为周边市民提供更好更全面的休闲服务，也为北京的中轴线上点了绿色一笔。

3.2 场地现状

场地内地势较为平坦，局部起伏大，南部靠近高尔夫球场有堆土形成的微地形。场地内有一处10m高的现状渣土堆，还有若干低洼地，较大的洼地相对深3～4m，场地东北角有现状水塘。

现状植被以乔木为主，主要树种包括白蜡、火炬树、速生杨、旱柳和常绿的侧柏、油松、圆柏等，有少量银杏、柿树、五角枫、龙爪槐等，缺少灌木层、无地被花卉，种植形式以行列式为主，植物景观相对单调（图1、图2）。

3.3 公园定位

根据北京市公园规划，结合生态林地现状特点，东小口城市休闲公园定位为以自然体验与运动休闲为主题的公园。现状地形丰富，乔木基底已形成，通过调整园区结构，丰富品种与色彩，精心配置花灌木、宿根花卉、乡土地被、观赏草、水生植物、攀援植物，形成花田、花海、花廊、下沉花园、专类花园、宿根花卉园等特色景观，在提供休闲健身场地和健身步道的同时，营造具观赏性的植物景观，提升公园的整体效果。

3.4 特色植物景观营造策略

3.4.1 保留乔木，就地造景

保留长势较好的白蜡树林，突出秋季季相特色，突显"城市森林"特色，渣土堆作封育处理，保留现状火炬树，保留邻近高尔夫球场区域的密林，强化场地边界。共保留现状林地48.6hm^2，改造提升44.3hm^2，移除面积17.1hm^2（图3～图5）。

图 1　现状乔木分布图

图 2　现状植被情况

图 3　现状植物利用

图 4　为保护现状树木调整原有设计

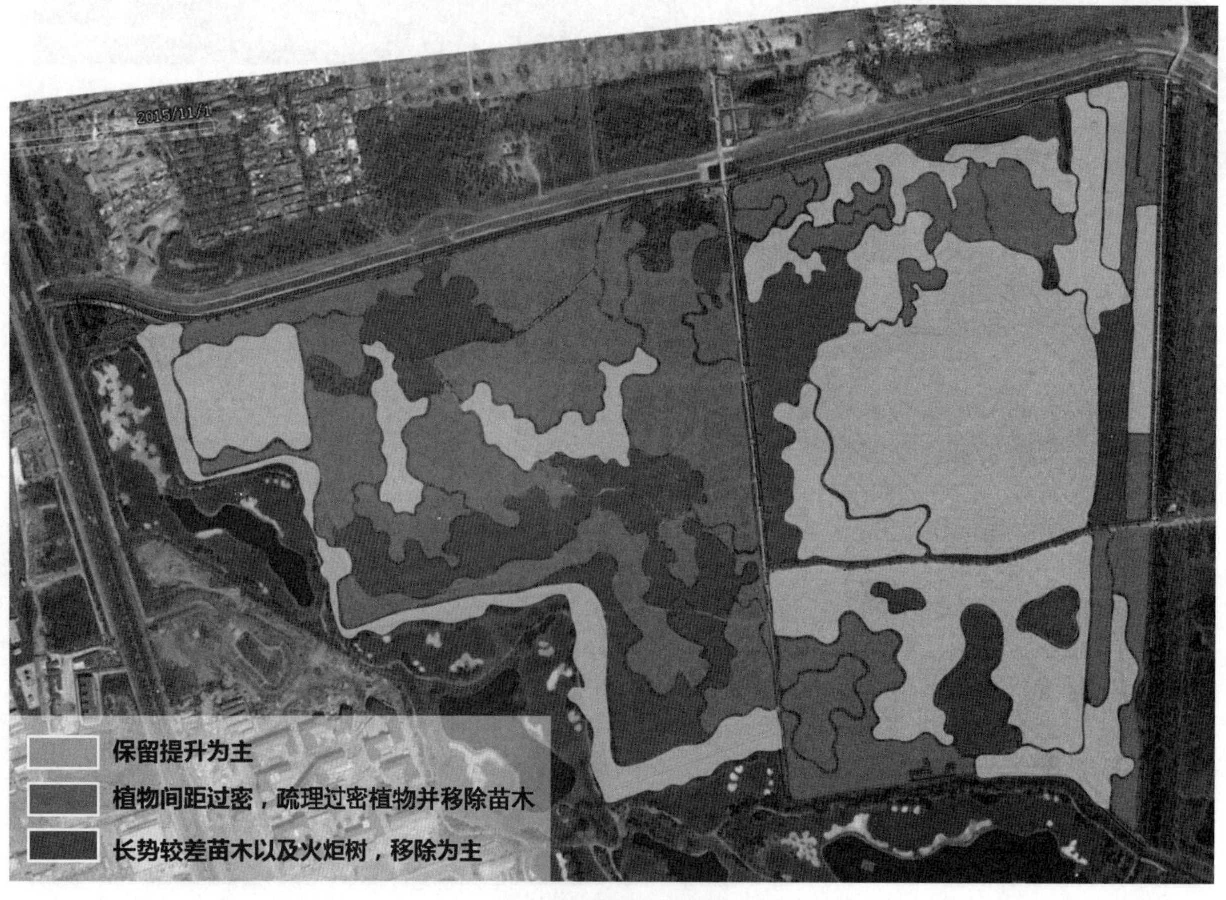

图 5　现状植物改造措施图

3.4.2 营造空间，疏密有致

结合场地功能合理搭配植物，营造富有层次和有特色的植物空间类型（图6）。

开敞空间：主要集中在下沉花园区、健身休闲区、花田野趣区。场地结合现状地形与植物空间设置，避开较大坡度和密林区域，打造疏朗大气的林下空间，避免大面积的硬质广场。

疏林空间：林地郁闭度保持在0.4～0.6之间，植物以"乔木＋灌木＋地被"为主，树冠要高于视线以保持通透视线，使空间景观相互渗透。

密林空间：主要分布于公园四周边缘，以现状林为主，郁闭度0.6～0.7左右，是全园的背景林，靠近园路区域增加灌木和地被丰富植物层次。乔木注重大乔木层、小乔木层的设计，常绿树种与落叶树种相互搭配，利用乔木的树形、冠幅、叶色等，形成高低起伏、层次丰富的林冠线[4]。树种以保留的杨树和榆树为基调，增加国槐、洋槐、金丝楸和臭椿，前景保留现状白蜡，增加元宝枫、栾树，丰富植物色彩和层次，增加季相景观；常绿树以云杉和油松为主；园路两侧增加早樱、晚樱、山桃、山杏、海棠、黄栌、连翘等花灌木形成中间层次；地被以麦冬、马蔺为主，形成野趣、自然的植物景观效果。

3.4.3 就势造景，丰富景观

不同坡度的地形给人的空间感受不同，起伏平缓的地形，视野开阔、空间延续感强，给人以轻松的视觉感受，结合此类空间可以打造花海、花田的景观；而陡峭的坡度，空间轮廓明显，人的视线会被封闭在一定区域内，可以打造立体感强的景观，以高大乔木形成背景林，利用小乔和花灌木植于林缘，组成多层次的画面感，外层依稀，内层可加密，平均郁闭度以0.6～0.7较为理想[5]。本项目着力打造了花谷、花田和下沉花园等特色空间。

特色花谷：场地位于西北入口处，结合现状的狭长谷地，营造以春花为特色的景点，面积约2hm²。利用北侧高大的现状杨树、柳树为背景，增加小乔木、灌木，以桃花、樱花、海棠、连翘、绣线菊等春花植物为前景，园路结合现状起伏地形，形成"人在花中游"的游园体验（图7）。

花田野趣：花田野趣区位于主入口东南，现状为长势较差的速生杨树，地势较为平坦。设计为宿根花卉观赏

图6 植物空间分区

图7 特色花谷效果图

图8 月季园建成效果

区，种植向日葵、蛇鞭菊、金鸡菊等，保留长势较好的杨树，林下区域保持自然的乡土地被特色，形成开阔的景观氛围。

下沉花园：位于场地中部，面积约4hm^2。现状为两处较大的洼地，东侧稍高的洼地结合地形布置为月季园，园路采用玫瑰花瓣的线形，结合地势营造大地景观效果，西北角布置组合休息廊一组，供游人休憩、停留赏景；西侧洼地内现状植物长势较好，予以保留并布置林下休息平台，可俯瞰植物景观（图8）。

3.4.4 彩色森林，四季花海

季相景观是东小口城市休闲公园植物营造的重要内容，也是整个公园的特色之一。春景区处于公园的西部边缘，结合现有杨树林，补植乡土乔木和开花灌木，营造浪漫春花的效果；夏景区位于核心区，结合活动场地打造视线通透的林下空间，选用玉簪、八宝景天等夏季花卉地被，提升观赏效果；秋景区结合现状大片白蜡林，补植元宝枫、黄栌等秋色叶树种，进一步强调秋季层林尽染的效果。春花突出的浪漫花谷、春夏延续的月季园、夏季盛放的金色花海以及秋季特色鲜明的银杏大道、白蜡林等。既要考虑当前的园林效果，又要考虑长远的可持续性，减少后期养护管理的工作量，利用植物生长和群落演替的规律[6]，强调植物景观随时间、季节的变化，保持植物景观的相对稳定性（图9）。

地被的品种选择突破传统，尽量选用多年生植物材料等可自播繁衍花卉，使之形成稳定的植物群落，降低养护成本。在各主题园区周边种植一些乔灌木，进行多层配植，丰富花海景观的结构层次，突出空间的变化和花期的延续性，充分利用现有起伏地形，丰富景观空间变化（表1、图10）。

图9 季相图

植物属性表 表1

名称	色彩	花期	种植形式
鸢尾	蓝色、粉色	春、夏，4～5月	花带、疏林下、林缘
黑心菊	黄色	春、夏、秋，5～9月	与其他品种混合片植、花带、树群边缘或间隙
大花金鸡菊	黄色	夏、秋，5～9月	坡地片植
紫萼	紫色	夏，6～7月	林下、片植
三七景天	黄色	夏，6～7月	地被
宿根福禄考	粉色、白色	夏、秋，6～9月	组团栽植、与其他品种混合片植、园路边缘
宿根天人菊	黄色	夏，7～8月	单品种片植
蛇鞭菊	淡紫红色	7～8月	片植
玉簪	白色、紫色	夏，7～8月，紫玉簪花7月上旬开花，盛花期约10天；白玉簪花8月初开花，盛花期20天	林下、片植园路边缘
假龙头	紫色	夏、秋，7～9月	与其他品种混合片植
紫菀	紫色	夏、秋，7～9月	单品种片植，树群边缘
八宝景天	淡粉色	夏、秋，7～10月	片植、园路边缘
地被菊	黄色	夏、秋，9～10月	花带、不同花色混合片植
粉黛乱子草	粉紫色	秋，9～11月	单品种片植、与其他品种混合片植

图10 花海建成效果

4 小结

随着城市的发展，越来越多的原本处于城市边缘的绿地，成为城区的“绿心”，原本粗放的绿化模式和植物景观，需要进一步优化和提升改造，才能满足使用人群的休闲娱乐需求。东小口城市休闲公园作为第一批示范工程，有其典型性和代表性，可为后期类似的项目提供借鉴。与东小口森林公园一期、二期相比，东小口城市休闲公园已向城市公园转化，尤其在植物景观规划设计方面，已完全改变“片儿林”模式，更加注重观赏性和游憩性，根据地形、空间、树种等现状条件，重新构建植物空间，建成后卓有成效且得到广泛好评，现结合公园的实践案例，总结经验如下：

4.1 结合现状条件和空间特点，利用植物营造特色景观

通过增加不同品种、规格的树种，完善乔、灌、草群落，营造活动场地和观赏空间，平面结合不同场地类型，立面丰富视线层次，通过秋色叶和彩叶树种的季相变化以及不同时间盛开的缤纷花海，打造四季有景、步移景异的园林景观。

4.2 选用可成片使用的地被及花卉，打造大型花海景观

利用原有的起伏地形和较为开敞的现状场地，营造既能一览无余又有细微变化的花海效果，弥补近城区绿地内花海面积的不足，满足大众对大型花海的体验需求；同时也在新植乔木尚未郁闭期有景可观，自然过渡到多年后的满冠效果。

4.3 植入长效机制，利用植物可生长的特点营造景观，经营上引入可持续发展的模式

从郊野公园向城市公园的转变，植物景观营造作为重要的改造提升手段，有着不可或缺的重要地位，植物作为一种有生命可生长的景观素材，需要用心打造、持续跟进、不断经营，但也会在精心打理后回报惊喜，公园内的各类场地期待被更多地发掘和发现。

每个项目都有自身的特色，不可模式化、固定化的原样照搬和套用，注重具有特色植物景观的营造，避免出现千园一面的现象，是每一个园林设计者的初心。

参考文献

[1] 刘淼，刘心茗，董丽. 北京市郊野公园植物景观综合评价[J]，西北林学院学报，2014. 29（6）：245-249.
[2] 侯慧珺，风景园林视角下造林景观提升策略研究——以北京市平原地区为例[D].
[3] 张金玉. 城市综合性公园植物景观设计研究[D].
[4] 胡洁，吴宜夏，张艳. 北京奥林匹克森林公园种植规划设计[J]. 中国园林，2006，22（05）：25-31.
[5] 申书侃. 北京市八家郊野公园植物配置与游憩功能研究[D].
[6] 董丽，胡洁，吴宜夏. 北京奥林匹克森林公园植物规划设计的生态思想[J]. 中国园林，2006（8）：34-38.

作者简介

刘欣婷，女，工程师，1985年3月生，硕士研究生，从事景观规划设计。北京清华同衡规划设计研究院有限公司工程师。

张洁，女，1972年9月生，大学本科，北京清华同衡规划设计研究院有限公司高级工程师。电子邮箱：30903510@qq.com。

生态敏感性评价技术在山岳型风景名胜区规划当中的应用
——以林虑山风景名胜区规划为例

The Application of Ecological Sensitivity Evaluation Technology in The Planning of Mountain Scenic Spots: Taking Linlv Scenic Spot Planning as An Example

李 佳

摘　要：本文在案例和学术研究的基础上，分析基于GIS手段的生态敏感性评价技术在山岳类风景名胜区分区规划中遇到的问题。通过林虑山风景区规划的实际应用，探讨改进生态敏感性评价模型的方法，旨在突破既往理论指导层面的研究，将生态敏感性评估结果与地块建设控制对接，切实增强对规划建设的实际指导意义。同时，通过规划分区对评估体系进行反校核，切实推进研究的深度和合理性。

关键词：生态敏感性；开发建设模型；生态保护模型；规划分区

Abstract: On the basis of case study and academic research, this paper analyzes the problems of GIS based ecological sensitivity evaluation technology in the regional planning of mountain scenic spots. Through the practical application of Linlv scenic spot planning, this paper discusses the method of improving the ecological sensitivity evaluation model, aiming to break through the previous theoretical guidance level of research, connect the results of ecological sensitivity evaluation with the plot construction control, and effectively enhance the practical guidance significance for planning and construction. At the same time, the evaluation system is counter checked through planning and zoning, so as to promote the depth and rationality of research.

Keyword: Ecological Sensitivity; Development and Construction Model; Ecological Protection Model; Planning and Zoning

风景区是我国最高级别的自然保护地体系之一，其中囊括了许多重要的自然斑块。这些区域通常在风景游赏价值外还具有不同程度的生态价值。对风景区进行规划建设，在其中生活、游览，势必会对生态环境造成或大或小的影响。

依照《风景名胜区分类标准》CJJ/T 121—2008，新的风景名胜区分类标准较旧版进行了简化。新标准当中，风景名胜区被划分为遗产与圣地景观类、胜迹景观类、风物景观类三大类型。虽然类型划分有所调整，但保护的宗旨不变，新标准侧重与保护地的保护和管理要求对接，强调了风景区生态保护与修复的重要意义。这其中，前两种类型的风景区多以自然或由自然因素构成的景观为主要资源特征，通常景观资源的环境敏感区域大，生态易受干扰，资源适宜利用的空间较小，人类活动受到较为严格限制，需要明确严格禁止建设范围并将其作为风景名胜区的重要区域。因此，对这类风景区进行整体评估，应用GIS系统对风景区生态环境、资源和其他相关情况进行多重分析，建立生态敏感性评价体系，科学指导风景区的规划和后续建设管理是十分必要的。

本文选取林虑山风景名胜区详细规划作为研究对象，探讨生态敏感性评价技术在风景区规划当中的应用。旨在通过此规划项目，突破既往理论指导层面的研究，将生态敏感性评估结果与地块建设控制进行对接，切实增强对规划建设的实际指导意义。同时，通过规划当中遇到的问题，对评估体系进行反校核，落实和验证研究的深度和合理性。

1 林虑山风景区概况

林虑山风景名胜区位于河南省林州市境内，坐标东经113° 37′ ～114° 04′，北纬36° 02′ ～36° 14′，是以太行山地貌和天河红旗渠为特色的国家级山岳类风景名胜区。风景区规划总面积133.02km^2，其中太行大峡谷区域124.92km^2，总占比90%以上。区域内山峦层叠、台壁交错、植被多样、水体丰富，有着众多的自然和人文资源，生态价值极高。

依照《林虑山风景名胜区总体规划》的要求，风景区核心景区面积77.83km^2，约占风景区总面积的58.5%，其中包含有自然景观保护区、史迹保护区和部分风景游览区3个片区。

由于风景区的核心区内有大面积的风景游赏用地、游览设施用地、居民社会用地和交通与工程用地，本次规划编制需要对风景区整体尤其是核心景区的生态敏感性进行严格评估，在生态敏感性评估基础上合理规划分区并指导地块建设，避免不恰当的建设内容对风景资源环境造成破坏，力求对资源环境的负面影响降到最低。

2 生态敏感性评价技术和案例分析

依照国内学者关于风景区大量的理论研究和实践应用探索，在对山岳类风景区进行生态敏感性分析的时候，评价因子通常选择地形、植被、水文等自然环境要素，针对地形要素，选取坡度、坡向、高程作为评价因子；植被主要通过植被类型、覆盖情况开展细化评价；水文主要考虑水域的缓冲区指标，兼顾考虑河流级别和流域汇水区面积。在科学评价生态敏感性后，明确风景区整体敏感程度，划分区域，确定各区域资源、环境发展目标，用以指导后续建设[1]。但是，通过相关案例及应用研究，笔者发现将基于自然要素建立的生态敏感性评价体系直接应用于风景名胜区分区规划的指导，会存在一些实际问题。

例如：黄山云谷景区生态敏感性评价时，将古树名木植物群落生态重要性等级、山体坡度、高程、土壤情况、水系情况这5个生态因子作为评价因子，又对各因子设以权重，得到风景区整体的生态敏感性网格分析图。根据生态敏感性等级对风景名胜区进行分区，从而针对划分区域进行保护力度和开发强度的确定：将最敏感区划为核心保护区；敏感区划为重点保护区；低敏感区划为生态缓冲区；不敏感区划为适度开发区[2]。重庆金佛山风景名胜区规划时，考虑到风景区的生态环境系统自身情况，选取高程、坡度、地质灾害、水系保护、自然保护区等因子进行加权，得到生态敏感性综合指标分析[3]。

以上两个典型案例在建立评估系统时，均采用生态因子权重分析法，将GIS技术得出的生态敏感性分析评估结果直接作为保育和开发建设的依据。但在后续的发展规划中，发现不仅风景区内区域是否适宜开发建设关系到生态敏感性，例如地质灾害情况、道路交通分布、土地利用、景源分布情况等人为或其他要素也间接影响生态敏感性[4]。

因此在评价过程中，除与生态敏感性直接相关的自然因子外，需要根据每个风景区、每个分析区域的实际情况，增加分析要素。例如，在景点游客密集区域增加景观资源要素分析，自然灾害多发地增加地质灾害影响分析，交通工程建设集中区域增加道路交通影响分析，居民点建设集中区域考虑人为活动干扰等。力求将能够反映生态系统的要素与人为干扰的指标相结合，共同构建、完善能够综合反映风景区人地关系的敏感性评价指标体系。自然生态敏感性的评判至关重要，但仅作为判定适宜建设依据，需要在此基础上通过其他要素反复校核才能作为规划分区的合理依据。

3 基于自然生态敏感性分析的模型调整

在风景区规划建设中，需要以自然生态敏感性分析为依据，叠加人为要素，对前序评价结果进行补充、校核，重新构建新的评估系统，从而指导风景区的相关规划。建议针对风景区的保护与建设，应以生态敏感性分析为评价基础建立“基础模型”，并叠加不同的评价因子，建立“生态保护模型”“开发建设模型”，二次调整评价体系，指导后续建设。

生态保护模型：将生态敏感性分析与风景区自然景源评价相结合，即在生态定量分析的基础上，通过景源分布对分区进行定性校核，调整区划范围，指导风景区保育规划及核心景区规划。

开发建设模型：将生态敏感性分析结果与土地利用现状、地质灾害情况、道路交通分布等要素相叠加，作为游览设施规划、基础工程规划、居民社会调控规划等开发建设的决策依据，明确各项控制要素。

4 林虑山风景名胜区规划当中的应用

4.1 生态敏感性分析和评价体系的构建

根据林虑山地形地貌特点以及发展情况，选取高程、坡度、坡向、水体、植被现状5个评价因子，并构建评价体系，以此作为后续评价的基础。

构建目标层—准则层—决策层的三层评价体系框架。其中，目标层为生态敏感性评价，准则层为高程、坡度、坡向、水体、植被现状及其权重，决策层分为极高敏感、高敏感、中敏感、低敏感4级。具体分析如表1所示：

林虑山风景区生态敏感性评价体系 表1

评价因子	权重	极高敏感性	高敏感性	中敏感性	低敏感性
高程	0.1	1500～2048m	1000～1500m	500～1000m	0～500m
坡度	0.2	42°～85°	25°～42°	10°～25°	0～10°
坡向	0.1	北	东北、西北	东、西 东南、西南	南、平台
水体	0.4	水源地	水源地周边200m	上游来水	其他区域
植被现状	0.2	林地	草地	农田	建设用地

高程是影响生态敏感性的重要因子，与地表温度、植被生长等密切相关，影响生态敏感性的纵坡特征，具有重要意义。确定权重为0.1。采用Jenks自然间断点分级法，将其划分为四级。

坡度是影响生态敏感性的重要因子，其与区域内的水土流失密切相关。坡度越大的地区，土壤稳定性越差，植被生长难度加大，生态敏感性加倍升高。确定权重为0.2。采用Jenks自然间断点分级法，将坡度划分为四级。

坡向是影响生态敏感性的重要因子，坡向的差异会对日照、温度、降水、风速、土壤质地等环境要素产生影响，与区域内的植被生长密切相关，进一步影响生态环境的稳定性。总体来说，正北坡向有利性最低，正南最高，坡向越有利，生态敏感性越低，生态系统越稳定。确定权重为0.1。依据不同坡向接受阳光照射条件的差异将坡向划分为四级。

风景区内水源丰富，有很多小型瀑布溪流和大型水域。考虑到小面积水体对生态敏感性影响不大，在分析时只选取面积较大的水体——南谷洞水库进行分析。南谷洞水库作为林州市备用水源地，极其重要，根据水源地保护要求划分等级，权重为0.4。

植被现状直接影响风景区内生态环境变化，确定权重为0.2。

4.2 分区结果

对上述单因子评价结果综合叠加分析，进行权衡考量，得出各级敏感区的分布和范围，从而为风景区的各项规划提供重要参考依据。

4.2.1 极敏感区

极敏感区主要包括两个主要部分：

（1）分布在海拔1500m以上的山体

山体坡度多在50°以上，通常为北向的山林地，集中分布，和沿山脊、大峡谷西部及南部山体区域分布。这些区域人迹罕至，现状极少人工干扰，植被丰富且脆弱，景观价值高。对维持生态系统稳定性和良好生态服务功能等方面都具有重要作用。

（2）南谷洞水库水源地本体

这些区域在自然和人为作用下极易出现生态环境问题，一旦出现破坏干扰，不仅会影响该区域，也可能会给整个风景区乃至周边的生态体系带来严重破坏，因此属于生态重点保护地段。在项目规划过程中，该区域应以生态保护为主，应作为生态环境重点保护区。景区建设上应严禁破坏和严格限制人为活动，以促进其自然演替。

4.2.2 敏感区

敏感区通常生态环境相对稳定，但是在自然和人为作用下可能破坏其原有生态环境，造成一定的生态环境问题。敏感区主要包括：（1）山体中部。坡度较大，多在30°左右。植被较为丰富，多为高山草甸。该区域人类活动相对较少，但对人类活动的敏感性较高，森林植被一旦破坏后，较难进行生态恢复，属生态次重点保护区域。多分布在极敏感区周边。（2）水源地周边200m区域。在规划过程中，这些区域可划为生态用地，保护要求与极敏感区类似。应避免破坏原有生态环境，严格控制污染物的排入，并积极进行生态修复，提高生物多样性和生态系统稳定性。

4.2.3 中敏感区

中敏感区主要为经济林、灌草丛、耕地分布的区域，该区域地势起伏不大、海拔较低、植被类型单一、人类活动相对频繁。多延山谷、沟壑两侧分布。

规划中，该区域能承受一定的人类干扰，可进行适当开发，可划为控制发展区并集中开展游赏活动区，以“在保护中开发，在开发中保护”为原则，控制用地形式、建筑密度、游客数量及游赏活动开展的方式，鼓励发展生态产业。

4.2.4 低敏感区

主要分布在谷底两侧的平缓地段、坡度平缓、海拔较低、远离水源地，且人类活动较为频繁、植被生物多样性差、森林景观价值低。多为居民点集中分布的区域。

因此这些区域不太容易出现生态环境问题，可承受一定强度的开发建设。在项目规划过程中，该区域可沿用土地利用现状，划为适宜发展区，能承受一定强度的开发建设，也是修建基础设施的优先选择区域，例如在进行风景区规划时，可将风景区管理服务中心、餐饮、住宿等易于对环境产生影响的项目安排于此。但作为人类活动场所的聚集区，更应严格控制“废水、废气、废渣”污染，并建立环境影响评价制度，积极发展循环经济，实现可持续发展。

4.3 生态保护模型

根据统计，林虑山风景名胜区内共有景源218处，其中自然景点共113个，占比56.4%，有着千年王相树、天平骑门柏、太极白桦林、凤凰古杏树、仙台连翘、黄华古银杏、四方垴自然保护区等宝贵而丰富的植物景观资源，观赏价值极高。依照保育规划，林虑山风景区共划分为自然景观保护区、风景游览区、史迹保护区、风景恢复区、发展控制区、景观协调区六大区域。由于总体规划保育分区尺度较大，本次详细规划力求通过生态敏感性研究，对总规分区进行校核、调整、细化，从而进一步指导风景资源保护方面的内容，如划定出相应级别、类型和范围的保护区，明确核心景区范围。

基本原则：（1）以总体规划保育分区为参照；（2）以生态敏感性研究为基础，叠加自然景源具体分布，对分区二次校核。

以林虑山峡谷西北部区域为例，总体规划中该片区全部界定为自然景观保护区，而事实上通过生态敏感性评价，该区域当中生态极敏感区、生态高敏感区为主体（占比60%以上），风景资源点也主要集中在这些区域当中。因此，本次详细规划将原有保育分区进行调整细化，划定生态敏感性强生态价值高的区域为生态保护区，对应风景保护用地；敏感性中景源又丰富的区域为风景游览区、风景恢复区，对应风景点建设用地、风景恢复用地。

再例如南谷洞水库及其周边区域，总规保育分区简单的将其界定为风景游览区。而事实上，通过生态敏感性研究，该区域作为水源保护地，景源少，属于生态极敏感区。因此详细规划要求调整总规分区，将水源地及其周边区域重新界定为风景保护用地、风景恢复用地，严格加强对水源地的管理保护。

4.4 开发建设模型

在构建开发建设模型时，旨在以生态敏感性评估为基础，叠加土地利用、视觉敏感度、地质因子、交通因子等多项要素进行综合评估，设置权重，筛选风景区出适宜建设用地，用于明确规划用地性质（表2）。

生态敏感性评价与详细规划用地对照表　　表2

区域	位置	保育规划分区	生态敏感性评价	详细规划对应的用地调整
南谷洞	北部	风景游赏	极敏感、高敏感	风景保护、风景恢复
龙床沟	西北部	自然景观保护	极敏感、高敏感 中敏感	风景保护 风景点建设、风景恢复
桃花谷 王相岩 仙霞谷	西部	风景游赏	极敏感、高敏感 中敏感	风景保护 风景点建设、风景恢复
天平山 四方垴	南部	自然景观保护 风景游赏 风景恢复	极敏感、高敏感 中敏感 低敏感	风景保护 风景点建设 野外游憩、居民点建设
仙台山	东北部	风景游赏	极敏感、敏感 中敏感 低敏感	风景保护 野外游憩、风景点建设 居民点建设
谷底	中部	风景游赏	低敏感	风景恢复、居民点建设、旅游点建设

通常风景区最适宜区对应生态敏感性最弱的区域，这类用地地质条件良好、自然灾害风险程度低，能适应各项设施的建设要求，多为风景区内原有村镇等居住用地。基本适宜区对应可建区，该区域生态敏感性弱，开发建设可能会对资源造成一定影响，但影响不大，可建设用于风景区管理、游览服务所需的必要性设施。不适宜区为禁止建设用地，是风景区内生态敏感性最强的区域，也可能是用地条件不符合建设要求的区域，或者二者同时具备。

构建开发建设模型得到的评价结果可更为科学的指导风景区开发建设，根据适宜建设用地的位置、范围来决定开发建设内容、规模，科学安排旅游点、居民点的分布，进而为后续基础设施建设规划、旅游设施规划、土地利用规划、居民社会调控规划提供详实的依据。

5 总结

基于GIS技术，通过自然生态因子权重分析法建立的生态敏感性分析评估是风景名胜区分区规划的重要依据。但在详细规划中，必须在评估基础上进一步结合区域的地质灾害情况、道路交通分布、土地利用情况、景源分布情况、居民点建设情况等其他要素，对评估结果二次校核后，才能更有针对性的指导风景区的规划分区。

参考文献

［1］王国玉，白伟岚．风景名胜区生态敏感性评价研究与实践进展［J］．中国园林，2019（02）：87-91.
［2］李敬，王源，卫超.黄山云谷风景区生态敏感度分析［J］．风景园林，2006，20（6）：97-99.
［3］余焱．基于GIS的风景名胜区生态敏感性分析——以重庆市南川金佛山风景名胜区为例［J］．重庆建筑，2011，10（5）：7-10.
［4］鲁敏，孔亚菲．生态敏感性评价研究进展［J］．山东建筑大学学报，2014，29（4）：347-352.

作者简介

李佳，1985年生，女，硕士，中国城市建设研究院有限公司工程师。从事保护地规划工作。电子邮箱：24416304@qq.com。

浅析共享视角下城市滨水空间的诗意营建策略

Research on the Strategy of Poetic Urban Waterfront Space in the Perspective of Sharing

贾绿媛

摘　要：随着城市高密度、集约化的发展模式，诗意山水城市逐渐淡出现代化的发展视野。而随着人们对高品质生活的向往，越来越多的人们渴望寻求城市喧嚣外的诗意栖居。小月河作为北京城区内重要的河流之一，连接着城市与自然，在城市水循环及人文诗意塑造等方面起着重要作用。针对现状河流两侧空间品质低、贯通性差、人文底蕴淡薄等问题，以构建共享、诗意的城市滨水空间为出发点，规划形成以小月河河道为主轴，沿河划分“生态、商业、运动、休闲”四带，通过文化融合与空间营建，形成具有弹性调控、促进邻里共享、具有科普展示意义的城市滨水画卷。

关键词：诗意；风景园林；城市滨水空间；共享；诗境空间

Abstract: With the development of cities towards high density and intensive mode,people pay less and less attention to the construction of urban poetic landscape space. However, as people yearn for high quality life, more and more people eager to pursue the poetic living space in the hustle and bustle of the city. Xiaoyue River, as one of the important rivers in Beijing urban area,connects the city and nature, plays an important role in regulating urban water cycle and creating poetry-realm space. In view of the problems such as low quality of space, poor connectivity and weak cultural heritage in the waterfront space on both sides of Xiaoyuehe River. Starting from the construction of shared and poetic urban waterfront space,this paper plans to form the Xiaoyue River course as the main axis and divides the river into four zones as “ecology, commerce, sport and leisure”. At the same time, taking cultural integration and space construction into consideration to create a poetry-realm space with flexible regulation, promoting neighborhood sharing and scientific display significance.

Keyword: Poetry-realm; Landscape Architecture; Urban Waterfront Space; Sharing; Poetry-realm Space

引言

中国传统诗境中强调“天人合一”的自然哲学，西方诗歌及现代哲学中也昭示着“诗意栖居”的思想理念[1]。千百年来，诗词歌赋与园林意境融合相生，塑造出山水自然和谐、人文底蕴丰厚的诗意风景。而随着社会的发展，林立的高楼大厦、快速的运行方式与先进的科技使人们的生活节奏不断加快，而传统的“诗意”与慢生活模式在现代化的城市建设中逐渐淡出人们的视野。随着人们物质财富的积累与物质生活水平的提高，越来越多的市民关注着生活品质的提升及精神财富的追求，在钢筋混凝土森林中寻求能够亲近自然、回归慢生活的诗意空间。

河流作为城市的发源地，其河道周边的场所空间是城市形象与活力的载体。早在20世纪

80年代，美国便开始滨水空间研究与滨水景观设计的实践[2]。而后日本、英国等国家滨水城市也相继进行滨水空间的营建探讨，从河道水利安全、城市生态环境、物种多样性等方面研究城市滨水空间的设计手法。而在我国，对滨水区景观设计的研究与实践起步较晚，而近年来的滨水实践案例多注重区域水循环系统的建立及游客观光的游赏体验，针对城市生活型河道的风景诗意化设计较少。

小月河是元代由人工渠与自然冲积沟河形成的古河道，曾作灌溉使用，但因周边城市的建设发展而遭受污染。20世纪80年代中期进行河道整治，将小月河部分区段变为暗渠，河流两岸也逐渐硬化，使河流丧失了城市与自然间水文生态的弹性调控，并造成河流与城市割裂，阻碍两岸通行。

基于小月河悠久的发展历史与重要的地理位置，本研究通过对南起健翔桥北至北五环上清互通口段小月河城市滨水公园"邻里"方案进行规划设计解读，探讨城市滨水空间的诗意设计要点。依据北京市旱雨分明的气候特征，规划10年一遇、50年一遇、100年一遇不同洪水水位线淹没区域的驳岸、种植及活动集散场所，打造以小月河为主轴，沿河划分"生态、商业、运动、休闲"四带，并以南北生态湿地与雨水花园为核心打造弹性滨水空间。旨在打造贯穿南北、沟通东西的线形共享空间，在激发周边区域活力、提升居民参与性的同时，净化水体、调节雨洪，并进行科普展示，给周边居住者及外来使用者提供宜游、宜赏、宜玩、宜感的滨水休闲空间，满足人们亲近自然、游于山水诗意的期盼。

1 地块分析

1.1 历史沿革

小月河位于北京市东升乡东部，随元大都的兴建而形成，至今已有七百多年的历史。河流最初发源于德胜门外关厢，自南向北注入清河，是清河南部的主要支流，长8.4km。20世纪初期，河流西侧多为种植蔬菜的农田，小月河扮演着农田水源灌溉的重要角色，特别是在汛期水量充足时，河流为农田灌溉提供了丰富水源。随着河道两岸居住与办公用地的增多，人群逐渐密集，加上河流管理维护不当，使小月河河水受到严重污染。1984～1985年进行的河道治理，对河道内杂物进行清除并修整驳岸，使小月河改道南起学院南路，并与长河暗渠相接。整治后的小月河，全长10.25km，流域面积27km^2。

1.2 区位

设计河段位于海淀区东侧，东部城市建设用地与八达岭高速相邻，南起健翔桥，北接上清桥，该段小月河长约4km，河道及绿带总宽度约为80m。

1.3 河道分析

小月河现状河道为硬质梯形河槽，两侧约30° 坡，总宽度16m。河道水位变化不大，常水位与驳岸高差为1.5m，雨季水位上升0.5m，可维持1个月左右。

1.4 现状问题

1.4.1 水体污染

小月河下游西侧靠近中国农业大学（东校区），为高校、居住等集聚地，人员密布，商贩众多。河道两侧的排水口将周围生活污水、雨水等与地表径流一同排入河道，造成河道水体大范围、集中污染，使得小月河水体水色深绿、透明度低，并伴有轻微臭味；另外，水中动、植物种类及数量少，水体生态系统不完善，使得水体自净能力低。内源污染与周边生活污水的大量排入，加剧了小月河水体富营养化程度，出现"黑臭、水绵、蓝藻"等水体生态问题[3]。

1.4.2 活力丧失

小月河沿线多为高校及居住用地，经走访调研，发现周边社区内缺乏公共空间，而小月河的硬质驳岸及两侧的机动车道，使得河岸两侧缺乏有机联系，人与人、人与自然的互动性差，没有展现出小月河的历史人文与滨河风貌（图1）。

周边小区内缺少活动场地

河流污染

河流两岸缺乏联系

缺少人行亲水步道

图1 现状问题分析（部分照片作者自摄）

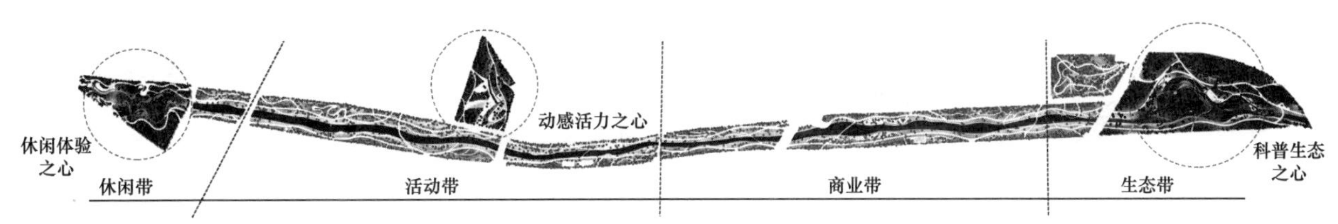

图2 规划定位（作者自绘）

2 规划定位

以小月河为主轴，“生态、商业、运动、休闲”四带统筹发展，串联南北生态湿地与雨水花园，打造“一轴、四带、三中心”的城市滨水格局（图2）。在不同主题区段形成特色差异的诗意体验空间。

2.1 弹性调控

分析河道10年一遇、50年一遇、100年一遇不同洪水水位线淹没范围及淹没强度，依据防洪规范及植被特性，规划淹没区活动范围及植被种植，保障四季不同滨水景观区域，同时弹性驳岸及湿地、雨水花园设计，能够在汛期容纳降水及地表径流，削弱径流系数，延缓洪峰，“柔化”城市雨水[4]。滨水公园中搜集储藏的多余水分，可通过植被过滤与生态净化，得到较为清洁的水源，减少雨水直接排入地下管网造成的资源浪费；在旱季，储藏的雨水可通过蒸发、植物蒸腾等作用循环至大气，补给自然水资源的同时起到调节城市小气候的作用。

2.2 邻里共享

将原本硬质而割裂的河道与周边用地相结合，为附近的邻里社区打造都市农业、社区公园等绿色休闲空间。通过促进区域沟通与邻里交往的空间营造，激发场地活力、提升居民参与性，打造共营共建的都市滨水空间。另外，场地植被有助于稳固土壤、涵养水源、调节区域小气候，并为动物及微生物提供良好的栖息环境，打造生态宜居的共享空间。

2.3 教育科普

小月河沿岸不同的植被、水文景观，能够随气候与环境的不同条件产生动态变化，具有自然的科普教育功能。良好生态环境构建的动植物栖息地，也是动植物研究者与相关爱好者进行科研与探索的良好平台。同时，小月河滨水公园沿岸、活动节点特色元素与导览牌的科普展示，能够让使用者潜移默化地感受地域历史与文化特征，进而起到场地的科普作用。

3 小月河沿线总体规划

3.1 交通组织

依据场地通行需求及道路安全规定，设计外围机动车通行道路及内部三级园路体系，形成一级环路贯穿全园，二级游步道串联景观节点，重点游赏区域增设栈道、汀步、游园小路等三级道路系统。同时，东西方向依据通行需求及滨河景观，设置不同类型的通行桥。保证外围车行道与内部一级环路的无障碍通行，使得小月河滨水公园游赏通行顺畅，为使用者营造两岸贯通、通行便捷的诗境空间（图3）。

3.2 竖向设计

小月河滨水公园整体呈从两侧道路向小月河河道逐渐坡降的趋势，在河流沿岸，依据场地现状特征及景观需求，进行微地形设计，通过局部微地形营建，塑造中国传统自然的山水意境（图4）。

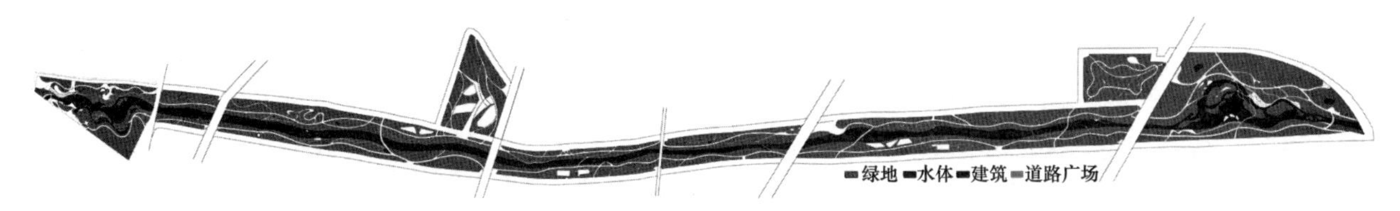

图3 用地分析（作者自绘）

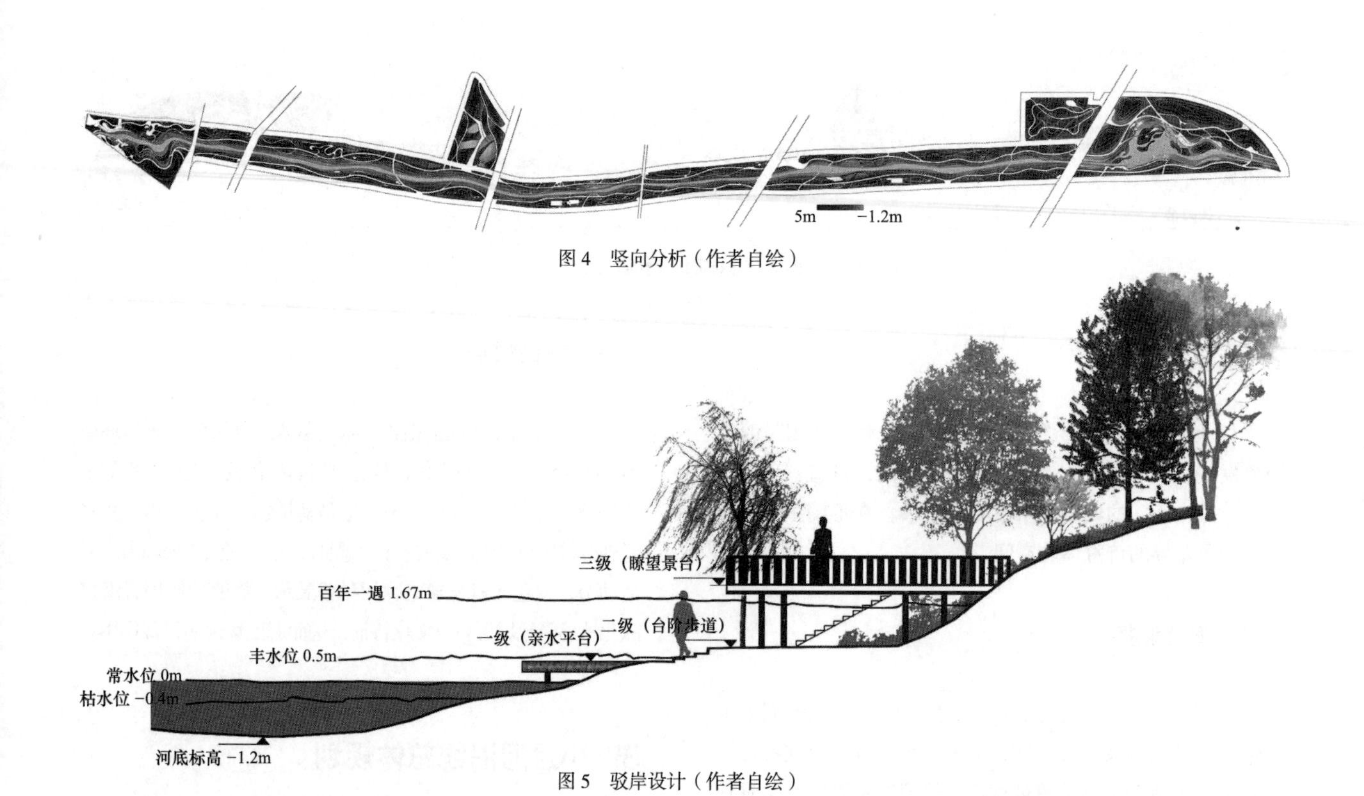

图 4　竖向分析（作者自绘）

图 5　驳岸设计（作者自绘）

依据河道水文常水位标高及最高水位标高，确定滨水公园平均高程高出常水位2m，保证公园3/4区域在50年一遇洪水期仍可进行安全活动。协调公园与外围市政路的高程关系，在降雨时及时将道路雨水排入公园绿地及河道，减少路面积水。并将市政道路的部分雨水管网接入公园净水系统，形成就近排放、高效运作的雨洪排水体系（图5）。

3.3　种植设计

以滨水种植为主题，根据前期规划分区，划分出“湿地景观”“活力彰显”“漫步体验”三大植物景观分区，并确定常绿与落叶近3：7、装饰性植物约占40%的植物配比比例。依据北京地区的气温、降水等特征，结合城市植被特色，选取国槐、圆柏为公园基调树种，同时，根据不同分区的植物景观特征，选取各分区的骨干树种与一般种植（图6）。基于植被生态习性、种间关系及空间营造等特性，进行全园树种布局规划，并满足乔：灌：草＝1：3：5的分层配比。主要种植植被如表1所示。营建四季动态变化的植物诗境空间。

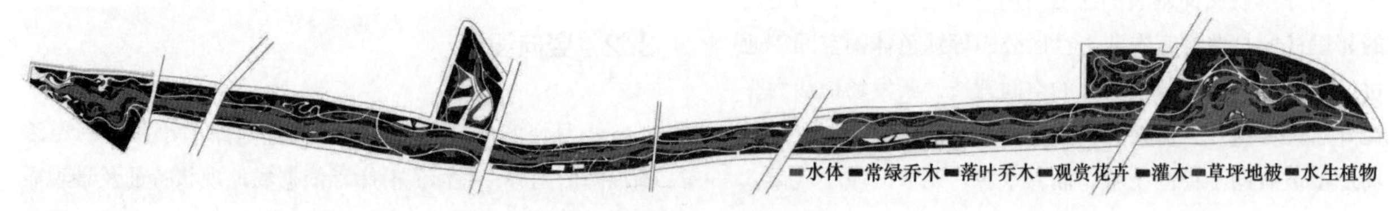

图 6　种植分析（作者自绘）

小月河滨水公园种植植被苗木表　　表 1

生活形	植物名	拉丁文名	科	属
常绿乔木	圆柏	*Juniperus chinensis* L.	柏科	圆柏属
	水杉	*Metasequoia glyptostroboides* Huet W.C.Cheng	杉科	水杉属
	油松	*Pinus tabuliformis* Carrere	松科	松属
落叶乔木	银杏	*Ginkgo biloba* L.	银杏科	银杏属
	国槐	*Sophora japonica*（L.）Schott	蝶形花科	槐属
	玉兰	*Yulania denudata*（Desrousseaux）D.L.Fu	木兰科	木兰属

续表

生活形	植物名	拉丁文名	科	属
落叶乔木	鹅掌楸	*Liriodendron chinense* (Hemsl.) Sarg.	木兰科	鹅掌楸属
	毛白杨	*Populus tomentosa* Carr.	杨柳科	杨属
	栾树	*Koelreuteria paniculata* Laxm.	无患子科	栾树属
	七叶树	*Aesculus chinensis* Bunge	七叶树科	七叶树属
	鸡爪槭	*Acer palmatum* Thunb.	槭树科	槭树属
	元宝枫	*Acer truncatum* Bunge	槭树科	槭树属
	旱柳	*Salix matsudana* Koidz.	杨柳科	柳属
	柿树	*Diospyros kaki* Thunb.	柿科	柿属
	山桃	*Prunus davidiana* (Carr.) C.de Vos	蔷薇科	李属
	贴梗海棠	*Chaenomeles speciosa* (Sweet) Nakai	蔷薇科	苹果属
灌木	小檗	*Berberis amurensis* Rupr.	小檗科	小檗属
	红瑞木	*Cornus alba* Linnaeus	山茱萸科	梾木属
	猬实	*Kolkwitzia amabilis* Graebn.	忍冬科	猬实属
	连翘	*Forsythia suspensa* (Thunb.) Vahl	木犀科	连翘属
	紫丁香	*Syringa oblata* Lindl.	木犀科	丁香属
	绣线菊	*Spiraea salicifolia* L.	蔷薇科	绣线菊属
	黄刺玫	*Rosa xanthina* Lindl.	蔷薇科	蔷薇属
	榆叶梅	*Amygdalus triloba* (Lindl.) Ricker	蔷薇科	梅属
	铺地柏	*Sabina procumbens* (Endicher) Siebold ex Miquel	柏科	圆柏属
	沙地柏	*Sabina vulgaris*	柏科	圆柏属
地被	金盏菊	*Calendula officinalis* L.	菊科	金盏菊属
	须苞石竹	*Dianthus barbatus* Linn.	石竹科	石竹属
	玉簪	*Hosta plantaginea* (Lam.) Aschers.	桔梗科	桔梗属
	紫花地丁	*Viola philippica* Cav.	堇菜科	堇菜属
	早熟禾	*Poaannua* L.	禾本科	早熟禾属
水生	千屈菜	*Lythrumsalicaria* L.	千屈菜科	千屈菜属
	菖蒲	*Acorus calamus* L.	天南星科	菖蒲属
	荷花	*Nelumbo nucifera* Gaertn.	睡莲科	莲属
	慈姑	*Sagittaria trifolia* Linn.var. *sinensis* (Sims) Makino	泽泻科	慈姑属
	水葱	*Scirpus validus* Vahl	莎草科	藨草属
	梭鱼草	*Pontederia cordata* L.	雨久花科	梭鱼草属
	黄菖蒲	*Iris pseudacorus* L.	鸢尾科	菖蒲属
	花叶芦竹	*Arundo donax* var. *versicolor*	禾本科	芦竹属

3.4 景观设计

3.4.1 生态绿带

以“科普生态之心”为主，在小月河上游段打造水质过滤、水体净化的人工湿地，依据小月河河道水文状况与湿地净化特征，设计表流湿地与潜流湿地，利用土壤、人工介质、植物、微生物的物理、化学、生物三重协同作用，对上游河水进行净化处理，保障小月河自南向北河道水质来源的清洁。并进行千屈菜、黄菖蒲、香蒲等植物种植，营造自然的湿地景观，起到美化环境的同时，还具有一定的科普展示功能，体现人与自然和谐共生的生态诗意。

3.4.2 商业绿带

在地铁15号线北沙滩站附近，有大量商业、酒店建筑，将该段定位为商业绿带，并结合小月河周边居民需求及沿河场地特征，设计“商业广场”大型滨水活动空间，吸引购物旅游的游客前来休闲娱乐，并结合滨水地形设置露天看台，强化人与水的场地互动。依据滨河场地地形条件，分别设计“漫海花田”“山地栈道”等体验式活动空间，展现人居活力的城市诗意。

3.4.3 活动绿带

在小月河邻近中国农业大学东校区段，进行活力绿带的景观设计，打造露天剧场、滑板场、攀岩场地等一系列

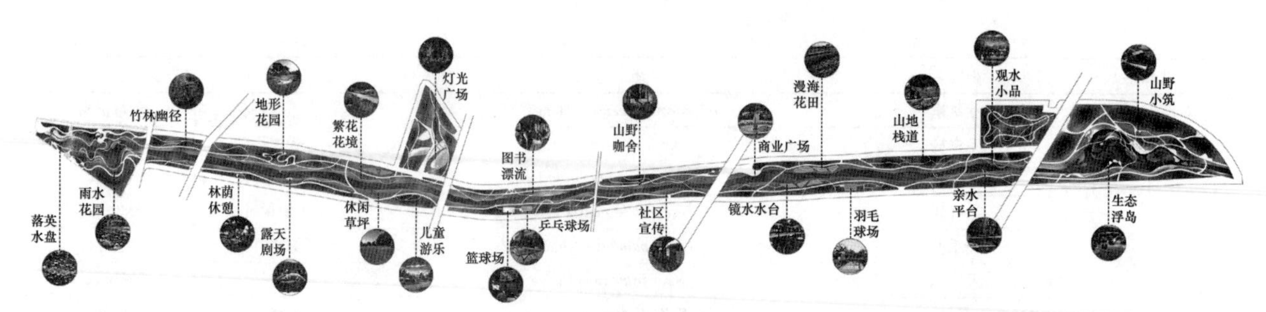

图 7 景观分析（作者自绘）

图 8 场地剖面（作者自绘）

具有青年活力的活动场地，并设计图书漂流、山野咖舍等文娱休闲空间，打造文艺与活力的诗意滨水空间。

3.4.4 休闲绿带

在小月河下游段，附近多为居住用地，水流缓慢。根据住区内部空间及人群使用需求，设计儿童游乐空间，为附近的儿童提供安全舒适的近自然活动场地。设计休闲草坪、繁华花境、地形花园、竹林幽径、落英水盘等一系列漫步场所，让人们能够放松地近距离接触自然。场地下游“休闲体验之心”的雨水花园，不仅起到调蓄城市降水与河流流水，以清洁水源汇入清河，同时，还为城市提供良好的小气候，起到一定的水科普效益（图7）。

4 总结

通过“邻里”方案的规划设计研究，旨在探讨高密度城市环境下城市水系与城市的关系，并通过水文与人类活动关系的冲突化解，提出改善城市小气候与构建城市水循环的生态模式。同时，通过人与自然的互动，促进人与人、人与自然的交流，在景观休闲的同时进行科普展示，在营建城市滨水景观效益的基础上，增进人们的交往与情感沟通，共营共建美丽人居（图8）。

参考文献

[1] 刘晓晖. 诗境规划设计思想刍论［D］. 重庆大学，2010.
[2] 张庭伟，冯晖，彭治权等. 城市滨水区设计与开发［M］. 上海:同济大学出版社，2002.
[3] 孙建升，张秀华等. 集成式处理站在黑臭水体治理中的应用［J］. 中国给水排水，2017，33（6）：125-134.
[4] 袁媛. 城市绿色雨水基础设施建设的景观化探析［N］. 安徽农学通报，2018，24（14）.

作者简介

贾绿媛，1996年生，女，北京林业大学研究生。研究方向为风景园林规划与设计。电子邮箱：snow20001996@qq.com。

基于日常生活视角下的传统里分公共空间适老性研究

——以武汉市“八七会址”片区同兴里社区为例①

Research on the Appropriateness of Traditional Public Space Based on the Perspective of Daily Life: Taking Tongxingli Community in the “BaQi” of Wuhan City

刘 涵 陈 倩

摘 要： 随着城市化的快速发展，我国人口老龄化日渐严重。以居住功能为主的历史街区内的传统里分，商业开发带来的消费空间不断挤压生活空间，侧重游客游憩需求，却忽视里分中老年居民的日常需求。本文运用行为注记法对汉口同兴里老年居民日常生活进行调研，再采用核密度分析方法分析三种公共空间类型中老人的日常生活行为以及时空间分布特征规律，并阐述老年居民日常生活与传统里分公共空间的相互作用机制。最终结合调研的结果，提出里分公共空间适老性设计策略。呼吁社会对于传统里分中老年人的关注，并为同类型历史文化街区公共空间改造提供经验，将推动历史文化街区建设为和谐共享社区具有现实意义。

关键词： 日常生活；老龄化；公共空间；传统里分

Abstract: With the rapid development of urbanization, China's population aging is becoming more and more serious, and the traditional districts with residential functions are the traditional ones. The consumption space brought by commercial development constantly squeezes the living space, focusing on tourists' leisure needs. Divided into the daily needs of middle-aged and elderly residents. This paper uses the behavior annotation method to investigate the daily life of the elderly residents in Tongxingli, Hankou, and then uses the nuclear density analysis method to analyze the daily life behaviors and spatial distribution characteristics of the three public space types, and to explain the daily life of the elderly residents. The traditional interaction mechanism of public space. Finally, combined with the results of the survey, the design strategy of the public space adaptability is proposed. It appeals to the society to pay attention to the traditional middle-aged and elderly people, and to provide experience for the public space reconstruction of the same type of historical and cultural blocks, and to promote the construction of historical and cultural blocks as a harmonious shared community has practical significance.

Keyword: Daily Life; Aging; Public Space; Traditional LiFen

引言

全球老龄化加速的社会背景下，养老问题日益突出。城市发展也从增量增长转为存量增长，历史文化街区是城市更新的重要组成部分，具有珍贵的历史遗存和民俗文化，体现城市记忆和城市风貌[1]。而以居住功能为主的历史文化街区内的传统里分存在建筑衰败，基础

① **基金项目：** 教育部人文社会科学研究青年基金，“基于活力效应模拟的历史街区游憩空间领域边界识别研究”（项目批准号：17YJC760038）资助。

设施不完善等问题。引入旅游作为动力激发历史文化街区活力，一方面有效修缮建筑、提升基础设施；另一方面商业开发带来地价上涨，消费空间挤压生活空间，造成原居民的迁出。历史文化街区的改造更新注重满足游客的游憩需求，忽视居民的日常生活需求[2]。提高历史文化街区内老年居民生活品质，成为亟需解决的问题。“八七会址”片区内包含大量的俄租界公共建筑及传统里分[3]，其中最著名的里分为同兴里。原租界的空间形态发生巨大的改变，公共空间在长久的历史发展中成为居民日常生活空间，即为人们提供活动的场所同时满足人们的精神需求。而今里分住户多为60岁以上的老年人，人口老龄化问题突出，外来游客的涌入“挤压”老人的日常活动空间，造成现状公共空间难以老人的日常需求的局面。

日常生活研究最早源于国外，Jane Jacobs 认为人的行为和空间类型的多样性是激发城市空间活力的重要因素[4]。国内衣俊卿则认为日常生活是包括生存、日常交往、日常消费活动的总和[5]。老人日常行为特征与其他类型人群差异性较大，陈琪琪等通过调查发现老人的活动主要为休闲、交往等类型[6]。老人喜欢在较安静、环境不复杂、熟悉的空间内重复地进行琐碎但简单的活动，这是由老年人的心理、身体、社会角色决定的。龙郑成等（2019）认为老人外出活动特征具有聚集性、时域性和地域性[7]。此外对老人出行的时空间规律研究，谷志莲等（2015）通过对北京市老旧小区5位老人的深度访谈，得到老人在不同年龄段日常活动区域范围的差异[8]。董仁等（2016）以昆明市为例共收集407份老人活动数据，发现1.5km距离内老人以购物行为为主，大于1.5km且小于5km范围内老人以休闲活动为主[9]。结合历史文化街区老人活动研究方面，任一加（2016）以广州多宝路历史文化街区为例，调研老年居民养老需求并提出街区更新对策[10]。王璇（2017）则横向对比英美日中四国的养老模式，从硬件设施和生活服务两个方面对潼川古城南城门历史文化街区进行适老性的规划改造[11]。

综上所述，前人研究方法通常以问卷访谈为主，多定性描述老人出行活动特征，缺少深入揭示公共空间与老人行为之间的相互关系研究。历史文化街区是城市公共空间的重要组成部分，但历史文化街区的研究侧重历史文化街区物质层面的规划保护，对老年居民的日常生活关注较少。

本文从老年人日常生活出发，以武汉市“八七会址”片区内的同兴里传统里分为例，采用行为注记法和核密度分析法，深入了解老年人的游憩需求。分析老年人日常活动类型及其时空间分布规律，探究不同公共空间类型与老年人活动相互影响机制，以此提出历史文化街区传统里弄公共空间适老化的更新策略。为以后同类型的历史文化街区适老性更新提供依据，有助于历史文化街区和谐发展。

1 研究范围

本文研究范围是“八七会址”片区内的同兴里社区，西为胜利街，东邻洞庭街，北接车站路，南抵黎黄陂路，总面积为57369m^2（图1）。场地内部有美国海军基督教青年会馆、同兴里、泰兴里等历史建筑，其中同兴里是武汉市优秀历史建筑。经过长期的发展与更替，原俄租界内的空间肌理和功能发生重大变化，同兴里里分作为居民的日常生活空间，其发展叠合了不同时代的文化特征，完整地展现汉口发展和文化变迁的历史脉络，是不同城市发展阶段影响下产生的文化景观。

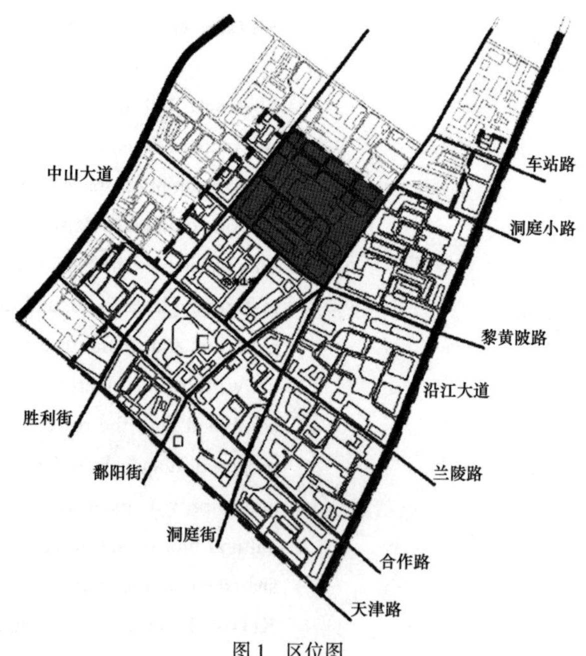

图1 区位图

在2018年11月16日实地调研，根据扬·盖尔的行为理论：户外活动分为必要性活动、自发性活动和社会型活动[12]，采用行为注记法每隔1h从上午7点至下午19点共12个时间段内同兴里社区内公共空间的使用情况。收集了2674份数据，其中老人数据共797份。在实际调研中为了更好地观测打点记录活动类型，将人群分成了幼年（小于18岁）、中年（18～60岁）和老年（大于60岁）。可知青少年占总人数的8%，中年人占62%，老年人则占总人数的30%（图2）。除直接观察法外，选取10位老人进行深入访谈，了解日常的生活轨迹和对公共空间更新的期望。通常把60岁以上的人口占总人口比例达到10%或65岁以上人口占总人口的比重达到7%，作为国家或地区是否进入老龄化社会的标准。根据调查结果，同兴社区的人口老龄化趋于老龄化社会的标准。

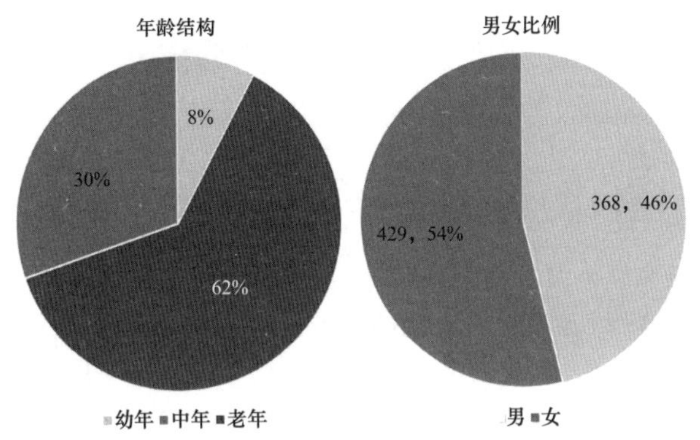

图2 各类型老年化人口占比

2 研究方法

核密度分析是一种网格化的非参数密度估计的方法，是基于权重值中心向四周衰减的规律来区分热点区域和非热点区域，也就是老人活动空间的聚集程度。本文采用的是1m×1m的网格作为基本单元格。一般将核密度定义为：设定x_1、$x_2 \cdots x_n$是从分布密度函数f的总体中抽取的独立同分布样本，估计f在某点x处的值，通常采用的Rosenblatt-Parzen核测算模型（1）[13]：

$$f_n = \frac{1}{nh}\sum_{i=1}^{n} k\left(\frac{x-x_i}{h}\right) \quad (1)$$

活动空间的分布曲线的光滑程度取决于衰减距离h的大小，当h值较大时，能反映出全局尺度整个街道内的活动空间的聚集程度；当h较小时，活动空间分布局部差异性更明显，适合表示小地块内部的活动空间分布的局部特征。

3 结果与分析

3.1 公共空间情况

同兴里社区的公共空间按照场所开放程度分为三种：开放型公共空间、半开放型公共空间、封闭型公共空间。通过前期预调研，选定调查点并编号1～11号，观测点分布见图3所示。调查内容包括场所内的休憩设施、锻炼设施、景观绿化和周边环境等。

主要存在的问题有：（1）缺乏集中大尺度的公共活动空间，现有的空间大都依附于街道空间，活动空间较小。（2）休息设施不完善，需要老人自带椅子，部分空间没有得到充分利用成为灰空间。（3）缺乏老人的游憩空间，黎黄陂路的公共空间多是为游客服务，老人利用低。根据这些现象可以得出老人对于公共空间有强烈的诉求，因为场地空间不足和游客使用冲突，使得老人不得不选择离家近又游客少的街巷。其主要原因是公共空间的公共性遭到了破坏，社会政治学者S.I.Benn（1983）认为公共性的问题都涉及“可达性（Access）、经管者（Agency）、利益（Interest）”三个方面[14]。同兴里的“可达性”即进入和使用的权力受到影响，政府发展传统里分的旅游价值，吸引游人进入，外来游客入侵原住民的公共空间，影响了老人的日常生活行为；从“经管者”即管理者的价值取向出发，发现汉口传统里分的复兴是由政府自上而下的管理建设重视功能结构、经济振兴、旅游发展，忽视原住民的需求，背离空间中的日常生活；从“利益”即最终服务对象出发，服务的是整个片区，忽略了其中生活的居民，由此也导致同兴社区内贫富差距和毗邻隔离的问题。

3.2 老人日常活动类型

调研发现社区的老人主要日常活动有闲坐、聊天、打牌、散步、买菜、带小孩等共18种活动类型（图3）。日常活动可分为两大类：生活型活动和休闲型活动，休闲型包括静态和动态活动。生活型活动主要是买菜（买水果）、

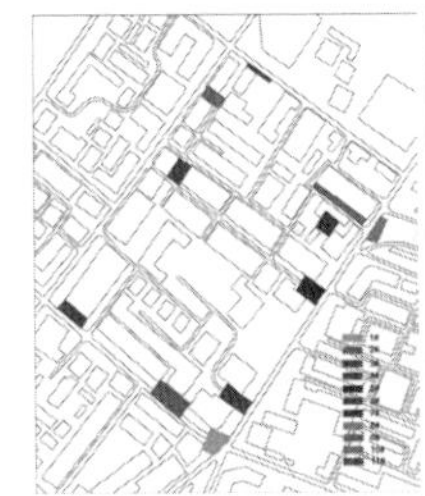

图3 观测点分布图

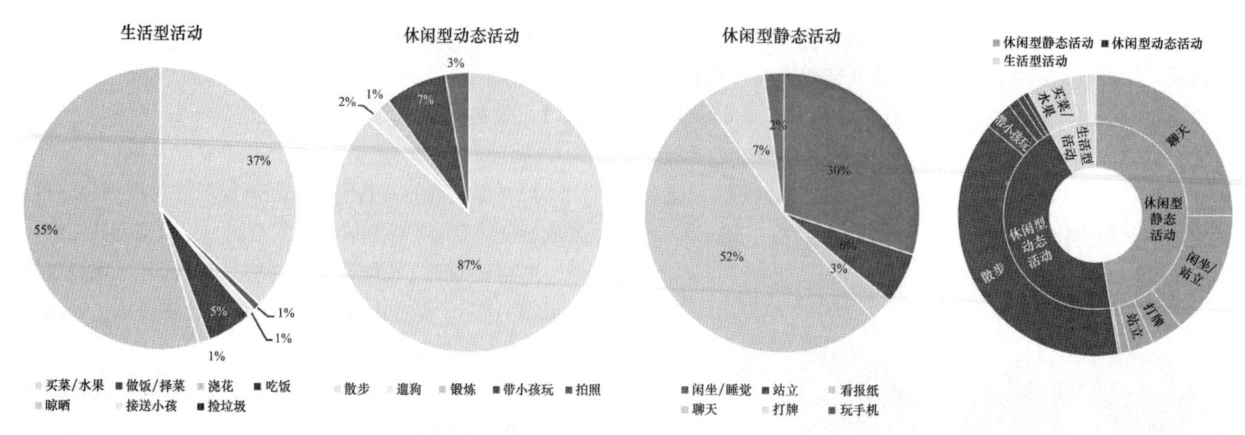

图4 老人活动类型

接送小孩等。休闲型静态活动：闲坐、聊天、打牌等；休闲型动态活动：散步、带小孩玩等。从图4可知，参与休闲型静态活动的人数最多，其次是休闲型动态活动，最后是生活型活动。即老人活动类型并不丰富，以前里分内老人在室外进行各类活动，如纳凉、择菜等，但现状生活型活动越来越少，因为一是室外可用空间的减少，二是里分内外来租房人口的增多，熟悉度降低，因此生活型活动的室外停留交往的时间降低。

此外，老人一天的日常活动有两个明显的高峰时段，分别是上午7：00～10：00和下午的16：00～18：00，上午高峰人流主要是接送小孩上学、买菜；下午的高峰人流主要是进行活动和接小孩放学（图5、图6）。这个规律符合当地的气候和老年人的生活行为习惯，武汉夏季炎热早上温度较低，老人喜欢早起，因此生活型活动集中在上午，下午家人下班、放学，引发活动高峰。两个高峰时段都有接送小孩上下学行为，同兴社区老人生活主要围绕照顾孙辈与家庭，很少娱乐，这也是中国式老人的普遍现象。另一方面同兴里缺乏社区活动空间、老年人活动中心。

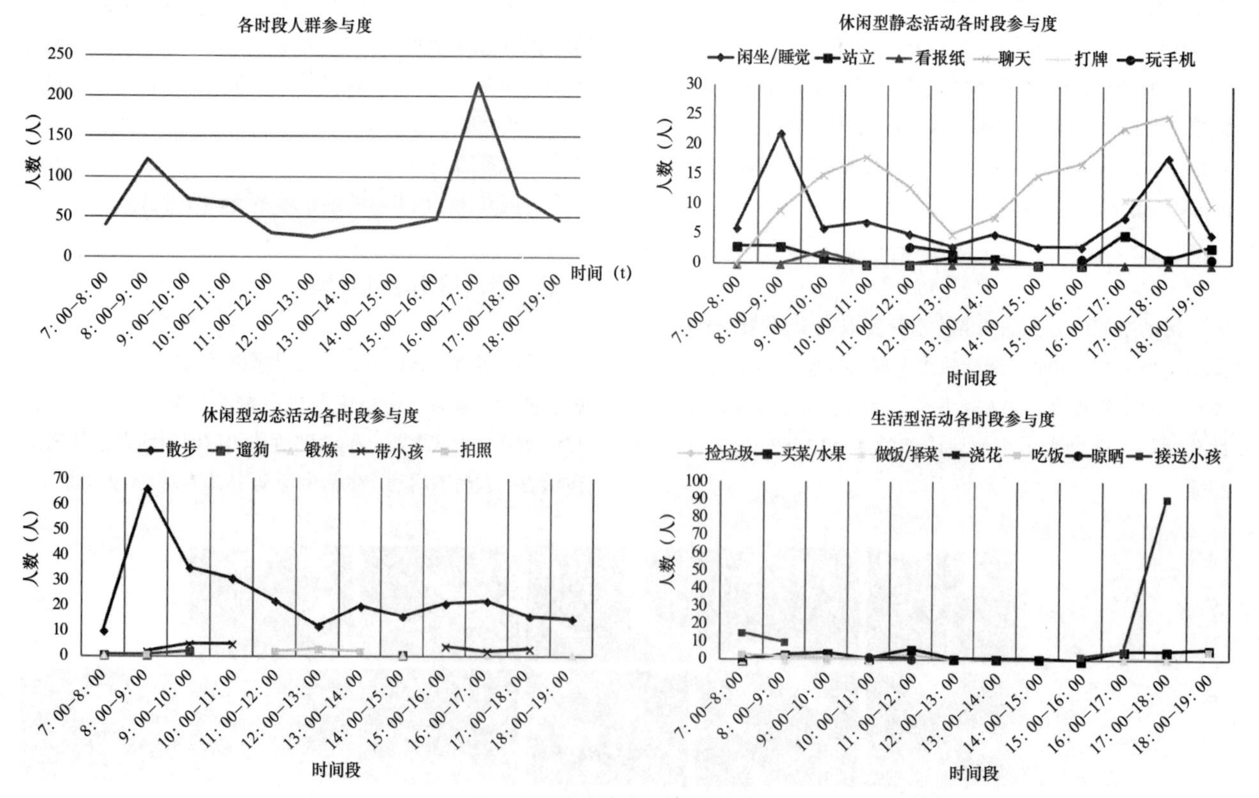

图5 不同活动类型老人数量统计图

图 6 实地拍摄照片

通过访谈了解到居民大部分为退休在家的超过60岁老人以及部分外来租房者，伴随居住人口的增多，室内空间不足出现搭建和违建建筑，设施老化落后。而游人的介入占据部分空间，挤压原有的居民生活空间。老人的日常生活逐渐转入了室内。此外租户打破原有的社会交往空间，造成人际隔离感，老人交流减少，进一步缩小老人的日常生活圈。

3.3 老人日常活动时空间分布规律

运用GIS的核密度分析工具得到老人活动的12个时段热力图，分析老人活动空间时空变化特征。从热力图（图7）中可看出，老人的活动空间由黎黄陂路逐渐向居住区内部转移。但黎黄陂路游客较多，占据公共空间，而老人的日常活动最多是散步和接送小孩这类流动性活动，停留型空间较少。老人活动空间主要分布在车站路和洞庭路沿街以及同兴里主巷，道路交叉口是散步与邻居交流的场所。下午14：00～15：00和16：00～17：00，洞庭路街道因环境舒适，有大量的老人进行打牌活动，形成明显的圈层结构。17：00之后老人基本回到里分巷内，活动多为聊天、吃饭、休息等。

总结同兴社区老人活动空间和类型，发现（1）活动类型较少，缺乏健身类的活动，这与同兴社区的公共空间尺度小以及社区活动缺失有关。（2）活动时间上更偏爱上午7：00～9：00和下午16：00～18：00，与自身作息时间和适宜的温度有关。（3）活动空间上偏爱有休息设施和人群聚集的地方，开放型的空间和植物荫蔽度高的空间老人分布较多，但实际场地缺乏必要的休息设施和针对老人设计的健身设施。

现状同兴里社区老人日常生活问题主要为老人生活物质环境、社会隔离及其情感归属问题。物质环境问题为场地缺乏无障碍设施、基础设施落后，社会问题主要是传统里分生活公共空间缺失，情感归属主要有空巢老人的孤独感、原住民的社区认同感。因此从原住居民老年群体为关心对象，与里分中的老人交流，倾听他们的生活，了解老人个体的日常小事，获知他们的诉求，以一种贴近老人生活的方式去探索更符合传统里分发展本质，适应当今老龄社会背景，是里弄从内到外焕发活力。

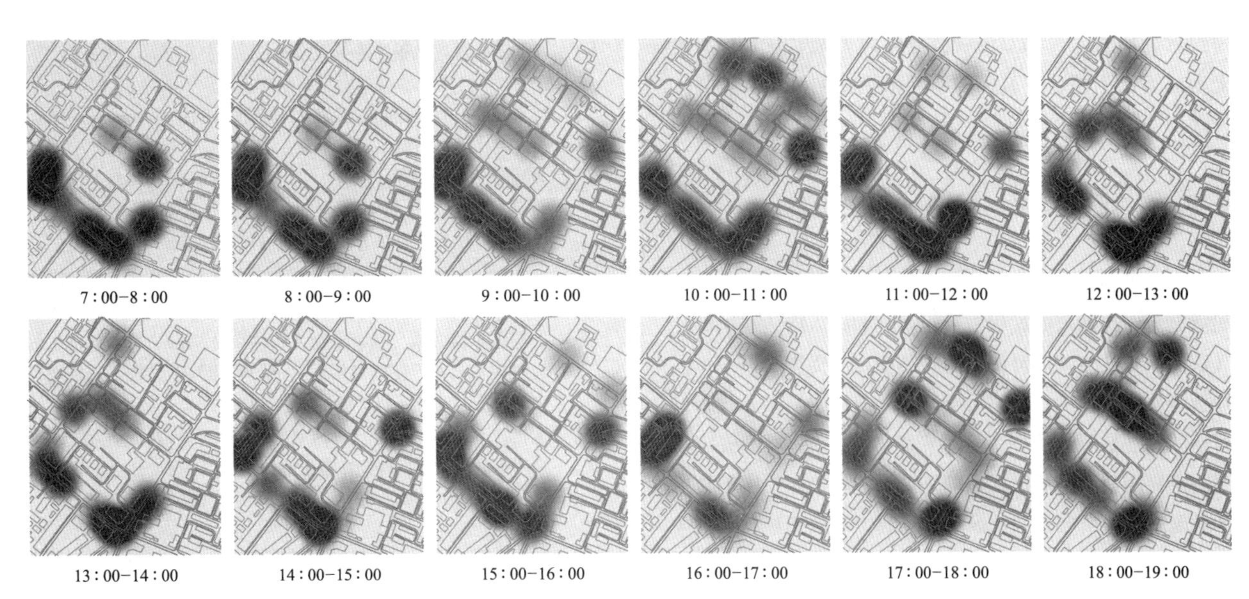

图 7 老人活动空间分布图

4 公共空间适老性策略

4.1 公共空间微更新

“微更新”在注重了解居民日常生活的基础上，通过改善环境来满足居民对空间需求，激发公共空间的活力。适老性指在原有空间的基础上将空间改造成更适宜老年人使用的空间，根据老人不同的年龄和身体条件，活动范围分别为5min步行距离，约250m左右；10min步行距离，约350m左右[15]。在5～10min步行距离内进行公共空间微更新和社区营造，能就近吸引近老年居民，因此更容易形成近邻稳固的社交关系，符合老年人对安全、稳定的需要。

微更新主要从空间改造和社区营造两个方面出发，使老人日常生活空间及情感都能得到新的提升。空间微更新主要是对公共空间的改造与利用。如现有单一空间的复合改造、灰空间重新利用、增加微小空间、公共空间环境美化、公共空间无障碍设计等。其中复合功能空间以种类多而吸引更多老人，增加空间吸引力。增设休憩座椅、绿色植物和其他便民设施，吸引居民停留，创造居民交流互动空间，满足老人的情感需求。另外社区内部空间有限，居民晾晒衣物是个大问题，考虑结合居民晾晒衣物、休憩、种花的微装置，让老人能够有能够与街坊邻居发生交流的生活型场所。在调研中我们发现场地内居民有沿屋檐和在家门口种植花草果蔬的习惯，可以通过雨水收集装置，设置简易下拉坐凳，在美化生活环境的同时给老人提供一个有趣的种植分享交流交往场所。此外，场地内存在一个很严重的问题，里分建设之初并没有考虑无障碍设计，建筑入户都有台阶，导致对老人尤其是半失能老人的进出不便，在对公共空间微更新的时注意无障碍设计。

4.2 公众参与与社区营造

社区营造主要是通过公众参与社区活动和社区公共空间微更新，在参与的过程中通过情感的融入构建居民的社区认同。公共空间的价值在于它的存在能促进城市中不同社会阶层或团体的人们进行交流、融合，它的多元化和包容性的特征是形成社会相互理解和共融、促进社会安定和谐的重要因素，是城市活力的重要来源。例如德国柏林社区菜园自下而上实现的社区更新项目，采取的移动菜园即通过篮筐、纸箱、牛奶盒等进行种植的方式吸引了很多人参与其中[16]。比如在日本，社区商店是邻里空间的核心，通过邻里节日等集体活动以及地方机构和社区组织增强邻里间的联系，构建居民的社区认同[17]。社区营造则注重外部项目的引导，鼓励居民和大众积极参与，充分利用社区内的资源，通过设计和规划日常生活空间，以软硬件一体的综合方式对日常生活空间实施渐进式的改善。

5 结论

本文通过对武汉汉口传统里分同兴社区老人日常生活的调研，深入观察日常行为活动，揭示了其背后潜藏的问题，并提出以此为指导的公共空间微更新策略，以往历史街区复兴忽视里分居民的日常生活需求和里分老龄化问题，导致公共空间中各种问题层出不穷。因此要改变这一现状，重新激发公共空间活力，改善老人生活环境。从老人日常生活的视角出发，构建基于日常生活的微更新策略，从而完成对于公共空间系统“自下而上”的梳理。虽然此次只是针对同兴社区的研究，但以日常生活作为一种新的挖掘城市问题的角度解决社会老龄化问题，有助于引起社会各界对传统里分中老人日常生活的关注，对于公共空间的理论研究和更新实践有着积极的作用，激发历史街区内公共空间活力。

参考文献

[1] 沈苏彦，沙润，魏向东．历史街区旅游开发初探［J］．资源开发与市场，2003（04）：72-73＋76.
[2] 刘晓曼，罗小龙，许骁．历史街区保护与社会公平——基于居住者需求的视角［J］．城市问题，2014（12）：32-37.
[3] 黄竹清．汉口俄租界区空间分析［J］．中外建筑，2015（08）：67-68.
[4] Fainstein S S, Defilippis J. The Death and Life of Great American Cities[M], 1961.
[5] 衣俊卿．日常交往与非日常交往［J］，哲学研究（10），1992：31-37.
[6] 陈琪琪．居住区老年人活动场地规划设计研究［D］，2015.
[7] 龙郑成，吴越．旧城街道空间适老化更新策略研究——以湘潭市雨湖路街道为例［J］．中外建筑，2019（5）：103-105.
[8] 谷志莲，柴彦威．城市老年人的移动性变化及其对日常生活的影响——基于社区老年人生活历程的叙事分析［J］．地理科学进展，2015，34（12）：1617-1627.
[9] 董仁，李琳，韩汶等．城市老年人出行行为特征研究——以昆明市为例［J］．现代城市研究，2016（1）：102-108.
[10] 任一加．基于居家养老的西关传统居住街区更新研究［D］，2016.
[11] 王璇．历史文化街区适老化改造规划研究［D］，2017.
[12] 赵春丽，杨滨章，刘岱宗．PSPL调研法：城市公共空间和公

共生活质量的评价方法——扬·盖尔城市公共空间设计理论与方法探析（3）[J]. 中国园林，2012，28（9）：34-38.
[13] 禹文豪，艾廷华. 核密度估计法支持下的网络空间POI点可视化与分析[J]. 测绘学报，2015，44（1）：82-90.
[14] Benn S I, Gaus G F. Public and Private in Social Life[M]. London: Croom Helm, 1983.
[15] 吴岩，戴志中. 基于群体多样性的住区公共服务空间适老化调查研究[J]. 建筑学报，2014（5）.
[16] 丁康乐，黄丽玲，郑卫. 台湾地区社区营造探析[J]. 浙江大学学报（理学版），2013，40（6）：716-725.
[17] 胡澎. 日本“社区营造”论——从“市民参与”到“市民主体”[J]. 日本学刊，2013（3）：119-134.

作者简介

刘涵，1996年生，女，华中农业大学硕士研究生。研究方向为游憩空间社会计算与智能规划。电子邮箱：438170593@qq.com。

陈倩，1994年生，女，华中农业大学硕士研究生。研究方向为风景园林规划设计。

徐州市九里山风景区景观设计策略研究[①]

Research on Landscape Planning and Design Strategy of Jiulishan Scenic Spot in Xuzhou

程珊珊　刘冬瑞　张　元

摘　要：九里山风景区作为城北绿肺，在徐州生态安全格局中具有重要地位，蕴含着丰富的生态与文化资源，极具旅游与景观挖掘提升潜力。本文首先综合考虑九里山自然环境与历史文化环境现状特征，针对其发展滞后、城市功能隔绝、旅游资源浪费等问题，从生态、文化、特色、发展4个方面提出规划设计的理念、原则和模式。以文化为内核、功能为基础，构建“一核、一极、一带、七区、五点、六廊”的空间结构，提出“一带三心”的规划设计策略，其设计实践对同类型资源的风景区规划设计具有一定的借鉴意义。
关键词：徐州市；九里山风景区；景观设计策略

Abstract: Jiulishan scenic spot, as a green lung in the north of the city, plays an important role in the ecological security pattern of Xuzhou. It contains rich ecological and cultural resources and has great potential for tourism and landscape development. First of all, this paper comprehensively considers the current characteristics of Jiulimountain's natural environment and historical and cultural environment. In view of its lagging development, isolation of urban functions, waste of tourism resources and other issues, it puts forward the concept, principle and mode of planning and design from four aspects of ecology culture, characteristics and development. Taking culture as the core and function as the basis, the spatial structure of "one core, one pole, one belt, seven areas, five points and six corridors" is constructed, and the planning and design strategy of "one belt, three centers" is put forward. Its design practice has certain reference significance for the planning and design of scenic spots with the same type of resources.
Keyword: Xuzhou City; Jiulishan Scenic Spot; Landscape Design Strategy

1　研究区域概况

1.1　研究背景

徐州古称彭城，历史文化悠久、生态资源丰富、水陆交通便捷、自古以来就是兵家必争之地。目前已建有微山湖湿地保护区，吕梁山风景旅游区和云龙湖风景名胜旅游区等多个城市湿地及森林公园，形成南北向的城市绿色廊道，另有京杭大运河和古黄河贯穿其中，形成城市水廊。徐州市中心城区建设以东、南两个方向为主，山南为老城及未来新城，山北发展较为滞后，多为村庄农田。九里山横梗于徐州市主城边缘地带，将城市南北割裂，阻碍城市发展。九

① **基金项目**：国家重点研发计划“绿色宜居村镇技术创新”重点专项课题 (2018YFD1100203)；住房和城乡建设部科学技术项目计划（2018–R2–009）。

里山作为城北绿肺，极具旅游与景观挖掘提升潜力，对于构建徐州的生态格局意义重大。

九里山作为城市北部最大的自然山脉和城市近郊重要的生态绿屏，山体结构相对完整，具有优质的景观升值潜力，现存古战场遗址、樊哙磨旗石、烽火台等历史遗迹，拥有厚重的军事文化底蕴。在北部旅游区规划中，以九里山风景区山水环境为依托，以龟山汉墓、汉城摄影基地等人文景观为补充，形成自然景观为主，集观光旅游、休闲度假、购物娱乐、商务会议于一体的综合性旅游区。景区规划设计需要以保护湿地生态环境和九里山自然风光为首要原则，以健全功能、提高档次，完善配套为目标，严格控制开发强度，改善龟山汉墓陵园区的环境，扩充其展示内容，与古战场公园和汉城融合成一个有机整体，构成北部旅游区的核心。

1.2 现状分析

1.2.1 功能隔绝，发展滞后

九里山横梗于主城区边缘北侧，阻碍城市交通，隔绝城市功能，遏制城市的进一步发展。成为土地市场及城市生态休闲景观的双重价值洼地，但发展的相对滞后也为城市的进一步发展留下了充足的空间。

1.2.2 用地零散，通行不便

周边村庄依山而建、环山割据现象较为明显，对生态山林产生了侵蚀，严重损害九里山景观风貌。山南以工业用地、军事用地以及空置地为主，山北则以工业用地、农林用地、村庄用地为主，片区内用地整体呈低效闲置状态。整体路网基本形成，但东西向联系较少，通达性有待进一步提升，四条纵向道路对风景区形成切割，影响景区服务质量和通行效率。

1.2.3 设施不足，资源浪费

公共空间及服务设施布点不均、总量不足，主要开敞空间位于城区及滨河地区，山南及东北出现服务盲区，应合理配置服务设施、完善功能，使景区融入城市空间。九里山自然生态本底优良，但山体开发较为滞后，未能体现其特有的文化底蕴，缺乏系统的旅游开发和空间建设指导，造成资源浪费。

2 规划理念与原则

2.1 规划理念

遵循“保护生态、展示文化、引入活力、彰显特色”的规划理念[1]，以森林、山水为依托，在保护自然环境的前提下，以军事文化为特色，以生态文化旅游为发展引擎，以风景区的可持续发展为出发点，着眼于复合功能、优化用地、交通重构、整合自然和人文旅游资源，构建观光游览和市民运动双重功能的风景名胜区，立足徐州、服务华东、面向全国、辐射海外。

2.2 规划原则

2.2.1 山城相融，空间延续

以山为凭，山城相融，通过规划将城市居住、交通、景观等功能融入山体、延伸功能，整合提升山体生态、历史、景观、区位等要素，构建城市山体文化长廊，实现空间延续，建立山南、山北联动发展机制，使景区与城区共生共长。

2.2.2 文化挖掘，生态保护

在自然风景区范围内，以生态自然环境的保护为主，避免破坏生态环境。在生态涵养与保护的前提下，充分发掘当地的文化内涵和人文特征，将军事文化、楚汉文化、民俗文化、名人文化、宗教文化等渗透到规划的各个层面中[2-3]。

2.2.3 适当开发，协调发展

打造具有教育、游赏、娱乐、体育活动的功能区，有效聚集人气带动城北发展，促成城景相融的格局。合理权衡生态、经济、社会三方面的综合效益，协调景区自身发展与城市建设之间的关系，创造人与自然协调发展的游憩境域。

2.2.4 前瞻性，均衡性

九里山以建设国家级风景名胜区为指导目标，应立足自身生态、军事、文化等特色，重点打造风景区优势资源项目，做好重要景点的规划设计，并统筹协调与周边区域的综合发展。

3 总体发展模式

3.1 引擎发展，活力注入

风景区位于九里山片区与中心城区之间，是“市场价值洼地”，亟需新的引擎的撬动。因此景区建设应以生态为核心，以文化为魂魄，对接九里山片区传承城市功能，外延生态功能；对接老城中心区承接城市职能，提供服务配套。打造北部新城新引擎、新绿核和具有影响力的生态文化旅游目的地（图1）。

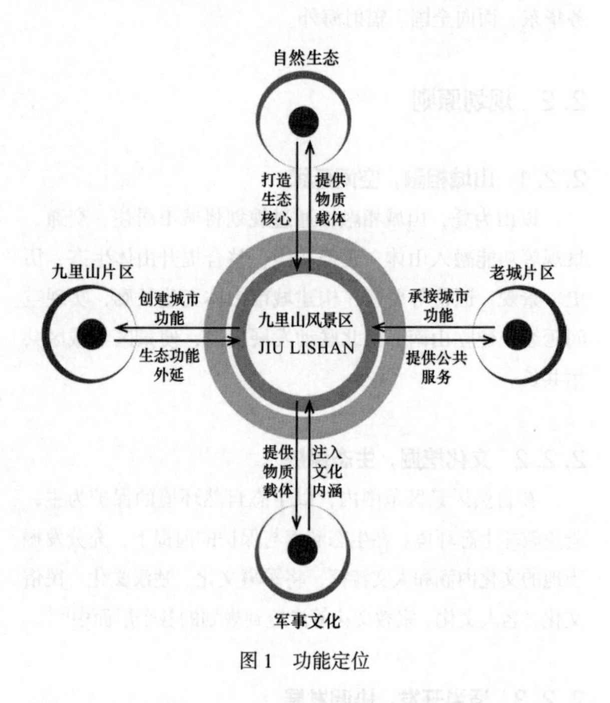

图1 功能定位

3.2 山城相融，空间延续

九里山绵延九里，隔绝了城市功能的延续。规划将城市居住、产业、交通、景观等功能融入山体，使城市功能外溢，整合提升山体生态、历史、景观、区位要素，构建城市—山体文化长廊，使山城互融，让空间得以延续，让功能得以延伸，让山体粘合城市，成为片区乃至城市的新的特色形象（图2）。

3.3 珠联玉带，景观提升

生态景观及文化资源丰富，现状利用率低。现状五条通道将九里山山体切断，成为五个生态的断裂带，生态延续性被严重破坏。为此需因地制宜，运用现代生态修复新科技，重构山水格局和生态景观，连接宕口和生态廊道，结合景观资源打造特色节点，将其有机串联形成环山绿道，塑造优美的景观特色风貌，实现生态可持续发展（图3）。

3.4 文化注入，打造品牌

作为世界军事文化、楚汉文化名山，九里山文化内涵未得到充分挖掘和表现，风景区现状发展不佳。应充分挖掘地区文化潜力，整合和利用区域资源，将九里山融入区域生态格局，以生态绿带串联文化核心，连接古今文化，彰显亮点，打造品牌。通过九里山带动片区发展，带动北部新城发展，推动徐州城市迈向国际化的进程（图4）。

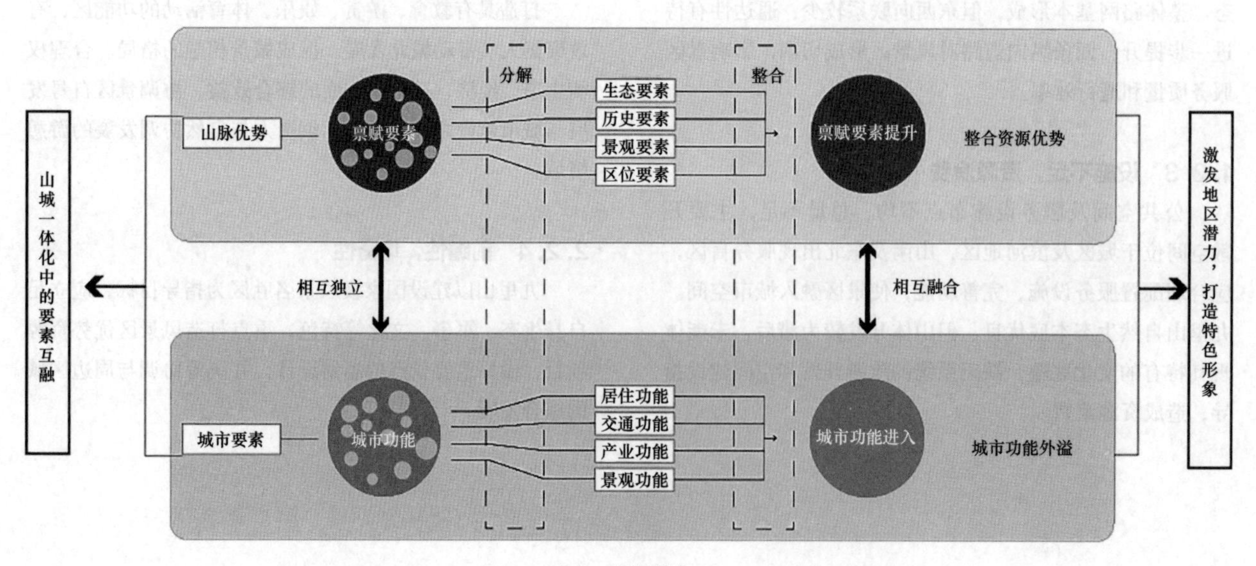

图2 空间融合

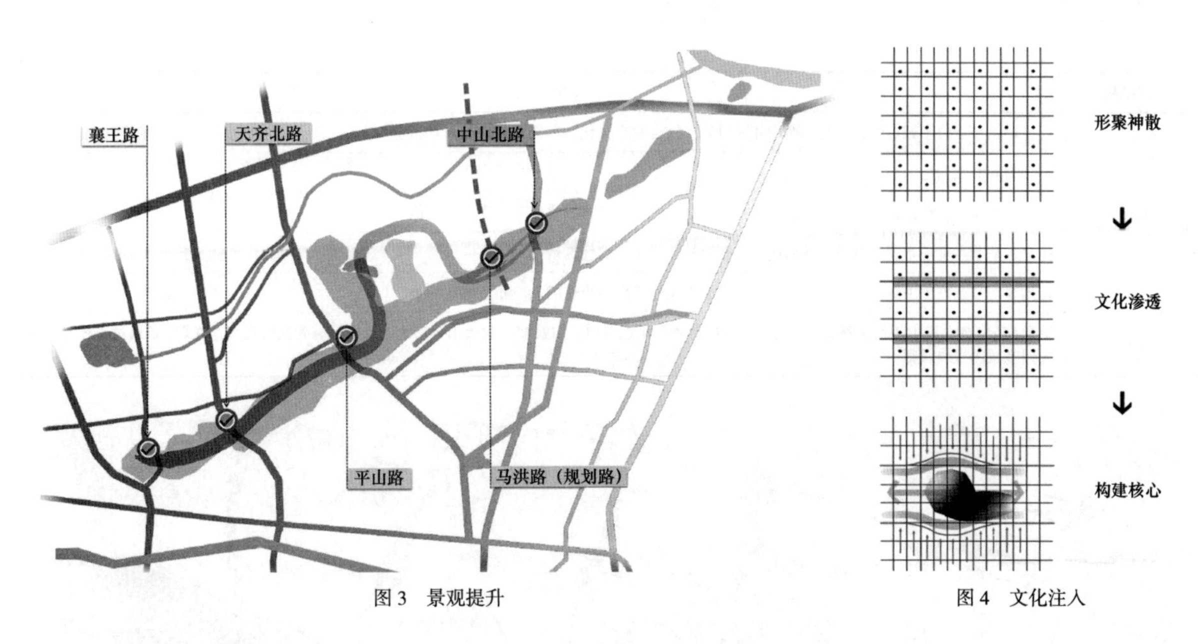

图3 景观提升

图4 文化注入

4 总体定位与布局

4.1 设计定位

4.1.1 文化定位

九里山文化的传承与发展的核心是军事文化，本质上反映的是在几千年历史的长河中，中华民族在九里山这片土地上从事军事活动创造的物质和精神产物，是忠义爱国、大智大勇、坚定团结、爱好和平等华夏美好品德集中反映，同时蕴含着华夏文化中宗教文化、礼制文化和徐州地域特色的民俗文化、名人文化等，是华夏文化的彰显和地域文化的大成。这种文化精神经过数千年的传承与发扬，延续到今天，已成为现代的民族精神的核心。

4.1.2 功能定位

以生态景观保护和修复为基础，以旅游发展为导向，以“生态绿屏、军事名山、欢乐之园”为主要特征，通过主题娱乐、科普教育等功能植入，通过慢行系统将各功能节点串联，给游客带来完整多样的功能体验；通过打造经典战役主题公园、古战场博物馆等，使游客置身于军事场景中，体验全方位军事文化；通过对九里山景区的景观修复与生态涵养，营造自然大美的景观环境，给予游客生态休闲体验。最终打造集自然观光、生态休闲、主题娱乐、科普教育、军事体验、休闲运动、宗教瞻仰于一体的国家级旅游景区[4-5]。

4.2 空间结构

依据规划目标和对象的性质、作用及其构成规律制定整体规划结构，可以概括为“一核、一极、一带、七区、五点、六廊”的空间结构（表1、图5）。

九里山风景区空间功能结构 表1

空间结构	空间功能
一核	以虞姬湖公园及配套商业为功能核心，兼具休闲、娱乐、体验、住宿、餐饮等配套服务
一极	景区标识位于山体主脉上，规划设置和平广场，构建纪念碑，是风景区的标志和制高点
一带	山体主脉贯穿景区为生态景观带，各资源景点沿主体山脉左右分布，是景区发展的内动力
七区	游乐休闲体验区包括主题公园、跑马场等，以主题体验、高端休闲功能体验为主
	山林主题观光区包括主脉及山下，包括古战场、和平文化、英雄赞歌三大主题区域
	自然生态涵养区山上以绿化保护和生态涵养为主，山下打造主题公园，供游客活动[6]
	运动休闲区包括九里山北侧山下体育公园所在区域，可供市民平时健身锻炼使用
	总部地产区为西安北路与米山、簸箕山间区域，自然环境优异，规划作为总部地产功能区
	养老居住区将旅游、休闲、养生等产业相结合，开发养老居住产品，配套商业服务设施
	城市功能区包括居住、商业、学校等区域。注入养老、保健等理念，打造优美宜人度假区

续表

空间结构	空间功能
五点	门户形象节点位于城市快速路与东西山体入口处，结合军事文化、民俗文化进行景观打造
	纪念瞻仰节点利用宗教庙宇、纪念馆、博物馆，形成朝觐区，以古迹展示纪念历史
	生态商业节点旨在打造服务中心、管理中心和相应配套，为游客提供休憩、咨询等功能
	体育运动节点集中布置多种体育活动场地，是户外体育运动的优选地点
	休闲绿地节点位于山脉东北侧山下区域，结合军事文化于登山步道的入口布置休闲绿地
六廊	结合5条穿越九里山的快速路或城市主要道路打造景观生态廊道。以簸箕山与火山为门阙，景区标志为视线高点，规划1条通过小桂林、主题公园区域的视线通廊

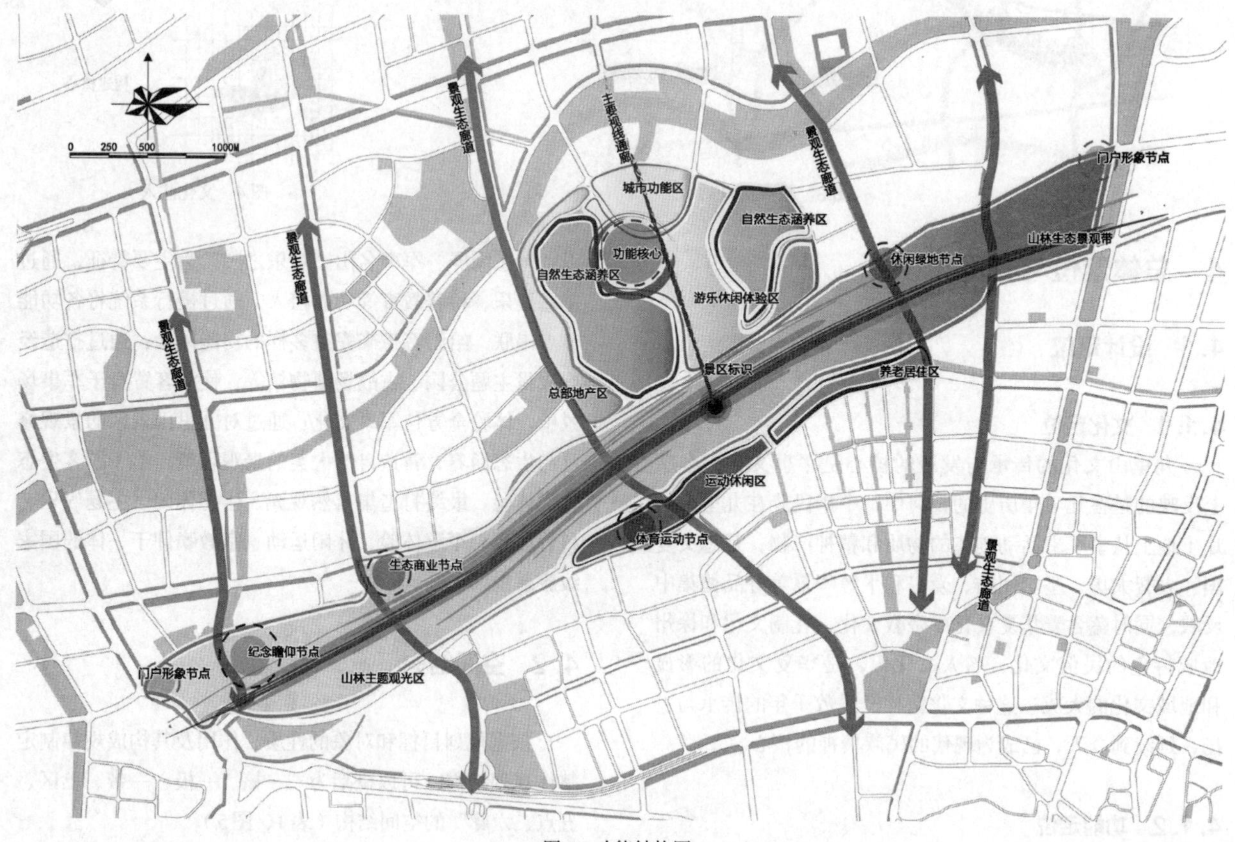

图5 功能结构图

5 景观设计策略

为强调重要节点的带动作用，充分结合区位交通、形象功能、区域带动性、市场影响等综合评价，在城市设计及风景区规划的基础之上，设计分为“一带三心”的空间结构[7]，其中，一带为九里山生态休闲观光带，三心为虞姬湖主题公园、生态商业中心片区、宗教旅游片区。

5.1 一带：生态休闲观光带

将九里山生态休闲观光带分为古战场体验区、和平主题文化区、英雄赞歌纪念区，进行分主题打造。强化对历史资源的挖掘和开发，结合各个片区的主题，打造景观节点，突出九里山军事文化、楚汉文化等文化内涵，并结合生态涵养功能，形成自然与人文交融的生态休闲观光带（图6、图7）。

5.1.1 古战场体验区

九里山的传说最早可以追溯到远古时期，记载九里山传说的诗歌、史籍众多。设计采取情景再现的手法来叙述各种历史战争故事，让现代徐州人走进历史，形成以集历史赏读、山景观光、名人访古等于一体的场所[8]。西三环

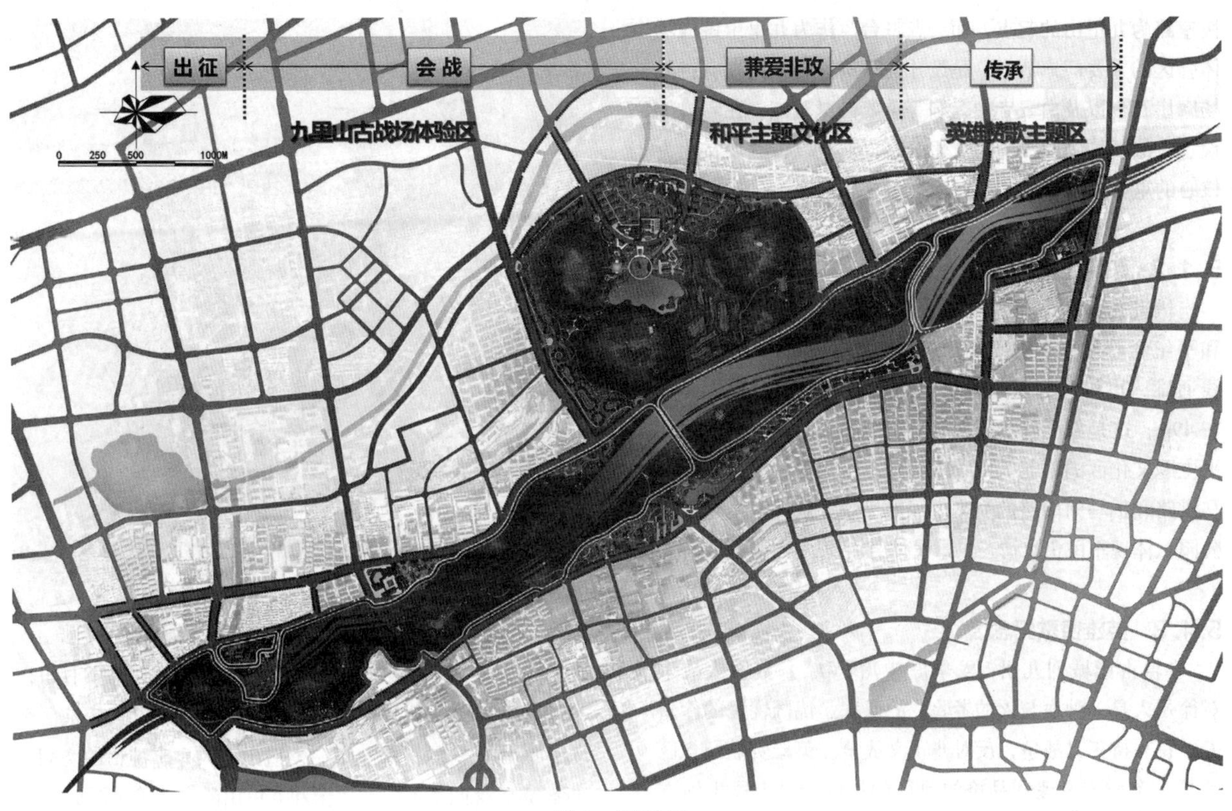

图 6　主题分区

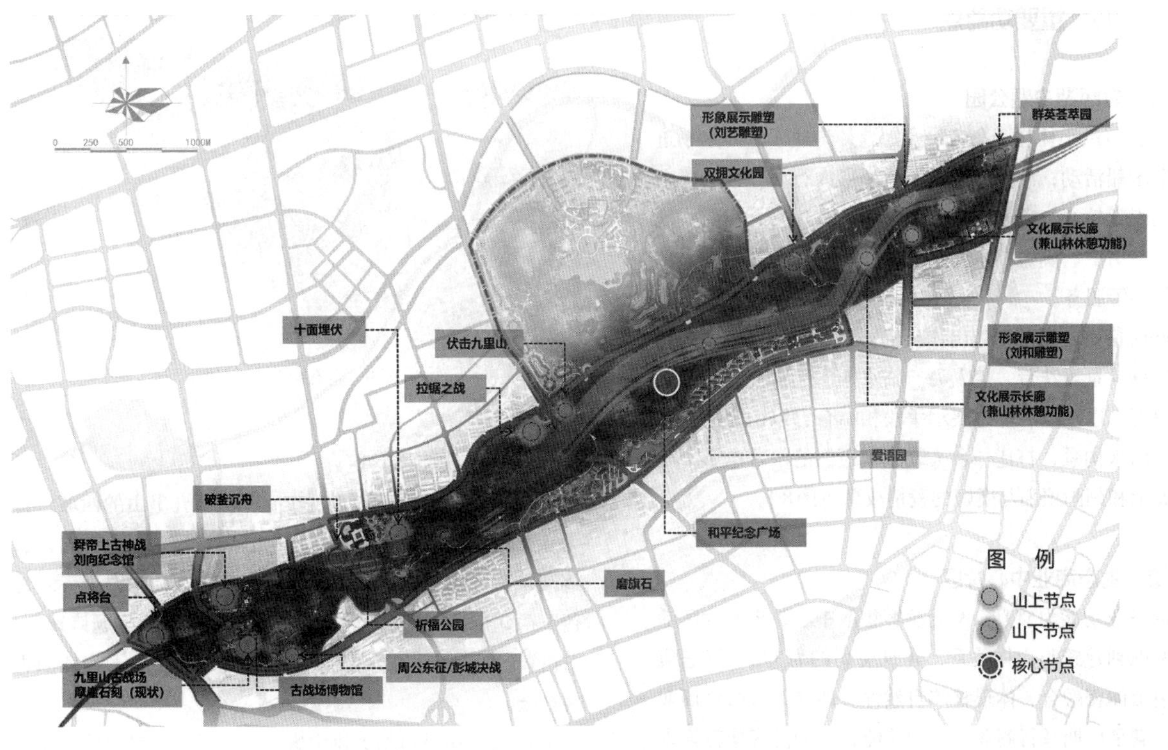

图 7　景观节点

快速路为九里山的起点，而“点将台”作为九里山古战场体验区的重要门户节点，是设计的开篇。襄王路现有古战场摩崖石刻以及白云寺白云洞等重要游览节点，在宕口上设置古战场博物馆，突出文化气氛，形成以古战场文化为核心的重要旅游节点。

5.1.2 和平主题文化区

因此可设置“兼爱非攻”和平纪念碑。“兼爱非攻”和平纪念碑屹立在九里山山脊处，与远处的虞姬湖成视线通廊，也将成为徐州九里山地区的新地标。纪念碑高19.49m，这是象征着我国从战争走向和平时代的数字。和平主题文化区的西北侧山脚现状是军事用地，因此我们沿马洪路和荆马河南路的交叉口绿地设置“双拥”主题文化公园，体现军民鱼水情，供市民休憩游览。

5.1.3 英雄赞歌纪念区

“自古彭城列九州，龙争虎斗几千秋”，数百次战争对徐州人是一种血与火的考验，故尚武。忧国忧民的徐州人，只支持正义战争，反对非正义战争。英雄赞歌纪念区就是一个城市灵魂和品格的象征的片区，对市民生活方式、价值观念和人文精神的塑造，具有潜移默化的作用。

5.2 三心：重要功能点

5.2.1 虞姬湖主题公园

扩大整治小桂林，命名为虞姬湖，沟通丁万河水系进行水上游船活动；湖面上设置特色环形人行桥，成为虞姬湖景区视觉核心，虞姬湖西侧设置西楚文化宫，主要展现西楚人文历史。虞姬湖东侧则为西楚华宫苑，为景区提供餐饮休憩等服务。

同时借虞姬湖及周边山体环境背景，围绕虞姬湖规划入口广场、景观花带、美人岛、临水榭、迷宫花园、虞美人花海等。以动态、静态展示手段相结合，以山之刚、水之柔的山水构景，打造一台《霸王别姬》的水幕电影，全方位展示和刻画项羽与虞姬的爱情故事（图8）。

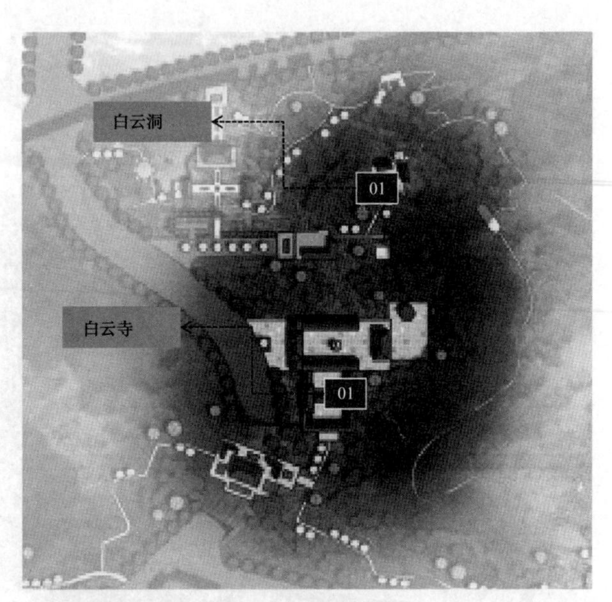

图8 虞姬湖主题公园

5.2.2 生态商业中心片区

以商业功能为核心，配套游客集散中心，提升片区活力。考虑到建筑与山体关系，建筑层高约为3层，形态应与周边山体相融合，体现整体自然性。四周为开敞性商业广场，满足后期举行商业活动的功能，也为游客集散换乘内部交通提供空间场所[9-10]。

商业建筑东侧为配套的户外公园绿地，不仅为周边居民增添一块新的户外活动去处，而且在周末或节假日可以在公园内的草坪广场上举办一些大型商业活动或表演。公园内种植丰富的树木花草，创造出令人心旷神怡的空间，近距离欣赏四季不同的表情和九里山的自然美（图9）。

图9 生态商业中心片区

5.2.3 宗教旅游片区

白云寺始建于唐代贞观年间，位于九里山的西坡，曾为徐州历史上八大名寺之一，白云寺初为一座火神庙，后逐渐扩建成佛教道场。宋代文学家苏轼在参访白云寺时曾留下两句诗：“佳处未易识，当有来者知。”乾隆题诗碑刻：“神迹千秋仰，仙踪万古流。”现每逢庙会，白云寺依旧香客如云。

白云寺建设包括大雄宝殿、伽蓝殿、三星殿等，将寺庙打造成古朴典雅，充满灵气的讲佛圣地。充分挖掘白云寺历史文化精髓，打造宗教文化特色。在现有建设条件下着重将“禅修”“静养”等博大精深的禅修文化融入白云寺的参观，朝拜等活动当中，给予人们一个精神寄托的场所。寺庙活动以“禅”为核心，设置食禅餐，学习礼佛参拜、坐禅、抄经等参观体验活动。斋房食素餐体验佛餐文化，坐禅抄经可以放下心中所念，暂时脱离浮躁的世界给自己一个真实的自我（图10）。

图10 宗教游览片区

6 结论

本文从现状概况与上位规划方面梳理了九里山风景区发展所面临的困境，针对性的从生态、文化、特色、发展4个方面提出规划设计的理念、原则和模式。以文化为内核、功能为基础，构建集自然观光、生态休闲、主题娱乐、科普教育、军事体验、休闲运动、宗教瞻仰于一体的空间结构。并对生态休闲观光带、虞姬湖主题公园等重要景观节点设计进行了详细阐述，提出“一带三心”的规划设计策略，3个特色主题区和3个重要功能彼此间特色鲜明、主从有序、空间分明。对同类型风景区规划设计具有一定的借鉴意义。

参考文献

[1] 严铮. 对现代风景区规划中生态设计的思索——重庆南温泉风景区规划设计中的生态设计[J]. 生态经济，2013（12）：154-157.

[2] 贾建中. 我国风景名胜区发展和规划特性[J]. 中国园林，2012（11）：11-15.

[3] 贾建中，邓武功. 中国风景名胜区及其规划特征[J]. 城市规划，2014，38（S2）：55-58、149.

[4] 胡奔，马云，单鹏飞. 基于水文化的巴城湖水利风景区规划探析[J]. 水生态学杂志，2018，39（2）：41-47.

[5] 张文瑞. 生态主义理念在水利风景区规划中的应用途径[J]. 水利规划与设计，2016（1）：25-28.

[6] 傅伯杰，王仰麟等编著. 景观生态学原理及应用[M]. 北京：科学出版社，2011.

[7] 李建新. 景观生态学实践与评述[M]. 北京：中国环境科学出版社，2007.

[8] 章海荣. 生态伦理与生态美学[M]. 上海：复旦大学出版社，2005.

[9] 谢凝高. 国家重点风景名胜区规划与旅游规划的关系[J]. 规划师，2005，29（5）：5-7.

[10] 张娜，尹怀庭. 自然风景区控制性规划初探——以山里泉旅游景区为例[J]. 人文地理，2006，89（3）：48-51.

作者简介

程珊珊，1995年生，女，江苏宿迁人，苏州科技大学建筑与城市规划学院硕士研究生。研究方向为地域生态环境与景观规划。电子邮箱：1395233685@qq.com。

刘冬瑞，1996年生，男，安徽滁州人，苏州科技大学建筑与城市规划学院硕士研究生。研究方向为地域生态环境与景观规划。

张元，1993年生，男，江苏徐州人，中国矿业大学建筑与设计学院硕士研究生。研究方向为生态城市设计理论与技术。

水生态处理案例对科尔沃岛河流设计的启示

Enlightenment from Water Ecological Treatment Case on River Design in Corvo Island

刘婷瑶　兰俊凯

摘　要：水生态处理系统融入景观设计是普遍的人工干预景观设计的方法之一，在遵循自然生态规律的前提下，能够因地制宜的对设计项目加以保护、利用和改良。本文通过比较分析法，将“动态流量限额系统”案例和成都活水公园2个案例与科尔沃岛设计地块进行比较分析，详细阐释分析案例中的水生态处理系统和水生态处理技术，结合科尔沃岛设计地块的实际情况对案例中的设计亮点进行学习与再设计，使科尔沃河流设计项目兼具景观性、系统性和可行性。

关键词：水生态处理；河流设计；科尔沃岛

Abstract: Integrating the aquatic ecological treatment systems into landscape is one of the common methods of manual intervention in landscape design. Under the laws of natural ecology, design projects can be protected, utilized and improved according to local conditions. this article attempts to explain in detail the water ecological treatment system and water ecological treatment technology in these two cases and achieve the design of Corvo Island by comparing and analyzing the cases of "Chengdu Living Water Park" and "Multi-function Dynamic Flow Allowance System". The goal is to make the river design of the Corvo Island landscaped, systematic and feasible.

Keyword: Aquatic Treatment；River Management；Corvo Island

水生态处理技术在景观设计中至关重要，设计者在选择水处理技术时要考虑的重要一点是正常的水质维护和景观水在受到暴雨冲刷后能够迅速恢复水质，在系统运行中应有较强的抗冲击力，不影响水处理效果且需同时达到设定的水质要求[1]。

目前的景观水处理技术可分为以下几大类：物理技术、化学技术、生物技术以及将以上技术进行不同的组合等[2]。物理技术常见为过滤技术。化学技术分为直接处理（通过干扰细胞的合成、光合作用和酶的活性来处理藻类及细菌）和间接处理（通过改变藻类及细菌的生长环境来控制其生长）。生物技术是利用微生物、高等植物、高等动物、其他生物或生物制品、调节生态系统的结构，对水中污染物进行转移、转换以及降解作用，从而使水体得到恢复的技术[2]。

本文通过案例的比较分析，对水生态处理技术进行分类总结、因地制宜的改良，并合理的应用到科尔沃岛河流设计项目中，达到人工引导对景观设计空间形态以及生态系统进行有限的调控，最大限度地利用“自然力”进行科尔沃岛设计，并提出策略方案。

1 科尔沃岛项目分析与设计构想

1.1 科尔沃岛的现状分析

科尔沃岛位于北大西洋，是葡萄牙亚速尔群岛最西部的岛屿，地中海气候，拥有144座房屋和430名居民[3]。由于受到洋流的影响，该地地中海气候表现出季节性洪涝特征，岛上只有一个市镇，位于岛屿南端的熔岩平台上，岛上的人口主要从事农业[4]。

岛屿总规图（图1），该地块分两个区域，黄色+蓝色区域和绿色区域（图2）：绿色区域是人类活动区域，是本次设计选取的地块。黄色+蓝色区域为保护区域，是大量珍稀野生动物的家园。该区域地质结构脆弱，常伴有山体滑坡和泥石流，不适合人工构造（图3）。

1.2 科尔沃岛问题分析

问题1：根据美国土壤保护局使用的分类系统，科尔沃岛屿表面70%以上为非耕地土壤，没有永久耕地[5]。这是因为受到洋流影响，暖湿气流主要集中在岛屿的西侧（图4）。气流沿着山脉爬升到达岛屿东侧。气流经过冷却

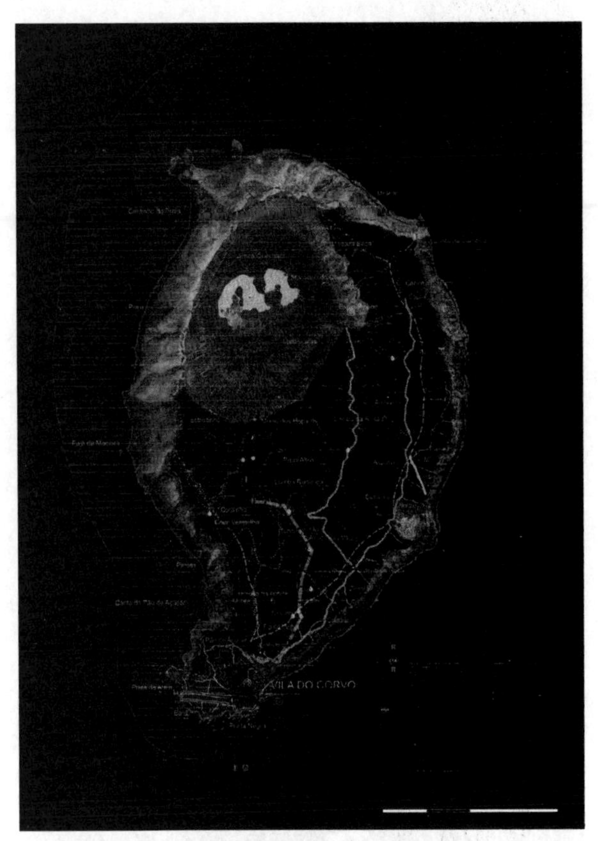

图1 科尔沃岛总体规划

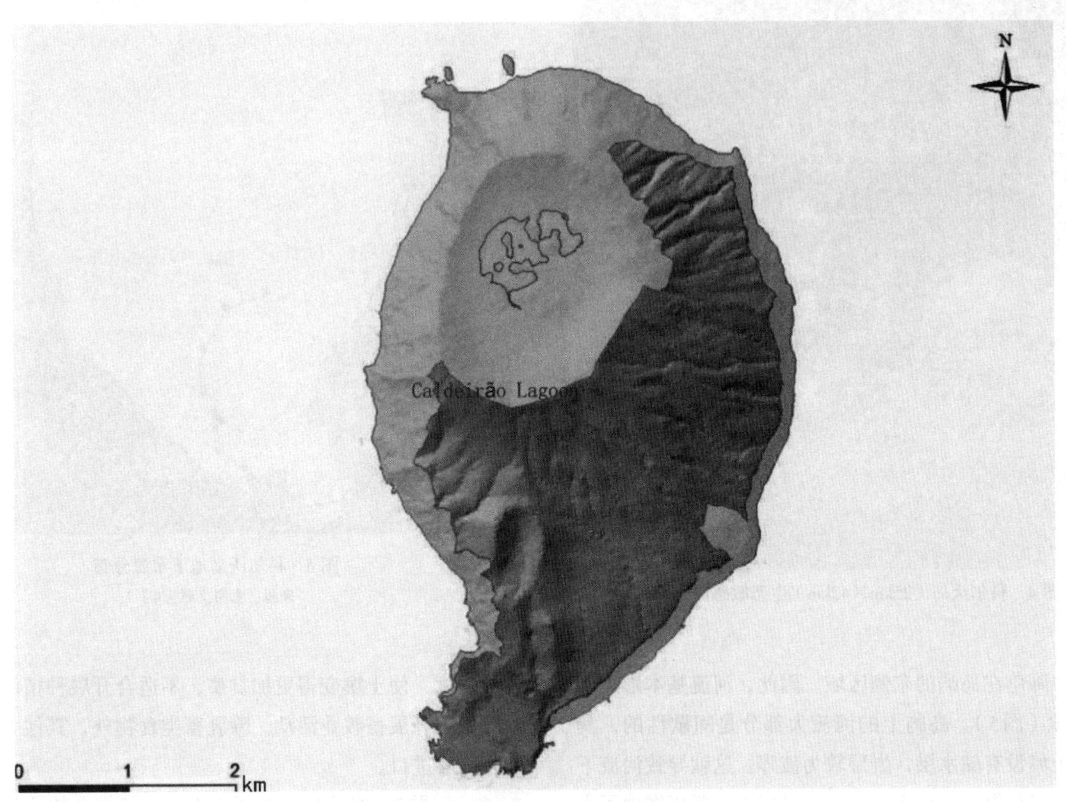

图2 科尔沃岛保护区和人类活动的分布
（来源：参考文献［4］，2010）

图 3　科尔沃岛保护区地质照片
（来源：参考文献［4］，2010）

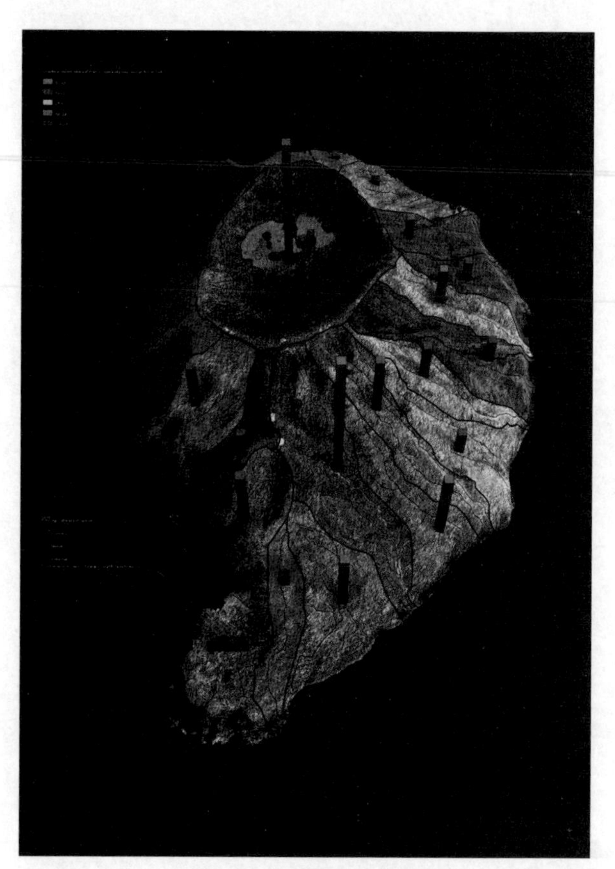

图 5　土壤侵蚀影响因素分析

图 4　科尔沃岛（25km×42km）生态敏感性分析

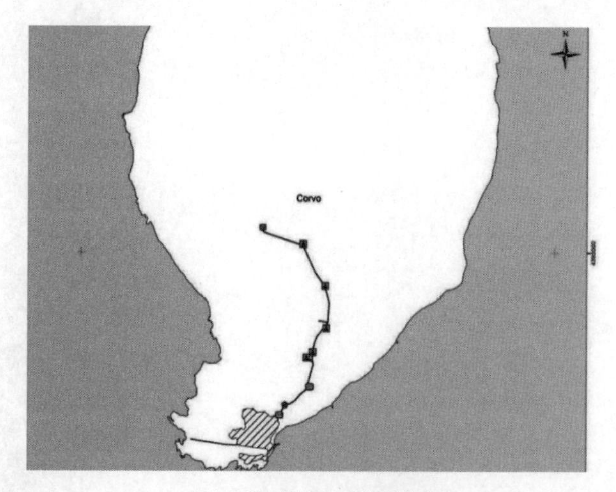

图 6　科尔沃岛地下水源分布
（来源：参考文献［4］）

后，集中降落在岛屿的东侧区域。因此，河流基本形成于东侧山顶（图5）。岛屿上的河流大部分是间歇性的，其原因是土壤没有储水层，岩层较为破碎。这就导致河流下渗快，难以被保存在地表，因此居民用水主要依靠地下水（图6）。此外，河流的侵蚀和携带能力更加剧了水土流失的程度，使土壤变得更加贫瘠，不适合开展种植活动。因此只能开展畜牧业活动。除乳畜类食物外，其他大部分食物均靠进口。

问题2：当地居民主要为农民，依靠畜牧业为生。家畜所产生的大量粪便会产生氮磷污染，影响周围的环境，

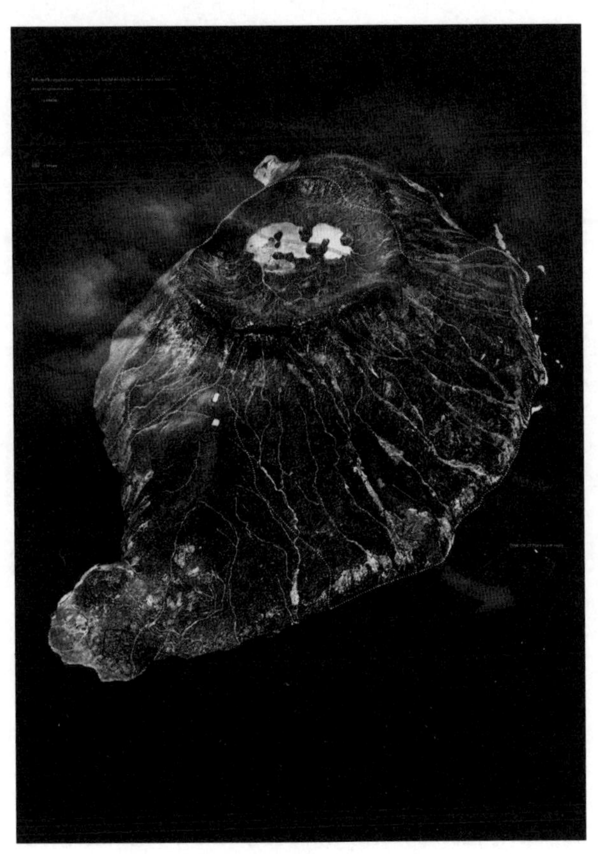

图 7　污染物及污染程度分析25km×35km

同时会当地的动植物造成危害（图7）。

问题3：岛上没有形成自己的电力系统，能源获取依靠进口，主要为柴油发电（DHW）和生活液化石油气能源（LPG）。由于岛屿之间的距离遥远，地方政府必须通过补贴支持船舶运输燃料来维持电力系统的运行。此外，由于存在冬季风暴，政府禁止船舶运输和小型飞机降落（图8）。这就导致能源和其他商品的供应中断并形成需求大于供给的关系，从而给当地的政府造成巨大的经济负担，给当地的居民带来一些生活上的不方便[5]。

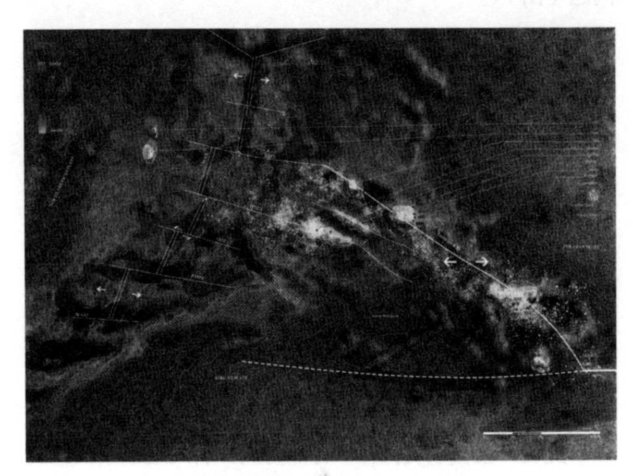

图 8　亚速尔板块构造图750km×1050km

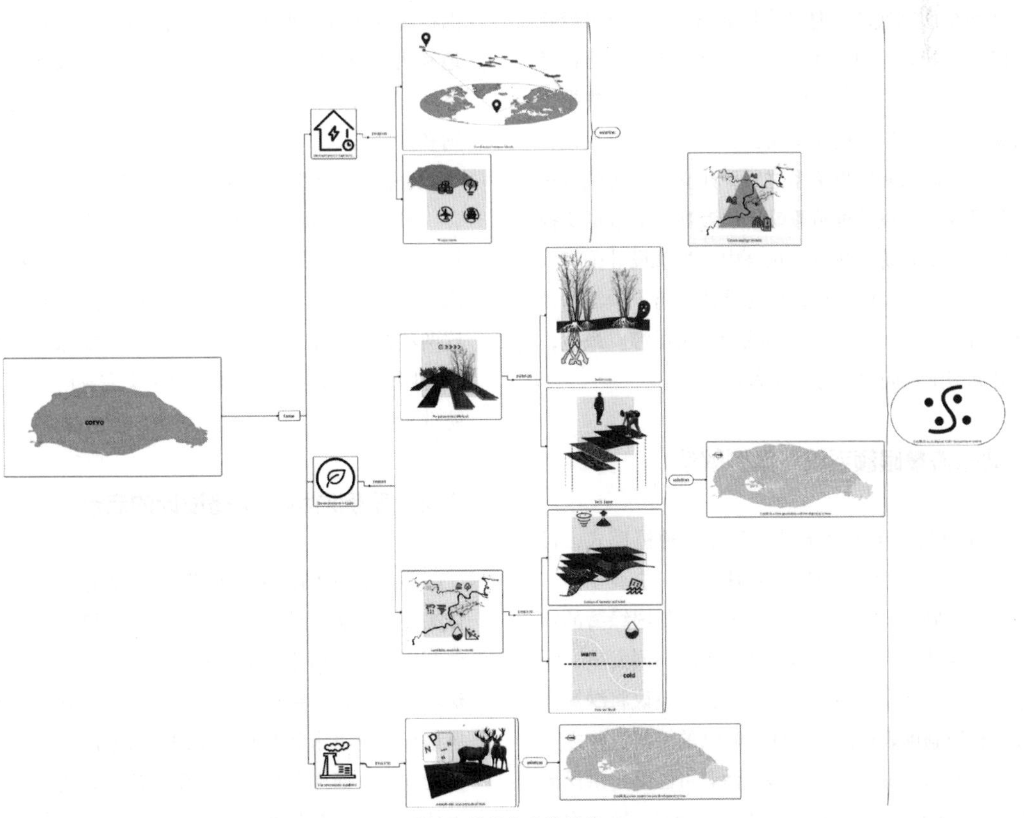

图 9　设计方案设计稿

1.3 科尔沃岛问题解决构想

通过对以上问题的分析，本人预期在设计区域构建一种河流管理系统。该系统由不同功能的装置组合而成，协同作业。具体来说，这些装置为设置在河流上的组件，能利用水的动能发电，解决岛上居民的能源问题。同时这些装置能与景观种植设计相结合，利用水生态处理中的物理技术和生物技术，解决河流湍急导致的水土流失问题、人类活动和放牧活动导致的污染问题以及资源利用不合理的问题（图9）。

2 “动态流量限额系统”案例分析

“动态流量限额系统”是中国景观设计师庄新琪等人对于英国洪水问题的研究和解决的案例。项目试图构建一个关于领土管理、经济、社会结构和政策的降洪平台[6]。系统利用英国最重要和分布最广泛的景观要素之一——绿篱，这种半自然式的景观应用广泛并协助人类生产生活，通过土地管理者对绿篱的管理调节雨水径流趋势。

此设计案例以英国什罗普郡为例，引入用来干预径流速度的“动态流量限额系统”，一个基本原则为自发性、自下而上性和全面彻底的信息共享的系统[6]。系统可以建立一种农民和景观设计师之间的联系。具体为农民可以基于自身需求做出种植决定，并且自下而上的实现数据交换。而景观设计师可以根据模拟实验和农民的数据反馈，理解系统中所有联系和因果关系之后，建立一套每位农民都能参与并且为自己设计种植策略提供参数化的数据交换系统。所以，这个系统是在特定场合中，景观设计师和农民共同协商，考虑农民的需求，同时重建绿篱干预洪水径流的系统，阻止绿篱减少的趋势和减少洪水泛滥。最后，通过系统对英国洪水问题进行干预和解决。

2.1 “动态流量限额系统”案例解读

案例首先分析了英国洪水频率和绿篱种植模式，目前英国洪水形成有4个根本原因：森林砍伐、农业生产、城市化和全球变暖[6]。根据庄新琪的研究，英国绿篱的转换与历史上的森林砍伐、农业运动和城市化一同发生，绿篱密度越低，洪水问题越多。所以，庄新琪建议将绿篱作为一种减少和控制地表径流、以促进防洪的工具，称之为“绿篱托邦”。同时，绿篱数量足够的话有可能缩小洪泛区以获取更多宝贵的土地。根据庄新琪的分析[6]，她认为经过设计后的“绿篱托邦”应该包含农业生产、自然和防洪的要求。所以下一代绿篱（“绿篱托邦”）＝绿篱维护＋农业生产＋自然调节。最后“绿篱托邦”可以和“动态限额流量系统”相协调来应对英国的洪水。并且，庄新琪根据“绿篱托邦”＋“动态限额流量系统”建立了一套“防洪贸易”平台。“防洪贸易”平台可以连接每位农民个体和管理当局，形成一套完整的“农业—商业—生态”系统，鼓励大家参与其中，创造更健康的洪水免疫环境。

庄新琪的“动态流量限额系统”根据地貌分析之后，提出了8种可以在动态流量限额系统中实施的技术。包括有助于吸收和减缓水流的农林业，帮助蓄水、有时减少水量的非沿岸水库存储，增加流速的堤岸和堤坝等。这些技术具有不同的容量，可以增加或者减缓流速，也可以储存不同规模的水量，而且不同的技术有不同的规模。这些技术具有不同的控制性和灵活性，根据这些技术的多样性，庄新琪提出的动态流量系统更加多样化。

庄新琪结合场地上洪水的综合结果之后，构建了一种完全操纵径流、水速和类型的模型。主要模拟研究对象的水流、地形的颜色映射、土壤运动、蒸发的土壤侵蚀模拟、地块分布和径流数据。得到不同的径流数据图之后，设计师能根据径流数据图设定该区域中规划设计的主要目标，促进实施技术进一步进行控制。并且用户可以根据径流变化过程改变径流数据和文本，选择想要使用的土地利用类型，并在计算机模拟平台进行操作，得到设计动态图。通过这种方式，景观设计师的工作是为系统设定规则和设计规则。设计结果依然是由每个微观景观干预单元（即农民）进行设计，但会更加科学且合理。

此案例主要为基于景观都市主义的参数化的模拟设计案例，案例利用水生态设计系统中的物理技术（设置绿篱），生物技术（控制绿篱的种植与组合方式）以及基于这两项技术，结合不同的人群的目标需求，如农民、景观设计师、当地政府等，构建出一套完善的“人人参与”的防洪系统。

2.2 案例对科尔沃岛设计的启示

科尔沃岛的河流目前仍是一种完全自然的状态。具体来说，人类活动区域缺乏对河流的管理和调节，没有办法利用水资源所带来的红利，去鼓励土地生产，也没有办法解决由于河流侵蚀导致的土地贫瘠问题、由于季节性强风暴导致的洪水问题和由于缺乏蓄水层导致的河流间歇断流的问题。而庄新琪的动态限额流量系统给出了生态的、可持续的、人与自然双赢的方法来干预径流速度，从而使河流侵蚀土壤、携带泥沙以及流量调节能力得到合理的控制。

基于动态限额流量系统理论，本设计将这些装置设计成可以控制水流速率的开关，并根据农民对于土地的种植需要，进行合理的布置。这就可以使得河流在需要堆积沉积物的地段减缓流速、减弱侵蚀，实现沉积物的堆积，从而逐渐形成永久的可耕作的土地。

此外，当出现暴雨时，这些装置则可以成为山洪和泥石流的减速器，起到减小和减弱对人工设施和原始地貌环境的破坏，增加野生动植物在这些灾害中的存活率。同时，当出现长期不降雨导致河水断流的情况发生时，这些装置由于拦截了部分的沉积物和河水，可以成为野生动植物和农作物的就近取水点和小气候的稳定器，持续保护当地的生态环境。最后，这些耕地也可以延长水在地表的停留时间，有利于形成多样的小气候，减少由于河流间歇断流对于周围小气候的影响。

3 成都活水公园分析

活水公园位于中国四川省成都市，是世界上第一座以水为主题的城市示范性生态公园，也是第一座以水保护为主题展示国际先进“人工湿地系统”处理污水的环保公园[7]。坐落于成都市的护城河——府河上，占地2400m^2。公园由中、美、韩三国环境艺术家共同设计，设计师们汲取中国传统美学思想，取鱼水难分的象征意义，将鱼形剖面图融入公园的总体造型，全长525m，宽75m，喻示人类、水与自然的依存关系[8]。

人工湿地净水技术包括前处理系统（初沉池、生化处理池等）和后处理系统（消毒、过滤等），人工湿地外部又包括与氧化塘、浮岛等技术组合。

3.1 成都活水公园案例解读

活水公园的设计核心是展示了一个水的净化过程：从旁边的府河抽水上来，通过沉淀，流经种着芦苇、菖蒲的塘，再流过鱼塘，水就由污浊变得清澈。公园的人工净水湿地工艺基础模式总体上是污水→前处理系统→人工湿地结合氧化塘系统→调节系统→出水。其核心是人工湿地结合氧化塘系统。污水经过前处理塘后进入人工湿地主体系统。人工湿地主体系统污水净化由植物、微生物、基质三方面的物理、化学、生物协同作用来完成。

河水继续流入水流雕塑群的“肺区”，这里的生态水主体系统主要为“氧化塘＋潜流湿地＋氧化塘＋潜流湿地”这一流程。公园利用气旋起到“活水”曝气的作用，公园内部各生态要素直接通过能量、物质等的流动达到该系统生态循环的目的。这里采用了生物技术中生态浮岛的技术[2]，具体为植物的根系可以和浮岛材料融为一体，材料为中空管状结构，形成良好的水体微动力循环。将水生植物栽植在载体内，植物根系吸收水中氮、磷等营养物质，同时释放化合物来抑制藻类的生长，从而到达净化水质的目的。

活水公园的生态水处理通过“进入通过厌氧沉淀池—水流雕塑—安吉氧池—植物水塘—植物床—养鱼塘—氧化沟—回到府河”一套流程达到良好的水生态平衡。公园中的水首先经过水流雕塑，使水富含大量的O_2，养分供给浮游生物生长。其次流经植物水塘，使光照、空气、水生植物、浮水植物等都达到了一个生态平衡的状态。紧接着水体进入养鱼塘，大量的微生物及富含O_2的水体，为养鱼塘中的鱼提供了良好的生活条件。在养鱼塘中，水生植物给浮游生物提供了食物，而丰富的浮游生物又成为鱼类的食物，鱼的排泄物等又可以为植物提供养分，由此在养鱼塘内形成一个微型的生态平衡系统。同时，原来被上游污染源和城市生活污水污染的河水，经过多种净化过程，重新流入府河[8]，很好地诠释了物理技术＋生物技术组合是怎样在活水公园中的应用。

3.2 案例对科尔沃岛设计的启示

公园充分利用湿地中大型植物及其基质的自然净化能力净化污水，并在此过程中促进大型植物生长，增加绿化面积和野生动物栖息地，有利于良性生态环境的建设[7]。活水公园的景观水处理技术主要属于物理技术中常见的过滤技术和生物技术中利用鱼类对水中的污染物进行转移、转化和降解。两者的结合可以很好地解决过滤技术中随着时间的累积过滤效果减弱的问题和物理技术没有办法解决蓝绿藻的爆发问题[2]。

此技术可以应用在科尔沃岛的水污染问题之中，方案构想在装置中设置过滤系统，用物理技术将水体中因放牧产生的动物粪便等污染物过滤，然后在装置和河流驳岸周围种植植物，调节水生态系统的结构，达到水体净化的效果。

4 结语

文章和设计通过分析“动态流量限额系统”和成都活

水公园方案中的技术问题，结合科尔沃岛的问题现状，在现有的案例中寻找能够解决科尔沃岛问题的技术方案。

在“动态流量限额系统”案例中得出单纯依靠景观设计师的主观设计对环境进行干预是远远不够的，需要建立一种自下而上、自发性、系统性的水生态体系，在这个体系之上，结合“河流生态装置”，将装置作为设计的基本单元，形成一种灵活的、可操作和变化的防洪+储水挡水单体。通过单体组合形式的变化对河流的沉积物进行堆积引导，逐渐形成可利用的耕作土地。在成都活水公园的案例中，可以借鉴“物理技术和生物技术”组合进化水质的技术方案，解决科尔沃岛河流中的污染问题中的技术难题。在河流的整体设计中考虑整个生态的循环系统，而不是单一的考虑某一部分。而生态浮岛案例的启发是“河流生态装置”中的植物种植设计需要考虑每一种植物的生物特性以及相互组合之后的净水效果和景观效果。

应结合本次设计的核心:河流生态装置，结合案例中的问题解决方案，加以物理模拟实验佐证，得出能解决科尔沃岛能源、污染和农田3大问题的景观性、系统性、可行性方案设计。

参考文献

[1] 成玉宁，袁旸洋，成实. 人工引导下的湿地公园生态修复[J]. 中国园林，2014，30（04）：5-10.

[2] 童宁军，潘军标，赵绮. 常用园林生态水处理技术的研究[J]. 中国园林，2011，27（08）：21-24.

[3] I. P.Census 2011 Definitive Results - Portugal [J]. National Institute of Statistics. Lisbon2012.

[4] Anonymous.Reference Situation and Diagnosis Characterization-PGRHI [R]. Technical Report Corvo Azore government 2010, 9(9): 17-157.

[5] Neves, D.Silva, C.A.Modeling the impact of integrating solar thermal systems and heat pumps for domestic hot water in electric systems-The case study of Corvo Island [J]. Renewable Energy, 2014, (72): 113-124.

[6] 庄新琪. 动态流量限额系统——对于英国洪水问题的研究和解决[C]. 数字景观. 中国数字景观2019年会论文集. 数字景观：中国第四届数字景观国际论坛. 东南大学出版社，2019：131-142.

[7] 新生态理念：成都活水公园[J]. 建筑与文化，2007（04）：82-83.

[8] http://design.yuanlin.com/HTML/Opus/2010-4/Yuanlin_Design_3102.HTML.

[9] 王影. 人工净水湿地工艺模式及形态建构方法研究[D]. 哈尔滨工业大学，2013.

作者简介

刘婷瑶，1993年生，女，中国地质大学（武汉）硕士研究生。研究方向为景观规划设计方向。电子邮箱：liutingyao001@163.com。

兰俊凯，1993年生，男，中国地质大学（武汉）硕士研究生。研究方向为环境设计方向。

社区参与性生态景观营造

——以嘉都中央公园为例

Community Participation in Ecological Landscape Construction: A Case of Jiadu Central Park

黄 芳

摘 要：通过运用文献查阅，归纳推理等研究方法，阐述社区营造、生态社区和参与性景观的相关概念，分析社区景观营造的变化趋势。以北京嘉都中央公园为分析案例，从参与性和生态性两个角度深入研究该社区公园的营造要点和手法，并进行总结，为未来社区景观建设的方向提供参考。

关键词：社区营造；生态；参与性景观；嘉都中央公园

Abstract: Through the way of literature review, inductive reasoning and other research methods, to explain the concepts of community building, ecological communities and participatory landscapes and to analyze the changing trend of community landscape construction.Taking Beijing Jiadu Central Park as an analysis case, from the perspective of participatory and ecology to understand and summarize the construction points and methods, in order to provide a reference for the direction of future community landscape construction.

Keyword: Community Building; Ecology; Participatory Landscape; Jiadu Central Park

随着工业化、城镇化的迅速发展，城市灰色空间远远大于绿色空间，加之城市中紧张而快节奏的工作方式，人们长期处于无自然的生活状态，人与自然的隔离已成为城市居民生活的常态。而且现代城市居民，尤其是儿童，普遍患有“自然缺失症”。

近年来，由于国家大力宣传且积极推进生态建设，人们的自然意识逐渐增强。“城市双修”“城市更新”等成为我国城市规划建设的新命题。城区存量的改造、城市内部用地内涵的提高及城市绿地复合型功能的提升等，逐渐受到人们的关注。社区是城市中最普遍的单元模块，也是人们生活最基础的载体，改善社区环境成为城市更新必不可少的内容。社区景观营造也成为增加城市居民与自然沟通的重要渠道。为增强社区景观的丰富性，满足居民的体验感，提高人与自然的互动性，设计者们对传统生态社区的营造模式进行提升，即在生态景观的基础上，增加人与生态的互动。本文在社区营造的大背景下，通过资料查阅及案例剖析，深入解读参与性生态社区景观的营造要点及方式，为后期社区建设提供理论基础和参考方向。

1 社区营造及生态社区概述

1.1 社区营造的定义及发展

普遍意义上的“社区营造”是由“社区”和“营造”构成，且两者缺一不可，前者即有共同特征群体的居住环境的简称，后者则是指一种积极主动、发自内心共同创造的行为[1]。不同学者定义社会营造的侧重点有所不同。学者刘雨菡认为，社区营造的关键点在于社区培力及社区中人的主体性[2]。在中国台湾地区学者文建会提出的观点中，也表明了社区居民主动参与的重要性，同时还强调了社会营造即通过多方面协作来提高社区活力的完整规划与创作过程[3]。

社区营造的历史最早可追溯到20世纪初（表1）。20世纪20年代，由于西方城市化运动的发展，社区营造逐渐成为城市变更的焦点，英国成为最早开始社区营造的国家，并首次提出要注重社区中教育及自然文化的营建。到20世纪中叶，日本为了保持城市地域文化的多样性，发扬本土文化，开始“造町”运动，即所谓的社区营造。此次社区营造主要涉及的方面较为多样，包括“人”“文”“地”“产”“景”5大类。20世纪90年代，我国台湾地区在西方社区营造理论的基础上，对社区展开规划和整合，并在实践中突出强调公众参与社区建设的重要性[4]。事实证明，社区营造理论在不同时代的洗礼下被逐渐完善，包括不断丰富的内涵以及不断多样化的形式两方面。该理论不仅与现代化城市社区建设接轨，而且也为后期现代城市社区建设奠定了基础。

社区营造的发展历史 表1

历史时期	地区	社区营造特点
20世纪20年代	英国	“社区文化”营建
	美国	探寻人与人之间的关系
20世纪30年代	中国大陆	乡村建设运动
20世纪60～70年代	日本	保持地域多样和特殊性
	韩国	民众组织与专家携手改造
20世纪90年代	法国	政府与自治团体协同规划
	中国台湾	公众参与

就目前国内城镇化发展而言，城市更新的开展使得大部分城市社区都在进行微改造。由于社区中的事物都存在相同的特征，且关系密切，所以在社区营造中，人与人、人与自然关系的处理变得尤为重要，即要充分考虑社区的生态性。对此，许多研究者提出了社区生态化、可持续化发展的营建模式[5]，如社区生态绿化、社区生态文化、低碳或节约型社区等。

另外，张琳等学者认为，公众参与和体验能充分发挥公共艺术的活力，而优秀的公共艺术能为公民提供良好的互动场所[6]，提升居民在社区景观中的体验感和参与感是增加现代化社区活力的重要条件。

1.2 生态社区定义、基本特征及营建策略

1.2.1 定义

生态社区的定义可从广义和狭义两个方面概述。广义角度而言，生态社区是指以生态为导向的可持续发展社会共同体[7-8]。狭义角度而言，生态社区是具有较为完善的环境管理机制，能满足人们生活及环境条件的居住小区[9]。

1.2.2 基本特征及营建策略

（1）强调生态绿化

社区生态绿化目的在于改善社区环境质量，维持居住环境与自然环境的平衡，主要方式有增加绿化面积；改善社区空气质量；降低噪声及增加立体绿化等。

（2）融入社区文化

建立社区文化有利于促进居民间良好关系的形成，使得社区更具凝聚力。一方面可以结合景观小品、雕塑等具体形式展现社区文化底蕴；另一方面需通过小区整体风格等隐晦手法来加强文化的输出。

（3）运用现代科学

随着现代科学研究的发展，社区建设逐渐开始采用研究结合实践的规划设计方式。现代社区不仅要有新颖的设计风格、科学的设计形式，而且要保证其内部各方面系统构建完善，能更好地服务社区居民。如现在社区中常见的“雨水花园”“康复花园”“可食地景”以及互联网技术应用等，都是社区科学性的体现。

2 参与性景观定义及特点概述

参与性景观强调人在与景观互动时的体验感，通过人的主动参与来提升人对景观的认知，以充分发挥景观艺术的活力，从而增加场地趣味性和可读性[10]。这也是它与传统观赏性景观最大的区别。

参与性景观最大的特点可从设计目的和设计形式来讲解。一是从设计目的来看，参与性景观能激发人的主动性和积极性，充分调动人的感官享受，从而深入体会景观的内涵及艺术。二是从设计形式来看，参与性景观往往会通过一系列故事或特定的艺术装置，来表现戏剧性的主题，从而使得场地充满趣味，并具有创新性。

3 以嘉都中央公园为例，探讨社区景观新趋势

3.1 项目背景

嘉都处于河北省三河市，离北京市区约30km²，是

个新建的综合性社区。嘉都公园位于其内，是一块长约600m，宽约55m的带状绿地，面积约3600m^2，四周被高层建筑包围，场地没有较大坡度和高差变化，较为平整。

该公园的建设是对参与性生态社区景观的一次较为理想的探索，不仅具有提供居民生活场所的功能，还成为展示社区文化的载体以及普及生态教育的乐园，充分表达了未来社区景观模式的新形象（图1）。

3.2 参与性生态景观的表达

3.2.1 参与性的体现

嘉都中央公园不再采用传统社区公园中以观赏和少量活动器材为主的互动方式，而是根据居民年龄差异和固定游览的时间来进行活动安排，以满足老年人、中年及儿童不同层次人群活动的需求及时间的差异，为此该项目分别设计了休闲交流场所、社团活动场地以及健康运动区域。这样科学的设计不仅能吸引人们参与到景观中来，也有利于人与人之间的沟通和交流。

该公园设计之初便意识到，对于在社区成长的儿童来说，接触自然的机会极少，而社区公园就是让儿童释放体能、感受自然的最佳场所。所以，该项目以富有教育意义的景观为主要展现形式，提供儿童与自然相处的空间。从儿童好奇的心理出发，设置以“探索未知世界”为主题的系列互动装置，如星云网、月球雕塑及虫洞等（图2、图3），在儿童与景观互动的过程中，实现科普教育同步化。另外，还通过装置设施的色彩、材料及形状的变化来触发儿童的感官知觉，提高其大脑认知能力。总体而言，整个公园从多个方面提高了儿童参与的积极性，促进他们

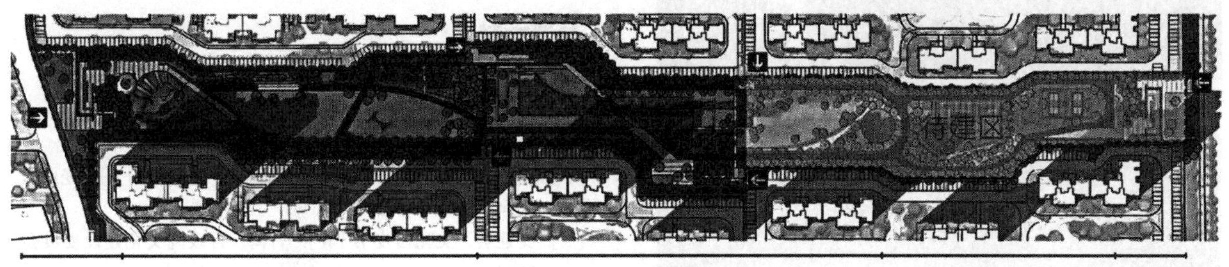

图1 嘉都公园平面图（图片源自网络）

图2 星云网（图片源自网络）

图3 虫洞（图片源自网络）

与自然的互动。

3.2.2 参与性和生态的结合

嘉都中央公园的自然生态教育无处不在。如波纹状的大草坪，是由自然界引力波的形态转化而来，设计者通过这种设计手法将自然中真实的地形展现在社区公园中，既锻炼了儿童在自然地形中攀爬行走能力，又巧妙地增加了社区景观中的生态绿化（图4）。公园中还设计了雨洪管理滞留池及观察平台，在收集净化雨水的同时，让人们观察并了解到自然雨水系统的运作方式，能够深入理解并体验自然，树立人与自然和谐相处的理念（图5）。

图4 引力波草坪（图片源自网络）

图5 雨洪滞留池（图片源自网络）

该项目对生态景观做出了一定的解读并积极引导人们参与进来，不仅实现了景观活力和景观生态的融合，还促进了社区良好自然环境和人文环境的形成，是目前较为理想的社区景观营造模式。

4 小结

综上所述，在当代城市化发展的情况下，城市用地与自然绿地逐渐失去了平衡，而社区绿地是城市居民接触自然的重要场所。从嘉都中央公园案例的分析可知：

（1）城市社区景观生态化不仅要提高绿化面积，还要注重绿化形式，即巧妙地引入生态元素，通过一定的设计手法将其转化为场地内容。

（2）社区公园是居民日常活动较为频繁的地段，所以要提高居民与景观的互动，如在社区生态环境中留有相应的活动空间，或融入具有自然教育意义的互动装置，以满足居民不同层次的交流和体验，充分调动人们参与自然的积极性，使得公园的生态与活力获得平衡，形成参与性生态景观。

参考文献

［1］黄瑞茂. 社区营造在台湾［J］. 建筑学报，2013，(4)：13-17.
［2］刘雨菡. 中国台湾地区社区总体营造及其借鉴［J］. 规划师，2014，(5)：200-204.
［3］文建会. 文化白皮书［R］. 台湾：行政院文化建设委员会，2004.
［4］丁康，黄丽玲，郑卫. 台湾地区社区营造探析［J］. 浙江大学学报(理学版)，2013，(6)：715-716.
［5］赵清. 生态社区理论研究综述［J］. 生态经济，2013，(7)：29-32.
［6］张琳. 当代景观艺术的公众参与性和体验性研究［J］. 中国民族博览，2015，(4)：139-141.
［7］Yanitsky O. Social Problem of Man's Environment [J]. *The City and Ecology*, 1987(1): 174.
［8］张莹. 关于我国生态社区构建的研究［J］. 内蒙古农业大学学报(社会科学版)，2010，12 (2)：272-273.
［9］丛澜，徐威. 创建省级绿色社区的思路及评价指标体系研究［J］. 福建环境，2003，(5)：43-47.
［10］杨赉丽. 城市园林绿地规划［M］. 北京：中国林业出版社，2007.

作者简介

黄芳，1995年生，女，浙江农林大学硕士在读。研究方向为风景园林植物与应用。电子邮箱：1759846140@qq.com。

低影响开发背景下的高校系馆类建筑绿色屋顶探讨

Discussion on the Optimal Design of Plant Growth Environment in Roof Garden of University Department Buildings Under the Background of Low Impact Development

杨璧沅

摘　要：随着城市化发展进程的加快，城市的绿色屋顶设计出现了一些问题，对城市生态系统产生了负面影响同时在建筑绿色屋顶的营造方面产生限制因素。解决问题的关键在于项目初始阶段应从海绵城市的建设角度落实低影响开发（LID）的规划。本文以高校系馆类建筑绿色屋顶设计规划为例，总结了绿色屋顶的设施的选择以及规模计算方法，提出了场地低影响开发（LID）规划和植物配置的要点，探索了基于低影响开发（LID）理念的建筑绿色屋顶的景观规划方法，为解决绿色屋顶问题提供借鉴。

关键词：低影响开发；绿色屋顶；场地设计；循环流动空间

Abstract: With the rapid development of urbanization, there are some problems in the design of green roof, which has a negative impact on the urban ecosystem and also has a limiting factor on the construction of green roof. The key to solve the problem lies in the implementation of low impact development plan from the perspective of sponge city construction in the initial stage of the project. Taking the green roof design and planning of university department buildings as an example, this paper summarizes the selection of green roof facilities and the calculation method of scale, puts forward the key points of site lid planning and plant configuration, explores the landscape planning method of building green roof based on lid concept, and provides a reference case for solving the problem of green roof.

Keyword: Low Impact; Design of Green Roof; Site Design; Circulation Flow Space

引言

近几年，伴随社会的发展与进步，在人们对于物质文化的需求逐渐增强的背景下，我国许多城市相继落实建设绿色景观的方案，然而在建设过程中出现的“豪放型”绿色景观设计对原有的生态系统与自然景观环境产生较大影响，甚至成为负面影响，急切需要用一种科学的、低影响的环保设计规划理念予以纠正引导。在城市发展规划中，低影响开发理念在缓解治理城市内涝的方面有着显著的效果，在绿色景观建设中也得到积极响应。由于城市大规模、高强度的开发和建设改变了土地原有的使用性质，造成使用沥青、混凝土和铺地砖等不透水材料铺设的“硬地面”的面积不断增加[1]，引发城市下垫面透水性能逐年减弱，渗水能力逐渐降低，径流量逐年加大，但是城市排水管网不堪重负，无法消融大流量水，因此“看海”的现象逐年重现。

1 低影响开发

1.1 理论概念分析

低影响开发的理念（Low Impact Development，简称“LID”），是20世纪90年代末发展的暴雨管理和面源污染处理的一种技术手段，旨在通过利用分散的、小规模的源头达到对暴雨所产生的径流和污染的控制，将开发地区的水文循环接近于自然的水文循环[2]。因此LID低影响开发是一种可轻松实现城市雨水收集利用的生态技术体系，其关键在于原位收集、自然净化、就近利用或回补地下水。其重要的实施手段为：生态植草沟、下凹式绿地、雨水花园、绿色屋顶、地下蓄渗、透水路面等。

1.2 具体概念及特性

低影响开发（LID）强调通过源头分散的小型控制设施[2]，进一步维持和保护场地原有水文功能、有效缓解不透水面积增加造成的洪峰流量增加、径流系数增大、面源污染负荷加重的城市雨水管理理念。通过生物滞留设施、屋顶绿化、植被浅沟、雨水利用等措施来维持开发前原有水文条件，控制径流污染，减少对于建筑的影响。

2 低影响开发对于绿色屋顶的重要意义

低影响开发强调城镇开发应减小对环境的冲击，其核心是基于源头控制和延缓冲击负荷的理念，构建与自然相适应的城镇排水系统，合理利用景观空间和采取相应措施对暴雨径流进行控制，减少城镇面源污染。

2.1 经济效益价值

一是增加景观的生物多样性；二是最大限度地使水下渗，减少径流，达到蓄水泻洪的效果；三是建立起健全的分布式水文网络；四是阻止了水体污染物的传播。

2.2 生态环境效益价值

增加对于视觉景观之美和对个人精神的陶冶，同时发挥改善城市环境质量的良好的生态作用，对于落实生态文明建设以及提供良好的公共游憩场所与交往活动的生态场所起到积极的推动作用。

3 高校系馆类建筑绿色屋顶场地空间使用现状

由于目前高校屋顶花园的建设没有受到重视，导致在对屋顶花园植物进行设计时无法满足植物对生长环境的需求，最终造成空间使用率低等问题。以往常使用的手法对屋顶花园进行设计时，无法解决空间使用率低的问题，更无法满足植物对生长环境的要求。

3.1 思想意识转变不到位

校园内的绿化建设多见于地面作业，常常以地面植树造林、地形的凹凸处理的形式展现。随着社会的发展，校园既有的建筑风格以及绿化形式已经不能满足现代校园对功能的多样需求以及对校园景观环境的塑造与提升。

3.2 空间设计不合理

由于屋顶空间环境脱离大地，缺乏大自然正常的水分、养分和土壤微生物的调节，其植物的生长在一定程度上受到植物种植土厚度、强光、风速、湿度等条件的制约[1]。现屋顶花园空间建设多满足于对有限空间的划分利用，忽略对适宜植物生长环境建设的要求。

3.3 工程建设难度大

3.3.1 防水、排水技术、承重能力

普通屋顶排水层与屋顶花园结合时易出现排水盲点，导致局部积水，且部分植物的根系具有很强的穿透能力，破坏防水层，使屋顶结构进一步损坏，造成极大损失。

3.3.2 防护措施与消防安全

部分高校系馆类建筑设计时并没有考虑屋顶花园建设，没有设置牢固的防护措施或过高的屋顶密闭围栏，使得无法满足植物对生长环境的要求。

3.3.3 植物设计

由于建筑物的屋顶日照强度大、受热不均、受风雨侵蚀时间长，可覆盖土壤厚度的不同等客观的原因造成植物的促进生长。

3.4 工程设计建设造价高后期养护难度大

高校绿化建设主要见于地面绿化，对于屋顶花园植物环境优化无暇顾及，同时，对于屋顶花园后期的监控与养护力度难度大。

4 高校系馆类建筑绿色屋顶植物生长环境优化

基于上述因素考虑到屋顶的最大承重力和栽植环境，使用抗风力强、喜光、耐寒、耐贫瘠、生命力顽强的植物进行合理的植物种植优化设计[3]，以植物生长中光照强度、温湿度等因素指标进行数据统计，引入智能优化设备，调控相应指标维持植物生长最优环境。

4.1 场地光照强度分析

根据场地范围，借助软件（SU）进行分析测算，以一年（12个月）为基准测量度，对屋顶花园的整体光照阈值进行测算分析。

以6月测算结果（遮阳时间，shading time）分析，建筑坡屋顶的形式使檐下空间光照阈值为最低，同时将空间划分出了不同的空间层次。

根据植物对光周期反应的不同，结合场地内植物设计要求，以3m×3m的单元划分空间进行实验最为合理，经测算后将空间根据植物对于光照的要求即长日照植物、短日照植物和中间性植物进行合理设计划分。

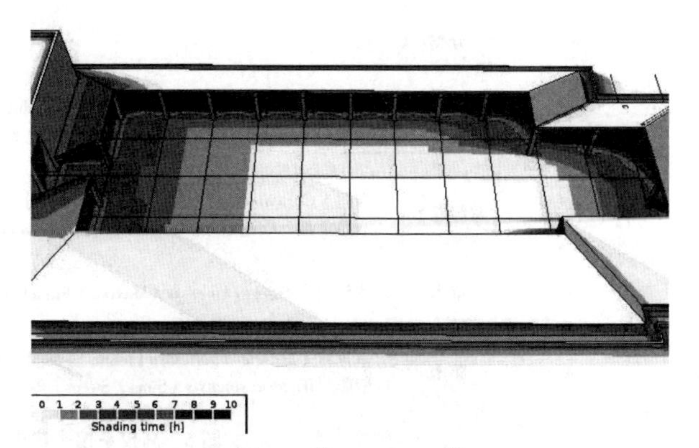

图1　6月shading time 值

4.2 场地温湿度分析

选取2019年3月20日温湿度测量数据分析结果，通过对空间用3m×3m单元格进行划分测量温湿度的研究方法，依据选用植物对温湿度要求，引入设备进行调控保证植物生长环境的温湿要求。将其划分为5种植物生境。植物生境组合搭配分析如下：

（1）入口空间

将入口两侧与室外连接的部分用植物或景观小品遮挡，使其纵向延伸并引导视线。

生境营造构想：入口空间视线局限且与外界连通，更是雨水聚集的部位，影响美观，故需要遮挡，其高度满足遮挡视线的作用。

	8:15	12:05	18:15	20:45		8:15	12:05	18:15	20:45
	15.0	15.8	13.6	12.1		26.4	23	28.6	29.8
	14.9	19.6	13.5	12.8		28.9	19.1	30.0	28.6
	12.1	13.8	13.4	12.4		31.1	25.7	29.1	29.1
	12.3	20.1	12.2	11.2		37.6	35.5	40.8	36.6
	11.3	19.8	11.9	11.0		33.2	18.9	31.1	31.1
实测温度℃	11.2	14.6	11.4	11.2	实测湿度%	32.6	26.2	32.8	31.2
	11.5	22.5	11.8	10.7		34.0	19.8	32.3	31.2
	12.1	22.2	11.0	10.3		31	18.4	33.2	32.6
	11.5	15.4	12.0	10.9		31.5	24.2	30.1	31.5
	11	16.2	12.1	11.7		32.9	23.6	30.8	31.9
	11.1	25.5	11.1	9.5		32.4	14.9	33.6	34.6
	10.9	17.2	13.0	11.9		32.3	22.4	28.8	29.4

	8:15	12:00	18:00	20:30		8:15	12:00	18:00	20:30
	21.5	24	24	20.8		23.2	15.9	13.5	32.6
	21.1	28.4	22.6	21.2		20.6	11.2	12.5	31.2
	17	23.8	24	20.8		22.3	13.2	9.5	30.7
	16.8	30.4	25.1	18.7		31.7	22.2	29.5	41.4
	16.9	30.6	26.4	19.6		21.8	9.1	6.8	35.2
实测温度℃	15.5	23	24.1	19.6	实测湿度%	23.2	13.5	10.4	35.1
	18.3	30	27.5	20.7		20.1	8.7	5.9	33.3
	17.5	29.4	27.7	19.8		20.5	9.5	5.3	34.6
	16.9	22.7	25.9	19.1		21.7	13.5	6.4	35.6
	15.3	22.3	27.8	19.8		23.1	14.1	6.6	34.7
	16.2	30.2	25.6	19.7		22.2	9.2	5.4	35.3
	16.4	22.4	25.6	20		22.7	14.1	6.8	35.2

	8:20	11:45	17:40	20:40		8:20	11:45	17:40	20:40
	20.5	21.3	20.1	19.5		31	27.3	36.6	39.4
	19.9	24.5	19.5	17.5		30.6	21.5	37.5	44.3
	19.8	23.4	19.5	17.7		29.5	22.8	37.6	44.1
	19	26.8	19.3	17.5		33.4	25.3	39.2	45.2
	18.1	28.7	18.9	16.3		31.3	17.8	38.1	48.1
实测温度℃	17.4	26.3	19.5	16.8	实测湿度%	32.9	20.2	37.2	46.5
	17.8	26.8	19.4	16.8		35.7	19.5	37.4	47.3
	17.7	26.8	18.7	15.2		33	18.7	38.6	51.3
	16.9	24.3	19.2	15.6		33.8	21.5	38.2	50.0
	16.4	28.7	19.8	17.1		35	18.5	37.1	47.0
	17	29.8	18.0	16.2		35.8	17.3	40.3	48.4
	16.1	26.1	19.4	17.4		35.4	19.5	37	46

图2　温湿度测量数据

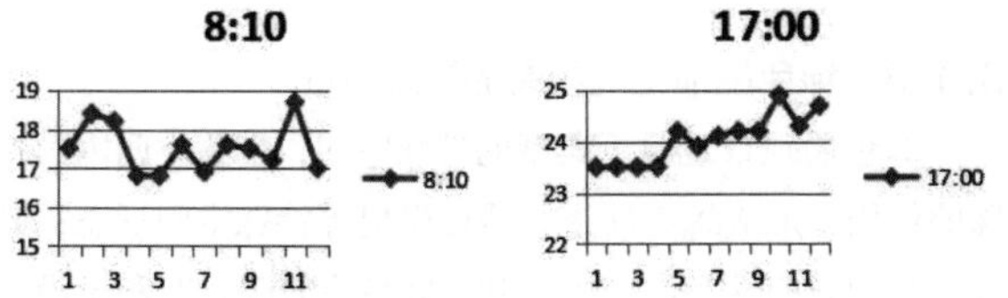

图3　2019年3月20日温湿度测量

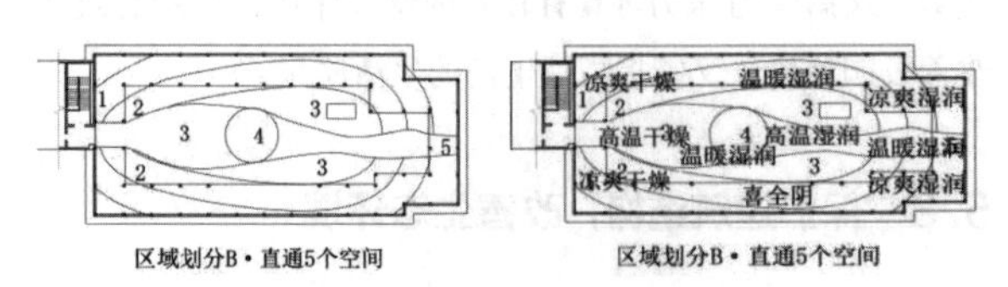

图4　屋顶花园植物种植区域划分

序号	分类	植物名
1	落叶灌木	碧桃（*Amygdalus persica* L. var. *persica* f. duplex Rehd.） 木本绣球（*Viburnum macrocephalum* Fortune） 珍珠梅［*Sorbaria sorbifolia*（L.）A. Br.］ 红瑞木（*Swida alba* Opiz）等
2	常绿灌木	朱蕉［*Cordyline fruticosa*（L.）A. Cheval.］ 散尾葵（*Chrysalidocarpus lutescens* H. Wendl.） 八角金盘［*Fatsia japonica*（Thunb.）Decne. et Planch.］等
3	草木	落新妇［*Astilbe chinensis*（Maxim.）Franch. et Savat.］ 蛇鞭菊（*Liatris spicata*） 萱草［*Hemerocallis fulva*（L.）L.］等
A	藤木	龟背竹（*Monstera deliciosa* Liebm.） 绿萝（*Epipremnum aureum*） 扶芳藤［*Euonymus fortunei*（Turcz.）Hand.–Mazz.］ 紫藤［*Wisteria sinensis*（Sims）Sweet］等

图5 高校系馆类建筑屋顶花园空间部分植物选择

（2）中心景观区

设计冠下空间，植物高度最高4m，并在中心区域内设立多种植物，营造生境。生境营造构想：整体营造低—高—低的高度分布，用环形道路可与各个生境更好的相连。

（3）结尾空间

障景处理：利用植物群组或景观小品或花墙满足高度（1.8～2.2m），营造障景遮挡后方建筑物。

开敞处理：（1）高度低于0.3m的植物，由于南面光线不足，加上阳光照射产生的阴影，以种喜阴植物为主，营造丰富的植物生境。（2）高度0.1～3m的植物，采用中心种植高大的植物搭配两边低矮的草本灌木、再用绿篱等适合做边界的植物围合，适当增加微地形丰富景观。

5 高校系馆类建筑绿色屋顶意义

5.1 丰富校园绿化面积，提升用地活力

高校的活动空间向屋顶拓展，使得建筑向立体化、多元化方向延伸[5]。既变相地丰富了校园内的绿化面积，又改善了建筑风格。

5.2 建立互动教学空间，理论联系实际

高校屋顶花园不仅给师生提供了更多的接触自然、呼吸新鲜空气的机会，而且建立互动教学空间，对减轻工作疲劳、缓解学习压力等具有较好的调节作用，既能有效地改善校园环境，又能提高师生们的生活质量。

5.3 保护建筑结构，改善生态环境

屋顶花园作为一种低能耗、高效率的建筑方式[4]，建筑物的使用寿命受光照时间、吸热散热、昼夜温差、风雨侵蚀等外界因素的影响较多。屋顶花园可以充分利用植物来吸收太阳光的热量，使建筑顶层受热均匀，地被植物还可以减少雨水对屋面的冲刷，起到保护膜作用，同时屋顶花园植物起到多层次空气净化的作用，可有效地改善校园环境。

6 循环流动空间

6.1 绿色屋顶空间特征

绿色屋顶空间是城市中尤为重要和独特的组成部分，主要为人们提供一个舒适、安全、怡人的绿色景观环境，增进市民之间的人际交流。

6.1.1 水体造就的自然资源特征

生态多样性：绿色屋顶空间是典型的建筑与生态交错带，是人们观赏、考察的特殊区域。植物小气候：当水体达到一定数量、占据较大空间时，常常呈现出宜人的小气候。

6.1.2 绿色屋顶区水源独特的人文特征

水乃生命之源，人类观水、近水、亲水、傍水而居的趋水天性是历来已久的。在古代人们就有水上游览、曲水流觞、钓鱼等亲水活动；在当代，有划船、漂流、游泳、水边冥想、瑜伽等活动。

6.1.3 绿色屋顶空间固有的景观特征

绿色屋顶景观属于典型的带状空间，带状空间因其特殊的作用，形成蜿蜒河道、缓坡岸堤等特殊空间形态；具有较强的导向性和内聚力，其空间秩序较强，有利于沿岸形成序列的空间节点。

6.2 人的行为特征

人们的活动是绿色屋顶开放空间的最重要和最基本的因素，构成了绿色屋顶开放空间的人文特征和价值基础。正如C·M·迪西所说，规划和设计的目的不是创造一个有形的工艺品，而是创造一个满足人类行为的环境[4]。在景观设计的过程中应该考虑到空间属性与人的关系，从而使人与环境达到最佳的互适状态。在个人的空间环境中，人需要能够占有和控制一定的空间领域。

对于人们在公共空间中的活动，丹麦建筑师扬·盖尔将其简化为三种类型：必要性活动、自发性活动、社会性活动。另外，根据人们不同的行为目的，又可以把这种流动性的活动分为：具有明显行为目的的点对点移动、伴随其他行为目的的随意移动、移动过程即行为目的的移动，流动中的停留状态。

7 结语

低影响开发背景下高校系馆类绿色屋顶景观设计，追求融合自然，达到诗意的目的，提高城市发展，让诗意融于生活，让绿色屋顶景观设计能跟得上现代社会的发展与进步，让低影响开发的理念成为主流，贯穿绿色屋顶景观设计始终。

参考文献

[1] 莫琳，俞孔坚. 构建城市绿色海绵——生态雨洪调蓄系统规划研究[J]. 城市发展研究，2012(5).

[2] 吴晓彤. 基于低影响开发的城市绿地功能类型划分和建设策略研究[J]. 城市建筑，2016，0(23)：306-308.

[3] 朱永杰. 屋顶花园景观设计初探[J]. 山西建筑，2017，(8)：202-203.

[4] 姚欣. 国内高校典型建筑系馆现状及改扩建调研[D]. 西安建筑科技大学，2013.

[5] 白洁. 建筑系馆空间氛围设计研究[D]. 天津大学，2009.

作者简介

杨璧沅，1997年生，女，白族，云南丽江人，华北水利水电大学风景园林专业在读本科生。电子邮箱：2573002911@qq.com。

荒野之诗

——德国柏林以自生植物为特色的公园规划设计实例①

Poetry of Wilderness：Planning and Design Cases of Parks Integrating Spontaneous Vegetation in Berlin, Germany

李晓鹏 Norbert Kühn 董 丽

摘　要： 自生植物是与人工栽植的植物相对立的概念，是自发生长的植物群体。随着城市绿地中栽培植物景观同质化、消耗过多资源、生态服务功能差等问题的显现，自生植物因其无需过多养护管理、反映本土特色、更加生态等优点越来越多的受到风景园林学者的关注。德国柏林十分重视对自然的保留和保护，有许多优秀的案例将城市建设中自发生长在荒地的自生植物重新规划并纳入新的公园设计中。本研究选取颇具代表性的5个公园，针对其历史与发展、自生植物的规划设计策略、养护管理策略等进行了分析，旨在为我国今后营建低维护、更具荒野和自然韵味的自生植物公园提供参考。

关键词： 自生植物；群落演替；植物景观

Abstract: Spontaneous vegetation is a concept opposite to artificial planted plant, and it is a group of plants that grow spontaneously. With the problem of landscape homogeneity, excessive consumption of resources and poor ecological service function bring by cultivated plant in urban green space, more and more landscape architects pay attention to spontaneous plants because they do not need too much maintenance and management, reflect local characteristics and are more ecological. Berlin attaches great importance to the conservation and protection of nature. There are many excellent cases in which spontaneous plants successed in abandoned land during urban construction have been replanned and incorporated into the new park design. In this study, five representative parks were selected andtheir history and development, planning and design strategies, maintenance and management strategies, etc.were analysed, in order to provide a reference for the construction of spontaneous plantsin parks with low maintenance, more wild and natural in our countryin the future.

Keyword: Spontaneous Plants; Community Succession; Landscape Planting

柏林三分之二的开放空间受到保护，保护区占地约占全市总面积的15%；其中2.2%是自然保护区，其余的是景观保护空间。大部分受保护的地点位于城市的边缘，因此包括了森林、湖泊、沼泽或草地等自然或半自然栖息地的遗迹。在内城，则为城市工业性质用地被授予官方保护地位的地区[1]。战争和分裂，政治教条和都市时尚在过去留下了他们的印记，就像在德国其他城市一样。过去几十年的特殊政治和经济形势导致许多休耕地出现“休息”的无计划时间，在休耕地上，随着时间的推移，一种特定的城市植被发展起来，即非人工栽植而自发生长的自生植物（Spontaneous Plants）。典型的休耕地，尤其是废弃的铁路周围，是粗野的植被和古老花园遗迹的混合体[2]。此外，休耕地的荒野植被被认为是真正的城市自然，这些休耕空间在市政府和居民共同的决定下发展成了城市公园。本研究选取了5个典型的以自生植物为特色的

① **基金项目：** 北京市科技计划项目（编号 D171100007217003）。

公园展开实地调查，结合文献资料，逐一进行分析。

1 柏林以自生植物为特色的公园概况

本部分共选择了5个将自生植物融入公园中进行案例研究，分别是北站公园（Park am Nordbahnhof）、萨基兰德自然公园（Natur-Park Südgelände）、滕珀尔霍夫公园（Tempelhofer Feld）、三角线公园（Park auf dem Gleisdreieck）和约翰内斯塔尔风景公园（Land schaft spark Johannisthal）。公园面积从5.5～386hm²不等，各公园基本情况见表1。

2 各公园概况及对自生植物的规划设计策略

2.1 北站公园与自生植物结合设计的策略

曾经坐落于北站公园的遗址以前是什切青火车站，

柏林5个公园基本概况 表1

公园名称	占地面积（hm²）	原始功能	重新开放时间（年）	新功能
北站公园	5.5	火车站	2009	用于集中游玩和娱乐用途的区域，设有体育设施和儿童游乐场
萨基兰德自然公园	18	火车站	1999	自然、自然景观的保存和保护
滕珀尔霍夫公园	386	阅兵场和机场	2008	6km长的自行车道，溜冰者和慢跑跑道，2.5hm²的烧烤区，一个4英亩（约1.62hm²）的遛狗区和一个巨大的野餐区以及自然保护区
三角线公园	26	铁路枢纽	2011	为滑冰者和慢跑者提供场所，为步行者和沙滩排球运动员、野餐者和运动爱好者、自然探索者提供空间
约翰内斯塔尔风景公园	65	机场	2003	在历史遗址中结合活动、娱乐和保护；保护珍贵的动植物栖息地和动植物种群

图1 柏林北站公园平面图及现场照片

它通过5.5hm²可体验的城市自然治愈了一个巨大的城市创伤。位于中央的大片草甸呈现出独特、大气的特点。1.4hm²的草甸，精致的绿色桦树森林形成独特的城市地平线。2011年，北站自然公园被授予Bund Deutscher Landschafts Architekten（BDLA）德国风景园林奖。在1991～2003年间，北站公园处于休耕的状态，最初经过一段时间的“荒置”期，一片茂盛的植被在此开始了生长和演替。沿园墙，现存的林带从草甸向西延伸，开花的高海拔草甸和稀有的干草原覆盖了整个地区（图1）。

北站自然公园从荒废地到城市自生景观经过了以下融合和设计。

（1）从电视塔到犹太教堂，通过借景的手法使这里的自生植被与市中心形成各种微妙的视觉联系，为城市空间开辟非凡的视角。

（2）从这条铁路和边境的过去仍然可以证明由原轨道高架的公园所在位置和保存的部分腹地墙。自生植物结合残留的腹地墙形成了具有纪念意义的独特景观。

（3）现有植物是自然演替形成的，为公园植被的进一步发展提供被重新设计的基础。

（4）儿童游乐活动以及娱乐活动以梯形岛屿的形式嵌入北部的草坪中，但在设计上却与自然区域分开。

（5）草地的边缘设置有一条栏杆，它不仅用来保护珍贵植被自然演替结构，还邀请游客参观和发现它们。

2.2 萨基兰德自然公园自生植被的演替与规划设计

萨基兰德自然公园曾经是滕珀尔霍夫（Tempelhof）调车场的一部分。柏林的划分导致南部铁路设施在70年的使用后于1952关闭，这给动植物提供了第二次机会。渐渐地，大自然的演替接管这个场地。随着时间的推移，宝贵的干燥草甸、高大的草丛群落和天然林出现，并且没有人为干预，“自然公园”的名称意在强调这一特征。整个公园有两条无障碍环形通道，可以沿着较短的路线看到水塔和转盘，大约1km²长。较长的路线2.7km²，带领游客穿越

图2 萨基兰德自然公园平面图及现场照片

自然保护区。约3.6hm²的中部地区为自然保护地，而周边地区12.8hm²则未被严格的作为景观保护地[3]。

在规划公园时，场地原有植被被分成三种空间类型——林中空地、小树林以及乔木林。为了创造不同的空间特征，开辟和扩大了林中空地，将较为开放的林地保留为小树林。三种空间的空间确定既考虑自然保护，又考虑景观审美标准。公园中央的自然保护区有一条金属人行道穿过，这条人行道高出植被50cm，大部分沿着老路走。金属人行道代表了自然保护与游客观赏之间的联系元素，它使公众可以接近自然保护区，同时避免了对植被产生直接影响[1]（图2）。

2.3 滕珀尔霍夫公园——从机场到荒废地再到城市开放绿地

滕珀尔霍夫机场（TempelhoferFeld）的历史是复杂的。1926年，德国汉莎航空公司成立于滕珀尔霍夫机场（Tempelhofer Feld），1928年，第一座机场大楼竣工。2008年，滕珀尔霍夫机场关闭了，2010年，原机场开放，供人们娱乐和放松使用。开放以来，已经丰富了柏林的另一个特色——欧洲最大的城市内部开放空间之一。现在有300多公顷的绿地用于滑冰、散步、园艺、野餐、观鸟等活动（图3）。

滕珀尔霍夫公园是许多动植物的避难所，它的广阔和开放、干燥温暖的栖息地给在这里定居的物种提供了有利条件。对于濒临灭绝的鸟类来说，这个公园拥有广阔、部分天然的草地，是柏林鸟类最重要的栖息地之一。滕珀尔霍夫公园的法律规定的保护地总面积约为303hm²，分为中央草甸区和外围草甸区。中央草甸区由周围的滑行道（车道）包围起大约有202hm²的面积，用来保护开放的草甸景观和定居在这里的动植物。在外围草地环中，有大约101hm²的土地，可以临时或连续使用，提供公民参与和其他服务。

图3 滕珀尔霍夫公园平面图及现场照片

2.4 三角线公园自生植物演替及规划设计

一百年前，公园场地是一个铁路枢纽。1945年后，客货运输停止，逐渐发展成无法到达的城市休耕区。自20世纪70年代以来，公民倡议将这里改建成理想的娱乐空间。1997年，柏林州决定建造公园。在柏林的三角线地区，建立起“杂草丛生”的荒野，通过精心设计的景观，已经形成生态恢复的休养地和多样化的开放空间——一种新型的城市公园由此而生。三角线公园占地26hm^2，由东园、西园两部分组成，如今已经从一个难以接近的荒园发展成为柏林人各个年龄段的游客都喜欢的地方（图4）。三角线公园被授予柏林建筑师奖（2013年）、德国城市发展特别奖（2014年）和德国景观建筑奖（2015年）。

公园设计的特点是中央的草坪和草甸，这些区域由林木和单独的树木排列，并通过宽阔的小径交叉。第二次世界大战期间，三角线的地区变成了无人居住的地方，自然统治了几十年。在砂和砾石、路面和混凝土接缝、轨道中生长了大量的植物。铁路设施清理完毕后，在城市荒野中大部分没有植被的沙地上，最初是草本植物和草类，后来又演替出了“先锋树”，它们是喜光的树和灌木，作为第一批群落占据了开阔的空间。它们大多能产生许多轻质种子，被风带到很远的地方，生长迅速，但寿命很短，沿着轨道演替出了白桦、白杨、刺槐等树种。在接下来的几十年里，生长要求较高、生长速度较慢的森林树种，如橡树，椴树和榆树逐渐在先锋树种的边缘生长起来，当初一些较小的树苗在公园中已经可以找到。“荒野”靠着其自身发展和演替，已经演变出了多种植物种类，也为许多动物提供了不同的栖息地。

2.5 约翰内斯塔尔风景公园规划设计

1913年现今公园的位置是机场，这座占地65hm^{2}的公

图4 三角线公园平面图及现场照片

园基本上覆盖了前机场的场地。1996年，机场停止运营后，该地区进行小心翼翼的复原工作。景观公园由一条沿着核心保护区域边缘的路线环绕。

在65hm²的范围内，公园分为三个区域：中部区域26hm²的自然保护区，包括2km²长的散步区；在三个节点处，是安静的休闲景观区域。自然保护区的面积与羊群保持生态兼容，羊群在草地上大面积地吃草，同时给公园的景观增添了动态的吸引力。景观公园结合宽敞的草地和树木群，重复地展示与城市环境的视线和视觉关系。各种各样的原生树木，如橡树、松树和桦树，是一个重要的设计元素，并形成了创造性的框架（图5）。

3 基于环境条件和演替阶段的自生植物类型

首先是自生植被分布的区域，这5个公园包括三种类型。北站公园和萨基兰德自然公园均是在火车站遗址上建立起来的，这里的植被经过了长时间的演替，完全被自生植被所覆盖。滕珀尔霍夫公园是在机场场地上建设起来的，自2010年才对外开放，这里也是被自生植被完全覆盖，但自生植被经过的演替期较短，并且由于人为影响，这里的植被大面积是草地和草甸。三角线公园和约翰内斯塔尔风景公园有人工栽培群落的介入，前者利用草坪界定空间，草坪和密林比较均衡，与自生植被形成对比的效果，同时空间类型丰富；后者则有规律地种植界定了乔木空间，以突出中间大面积的草甸自然保护区。

这5个公园的自生植被，共可以划分为10种类型——沙土草地、干草地、半干草甸、疏林、密林、灌木丛、铺装缝隙、石笼缝隙、砾石缝隙、路边草丛（图6）。北站公园包括沙土草地、干草地、半干草甸、疏林、密林、灌丛和路边草带7种类型，整个公园以大面积的灌丛、疏林为主体，同时密林为辅，以形成灌丛的沙棘

图5 约翰内斯塔尔风景公园平面图及现场照片

（*a*）沙土草地　（*b*）干草地　（*c*）半干草甸

（*d*）疏林　（*e*）密林　（*f*）灌木丛

（*g*）铺装缝隙　（*h*）石龙缝隙　（*i*）砾石缝隙

（*j*）路边草丛

图6　自生植物类型示意

（*Hippophaer hamnoides*）、狗蔷薇（*Rosa canina*）、沙枣（*Elaeagnus angustifolia*）以及半干草甸的一枝黄花（*Solidago decurrens*）等为亮点。萨基兰德自然公园包括干草地、半干草甸、疏林、密林、灌丛5种类型，以垂枝桦（*Betula pendula*）形成的疏林以及梣叶槭（*Acer negundo*）、挪威枫（*Acer platanoides*）、欧洲鹅耳枥（*Carpinus betulus*）等形成的大片密林为特色（图8、图13）。滕珀尔霍夫公园包括干草地、半干草甸、疏林、密林、灌丛、铺装缝隙、路边草丛7种类型，以中间大片无芒雀麦（*Bromus inermis*）、鸭茅（*Dactylis glomerata*）、菊蒿（*Tanacetum vulgare*）等组成的半干草甸以及外围欧蓍（*Achillea millefolium*）、小画眉草（*Eragrostis minor*）等组成的铺装缝隙中的自生植物为特色。三角线公园包括干草地、半干草甸、疏林、密林、砾石缝隙、路边草丛6种类型，以刺槐（*Robinia pseudacacia*）、欧洲鹅耳枥（*Carpinus betulus*）形成的密林，无芒雀麦（*Bromu sinermis*）、菊蒿（*Tanacetum vulgare*）等形成的半干草甸和起绒草（*Dipsacus fullonum*）、一枝黄花（*Solidago decurrens*）等形成的砾石缝隙的自生植物为亮点

（图7～图10）。约翰内斯塔尔风景公园公园包括沙土草地、干草地、半干草甸、疏林、密林、灌丛、铺装缝隙、石龙缝隙和路边草丛9种类型，以海石竹（*Armeria elongata*）和无芒雀麦（*Bromus inermis*）等组成的大片半干草甸为特色（图11～图16）。

图7　北站公园的灌木丛、半干草甸和密林

图8　萨基兰德自然公园的疏林和密林

图9　滕珀尔霍夫公园的半干草甸和铺装缝隙

图10　三角线公园的密林、半干草甸和砾石缝隙

图11　约翰内斯塔尔风景公园的半干草甸

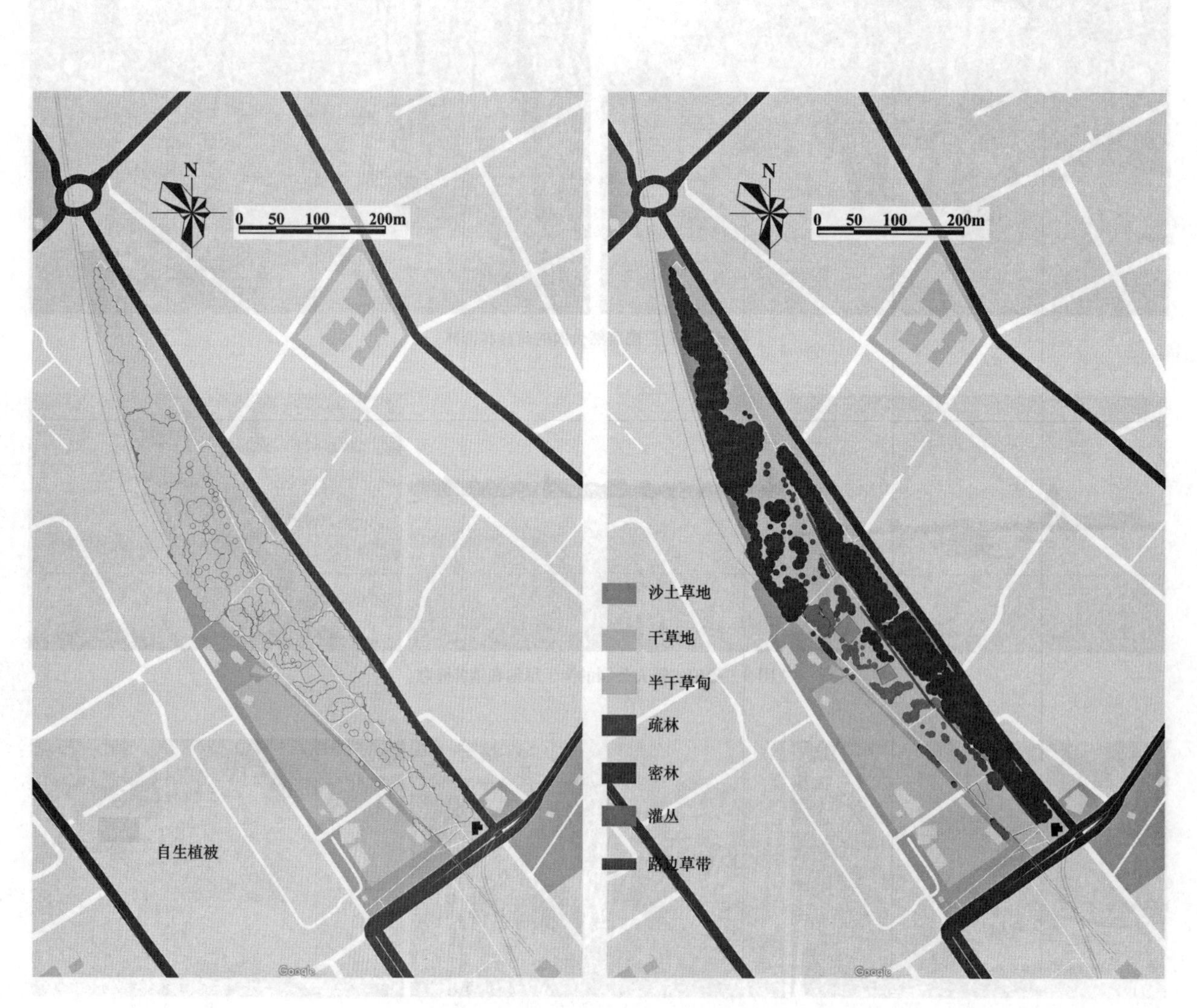

图12　北站公园自生植被分布及类型

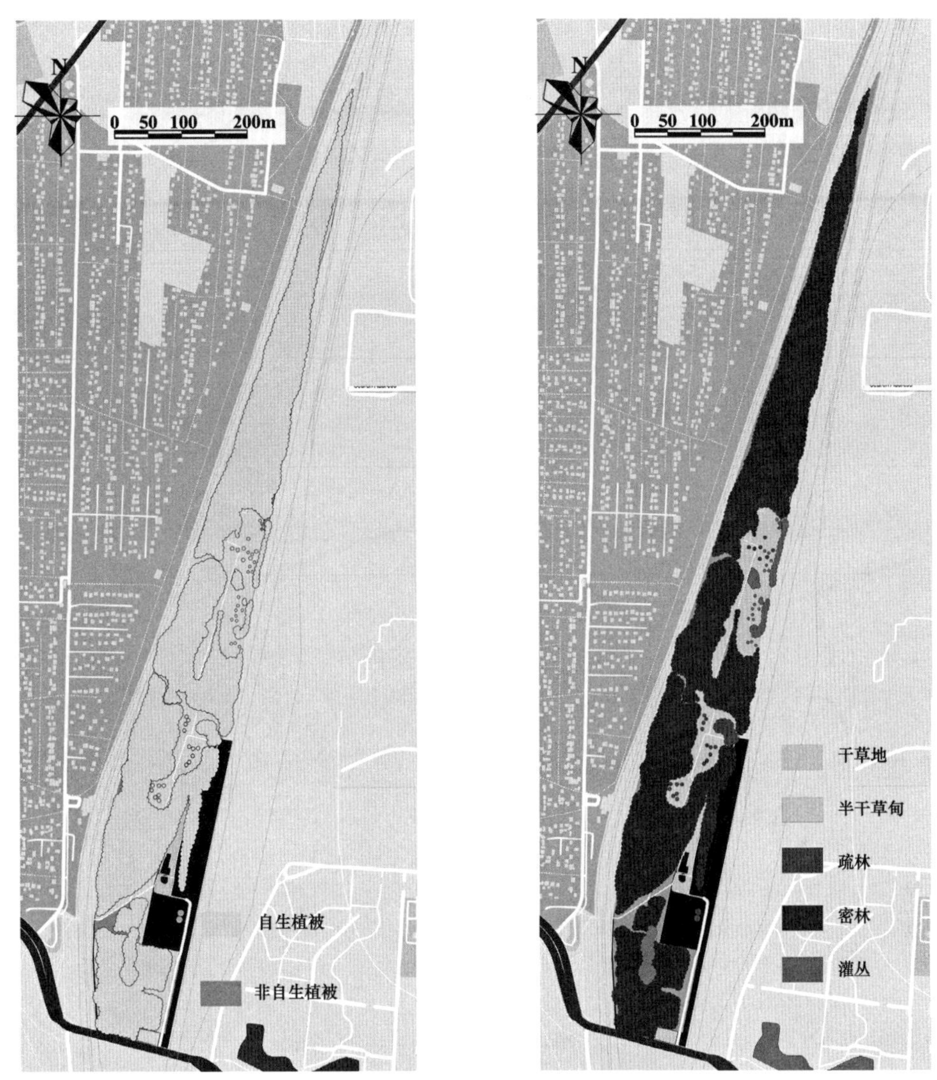

图 13 萨基兰德自然公园自生植被分布及类型

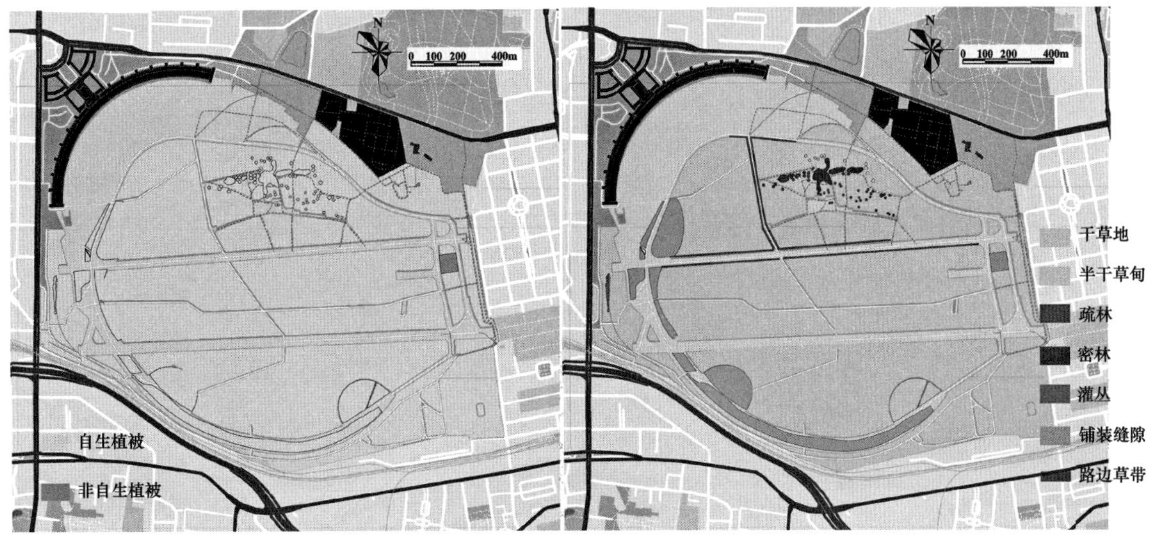

图 14 滕珀尔霍夫公园自生植被分布及类型

图 15　三角线公园自生植被分布及类型

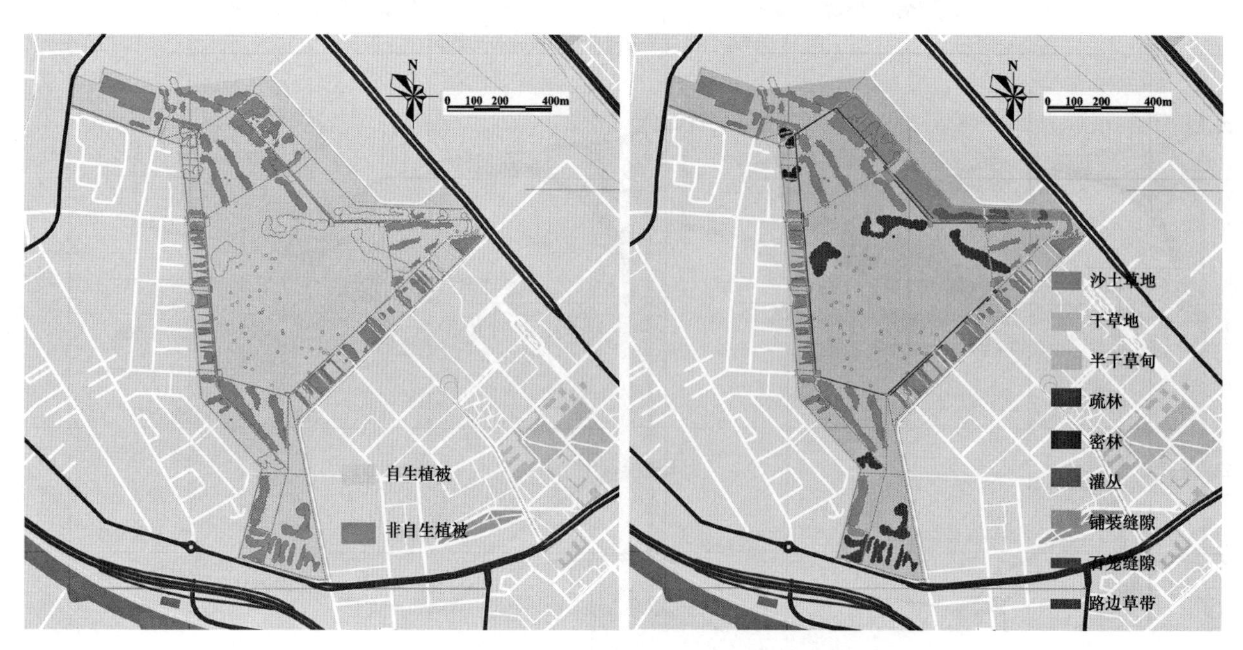

图 16　约翰内斯塔尔风景公园自生植被分布及类型

(*a*)

(*b*) (*c*)

图 17 柏林公园冬季自生植物景观

(*a*)滕珀尔霍夫公园；(*b*)萨基兰德自然公园；(*c*)北站公园

4 自生植物景观的季相变化之美

美是一个过程，是生长和衰老中表现出的优雅——《杂草的故事》[4]。对于自生植物来说尤其如此，自生植物之美不在于精心安排与养护，而是偶然间不经意的一瞥，更在于其随着时间季节变化展现出的生长的姿态。秋冬季节，自生植物进入枯黄状态，与其将其完全清除，何不考虑将这种自然生长之美也发展成一种可欣赏的景观，正如自然式主义种植设计师Piet Oudolf所说——“You accept death. You don’t take the plants out, because they still look good. And brown is also a color”[5]。在柏林，当秋冬季自生植物进入枯萎衰败期，并不将其清理掉，这5个公园都是如此，不同植物残留的枝叶、花序果序成了装点秋冬季节的景观，饶有趣味，效果也相当震撼，是在大部分一二年生及多年生草本植物中看不到效果（图17）。

5 以自生植物为主体的管理与维护策略

在柏林以自生植物为主体进行的规划设计中，主要运用了以下管理与维护策略。

（1）针对演替及生境类型有意识地进行规划设计，采取不同的养护管理形式对自生植物进行管理。例如，约翰内斯塔尔风景公园和滕珀尔霍夫公园以大面积的半干草甸为突出的景观形式，并且一年内于夏季割草一次，以确保来年的循环生长［图18（*a*）］。

（2）较为精密的除草计划。针对不同区域有计划的进行割草，以确保得到特定的景观效果，如滕珀尔霍夫公园的草甸景观。值得注意的是，除草策略是针对自生植物的生长规律和景观效果而制定的精确的计划，但是除草的频度并不高，这样在减少人力投入的同时，也取得了良好的效果。

（3）对于场地原有自生植物，在规划设计之前，充分分析现场植被类型，选定自生植物景观主体，采取人工干预的方式有目的地突出其景观效果。例如，北站公园的密林与灌木丛的保留和干预方式为：在白桦密林为主体的景观下，在地面层堆积砾石以防止萌蘖苗的生长，并且梳理枝干使其主干端直向上生长。而对于灌木丛则采用隔离的形式，使得从草本到灌木的不同演替阶段得以保存［图18（*b*）］。

（4）利用其他景观元素为自生植物提供生长空间，并同时形成以自生植物为主体的新型景观形式。例如，三角线公园原场地铁轨上的砾石块被重新放置到公园场地内

(*a*) (*b*) (*c*) (*d*)

图18 不同管理维护措施

(*a*) 滕珀尔霍夫公园被割前的半干草甸；(*b*) 北站公园白桦林；(*c*) 三角线公园砾石上的自生植物；(*d*) 靠羊群维护的萨基兰德自然公园自生草地

部，同时砾石堆为自生植物的生长提供了基质，包括加拿大一枝黄花等耐干旱和贫瘠的自生植物生长于此，同时形成了独特的景观［图18（*c*）］。

（5）在养护管理方面，依靠牛、羊等动物取食来维持自生植物自身的生长和演替，如萨基兰德自然公园对于灌木丛以及约翰内斯塔尔风景公园对于半干草甸的维护，不仅经济、生态，更为公园增添了田园风光［图18（*d*）］。

6 结语

德国因其是工业大国，从城市化发展到完善过程中出现的许多废弃工业场地，在将其转化为具有游赏兼生态功能的新型公园时，保存这些在废弃地之上自然演替出的自生植物是不容忽视的重要举措，将动态的发展变化融入公园的规划设计中是一个重要理念[6]。柏林的例子证实了自生植物占据的荒废地可以转变成受公众欢迎的新型生态系统和公园景观[7]，例如非常典型的萨基兰德自然公园[8]。此外还有德国莱比锡，私人的荒废绿地已经转变成由城市共同管理的可供游憩的城市绿地[9]。在柏林，不仅曾经的工业荒废地被保护并发展成全新的城市公园或自然公园，其他荒置地及其上演替出的自生植物也被战略性地纳入柏林整体的绿地系统规划中。自1989年柏林墙倒塌后，在市政府和规划设计师、生态学家等的共同协作之下，全长约13km的“柏林绿道”（The “Green Belt Berlin”）沿着柏林墙遗迹逐渐发展起来，原柏林墙周围的地块便形成了一个有机连接的绿带[10]。“柏林绿道”的规划以柏林景观总体规划（Berlin's Landscape Program）制定的发展策略为主旨，即十分重视绿道周围自生植被和野生生态系统的整合，以沿线快速铁路交通系统以及荒置地的生物多样性和生态系统保护为原则和目标（AGA，1984），北站公园和柏林墙遗址公园便是“柏林绿道”上的重要节点，也是将荒野自然演替的植物景观转变成综合公园的经典案例。一般情况下，公众对于荒废地的态度是消极的[12]，而如何提升荒废地及生长在内的自生植物的吸引力是需要考虑和设计的重要议题。有一些手段和措施，诸如增加座椅及服务设施、用一些生态手段在其间铺设可接近的道路（如萨基兰德自然公园与场地有一定高差的金属钢板路）、增加一些生态科普标识（如约翰内斯塔尔风景公园）、增加一些小型的活动场地（如北站公园），将会提高公众的接受度同时更好地提升荒野景观及生物多样性的魅力。

总结来看，这几个公园在对待自生植物上有以下几个共同特点。（1）野趣被保留并融入到公园设计中，除了保留野性的结构外，强调将历史遗迹融入到公园肌理中。（2）自然运作是柏林自然公园营建的重要理念。（3）疏密有致的森林和草地的预留是划分空间的通用法则。（4）无穷的空间是突出草甸野趣美感的重要元素。柏林这几个公园在经历荒废到重建过程中，自生植被已经历了长时间的演替，发展出了较为丰富的自生植物类型，本研究针对德国柏林以自生植物为特色的5个城市公园进行了案例分析，包括其历史、发展、设计理念、植被类型、管理策略等，以期为未来中国发展这种将自生植物融入到公园设计的景观提供参考。

参考文献

[1] Langer, A. Pure urban nature:Nature-parkSüdgelände, Berlin. In Jorgensen& Anna (editor), Urban Wildscapes, University of Sheffield and Environmental Room Ltd, Sheffield, 2012, 251.

[2] Meissle, K. Brachland in Berlin. Stadt und Gr ü n, 1998,4: 247-251.

[3] Senatsverwaltung f ü r Stadtentwicklung, Landesbeauftragter f ü r Naturschutz und Stadtentwicklung (Berlin Senat for Urban Development, Commissioner for Nature Protection and Urban Developement) (eds). Nat ü rlich Berlin! Naturschutz-und NATURA 2000 Gebiete in Berlin ('Berlin natrually! Nature protection and NATURA 2,000 sites in Berlin'), Rangsdorf: Natur and Text, 2007.

[4] 理查德·梅比，陈曦（译）. 杂草的故事［M］. 北京：译林出版社，2015.

[5] McGrane S. A Landscape in Winter, Dying Heroically[N]. The New York Times, 2008-01-31.

[6] Meffert, P. J., &Dziock, F. What determines occurrence of threat-ened bird species on urban wastelands? Biological Conservation, 2012, 153: 87-96.

[7] Kowarik, I. Novel urban ecosystems, biodiversity, and conservation. Environmental Pollution, 2011, 159: 1974-1983.

[8] Kowarik, I., & Langer, A. Natur-Park Südgelände: Linking Conservation and Recreation in an Abandoned Railyard in Berlin. In I. Kowarik, & S. Körner (Eds.), Wild Urban Woodlands (pp. 287 - 299). Berlin Heidelberg: Springer-Verlag, 2005.

[9] Rall, E. L., &Haase, D. Creative intervention in a dynamic city: A sustainability assessment of an interim use strategy for brownfields in Leipzig, Germany. Landscape and Urban Planning, 2011,100: 189-201.

[10] Kowarik I. The "Green Belt Berlin": Establishing a greenway where the Berlin Wall once stood by integrating ecological, social and cultural approaches[J]. Landscape and Urban Planning, 2019, 184: 12-22.

[11] AGA[Arbeitsgruppe Artenschutzprogramm Berlin]. Grundlagen für das Artenschutzprogramm Berlin[J]. Landschaftsentwicklung und Umweltforschung, 1984, 23: 1-3.

[12] Lafortezza, R., Corry, R. C., Sanesi, G., & Brown, R. D. (2008). Visual preference and ecological assessments for designed alternative brownfield rehabilitations. Journal of Environmental Management, 2008, 89: 257-269.

作者简介

李晓鹏，1990年生，女，北京林业大学园林学院在读博士研究生。研究方向为园林生态、植物景观规划设计。

Norbert Kühn，1964年生，男，博士，德国柏林工业大学风景园林与环境规划系教授。研究方向为植被技术与植物应用。

董丽，1965年生，女，博士，北京林业大学园林学院教授，国家花卉工程技术研究中心，城乡生态环境实验室。研究方向为园林生态、植物景观规划设计。电子邮箱：dongli@bjfu.edu.cn。

诗画自然植物景观的营造

——2019北京世园会浙江园

The Creation of Poetry and Painting Natural Plant Landscape: 2019 Beijing World Horticultural Expo Zhejiang Garden

杨 茹 高 博 卢 山

摘 要：2019北京世园会浙江园以"这山这水浙如画，这乡这愁浙人家"的景观主题呈现出一幅现代版的"富春山居图"。全园以园艺为媒介，展示浙江大花园建设下人们生产、生活、生态的新气象。园区采用600多种浙江乡土、特色植物和园艺新优品种，通过模拟自然山水与现代园艺技术结合的手法，形成一幅诗画自然的植物景观画卷。

关键词：浙江园；诗画自然；植物景观

Abstract: The zhejiang garden of the 2019 Beijing international horticultural expo presents a modern version of the "fuchun mountain residence" with the theme of "Picturesque Zhejiang, Nostalgic Hometown".Through the medium of horticulture, the whole garden displays the new atmosphere of people's production, life and ecology under the construction of zhejiang big garden.More than 600 kinds of zhejiang native and characteristic plants and new excellent varieties of horticulture are adopted in the park. Through the combination of natural landscape and modern horticulture techniques, a poetic and natural landscape of plants is formed.

Keyword: Zhejiang Garden; Nature of Poetry and Painting; Plants Landscape

1 营造理念

1.1 世园会设计主题及理念

2019年北京世园会的设计主题是"绿色生活·美丽家园"，设计理念是"让园艺融入自然·让自然感动心灵"。旨在以园艺为媒介，通过自然、生态、发展的理念建设多姿多彩的美好家园，形成人与自然的和谐共生。

1.2 浙江园植物营造理念

浙江园以"富春山居图"为蓝本，运用丰富的园艺资材、浙派园林的造景手法，按照"这山这水浙如画，这乡这愁浙人家"的展园主题，展示浙江园艺发展中与人们生产、生活、生态紧密相连的植物景观元素（图1）。展园以浙江地带性植物景观为蓝本，选用600多种（含品种）浙江乡土、特色植物和园艺新优品种，采用近自然的植物造景手法，通过多种园艺景观类型，展示独具浙江地域特色的植物景观艺术美。

2 诗画植物景观布局

浙江展园位于中华园艺展示区华东组团C28地块，长100m，宽40m，总面积约4200m^2，其中绿地面积约2800m^2。全园模拟富春山居图长卷的艺术布局（图1），以“起、承、转、合”的节奏变化[1]，通过山水、疏林、田园、花园、水岸5大篇章形成一幅布局灵活、虚实开合、疏密有致的诗画自然植物景观画卷（图2）。

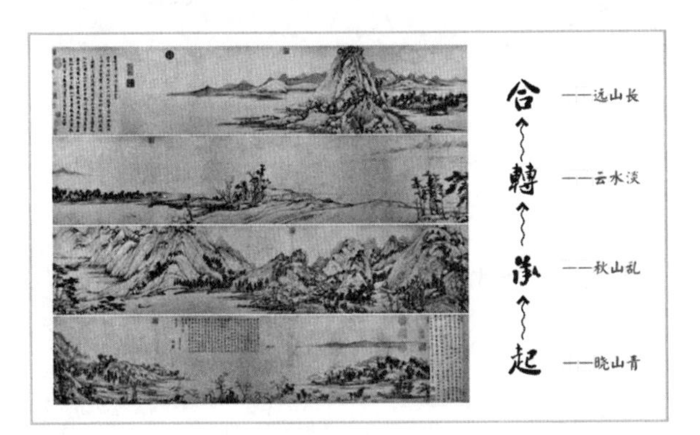

图1 富春山居图

图2 浙江园鸟瞰布局图

2.1 山水篇——云淡峰青、松高水长

富春山水篇为“源起”之篇，模拟富春山居图的开始部分，山色青翠，以春景为主。此处以山石为骨、花木为衣[2]；在假山瀑布周边，以黑松、杜鹃等浙江特色岩生植物为主，利用地形，模仿自然，花中有石，石中有花。山水间布置雾森系统，层层推迭的山岚花木在雾气迷离中展现，营造出云淡峰青、松高水长、山花烂漫的浙江春季山水植物画卷。诗意画境——“想子陵当年，富春山高水长；山高水长兮，云来云往；雄秀俊逸兮，一痴狂”。

画卷中选用造型飘逸的黑松和红枫作为骨架树种，以松的伟岸挺拔和红枫的柔美飘逸衬托山水的雄秀俊逸；山顶以金钱松、银杏、浙江樟、天目琼花、浙江红山茶、夏蜡梅、百山祖冷杉、天目铁木、杜鹃等植物模拟浙江天目山特色珍稀植物群落营造高大植物背景，衬托出山高水长之意境；山后以银杏、竹、桂花、紫玉兰等树种形成自然柔美的植物背景；在岩石中以岩生花境的形式搭配日本红枫、木香、普陀杜鹃、石岩杜鹃（系列品种）、安酷杜鹃（系列品种）、南天竹、三色女贞、红伞寿星桃、花叶紫金牛、岩白菜、景天类、菊类等近百种岩生植物，形成山花烂漫的岩生植物群落（图3）。

图3 岩生植物群落

2.2 疏林篇——凭竹听泉、秋山闻道

富春疏林篇为“承接”之篇，模拟富春山居图的秋山景观。由山顶向下模拟自然生境群落，以浙江特色植物、佛教文化植物营造中亚热带常绿落叶阔叶林群落和竹林群落景观，配合石阶、溪谷描绘一幅溪山幽寂[3]、凭竹听泉、秋山闻道的自然画卷。诗意画境——“天亦淡淡、山亦淡淡；拾阶上，凭竹听泉；秋山闻道，道亦何方；迎风上，踏歌山川，别无恙”。

疏林篇以珍稀植物群落、竹林群落，打造春有花、夏有荫、秋色绚丽的自然山林景观。珍稀植物群落以浙江特色珍贵植物银杏、金钱松、青冈、浙江楠、浙江樟、连香树、浙江红山茶、云锦杜鹃等以及普陀山特色佛教文化植物普陀鹅耳枥、普陀樟、舟山新木姜子（佛光树）、普陀杜鹃[4]等进行组合搭配，展示具有佛教文化特色山林景观，光影婆娑中寻觅禅心悟道，仿佛走在寺庙香道的密林之中（图4）。竹林群落以红竹、斑竹为高大竹林背景，在边角地段搭配翠竹、大佛肚竹、黄纹竹、龟甲竹、花毛竹、紫竹等多个竹种，配合曲折的道路与建筑小品，形成竹林幽径（图5）。

图4 珍稀植物群落

图6 药用花境

图5 竹林群落

图7 可食地景+茶田

2.3 田园篇——莳花弄草、归园田居

富春田园篇是“转折”之篇，以茶田、可食地景、庭院植物、药用花境的形式，配合建筑、景石、古井、篱笆围墙形成一幅莳花弄草、归园田居的恬淡画卷。诗意画境——“莳花弄草，修篱烹茶，雨打芭蕉依花窗；笔墨砚、琴书画，纸上天人时光；富春山，居多少闲淡，浮华隐却，天地共赏。”

田园篇以药用花境、可食地景、茶田形式展示浙江美丽乡村建设中与人们生产、生活紧密相连的园艺素材。药用花境主要展示品种有“浙八味”——杭白芍、笕麦冬、温郁金、铁皮石斛、三叶青、南五味子等以及杜衡、竹根七、宝铎草、天门冬等多种药用兼观赏的药用植物（图6）。在可食地景以浙江特色的柑橘、杨梅、紫甘蓝、甜菜、芸苔（油菜花）、红甜菜、番茄、茄子、番薯等进行不同季节的组合。茶田在山地上以浙江特有及新研发的茶叶品种为主体进行展示，主要有径山茶、安吉白茶、‘奇曲’茶、‘紫娟’茶、‘醉金红’茶、‘御金香’茶、‘黄金芽’等（图7）。现代的田园是一个丰富的人居环境，居田园、作园艺，抚琴弄画是现代田园人的诗意生活方式。

2.4 花园篇——听风醉月、浪漫花园

富春花园篇亦是“转折”之篇，展示新时代浙江园艺发展新形象，以英国秘密花园植物素材和浙江特色园艺新品种结合，形成杜鹃、月季、绣球、芳香、松柏、菊类6大主题花境。通过空间开合变化、层次搭配、色彩调和营造出唯美浪漫、时尚魅力的国际浪漫花园。诗意画境——“花间漫舞，青衣拂过香满路，引得群芳妒；看蜂追蝶逐、云卷云舒，醉过明月几时度。”

杜鹃花境展示浙江特色杜鹃品种约57种，搭配紫叶裂叶接骨木、造型龙柏、林荫鼠尾草、南天竹等，形成春季主题花境。月季花境主要展示树状月季、灌木月季和藤本月季等系列品种，背景骨架树种配以秤锤树、紫叶加拿大紫荆、卡洛琳嫣红紫薇等，低层配植蓝花鼠尾草、欧石竹、绣球等宿根花卉，形成三季花开的月季主题花境。绣球花境以乔木绣球、圆锥绣球、大叶绣球3个类型绣球系列为主，共展示28个绣球栽培品种，背景配植紫叶加拿

大紫荆、美国紫薇、火焰卫矛、夏蜡梅等植物，形成浪漫的夏季花园景观。菊类花境以杭白菊、芙蓉菊、金鸡菊、松果菊、西洋滨菊、乒乓菊、紫菀等菊科植物为主，搭配美国紫薇、卡洛琳嫣红紫薇、黄金枸骨塔、夏蜡梅等中上层植物，形成色彩丰富的菊类主题花境。松柏花境以南方红豆杉、蓝冰柏、黄金海岸线柏、铺地柏等松柏类植物为主，搭配直立冬青、黄金枸骨塔形成骨架结构，中下层配置杜鹃、矾根、蓝花鼠尾草等，结合景石形成层次丰富、四季常绿的松柏主题花境。芳香花境以香蜂草、迷迭香、碰碰香、驱蚊草、美国薄荷、薄荷、厚皮香、花叶香桃木等芳香类花卉为主，搭配杜鹃、红王子锦带、金线蒲等植物，使游园者通过视觉、触觉、嗅觉等多种形式参与活动和观赏园艺景观，不仅能放松身体、陶冶情操，又能达到心理康养的目的（图8、图9）。

图8　花境花园（1）

图9　花境花园（2）

2.5　水岸篇——春江水岸、云淡花香

富春水岸篇是“结束”亦是“开始”之篇，以水景和岸景结合，描绘一幅云淡水长的画面意境。在水中以水生花境和生态浮岛的形式，结合地形、景石等，形成景观优美、具有一定水质改善能力的生态水上花园。在湖岸周边以现有的旱柳搭配碧桃、紫薇等花灌木，地被以混合花境和观赏草花境，营造出飘逸柔美、自然淡雅的水岸景观。诗意画境——“风吹春水岸、淡淡花草香，风过秋水岸，淡淡富春江。山高连水长，富春依然，你在水何方。”

水生花境以黄菖蒲、千屈菜、美人蕉、再力花、水葱等挺水植物为主，结合狐尾藻、苦草、睡莲等沉水、浮水植物，配以蜿蜒的水系、斑驳的湖石，形成优美的溪流、水岸植物景观（图10）。混合花境以紫叶碧桃、桂花、月桂等植物作为骨架和背景材料，以钓钟柳、玉簪、黄金菊等宿根植物营造出错落有致的景观层次，并适当增加观赏期长、抗性好的时令花卉，如金雀儿、四季海棠等，形成色彩斑斓、自然野趣的混合花境。观赏草花境展示了15个观赏草品种，以矮蒲苇、斑叶芒、矢羽芒、重金属柳枝稷、狼尾草、蓝羊茅等不同颜色与质感的观赏草进行配植，配合形成色彩丰富、自然柔美的观赏草主题花境（图11）。

图10　水生花境

图11　观赏草花境

3　浙江园植物景观营造特色

3.1　自然式

自然式园林中植物种植以反映自然植物群落之美为目

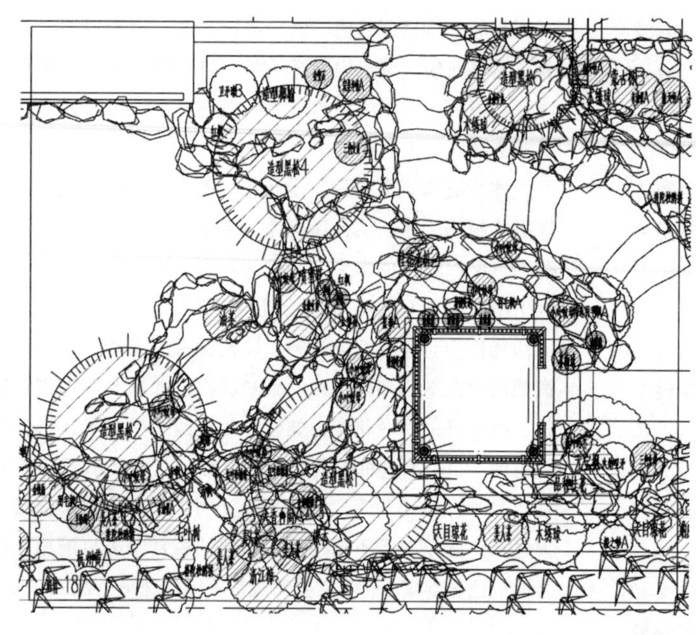

岩生花境：普陀杜鹃、杜鹃（系列）东阳杜鹃（系列）、安库杜鹃（系列）、无刺枸骨、佘山羊乃子、老鸦糊、火棘、雀舌栀子、华东木蓝、红伞寿星桃、荚蒾、美丽胡枝子、箬竹、南天竹（系列）、夏娟（系列）、平枝木荀子、毛地黄钓钟柳、圆叶景天、远志、白芨、桔梗、紫叶酢浆草、水仙、石竹、玉竹、八角莲、海金沙、伸筋草、秋海棠、芍药、矾根（系列）、紫菀（系列）、岩白菜、肺草、金叶佛甲草、胭脂红景天、矮麦冬、聚合草、卡诺瓦美人蕉、矮蒲苇、香蜂草、鸟巢蕨、紫花地丁、南非朱顶红、毛药花、虎耳草、滨海锦葵、开口剑、白穗花、开口剑、吊石苣苔、富贵草、穗花婆婆纳、铜锤玉带草、金线蒲、香蜂草等

图 12　岩生群落配置图

的。花卉布置以花丛、花群为主。树木配置以孤植树、树丛、树林为主，常以自然的树丛、树群、林带来区划和组织空间，一般不作规则式修剪[5]。

浙江园的植物配置形式以自然群落为蓝本，经过人工优化引入开花明显、色彩丰富的园艺品种，以自然式配置形成美观、稳定的人工群落。全园没有规则的绿篱和线条状的色带，在林缘和视线范围以内花冠草均以自然花境的形式呈现，不同立地条件，群落的配置结构不尽相同。如岩石园的植物群落以低矮、耐旱、耐瘠薄的灌木和草本为主，乔木小乔木比重偏少且品种单一。根据（图12）显示，上层乔木以造型黑松为主，中层以桂花、日本红枫为主，下层选用浙江特色的杜鹃、山茶、南天竹等岩生植物，通过物种与品种的多样性形成自然野趣、山花烂漫的岩生群落景观。

3.2　画境式

陈从周先生曾说，“不知中国画理，无以言中国园林”。园林植物亦讲究构图层次、自然画境的表现，在有限空间以有限景物创造无限的意境，达到道法自然的境界[6]。

宋代作家李成在《山水诀》中说道：“凡画山水，先立宾主之位，次定远近之形，然后穿凿景物，摆布高低”[7]。植物造景也与绘画构图一样，应主次分明、空间应疏密有致[8]、布局灵活、层次丰富，尽量避免“平、齐、均”现象。浙江园结合“七山二水一分田”的地形空间，总体植物布局以山林常绿落叶阔叶林群落为主，通过岩生群落、庭院花境、水湿生植物群落等形成自然丰富、空间开合有致、季相分明的画中美景。

植物与建筑小品应有机融合，竹与窗、芭蕉与墙隅、柳荫与堤岸、绿树与建筑掩映成趣等都有画意展现。通过点景、障景、框景、借景等手法，形成光影虚实、以小见大、趣味无限的植物景观，让人从每一个角度看都是一幅画。如在入口《富春山居图》照壁两侧配以造型黑松、红花檵木形成框景，照壁两侧背后以栾树、蒙古栎、金镶玉竹、桂花等树种形成组团式配置，弱化边角地带，同时形成高大背景树框景衬托“富春山居图”照壁（图13）。

图 13　照壁两侧植物框景

3.3　意境式

意境即理想美和心灵美的境界[9]。园林是艺术作品，造园如作诗文，浙江园中利用植物“以景寓情，感物吟

志”，通过情景塑造“这山这水浙如画、这乡这愁浙人家”的富春山水画境。

园中种植有十多种桂花品种，体现杭州丰富的桂花资源和人们对桂花的喜爱之情，并于庭院内配有白居易诗文——“江南忆，最忆是杭州，山寺月中寻桂子，郡亭枕上看潮头。何日更重游！”（图7）。在码头边的池水中大量种植睡莲、蒲苇等水生植物，配和江南的船坊营造“孤蒲无边水茫茫，荷花夜开风露香”的诗画意境（图14）。建筑窗前和围墙边以芭蕉配石笋营造“独坐窗前听风雨，雨打芭蕉声声泣”的乡愁意境（图15）。在庭院内种植蔬菜、茶叶等可食景观营造“浙人家”的味道（图7）。

图 14　诗画水岸

图 15　雨打芭蕉

4　总结

2019北京世界园艺博览会浙江园在植物种植设计及建设过程中，充分利用场地优势，因地制宜、师法自然，以画境的布局、诗意的空间、丰富的植物为人们呈现出一幅诗画自然的山水植物景观画卷。园区将传自然式、画境式、意境式传统园林艺术手法与现代新优式园林技术相结合，利用丰富多彩的植物资源，为北京世园会带来了一场美轮美奂的亚热带植物盛宴。“山水永恒，画境流芳”，诗画自然植物景观的营造仍需不断的探索与创新，在科学性与艺术性方面继续深化发展。

参考文献

[1] 张秀艳．“无用师卷”何时归“剩山”——评民族管弦乐组曲《山水画境·富春山居图随想》[J]．人民音乐，2013，(9)．

[2] 唐珣，高翅．浅析中国山水画画论中的园林植物配置理论[J]．广东园林，2010，32 (6)．

[3] 王浩辉．溪山幽寂——黄公望绘画艺术及其《写山水诀》[J]．东南园林，2011，(2)．

[4] 杨茹，包志毅．普陀山植物景观特色研究 [J]．中国园林，2012，28 (2)．

[5] 杨易昆．浅论自然式园林布局及其特征——以重庆园博园巴渝园为例 [J]．现代园艺，2013，(16)．

[6] 张滨，李世义．浅谈山水画与中国古典园林意境之关系 [J]．建筑与文化，2014，(1)．

[7] 赖运华．中国古代山水画论研读——读李成的山水画论《山水诀》随笔 [J]．文艺生活：中旬刊，2012，(2)．

[8] 康贺．国画艺术在园林植物景观中的体现与借鉴 [D]．河北农业大学，2017．

[9] 李娜，卢山，李秋明，等．杭州花港观鱼公园“三境型”植物群落研究 [J]．浙江农业科学，2016，57 (1)．

作者简介

杨茹，1986年生，女，硕士，杭州市园林绿化股份有限公司植物主创设计师，景观设计高级职称。研究方向为寺庙园林植物景观、近自然式植物景观、诗画意境植物景观。

高博，1986年生，男，本科，杭州市园林绿化股份有限公司设计负责人，景观设计高级职称。研究方向为风景园林规划与设计。

卢山，1964年生，男，本科，浙江理工大学教授。研究方向为风景园林规划设计。电子邮箱：lushan516@163.com。

新江湾城12条道路绿化改建实践探索

Practice and Exploration of 12 Road Greening Reconstruction in Xinjiangwan Town

金 凤

摘 要：本文以上海杨浦区新江湾城道路绿化改建为例，通过对项目中道路行道树的更新、选择、搭配，从品种、色彩、土壤改良、盖板、非机动车道绿化带种植模式及后期绿化管养方面进行了有益的探索、实践与总结，旨在为申城道路绿化的营建探索一种新的推广模式与样板。

关键词：行道树；土壤；一路一品；一路一色；统一规划；规模化

Abstract: This paper takes the greening reconstruction of Xinjiangwan Town roads in Yangpu District Shanghai as an example, through the renewal selection and collocation of the road trees in the project, the beneficial exploration, practice and summary are carried out from the aspects of variety color, soil improvement cover board, plane plantig mode and later virescence management and maintenance, aiming at exploring a new popularization mode and model for the construction of road virescence in Shencheng.

Keyword: Roadside Tree; Soil; One Drink at a Time; One Road Match A Color; Unified Planning; Scale Up

引言

随着2017年“一带一路”“践行绿色发展的新理念，倡导绿色、低碳、循环、可持续的生产生活方式，加强生态环保合作，建设生态文明，共同实现2030年可持续发展目标”理念的深入人心。近阶段城市园林绿地建设与发展中存在一个共性问题，就是“特色危机”。城市失去个性、千城一面，绿地缺少风格及地方特色，缺乏文化底蕴[1]。尤其是道路绿化，往往品种单一或基本雷同，景观面貌单一，景观多样性就是指由不同类型的生态系统构成的景观要素在空间结构、功能机制和时间动态方面的多样化[2]。因此，本项目在此大背景下，结合上海市杨浦区新江湾城上位规划及现状，将本次集中改建的12条道路绿化作为创新探索的切入点，尤其对于每一条道路选用何种合适的行道树，成为很多主管部门难以决策的难题。这是由于长期以来一直每一条道路绿化建设是孤立设计建设的，缺乏区域化完整绿化统一规划，随意性、重复性大。因此，本项目就如何设计建设有特色的道路绿化，在方法、理念上力求突破传统，以科学、合理、崭新的角度来营建一个可推广的城市道路绿化新模式。

1 项目概况

1.1 项目背景

新江湾城总用地面积973.1hm^2，规划定位“生态型、知识型、花园城区”为一体的新城区，“绿色、生态、多样性”为特点。新江湾城社区功能以居住为主，南部市级副中心区域以商业办公、教育科研为主。上位规划形成“双心、四区、多轴、多点”的布局结构。

位于新江湾城部队用地区域内12条道路，经实地调研，原行道树80%以上为香樟，色彩单调，且大部分行道树姿态差、分支点低、土壤肥力差、垃圾多、长势弱、严重不符合上海市地方标准《行道树栽植技术规程》DBJ 08-54-96及新江湾城定位目标。因此，结合“全国园林街道建设和双创”要求，设计采取统一规划与提升，通过“保留、延续、更新”的手法，规模化种植，形成“一路一品”“一路一色”特点。种植以多彩、新品种为主的乔灌木，注重常绿与落叶搭配，合理控制株距与密度，低矮灌木以自然式为主，减少后期人工修剪养护成本，实现街区风貌协调、功能优化、环境优美，进一步提升区域人居品质、增加城市色彩、体现“温暖、时尚、安全”的街区道路特色景观，创造良好的生态环境、和谐的社区环境、有序的建设环境。

1.2 项目概况

新江湾城12条道路绿化改建范围涉及淞沪路以西、江湾机场留用土地内的殷行路、殷高东路、三门路、学德路、国泓路、睿达路、政芳路、政云路、政青路、国安路、清流环二路、清流环三路，总长约为12.375km，改造绿地面积约为2.6万m^2（图1）。12条道路分为“三纵、五横、两环”构架（图2），通过规模化种植，每条道路设定一个主打行道树，非机动车道绿化带和中央绿化带内配置一种花灌木，遵循“一路一品”设计原则，道路绿化主色调考虑日照，红色系主要安排在南北向道路，黄色系安排在东西向道路，使植物更好地结合光合作用，其色彩更加鲜艳夺目。树种的选择侧重色叶落乔植物，兼顾乡土树种及新品种选择范畴，摒弃行道树老面孔，如香樟、悬铃木等品种，力争使改建后的道路绿化效果焕然一新，成为上海市及江浙沪一带道路绿化改建的样板典范。

12条道路共保留行道树2369株，新栽行道树2583株（其中北美枫香294株、乌桕250株、巨紫荆78株、朴树128株、日本早樱445株、悬铃木129株、臭椿375株、无患子55株、三角枫189株、楝树407株）。金叶水杉142株。移栽乔灌木约3127株。同时为保证植物后续的生长和土壤肥力，还重点进行了行道树树穴和非机动车绿化带内土壤改良。同时统一更换行道树盖板2186套，对破损的市政路沿石等统一进行调换更新。

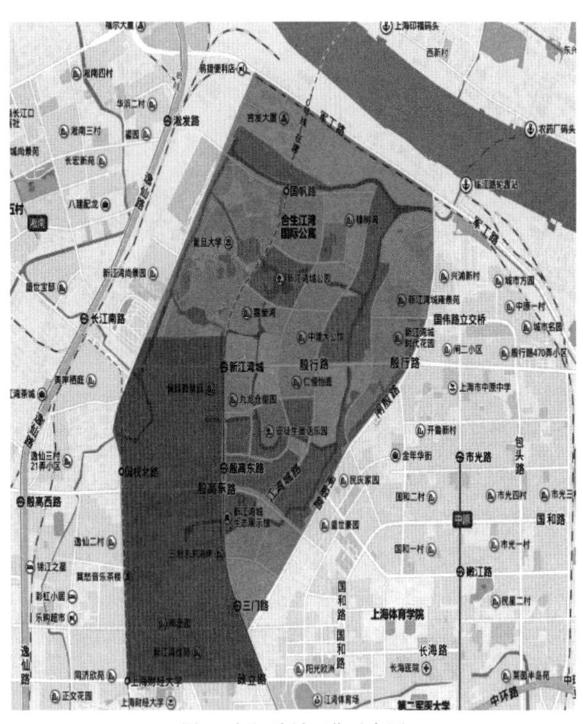

图1 新江湾城区位示意图
（图片来源：来自网络）

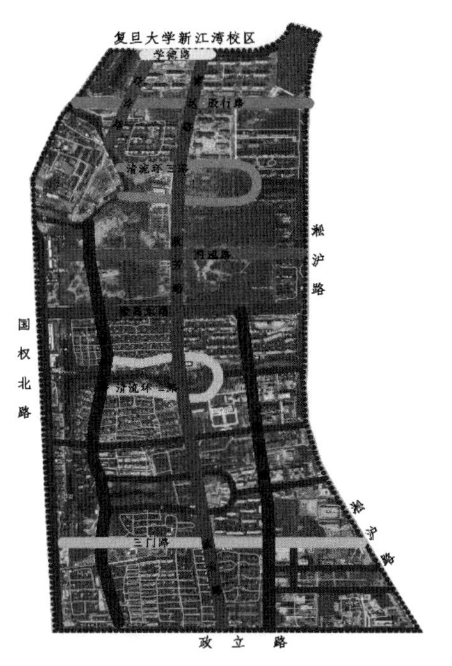

图2 12条道路构架

2 营造实践

2.1 设计特色及方法

“一路一品一色”、兼顾四季有景是本次道路改建的设计特色；“统一规划、分期实施；保留、延续、更新”是本次推行探索的新方法。

2.2 设计原则

安全性原则：道路绿化首先应满足交通安全要求，重点考虑不同等级道路的车速和流量，尤其是十字路口端头绿化应控制植物高度小于等于60～80cm；隔离带应满足防眩光设计，防止发生交通事故。

多样性原则：为了增强道路的标识性与独特性，避免街区绿化单调乏味，突显植物多样性，每条道路有其特色树种，使区域内道路绿化纵横有别，易于识别。

地域性原则：考虑到该街坊位于新江湾城这一以“生态”著称的特殊区域，历史上长期为部队用地，一直神秘与宁静，虽然目前开发以居住区为主，但是其神秘面纱始终吸引着外界人士的好奇心，因此结合规划及现状，将其打造成色彩缤纷、安逸舒适的特色街区，凸显其特殊地域性文化。

经济性原则：考虑到是改建项目，在遵循区域树种统一设计规划前提下，尽量充分利用现状植物资源，减少工程造价，以最少的投入获得最大的社会效益。

可持续性发展原则：设计既要考虑即时建成效果，更要注重植物后续生长条件，控制合理株间距、规格、密度及土壤等因素。

2.3 具体设计

2.3.1 乔灌搭配，行道树形成主色调（一路一色）

新江湾城以淞沪路为界，西面地块开发得较晚，该片区道路行道树以香樟树居多，树形参差不齐，不符合上海市地方标准《行道树栽植技术规程》DBJ 08-54-96要求。杂乱的道路绿化面貌与新江湾城“生态型、知识型、花园城区高端社区”规划定位格格不入。

面对“作为生态社区，新江湾城的绿色很多，但缺乏一点色彩的现状问题”，这次改造重点在于色彩。南北竖向的三条纵向道路，中线由睿达路、政芳路、政云路组成，长达1709m，打造一条“红色秋叶为主”的枫香大道（图3），行道树香樟全部更换为北美枫香，中木为粉色的北美海棠，下木搭配常绿的彩叶桂，花境组合，使枫香大道更加绚丽多姿。

图3 枫香大道

西线为政青路，长2672m。是12条道路中唯一行道树保留（香樟）的道路。这条路以殷行路为界分为南北两段，北段全是悬铃木（与新江湾复旦新校区大道的悬铃木呼应），南段全是香樟，普遍长势良好，从生态和经济角度考虑，予以保留，仅更换个别长势和姿态差的植株。形成绿色乔木树阴，中木为帚桃，下木为金丝桃的道路景观。这种“缩起来”开花的落叶小乔——帚桃也是今年上海新推广的新品种，最适合城市道路较狭窄的非机动车绿化带种植，解决了安全与美观兼顾的非机动车绿化带绿化难点。

东线的国安路，长1400m，原有行道树（红色乌桕因姿态尚可又是行道树比较稀有品种）被保留下来，同时双排行道树一直是新江湾城道路绿化一大特点，因此在非机动车绿化带宽度满足1.5m的区段内新种一排乌桕，突显新江湾城双排行道树的特色（图4）。乌桕在秋季叶色红艳夺目，下木点植黄色棣棠和粉色杜鹃，散形植物不需要经常修剪，可减少大量后期维护工作量，同时能达到常绿落叶合理配置的绿化景观效果。

图4 新江湾城道路双排行道树

2.3.2 “一路一品”，兼顾常绿与落叶植物合理配置

东西横向的“五横”和“两环”道路色彩更缤纷。殷

行路长达942m，由于上海市民对于樱花情有独钟，在新江湾城已有一条著名的樱花大道基础上，将殷行路作为该区域第二条樱花大道来重点打造。在人行道和非机动车绿化带内种植日本早樱，中央绿化带以品种繁多的宿根花卉形成的“花境”为主，点缀樱花、枫香、美人梅，等到樱花盛开的季节，洁白纯净的色彩布满街头，能够满足广大市民赏樱的愿望（图5）。

图5　殷行路

在12条道路中，黄色系的道路设有三条，但因栽种植物组合不同，同一色系也可“调配”出深浅不同的黄色系色调。

殷高东路西段长1000m，延续已建东段风格，在非机动车绿化带与人行道种植双排臭椿，中央隔离带上木为金叶水杉，下木为月季＋覆盖物，主打金黄色大道（图6）。栽植月季，并结合运用生态覆盖物，既美观，又保湿保温、滞尘抑草、涵养土壤，也解决了长期以来月季下面落叶后泥土裸露的难题。

图6　殷高东路西段

国泓路西段长956m，同样延续东段风格，人行道上种植悬铃木，非机动车绿化带为朴树，秋天一幅金灿灿的林荫大道羡煞旁人，中木为帚桃（红色），下木为八仙花和黄杨。

三门路长1200m，保留原有行道树无患子（黄色系也符合规划方案要求，且大多数姿态尚可），中木为美国紫薇，下木为川鄂金丝桃，调和在一起形成较深的棕黄色系道路景观（图7）。

图7　三门路

最亮眼的是清流环三路，长1266m，种植英姿飒爽的三角枫，形成一条艳红的环带。

紫色代表浪漫，12条道路中就有两条特别的浪漫紫色系道路。学德路上种植巨紫荆，每年3月开花后，道路上便升腾起紫色的“云彩”；清流环二路把原有长势弱、姿态差的女贞全部更换为色花乔木楝树，春夏之交，满树紫花，淡淡的、独特的粉紫色弥漫在整条道路上。

绿色、红色、黄色、紫色……让该片区道路在一年四季呈现不同的主色调。春有粉色的北美海棠、帚桃和早樱，夏有金灿灿的金丝桃和月季，秋有红色的北美枫香和乌桕。冬天是最难营造色彩的季节，此时，道路绿地端头处白穗的细叶芒、隔离带上红色的火焰南天竹以及四季常绿的彩叶桂及多彩覆盖物将为寒冬添一抹亮色。

2.3.3　统一规划，道路绿化景观各有千秋

通常城市道路类型有快速路、主干道、次干道及支小马路等不同等级，各种马路宽度不一，而新江湾城地区街区以小尺度的城市规划形态是非常宜居的城市尺度，也为本次“一路一品”设计特色实践提供了契合的环境，因此对于绿色街区打造创造了良好的先决条件。

本次改造设计前期，设计人员骑着自行车，甚至步行方式，一条条道路实地踏勘摸底、清点、统计，调研当地植物的品种、长势情况以及道路的宽度、土壤等立地条件，对12条道路的绿化现状进行了一次彻底摸排，然后统一设计规划，经过多次研讨，使每条道路都有其个性与色调，做到既统一又有区别。不仅每条道路的植物品种独特，色彩鲜明，而且兼顾常绿落叶配置原则，使整个片区道路景观四季有景，为周边居民提供优美舒适安全的出行环境。

3 结语

过去对于道路绿化的设计，大多是每一条路单独设计与施工，缺乏与周边环境的统筹考虑，植物品种很难选择或决策哪个品种最合适。事实上适合在江浙沪一带种植的乔灌木树种有几百种，如果单独考虑一条道路景观，就有无数方案可供选择。但是势必缺乏关联性，造成品种重复、景观单调乏味的缺陷，因此，该项目的实践，使我们设计和相关管理部门都意识到了这个问题，即总体道路行道树系统规划问题。科学合理的营造道路绿化景观，不仅需要关注每条道路的“左右邻居”是什么品种，而且与城市设计的上位规划定位、功能要求都息息相关，道路绿化景观设计也应该进入区域化统一规划的层面，统一规划设计，有序推进建设，通过平衡种植、科学合理搭配，才能将道路建设成一条条赏心悦目、安全舒适的道路绿化景观。

参考文献

[1] 王浩. 城市园林建设现存问题及发展动态[C]. 中国公园协会2006论文集：中国公园协会，2006：25-30+45.
[2] 郝日明，王智，祝世宇. 论《城市生物多样性规划》的编制[J]. 中国园林，2010，26(01)：78-80.

作者简介

金凤，1970年生，女，本科，环境艺术设计专业，高级工程师，美尚生态景观股份有限公司设计院总工程师，资深咨询师，上海市建设工程评标专家。电子邮箱：824432142@qq.com。

幽幽峡谷、采采苍耳

——贵州巫山峡谷风景区精品花园花境提升方案

Quiet and Deep canyon, Graceful and Hesitant Girl: The Flower Borders Reform Plan of Boutique Garden in Guizhou Wushan Canyon Scenic Area

欧 静 徐小晴

摘 要：贵州是典型的喀斯特地貌区域，地形比较特殊，高低起伏变化较大，且到处都具有裸露的岩石，园林设计和施工的过程中具有一定的挑战性。对于喀斯特地貌花境的设计，应最大限度的保留原有地形地貌特征，保留原有起伏的地形以及裸露的岩石，形成独特的喀斯特地貌花境。同时，贵州拥有较多的本土多年生花卉，花茎挺拔，花叶俱佳，值得大力开发作为花境材料。本文以实际案例讨论喀斯特地貌花境营造，与业内同行探讨，以期达到长效的、自然的、优美的迷人景色。

关键词：风景园林；花境；贵州；喀斯特地貌

Abstract: Guizhou Province is a region of typical karst landform with special steep terrain. Also, due to widespread exposed rocks, the design and construction of landscapes would be a challenging work. As for the designing of flower borders in karst areas, the original landform, steep mountains and exposed rocks should be preserved to the hilt in order to form unique karst landscapes. Meanwhile, Guizhou has many native perennial flowers with straight stems, excellent leaves and beautiful flowers, which are worthy of being developed into materials for flower borders. This paper discusses karst landform and how to build up flower borders, has been discussed with the industry counterparts in order to achieve a long-term, natural and beautiful charming scenery during the florescence.

Keyword: Landscape Architecture; Flower Borders; Guizhou; Karst Landform

引言

花境，在园林绿地中的应用也越来越广泛。然而花境应用的实际案例中，出现了设计深度不够、施工不严谨、管理不当的诸多问题。大面积种植单一植物（如时令的一、二年生花卉），更换花材频繁的花带、花丛、花海也混乱叫作花境，从花境大热可以看出，或许花境这个名词更能体现某种专业和诗意！

1 项目概况

1.1 项目区位

贵阳中铁集团巫山峡谷景区总面积约为80hm^2，位于龙里片区双龙镇，距离贵阳市区15km，距离龙洞堡国际机场6km。景区一期规划用地8.3万m^2，精品花园约5000m^2，位于景区北部，该项目于2016年建成并投入使用，场地区位及现状如图1、图2所示。

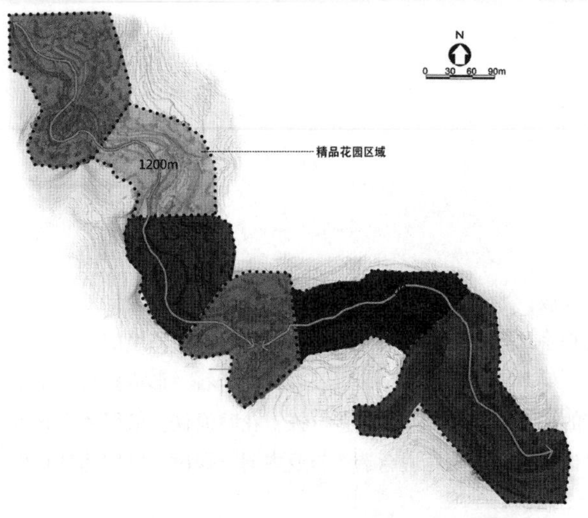

图1 精品花园在龙里巫山大峡谷的位置（图片来自甲方）

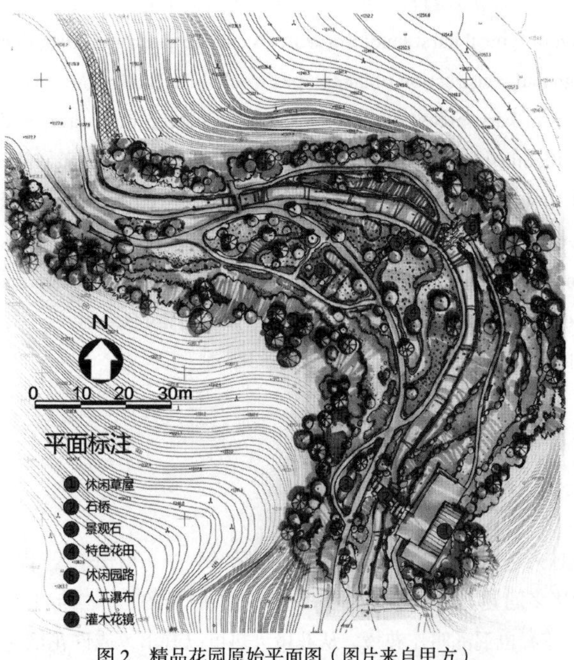

图2 精品花园原始平面图（图片来自甲方）

1.2 现状分析

1.2.1 植物种类

花境效果好不好，植物选择是第一要素。设计场地为峡谷，整体条件为光照较弱，湿度大，风口外风力强劲。前期设计没有对场地进行深入的调查与分析，对场地小区域的气候因子没有把握好，没有考虑植物的生态习性。

1.2.2 植物长势

植物不适应环境势必不能健康生长，发挥不了应有的植物个体美与群体美。场地总体的植物景观较差，现场长势不佳的植物主要有：天竺葵、杜鹃、三角梅、月季、柳叶马鞭草等；部分植物的长势较好，如：黄金菊、绣球、雄黄兰、玉簪、山桃草、萼距花、玉兰、桂花、鼠尾草、六月雪、红花檵木等。

1.2.3 植物搭配

某些地方植物景观层次不够丰富，而有些地方植物有高低错落且质感不统一，给人一种杂乱无章的印象；场地植物没有明显的季相特征，季节景观上没有变化；在色彩搭配上，没有考虑色彩搭配的合理性，导致呈现出来的植物景观较差，整个植物景观略显单调、乏味。

1.2.4 游园道路

整个精品花园区域有两条道路（3m的主要游览步道和1m游园步道），园路数量及与植物景观不够融合，导致游客所能看到的景观较为缺失，行人在游园过程中步伐匆匆，在此逗留和观赏的时间较短。场地虽为精品花园，但由于景观效果不够吸引人，没有近距离欣赏花卉的空间与视线引导。园路划分不够精细合理，导致游客看不到全园丰富的景观及细部植物所表现出来的美景。

1.2.5 景观小品

园林小品在花园里可起到锦上添花，让游人体会到景观的细节与温馨。场地内有少量坐凳，但摆放位置不合理，没有起到让游人片刻休息和安静观景的目的，全园未有其他景观小品，导致整个景观缺乏趣味性。

2 景观改造愿景

（1）精美的植物景观打造

在植物选择方面，根据场地土壤、光照、湿度等条件选择适合该区域生长的植物，关注乡土植物与新优品种。植物配置方面，考虑植物高低层次与质感表达，考虑植物的季相变化与生长规律，在色彩搭配上，一年四季景观有变化也有重点，在节假日营造热烈气氛和缤纷迷人的景观，在平日里为公园游人、植物爱好者、摄影爱好者等呈现既专业又大众的养眼景色。

（2）精心的游览路线规划

通过精细合理补充小路，让游客能在不同角度，或游走或休憩静观中，欣赏到全园丰富的景观及细部植物所表现出来的美景。

（3）精细的宜人景观布置

重新安排场地内坐凳的布局形式、垃圾桶的摆放位置，可在场地中布置少量精致景观小品的点缀，增加景观缺乏趣味性。

3 景观改造设计原则

（1）保护性原则：对于场地内长势较好的植物进行保留，加以充分利用；

（2）功能性原则：合理分区，顺畅组织交通；

（3）主题性原则：设计7个主题的花境，使游客在游览过程中可感受到不同主题花境带来的视觉体验，避免单调乏味；

（4）艺术性原则：通过少量点睛小品突出花境景观的艺术特色；

（5）体验性原则：让游客在欣赏花境的同时，体验花境更多意义。

4 景观改造理念

“幽幽峡谷、采采苍耳”的花境设计理念来自《诗经·周南·卷耳》：“采采卷耳，不盈倾筐。嗟我怀人，置彼周行”。卷耳，即苍耳*Xanthium sibiricum*，菊科苍耳属一年生草本植物，嫩苗可食，子可入药，由于植物的总苞具钩状的硬刺，常贴附于家畜和人体上，利于种子散布。《卷耳》语言优美自然，以民谣为曲调。诗词以最常见的苍耳引入，让我们想像在野花芬芳、青草茫茫的山路上，一个神情忧伤的如水女子，摘着苍耳思念亲人，而不小心让苍耳的尖刺伤到了手指，她爬到山坡，望向远方。

5 提升设计方案

经过现场多次调研分析，精品花园植物景观在植物选择与配置上做到适地适花，选择适宜场地生态因子限制的花卉，能充分突出喀斯特山地花境景观特色的当地有潜力的多年生花卉，也不排斥外来新优的花境材料；同时关注以人为本，为游客观赏提供更多的驻足空间与视线引导，让眼睛与心灵得到美的享受。

依据植物选择配置，整个精品花园花境分为7个主题花境区，分别是：芳香植物花境区，观叶植物花境区，岩石花境区，食用、药用植物花境区，乡土野生草木花境区，四季观赏花境区和观赏草花境区。在植物的选择和搭配上，做到四季有花可观、有景可赏，使游客在不同季节都能感受到花境的景观效果，且每一个季节都有其独特的魅力所在；在体现最优美的植物景观基础上，通过植物人格化的补充，提高精品花园的内涵和意境。改造平面图及分析图，如图3～图7所示。

图3　精品花园花境改造总平面图

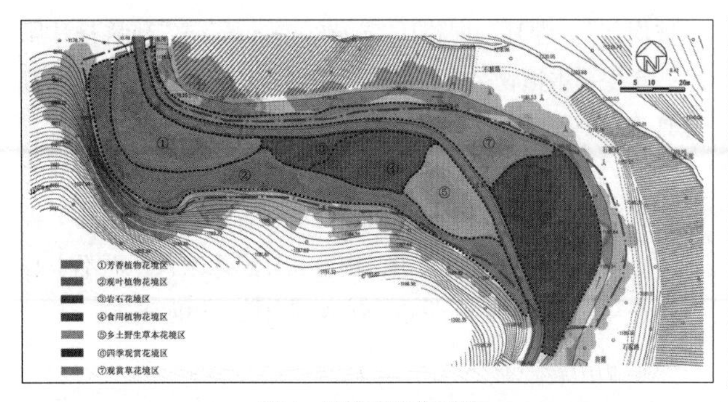

图4　花境改造分区图

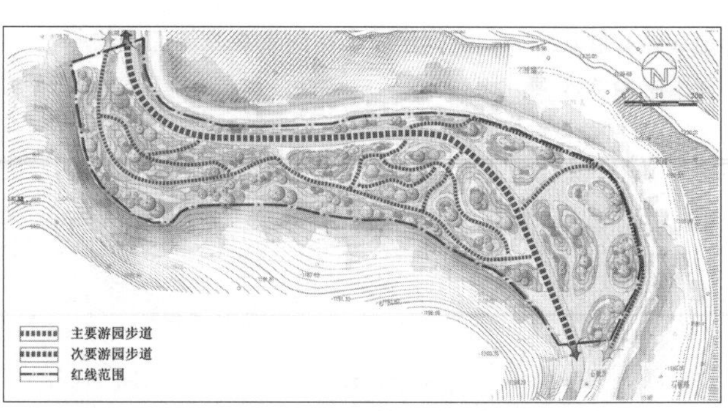

图5　花境改造道路分析图

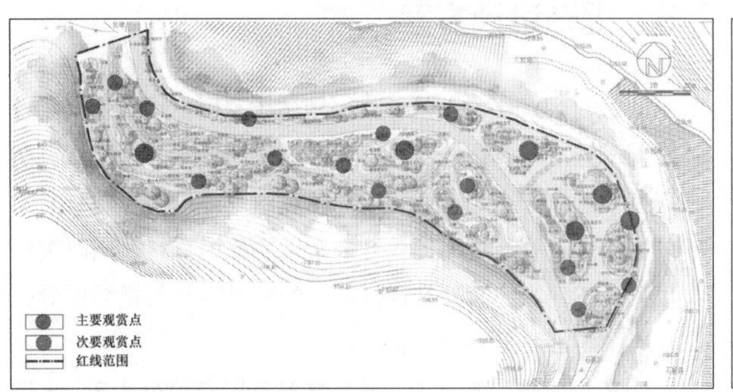

图6　花境改造游客拍摄点平面布置图

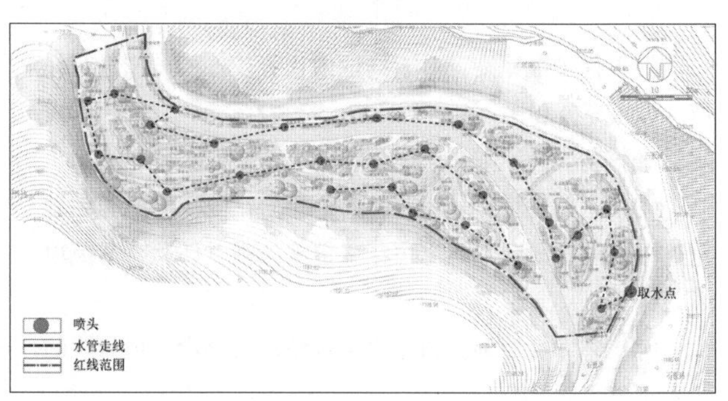

图7　花境改造喷灌系统平面布置图

5.1　植物季相分析

在花境植物的选择上，乔木主要以保留现状乔木为主，加入部分常绿灌木，草本植物主要以耐寒的宿根花卉为主。

（1）春季：春季是百花齐放的季节，许多富有观赏性的观花植物大多春季开放，花色丰富，使得花园在春季展现出生机盎然的景象。

（2）夏季：夏季观花植物花色多以蓝色、紫色、白色等冷色调为主，配合贵阳爽爽的夏季气候，带给游客清爽宜人的游览体验。

（3）秋季：秋季是丰收的季节，植物搭配主要以观赏草为主，金黄色的观赏草与食用植物花境的累累硕果，烘托出秋季独特的花境景观。

（4）冬季：白雪的映衬下针叶树与鸡爪槭的鲜艳，以及蜡梅的清香，使得冬季的精品花园也不觉萧瑟。

5.2　部分主题区花境分析

（1）观赏草花境区

观赏草是近年来得到重视的花境材料，姿态优美、四季变化丰富。区域内以小兔子狼尾草、紫叶狼尾草、柳枝稷、小盼草、蓝羊茅、阔叶麦冬、朱蕉等植物为主，搭配不同乔灌木，营造出观赏草花境区丰富的植物景观。场地花境效果图和现状图如图8所示。

(*a*)

(*b*)

图8　观赏草花境效果图与现状图对比

（2）观叶植物花境区

场地光照强度较弱的区域划分为观叶植物花境区。植物的选择上多以喜阴植物为主，主要选择玉簪类、狐尾蕨、肾蕨、大吴风草、虎耳草、花叶蔓长春、细叶雪茄花、矾根植物为主，注意叶色、叶形、叶的大小搭配，结合山体背景形成特色植物景观。场地花境效果图和现状图如图9所示。

（3）食用、药用植物花境区

如图10所示，为了使整个精品花园的景观富有变化，提升景观的科普教育意义，食用植物花境区主要选择现阶段花境应用较为普遍的观赏茄子、观赏辣椒、红薯藤以及芸香科植物，药用植物主要选择何首乌、三七、夏枯草、

（a）

（b）

图9　观叶植物花境效果图与现状图对比

（a）

（b）

图10　食用、药用植物花境效果图与现状图对比

（a）

（b）

图11　岩石花境效果图与现状图对比

野薄荷等，与其他的常绿乔灌木、草本花卉的合理搭配，形成游人，特别是小朋友喜欢的一处花境植物景观。

（4）岩石花境区

因该区域内原有大量闲散的置石，为了使整个景观富有一定的变化，该区域利用场地原有置石堆砌，形成岩石专类花境，通过岩石与狐尾蕨、虎耳草、美女樱、南天竹、佛甲草、天胡荽、红枫、小龙柏等植物的合理搭配，形成精品花园内特色的岩石花境植物景观。场地花境效果图和现状图如图11所示。

6 喀斯特地貌花境营造小结

喀斯特地形地貌比较特殊，除了地形起伏较大之外，还具有较多裸露的岩石。因此，喀斯特地貌花境的营造和一般的花境营造具有一定的区别。

从本项目来看，花境设计也需要对场地作细致勘查，根据设计场地条件选择植物，而不能拿着一个设计范围红线就开始画图。所谓对土壤要求不严、对土壤水分抗性较强或适应性较强的植物需要比较，是否适合小气候的应用，才能营造出具有典型喀斯特地貌特色的花境。

前景植物主要选取植株低矮具有最佳的观赏效果；以很好地适应喀斯特地貌环境的一二年生花卉、宿根花卉、球根花卉为主。花境中景植物高度在30～80cm之间，选取竖线条植物，以带状模式布置，与斑块状布置的前景植物有一定的变化，在平面和立面上都具有丰富景观效果的作用。花境背景植物可选择小乔木或大灌木，及较高的草本植物，在立面上形成丰富的景观效果。

贵州具有得天独厚的自然环境，孕育了十分丰富的植物资源。根据植物的观赏性、适应性、安全性以及与植物搭配的景观呈现等方面进行选择和筛选出具有观赏价值较高的部分野生草本植物，见表1。

贵州乡土野生草本花境植物筛选名录 表1

序号	植物名称	拉丁文学名	观赏特性及生态习性
1	波缘冷水花	*Pilea cavaleriei* Levl.	根状茎匍匐地上茎直立，叶卵形，耐阴
2	青葙	*Celosia argentea* L.	高约1m，茎直立，叶红色，5～10月观粉色花果，耐阴
3	细叶景天	*Sedum elatinoides* Franch.	观叶也可观植株，5～7月观黄色小花，耐旱
4	圆叶节节菜	*Rotala rotundifolia*（Buch.-Ham.ex Roxb.）Koehne	植株高5～30cm，花紫色，花期12月～次年6月，耐阴
5	峨参	*Anthriscus sylvestris*（L.）Hoffm.	高0.6～1.5m，茎直立，花果期4～5月，花白色或粉红色，耐阴
6	宽叶金粟兰	*Chloranthus henryi* Hemsl	叶形美观，花期4～6月，耐阴
7	短尾细辛	*Asarum caudigerellum* C.Y.Cheng et C.S.Yang	高约30cm，叶形奇特，较耐阴
8	乌头	*Acnitum carmichaeli* Debeaux	茎直立高60～180cm,花型奇特，5～6月观蓝紫色花，抗性强
9	升麻	*Cimicifuga foetida* L.	6～9月观粉红色花，抗性强
10	还亮草	*Delphinium anthriscifolium* Hance	花奇特，3～5月观紫色花，抗性强
11	小果唐松草	*Thalictrum microgynum* Lecoy.ex Oliv.	4～7月观紫红色花，抗性强
12	血水草	*Eomecon chionantha* Hance	观花观叶，3～6月观白色花，抗性强
13	紫堇	*Coegdalis edulis* Maxim.	花蓝紫色，花期4月，抗性强
14	毛蓼	*Polygonum barbatum* L.	花果期7～10月，花淡红色或白色，抗性强
15	头花蓼	*Polygonum capitatum* Buch.-Ham.ex D.Don Prodr	5～12月观粉红色花，全株红褐色，抗性强
16	密脉小连翘	*Hypericum seniavinii*	7～9月观黄色花，抗性强
17	长毛黄蜀葵	*Abemloschus crinitus*	直立生长，5～11月观黄色花，抗性强
18	七星莲	*Viola diffusa* Ging.	3～5月观白色花，花芳香
19	紫花地丁	*Viola yedoensis* Cav.	3～9月观紫色花，观花形
20	心叶秋海棠	*Begonia labordei* Levl.	观叶，6～8月观粉色花，耐湿，耐阴
21	虎尾草	*Lysimachia barystchys* Sw.	4～8月观白色花，耐湿，耐阴
22	过路黄	*Lysimachia chrisfinae* Hance	观叶，5～7月观黄色花，抗性强
23	垂花报春	*Primula flaccida* Balakr.	6～8月观蓝紫色花，耐湿
24	鄂报春	*Primula obconica* Hance	3～6月观淡红色花，耐湿
25	千屈菜	*Lythrum salicaria* L.	7～9月观紫红色花，耐湿

续表

序号	植物名称	拉丁文学名	观赏特性及生态习性
26	柳叶菜	*Epilobium hirsutum* L.	5～11月观紫红色花，耐湿
27	锦香草	*Phyllagathis cavaleriei*（Levl.et Van.）Guillanm	6～8月观花观叶，耐湿
28	山酢浆草	*Oxalis griffithii* Edge Wotth & J.D.Hooker.	花白色或淡黄色，花期4～8月，抗性强
29	积雪草	*Centella asiatica*（L.）Urban	观叶，耐湿
30	天胡荽	*Hydrocotyle sibthorpioides* Lam.	观叶，耐湿
31	贵州龙胆	*Gentiana esquirolii*	花、果期6～11月,花蓝色，耐湿
32	红花龙胆	*Gentiana rhodantha* Franch.ex Hemsl.	花紫红色，花期10月～翌年2月，耐湿
33	滇龙胆	*Gentiana rigescens*	花紫红色或蓝色，花期8～10月，耐湿
34	倒提壶	*Cynoglossum amabile* Stapf et Drumm.	花蓝紫色，花期4～6月，耐旱
35	龙头草	*Meehania henryi*（Hemsl.）Sun ex C.Y.Wu	花淡红紫色或淡紫色，花期9月，耐旱
36	夏枯草	*Prunella vulgaris* L.	花紫色或蓝紫色，花期4～6月，耐旱
37	牛耳朵	*Chirita eburnea* Hance	花紫色或淡紫色，花期4～7月，耐阴
38	沙参	*Adenophora stricta* Miq.	花蓝色或紫色，花期8～11月，耐阴
39	蜘蛛香	*Valeriana jatamansi* Jones	花白色或粉红色，花期3～7月，耐阴
40	蓟	*Cirsium japonicum* Fisch.ex DC.	花紫色或红色，花期4～5月，耐旱
41	牛口刺	*Cirsium shansiense* Petrak	花粉红色或紫色，花果期5～11月，耐旱
42	石菖蒲	*Acorus tatarinowii*	观叶，9～10月观红色果，耐湿
43	野灯芯草	*Juncus setchuensis*	观形、观茎，花果期5～10月，耐湿
44	萱草	*Hemerocallis fulva*（L.）L.	花橘红色或橙色，花期5～7月，耐阴
45	紫萼	*Hoata vertricosa*（Saliab.）Steam	花紫色或淡紫色，花期6～7月，耐阴
46	野百合	*Lilium brownii* F.E.Brown ex Miellez	花白色，花期5～6月，耐阴
47	忽地笑	*Lycoris aurea*（L'Her.）Herb.	花黄色，花期8～9月，耐阴
48	石蒜	*Lycoris radiata*（L'Her）Herb.	花红色，花期8～9月，耐阴
49	射干	*Belamcanda chinensis*（L.）Redoute	橙红色花，花期6～8月，抗性强
50	长葶鸢尾	*Iris delavayi*	花蓝色，花期5～6月，耐湿
51	蝴蝶花	*Iris japonica* Thunb.	花淡蓝色或蓝紫色，耐阴
52	地菍	*Melastoma dodecandrum* Lour	花紫红色，花期5～10月，抗性强
53	乌蕨	*Sphenomeris chinensis*（L.）Ching	观叶和孢子囊，抗性强
54	槲蕨	*Drynaria fortunei* Nakaike	观叶和孢子囊，耐旱
55	小叶爬崖藤	*Pipe sintense*	观叶，耐旱
56	牛茄子	*Solanum surattense* Allioni	果红色，果期7～11月，耐湿
57	活血丹	*Glechoma longituba*（Nakai）Kupr.	观花观叶，花淡蓝色、紫色，花期4～5月，耐湿
58	海芋	*Alocasia macrorrhiza*（Roxburgh）K.Koch	观叶观形，耐湿
59	三白草	*Saururus chinensis*（Lour.）Baill	观花观叶，花期4～7月，花白色，抗性强
60	铜锤玉带草	*Pratia nummularia* Forst.	花紫、淡紫、黄白色，花期4～9月，果紫红、红褐色，耐湿

目前，贵州乡土野生草本花卉的开发利用还处于初级阶段，大部分观赏价值较高的野生草本植物尚处于原始的生长状态。如何对这些观赏价值高的品种进行引种、驯化以及大规模的选育，还需相关人士长期工作，在平衡保护和利用两个的前提下，逐步推广贵州乡土野生草本植物，丰富喀斯特地貌花境景观的植物多样性，提升喀斯特花境景观的多重观赏效果。

致谢：项目业主方贵阳中铁集团旅游开发有限公司。参加项目人员还有贵州大学美术学院岳诰，贵州大学林学院张蓝尹、漆倩、杨会。

作者简介

欧静，贵州人，贵州大学林学院教授，硕导，主要研究方向为园林植物资源与应用，园林植物景观规划设计。电子邮箱：coloroj@126.com.

徐小晴，贵州人，贵州省交通规划勘察设计研究院股份有限公司工程师，从事园林景观规划设计工作。电子邮箱：994354848@qq.com。

风景园林文史哲

桂林山水园林营建时空特征与演变机制

Spatio-Temporal Characteristics and Evolution Mechanism of Guilin Landscape Garden

吴曼妮　郑文俊

摘　要： 桂林山水园林是城市、人与风景要素协调共生的典型代表。通过文献解读与统计分析，梳理桂林山水园林历史营建的整体脉络，分析其营建过程中的时空特征与演变机制。研究表明：（1）桂林山水园林营建历史可分为唐、宋元、明、清四个发展阶段，形成特色山水文化和园林艺术；（2）桂林山水园林规模、数量、类型不断完善，宋明两代是其营建高峰。园林与城市的空间关系经历了从景在城外到城景相融的演变过程，营建重心由城市郊野逐渐向城市公共空间转移；（3）桂林山水园林的形成及演变主要受自然资源禀赋、政治经济因素、城市发展及人文活动等因素的影响，四者相互作用形成了具有真山真水、城景相融、开放共享等显著特征的桂林山水园林体系。研究对当代公园城市建设与山水城市景观塑造具有一定参考意义。

关键词： 山水园林；园林营建；时空特征；桂林

Abstract: Guilin landscape garden is a typical representative of the harmonious coexistence of city, people and landscape elements. Through literature interpretation and statistical analysis, this paper sorts out the overall context of the historical construction of Guilin landscape gardens, and analyzes its spatio-temporal characteristics and evolution mechanism.The research shows that: (1) the Construction history of Guilin landscape garden can be divided into the Tang, Song and Yuan, Ming and Qing four stages of development, formed the characteristics of landscape culture and garden art; (2) the scale, quantity and types of landscape gardens in Guilin were constantly improved, Song and Ming dynasties were the construction peak.The spatial relationship between the garden and the city has gone through the evolution from the landscape outside the city to the integration of the urban landscape. (3) the formation and evolution of landscape gardens in Guilin is mainly influenced by four factors: natural resource endowment, political and economic factors, urban development, cultural activities, etc. The four factors interacted and contributed to the Guilin landscape garden system, which includes genuine mountains and waters, harmonious cityscape and open sharing. The research has certain reference significance to the construction of contemporary park city and landscape urban scenery shaping.

Keyword: Landscape Garden; Landscape Construction; Spatio-temporal Characteristics; Guilin

山水园林，在已有园林史研究中又被称之为“城郊风景点、邑郊风景点、山水胜景园、湖山公园、湖山风景区”等[1]。主要特点是以自然山水风景为主体，园林景点类型多样并作为城市山水形胜的结构性要素存在。桂林既是国际知名的风景旅游城市，也是全国首批历史文化名城。桂林山水园林成形于中国山水文化的大背景下，其形成过程有其独立完整的历史脉络，形成条件具有较强地域自然文化特性。学界对桂林山水园林的研究视角有三：针对某一朝代或某个园林的专题研究[2-4]、从旅游角度介绍古代桂林风景开发活动[5-6]、在城市建设历史研究中梳理风景营建简要的成就[7-9]，相关研究成果较为碎片化。对于桂林山水园林发展的阶段特征与整体进程的论述尚不明确，对其演变与形成机制的解读有待深入。本文以广西通志、桂林通史、桂林市志等为主要数据源，结合相关文献典籍及历史地图梳理由唐至清桂林山水园林营建活动，对从唐代至清代所开发的362处山水风景点进行分类统计和位置信息配准。而后，总结桂林山水园林营建的历史演变特征与规律，揭示形成过程的重要驱动力及其作用机制。研究有助于系统梳理桂林山水园林营建与演变史，并对山水城市风景开发及当代公园城市建设具有一定借鉴意义。

1 桂林山水园林历史发展脉络

古代桂林由于地处偏远而开发较晚[10]，直至汉元鼎六年始安城建立后，桂林地方造园活动才陆续展开。

1.1 名山胜景的初步开拓

唐代，李昌巙、裴行立、李渤来桂任职或被贬流放的文人作为发现自然、改造自然的代表率先开始了对城市周边名山胜景的初步开拓。如：唐代武德五年（公元626年），桂州总管李靖在独秀峰正南修筑桂州衙城[11]，并建庆林观于七星岩下；唐代大历十一年（公元776年），桂州刺史兼桂管防御观察使李昌巙在独秀峰下兴建府学[12]；元和十三年（公元818年），裴行立修建訾家洲，筑有亭阁廊室，构思精细，布局巧妙；宝历元年（公元825年），李渤开发隐山六洞，次年开拓南溪山，凿山筑亭，疏泉引水；会昌年间（公元841—846年），元晦在叠彩山东南部于越山建于越亭、茅斋、写真崖、流杯亭、花药院、栖真阁等，在西南部四望山建销忧亭，在明月峰风洞建景风阁、齐云亭。叠彩山作为桂林最早开发的风景区之一，成为当时“公私宴聚较胜争美之地”[13]。

1.2 山水的汇聚与衔接

由于宋代以前大都致力于山景开发，桂林城市风景营建“山有余而水不足”[4]。水系的疏浚和滨水景观的构建是宋代的开发重点，并随之掀起了水上游览活动的热潮。崇宁三年（公元1104年），王祖道于城北开朝宗渠，贯通西湖和阳江并与之同漓江、小东江、灵剑溪、桃花江、相思江、南溪河等天然水系串联[14]，形成了“一水抱城流”的护城河体系。山水相依、环城水系的贯通使山、水、城相交融，虞山、宝积山、叠彩山、伏波山、西山、隐山、南溪山、象鼻山、七星山、穿山、塔山等由原本各自分散的景点沿水系组成了三条泛舟游览路线[5]。山水园林最重要的两大景观要素在空间结构上的衔接完成，造就了桂林“千锋环野立，一水抱城流”的新局面，山水景观成为城市空间的组成部分。元代因政治动荡，经济发展减缓，园林和城池基本维持了两宋时的空间形态，风景营建活动较唐宋相对匮乏。时任广西肃正廉访使吕思诚定下的“桂林八景”作为元代景点的代表，呈现了桂林城中及周边诸峰山水景观精华，构建了山水园林大格局。

1.3 园林类型渐臻丰富

明代桂林集省会、府治、县治三位一体，成为广西的政治、经济和文化中心[15]，山水园林也迎来了发展的黄金时代。但经过了元代围湖造田和淤积，明代桂林城水系衰退，不复宋时游览盛况[7]，因而这一时期的首要任务是对城中道路、桥梁、水系和风景名胜的大力修缮[16]。此外，洪武五年（1372年），明政府于桂林城中心独秀峰下修靖江王府，为岭南地区唯一的藩王府邸[17]，王府园林的修建是山水园林发展过程中的重要转变节点之一，代表着园林类型的逐渐丰富完善。且靖江王府与王城以独秀峰为中轴[18]，对称布局，奠定了独秀峰作为桂林城市中心的重要地位，其景点开发营建数量最多，密度最大，仅亭台楼阁就有26座，并形成以独秀峰为中心，以漓江沿岸南北向带状区域为核心，各景点通过水系相互串联的空间布局模式。

1.4 园林体系走向成熟

明末清初，桂林城内景观风貌因战乱多有损坏[19]，故清代数次修葺，又因佛教发展持续繁荣而多建寺院庙塔，增添了不少人文景观，旅游景点众多[8]。清代桂林山水园林最突出的特点则是私家园林的兴起。文人乡绅于城内湖潭池泽等特色节点建造宅园，将山水之趣与隐逸之乐搬到城市，如：罗辰在榕湖西南畔建芙蓉池馆，李秉礼建西湖庄，李宗瀚在榕湖东建拓园，唐景崧在榕湖南建棋亭[9]，诗人王鹏运于榕湖东南隅建西园，乡绅唐岳建雁山园[20]。这些私家园林营建在真山真水之间，在体量、色彩、造型等方面注重与周边环境的协调，追求城市与自然的融合以及虽由人作、宛若天开的园林意境，是桂林山水园林建造技艺和营景思想逐渐走向成熟的标志。

综上，桂林山水园林历史发展脉络可划分为唐、宋元、明、清4个阶段（图1）。历代营建各有侧重，最终形

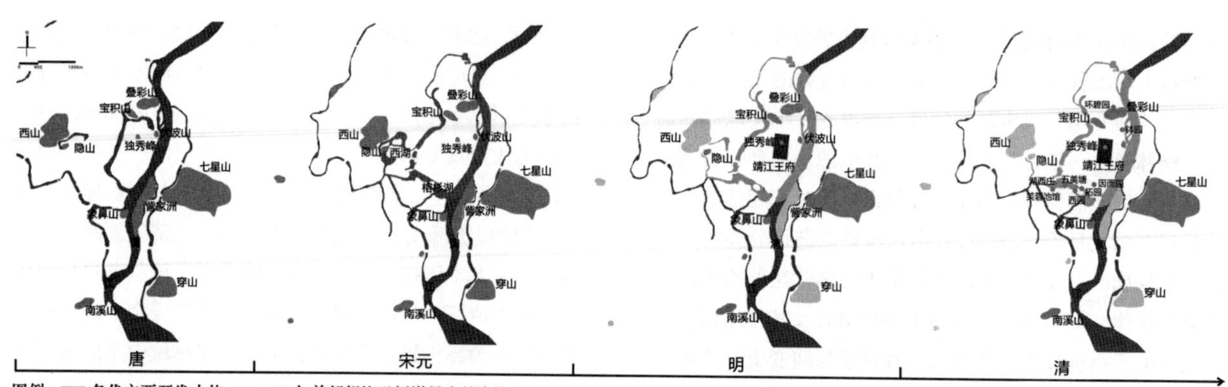

图1　桂林山水园林历史发展脉络

成了较为完善的地域园林体系。

2　桂林山水园林营建时空特征

2.1　桂林山水园林营建的时序特征

通过对历代园林景点汇总统计，宋元开发数量最高，明以后增长势态趋于稳定（表1）。从类型上看，桂林山水园林主要由亭台楼阁、寺观、岩洞、水景、私家园林、王府园林6大类构成。在营建数量上，亭台楼阁及寺观占据主导地位，其余类型依次递减。由唐初至清末所营建的362处山水景点中，总计筑有亭台楼阁等风景建筑共166处，修建寺观135座，开发岩洞26个，开拓水景17处，私家园林15所，营建大规模王府园林1座。

桂林山水园林数量及类型统计表　　表1

朝代	岩洞	水景	寺观	亭台楼阁	王府园林	私家园林	其他类别	总计
唐	10	10	16	23	—	—	1	60
宋元	14	6	40	61	—	—	1	122
明	2	1	31	44	1	—	—	79
清	—	—	48	38	—	15	—	101
总计	26	17	135	166	1	15	2	362

（注：汇总整理自参考文献［13］、［19］、［20］）

2.2　桂林山水园林营建的空间特征

分析园林在所属历史时期的空间分布特征，不仅可观

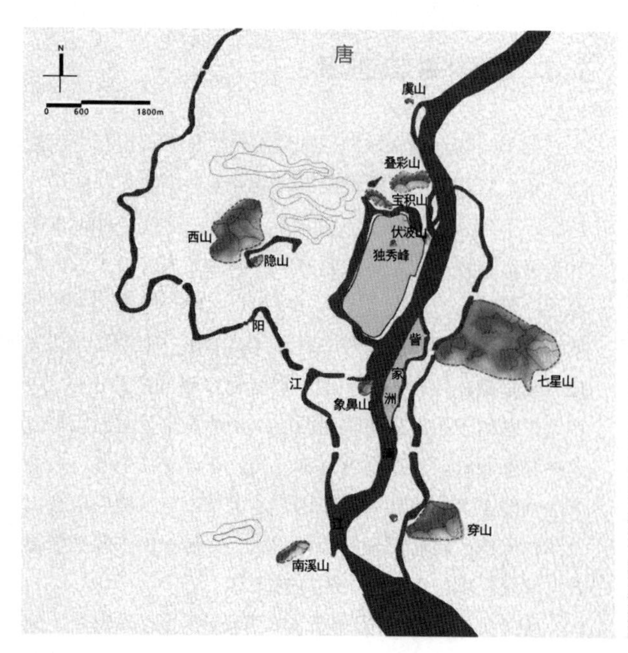

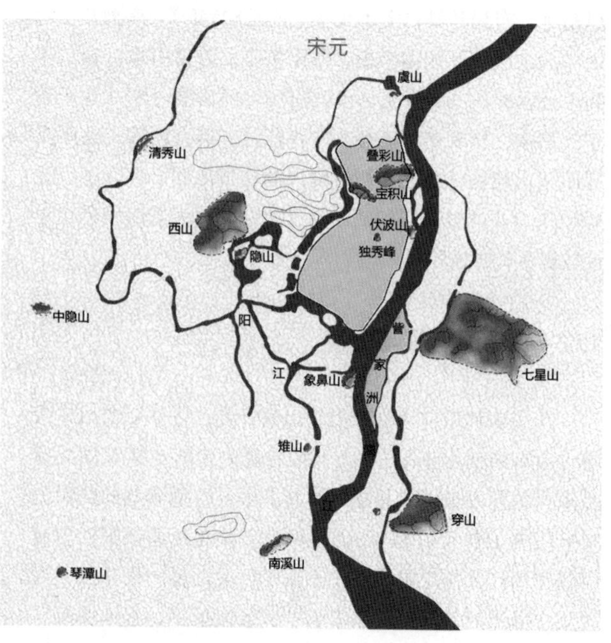

图2　桂林山水园林空间分布变化（一）

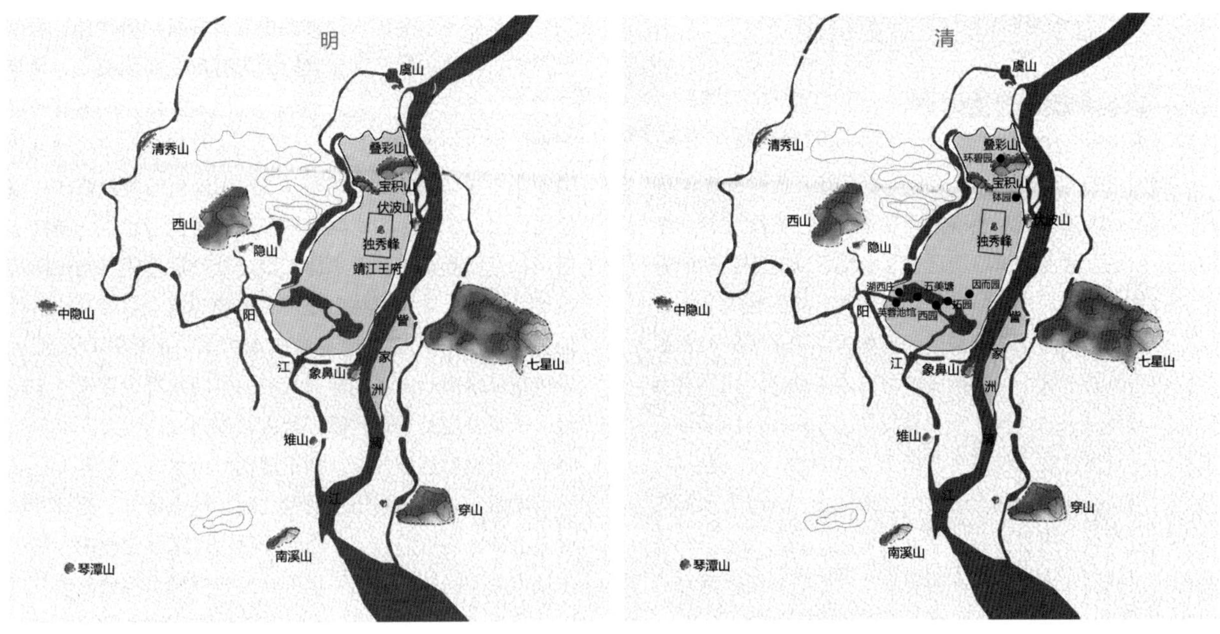

图2　桂林山水园林空间分布变化（二）

察园林自身的发展轨迹，还可以折射出不同时期城市结构形态的演化及人类活动的范围与强度。将历代主要景点所在位置在地图上进行定位落点，可得出不同时期桂林山水园林在地理空间上的分布状况（图2）。

综合桂林山水园林在各个历史时期空间分布状态的变化，得出如下结论：

（1）桂林山水园林空间聚集度较高，各代开发位置高度重合并始终以漓江风景带为发展核心。其中开发频次最高的山体依次为：七星山，共54处景点；独秀峰，共43处景点；叠彩山，共23处景点；隐山，共19处景点；伏波山，共19处景点；南溪山，共14处景点。

（2）园林分布区域的广度与城市范围大小呈正相关关系，风景营建的范围随城池的扩张愈加广泛，大体上可分为唐、宋元、明清三个变化阶段，如图3所示。

（3）城景一体的总体格局。桂林山水园林整体呈现出以独秀峰为中心，虞山至南溪山为南北向景观主轴，隐山至七星山为东西向景观轴，城市镶嵌在山水境域之内的环状空间结构（图4）。而按园林所属的空间范围又可分为三环体系，即围绕独秀峰，包含环城水系的城内风景带；由虞山、西山、隐山、象鼻山、七星山等组成的近郊风景带以及中隐山、琴潭山、尧山等分布在外围的远郊风景带。三环风景内外呼应，山水、园林、人居在空间上相互穿插嵌套，融合为一个有机的系统，形成城景一体的空间格局。

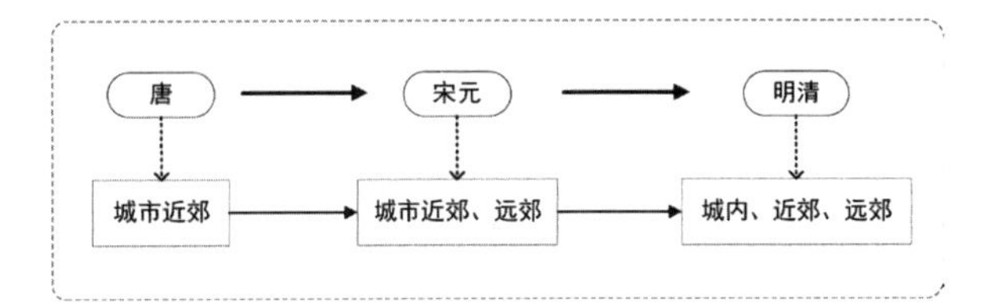

图3　桂林山水园林分布范围变化

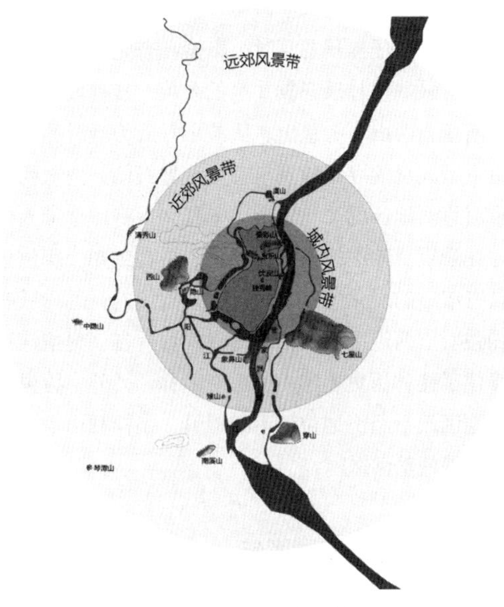

图4　桂林山水园林总体格局

3 桂林山水园林时空演变机制

3.1 以自然山水为主体

桂林北以越城岭为障，西受青藏与云贵两大高原屏护。亚热带季风气候温暖湿润、四季分明、降雨充沛、植被繁茂。亿万年前的海陆变迁使桂林地区孕育了复杂的峰丛、石林、溶洞、地下河[14]。侵蚀地貌、堆积地貌、溶蚀地貌等形态多样的地貌类型，为桂林地区提供了极具辨识度的地方风景基底[21]。同时境内河网水系发达，漓江自北向南穿城而过，兼含桃花江、相思江、小东江、南溪等支流[22]，还有榕杉湖、桂湖、西湖等众多湖塘。得天独厚的自然资源是桂林山水园林形成的首要因素，奇峰秀水促成了早期桂林名山风景的开发活动，形成以真山真水为背景的独特园林形式，并在后续园林发展中一直延续保持自然山水的主体地位，使其具有鲜明的地域特征。

3.2 受政治经济影响

政治经济环境是园林发展的先决条件。唐初，桂林地区经济发展以农业为主导，文化教育也还处于初始发展阶段，因此这一阶段的风景开发程度较低。宋以后全国经济重心南移，手工业发展迅速，商业贸易增加，园林营建也愈加趋于精细化。同时各代山水园林的发展程度亦能够投射出不同的时局背景。自唐朝开始，国家对粤西地区的政治管控和文化教化政策便开始同步进行，并以任命地方官吏的方式具体执行。如李昌巙、柳宗元等在桂办学，兴儒家礼乐，李靖任桂州总管时，奉命在普陀山建庆林观。唐代统治者采取儒释道三教并尊的政策，桂林城内外多建有寺观庙宇，西山、七星山、伏波山等成为当时的宗教圣地，留下了大量的寺观建筑与摩崖造像石刻。南宋朝廷更加注重对粤西地区的文化整合，宋代文人将理学带入桂林地区，在景观营建中注重景中取理、格物致知，所建景观普遍具有浓厚的文化气氛，蕴含经世致用的哲思。后明政府为加强对广西地区的统治，封设广西行省、封靖江王，从而修建了桂林历史上唯一的王府园林。另外，历史发展中桂林地区政治经济地位的不断提升，是桂林山水园林得以持续发展的基础保障。

3.3 与城市建设发展同步

园林景观与城池建设的共生发展是造就桂林城景一体的山水格局的关键因素，城市职能的愈加丰富和城市面积的持续扩张不断为山水园林提供发展契机。唐代桂林城市范围小，以政治统治和军事防御为城市主要职能[23]，风景开发主要涉及子城近郊及远郊，与城市生活空间尚有一定距离，城市内部的风景营建活动还未具规模。宋代桂林作为岭南军事防御重地曾进行了5次大规模的城池修筑，城市向西、北扩张。山水园林随城池扩张向西发展，漓江、桃花江、榕杉湖等凡有水体汇聚之处或沿途流经的山脉均得到了开发，此时桂林已是声名远扬的山水名城及旅游胜地。明代桂林城市范围继续向南扩张，由榕杉湖扩展到了桃花江以南。山水园林与城市的空间位置关系进一步拉近，风景营建的重点区域开始由城郊向城内过渡，城市与园林的融合度逐渐加深。到了清代，山水景点的开发已然不再局限于郊外自然山水形胜之地，城市远郊、近郊和城市内部地区均有分布。在历代桂林山水园林营建中，园林与城市的空间关系经历了从景在城外到城景相融的演变过程，营建重心由城市郊野空间逐渐向城市公共空间转移。

3.4 随人文活动而兴盛

文人山水情结与游览活动是推动桂林山水园林营建的直接驱动力。早期桂林地区的园林实践是随中原文人的人驻而开始的。自唐代开始，来桂为官的名宦诗人率先引起了对山水环境的改造潮流，奠定了桂林山水园林真山真水模式的雏形。宋代以后山水游览活动旺盛，来桂旅游人数甚众。这些来桂旅游、任职的文人惊异于奇山秀水，借以抒情散怀，留下大量脍炙人口的名篇佳作，形成以桂林山水为客观审美对象的“桂林山水诗”以及游记、题咏、画作。据统计，历代流传下来的桂林山水诗词数量分别为：唐代86首、宋元479首、明代617首、清代198首[24]。山水游览活动的兴盛与山水文学的繁荣发展为园林景观增添异彩，使桂林山水景观形象得到广泛传播[25]，园林所承载的精神文化性逐渐深化。另一方面，桂林作为风景旅游城市，城市园林以开敞式的公共风景资源为发展基础，具有城市公共空间的形态与功能，大众游赏山水是景观建设的初始目的。宋刘谊的《曾公岩记》曾言：“乃构长桥跨中流而渡，以为游观宴休之处，且与众共乐之。自是州人、士女与夫四方之人，无日而不来”[26]。园林游赏成为一种不受阶级限制的城市居民活动[27]。

3.5 桂林山水园林演变机制

综上，桂林山水园林的历史时空演变主要受自然因素、政治经济因素、城市发展因素及人文因素4方面影响。自然山水基底构建了桂林园林景观的基本骨架，决定其园林性质与发展模式；政治经济地位的上升是山水园林迅速发展的背景支撑；景观系统与城市发展的同步构建使自然与城市的依存关系不断强化；山水游览活动的兴盛、文学作品的繁荣推动桂林山水文化形成，强化了山水园林的艺术内涵，且园林活动具有较高的居民参与度。在形成环境、背景条件、发展驱动力的综合作用下，桂林城构建出以真山真水为背景、城景相融、开放共享的城市山水园林体系，与现代公园城市尊重自然、以自然环境生态为人居背景、公共开放的建设理念不谋而合[28]，成为公园城市的最早范本（图5）。

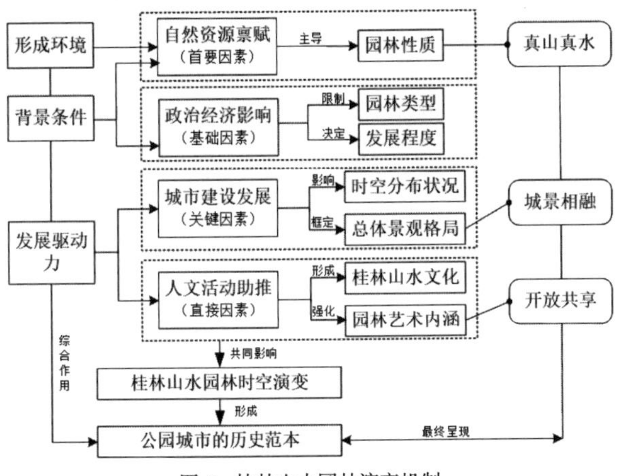

图5　桂林山水园林演变机制

4　结论与讨论

4.1　结论

（1）桂林传统山水园林营建可分为唐、宋元、明、清4个阶段。唐代对于山、洞穴等自然景观的开拓，奠定了桂林山水园林真山真水模式的雏形；宋元时期，开发重点从山景转为水景，亭台楼阁等风景建筑大量兴建；明代桂林山水园林的风格特征已基本形成，园林类型增加；清代以私家园林为主要成就，成为具有浓郁地方特色和人文内涵的山水园林胜境。

（2）在时间变化上，园林规模和数量由唐至清持续增长，其中宋明两代是山水园林营建的高峰。在类型变化上，唐宋时期人们致力于山、水、洞穴等自然景观的开拓；明代为园林类型变化的分水岭，明以后山水园林体系逐渐丰富完善。在空间分布上，园林营建范围随城市范围扩张而拓展，由城市近郊、城市远郊及城市内部全面开发的演变过程。

（3）自然资源禀赋、政治经济影响、城市建设发展及人文活动的助推是影响桂林山水园林形成的主要因素。在历史发展演进过程中，四者相互作用，形成具有真山真水、城景相融、开放共享等显著特征的桂林山水园林体系。

4.2　讨论与展望

古代桂林山水园林营建依托于开放性的风景资源，以满足游憩需求的公共园林为主体类型，其营建模式体现出以山水为骨架、以文化为灵魂、以“人本”为中心的人居理念。对桂林山水园林营建特征与演变机制的研究有助于当代城市在公园城市建设过程中系统梳理人地关系、山水关系，并为当今城市风景建设提供实际例证。诚然，桂林具有独特的自然环境优势，但其“山—水—城”相融的共生理念[29]适用于全国范围内的公园城市营建活动，同时也是指导桂林山水城市未来发展的历史图鉴。

古代桂林园林营建中蕴含的山水境域营造智慧需进一步解析。由于在历史发展过程中桂林山水园林损毁严重，典型园林遗存相对较少，相关研究具有一定难度。后续工作需关注以下几方面：（1）通过新史料的运用和遗构复原工作对桂林山水园林营景技艺和风景生成机制进行进一步探讨；（2）结合人居环境学和数字景观技术对桂林城市山水景观脉络进行定形定量分析并探索未来诗意栖居的城市风景高质量发展模式。

参考文献

［1］毛华松．城市文明演变下的宋代公共园林研究［D］．重庆：重庆大学，2015．
［2］刘寿保．唐代桂林山水园林史论［J］．社会科学家，1991（3）：70-76．
［3］孟妍君，秦鹏，秦春林．岭南名园——桂林雁山园造园史略［J］．广东园林，2011（4）：12-16．
［4］刘寿保．宋代桂林山水园林景观论［J］．社会科学家，1992（3）：88-92．
［5］谌世龙．桂林石刻所见桂林宋代山水游览活动［J］．中共桂林市委党校学报，2011（3）：73-76．
［6］周建明．唐代桂林旅游景观的开发与发展［J］．广西地方志，2013（5）：49-53．
［7］姚远．桂林历史城市人居环境山水境域营造智慧研究［D］．西安：西安建筑科技大学，2013．
［8］邓春凤．桂林城市结构形态演化研究［D］．苏州：苏州科技学院，2008．
［9］侯宣杰．清代桂林城市建设述论［J］．桂林师范高等专科学

校学报，2016，30（3）：1–6.
[10]（宋）周去非. 岭外代答［M］. 上海：上海远东出版社，1996.
[11]（清）顾祖禹. 读史方舆纪要・十［M］. 北京：中华书局，2006.
[12] 韦卫能主编，桂海碑林博物馆编撰. 桂林石刻撷珍［M］. 桂林：漓江出版社，2013.
[13] 广西壮族自治区地方志编纂委员会. 广西通志，旅游志［M］. 南宁：广西人民出版社，2003.
[14] 莫林芳. 桂林主城区山水景观初探［D］. 北京林业大学，2015.
[15] 王真真. 张鸣凤及其《桂胜》研究［D］. 桂林：广西师范大学，2008.
[16] 周会娟. 明清时期桂林城若干历史地理问题研究［D］. 桂林：广西师范大学，2008.
[17] 蔡宇琨. 桂林靖江王府研究及其保护初探［D］. 北京：北京大学，2008.
[18] 何元. 桂林靖江王府中和景观研究［D］. 南宁：广西民族大学，2017.
[19] 钟文典. 桂林通史［M］. 桂林：广西师范大学出版社，2008.
[20] 颜邦英. 桂林市志・园林志［M］. 北京：中华书局，1997.
[21]（宋）祝穆. 方舆胜览［M］. 北京：中华书局，2016.
[22] 韩光辉，陈喜波，赵英丽. 论桂林山水城市景观特色及其保护［J］. 地理研究，2003（3）：335–342.
[23] 陈晓飞. 漓江流域古代城市体系研究［D］. 桂林：广西师范大学，2008.
[24] 梁晗昱. 论古代桂林山水诗的从产生、发展及其流变［D］. 南宁：广西大学，2013.
[25] 王淋淋. 论宋代游宦文人对桂林山水文化发展的贡献［J］. 广西师范学院学报（哲学社会科学版），2013，34（4）：57–60.
[26] 汪森. 粤西文载校点［M］. 南宁：广西人民出版社，1990.
[27] 毛华松. 论中国古代公园的形成—兼论宋代城市公园发展［J］. 中国园林，2014，30（1）：116–121.
[28] 刘滨谊. 公园城市研究与建设方法论［J］. 中国园林，2018，34（1）：10–15.
[29] 吴良镛. 桂林的城市模式与保护对象［J］. 城市规划，1988（5）：3–8.

作者简介

吴曼妮，1996年生，女，桂林理工大学旅游与风景园林学院，风景园林学专业在读研究生。研究方向为风景园林历史与理论。电子邮箱：836563768@qq.com。

郑文俊，1979年生，男，博士，教授，博士生导师，桂林理工大学旅游与风景园林学院、植物与生态工程学院副院长，教育部高等学校建筑类风景园林专业教学指导分委员会委员。研究方向为风景园林历史与理论、乡土景观。

江西古代佛寺园林的发展与诗意[①]

The Development and Poetry of Ancient Buddhist Temple Gardens in Jiangxi

张 鹏 王 越 刘纯青

摘 要：佛寺园林是佛教在中国流传发展的依托和载体，在佛教的发展中，佛寺园林也在不断更新。综合利用文献归纳、历史比较、个案研究、图表绘制、实地调研等研究方法，着重阐述江西古代佛寺园林相地山林的四种不同选址类型和历史上不同时期空间构成的形态差异，并绘制复原图。结合各朝代相关的社会、人文背景从诗词楹联、八景文化中展现江西古代佛寺园林中的诗意成分，从而简要的揭示江西古代佛寺园林的发展与诗意。

关键字：古代佛寺园林；空间构成；相地选址；诗意

Abstract: The Buddhist temple garden is the support and carrier for the development of Buddhism in China. During the growth process, the Buddhist temple garden is also constantly updated. Comprehensively use research methods such as literature induction, historical comparison, case study, chart drawing, field investigation, etc. Focus on decomposing four site types of ancient Buddhist temple gardens and mountain forests in Jiangxi and the morphological differences in the spatial composition of different periods in history, and replace the restoration map. Combining the social and humanistic backgrounds of various dynasties, the poetic elements of the ancient Buddhist temple gardens in Jiangxi were revealed from the poetic couplets and eight-view culture, so as to briefly reveal the development and poetic meaning of ancient Buddhist temple gardens in Jiangxi.

Keyword: Ancient Buddhist Temple Garden; Spatial Composition; Phase Site Selection; Poetry

引言

江西省古代佛寺园林的发展大体来说经历了6个阶段：东汉末年的初传期，佛教东渐，江西是最早受到佛教熏染的地区，此时尚未出现佛寺园林；魏晋时期慧远建东林寺，江西古代佛寺园林开始萌芽；隋唐时期开始稳步发展，多个佛教宗派在江西创立，出现“一花五叶”的情况，佛寺园林迎来第一个建设高潮。佛寺园林在两宋达到全盛，禅宗兴盛，伴随“五家七宗”的出现，佛教空前繁荣，大量佛寺进入山林，佛寺中自然景观更丰富，文僧交互推动着园林的文人化；元明时期佛寺园林迎来成熟期，佛寺中造园手法成熟，掇山理水更甚前朝；清代是江西古代佛寺园林的成熟后期，江西佛教没落，佛寺园林发展缓慢，多是对前朝的修缮。

① **项目资助：**国家自然科学基金课题，江西古典园林演进历程、造园意匠与遗存整理研究，项目编号：31660231。

1 江西古代佛寺园林的形式变化

江西古代佛寺园林的发展是宗教观念和物质形式协同促进的，佛寺园林的物质形式由佛寺的空间和形式等组成，最明显的体现在佛寺园林的相地选址的多样性和空间构成的变化上。

1.1 多样的相地选址

佛寺园林的建立也离不开选址立基，从江西古代佛寺园林的整理中看出佛寺的选址有最佳的两个位置：一个是靠近城镇或乡村聚落[1]；二是依托风光秀丽的自然山水。故依此将江西古代佛寺园林分为城市型、郊野型[2]。

1.1.1 闹中取静——城市型

建立在城市街巷或乡村田野中，这类佛寺园林景观以人造为主[3]。清代南昌惠民门内的永福庵，左侧即是京家山房，寺僧悟机于寺内添建"松云精舍"，在院内摆放盆栽花卉，叠石假山，颇有雅趣。咸丰戊午年间，僧慧霖在"松云精舍"前面增建"结岁寒缘馆"。寺内有井，井铭为"慧霖"，寺僧将明代文人夏桂洲遗留下来的奇石，加上太湖石放置其中，叠石成山，并在井旁凿一小池，让人在城市之中有山水之遐想，颇有"一拳则泰华千寻，一勺则江湖万里"之意境。

1.1.2 旷奥奇险——郊野型

以山林为依托的佛寺是郊野型佛寺园林的主体[4]，偏爱幽静山林的江西禅宗多选择山水秀丽的名山大川建造园林，可将其分为山顶型、山腰型、山麓型和综合型四种（图1）。

山顶型佛寺有险、高、奇的特征，采用仰借、俯借、远借的方式把目之所及的自然风光融入佛寺之中[5]，佛塔殿阁与山体轮廓线结合形成优美的天际线，宗教人文与自然风光兼具。建昌县的真如禅寺位于云居山顶，云雾常驻，群峰环绕犹如莲瓣攒簇，周围胜迹星罗棋布，殿堂鳞次栉比与优美的环境融为一体。

平缓的山坡有利于建造佛寺[6]，山腰寺即把寺院建在半山腰位置，背倚高山，视觉景观层次更加丰富。寺院选址于山脚或山麓平原地带，背靠青山，交通便利，寺前多有平畴旷野以供寺僧。始建于唐代的净居寺位于青原山安隐峰下，寺内七祖塔位于寺院最高处，毗卢阁、佛殿、法堂、方丈以及各类僧舍依据规制依次展开，十分宏伟。寺院充分利用山林环境，在山林间建有飞来塔、普同塔等佛教建筑，同时在观景最佳处建有五笑亭、晚对轩等亭台楼阁以资赏景。山上多有泉水，山溪之上有钓台、百花台以及迎风桥、待月桥等园林建筑，卓锡泉、虎跑泉等更是与佛教传说结合，增加了佛寺园林的观赏性（图2）。净居寺正是凭借这些秀丽的自然环境和丰富的人文历史成为"青原讲会"之地，是佛如相济的典型。

唐朝大历年间所建的百丈寺，位于奉新县百丈山下，寺前为农田平原，彰显农禅并重的理念，后四围群山环绕，竹林密布，为中国佛教"天下清规"的发祥地。百丈寺周围多是名人石刻，如彰显寺院法度的"天下清规"石刻，寺后山泉处有李忱所题"真源"石刻，为其当年溯源而上所题，故百丈寺的泉水有"流觞曲水"之称，另有"皇娘墓""龙蟠石"石刻等。山上风光旖旎，绝壁险峭，有野狐岩、大义石、老僧看经石、笋石等，另有木人冢、甘坟等人文景观，增添了寺院的自然人文气息（图3）。

建于唐同光年间的广丰县博山寺，前瞰龙池、后枕博山、山环水绕、林谷幽深、泉石清奇，为江南佛教名刹之一（图4）。

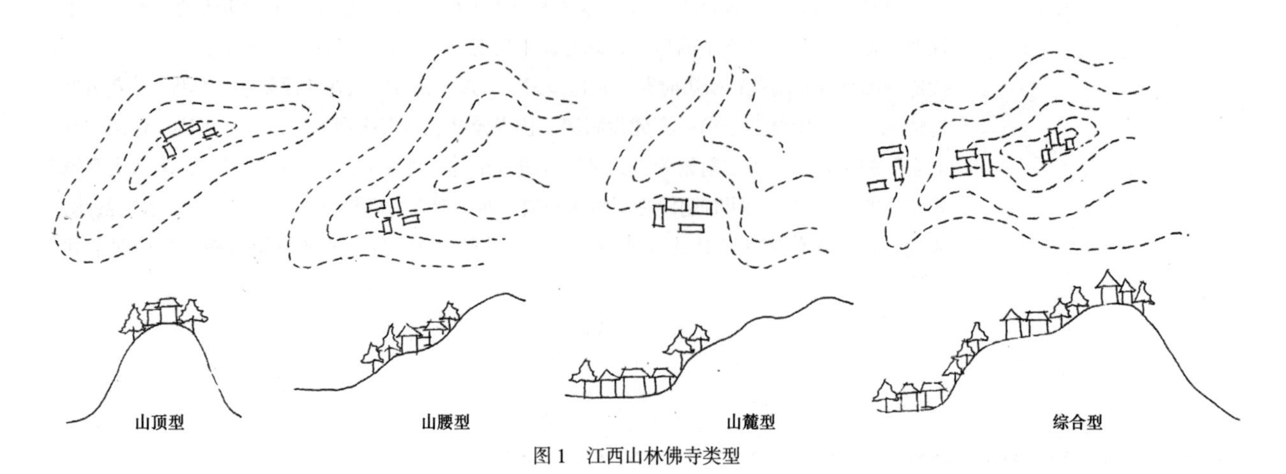

图1 江西山林佛寺类型

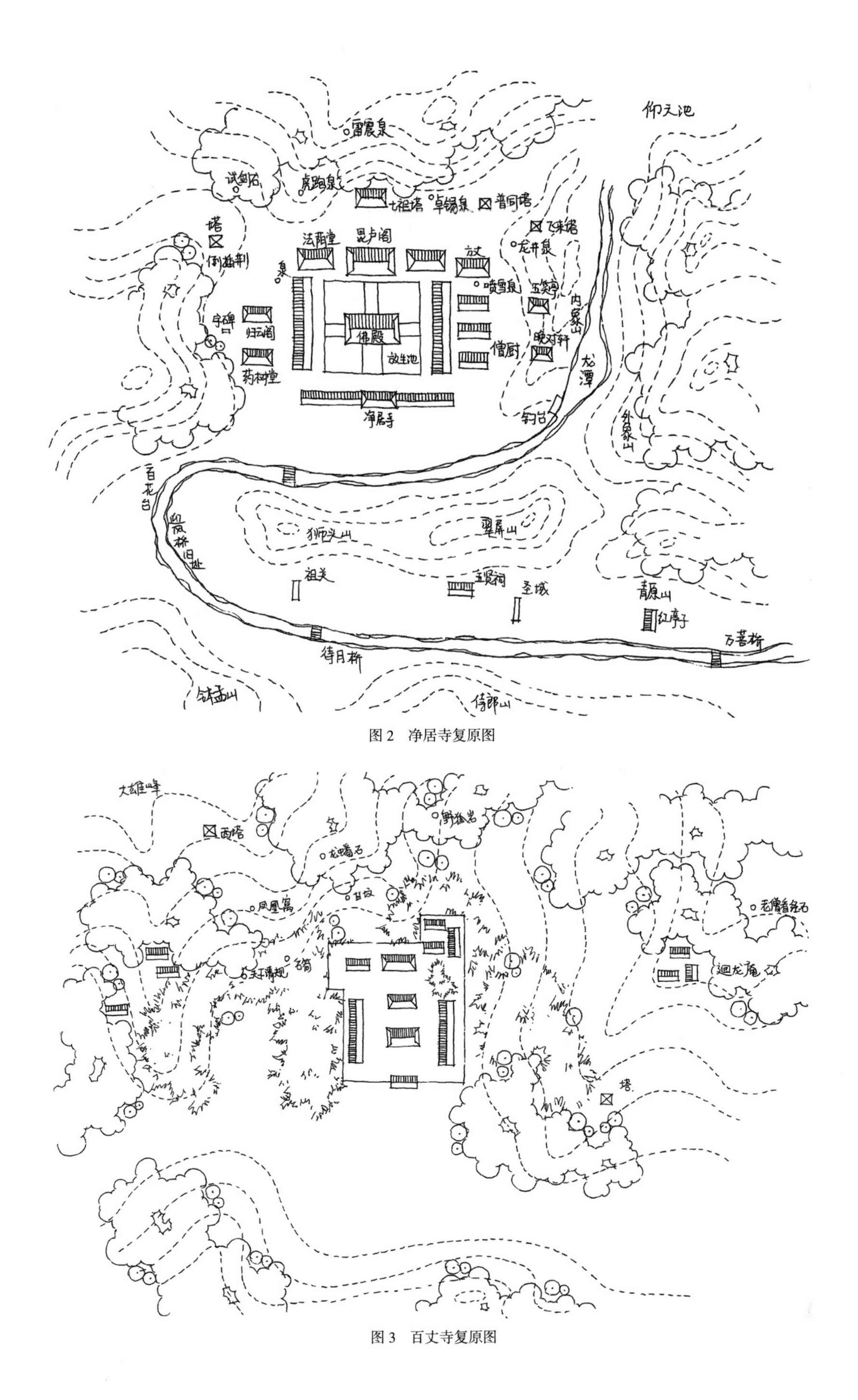

图 2　净居寺复原图

图 3　百丈寺复原图

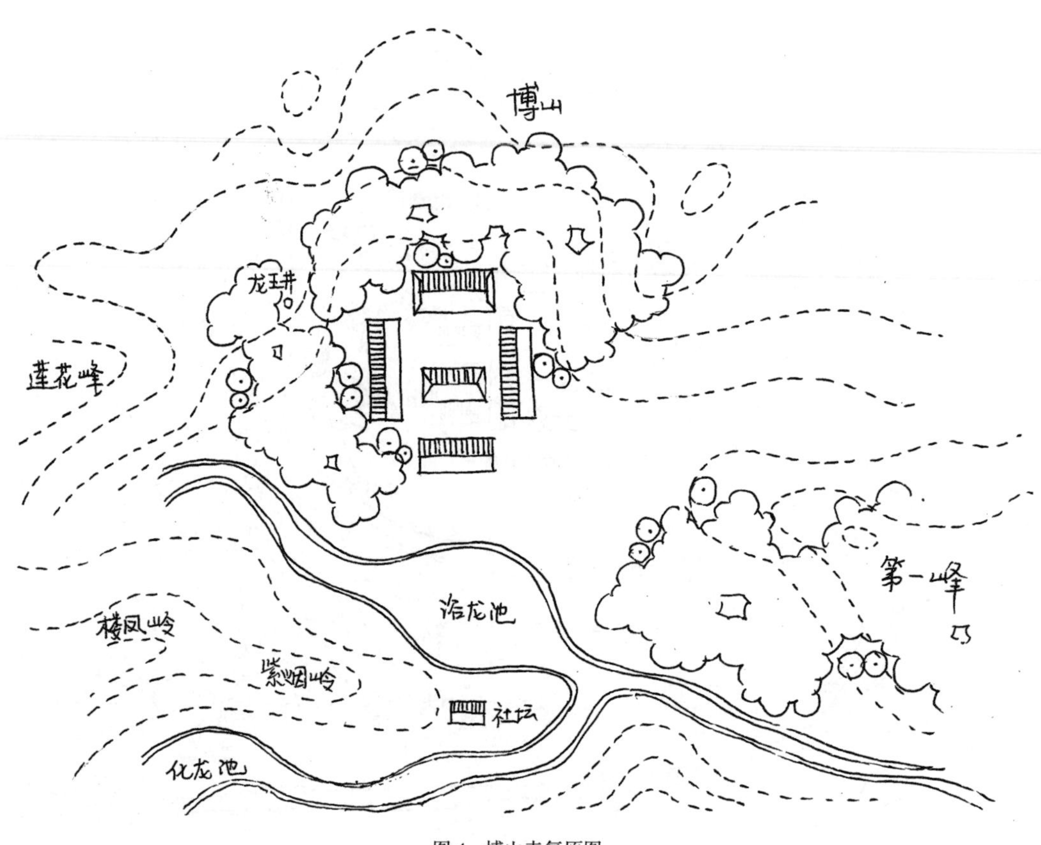

图4 博山寺复原图

综合型的佛寺兼具其他类型的风格特点，江西禅宗兴盛，佛寺园林多属于综合型，通常规模较大，建筑依山势而建，充分利用不同的地形地貌，合理分布于山顶、山腰、山麓和摩崖等地，从而获得多种景观效果。庐山大林寺坐落于大林峰，按照其位置可以分为上、中、下三寺，兼具山顶型、山腰型和山麓型，这样的寺院格局使得寺院风景变化多样。

1.2 变化的空间构成

佛寺园林的空间变化随着佛寺园林的发展历程而变化，在时间维度上具有一致性，与相地选址共同构成佛寺园林的物质形式。

1.2.1 初传期——院塔结合，形制简单

东汉时期佛教传入中国，印度佛寺的空间布局也一并传入。根据文献记载，中国第一座佛寺洛阳白马寺，其布局是按照印度佛寺所建，以佛塔为中心的四方形庭院平面[7]，汉代佛寺的空间构成大抵依循而来。此时的江西以东汉灵帝末年（188年）安世高于豫章所建大安寺为江西初寺，而后江西各地开始建寺。根据资料来看，从东汉灵帝末年至三国吴末帝宝鼎年间的80年中，江西境内建有17所佛寺和3座宝塔，寺院形制虽皆不可考，但是由此可以推测，江西佛寺最初形制也是院塔结合的方式。

1.2.2 生成期——舍宅为寺，逐渐汉化

魏晋南北朝时期，寺僧将佛塔置于传统民居合院中心，形成“前塔后殿”式格局，后期则以佛殿为寺院中心，形成以塔殿为中心的中轴排布的基本格局，逐渐形成汉化后的佛寺形式。此时的江西各地舍宅为寺之风盛行，例如余干县仇香寺、南昌普贤寺皆是地方贤人出资建寺，为江西佛教的发展奠定了基础。

1.2.3 兴盛期——百丈清规，开始定型

隋唐时期，佛殿已经成为全寺的中心，佛塔则退居其后或居于一侧，另成塔院或者建双塔，或立于大殿或寺门之前[8]，寺院内多建重阁，建筑形式逐渐宫殿化。百丈怀海禅师创作《百丈清规》，对禅寺布局进行规制，分区逐渐完备、格局日渐成熟，江西佛寺开始定型。

靖安县宝峰寺位于石门山宝珠峰下，建于唐朝中期，寺院占地甚广，石门数十里之内尽罩袈裟，别院、精蓝拱翼环卫，主要殿堂、方丈、经阁、僧寮房屋以百十楹计，

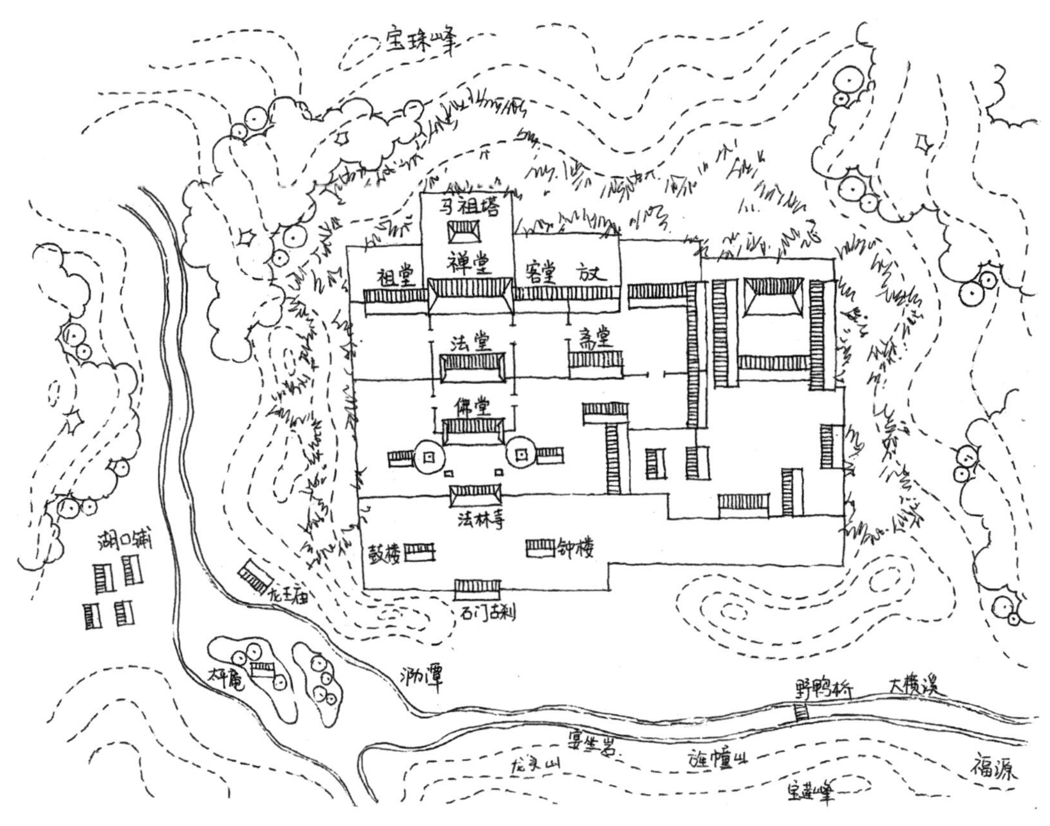

图5 宝峰寺复原图

整体以中轴对称布局方式营造。穿过周围山林达山麓，入以围墙与山石结合的“石门古刹”山门，为左右对峙钟鼓楼的庭院，正对“法林寺”大门，庭院右侧即为东别院。入大门左右树木繁荫，大雄宝殿、方丈、祖堂、斋堂各禅堂具备，井然有序，最后为马祖塔。寺内于祖殿后建有天书阁，承阁为堂，又名选佛堂（图5）。寺院周围还有藕潭、钓几、冕旒山等自然景观。

贞观初年由北郭居士初建真寂寺在南昌县东天禄山下，根据钟沂《真寂寺记》所述，真寂寺临近辟邪官铺，东临大溪，北四里即是武阳津，寺院非常大，四围约有十三亩，西南为“锦市珠林”，由此进即是佛殿，再是观音堂，向左为法堂与僧房（图6）。

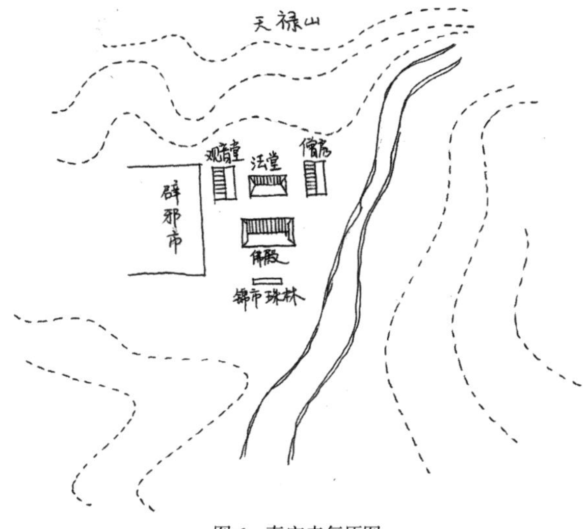

图6 真寂寺复原图

1.2.4 全盛期——世俗化、文人化

两宋时期，江西文风鼎盛，多有文人、官员等居住于佛寺内，与寺僧交往，佛寺更加世俗化、文人化。宋代佛寺更加强调中轴对称布局，依次排列主体建筑，两侧对称布置附属建筑。

宋咸淯年间，喻姓一族在南昌县修建性海庵，根据喻秉绶的《性海庵记》记载：寺院山门朝南，上有隶书匾额“性海禅林”，两旁有圆形水池，明澈如镜。入山门内有一株百年古樟，枝干遮天蔽日，西面为伽蓝殿，周围竹林茂密，郁郁葱葱。正对大殿，供奉如来佛像，左右观音、地藏相对，后为韦陀神像，庄严肃穆，殿周围花开烂漫。殿前有台阶，阶下为香炉铁鼎，东西分别为铁钟与大鼓，晨钟暮鼓之声与黄觉寺梵呗之声相互应答。两边以僧寮、客舍相互围合形成庭院，庭院宽敞，中有一株罗汉松，两株桂花，皆需合抱。殿后面北有“匾厅”一间，东西各有房

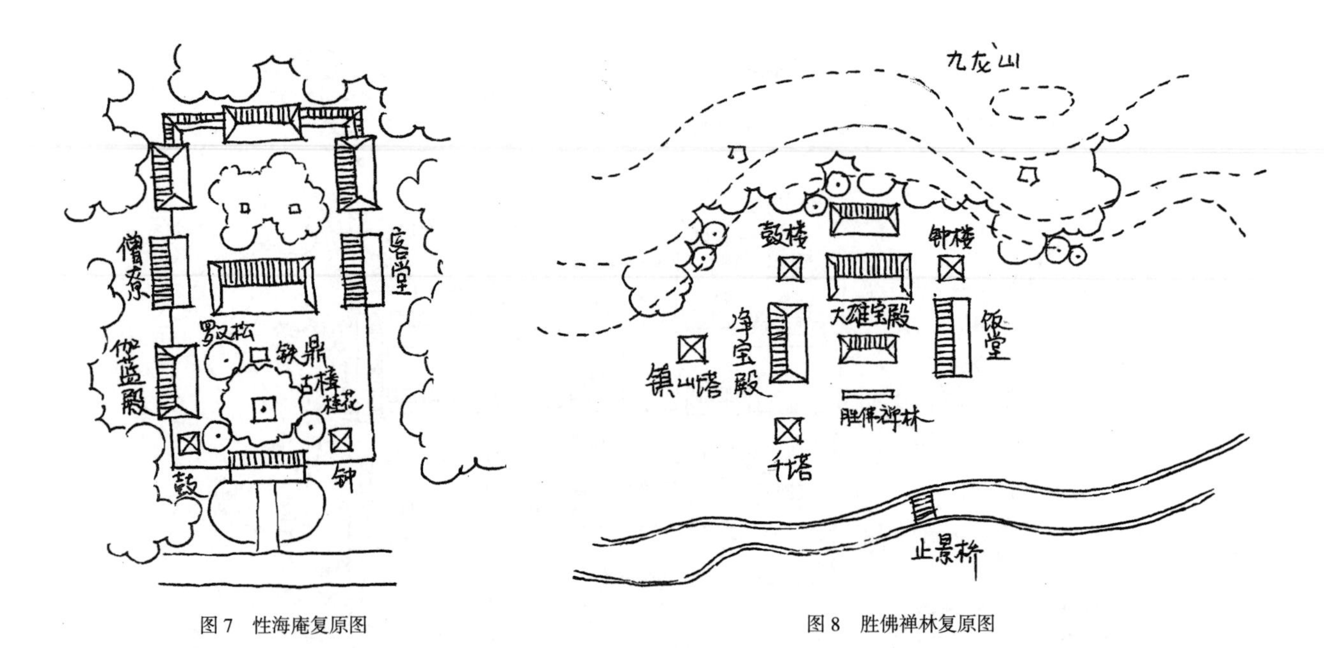

图7 性海庵复原图

图8 胜佛禅林复原图

屋，以漏窗回廊相连接，内部种植各类花卉树木，十分幽静而适合读书。寺院周围竹林茂密、范围宽广、寺院隐于其中更显幽静（图7）。

1.2.5 成熟期——中轴排布，严谨有序

明中期之后，禅寺中心以佛殿为主，祖师堂、伽蓝堂等位于两侧，禅堂、斋堂和寮舍等依次排列，山门前多增设金刚殿加强中轴序列。鼓楼取代藏经楼，形成“左钟楼、右鼓楼”的格局，中轴布局更加丰富，礼仪化更加明显，明代禅寺基本布局已经定型。

萍乡县胜佛禅林建于嘉靖三十二年（1553年），位于九龙山之中。根据明代邹善撰写的《胜佛禅林》记载，寺院中轴对称布局，山门正对中间的大雄宝殿，东为饭堂，西为禅室名曰“净宝殿”，钟鼓楼对称布置在大雄宝殿两侧，止景桥架于山门外清溪之上，千僧塔在山门右侧，镇山塔位于净宝殿之后（图8）。

1.2.6 成熟后期——互相融合，最终定型

清代佛教宗派之间的区别不再明显，佛寺经常出现各宗派与儒释道相结合的情况。清代佛教主要依靠信徒民间支持[9]，江西地区的佛寺园林最终形成自己的特色，园林布局也更加丰富多样。

清代永丰县的圆觉寺，布局形式自由，独具特色。根据李金台的《文昌阁圆觉寺记》可知，文昌阁左侧为正心楼，前面是达本堂，经过达本堂即是寺院内景。寺院正中为大雄宝殿，有台阶与空地相连，空地上有圆池似满月之状，由寺外挖渠导引渼陂之水形成活水，成为寺院景观。同时与

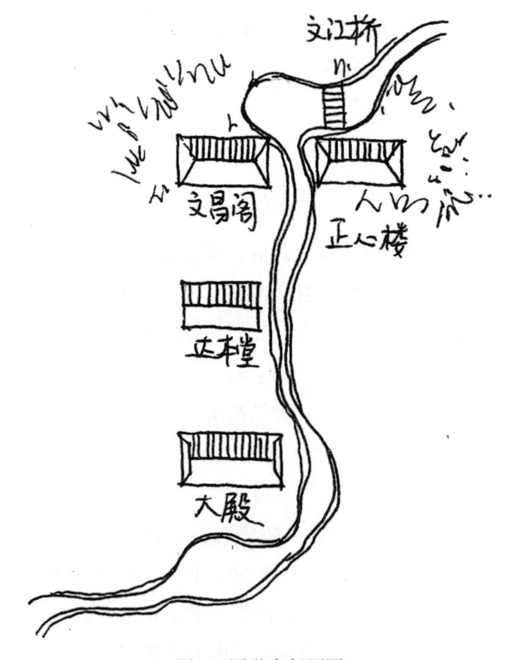

图9 圆觉寺复原图

文昌阁下龙潭相连，潭上架有文江桥，左右疏林茂竹随风作响，与文江之水相互应和，过桥即是村郭百家（图9）。

2 江西古代佛寺园林的诗意内容

江西古代佛寺出现过许多文学造诣极高的僧人墨客，他们在不但佛经义理上有极深的造化，还在艺术方面有极高的修养。因此在江西古代佛寺园林的八景文化、钟鼓花

果、诗词楹联中体现了深刻的诗意内容。

2.1 八景成风，意蕴无穷

江西古代八景文化丰富，好事者以精妙的文字命名景物，将物质世界和精神世界通过诗文的形式联系起来（表1）。八景取名富有诗情画意，将优美的景色和浓厚的文化浓缩，给人以无限的遐想，人们在进行游览之时会重点游览八景，并以八景为题吟诗酬唱，以诗文的方式突出八景景色的丰富，八景也因名人诗词的传颂而闻名，使得佛寺声名远扬吸引更多人来观赏，促进佛寺的建设。

唐中和二年（公元882年）建造的疎山寺位于疎山之上，南濒抚河、北傍群峰、山环水绕、树木苍翠（图10）。以疎山寺为中心，疎山上分布着许多景点，明朝吴玉尔记录了“疎山八景”，分别为：袈裟地、倒栽柏、卓锡泉、无人渡、卧龙潭、眺日台、揖江亭、矮师塔，八景多与匡仁禅师有关，具有宗教意义。揖江亭在疎山脚下，前临卧龙潭，山水胜景由此开始。眺日台位于疎山寺东侧布政峰峰顶，是前朝何仙舟开辟的钓台，旁有匡仁禅师手植的倒栽柏，登临其上可俯瞰全寺风光。

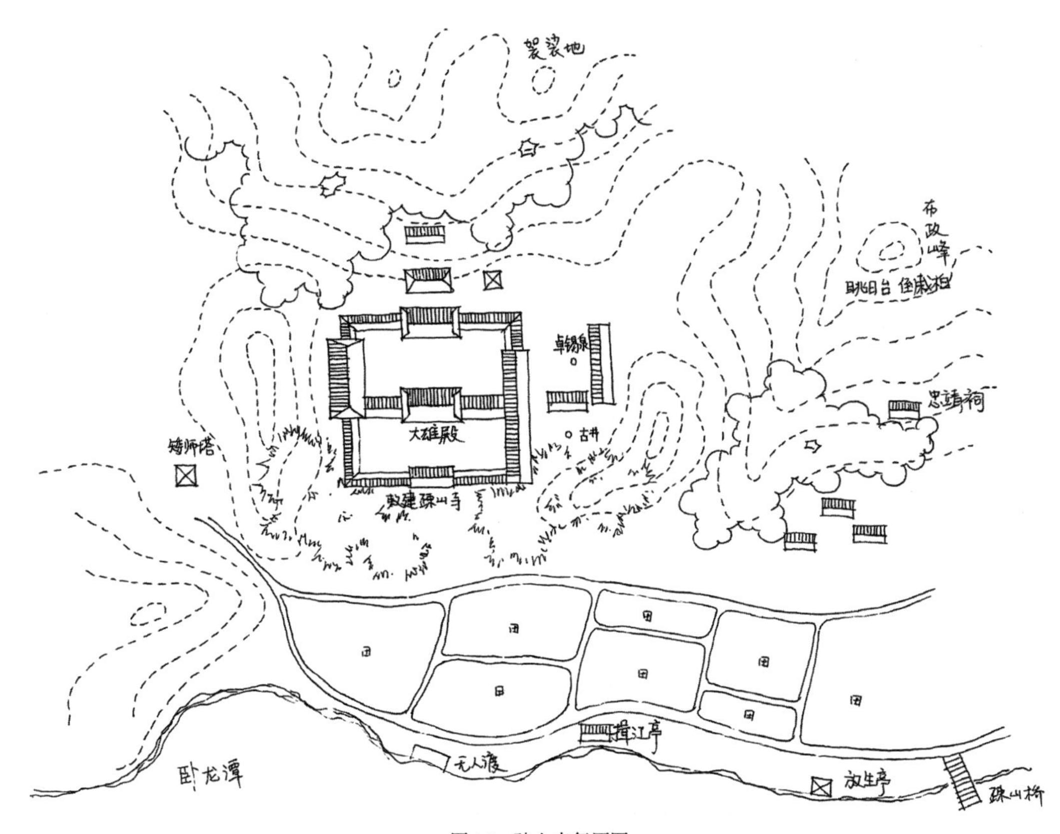

图10 疎山寺复原图

江西佛寺八景（十景、四景）一览表 **表1**

佛寺名称	八景名称	八景内容	八景总称
南昌县龙沙寺	龙沙夕照	夕阳、白沙	豫章十景
新昌县延福寺	古木空烟	空烟亭	新昌八景
鄱阳县荐福寺	颜亭荷雨、洲上百花、荐福茶烟	亭、百花洲、茶园	饶州东湖十景
鄱阳县浮洲寺	湖心孤寺	浮洲寺	饶州东湖十景
乐平县观音阁			乐平十景
萍乡县横龙寺	横龙泉清	泉水	萍乡十景
上饶县南岩寺	文公庙、大义石、一滴泉、千人室、五级峰、百丈壁、开鉴塘、濯缨井		南岩八景
弋阳县慧济禅寺	山灵启运、仙石留迹、枯松复秀、灵芝呈祥、孟峰夕照、锡山晴岚、赤岭雪霁、古洞秋声、寿禄重嶂、佛耳甘泉		慧济禅寺十景

续表

佛寺名称	八景名称	八景内容	八景总称
德化县能仁寺	大胜塔、双阳桥、雨穿石、冰山、雪洞、石船、晦尔泉、铁佛	塔、桥、石、山、洞、石船、泉、佛像	能仁寺八景
金溪县疏山寺	袈裟地、倒栽柏、卓锡泉、无人渡、卧龙潭、眺日台、揖江亭、矮师塔	地景、柏树、泉水、深潭、台、亭、塔	疎山寺八景
峡江县天长寺	南浦敕碑、钟楼对峙、青嶂列屏、白马朝天、金涧环流、石桥锁玉、宝林千松、古路一亭	敕碑、钟楼、山景、石景、水景、桥、松林、亭	天长寺八景
信丰县东禅寺	东禅晓钟	钟声	信丰八景
兴安县龙泉庵	岑山晓钟	钟声	兴安八景
余干县思禅寺	陆羽茶灶、昌谷僧钟	茶灶、钟声	干越八景
安义县大唐寺	观风亭榭、大唐晓钟	观风亭、钟声	安义八景
德兴县报德寺	报德晨钟	钟声	银城四景
高安县大愚寺	大愚晚呗	诵经声	筠阳八景
鄱阳县永福寺	双塔铃音	塔铃声	饶州东湖十景

2.2 晨钟暮鼓，花果焚烟

佛寺中最令人心静的便是晨钟暮鼓和诵经早课，经文借僧人之口感化这大千世界，给人以“姑苏城外寒山寺，夜半钟声到客船”的独特感受，而这也多体现在江西八景文化之中。寺院中焚香之烟，花果之气给人精神上的宁静，有“花拆香枝黄鹂语”之意境。寺院中还有不同的佛像雕塑，殿堂塔阁，因为不同的作用和佛教意义而会给人带来肃穆庄严之感，人们行走朝拜，会心灵平静，不受俗世干扰，而能全身心的感受佛国仙境之感[10]。

2.3 诗词楹联，诗意内核

江西自古就是文化鼎盛、文豪大家频出的地方，而文人墨客又常游佛寺与僧人交友，多有留下诗篇文墨。佛寺内有很多建筑命名也是由诗句而成，也为园林带来诗画般的情境。

南昌翠岩广化寺有一座愈好亭，取自寒山颂中“微风吹幽松，静听声逾好”之句为名。慧力寺有高青亭，以施闰章的“秀干攒高青”之句为名。

佛寺园林里面必不可少的有碑刻、石刻，多是文人来到寺院欣赏美景有所感触书写雕刻而成，具有重要的文化价值，同时也是佛寺园林的诗意内核的典型外化，提示人们想像所见之景的深层内涵从而达到进入意境的作用。

弋阳南岩寺因在岩壁上雕刻佛像，因洞成寺，岩石壁立之景而闻名，明代文人范有韬在此题额曰“自然天地”，非常形象生动地描绘出一幅人造图画与自然美景相结合的画卷，让人印象深刻（图11）。

南昌南溟寺在青岚湖畔，有“水月空明”匾额，清乾隆皇帝下江南来此因其美景，命纪晓岚作对联一副：“岚湖一帆一浆一渔舟一个渔翁一钓钩，溟水一府一仰一顿笑一湖明月一湖秋”，无不将这山水空濛，明月冷清秋，渔

图11 南岩石刻

翁帆船湖水天际流之风光展现出来，即使没有来过也能体会出这山水胜境。

庐山海会寺山门题额为“莲邦海域”，展示了佛教莲花文化，带给人们每逢盛夏寺院前荷花池“接天莲叶无穷碧，映日荷花别样红”的胜景。二门为康有为题额曰“真面目”，提醒人们来佛寺朝拜要真心实意，心怀善意。

南昌北兰寺位于赣江之滨，龙沙江畔，有“烟江叠嶂图”之美景，清代重建之后更是成为豫章故郡文人画家荟萃之地，清代学士查升题“豫章胜概”额，巡抚鄂昌书“山水禅林”匾额，无不将这一幅人间山水画卷展示在人们面前。

东乡县会龙庵有一处会龙泉，知县朱旋在水边刻“师水”于其上，又有知县鲁镳书有“留客听山泉”五字，庵以泉名，泉添美景，相互映衬。

石城县海藏院有山泉瀑布之美景，山后泉水流淌不息，逐渐注入深潭，潭水清澈而有鱼儿千条，石壁间有僧智犁镌有“琴水奇观”四字，给人们无限遐想。

3 结论与展望

江西古代佛寺园林经历各阶段的不断发展后在两宋臻于完善，从时间维度上看，江西古代佛寺园林的空间构成随着朝代更迭、造园手法的升级、佛教义理的发展不断复杂，与此同时，江西古代佛教园林中诗意的内容也在不断丰富。

当今的风景园林实践应体现中国特色，西方的景观实践值得我们学习，但也不应照搬，只有寻找本土本地传统园林中的理论精髓，才能够到达符合中国特色的远方。借于以往，有资于今日。

参考文献

[1] 陈植. 说园 [M]. 上海：同济大学出版社，2007.

[2] 汪菊渊. 中国大百科全书·建筑·园林·城市规划卷 [M]. 北京：中国大百科全书出版社，1988.

[3] 周维权著. 中国古典园林史 [M]. 北京：清华大学出版社，2008.

[4] 赵光辉. 中国寺庙的园林环境 [M]. 北京：北京旅行出版社，1987.

[5] 李玲. 中国汉传佛教山地寺庙的环境研究 [D]. 北京林业大学，2012.

[6] 管欣. 中国佛教寺庙园林意境塑造手法研究 [D]. 合肥工业大学，2006.

[7] [北齐] 魏收:《魏书》卷一百一十四《释老志》(第八册)，北京：中华书局，1974.

[8] 潘谷西. 中国建筑史 [M]. 中国建筑工业出版社，2009.

[9] 孙大章. 中国古代建筑史. 第五卷，清代建筑 [M]. 中国建筑工业出版社，2002.

[10] 袁牧. 中国当代汉地佛教建筑研究 [D]. 清华大学，2008.

作者简介

张鹏，1993年生，男，风景园林硕士，现就职于上海深圳奥雅园林设计有限公司，研究方向为风景园林历史与理论。

王越，1997年生，男，风景园林在读硕士，江西农业大学，研究方向为风景园林历史与理论。

刘纯青，1974年生，女，博士，江西农业大学副院长、教授，研究方向为风景园林历史与理论。电子邮箱：515189191@qq.com。

苏东坡陶情田园思想与实践研究

Sudongpo Contented Feeling Rural Thought and the Practice Research

严文丽　郭　丽　李璐瑶

摘　要：苏轼作为唐宋八大家之一，精通诗词散文、书法艺术，在造园方面也颇有造诣。在其一生的经历中，凭借对自然风景的理解，对美的高度鉴赏能力和深厚的文化艺术修养进行了许多风景园林实践，为中国风景园林营造作出杰出贡献。三苏祠是东坡出生的地方，后人又将其思想融入祠内的园林设计中。本文将对东坡的风景园林实践进行研究，总结出东坡独特的造园思想和理论方法，这对中国古典园林的研究与苏学研究具有重大指导意义。

关键词：苏东坡；风景园林；陶情田园思想；实践研究

Abstract: as one of the eight members of tang and song dynasties, Su shi was proficient in prose poetry, calligraphy, had also quite accomplished in gardening of Dongpo. In his life experience, relying on the understanding of the natural scenery, his height of beauty appreciation ability and profound cultural artistic accomplishment made many landscape architecture practice, made outstanding contributions to Chinese landscape architecture to build three su temple is a place where Sudongpo was born, future generations will be the idea into the landscape design of the inside the temple. This paper will study the practice of Sudongpo landscape architecture, and summarize the unique garden ideas and theoretical methods of Sudongpo, which is of great guiding significance to the study of Chinese classical gardens and the study of Soviet studies.

Keyword: Sudongpo; Landscape Architecture; Tao Qing Pastoral Thoughts; Practice Research

1　苏东坡

苏东坡的一生跌宕起伏且波澜壮阔，他是为民谋福的政治家，“早岁便怀齐物志，微官敢有济时心”；他是才华横溢的艺术家，诗歌兼取李杜韩白之长，文学才能极富艺术性与创造性，开创了豪放词先锋；他是随缘放旷的生活达人，认为“君子可以寓意于物，而不可以留意于物”又能超然“游于物之外”，自可“无所往而不乐”，在美食、养生等方面也颇有造诣[1]。作为唯一入选法国《世界报》第二个千年世界的12位英雄人物的中国人，苏东坡在中国乃至世界历史上的地位都是无人能撼动的。著名的杭州西湖、惠州西湖、凤翔东湖等造园建设都由东坡亲自参与，而他所到之处，亦多在今天成为文化旅游胜地，东坡已成为代表名片，文化影响力巨大，而其造园思想和方法也具有典型性和代表性。

2 苏东坡风景园林实践研究

该部分选取陕西东湖、杭州西湖、黄州东坡与惠州西湖为研究对象。对东坡在不同文化和自然环境，地域尺度下的造园设计手法与工程技术的融合等方面进行重点研究。

2.1 陕西凤翔东湖

嘉祐六年（1061年）苏轼第一次为官，任职陕西凤翔府判官。在任职期间，他并不适应当地气候，对家乡之景十分怀念，在《东湖》中写道："吾家蜀江上，江水绿如蓝。迩来走尘土，意思殊不堪。况当岐山下，风物犹可惭。有山秃如赭，有水浊如泔。"为追求美好的环境，他在府邸建亭。期间遭遇大旱，他又潜心为民求雨，一场甘霖降下时，他在府衙建造的园亭正巧完工。于是，苏轼就把亭子命名为"喜雨亭"，并写下《喜雨亭记》，记述建亭经过，"余至扶风之明年，始治官舍。为亭于堂之北，而凿池其南，引流种木，以为休息之所。是岁之春，雨麦于岐山之阳，其占为有年。"其间《次韵子由岐下诗并序》云："亭前为横池，长三丈。池上为短墙，属之堂。分堂之北厦为轩窗曲槛，俯瞰池上。出堂而南为过廊，以属之厅。廊之两旁各为一小池。皆引汧水，种莲、养鱼于其中。池边有桃、李、杏、梨、枣、樱桃、石榴、樗、槐、松、桧、柳三十余株，又以斗酒易牡丹一丛于亭之北。"苏轼在官舍旁垒石造亭、凿池引水、植树栽花、为民求雨的过程，反映了东坡对环境的追求与高超的造园技巧与水平，也体现了他对实际的民生问题和风景改善、创造的急切心情。

凤凰泉水经建设施工引至城东门外而蓄水形成东湖，平时东湖可用于储蓄雨水，在旱情严重时通过泄放以缓解农田灌溉和人民用水的问题。而后，苏东坡开始着手设计东湖的景观环境，沿着湖面形态和城墙走势遍植杨柳、柳荫夹道、碧翠映天，人们沿滨湖步道漫步而行，停留于湖边可观景，杨柳飞扬、微风习习，不就是现在风景园林中的绿道吗？于湖上建造了宛在亭、君子亭等多处景观建筑，为人们提供休憩空间与观景点，亭子间用桥连接，桥形态优美，与湖水相得益彰，使得桥上可观景，亭中可观桥，正确处理景物之间的视线与空间关系。《东湖》诗中写道："新荷弄晚凉，轻棹极幽探。飘飘忘远近，偃息遗佩篸。深有龟与鱼，浅有螺与蚶。曝晴复戏雨，戢戢多于蚕。浮沉无停饵，倏忽遽满篮。丝缗虽强致，琐细安足戡。"

苏东坡对凤翔人民的奉献与仁爱，使得当地人民为了纪念他，在东湖的北畔建设了苏文忠公祠，以表达感恩之情。祠内有石刻碑文，有的是苏东坡的诗词文章，有的是后人为缅怀苏东坡而作的。苏公祠和东湖也历经多次重修、新建与保护，是对东坡精神的延续与东坡文化的传承。

2.2 浙江杭州西湖

杭州位于我国东南沿海北部，自古便是国家东南重要的交通枢纽，是人文兴盛的一大都会。然"杭本近海，地泉咸苦，居民稀少。湖水多葑，自唐及钱氏，岁辄浚治，宋兴，废之，葑积为田，水无几矣。"到北宋后期，西湖常年不治，葑草湮塞占据了湖面的一半。元祐五年（1090年）苏轼任杭州知州，杭州之于朝廷是皇帝放生的地方，是杭州人民生活用水之地，水利方面西湖可保证河运畅通；同时在经济上，西湖也是酿酒上税的源头。

同年四月，苏东坡以工赈灾的形式招募饥民疏浚西湖，包括疏浚茅山、盐桥二河及修六井，并用挖出来的葑草和淤泥，堆筑起自南至北横贯湖面2.8km的长堤，把内湖与外湖连接起来，并在堤上建六座拱桥，九座亭子，提供休息空间。为使湖中葑草不再滋生，苏东坡将沿岸部分开垦出来，租给百姓种植菱角，农人需定期对自己的区域进行除草，保证了西湖可持续性发展。植物选择上，苏东坡颇有见解，菱角属南方乡土一年生草本水生植物，适宜在泥中生长，具有净化水质与固土的作用，而西湖的淤泥可作为其生长基质，两者互为补充。菱叶又可作青饲料或绿肥，菱角皮脆肉美，蒸煮后剥壳食用，亦可熬粥食。这一做法既是惠民工程，又可实现西湖的经济价值，带给百姓福利。随后，东坡又在湖中立塔为标志，禁止在三塔以内种菱植芡，维持了西湖的生态可持续性，而后渐渐形成了"三潭印月"的景观，实现从实用性到美学性的转变。随后苏东坡利用胶泥烧成陶瓦管代替原来的竹质管，把西湖水引到城南的新水库，使杭州城每家都能引用到淡水。苏轼的实践使这一工程发挥了航运、灌溉、供水、环保、休闲娱乐等功能，同时也让"数千人得食其力以度此凶岁"。

此外，西湖之名由来也与苏东坡息息相关。据《汉书·地理志》载："钱唐，西部都尉治。武林山，武林水所出，东入海，行八百三十里"。由此可见，西湖最早称武林水，后又有钱水、钱塘湖、潋滟湖、西子湖、高士湖、西陵湖、美人湖、贤者湖等名称。苏轼在《乞开杭州西湖状》中写道："杭州之有西湖，如人之有眉目"，则是官方文件中第一次使用“西湖”这个名称。而后苏轼写了大量关于西湖的诗文，如“欲把西湖比西子，淡妆浓抹总相宜”，又因此西湖之名响彻中华大地。

2.3 湖北黄州东坡

苏轼因乌台诗案被捕入狱，后来被贬黄州。他一路风尘，踉踉跄跄地到了黄州。因一时无处落脚，定慧院的方丈把一间呈封已久的小屋借给了惊魂未定的苏东坡。而后他经常去安国寺，静坐参禅。此时苏东坡的家眷已来到黄州与他相聚，为了用有限的积蓄把日子过下去，他量入为出。朋友马梦得向徐君猷求情，为他寻得黄州城外废弃的五十亩军营地，交给苏东坡无偿耕种。因为地位于城东，苏轼将他命名为东坡。

公元1081年，东坡开始在这片土地上创造自己的一番天地。他烧掉枯草，以草木灰作为肥力。荒地上的一口暗井解决了灌溉的问题。东坡购置了牛、锄头、镰刀等农具，这是一个农民的“笔墨纸砚”，只是这次不是为了审美，而是为了求生。第二年苏东坡迎来了第一个收获麦穗的季节。随后，苏东坡越发享受这种“田舍翁”的日子，于是在此建造了自己的房子，共三间，俯见茅亭，亭下就是著名的雪堂。雪堂前有房五间。墙由他自己油漆，画上雪中寒林和水上渔翁，以坡顶上一个原有的亭子为基础，新建五间房子。在堂屋四壁，苏轼亲自动笔绘满雪景图画，“东坡雪堂”的名号就此产生。

2.4 广东惠州西湖

宋哲宗绍圣元年（1094年），苏东坡被贬为“宁远军节度副使惠州安置”。惠州位于广东省东南部，珠江三角洲东北端，有“岭南名郡”“半城山色半城湖”之称，素以五湖、六桥、八景而闻名，其山川秀邃、幽胜曲折、浮洲四起、青山似黛，景域妙在天成，有“苎萝西子”之美誉，并有“大中国西湖三十六，唯惠州足并杭州”的史载，《惠州西湖歌》中曾道：“惠州西湖岭之东，标名亦自东坡公”，苏轼还写下“不辞长作岭南人”的感叹，可见惠州西湖的名誉与苏东坡息息相关。

然而“惠州之东，江溪合流，有桥，多废坏，以小舟渡”“州西丰湖上，有长桥，屡作屡坏”“不知百年来，几人陨沙泥”。苏东坡认为应在平湖门和西山两端各筑进一段堤，中间以桥相连，桥的材质应选用“千年谁在者，铁柱罗浮西。独有石盐木，白蚁不敢跻”（《西新桥》）。即使没有实际的建设权利，但“东坡苏公捐腰犀以倡其役出资”，积极参与谋划，促成两桥建成，位于惠州城东面、西枝江上的称为“东新桥”，而位于城西、西湖上的称为“西新桥”。竣工之日，惠州百姓欢欣雀跃，扶老携幼前来庆贺“父老喜云集，箪壶无空携。三日饮不散，杀尽西村鸡”。后来西新桥成为连通两岸的要道和景点，苏轼寓惠有诗：“群鲸贯铁索，背负横空霓。”形象地展现出东新桥雨后江上浮桥的奇观。

苏东坡常在月夜，到西桥夜游西湖，登合江楼、入逍遥堂，过丰乐桥，踏遍西湖山水，以至“达晓乃归”，游兴是极酣的，“苏堤玩月”的景致由此而来。东坡一句“一更山吐月，玉塔卧微澜”，且山上松林下有苏东坡侍妾王朝云墓及六如亭，因而有了西湖八景中的“玉塔微澜”“孤山苏迹”。中华人民共和国成立后，先后建有登山亭廊、东坡纪念馆、东坡寓惠书迹和东坡居士塑像。纪念性建筑物依山依势而建，因景而立，是集自然、人文景观于一体的游览胜地。后来，惠州人把丰湖的两段堤命名为苏堤，以表达对他的纪念。

3 苏东坡的陶情田园思想

苏东坡在其跌宕起伏又波澜壮阔的一生中，对自然山水有着特殊的亲近与钟爱，每到一地，见有奇景，必作诗文。他以审美的眼光和宽厚的胸怀去关照大自然的山山水水，去发现大自然多姿多彩的美，去感知寄情大自然的愉悦与畅意。他不仅善于写山水诗，还善于营造山水。苏轼每到一地，都给当地留下了深厚的文化遗产与自然遗产，使得美丽的风景增添了浓厚的人文气息，又兼具实用、经济、生态等多重价值。

3.1 自然与文化的融合

苏东坡所到之处，都留下了他个人的人文思想，精神内涵密切联系。发展至今，很多地方也都因有东坡的工程建设和人文遗迹而拥有了独特的城市文化形象和人文特质，自然与文化的融合，恰到好处。

3.2 风景与实用的结合

苏东坡的造园实践起源多源于解决实际问题，如抗洪、灌溉、干旱等。他懂得通过蓄水调控、农田灌溉、缓解旱情。并且苏东坡能够利用水体造景，不仅是沿线的绿道而且将水应用到灌溉、生活等多处。他所营建的风景，能够在一定程度上实现美学性与实用性的结合。

3.3 重视地域发展

苏东坡每到一处，都能尽快地适应所处环境，与当地相融合，他重视地域的发展，积极解决当地百姓的生活疾苦。他深入社会底层，了解百姓需求，为百姓谋利，造园实践能够将实用与经济发展并存。苏东坡多采用以工赈灾的形式进行实践，能够为百姓提供经济收入，同时实现风景的营造，而建成的风景能够为百姓所享用。他在实践过程中积极寻找百姓需求、地域发展、城市景观与自然山水的契合点，造园实践多为民生工程，为民造福的同时，促进地域协同发展。

3.4 花木配置与栽培

苏东坡在其造园活动中，能够深入了解当地的乡土植物，充分利用其生长特性，能够适地、适树的进行环境营造。在植物营造过程中，重视地域的整体发展，能够对不同种类植物进行配置造景，如常绿树种中配置开花与结果树种，注重季相与色相营造，果实能够带来种植的喜悦，并且形成优美的环境。

3.5 文人书画的意境追求

苏东坡在参与造园活动之外，还常利用诗词歌赋与绘画等形式描绘和评断自然山水和风景建筑，这些诗文不但表现了他对地方山水的欣赏，而且反映了东坡的审美哲学和人文情怀，提升了造园实践的文化内涵与意境。

4 苏东坡与历代造园家

4.1 历代造园家

中国历代著名造园家陶渊明、王维、白居易、计成与李渔等都具有（如：王维的《辋川别业》与计成的《园冶》等）提炼作为公认造园家的造园思想，再将苏东坡与他们作比较，寻找苏东坡作为造园家与历代造园家造园思想的共同点，以此总结梳理苏东坡独特的造园思想与造园技法。

中国历代造园家思想

人物	年代	代表作	造园思想
王维	唐代	《辋川别业》	(1) 亦官亦隐的思想；(2) 崇尚和谐的自然主义；(3) 园林诗画意境的相融
白居易	唐代	《草堂记》	(1) 朴素的自然主义；(2) 具有艺术水准的园林艺术的理论与方法
计成	明代	《园冶》	(1) 鸠匠画师与造园宗师；(2)《园冶》中国造园著作
李渔	清代	《闲情偶寄》	(1) 因地制宜，崇尚自然；(2) 求新独创，突出审美主体

4.2 苏东坡与历代造园家思想的共性

4.2.1 崇尚和谐的自然主义

苏东坡与历代造园家都因对自然风景充满喜爱，并受“天人合一”思想影响，造园注重与环境的共生，讲究师法自然的园林审美观，重视人工环境与自然环境的和谐与共生，注重朴素的自然主义风貌，尽量保持天然的本性。通过感受大自然真实的山水，在造园活动中，将自然美转换成艺术美，去展现心中理想的大自然，描绘出情景交融的审美感受。

4.2.2 因地制宜，可持续发展观念

东坡与历代造园家都主张利用自然之美，强调师法自然，不论是建造园林，还是构筑庭院，都必须因地制宜。园林、建筑、植物间通过虚实相生、动静对比的手法，因地制宜地组合配置方能形成一处别致的景观或庭院。在有限范围内，建房、植树、挖池、筑山的布设皆符合自然规律，将自然抽象或浓缩到一方小天地中，使人身处园内，便能感受自然四季更迭、山水之态、听鸟语虫鸣。

4.3 苏东坡独特的造园思想

4.3.1 园林具有公共性与开放性

东坡有别于其他造园家，园林的建造不是为了满足个人的精神追求，而是为解决城市环境问题与百姓生活问题出发，因地制宜地利用客观的自然条件加以利用、改造，巧妙的结合自然山水空间格局去营造适宜当地文化地域的城市风景，是民生惠民工程。建成的园林最后对公众开放，为公众使用，每个人均可享受，不是为私人所有。

4.3.2 造园具有实用性与经济价值

东坡所建园林大多利用当地的石材、物料、花木对环境进行营造，美化环境的同时，在一定程度上解决城市

的用水问题，并且能够调节城市的气候、温度，局部改善整体的空间环境，形成生态、诗意的生态环境。在营建的风景处种植经济作物，带给百姓经济效益，利用疏通的河道，方便居民与船只交易往来方便。

5 小结

苏东坡是中国古代文人士大夫阶层的杰出代表，他不仅在文学艺术等方面的贡献对中国文学的发展起了重大推动作用，他在风景营造方面的贡献时。因此研究他的风景规划设计思想和方法具有一定的典型性和代表性，并且他的风景营建工程十分注重对前人工程建设的尊重与保护，继承并发展了前人工程建设中的人文传统和思想精髓。在传统的城市风景营造中，对前人建设思想和文化精神的传承是传统城市风景营造中极为重要的思想之一。

参考文献

[1] 王文皓辑注，孔凡礼点校．苏轼诗集［M］．北京：中华书局，1982.
[2] 苏轼撰、孔凡礼点校．苏轼文集［M］，北京：中华书局，1999.
[3] 林语堂．苏东坡传［M］湖南：湖南文艺出版社，2018.
[4] 赵长庚．西蜀文化名人纪念园林［M］．成都：四川科学技术出版社，1989.
[5] 陈其兵，杨玉培，西蜀园林［M］北京：中国林业出版社，2009．6.
[6] 常壕．华阳国志［M］．重庆：重庆出版社，2008.
[7] 郭丽．三苏祠的园林艺术特色分析［J］．中国园林，2006（5）.
[8] 计成．园冶［M］．重庆：重庆出版社：2009.
[9] 刘煦．中国古代文人士大夫城市风景营造思想与实践研究［D］．西安建筑科技大学，2012.
[10]（汉）班固 撰．汉书［M］．北京：中华书局，1962.

作者简介

严文丽，1994年生，女，研究生，眉山市东坡文化旅游景区管理委员会，助理工程师。研究方向为苏轼风景园林。

郭丽，1981年生，女，四川眉山，博士，讲师。研究方向为地域园林。电子邮箱：15802810985gardengl@126.com。

李璐瑶，1998年生，女，本科，研究方向为风景园林规划设计。

基于“形胜”理论下的敖伦苏木古城空间研究

Research on Ancient City space of Olon-süme Based on Advantage Landform

格日勒 王 兰

摘 要：“形胜”是中国古人对自然景象的认知与表达，也作为中国古人营建的思想观，在中国古代文明进程中，“形胜”理论也影响了中国古代军事布防及城邑营建，体现出古人的营建智慧，而生活在阴山以北的少数民族，经历“游牧-半农耕半游牧-农耕”的发展，其生活的自然环境及其文化思想影响了其城邑的营建。通过对敖伦苏木古城的选址、军堡营建到王城营建的空间进行研究，试图找到阴山以北的少数民族从游牧聚落到城邑的发展过程中，“形胜”思想与少数民族的营建思想的融合，产生了其独特的地域环境下的城邑空间。

关键词：形胜；敖伦苏木古城；遗址空间

Abstract: "Advantage Landform" is the cognition and expression of the natural scene to the Chinese ancients. It is also the ideology of the Chinese ancients' construction. In the process of the ancient Chinese civilization, the theory of "Advantage Landform" also influenced the ancient Chinese military defense and city construction, reflecting the construction wisdom of the ancient people. However, the ethnic minorities living in the north of YinShan Mountains have experienced the development of "nomadic, semi farming, semi nomadic and farming". Their natural environment and cultural thoughts have influenced the construction of their cities. Through the research on the site selection of Olon-süme ancient city, the space from the construction of military fort to the construction of King City, this paper tries to find out the integration of the idea of "Advantage Landform" and the construction idea of ethnic minorities in the development process of ethnic minorities from nomadic settlement to city, resulting in the city space under its unique regional environment.

Keyword: Advantage Landform; Ancient City of Olon-süme；Site Space

1 中国地景文化中的“形胜”思想来源

“形胜”理论最早见于公元2250年《荀子・强国》中荀况对所见秦地的描述“其固塞险，形势便，山林川谷美，天材之利多，是形胜也。[1]”这句话有以下几层含义。第一，地理位置的优势：山关之固，因险制塞，易守难攻，说明选址充分利用自然地形条件的优势。第二，自然资源的优势：物产丰美，资源充足，说明充分利用了山、水、林、田等自然资源，保证生活、屯兵的需要。因此可以推断，“形胜”的地景文化理论从战国时期开始用于相地选址及中国古人对空间的理解与意象。秦代开始已经有大型工程如都江堰、直道、长城等工程项目以“形胜”理论作为营建思想。为了满足军事防御的需求，古人将长城建在山巅的分水岭上，与自然山脉的高低起伏完美结合，并与山脉的岭、梁、茆沟结构融为一体，成为世界上最宏大的历史工程之一，也充分表现了中国古人的营建美学思想。三国时期管辖所著《地理指蒙》

进一步阐述“相土度地”，将山岳、河川自然景象的近形与远势视为“形胜”。隋唐时期，帝王离宫、都城、陵墓等工程广泛采用“形胜”的地景文化理念[2]。

2 “形胜”理论下的敖伦苏木古城空间解析

内蒙古自治区包头市达尔罕茂明安联合旗的敖伦苏木古城位于旗政府所在地百灵庙镇北方30多公里，地处东经110.56°，北纬41.81°的阴山北麓，北与蒙古国接壤，地理位置优越，是古代草原丝绸之路的重要节点之一。《新五代史》记载了唐末天德军以北的阴山地区就有汪古部族的祖先定居。金元时期，汪古部领地处于漠北和中原交通要塞，是中西交通要道，由于其地理位置的优越，与契丹、女真、汉族均有贸易与文化往来。金代为了防御蒙古人的南进，在金净州以北增修界壕（又称金长城），派汪古部首领驻守，敖伦苏木成为军事防御体系中的指挥堡。金末在汪古部长阿剌兀思归附成吉即汗之后，与之约为“世友世婚”，将汪古部首领居住的堡子（敖伦苏木前身）称作“安答堡子”。到了元代初年，元政府就为这位驸马郎在安答堡子的基础上修建了一座城，因为是新建的，便以“新城”为名，又因其在黑水之北，因此又称作“黑水新城”。“敖伦苏木”是蒙古语“多庙的城”之意，由此可推断在元之前敖伦苏木城内有众多庙宇。明代时作为蒙古封建领主统治中心和喇嘛教的圣地。有文献记载明中期敖伦苏木古城为土默特部首领阿拉坦汗的避暑夏宫。城垣在清代之前保存甚好，但在清代为修建百灵庙和达尔罕王府，将古城拆下的砖石等作为建筑材料用，对古城破坏严重。

2.1 选址与自然环境的空间关系

敖伦苏木古城地处内蒙古高原南部内陆，阴山北麓的艾不盖河北岸冲积平原上，地势南高北低，缓缓向北倾斜。最高点为哈布特盖吉苏敖包，海拔1846m，最低点为腾格淖尔，海拔1058m，属中温带半干旱大陆性气候。冬季漫长寒冷，春季干旱风沙多，夏季短促凉爽，非常适合逐水草而居的游牧民族居住，汪古部从游牧到定居于此以及明代时期阿拉坦汗作为避暑夏宫，也正是因为这里得天独厚的自然环境与气候条件。《管子·度地》中记载了古人筑城选址遵循的原则“高毋近阜而水用足，下毋近水而沟防省”，而敖伦苏木古城从早期游牧部落聚集地到城市的形成与其他作为居住为主的城市的选址有着相似的发展过程，说明北方少数民族的城邑营建遵循“形胜”理念下的选址原则。

2.2 选址与军事防御体系的关系

《史记·高祖本纪》中记载“秦形胜之国，带河山之险，县隔千里，持戟百万，秦得百二焉，地势便利，其以下兵诸侯，譬犹居高屋之上建瓴水也”。可见秦地是具有地形之胜的条件，不仅有山河的险要，又与中原远隔千里，在军事防御中非常有利。在这里“形胜”用于描述军事防御与地景空间的关系。而敖伦苏木古城从防御角度来说，却是一个无险可依的位置。对于地面开阔平坦，起伏缓和，地表结构单一的沙漠及草原地区，在金代时又处于西夏和蒙古国界线的东面的正前方，缺乏夯筑城墙的材料，不利于构筑防御工事，易攻难守。然而在这样的形势下，女真族统治的金王朝，却在设防上结合地理条件，构建了金长城界壕防御体系、军事聚落防御体系和信息工程传递体系为一体的军事工程，因地制宜的在地形平坦的草原及沙漠地区运用界壕、军堡、烽燧、驿铺构成草原上实用而有效的防御工程。这种用开凿界壕的方法来抵御游牧骑兵，具有明显的游牧特征[3]。

金代的军堡按照规模及功能分为指挥堡、屯兵堡及边堡。敖伦苏木由于其军事地理位置的重要性，作为金代防御体系中的指挥堡。战时主要职能是统领其下属军堡，并且管理着长城戍防军队、屯田以及确定战略战术。休战时则作为对外贸易、文化交流的主要枢纽，成为草原丝绸之路上关键的节点。因此敖伦苏木与其管辖的屯兵堡、边堡构成了军事聚落空间。而军事聚落空间又与金界壕、烽燧、驿铺共同构成草原上的军事防御体系。草原上的少数民族古人，运用其营建智慧，在无险可依的条件下，运用不利的自然现状创造了奇迹。

2.3 选址与草原丝绸之路和丝绸之路的关系

敖伦苏木是草原丝绸之路连接内地与蒙古高原的重要节点，作为驿站的同时也受到草原丝绸之路沿线城市民族和文化的影响，从元代开始逐渐成为多宗教（罗马教、景教、伊斯兰教、元代佛教、明代喇嘛教）、多民族、多文化融合的重要城邑。

2.4 敖伦苏木古城空间格局

元代，敖伦苏木作为汪古部封国的首府，又因汪古部首领被封“赵王”，所以又称赵王城。敖伦苏木古城（约55万m^2）相当于77个足球场大。在城市规划和形制上，赵王城基本承袭了宋代的建城制度，街道布局整齐，各城门的大街通至城中部相交，有明显的轴线关系（图1）。古城依艾不盖河水走势而建，坐西北，朝东南向，分为内外两城。外城基本呈长方形，北墙长970m，南墙长951m，东墙长565m，西墙长582m。在城堡的四角设有角楼，城墙外有马面，城门加筑瓮城。城内中部筑高台营建喇嘛教堂，在城西北方推测有罗马教、景教、伊斯兰教等多处寺院，城西南方推测有赵王殿，东南侧布局有商、粮、奶等商业区和生活区[4]（图2、图3）。赵王城近依水势、远望阴山，因借自然平缓地，将宫殿、寺观、人居环境、商业

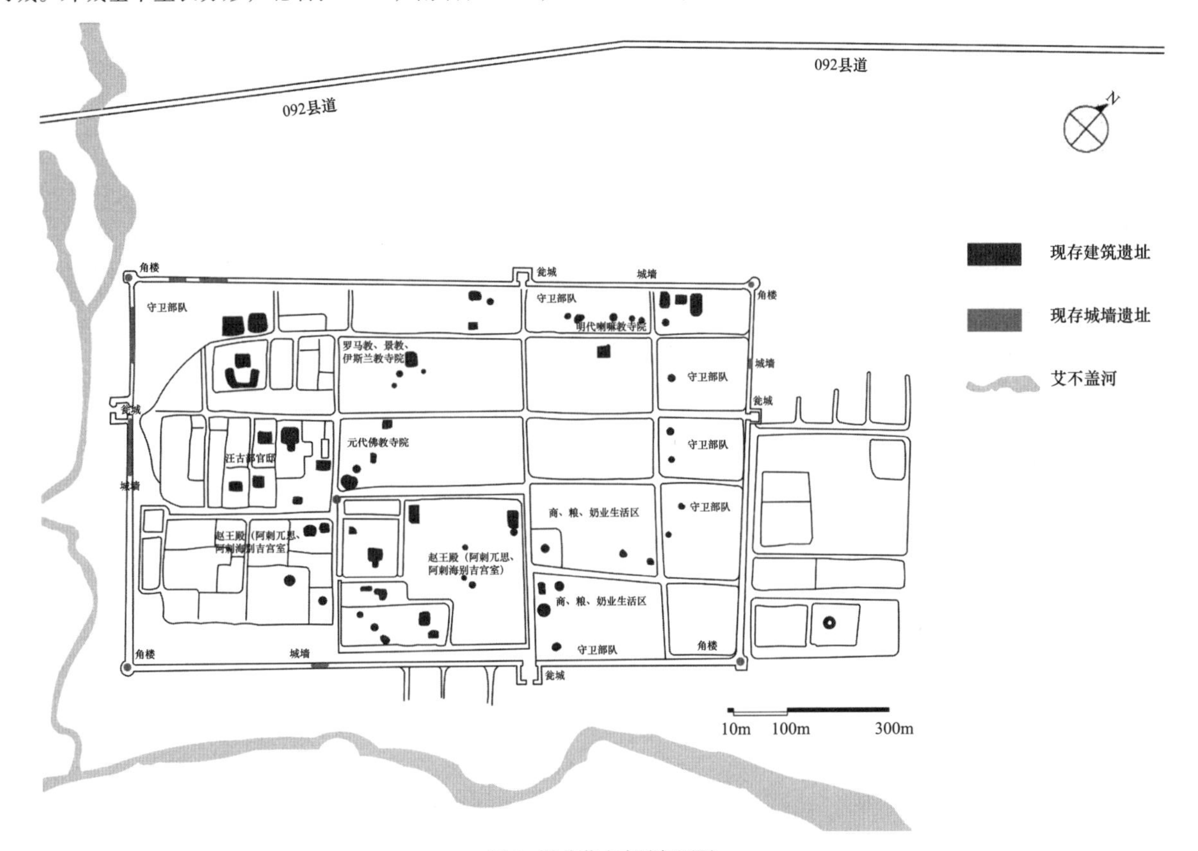

图1 敖伦苏木古城复原图
来源：改绘自包头博物馆《敖伦苏木城址图》

图2 王府遗址现状
来源：冯建成摄

图3 西城墙遗址现状
来源：冯建成摄

环境、军事防御统筹设计的城邑空间营建。

3 结论

敖伦苏木古城作为内蒙古高原上仅次于的元上都的第二大城池遗址，全国重点文物保护单位，它的历史价值、文化价值、景观空间艺术值得被保护和传承。阴山以北草原上的少数民族，运用其营建智慧，在无险可依的条件下，运用不利的自然环境创造了特殊地理环境下的城邑空间。

从选址上来看，敖伦苏木最初选址在汪古部游牧活动的主要区域，与其重要的交通位置、地理气候以及汪古部族多年的发展的游牧人口有着密切的关系。其中最主要的自然环境要素——水，是游牧民族城邑形成的主要因素。因此北方游牧民族的城邑选址与其他地区的城邑有着相似的发展过程。

从空间空间布局来看，作为防御体系中的军堡，金代建城初期，敖伦苏木古城的空间营建体现了金代军事防御体系的智慧与思想。在元代以后作为赵王城的宫殿所在，体现北方少数民族营建思想与宋代营城思想结合的特点。街道布局整齐，有明确轴线关系，反映当时的营建受汉地营城思想的影响并与之融合。在城邑中有各种宗教建筑林立，也体现了当时宗教文化的繁荣。

“形胜”理论不仅是中国古人营建的思想的集中体现，也是最自然直观的评价和欣赏风景园林的方式，而这些看不到的“遗产”又是评估遗址价值的重要依据，也是中华民族文化的重要传承思想。通过运用中国传统地景文化中的“形胜”理论解析敖伦苏木古城的选址与自然环境、军事防御体系、丝绸之路的空间关系以及古城的空间布局，为阴山以北地区城邑遗址的保护与再开发提供依据。

参考文献

［1］张觉. 荀子译注·强国［M］. 上海：上海古籍出版社，2012.
［2］佟玉哲，刘晖. 中国地景文化史纲图说［M］. 北京：中国建筑工业出版社，2013.
［3］解丹. 金长城军事防御体系及其空间规划布局研究［D］. 天津大学，2012.
［4］盖山林. 阴山汪古［M］. 呼和浩特：内蒙古人民出版社，1991.

作者简介

格日勒，1983年生，女，蒙古族，西安建筑科技大学风景园林学博士，内蒙古科技大学讲师。研究方向为风景园林历史与理论。电子信箱249432857@qq.com。

王兰，1985年生，女，硕士，内蒙古科技大学讲师。研究方向为景观设计及其理论研究。

浪漫的中国园林

Romantic Chinese Landscape Architecture

张剑飞

摘 要：源自中国园林秉承“虽由人作，宛自天开”的自然美学主张，创造了许多独具浪漫的场所空间，是中国山水文化的集中体现。文章借鉴文学、地理、史记、工程的视角，从自然认知、自然智慧、自然家园三个方面简述了中国园林的浪漫品质，重述了中国园林在处理人与自然关系上“天人合一”“巧于因借”的智慧，并对时下的城市建设提出了“复归山水”的家园展望。

关键词：风景园林；浪漫；自然认知；自然智慧；自然家园

Abstract: the Chinese garden, which has its own origin, adhering to the natural aesthetic proposition of "although it is made by others, just like opening from heaven", It has created many places with unique romantic quality, which is the concentrated embodiment of Chinese landscape culture. From the perspectives of literature, geography, historical records and engineering, this paper expounds the romantic quality of Chinese gardens from three aspects: natural cognition, natural wisdom and natural homeland. This paper restates the wisdom of "the unity of man and nature" and "coincidentally borrowing" in dealing with the relationship between man and nature, and puts forward the prospect of "returning to the landscape" for the current urban construction.

Keyword: Landscape Architecture; Romance; Natural Cognition; Natural Wisdom; Natural Home

《诗经》中的“蒹葭苍苍”“杨柳依依”“桃之夭夭”“雨雪霏霏”[1]，苏轼的“年来转觉此生浮，又作三吴浪漫游”，张镃的“山色稜层出，荷花浪漫开”，历史上言简意赅的中国文字无一不记载了富有诗意而浪漫的中国园林。

中国园林萌动于农耕、聚落时代，发端于农业、都邑时代。岩画彩陶、神话传说、水墨风景、丘壑庭院、都城苑囿等文明载体，自始至终都诉说着中国园林在对待人与自然两者关系上的平衡与智慧，可以“阜人民，以蕃鸟兽，以毓草木，以任土事”[2]。班彪（公元3年～54年）《游居赋》中“瞻淇澳之园林，美绿竹之猗猗”第一次出现了“园林”一词，真实地记录着秦汉时期自然审美的视角与偏好，也反映了中国园林对自然充满情趣、富于人文的浪漫精神。

1 “天人合一”——浪漫的自然认知

《诗经・小雅・车辖》中有“高山仰止，景行行止”，《诗经・大雅・崧高》中有“崧高维岳，骏极于天。维岳降神，生甫及申。”在中国辽阔的大地上，有雄伟的高原、起伏的山岭、广阔的平原、低缓的丘陵，还有四周群山环抱、中间低平的大小盆地；中国涵盖了陆地具有的5种地貌类型。长达2.28万km的陆地边界和总厂1.8万多公里的大陆海岸线合围出幅员辽阔的广袤腹地，涵养出水量丰沛的长江、黄河等七大水系，孕育了占世界被子植物总数23.6%的丰富的自然资源。在地理的维度上，我国从来都有面对自然浪漫的理由。我国传统文化背景中的自然，即包括了自然的山川、河流、花草、鸟兽、聚落，也涵盖了先秦道家哲学范畴下人文的自然。天与人的关系是道家哲学研究的核心命题。司马迁："究天人之际，通古今之变，成一家之言[3]"，邵雍《皇极经世》："学不际天人，不足以谓之学[4]"，张载明确系统的提出了"天人合一"的哲学思想："儒者则因明致诚，因诚致明，故天人合一。[5]""天人合一"的思想，强调人与自然的统一与协调，《园冶》"虽由人作，宛自天开"的美学主张，正是这一自然认知与审美思想指导下的具体体现。中国园林是自然与文化高度融合的产物，它源于自然，高于自然；它既体现了一种实用性的朴素的自然观，又是关于自然的文化认知，并将这种认知转化为对合乎自然之道的理想栖居模式的探求。中国园林对自然物我相携、情景交融的认知与表达，孙筱祥先生用"生境、画境、意境"的"三境"之说进行了详尽的阐述：正所谓"蝉噪林愈静，鸟鸣山更幽"的雪香云蔚亭，"四面绿荫少红日，三更画舫穿藕花"的瘦西湖[6]。万物静观皆自得，四时佳兴与人同，对于自然富于诗意、愿景的浪漫认知成就了现实主义与浪漫主义高度结合的中国园林。

2 "巧于因借"——浪漫的自然智慧

《园冶》开篇的"巧于因借"，在于借自然之风貌、借人文之风雅、借地势之高下、借四时之季相、借情景之交融。"木欣欣以向荣，泉涓涓而始流"是自然的生发，"悦亲戚以情话，乐琴书以消忧"是生活的气息。中华文明以农耕文明为孕育母体和演进主体，农耕文明是自然的馈赠，顺天时、量地利、取用有度、有机循环正是这馈赠背后自然智慧的集中体现，是自然因借的浪漫表达。沈复在《浮生六记》中用唯美的语言记录了芸娘如何用自然之物制作家具、隔断和陈设；"钓而不纲，弋不射宿"[7]体现了合理利用自然的"度"；"山虞掌山林之政令，物为之厉而为之守禁""林衡掌巡林麓之禁令，而平其守"[8]"泽虞"掌管湖沼，"川衡"巡视川泽，虞衡制度（今天"湖长制"的源头）体现了足够自律、自我约束的自然智慧。由此演绎出来的"稻鱼共生""农桑结合""桑基鱼塘""坎儿井灌溉""高原梯田"等农业生产模式，顺应四季的变化和动植物的生长周期，成就了近乎完美的和谐共生的生态系统，人与自然互为因借造就了独具中国特色的世界文化景观遗产。都江堰对自然水系的巧妙因借不仅成就了成都的天府之国，更以其为核心确立"镇夷关高踞虎头。第一程江山雄构，大江滚滚向东流。恶滩声，从此吼。灵岩在前，圣塔在后，伏龙在左，栖凤在右，二王宫阙望中浮。好林峦，蔚然深秀，看不尽山外青山楼外楼"[9]的城邑景观体系，造就了"灌阳十景"的人文风貌。

3 "复归山水"——浪漫的自然家园

"仁者乐山，智者乐水"，中国独特的山水环境孕育了独具魅力的山水文化，激发了具有持续艺术感染力的山水诗、山水画和山水园林。从择地而居的用地选择如"高勿近阜而水用足，下毋近水而沟防省"到园林游赏的经营布局如"高方欲就亭台，低凹可开池沼；卜筑贵从水面，立基先究源头，疏源之去由，察水之来历[10]"，都真实地反映了中国园林在认识自然、利用自然、改造自然，处理人与自然关系过程中所展示的山水智慧，体现了中国园林以生存为基础的朴素而浪漫的自然观和审美意识。"三面湖山一面城"的杭州，"七溪流水皆通海，十里青山半入城"的常熟都是山水家园的营造典范。曾几何时，"千城一面"的城市建设抹杀了各具特色的山水脉络，也暂停了对山水文化的礼赞。钱学森先生在给吴良镛先生的信中提出"山水城市"的概念，设想将中国的山水诗、山水画、中国园林融合在一起，把"中国园林思想与整个城市结合起来，同整个城市的自然山水条件结合起来"[11]。"山水城市"主张因地制宜，尊重文化，融合历史文化脉络，展现城市的文化性和地域特色，"复归"中国园林的山水文化，建设浪漫的、诗意栖居的自然家园。北京奥林匹克森林公园以"通向自然的轴线"，巧妙地续写了城市的山水文化主轴，以"山水环抱、起伏连绵、负阴抱阳、左急右缓"的山水格局营造出具有中国园林山水意境的空间体验，成为北京中心城区核心的自然精神家园。

4 结语

中国园林存世于今的架构，不论是"取欢仁智乐，寄畅山水阴"，延惠山、借锡山的江苏无锡寄畅园，还是"因山以构室，其趣恒佳"，堆云积翠、曲折高下、宛转相迷的北京北海公园琼华岛，无一不展示了其延山引水点园林、得自然之趣成人工之事的浪漫品质。让我们从浪漫的中国园林中汲取智慧，认识自然、认识自我、认识人与自然密不可分、互为因果的纽带关系，共建“人与天调，然后天地之美生”的浪漫家园。

参考文献

[1] 诗经 [M]. 上海:古籍出版社，1983.
[2] 周礼·大司徒 [M]. 南京：东南大学出版社，2011.
[3] 刘运震（清）. 史记评注 [M].西安：三秦出版社，2018.
[4] 邵雍（宋）. 皇极经世书·观物 [M]. 北京：九州出版社，2012.
[5] 张载（宋）. 正蒙 [M]. 郑州：河南出版社，2016.
[6] 孙筱祥. 生境·画境·意境——文人写意山水园林的艺术境界及其表现手法 [J]. 风景园林，2013，06：26-33.
[7] 张燕婴. 译注论语 [M]. 北京：中华书局，2006.
[8] 邓启铜·注释. 周礼 [M]. 南京：东南大学出版社，2010.
[9] 李恒，王向荣. 都江堰城市景观体系的历史演变与成因研究 [J]. 中国园林，2018，33(6)：30-36.
[10] 陈植.园冶注释 [M]. 北京：中国建筑工业出版社，1988.
[11] 鲍世行，顾孟潮. 钱学森建筑科学思想探微 [M]. 北京：中国建筑工业出版社，2009.

作者简介

张剑飞，1980年生，男，中南林业科技大学博士研究生，湖南省建筑设计院生态景观所所长，高级工程师。研究方向为风景园林历史与理论。电子信箱：13973137892@163.com。

清代文人园林对偶式空间序列初探
——以小灵鹫山馆图咏为例

Research on Dual Spatial Sequence of Scholar's Garden in Qing Dynasty: A Case Study of Small Lingjiu Villa Pictorial Odes

谢青松　王祎洁

摘　要：本文始于对园林营造与诗文创作相似性的关注，发现文人园林与诗文在结构上具有共通的“对偶性”特征。文章论述了园林空间对偶的前提和变化要素，并选取清代文人宅园小灵鹫山馆图咏作为经典案例，提取了图咏中的空间单元信息，并通过园记和园诗中游园体验的描写，简要梳理并提炼了相关园林空间信息，认为园林空间单元序列在围合感、明晦、地势高低、自然与人工的物质属性4个方面大致呈现一种交替性的变化，由此在园林营造层面对其与诗文创作内在的相似性进行了初步的探索。

关键词：风景园林；对偶；图咏；空间单元；序列

Abstract: This paper starts with attention to the comparability of garden construction and literary creation, discovers that scholar's garden has common features with literary structurally, which is called"duality". This paper discusses the precondition and variable factors of dual space in garden, takes small Lingjiu villa pictorial odes for example to extract spatial unit information in pictorial odes. This paper analyzes the touring experience description in garden literature to extract the spatial sequence which scholar's private garden reflects and considers that scholar's garden in Qing dynasty appears alternating change in four aspects, which are sense of enclosure, brightness, terrain and physical property. Thus to explore internal similarity with literary creation in garden construction aspect.

Keyword: Landscape Architecture; Dual; Pictorial Odes; Spatial Unit; Sequence

引言

长久以来，园林历史学界中关于造园与作文的相提并论一直备受关注，早在20世纪30年代，童寯便借用了王国维在《人间词话》中用以评价诗词的境界说，在《江南园林志》中凝练出造园三境界①；陈从周在多部著作中阐述了“造园如缀文[1]”的观点；孟兆祯提出“景面文心[2]”，认为文学意境是园景内涵的重要本质。

然而，高度凝练的概念总结与具体的操作手法之间仍需要有更加深入的解读来进行衔接。事实上，相较园林，传统诗文一直有着简单的教程以便入手。如李渔的《笠翁对韵》便是为当时儿童写作诗词入门而编纂的骈体文②读物，文中的修辞包括对偶、声韵、典故、藻饰等，其中对偶是其最重要的修辞手法。笔者认为在传统园林中寻找一种与对偶修辞特征相当的具体规律，作为造园与作文之间关系的初探是一件富有意义且有趣的事。

① 《江南园林志》虽第一版刊印于 1963 年，但实际完稿于 1937 年，并在当时被梁思成称为中国园林研究的开山之作。
② 莫道才. 骈文通论·修订本［M］. 济南：齐鲁书社. 2010：11. 骈文就是基本由对偶的修辞格句子组成的文章。

1 空间对偶

1.1 对偶的前提——空间单元化

"对""偶"二字，均暗示所指事物具有两组及以上的复数特征，以对偶为主要格式的骈文之"骈"，也在《说文解字》中被解释为"驾二马"的复数象形，因此对偶首先要求将总体化为局部看待。《笠翁对韵》和《芥子园画谱》便对此有所体现，它们分别作为同时代作文和习画入门的教材，其内容呈现的方式均是将各种诗文、绘画局部如零件一般地铺成开来。这种将零件熟稔之后通过不同的组合焕发鲜活生命力的造物方式，被雷德侯认为与汉字——以64种笔画、200多个偏旁为基本单元，按一定规则组成——的创作方式一脉相承[3]。汉宝德在《物象与心境》中说："古人看画，没有用西洋人的眼光去看整幅，而是分段分景欣赏的。欣赏一个手卷的过程与欣赏一座园林一样……经过隔屏，亦即是山的分割之后，整幅画，或整座园子就成为许多个性不同的小园子、小场景，均有独立的风格。这不是一幅画，不是一座园子，而是许多幅小画，或许多小园子连在一起[4]"。

通过此言可以知道，古人对园林主要是基于第一视角进行观赏的，在这种视角下，游者处于空间内部，无法同时感知到园林的全貌，因此在观者眼中整座园林是以局部单元的方式一一呈现的。这种观景方式也是观画的方式，进一步说，它们是园林、绘画和诗词三者共通的观赏、呈现和创作方式。由此可以推测，将园林空间以局部单元化的视角看待，"更关注局部之间的关系，而非局部如何形成有机整体[5]"，也许是分析园林空间中对偶性的前提。

1.2 变化要素

冯纪忠在《时空转换——中国古代诗歌和方塔园的设计》中对园林空间如何运用诗词对偶进行较为具体的解说："关于我设计这一文物公园的手法只提一点，那就是对偶的运用。且不说全园空间序列的旷奥对偶，还在北进甬道两侧运用了曲直刚柔的对偶，文物基座用了繁简高下的对偶，广场塔院里面用了粉墙、石砌、土丘等多方对偶，草坪与驳岸用了人工与自然的对偶[6]。"

总结起来，冯纪忠分别运用了"旷奥、曲直、刚柔、繁简、高下、材质、人工与自然"等诸多对偶，而其中最主要的是"旷奥"的对偶，"'旷'就是敞亮，开阔。'奥'就是幽了，各有特点。当然不光是旷、奥就行了，还有其他的，那都是低一级的问题了[7]"。

同时可以看出，旷、奥本质上是空间的围合感和明晦两者给人的综合感受。借鉴冯纪忠对方塔园对偶手法的解说和小灵鹫山馆图咏资料的具体情况，下文将从空间的围合感、明晦、地势和物理属性4个方面对小灵鹫山馆图咏中空间序列进行初步的探索。

2 小灵鹫山馆图咏中的空间单元序列分析

2.1 图咏的典型性

小灵鹫山馆是清末文人孙家桢建于嘉兴新塍的市井宅园，虽于抗日一役被毁，但当时游园者的大量图咏资料仍留存至今，《清末嘉兴宅园小灵鹫山馆图咏的"入境式"场所意象解读》一文中曾通过实地考察和图文互证的方式复原了园林的空间格局[8]。

由于社会、文化背景的差异，今人与古代文人对传统园林的观赏方式和游观感受并不完全一致，小灵鹫山馆代表的传统园林是对当时文人的量身打造，而图咏又是当时文人对游园经验的生动描绘，因此相比今人的描述方式，图咏体现的园林特征或许更加接近传统园林的本质。此外，清代由于拟古，包括园林在内的诸多艺术形式出现程式化的倾向，但对于本文来说，这种倾向在某种程度上会让笔者更容易提炼它的特征，加上宅园面积较小①，空间序列的变化也会更加紧凑，因此特征也会更加清晰。

2.2 空间单元提取

孙家桢的《小灵鹫山馆自记》中完整叙述了其游观历程（加框为景点名，加圈为方位词）："山馆之傍有榭临湖，壁间嵌列停云馆石刻，故颜之曰'留云水榭'。拓窗眺望，游鱼出没可数。随廊曲折而南行，为'遁窟'。由山洞东行，小折而南，即有石级可登，登其巅，有亭翼然，亭前奇峰数柱，其最高者即秋蕉拱露也，故署其亭曰'啸秋'。亭之西，满山皆梅，花时素艳成林，题曰'香雪岩'。仿佛有瘦鹤守之者，即为鹭君石也。自东北下，行至半山，一平如砥，有石若梁，由梁而下，为'倚月吟廊'。廊下潭水一泓，即'在山泉'也。复遵山径南行，

① 按孙家桢自称，山馆仅"拓地数弓"，一弓为五尺，约1.67m，嘉兴市文物所的徐信推断其面积约为五、六亩[10]。

图 1 （清）吴谷祥《小灵鹫山馆图》

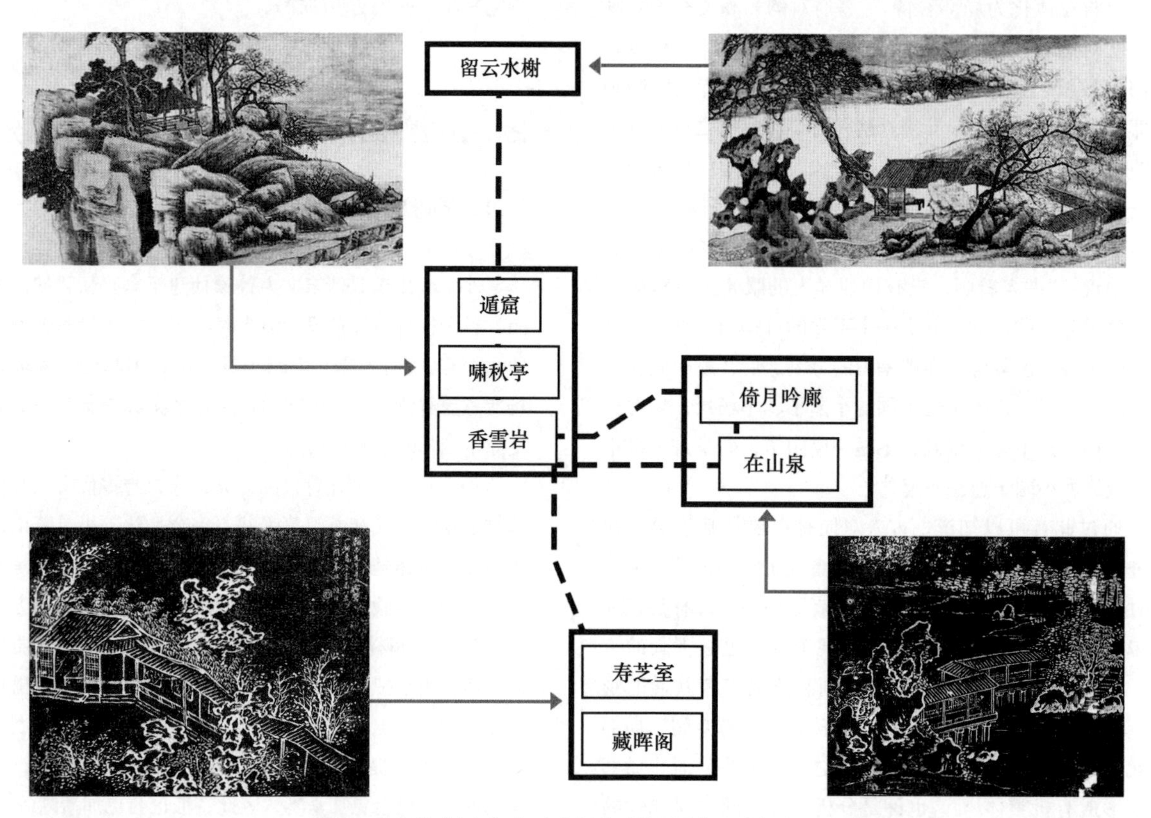

图 2 孙家桢《自记》中8个空间单元游观顺序及对应园图

又得山洞，出洞而南，花木翳然，有屋北向。窗前之峰，厥形如芝。时值家君六旬初度，故以‘寿芝’颜其室。室之上有阁，取李青莲‘至人贵藏晖’诗意，署曰‘藏晖阁’。登阁南眺，则凤山古寺隐约在云雾间[9]。”

根据文中所述，孙家桢在山馆内先后经历了8个景点：留云水榭—遁窟—啸秋亭—香雪岩—倚月吟廊—在山泉—寿芝室—藏晖阁，即8个空间单元。园图集中反映园记中山馆特征较为明显的有吴谷祥绘制的手卷（图1），任薰绘制的《寿芝室图》（图2左下）和张熊绘制的《倚月吟廊》（图2右下），它们的游观路线如图2所示。

2.3 单元序列分析

图咏中大量诗文、园记的作者均基于自身的体验对小灵鹫山馆的园林景观作了生动的描写，笔者在表1中整理了关于8个空间单元的代表性游观描述，概括主要设景元素和观赏方式，并结合园图进行了立面转化，得以较为直观地呈现其空间序列（图3）。

图咏中 8 个空间单元的代表性游观叙述 表 1

景点	代表性游观描述	主要设景元素	观赏方式
（1）留云水榭	孙家桢：拓窗眺望，游鱼出没可数 谭献：波光浮旧碣 杨葆光：云气叆叇萦帘栊	碑刻、水、鱼、光、风、水气、荷、树林	平视墙上石碑，低头眺望水面

续表

景点	代表性游观描述	主要设景元素	观赏方式
（2）遁窟	凌和钧：伛偻而入，狂花拂背。仰偻而出，瘦藤络臂	山洞、花、藤	弯腰侧身步行
（3）啸秋亭	陈瑀：若夫零雨送籁，劲风鸣柯。抗吟而山谷成音，流咏而竹石俱裂。落花无际，良夜自凄 谭潚：矗立芭蕉树 杨葆光：携屦直上啸秋亭，亭里清光媚秋月 虞申嘉：倚柱独长啸	石峰、芭蕉、雨、风、月	举头望月，低头瞰水，静听风雨声
（4）香雪岩	陈瑀：幽芬霭空，积素粘袂，淡月留影，澄波写妆 谭潚：香风袭巾幅 杨葆光：满襟香气俯见影，循泉短歌句愈警 孙家桢：满山皆梅 虞申嘉：挟岩花而竞扑	梅树、雪、石峰、月、绿苔	抬首观梅赏石，折梅挥袖留香
（5）倚月吟廊	凌和钧：倚云栽红杏。呼月对影作长吟	月、杏、酒、风、竹柏	举头望月，闻杏花香，品酒
（6）在山泉	虞申嘉：举世滔滔者，安知洗耳情 李龄寿：泉则在山遁有窟	山泉	静听泉声
（7）寿芝室	陈瑀：灵根擘华，竦壁争霞，即石成基	石峰、竹	抬首凝望石峰
（8）藏晖阁	谭潚：琅环此福地 王藻墀：高阁瞰遥岑 孙家桢：登阁南眺	云烟、风山古寺、金石书画	登高向南眺望

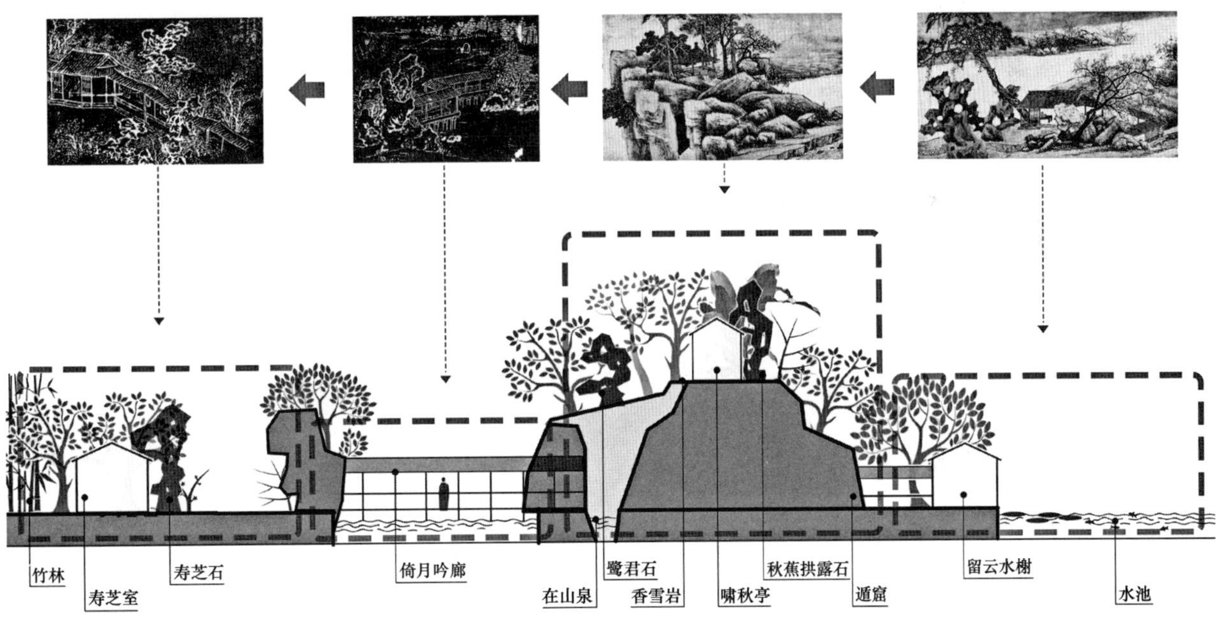

图3 小灵鹫山馆单元序列

第一个空间单元是临湖水榭，底平开阔明亮。之后向南随廊曲折到“遁窟”，空间围合逐渐收缩变暗。借石级登上山巅到“啸秋亭”为高视点的平远视景，又转为开敞，其西侧的密林空间“香雪岩”为树荫密布的幽奥场所。再到位于“在山泉”上方的架空的“倚月吟廊”复为底远开阔视景。“寿芝室”前有“竦壁争霞”[9]，后竹林，是庇护感十分强烈的庐室，而其上的“藏晖阁”，则以高阁之视点南眺隐约在云雾间的风山古寺，一幅晨钟暮鼓的梵天境界，明亮开敞（表2）。

空间单元变化分析　表2

景点	属性	围合感	地势	明晦
（1）留云水榭	人工物	开敞	低	明
（2）遁窟	自然物	狭促	低	晦
（3）啸秋亭	人工物	开敞	高	明
（4）香雪岩	自然物	狭促	高	晦
（5）倚月吟廊	人工物	开敞	低	明
（6）在山泉	自然物			
（7）寿芝室	人工物	狭促	低	晦
（8）藏晖阁	人工物	开敞	高	明

3 结论

通过对小灵鹫山馆图咏中8个空间单元序列的分析和比较，可以较为清晰地观察到，相邻空间单元之间在围合感、明晦、地势和物理属性4个方面均呈现出对偶的交替性变化规律。这种空间单元间的对偶变化能够避免游园者在长时间的体验后对空间产生的乏味，使游园者在面积不大的市井宅园中能够获得源源不断的变化，保持对园林场所的新鲜感，达到以小见大的园林经营效果。由此可见，造园与作文之间的关联性不仅植根于抽象的观念，也体现在一系列具体的空间营造模式当中。

参考文献

[1] 陈从周. 说园 [M]. 上海:同济大学出版社，1984.
[2] 孟兆祯. 时宜得致，古式何裁——创新扎根于中国园林传统特色中 [J]. 中国园林，2018，34（01）：5-12.
[3] 雷德侯. 万物——中国艺术中的模件化和规模化生产 [M]. 北京：生活·读书·新知三联书店，2005.
[4] 汉宝德. 物象与心境 [M]. 台北：幼狮文化事业股份有限公司，1991.
[5] 冯仕达，张鹏. 谋与变——《园冶》屋宇篇文句结构及论题刍议 [J]. 中国园林，2011，27（11）：57-59.
[6] 冯纪忠. 时空转换——中国古代诗歌和方塔园的设计 [J]. 世界建筑导报，2008，24（03）：24.
[7] 冯纪忠. 与古为新 [M]. 北京：东方出版社，2010.
[8] 谢青松，王欣，张蕊. 清末嘉兴宅园小灵鹫山馆图咏的“入境式”场所意象解读 [J]. 风景园林，2019，26（10）：119-123.
[9] 嘉兴文化广电新闻出版局. 嘉兴历代碑刻集 [M]. 北京：群言出版社，2007.
[10] 徐信. 小灵鹫山馆图咏碑 [J]. 东方博物，2011，33（03）：73-79.

作者简介

谢青松，1992年生，男，华南理工大学建筑学院博士候选人。研究方向为风景园林历史理论。电子邮箱：382108497@qq.com。

王祎洁，1996年生，女，浙江农林大学风景园林与建筑学院在读硕士研究生。研究方向为风景园林历史理论与遗产保护。

从伏虎寺浅析峨眉山寺观园林的环境特色及场所精神

A brief analysis of the environmental characteristics and spirit of Mount Emei's temples garden from Fuhu Temple

文 茗

摘 要：寺观园林是中国传统园林的组成部分。峨眉山寺观园林继承了传统中国寺观园林禅宗布局，结合川西民居四合院的简约质朴，又因选址于深深古林，升华出独具特色的园林风格。伏虎寺位于峨眉山风景区低山区，是其保留较完整的26座寺观园林中极具代表性的一座。将伏虎寺的选址考究、环境特征、庭院空间进行简要分析，并阐述其自然始终、藏透之间、温婉柔美以及干净质朴的场所精神。将优秀的传统园林文化为今所用，为山林型寺观园林研究提供参考。

关键词：寺观园林；场所精神；环境特色；伏虎寺；峨眉山

Abstract: Temples garden is an integral part of traditional Chinese garden. Mount Emei temple garden inherits the zen layout of traditional Chinese temple garden, combining the simplicity of the quadrangle courtyards in western Sichuan, and sublimate the unique garden style due to its location ancient forest in the deep. Located in the low-relief terrain of Mount Emei Scenic Area, Fuhu Temple is one of the most representative of the 26 temples. A brief analysis of Fuhu temple's site selection, environmental characteristics and the courtyard space, expounding its place spirit of natural, unassertive, gentle and simple. The excellent traditional garden culture will be used today and provide reference for the study of mountain forest temple garden.

Keyword: Temple Gardens; Place Spirit; Environmental Characteristics; Fuhu Temple; Mount Emei

"场所精神"是指某个地方蕴含的人文思想和情感，它是构成一个场所的典型氛围和核心精神的原因，是一个场所的象征和灵魂[1]。"场所精神"植根于场地的自然特征、居住的人、历史事件及其变迁，它是一个时间与空间、与自然、与历史纠缠在一起的，富含人的思想、情感烙印的"心理化地图"[2]。

峨眉山寺观园林自唐宋以来一直在禅寺文化中占据着重要的地位，每年无数中外游客慕名拜访，其得天独厚的自然环境和丰富的历史文化内涵，更是让广大的文人骚客，留下了不胜枚举的诗作和题记，而其本质上，是将自己内心的情感与场所结合而得到的主观表现。本文以伏虎寺为例，浅析峨眉山寺观园林的精神特征（图1）。

1 寺观园林概念

寺观园林在我国有着十分悠久的发展历史，与私人园林和皇家园林不同的是，寺观园林属于公共性游览地，这就导致寺观园林的数量多于其他两种类型的园林[3]。大型的峨眉山寺观

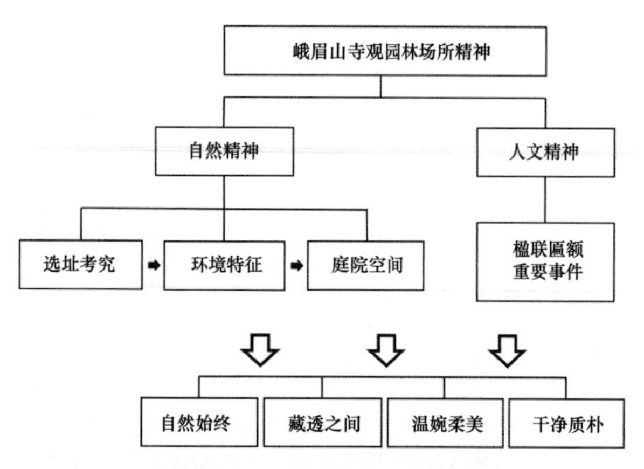

图 1 峨眉山寺观园林场所精神分析路线图

园林可以包含整个宗教圣地，小型仅占据方丈之地，具体包括佛寺及其周围的自然景观。因此，就园林选址情况而言，突破了私人园林和皇家园林的建造空间上的限制及约束，寺观园林一般建在自然环境较优越的地区[4]。

峨眉山寺观园林作为中国古典文化遗产中的重要组成部分，具有人文、艺术、经济等各方面价值，发挥着不可替代的作用。它以丰富的形式和别具特色的景观向世人展现着无穷的魅力。寺庙的僧人对寺观周边独特的自然景物进行深入的观察和发掘，通过命名、题刻、赋予故事典故等方式将自然景物转化为具有人文含义的自然形胜。寺田、寺林、自然形胜和自然山林共同构成了寺观的外部环境。这些造园手法显示了人们对自然原生风貌的极大尊重。

伏虎寺位于四川省峨眉山市峨眉山山脉低山区，海拔630m，距离入山口仅0.9km，于瑜伽河与虎溪汇流处，占据着良好的地理位置，便于香客、僧侣进行朝拜、学习，寺院初建于明末清初，建筑面积达2万多平方米，建筑布局坐西南朝东北。伏虎寺寺名的来由因《峨眉山志》[5]中记载："伏虎寺，旧药师殿，乃峰顶楞严阁下院。因虎肆虐，行僧建塔镇之，患遂息，改今名。"乍一听实属雄壮，其实是峨眉山最大的一座比丘尼寺院（尼姑庵），也是峨眉山佛学院尼家班所在地，寺内设学堂一座。

2 寺观园林环境特色分析

2.1 选址考究

自寺观造园之风开始普及，其带给人们的就不仅是佛学传教之用，还有现世生活之乐和山林之美，寺观逐渐从城市向山林转移，多选址于自然条件优秀的风景名胜地，依青山秀水，吸天地灵气，形成"天下名山僧占多的格局"[9]。

寺观园林的选址成就其庭院空间的环境营造。伏虎寺建筑群坐西南朝东北，南面背靠巍然耸立的萝峰山，西面有伏虎山，形如伏虎，是伏虎寺的天然屏障。伏虎寺居于萝峰、伏虎二山之间的狭长地带，气流猛劲，而且东北风势强劲程度远大于西南风，四季气流动势涌劲，任凭风卷残叶飞，屋顶四季无一枝败叶，清康熙皇帝曾御题"离垢园"三字赐赠该寺，至今墨迹犹存。

2.2 环境特征

伏虎寺为代表的峨眉山寺观园林前导空间有葱郁清幽的树林、清脆的鸟叫声，缭绕的皑皑白雾，配以石碑、山门、廊桥、亭以及零星点缀的石像小品等，有些寺观拥有坡度极陡或是极长的蹬道，作为前导空间的主要内容，人的心灵感知从通过这个空间进行提升，仿佛从"俗世"进入"仙境"。

伏虎寺园林处于丛林之中，绿云蔽日，原因在于清顺治年间寂玩和尚按《大乘经》字数一字一株，在伏虎寺前广植桢楠、杉树、柏树十万九千株，称"布金林"。寺前，虎溪蜿蜒于"布金林"及山谷间，水面狭窄，柔婉曲折，缓缓流水声中小鸟鸣叫，虎溪的泉水声作为伏虎寺的背景音，以动衬静，更显其静谧之感，洗涤了僧尼的心灵，更是抚慰了朝拜峨眉山的游客的心绪，虎溪的泉水声如今也是旅游景点之一——"虎溪听泉"。溪中乱石纵横，各具形态，环境清新雅静；林中的杉、楠、柏树密密层层、挺拔粗壮，伏虎寺就掩映在树丛之中，因而号称"密林藏伏虎"。清宣统二年（1910年），江南才子邓元鏸冒雨来游，于伏虎寺撰书一联："雨后游踪先伏虎，云间秀色敛修蛾。[6]"可谓是虚虚实实，将"藏"与"透"的交织展现淋漓尽致。

2.3 庭院空间

峨眉山上的寺观园林体现的正是清代禅宗寺观园林的布局模式，但其庭院空间布局实则已从宗教布局向世俗园林布局转化，以满足宗教和旅游住宿的双重需要，尽可能维持中轴对称布局的前提下，结合不同地形和景观条件，打破森严沉闷、孤立的寺观空间形态，使其自由灵活，更加开朗。各空间之间，以院墙、建筑墙面、游廊，甚至堡坎为分隔界面，以不同的组合方式，形成千变万化的"台地合院"园林空间（图2）。伏虎寺基本符合《百丈清规》

的布局模式[7]，主轴线上分别是山门（布金林牌坊）——弥勒殿（虎溪精舍）——普贤殿（离垢园）——大雄宝殿，四百多年来，这条纵轴线从未改变，主轴两侧，西序是水池景观；东序是御书楼以及生活区。整体来说，主要殿堂居于中间主要纵轴线上，横向轴线同时展开，东序管理世俗事务，布置生活区，西序管理宗教事务，布置禅堂等建筑，功能分布井然有序，极具生活文化与禅寺文化之魅力，寻常亦雅致。

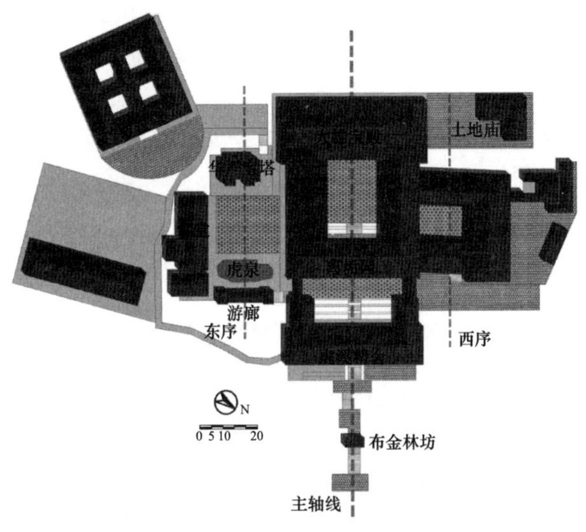

图2 伏虎寺平面布局示意图

峨眉山寺观园林建筑多是典型的红墙青瓦、歇山重檐、穿斗式梁架、纵深式排布，突出了建筑的特色，给游客以心灵上的震撼，内心自发的产生对场所的强烈崇拜，心生宽广、美好的想法。例如，峨眉山金顶的华藏寺，耀眼的金色再配以蔚蓝的苍穹，创造了强而有力、震撼视觉的环境。这种现象在高山区的寺观尤其突出，而低山区的伏虎寺、雷音寺、洪椿坪等寺庙，其色彩基调较为朴实，大部分寺观主要殿宇清一色采用小青瓦、木色构架、青灰色檐廊以及白色夹壁墙，构成黑白灰的主色调，仅仅主殿会使用金黄琉璃瓦和大红的梁柱构架，突出在建筑群中的主要地位，可见其宁静淡雅、幽暗寂寞之感。

伏虎寺在构景上，不仅采用亭、廊、石砌树池和楼阁等普通园林景观小品形式，还以塔、经幢、放生池等宗教小品点缀景观，并把构景范围从寺院中扩展到寺外的自然环境中，成就特有的园林环境氛围。在峨眉山地区湿润的环境下，这些带有禅宗文化的各类小品，建筑雕刻蒙上了一层斑驳的绿苔，散发出伏虎寺悠悠的古韵，营造出节制而又野趣的审美情趣，也进一步深化了游客对场所精神的感知度。

3 峨眉山寺观园林场所精神

峨眉山寺观园林将诗情画意的自然美，雄秀的气质、绚丽的色彩和优雅的钟声蝉鸣与源远流长的佛教文化相协调，所谓“峨眉山色有无中，梵宫琳宇缥缈间。峰腾云海作舟浮，半轮秋月入水流。茶鼎夜烹千古雪，紫霞彩错吟琼箫。[8]”让人胸襟开阔、宠辱皆忘、心灵净化、物我同春。

纵然有优美的山林景色，便能衍生众多以书法镌刻形式的楹联匾额，其中不乏绝佳书法、隽永文辞者，古往今来，楹联悬挂于寺院里的亭、台、楼、阁，加深了寺观园林文化的氛围，更见其清雅幽静，意蕴深厚，也是园林景观中人文艺术的直接表现。据传，四川是楹联的发祥地，北宋张唐英撰写的《蜀祷杌》一书中记载：五代时后蜀王孟昶，曾于公元964年的除夕，会简州刺史辛寅逊等题桃符版于寝门之上，以祝吉祥。其联文为：“新年纳余庆，佳节号长春。”这很可能是我国最早的一副楹联[9]。而寺观园林中的匾额楹联中有题写园名，或咏物言志；有道寺观历史，或阐发佛理；其最重要的是协同自然引发寺观园林的独特气质及场所精神。

3.1 自然始终：得似浮云也自由

峨眉山上目前的佛教流派为禅宗，禅宗的思想在六祖慧能的改革下，具有“不排斥俗世生活，拥抱自然”的现实意义，寺观园林有别于皇家园林与江南私家园林的显著特点之一是“自然始终”，不需要人工刻意营造，在园中，我们能感受到园外的潺潺流水，水中波纹荡漾，远处的青山连绵起伏，花草树木高矮错落，所有建筑既与周围环境自然融合，让游人移步换景、渐入佳境，寻求人与自然的和谐（图3）。

图3 庙宇融于青山密林中

1980年伏虎寺山门上有由游人林锴补书的副楹联（传为四川省人民政府文史研究馆馆员遍能法师所撰）：“圣迹渺难稽传有行僧曾伏虎，名山今换彩更无羽士再乘龙”，此联记述了山中两个佛道掌故。伏虎寺在宋时，林深地荒、猛虎为患，行僧士性建尊胜幢（小石塔上刻佛经）以镇之，虎患乃息。在大峨寺林中，汉时有隐士瞿君修道，后成仙，乘龙而去[10]。士性也好，瞿君也好，已成历史，应当着眼于今天，今日的峨眉山远比过去更辉煌壮丽了。此联隐喻沧海桑田、时事更易，“浮云出处元无定，得似浮云也自由。”像浮云那样随心来去、自由自在，绝为一种惬意的选择。

3.2 藏透之间：秀色空水共氤氲

伏虎寺的景观运用了匠心独具的“障景”手法，将它藏于一处不起眼的小路旁，从路边可以影影绰绰看见一处牌坊，名曰“伏虎寺”，预示寺庙就在附近，引导人们穿行于密林之中，接着婉转曲折的石板路接连引至“山月流古雪，风虎浴清泉”的虎浴桥、“云迷大壑觇龙气，路转溪桥觅虎踪”的虎溪桥、最后是“虎啸密林风万壑，鹤眠苍松月千崖”的虎啸桥三座廊桥，周围的清泉、苍松、溪桥等景色融入其中，好一处“曲径通幽处，禅房花木深。万籁此俱寂，唯闻潺水声”的诗情画意。

“台地合院”的特点就在于笔直的石梯（图4）和跌宕的庭园（图5），堡坎与石梯胜于人高，将庄重的佛殿、佛像“藏”于眼帘，登上石梯，合院内少了寺观园林寻常的参天古树，因而显得院内更加宽阔，大殿更加雄伟壮丽。檐廊是川渝地区的建筑中的一处特色，它不仅起到避雨与通风的作用，在伏虎寺内也增加了一处神秘的“灰色”色彩（图6），使人无法直接窥透佛殿内与僧人起居处的全貌，若是遇上云雾天，则是一副“灵山多秀色，空水共氤氲。”的画面。正如雍正年间伏虎寺住持德坚禅师在寺中

图4 伏虎寺入口处石梯

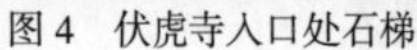

图6 伏虎寺檐廊空间

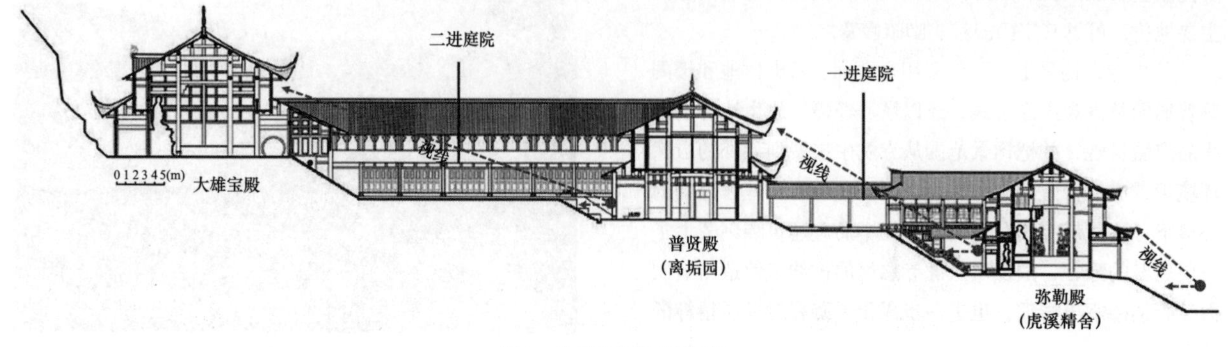

图5 伏虎寺建筑群剖面图

撰书："一经钟声瞻玉殿，万松烟色绕琼楼。[9]"

3.3 温婉柔美：绿霜倩影窥寂寥

峨眉山寺观园林常常依水而筑，故时常伴有优雅悦耳的旋律，或如威武雄壮的交响乐，林涛怒吼、山谷回响、惊心动魄；或似舒缓流淌的小夜曲，蛙鸣蝉吟、猿啼虫唱、如歌如诉，与咚咚暮鼓悠悠梵呗相交织。故成就了时而"空山梵呗静，水月影俱沉。"时而"鸟声一路管弦同，夏水转石万壑雷"的动人声景。

峨眉山寺观园林中多种植珙桐、桫椤、菩提树、七叶树、银杏、松柏类等，在观花植物中选择与佛教氛围相吻合的杜鹃和兰花，伏虎寺将兰花做盆栽，杜鹃做灌木，形成柔美的植物造景。作为山地型园林，其植物种植也极具特色，由于地形原因，寺庙有巨大的垂直高差，游人视觉上首先仰望宫殿庙宇，眼前则是厚重的堡坎，寺内僧人将盆景与假山点缀于陡坡之上，又以竹作"屏"，活脱将刚直的线条柔滑了起来（图7）。气候潮湿的峨眉山坐落于著名的"华西雨屏"，于是滋养出斑驳的青苔，每当雨歇，落日的影晕映入深林，照在青苔上，景色宜人，一种朴素而又安静的侘寂之美，婉转道出了岁月的流逝（图8）。

3.4 干净质朴：唯愿清风与朗月

峨眉山寺观建筑的装饰、装修题材广泛、手法丰富多样，但又力求朴素得体，繁简得当。不难发现，伏虎寺中象征禅宗的文化莲花、白象甚少，若不是悠扬钟声和院内的灰袍比丘尼，这更像是一处安宁、平和的私家宅院。

在佛教寺观园林中，水即有放生池的内在含义，象征着慈悲。峨眉山万年寺的白水池，洗象池以及伏虎寺里的虎泉，从视觉上，其倒影天地、空旷澄澈，具有洗涤心灵，干净空灵的特点，是一面天然之镜。积水空明、上下辉映，产生遥不可及的空间距离美、境界幽远、意味无穷，使丰满的实景透透气，恰似山水画中的"留白"。伏虎寺内的虎泉，碧绿明丽，游鱼清晰可数，殿门与寺外茂林秀竹溶漾池中，使游览过程有了虚灵、空旷的间隙，人行其中、心境清虚，此情此景早已映入人们的脑海，挥之不去。唐代王绩的《明月》中说道："浮躁世界红尘滚滚，唯愿内心清风朗月。"伏虎寺的清虚与质朴，让人清扫世上浮沉还自己平凡而安静的内心。

4 结论

本文主要从峨眉山寺观园林的空间布局影响场所精神的这一角度，主要阐述寺观园林的环境特色：选址尊重自然，营造巧用自然，空间效法自然。将寺观园林的场所精神从禅宗文化中剥离出来，进行"人与自然""空间与文化"精神层面的探讨，这些见解与观点，可以进行更深入的研究和借鉴。当下，对待中国传统园林文化，我们应该注意静态保护与动态更新的结合，深挖其社会价值和文化意义，继承优秀的民族传统为今所用。

图7 伏虎寺内堡坎上的植物

图8 伏虎寺内遍布绿苔

参考文献

[1]（挪）诺伯舒兹著．场所精神：迈向建筑现象学［M］．施植明译．武汉：华中科技大学出版社，2010，(7)：20.

[2] Smil, Vaclav. Genius loci [J]. Nature, 2001, (1): 21.

[3] 陈俊鹏．中国寺观园林与城市文化［J］．中华建设，2019，(2)：108-109.

[4] 宗桦，张楠．中国传统寺观园林研究进展综述［J］．安徽农业科学，2013，(7)：3009-3011.

[5]《峨眉山志》编纂委员会编纂．峨眉山志［M］，1997.

[6] 永寿．峨眉山与巴蜀佛教——峨眉山与巴蜀佛教文化学术讨论会论文集［M］．北京：宗教文化出版社，2004.

[7] 党蓉，戴俭．《百丈清规》对中国禅宗寺庙建筑布局的影响研究［J］．甘肃科技，2015，31(7)：118-120.

[8] 魏奕雄．峨眉山景观的特点及其美学价值［J］．中共乐山市委党校学报，2009，(5)：96.

[9] 蔡燕歆．多元文化影响下的峨眉山寺观建筑［D］．同济大学建筑与城市规划学院，同济大学，2009.

[10] 陈述舟．峨眉山伏虎寺及其铜塔［J］．四川文物，1988，(2)：59-62.

作者简介

文茗，1995年生，女，四川农业大学风景园林学院研究生在读。研究方向为风景园林规划设计。电子邮箱：442433884@qq.com。

浅析陈从周先生的“造园有法无式”论

An Analysis of Mr. Chen Congzhou's Theory of "Land-building and Lawlessness"

曹 娜

摘 要：中国园林作为中国五千年文化传承积淀的产物，对于中国文化及造园的研究具有很大的借鉴、参考价值。陈从周先生在《说园》中提出了“造园有法无式”的论点，该论点与中国传统造园法则类似，他把对于园林的研究成果用文学的方式做了恰到好处的解读，并且明确指出了传统造园的精髓之处。本文将简要剖析陈从周先生“造园有法无式”这一论点及其在古典园林中的运用与后世造园作品的发扬。

关键词：中国园林；有法无式；说园

Abstract: As the product of five thousand years of cultural heritage in China, Chinese gardens have great reference value for the research of Chinese culture and garden construction. Mr. Chen Congzhou put forward the argument of "there is law but no form in garden construction" in "Shuo yuan", which is similar to the traditional Chinese garden construction law. He made a proper interpretation of the research results of gardens in the way of literature and clearly pointed out the essence of traditional garden construction. This paper will briefly analyze Mr. Chen Congzhou's argument of "there is law but no form in gardening" and its application in classical gardens and the development of later gardening works.

Keyword: Chinese Garden; There is Law; There is No Garden

引言

“源于自然，高于自然”的造园艺术是中国古典园林几千年以来积淀的成果，“天人合一”“君子德行”“神仙思想”是其发展演变的主要缘由。君子比德思想是儒家哲学的主要组成部分，是孔子哲学的主要内容之一。他提出了“仁者乐山，智者乐水”的理论。这种比德山水的观念，真实反映了人对山水的真实体验，将山水对于人的感受与人的社会品格结合，从而引导人们。在园林建造中，以蓬莱、方丈和瀛洲三仙岛为原型的山水景观经常出现，有时体现为人的避世心态，有时体现为求仙思想。在园林发展史上，筑山和理水是中国园林发展中不可缺少的因素，随着文化的积淀，造园方法也在不断发展。陈从周先生在自己的文学作品《说园》中，将具有中国园林山水精神的造园艺术总结为“造园有法无式”（图1）。

說園(注一)

陳從周著

我國造園具有悠久的歷史，在世界園林中樹立着獨特風格，自來學者從各方面進行分析研究，各抒高見。如今就我在接觸園林中所見聞掇拾到的，提出來談談，姑名「說園」。

園有靜觀、動觀之分，這一點我們在造園之先，首要考慮。何謂靜觀，就是園中予游者多駐足的觀賞點；動觀就是要有較長的游覽線。二者說來，小園應以靜觀為主，動觀為輔。庭院專主靜觀。大園則以動觀為主，靜觀為輔。前者如蘇州網師園，後者則蘇州拙政園差可似之。人們進

图 1　《说园》

1　造园“有法无式格自高”

1.1　浅读《说园》

《说园》中，将中国园林解读得细致透彻，将美轮美奂的泉石胜境、壶中大美诠释得淋漓尽致。正如陈从周先生所述：“耽情山水以自得”“文以好游而益工”。陈从周先生留下的山水文学是对建筑史理论研究主线上一种新的文化传承方式。“还我自然”是陈从周先生晚年耗尽毕生精力的呼喊。在他的努力下，使许多风景名胜免于破坏，成为我们今天所能看到的自然和文化遗产。

中国园林之美，与本传统文化之精要联系密切，关乎个人修养与赏鉴能力。陈从周先生曾经提到：“不能品园，不能游园。不能游园，不能造园”，然何以提高文化修养，何以跃升美学鉴赏，皆须通过对传统文化有热爱、具敏感性的特定的个人，才有可能。至于途径与方法，或阅读而神游，或游赏而遐思，或静观而自得，并无程式与定法，此与园林兴造亦互通：“有法无式格自高”[1]。

1.2　造园有法而无式

陈从周先生在《说园》中曾经提出“造园有法而无式”的论点，意思是说造园有一些方法规律可以运用，但没有特定的模式，根据不同的场地进行变通，创造出适合该场地的游园才是最佳。计成提出的“因借（即因地制宜）”，就是法。《园冶》一书终未列式，能做到园有大小之异、静动之别等，各自发挥各自奇妙有趣的地方，就可以成为“得体（体宜）”，可以简单总结为“造园有法无式”[2]。

1978年，陈从周先生利用自己多年的实地考察经验和学术研究，在《社会科学战线》上发表了极具代表性的文章《扬州园林与住宅》。在该篇文章中，他利用自己十余年的研究经验做了实证调查，总结扬州园林的造园之法，指出“总之，造园有法而无式，变化万千，新意层出，园因景胜，景因园异，其妙处在于‘因地制宜’，与相互‘借景’，所谓‘妙在因借’做到得体（‘精在体宜’），始能别具一格。[3]”该观点的提出再次证实了他在1962年提出的观点，十多年的研究停止之后陈从周将这一问题重新带回到园林学术研究和公众文化的焦点内。

陈从周先生曾经对《园冶注释》进行个人的理解和总结：“……我认为晚明戏曲、文学艺术小品等，它与造园是同一境界，而以不同的方式表现而已；不能孤立地来看，它们之间都有共同之点。计成的《园冶》中，总结了‘因借’‘体宜’之说，列举了‘掇山’‘选石’之旨，发前人所未发，实是千古不朽的学说。他论园的兴造，有说而无图，计成兼擅丹青，并非不能画，而其基本精神，是在造园有法而无定式，如果以式求之，遂落窠臼了。[4]”（图2）该总结不但有力地将“造园有法无式”这一园林

图 2　戏曲《牡丹亭》场景

传统从历史转变成显示，而且着重说明了园林造园艺术中“法”的重要性。

2 “法”与“式”之辩

1952年陈从周先生与刘敦桢共同考察苏州园林后引发的“法”“式”之辩中可以看到，这些思考基本都聚焦园林格局如何营造、园林意境如何理解等“大”问题。在陈从周先生到北京、苏州、扬州等地考察时，带着这些问题去思考，最终通过调查印证了这些观点。譬如以网师园假山及其仿环秀山庄为例，其特点是以天然山水为基础建造园林，从自身环境出发，因此得出陈从周先生提出“造园有法无式”并不是没有根据的，而是从该论断出发，针对现状情况，结合实例参证，做出以“法”论“式”的证明。

2.1 造园之“法”

陈从周认为，“法”即是绘画理论中的“脉络气势”，并将其上升为造园之道，而对于“气势”，在《说园（三）》中，陈从周谈道：“造园如缀文，千变万化，不究全文气势立意，而仅务辞汇叠砌者，能有佳构乎？文贵乎气，气有阳刚阴柔之分，行文如此，造园又何独不然，割裂分散，不成文理，籍一亭一榭以斗胜，正今日所乐道之园林小品也。盖不通乎我国文化之特征，难于言造园之气息也。[5]”

2.2 造园之“式”

而对于“造园有法无式”中的“式”，陈从周则在辩证分析了大量实例之后加以总结：“园林叠山理水，不能分割言之，亦不可以定式论之，山与水相辅相成，变化万方。山无泉而若有，水无石而意存，自然高下，山水仿佛其中。[6]”“不能分割言之，亦不可以定式论之”，这也是陈从周“园林辩证法”的具体体现。但是，陈从周对“有法无式”的认识绝不仅仅停留在对中国传统文化的层面，而是基于“今”而非“古”，“中”而非“西（洋）”。

3 中国园林中的“造园有法无式”

中国园林强调遵从自然之美，讲究“虽由人作，宛若天开”。为此，江南园林的布局规划常常因地制宜、建山引水，整体布局均衡而不规则，宛若诗词韵脚，抑扬顿挫。

3.1 网师园造园手法分析

网师园位于苏州市东南巷子内，以前名为万卷堂。清代乾隆年间，宋宗元买下土地，重新设计，名为“网师园”。“网师”者，“渔翁”之义也。苏州网师园是大家公认的小园造园中的极品，“少而精，以少胜多”是它造园的精髓所在。它的设计原理很是简单，将假山和建筑互换，没有旱船、大桥、大山，建筑物的体量相对较小，数量布局恰到好处，不过多也不过少，恰是个小园格局（图3）。

图3 网师园——引静桥

3.2 拙政园造园手法分析

拙政园中借景是其最为经典的造园手法，将园内有限的面积扩充到园外，扩大景物的深度与广度，将园外北寺塔借入园内与月到风来亭成为轴线景观，借景恰到好处，非常巧妙（图4）。

拙政园的布局中心为远香堂，这个南北向的主体建筑，位居中央，被四面景物环拱，体量远大于周围建筑，结构装饰华丽精美，和水池一起，奠定整体景区的体势和主调。远香堂北面有平台可以供人观赏四周的景色，西南方向有一条水系，著名的小飞虹驾于其上，其中“小沧浪”与“枇杷园”主体、风格大不相同，对比起来各有各的特点，置于全园，它们对于水池和远香堂这一主景区、主体建筑来说，又处于左右的宾衬地位，整体显得主次分明而不是喧宾夺主[7]。

图 4 拙政园借北寺塔

3.3 狮子林造园手法分析

堆山叠石是我国传统造园艺术中常用的造园手法，不论是哪种形式的园，几乎都有山石。狮子林以园内山石造型奇特、洞壑巧夺天工而闻名，园内的山石不仅形象生动，而且将狮子的神情表现的惟妙惟肖，虽然峰峦嶙峋，但是层次脉络清晰，不仅有丰富的山林野趣，而且不显局促和凌乱。如指柏轩前庭园面积稍大，且较开敞，园内便以山石为主体，配以西侧荷花池，略显山林野趣。自下往上看层峦叠嶂，自上往下看沟谷盘旋，使人如入深山峻岭，又如进入迷宫，为传统园林中堆山造石较为曲折复杂的一处（图5）[8]。

图 5 狮子林内假山

与堆山一样，理水也是古典园林的基本元素之一。宋郭熙在《林泉高致》中写道："山以水为血脉……故山得水而活，水以山为面……故水得山而媚"[9]，由于此园地处江南水乡，河道纵横、湖泊星罗棋布，即使是城内依然是水网交错，这就为园林引水造园提供了便利条件。因此狮子林中池水曲折蜿蜒贯穿整个园林，丰富了呈长方形的单一布局形式，这在中国古典园林建园营造中是常使用的手法，但在这里的运用却是很成功的一例。

4 造园有法无式在当代园林设计中的运用及发扬

中国古典园林造园手法遵循了传统的"天人合一"的自然观，体现了"师法自然"的设计原则。这些原则和手法在当代的园林设计中依然适用，虽然在形式上发生了一定变化，但与中国的古典园林是一脉相承的，并且在一定程度上得到了发扬与创新。

4.1 中国传统的自然观——"天人合一"思想

孟兆祯先生在一次学术研讨会上说道："园林规划设计必须具有科学的宇宙观和文化总纲。这个纲领是中华民族几千年来形成和完善的'天人合一'思想，就是自然与人的统一，这一思想也被黑格尔称为'中国人一切智慧的基础'"。

4.2 中国古典园林的设计原则——师法自然

中国传统哲学的自然观在园林艺术中的表现，不仅是古典园林设计的原则，也是现代园林设计的精髓。

4.3 中国传统造园手法在当代园林设计中的应用

在中国几千年来积淀的造园成果中，杰出作品数不胜数，遍布于空间布局、叠山理水各个方面。如何相地立基，借景生情；如何小中见大，序列空间；如何普池开山，栽花种树等，都值得我们去借鉴和学习。

4.3.1 因地制宜

一方面要根据原有地形建造景观，另一方面要考虑整体的风格类型，服从整体的布局要求，明确分清主与从。

实例：明城墙遗址公园

运用简洁大方的设计，在保护城墙的基础上，丰富公园的设计内容，展现古城的历史风貌，为现代人诠释当年的历史与文化（图6）。

图6 明城墙遗址公园

4.3.2 空间处理

中国古典园林的空间营造中，讲求起承转合，有高潮有平和，各个景观节点层次分明，节奏韵律起承转合，虚实结合。

实例：奥林匹克公园

该公园利用大尺度中轴线形式，北京传统中轴线向北延伸，成为传统历史文化与标志性城市风貌完美融合的区域[10]。

4.3.3 庭院营造

庭院是室内空间的协调与补充，是室内空间的延伸与拓展。它是人工建筑向自然的过渡地带，表现了人与自然的融洽统一。

实例：香山饭店

贝聿铭先生设计了北京香山大酒店，其布局以庭院空间为中心，参观者通过这个核心区域或围绕这个核心区域进入各种展览室或游览其他建筑功能（图7）。

5 结语

若要建造好一个园林，必然要提高自己的鉴赏能力，陈从周先生曾经说过，如果不能欣赏园林，不去各地游览，那么欣赏园林的能力就不会提升，因此造园的能力就不会提升。不断提高自己的文化修养，提高自己的美学鉴赏能力，热爱中国传统文化，对景物美观敏感，努力阅读和思考，不遵从特定的方式，而是根据千年来积淀的造园之法，在特定的场地里运用特定的方式，才是真正的“有法无式格自高”。

参考文献

[1] 柯继承. 苏州园林趣谈［M］. 北京：文物出版社，1994.

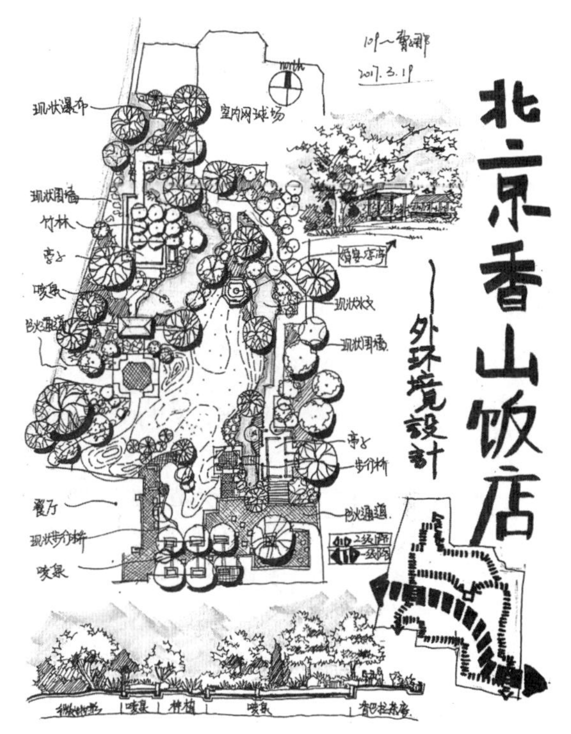

图7 北京香山饭店平面图

[2] 张家骥. 中国造园艺术史［M］. 太原：山西人民出版社，2004.
[3] 周维权. 中国古典园林史［M］. 北京：清华大学出版社，1990.
[4] 张家骥. 中国造园艺术史［M］. 太原：山西人民出版社，2004.
[5] 陈从周. 说园［M］. 北京：书目文献出版社，1984: 8-9.
[6] 陈从周. 说园（三）［M］. 陈从周. 说园. 北京：书目文献出版社，1984：31.
[7] 陈从周. 说园（五）［M］. 陈从周. 说园. 北京：书目文献出版社，1984：61.
[8] 陈从周. 说园［J］. 同济大学学报，1978（02）：87-91.
[9] 计成. 园冶［M］. 北京：中国建筑工业出版社，1988（2012）：37-38.
[10] Yi Liling. Humanistic Landscape Construction in City Square Design[A]. Wuhan Zhicheng Times Cultural Development Co., Ltd. Proceedings of 2017 International Conference on Innovations in Economic Management and Social Science(IEMSS 2017)[C]. Wuhan Zhicheng Times Cultural Development Co., Ltd:,2017:4.

作者简介

曹娜，1996年生，女，天津城建大学在读硕士。研究方向为风景园林。电子邮箱：814530406@qq.com。

司马光独乐园营造思想及景观研究

Sima Guang's Unique Paradise Construction Thought and Landscape Research

杨鑫怡 董贺轩

摘 要： 宋代的文人园林为当时私家园林造园活动的主流，反映当时的时代风貌与文人生活。其中，司马光的独乐园因其主人而留名至今，虽然园林实体已不复存在，但其景观研究手法与营造思想对当代的景观设计有一定的参考和借鉴意义。本文借助古典书籍与名画，拟将独乐园的营造与传记结合，试图阐述司马光的造园理念和思想。
关键词： 独乐园；文人园林；司马光；北宋

Abstract: The literati gardens in Song Dynasty were the mainstream of private garden gardening activities at that time, reflecting the contemporary style and literati life at that time. Among them, Sima Guang's Unique Paradise has remained as a name because of its owner. Although its garden entity no longer exists, its landscape research methods and construction ideas have certain reference and reference significance for contemporary landscape design. With the help of classic books and famous paintings, this article intends to combine the creation of a paradise with a biography, and tries to explain Sima Guang's gardening ideas and thoughts.
Keyword: Unique Paradise; Literati Garden; Sima Guang; Northern Song Dynasty

引言

文人园林乃是世流园林，更侧重以赏心悦目而寄托理想、陶冶情志、表现隐逸者。推而广之，文人园林不仅指文人经营或文人所有的园林，也指那些受文人趣味浸染而“文人化”的园林[1]。至宋代，文人园林已成为私家园林造园活动的主流，占据世流园林的主导地位，同时还影响着皇家园林与寺观园林[2]。

宋代的文人化园林作为宋代园林中的主流，是反映当时时代的风貌与文人生活的重要参照。司马光作为北宋时期著名的政治家、文学家，在北宋熙宁变法失败后毅然归隐洛阳并营造自己的私家园林——独乐园，并在园中完成了自己的著作《资治通鉴》，这使得独乐园的名声千载留存，独乐园也是中国园林史上少有的“以人为名”的典型园林。

研究意义：一方面，文人园林在宋代园林的营造中居于主导地位，尤其是洛阳的私家园林在中国古典园林史上占据重要一席，时人就有“人间佳节为寒食，天下名园重洛阳”和“洛阳名宫卿园林，为天下第一”的说法[3]。与明清园林不同，北宋文人园林的可研究实体几乎不存在[4]，但研究其营造手法对现代景观设计有一定的借鉴作用。另一方面，司马光在仕途失意后于洛阳下集贤建造了独乐园，因其个人的雅趣吸引了众多宾客往来，雅集宴游集一时之盛，其花园在花季之时对公众进行开放，任由市民观赏，在当时的文人圈和市民圈里备受推崇[5]，具有一定的公共效益，对当时的文化交流也起着一定的推动作用。

北宋以来，专政独裁有所消除，士大夫开始谈论建国方略；科举制度逐步完善，平民进入上层阶级的机会增多，更多的才能得以发展；商业手工业地位逐渐提高，经济得到大力发展；从儒学到理学，从佛教到禅宗，文化上也有了更多的创造[6]。然而重义轻武的政策使得许多人贪图享乐，官场上的不得志使得文人的志向需要借以园林这一物质载体抒发。从研究园林的角度研究北宋文化，能唤起人们对北宋文人园林以及北宋文化的向往之情。

1 独乐园整体营造手法分析

1.1 独乐园整体布局特点

宋代文人园林最大的特点便是模仿自然。山水画是最能表现宋代文人精神情怀以及审美情趣的艺术形式，而依据山水画形式建造的文人园林则是这种审美情趣的实物载体，二者表现形式不同，意境却不尽相同。

宋代文人园林这一以山水画意境造园的手法体现在独乐园（图1）的总体布局上则表现为园林层次的主次分明。郭熙在《林泉高致》有言："大山堂堂，为众山之主，所以分布以次岗阜林壑，为远近大小之宗主也。其象若大君，赫然当阳……长松亭亭，为众本之表，所以分布以次藤萝草木，为振挈依附之师帅也"[7]。即在布局中，充分考虑山水的整体性，山峰河流一气呵成。然而独乐园为典型的城市山林布局，园中并没有山体，却不失郭熙所提倡的山水之意。

《独乐园记》中写道"乃于园中筑台，构屋其上，以望万安、轩辕，至于太室。命之曰见山台。"此为山意。就水体布局而言，水体大致可以分为南北两大块，均呈方形水池状。苏轼在《司马君实独乐园》中写道："青山在屋上，流水在屋下。中有五亩园，花竹秀而野。"正是对独乐园山水格局的真实写照。

整个独乐园以读书堂为中心，其北侧建有一岛，唤为玉玦。岛中心用竹子拱起一块高耸的区域，命名为"钓鱼庵"。钓鱼庵周围从东至西依次设有见山台、竹林、花圃。其中，见山台为全园制高点。读书堂南侧为小南亭，此处可以观赏瀑布跌水景观，与其南侧的弄水轩隔水相望。园林最北侧有一竹斋，命名为"种竹斋"，前后都种植有茂密的竹子，是为园主人消暑之所。

就总体布局而言，独乐园规模不大且十分朴素。但由于司马光有咏诸亭台诗，诗情画意，使得园林因诗而传颂于世。钓鱼庵、采药圃也是因竹而显得颇具野趣。下面试从园林营造的几个要素对独乐园进行分析。

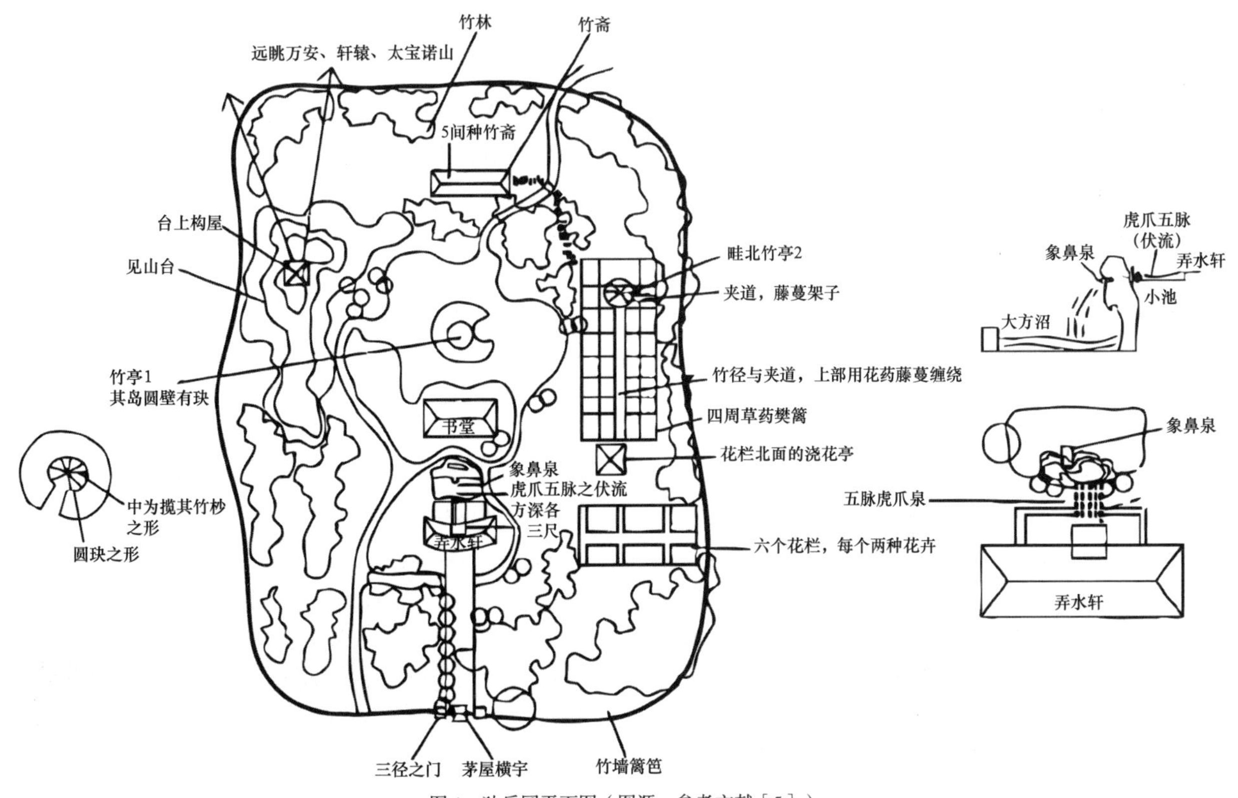

图1 独乐园平面图（图源：参考文献［5］）

1.2 山水布局结构特点分析

1.2.1 理水

司马光在造园时十分注重传统山水手法的运用。独乐园本身选址时便十分看重自然条件。据《司马温公碑》记载："独乐园位于万安山下，伊水经其北，渠流更易，祭台乃可见乎！"由此可见，司马光在造园时特意选择了离水源地较近的地方，以便引水入园。

司马光"引水北流，贯宇下。[8]"不同于我国大多数引水手法的从西北至东南流向，独乐园的水流方向为自南向北流入。究其原因，一来是由于独乐园处于伊水的北侧，园南侧为伊水支流。此在洛阳名园记中得到了考证："伊洛二水，自东南分注入河南城中，而伊水尤清澈。园亭喜得之，若又当其上游，则春秋无枯涸之病。[9]"

北宋时期的洛阳私家园林十分注重水景在园林整体营造中的地位。独乐园为一个典型的水景园。如有"中央为沼，方深各三尺。疏水为五派，注沼中，若虎爪。自沼北伏流出北阶，悬注亭中，若象鼻。[8]"

独乐园水体营造的方式采用对比的方式。首先是水面大小的对比。读书堂周围环绕以平静的大水面，而部分区域诸如弄水轩附近设置有小型方池，是为大小对比。其次是动静的对比，读书堂周围平静的水面与弄水轩附近的跌水形成对比，相映成趣。水面周围环绕着数座建筑与不同的景点，建筑的棱角与水面的柔和也形成一定的对比，不同景点之间也通过水景形成了一定的对景关系。

就独乐园七景而言，每个景点均和水有着密切的联系。见山台东面临水，其间亭廊连接；弄水轩则是四面临水，设有暗渠与方池；另一环水之景则为钓鱼庵，水面竹影自成趣味；种竹斋也是竹与水交映成趣；读书堂作为水面的南北分隔，所处位置保证了在其间读书干扰最小；采药圃与浇花亭均邻近水系，便于灌溉。

综上所述，独乐园的水景营造为该园的特色之一，处处体现着对比中的和谐与生产生活与景观的和谐。

1.2.2 筑山

查阅相关文献后发现，司马光留下的诗文中较少有其关于堆筑石山的记录。基于这一点与土方平衡的原则，司马光在营造水面后应就近堆筑土山。结合司马光《独乐园记》中对见山台的描写，台上可以远眺万安、轩辕，大致可以推断出司马光在见山台附近堆筑了土山，使得独乐园具有典型的山水格局，富于变化。范纯仁在《同张伯长会君实南园》一诗中写道"筑山台见岳顶"，也证明了这个推测的合理性。

独乐园整体而言还是一个以水景取胜的私家园林。在建造过程中，司马光遵从一系列山水建造原则，使得整个园林空间富于虚实与对比变化，虽然简洁却不失细节。

1.3 植物种植特点分析

独乐园是一个以竹景取胜的园林，其间也种植些许实用性药材与草本。《独乐园记》中有云："畦北种竹，方若棋局。一丈，曲其杪，交掩以为屋。"即在北区种植竹子，列为一丈方的棋盘格网络，将些许竹子进行弯曲，交错形成拱形廊，竹廊四周绕以藤蔓草药[5]。药圃（图2）四周另植木药为"藩援"，即四周为围篱，内部以田埂划分田地空间，与现代农业基本无异。

图2 采药圃（明·仇英《独乐园图》）（图源：网络）

药圃南部为同样规则整齐的花圃。花圃中间种植有芍药、牡丹。数量虽然不多，却也体现了整个园林简约雅致的风格。"洛城花美四方归，独有姚黄得见稀。""花得新朋自我公，洁如明玉状玲珑。[10]"

园中植物种植的组团方式也十分多样化。

首先是对称式种植，多用于出入口，可以通过仇英的《独乐园图》中窥见，在读书台的入口处对称种植了两组高大乔木与小乔木（图3）。在"浇花亭"至"见山台"的过渡区域，也见有对称式种植（图4）。

其次是围合式种植，见于种竹斋（图5）。高大茂密的竹林将建筑团团围住，透过间隙隐约可以看见其他景物，若隐若现，有限的空间中创造无限的意境。

再次是竹子的丛植，见于采药圃与钓鱼庵（图2、图6）。二者均采用弯曲竹子的形状以创造拱形竹廊，既可以遮荫又可以避暑，虚中有实，是园主人纳凉休憩的场所。

图3 读书台（明·仇英《独乐园图》）（图源：网络）

图4 浇花亭至见山台的过渡（明·仇英《独乐园图》）（图源：网络）

图5 种竹斋（明·仇英《独乐园图》）（图源：网络）

图6 钓鱼庵（明·仇英《独乐园图》）（图源：网络）

就植物景观的整体塑造而言，独乐园的植物造景在品种的选择上既有观花植物，亦有观叶植物；在景观整体效果上也保证了四时均有景可赏；在手法的运用上，多种种植方式结合，追求自然。

1.4 建筑营造特点分析

宋代文人园林的建筑营造通常保持简约雅致小巧的风格，独乐园也不例外。就其七景而言，每一景均对应着不同的建筑。

园中最大体量的建筑当属读书台上的读书堂（图3）。由图中可看出，其材质大致为木质，其间放置有大量藏书，司马光在此读书、写作、研讨，并于此处完成了《资治通鉴》。弄水轩为一座瓦顶式建筑，台基下方有一暗渠，印水环绕四周，富于变化。司马光《独乐园记》有云："堂南有屋一区，引水北流，贯宇下，中央为沼，方深各三尺。疏水为五派，注沼中，若虎爪；自沼北伏流出北阶，悬注庭中，若象鼻；自是分而为二渠，绕庭四隅，会于西北而出，命之曰弄水轩。"

钓鱼庵与采药圃（图2、图6）均为竹子搭建的小型屋庵，体型轻巧、结构简单。稍有不同的是，采药圃体型稍大，顶端缩结。种竹斋则是一座用竹子围合的建筑（图5）。

浇花亭屋顶用茅草搭建，保证了房屋的保暖性。另一栋用于纳凉的建筑则为种竹斋，种竹斋为六间并排，加厚屋顶与墙壁，建筑前后均种植有茂密的竹子，以保证其空间的独立性。

园中高程最高的建筑即为见山台（图7），司马光《独乐园记》有云："洛城距山不远，而林薄茂密，常若不得见，乃于园中筑台，构屋其上，以望万安、轩辕，至于太室，命之曰见山台。"于此处可登高远眺远方的群山。

图7 见山台（明·仇英《独乐园图》）（图源：网络）

综上所述，独乐园中的建筑营造形式整体遵循北宋文人园林的基本特点，即简约、精巧、自然。司马光在营造建筑时多采用轻巧的材质如木质与竹质，既节省了建造成本，又体现了独乐园因地制宜的设计要旨。

2 独乐园七景营造思想分析

司马光"熙宁四年迂叟始家洛，六年买田二十亩于尊贤坊北关，以为园。"司马光在熙宁六年（1073年）于洛阳城东南部的尊贤坊北关附近买下了二十亩地，并在此营造了独乐园[11]。彼时宋朝正处于转型时期，政策方面重文抑武，国家内忧外患且北宋儒学处于复兴的状态，国家的有识之士均发挥自身的才能与胆识，提出救国方案。司马光作为其中一员也提出一套颇具柔性又不失综合性的方案，独乐园正是在这种背景之下产生的。

司马光在营造独乐园时，作《独乐园记》，此著作不仅是对独乐园七景营造的记录与论述，也在一定程度上表现了司马光不流于世俗的处世原则。

2.1 "吾爱董仲舒，穷经守幽独"

司马光在营造读书台时，参考董仲舒位于四川广元的读书台。董仲舒曾专心研究学术并提出"罢黜百家独尊儒术"的主张，他的"大一统"主张也成为后来封建统治的理论纲领。晚年的董仲舒更是辞官后潜心学术，司马光感慨道“吾爱董仲舒，穷经守幽独。所居虽有园，三年不游目。邪说远去耳，圣言饱充腹，发策登汉庭，百家消始伏。[12]” 司马光以董仲舒的事迹激励自己，在读书台潜心写作并完成《资治通鉴》。

就二人经历而言，二人均是对官场失望后退居宅院潜心写作，不与世俗同流合污。司马光与董仲舒均于书斋中追求隐逸，崇尚自然，饱读史书，书斋也同样作为当时隐逸文化的一个缩影。

2.2 “吾爱杜牧之，气调本高逸”

弄水轩的营造则是参考了杜牧的“结亭弄水”“气调本高逸”的故事，并采用近似的景观手法表现自己不受世俗干扰的文人情怀。并以水为鉴，警示自己。

杜牧为晚唐著名诗人，其为人“刚直有奇节，不为龌龊小谨，敢论列大事，指陈利病尤切。[13]” 杜牧早年对政治生活也抱有一腔热血，但晚唐后期政治腐败，杜牧遭受了些许排挤，仕途不顺。“到会昌六年九月迁睦州刺史，在池州整两年[14]”。杜牧降职为刺史后依然对政治充满热情与抱负，辛勤工作，造福一方百姓。

福建东塘居士袁说友曾在《东塘集》中提出杜牧营造“弄水亭”的理解。“澄之而不清，挠之而不浊，吾知人之隘而污者，将汗颜于此水也。[10]” 意为人不曾干预过水，却因为水而让自己感到羞愧。池州刺史登临此亭，必有以水为鉴的用意。司马光借用杜牧的弄水亭的故事，并采取了相似的景观元素诸如水、石、亭、远山等，以表达自己超凡脱俗的境界。

2.3 “吾爱严子陵，羊裘钓石濑”

严子陵即严光，东汉著名隐士，曾多次拒绝刘秀的征召，归隐山林，范仲淹于《严先生祠堂记》中称赞他“云山苍苍，江水泱泱。先生之风，山高水长”。

严子陵于富春山隐居时于宅院建造钓鱼台，钓鱼台也因此成为他淡泊名利、不追求富贵的文化象征。司马光在建造独乐园的钓鱼庵时，借用了这一典故以表现自己与世无争，不畏权贵的作风。二者在建造形式上有所不同，独乐园的钓鱼庵利用竹子营造景观，是经过司马光有组织地设计过的。但二者均有表现自己远离尘世喧嚣的淡泊感。

2.4 “吾爱王子猷，借宅亦种竹”

王子猷即王徽之，是东晋著名书法家王羲之的儿子，才华过人，尤爱种竹。《世说新语·任诞》第46则记载：“王子猷尝暂寄人空宅住，便另种竹。或问：‘暂住何烦尔？’王啸咏良久，直指竹曰：‘何可一日无此君？’[15]” 司马光敬佩王子猷犹如王子猷之爱竹。

竹在文人心中本就有着崇高的地位，也是“岁寒三友”之一，竹因其脱俗、空心的气节代表着高尚的品格。苏轼曾在《于潜僧绿筠轩》一文中表明对竹的喜爱：“可使食无肉。不可居无竹。无肉令人瘦，无竹令人俗。人瘦尚可肥，士俗不可医。[16]”

王子猷因其不羁的性格不被世人所理解，却不因外界眼光改变自己的看法与作为。司马光在仕途中也曾饱受不理解，后主动请退洛阳。司马光对王子猷的欣赏也与其个人经历有关。

2.5 “吾爱韩伯休，采药卖都市”

皇甫谧著《高士传》曰：“韩康字伯休，一名恬休，京兆霸陵人。常采药名山卖于长安，口不二价三十余年。时有女子从康买药，康守价不移。女子怒曰：‘公是韩伯休那，乃不二价乎？’康叹曰：‘我本欲避名，今小女子皆知有我，何用药为？’乃遁入霸陵山中。[17]”

司马光于独乐园中建造采药圃，是欣赏其淡泊名利，远离世俗的隐逸之情。采药这一举动一方面来说也是济世之举，另一方面该行为本身就已经作为文人高雅的代名词之一了。

2.6 “吾爱白乐天，退身家履道”

唐代诗人白居易自幼聪明勤奋，喜爱阅读[18]。因被误认为逾权而被贬为江州司马。贬官这件事成为白居易人生的转折点，也是其“中隐”思想的源头。白乐天于江州做官时并不愉快，但他在庐山时修建有草堂，平时喜爱与当地僧人谈心交流。白居易喜爱花草，每到一处地方均要营造自己的园林，栽植花木。白居易一生营造过数座园林，其中最有影响力的当属位于洛阳的履道坊宅园。二园均为园主人一生中最后建造的园林，有一定的相似性。

司马光和白居易晚年均退居洛阳，尽情享受文人雅士集会之趣，与其畅谈人生理想。借助浇花亭这一景点一方面表现自己和白乐天一样仕途不顺的愤懑之情，另一方面也表现自己趋于平淡的生活追求。

2.7 “吾爱陶渊明，拂衣遂长往”

陶渊明对自然田园十分向往。在《归园田居》中写道：“少无适俗韵，性本爱丘山。”其思想是儒道两家综合的产物[18]。陶渊明数次辞官归隐，最终回到田园，并创作了一系列田园诗作。

“采菊东篱下，悠然见南山”即为《归园田居》中的一句名句。诗人在东篱采菊后感慨自己的拂衣不仕，悠然自得。司马光对陶渊明的这一举动表示追慕，便于独乐园中堆山构建见山台，表示其守拙田归之意，并于此“临高纵目，适宜所至，怡然而得”，以为“不知天壤之间，复有何乐可以代此也。[5]”

3 小结

司马光于仕途失意后主动申请降官至洛阳并于此营造了其人生中最后一个园林——独乐园。司马光以“独乐”命名此园，一方面显示了其不与世俗同流合污的高洁品德，一方面在园林的营造上学习他人经验并以前人的高雅品行来要求自己，全园由“慎独”和“至乐”两方面展开[5]，园林也因此不流俗于传统，具有独特的个性。独乐园体现了宋代文人园林浓厚的文人气息、鲜明的时代精神与质朴的造园意境等特点，也因司马光的个人品行与贡献闻名于世，影响深远。

然而历史上的独乐园已毁于战乱，不复存在，现今我们只能通过查阅古籍与名画来找寻其独特的风采与价值。虽然独乐园的实体已不复存在，我们仍然可以通过分析其造园背景与手法来探究其在现代景观设计中运用的可能性。重视与探索文人园林的造景手法与思想渊源，是将传统造园手法运用至现代景观设计中的必要途径之一。

参考文献

[1] 周维权. 中国古典园林史[M]. 北京:清华大学出版社，2008：235/318.

[2] 王相子. 浅析北宋洛阳名园园林规划风格[A]. 南京林业大学，江苏省建设厅，江苏省教育厅. 传承·交融：陈植造园思想国际研讨会暨园林规划设计理论与实践博士生论坛论文集[C]. 南京林业大学，江苏省建设厅，江苏省教育厅:中国风景园林学会，2009：3.

[3] 张瑶.《洛阳名园记》中的园林研究[D]. 天津大学，2014.

[4] 王劲韬. 司马光独乐园景观及园林生活研究[J]. 西部人居环境学刊，2017，32(05)：83-89.

[5] 周膺. 宋朝那些事儿[M]. 北京：中国人民大学出版社，2007.

[6] (宋)郭熙. 林泉高致·山水训[M].

[7] (宋)司马光. 司马文正公传家集[M]. 上海：商务印书馆，1937,(71).

[8] (宋)李格非. 洛阳名园记[M]. 洛阳：洛阳市志编纂委员会，1983.

[9] (宋)司马光. 司马文正公传家集[M]. 上海：商务印书馆，1937.(3).

[10] 杨祎雯. 从“中隐”看履道坊宅园对独乐园营建的影响[J]. 建筑与文化，2018(02)：112-115.

[11] (宋)司马光. 司马文正公传家集[M]. 上海：商务印书馆，1937.(4).

[12] (宋)欧阳修，宋祁. 新唐书[M]. 北京：中华书局，1975.

[13] 杜牧. 樊川文集[M]. 王允吉(点校). 上海：上海古籍出版社，2007.

[14] (宋)刘义庆. 世说新语·任诞[M]. 金城出版社，2017.

[15] 丁玉柱. 王徽之种竹的启示[J]. 青岛文学，2013.

[16] 曹志平. 秦汉三国时期的医学道德形象[J]. 职大学报，2010(02)：98-100.

[17] (宋)宋祁，欧阳修，范镇，吕夏卿. 新唐书·白居易传[M]. 国家图书馆出版社，2014.

[18] 李长之. 陶渊明传论[M]. 天津人民出版社，2007：1-37.

作者简介

杨鑫怡，1995年生，女，华中科技大学在读硕士。研究方向为城市设计。电子邮箱：yangxinyi_cn@163.com。

董贺轩，1974年生，男，华中科技大学教授。研究方向为城市设计。

“可望”山水画论在中国皇家园林中的体现

"Viewable" Landscape Painting Theory in Chinese Royal Gardens

田靖雯 张秦英

摘　要：宋代郭熙提出山水有“可行、可望、可游、可居”的多重价值。中国的“山水画论”与“山水造园理论”有许多相似之处，“可望”为古典园林带来了无穷的趣味。造园家常常运用远望、平视、仰望、俯视等不同的观赏视角来设置景观，以此吸引游人的视线，营造丰富的视觉体验。通过解析中国古典皇家园林的经典案例，进一步理解其在“可望”方面的景观特点与造园手法，以期在当代景观设计中得到更好的传承与应用。

关键词：皇家园林；“可望”画论；景观视线；景观视角

Abstract: In Song Dynasty, Guo Xi proposed that landscapehad multiple values of "walking, viewing, playing, and living." Chinese "Landscape Painting Theory"and "Landscape Gardening Theory" have many similarities, and "landscape sight" brings endless interest to classical gardens. Gardeners often use different viewing angles, such as long-distance viewing, head-up viewing, looking-up viewing, and down-viewing, to set up the landscape, so as to attract the sight of tourists and create a variety of visual experiences. By analyzingsome Chinese classical royal gardens,then further understanding its landscape characteristics and gardening methods in the aspect of "landscape sight", with a view to getting a better development and application in contemporary landscape design.

Keyword: Royal garden; "Viewable" Painting Theory; Landscape Sight; Landscape Perspective

引言

陈从周说：“不知中国画理，无以言中国园林”。周维权在《中国古典园林史》中提出中国古典园林的四大基本特点为“本于自然，高于自然”“建筑美与自然美的融糅”“诗画的情趣”与“意境的蕴含”[1]。可见，中国古典园林与中国山水诗画之间有着密不可分的关系。古典园林中山水诗画与山水园林的交融从魏晋南北朝时期谢灵运的谢氏别墅园开始萌芽，经过唐代王维的《辋川图》、辋川别业与卢鸿一的《草堂十志诗图》、嵩山别业又得到进一步发展，直至宋代李成的《山水诀》，郭熙、郭思父子的《林泉高致》等大量山水画理论著作的出现，二者的交融才发展至高潮。至元明清时期，大量画家参与造园，“以画入园，因画成景”的现象发展成熟。

李泽厚认为：“园林或者山水画都是传统思想的符号化[2]”。在山水绘画的发展过程中，其山水画理论也逐渐进步，越发深刻；同时，园林理论也慢慢成熟，二者在历史的进程中相辅相成，共同发展[3]。因此，山水园林中也如山水画一般，拥有“可行、可望、可游、可居”的价值。

其中，“可望”能够满足人的最基本的视觉观赏需求，造园家们也常常从引导游人视线出发，去进行园林创作。“步移景异”中除了需要安排好游人前进的路线以外，更应该关注如何营造每一步的“可望”之景，如此才能达到“处处有景”“景到随机”的效果。不同的视角能够带给游人不同的感受，如仰望给人以高远之感，俯视给人以深远之感，平视可赏不同层次之景，远望可得朦胧天地。在造园中，如何将不同视角与不同元素结合起来，产生多样的视觉观感，丰富“可望”之景，是我们可以进一步探讨的。

1 山水画论中的“可望”

两宋时期，山水画已然成为绘画中最重要的分支，郭熙提出，“世之笃论，谓山水有可行者，有可望者，有可游者，有可居者。画凡至此，皆入妙品[4]。”四者都是山水具有的重要价值，而视觉感知是人们在环境的视觉刺激下形成的感知，是人们体验环境最主要、最直接的方式[5]。

《林泉高致·山水训》中又提到：“山有三远：自山下而仰山巅，谓之高远；自山前而窥山后，谓之深远；自近山而望远山，谓之平远。”可见，“仰望”“前后望”“远近望”都是山水画论中“可望”的体现。

在中国传统山水绘画中，常常使用“散点透视”来完成长卷，以表现“咫尺千里”的辽阔，这与西方的“焦点透视”严格控制“近大远小”的绘画规律有所不同。画家根据主观判断，通过艺术化的手法合理调整想要表现的景观，以此解决“目有所极，故所见不周[6]”的问题。而通过“散点透视”就能眼观六路、多处取景，将山水景观的不同角度通过艺术的演绎进行仔细配置，凝缩到山水画面之上[3]。从“移动视点”的运用上，可见画家对于“可望”有着较高的追求，尝试用“写实”与“写意”相结合的方式去表述山水“可望”之景。

2 古典园林中的“可望”

两宋时期，传统山水画与古典园林的密切关系也得到了充分地确立，园林中开始明显地带有中国山水画中“可行、可望、可游、可居”的艺术特征，使园林最终成为了“集观赏、游乐、休息、居住”等多重功能于一体的特殊场所[7]。而造园者所运用“步移景异”的手法与画论中“移动视点”的运用有着异曲同工之妙。依据每个不同的视点所营造的“可望”之景，是相对静态的。各个“可望”之景串联在一起，则形成了“可游”这一相对动态的观赏过程。因此，“可望”是形成“可游”的基本条件。

“观景”和“景观”也是园林中出现频率非常高的词汇。彭一刚先生在《中国古典园林分析》中提出：“观景具有从某一点向别处看的意思；景观则是指作为对象而从各个方面来观赏，简言之就是看与被看[8]。”园林的营造之中，必须要做到“有景可望”，要有“可望之景”。

在造园时，造园家们尝试用各类手法来营造出园林之“可望”，善于灵活地、有机地运用园林中的各大要素，如植物、建筑及山水之间的组合搭配，而起到“对景”“点景”“框景”的作用。从而引导游人的视线，创造丰富的“可望”之景。

古代文人除郭熙在“三远论”中提出从不同角度“望”山得山之“高远、深远、平远”以外，明代计成也在《园冶·借景篇》中强调“借景，林园之最要者也[9]”。其内涵是说明园林中最为重要的造园手法便是将“远、邻、仰、俯、四时”之借景与园林要素相结合，可营造多样的景观以吸引游人的视线，做到有景“可望”，有“可望”之景。

3 皇家园林中不同角度的“可望”

皇家园林是中国古典园林中较大的一个类别。其基本特点是占地面积较大、园林要素较为齐全。因此在造园过程中，常常从不同的视角出发，运用各类手法，结合各类园林要素来营造“可望”的景观体验，以解决因园林过大、景观过多而引起的“所见不周”“目不暇接”等问题。

3.1 平视

“平视”即游人保持普通的人视点，水平地对周围的景象进行观赏。当园林选址较为平缓，没有出现较大的高差变化时，平视是园林中最常用的视角。此时的园林构图规律与“焦点透视”较为类似。在这样的视角下，如何将各类元素合理搭配并设计出竖向上及横向上的层次感，是造园家们重点处理的问题。“框景”便是很好的解决手法之一。如在颐和园中，从三面敞开的“湖山真意”向南平视，其上楣、下底座以及柱间形成多个“框景”。展现的景物既丰富又有层次，横向上有假山、古木、平桥构成近景，亭、小拱桥、乔木构成中景，游廊、围墙构成远景（图1），画面十分饱满；而视线范围内竖向上的视觉观感也很适宜，从低到高可观的园林要素分别有水、平桥、石、灌木、拱桥、亭、廊、围墙、乔木等。

当景深不够时，造园家们选择用构筑物来进行"隔""挡""透"。如北海静心斋的中心水景空间较为局促，进深较浅，园中便设"沁泉廊"横跨水池，以此来进行水面空间的分割，在"平视"视角上加大景深（图2）。

在"平视"视角不变的情况下，除了用多样的园林要素来营造丰富的景观之外，造园中还常将一种元素与不同园林要素相结合，达到"一物多景"的效果。保持相同视角，随地形、游线、视点的变化，同一景观要素也相应地呈现出多样的静态视觉景观。该手法在清东陵中得到充分体现。当祭祀结束，向南返顾，行于孝陵神道中，用不变的"平视"视角去拍摄"可望"的视觉景观，可以发现金星山与石牌坊、石像生、大红门等不同构筑物的组合下，能给人以不同的视觉观感，从而营造出不同的氛围，构成"远近不同"的景观（图3）。金星山作为陵寝山的天然对景，就瞩目地居于这轴线中心，收束视线；返顾的地景映托着相关建筑，构成"驻远势以环形""形以势得"的佳境[10]。

图1　自"湖山真意"向南看的框景效果示意图

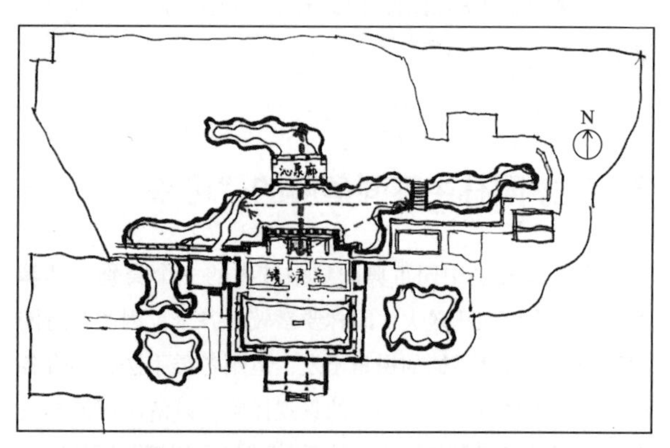

图2　静心斋中心水面"平视"视线示意图

综合看来，在"平视"视角下，人眼在竖向空间上的观赏视距有限，因此横向上景观层次的营造比竖向上更为重要。通过案例分析，不难发现在古典园林中，"平视"视角的景观营造常常结合建筑楹柱、门、窗等而形成"框景"，便可在人有限的视线范围内，形成丰富的园林图画。若行走在园林中所观所感是动态电影，那么"所望"之景则是其中定格的每一帧静态图画，而所处"视点"则相当于帧数的选择。在营造不同视点下同一要素的"所望"之景时，要合理利用视点的位置、丰富的园林要素以及"框景""夹景""借景"等不同的手法，如此便可达到变化多样的"平视"之景，从而给人以或渺小，或宏大，或庄严，或悠扬之感。

3.2　仰望

"仰望"即游人站在低处，从下往上地观赏高处的景观。此时，造园者常常在高处设立"可望"之景，以吸引

图3　以金星山为天然底景的孝陵神道返顾

（来源：王其亨. 风水理论研究［M］. 天津：天津大学出版社，1992：223）

游人的视线，并引导其向前行进。在造园中，常用的手法则是营造丰富的高差变化，拉大竖向上的变化，使对比更加强烈。

皇家园林占地面积较广，横向尺度较大，难以在平面布局上形成鲜明对比，因此常常因地制宜地营造丰富的地形，丰富竖向上的变化，从而因势利导地顺应地形进行设计。为突出某处重点，常常在地势的最高处辅以单体建筑或建筑群，以突出重点来吸引游人的视线。如自北海公园南入口仰望小白塔，可发现小白塔作为琼华岛立面上的收束，很好的引导了游人的视线与行进的游线。在高耸的小白塔与低矮的湖面形成的鲜明对比下，“仰望”小白塔能使游人获得的“高远”的空间体验感（图4）。

图4　自北海小白塔作为视线收束示意图

同理，在颐和园万寿山的前山景区，其中央建筑群的空间营造，有着绝佳的节奏感。在南北中轴线上，佛香阁作为前山最高处的建筑，通过吸引游人“仰望”，而营造出明确的游览路线，且随着山势的增加，佛香阁在这个空间序列中达到高潮（图5），达到控制全园的效果。

图5　自昆明湖岸仰望佛香阁

可见，在解决皇家园林中纵向高度与横向宽度比例不协调的状况时，造园家常常在制高点设高大型建筑物来吸引游人之“仰望”视线，增大竖向上的控制感，以围合视觉空间，减弱横向过于宽广的现状。除此以外，“仰望”之景作为竖向上视线的收束，可以不断引导人向前前进。反过来造园家又可以根据行进过程中的不同“视点”处的需求，进行景观的营造。如颐和园万寿山前山自下而上所设的各个建筑与佛香阁之间所构成的“仰望”角度是不一样的（图6），因此，利用在不同视点处围合的视觉空间的大小来进行建筑的营造，更能带给游人从开阔到闭塞，最终抵达而豁然开朗的景观体验。

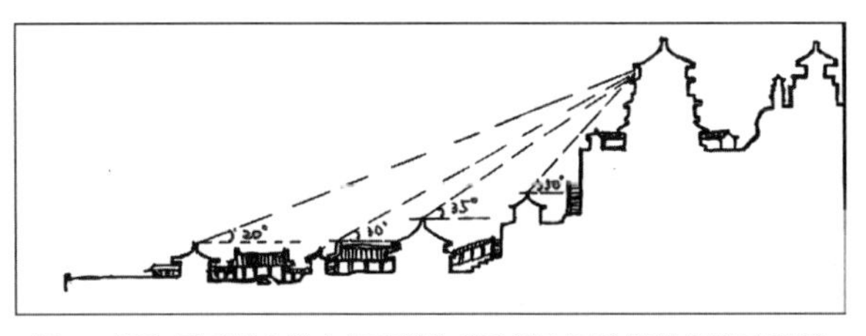

图6　颐和园万寿山前山各建筑与佛香阁之间的仰望角度示意图

3.3　俯视

“俯视”即游人站在高处，从上往下地欣赏低处的景观。与“仰望”相对，“俯视”给游人的体验感以“深远”为主。营园中的高差处理，不仅为了满足“仰望”之景，同时也要考虑位于高处“俯视”时，能否拥有较为宽广的视野或多样的“俯视”之景。所谓“俯仰之间”，则意味着“俯视”与“仰望”可以相互转换，在造园时，应将二者随时换位而进行思考。

皇家园林中常利用园中的地形制高点而设建筑。这些建筑不仅自身为“仰望”之景，且登高以鸟瞰，便可“俯视”全园。如前文中所提到的北海公园之小白塔，颐和园之佛香阁。承德避暑山庄之南山积雪亭亦是如此（图7）。“俯视”山下之丛林、河湖，能体会的便是天地辽阔的“深远”之感。正如唐代岑参在登慈恩寺时写道：“塔势如涌出，孤高耸天宫。登临出世界，磴道盘虚空。”

登高以“俯视”，便察觉人、物之渺小，所观即山林、河湖等呈片状分布的宏观景象。所以在皇家园林中，“山环水抱”的形制更加明确，如此便可保证既有突出重点之“可仰”，同时也有辽阔壮丽之“可俯”。在这样的山水骨架下营造丰富的竖向景观，更显皇家园林之大气恢宏。

图7　自南山积雪亭俯视视线示意图

3.4　远望

“远望”即游人极目远眺，可观赏到距离较远，乃至园外的景象。造园家们常常使用“园外借景”的手法来营造游人“远望”之景。

皇家园林的选址与建造，都是独具匠心的。如承德避暑山庄所处的地貌环境便十分优越，北岸的远山、东岸的河流、南面的奇峰异石都为“登高望远”提供了良好的条件。而北京西北郊“三山五园”之间的相互“远借”，为各个园内的游人创造“远望”的机会，正是相互“远望”，才使“三山五园”成为一个完整的、有机的整体，而达到一种“似有尽，又无穷”的朦胧之感（图8）。

因此，基于“远望”的视角去考虑园林的相地选址，便会思考如何将视觉观赏区域扩大到园外，营造出“借景入园”的效果以及园内外之景遥相呼应的视觉感受。如此不仅能丰富游人的视觉体验，还能使园林与周围环境融合，形成一个有机整体。

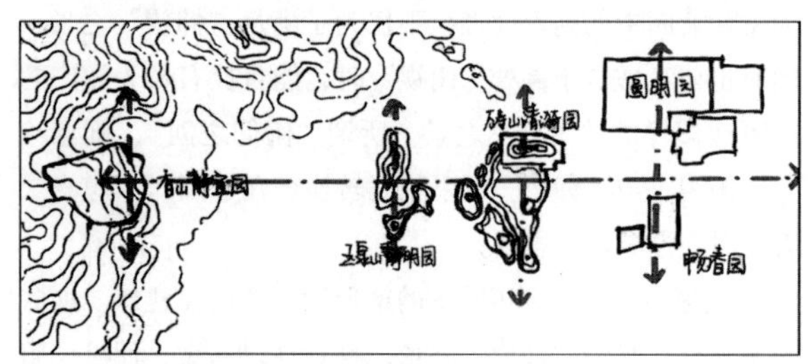

图 8　三山五园环境整体相互借景示意图

4　总结

在中国园林中，“可望”作为最基础的功能，满足了游人最大的需求——视觉需求。通过分析典型皇家园林的案例我们可以发现，建筑引领、山水对比、植物营造、借园外之景是“视觉”景观营造上使用最多的手法；且在造园中，常将各类园林要素与不同的视角相结合，如远望、平视、仰望、俯视等，以此来扩大其视觉观赏层次与范围，增强园林景观的吸引力，营造丰富的视觉体验。从这样的效果出发，又可以反过来指导造园家从园林的相地选址到山水骨架的营造，乃至各类园林要素的设计；还可以指导他们如何利用已有的“可望”之景，进一步创造出新的“可望”。

在皇家园林中，正是造园家们利用不同的观赏视角来对景象进行布设，我们才能在行于其中时“有景可望”，才能拥有“步移景异”的观感体验。这些或直白、或含蓄、或邻近、或遥远的“可望”之景，为游人提供了丰富的视觉内容，可引起游人的审美共鸣。这些基于视线分析所得到的造园技巧以及视线营造的方法，都值得我们不断探索、学习、传承。

参考文献

[1] 周维权. 中国古典园林史 [M]. 北京：清华大学出版社，2008.
[2] 李泽厚. 美的历程 [M]. 北京：文物出版社，1981.
[3] 储芃. 中国传统山水画技法对古典园林营造的影响 [D]. 东南大学，2017.
[4] 郭熙. 林泉高致 [M]. 安徽：黄山书社，2016.
[5] 刘祎绯，牟婷婷，郑红彬，孙平天，李翅. 基于视觉感知数据的历史地段城市意象研究——以北京老城什刹海滨水空间为例 [J]. 规划师，2019，35（17）：51-56.
[6] 王微. 叙画 [M]. 北京：人民美术出版社，1985.
[7] 王其均. 中国园林 [M]. 北京：中国电力出版社，2011.
[8] 彭一刚. 中国古典园林分析 [M]. 北京：中国建筑工业出版社，2008.
[9] 计成. 园冶 [M]. 北京：中国建筑工业出版社，1988.
[10] 王其亨. 风水理论研究 [M]. 天津：天津大学出版社，1992.

作者简介

田靖雯，1998年生，女，天津大学硕士研究生，研究方向为园林植物资源与景观应用与绿地功能优化。电子邮箱：510060784@qq.com。

张秦英，1977年生，女，博士，天津大学副教授。研究方向为园林植物资源与景观应用与绿地功能优化。

基于中国山水画论的谢鲁山庄逆向设计转译

Translate the reverse design of Xielu Villa based on the theory of landscape painting in China

钟雯婧　彭　颖

摘　要： 谢鲁山庄是广西三大名园之一，“园可以画，画亦可以园”本文以中国山水画论为依托，图解谢鲁山庄园林特征。利用中国传统山水画：立轴、手卷、册页三种典型绘画形式为空间框架结构，融入“三远”理论，进行谢鲁山庄逆向设计转译，诠释谢鲁山庄古老肌理下的新的空间形态，激活空间记忆体与叙事线。

关键词： 中国山水画论；谢鲁山庄；设计；转译

Abstract: Xielu Villa is one of the three famous gardens in Guangxi, a garden can be painted, and a painting can also be gardened, this thesis is based on the theory of Chinese landscape painting, explain the forest features of the Xielu Villa, using traditional Chinese landscape painting: vertical shaft, hand scroll, sheets, the three typical forms of painting are spatial frame structure，Integration of "Sanyuan" Theory, to translate the reverse design of Xielu Villa, to interpret the new spatial form under the ancient mechanism of the Xielu Villa, and activate the spatial memory and narrative lines.

Keyword: Landscape Painting Theory in China; Xielu Villa; Design; Translation

引言

广西传统园林保留下来的相对较少，谢鲁山庄是广西保存最完整的传统庭院之一。在当下科技发展飞速的局势下，园林在市民的记忆中逐渐淡化代替的是成群林立而起的高楼，现通过中国山水画的承载范式及“三远”理论解析谢鲁山庄的空间特征，用现艺术视角重新对谢鲁山庄进行设计转译。文章从探索到实践，从“画亦园”图解中国山水画，“园亦画”进行谢鲁山庄空间的图解，后进行以谢鲁山庄空间特征为载体的器物实践，以此，牵动市民对谢鲁山庄的记忆线。

1　探索

1.1　“画亦园”中国山水画图解

中国山水画是文人墨客在画中对于“居所”的臆想，中国山水画与古典园林的联系最为紧密。画家临摹山水，提炼山水，山水画应运而生；文人将居所融入山水，形成中国文人心中的理想居所环境，即园林。园林有不同的空间特征，游览与观法也有些许不同，在中国山水画中也有三种典型的绘画形式，立轴、手卷、册页。三种形式的观法与感受也不同。手卷提供一种连续的线性图像，采取片段式的观法，开合有序，如置身于画中“游走式”观览，只通过局部观看联想全貌。立轴更接近于原处直接全览观看，远近层次与视野上的控制，常以前景—中景—后景，三段式的空间表示。册页提供的是一系列的画面，描绘的是空间中的景致，以独立表现各景为主，如园林中的一步一景，重载空间时间的体验（图1）。

绘画形式是中国山水绘画格局的承载载体，不同的绘画形式涵盖着不同的中国山水画观法，郭熙《林泉高致-山水训》云：“山有三远：自山下而仰山巅，谓之高远；自山前而窥山后，谓之深远；自近山而望远山，谓之平远”。郭熙所提“三远”即是：高远、平远、深远。高远是追求自下而上的高低层次，常以立轴形式呈现，山麓—山腰—山巅，与谢鲁山庄的园林空间构成形式较为相似，前山景区—主体建筑区—后山景区；平远是地势平坦讲求视线平时而游走，最具代表性的则是王希孟的《千里江山图》；深远的表现是空间的纵深感，虚实相生，相互掩映，多表现为山与山之间的距离，讲求空间的重叠与纵深感，石涛的山水画作中多以立轴，深远、高远的手法表示（图2）。山水画的意象和意境都与“观”有关，是通过

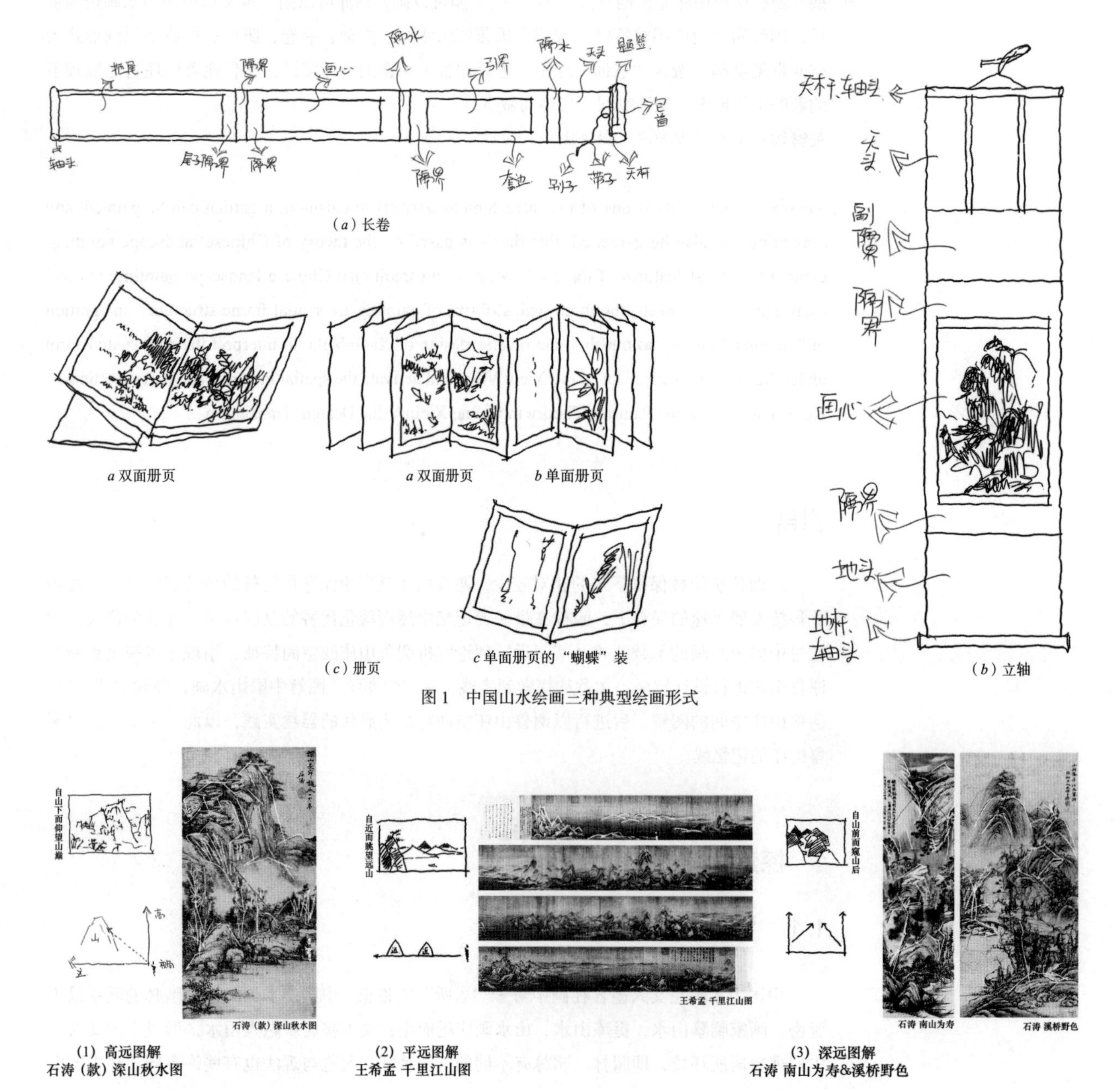

(a) 长卷

a 双面册页　a 双面册页　b 单面册页

c 单面册页的“蝴蝶”装

(c) 册页

(b) 立轴

图1　中国山水绘画三种典型绘画形式

(1) 高远图解 石涛（款）深山秋水图

(2) 平远图解 王希孟 千里江山图

(3) 深远图解 石涛 南山为寿&溪桥野色

图2　“三远”观法图解

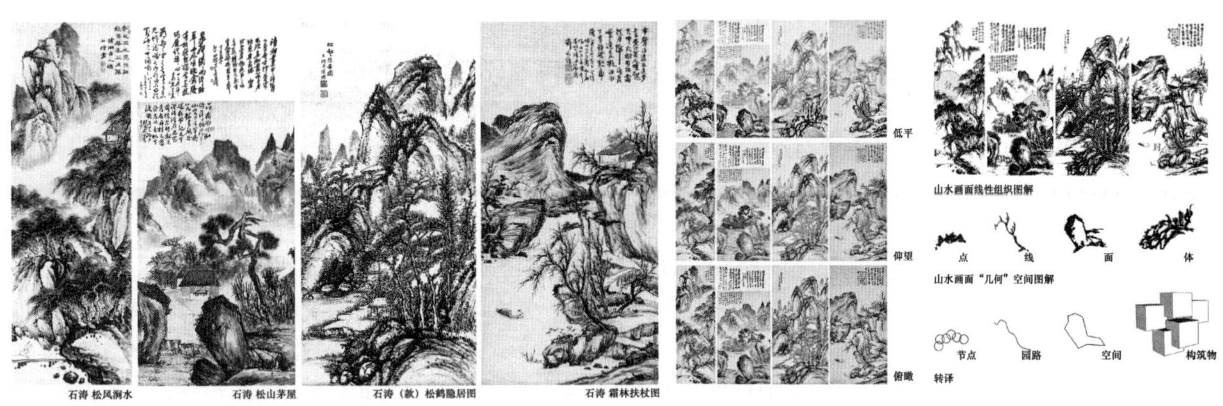

石涛（1642年-1708年），明末清初著名画家，原姓朱，名若极，广西桂林人。

图 3 中国山水画几何图解

视觉与画者心灵建立的对话。“远”是“游”的产物，也是空间的体验。画是二维空间的建立的体验，园是三维乃至四维空间的体验，是画家、造园者心之所向的升华。当画作高远、深远、平远，“三远”同时出现在一幅山水画作中，表现的则是一种视线的流动感，时而平视远山，时而窥山后，时而仰望山巅，表达的空间特征即是：空间的时间化，也就是我们园林设计手法中常以表达的空间的叙事性。

在中国山水绘画画面中的线性组成以石涛的画作为例，线条刚健有力，用笔以书入画，线条圆润侧笔微皴而成。线条形成空间：分—合—聚—封，其画面中空间重叠，破墨成面，泼墨成点，以枝成线，聚石成体，完美聚合而成的空间几何画面，山水画面中一笔一触，存在空间，转译为园林中则点为节点，线为园路，面为空间，体则为构筑物，一物一形，则是我们常言的：一拳代山，一勺代水。百里长卷则为千里江山，是画家的思想实践，也是对造园的心生向往（图3）。

1.2 “园亦画”谢鲁山庄空间图解

谢鲁山庄是为数不多的广西园林中保存较为完好的一个范本，是一处具有代表性和地方特色的岭南园林，位于广西陆川县谢鲁村，始建于1920年，原名“树人书屋”，总占地面积8.3hm²。谢鲁山庄的规划设计，巧妙地按照地势高低，依山而建，迭迭而上[1]。谢鲁山庄的总体布局，从功能使用上可分为三个区域：前山游览区、主体建筑区、后山休闲区，利用“三远”观法对谢鲁山庄进行空间

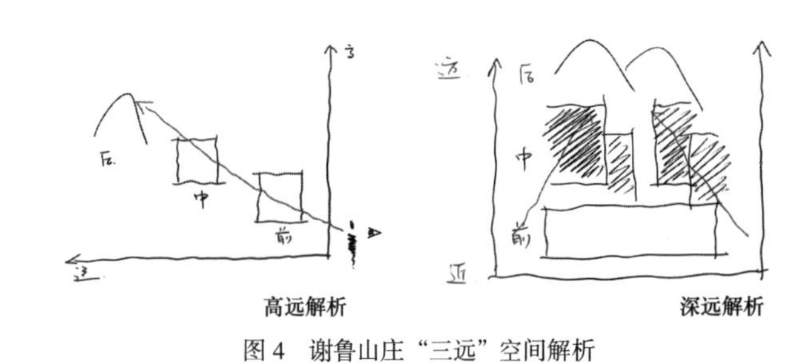

图 4 谢鲁山庄“三远”空间解析

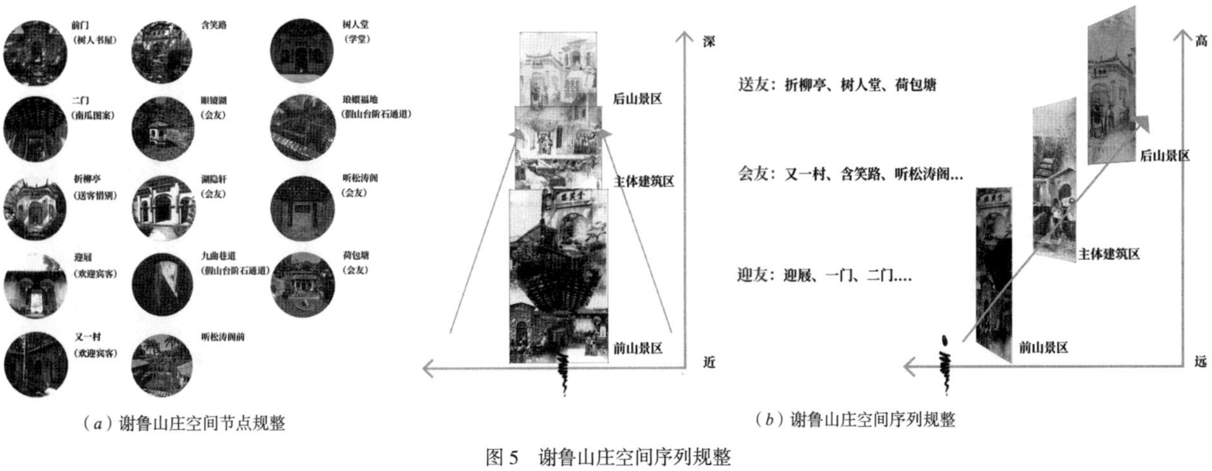

（a）谢鲁山庄空间节点规整

（b）谢鲁山庄空间序列规整

图 5 谢鲁山庄空间序列规整

形式的解析，可分为“前中后”三段式的空间类型，对纵览式全景判断，多呈现“高远”“深远”，连续、流动的空间体验（图4）。

中国山水画立轴、手卷、册页形式都是在一定尺度内进行时间和空间的探索，观法的设计就是画者、造园者对情感序列的设计，观法创造不同视角也包括视角之间的空间叙事与意境的连接。规整谢鲁山庄的空间节点的序列式解读及结合现今入园叙事关系，可分为：迎友—会友—送友，三者相连的空间叙事关系，其依山就势的山地形式而形成的空间序列上也符合“三远”呈现出的意境意象：前山仰望后山山巅，而窥后山的观法视角，且形成“可行、可望、可游、可居”由远至深，由高至低的空间流动（图5）。

2 实践

在中国的山水绘画中，我们看到了千里山水、百目园林，感受到画家、造园者的心生向往，王欣老师曾在“乌有园实验”中提到：造园者取文心画意；园可以画，画亦可以园，文字间有“居观游”，案头有研山，炉中置林泉……文章、绘画、器玩等都是心园的载体与表达，都是现实造园的思想实践，共同成为显示造园的土壤。文、绘、器、园四者从来是平等平行的，互为源头，却不能相互替代。

综合以上对中国山水画论的探讨与思考，是否能以谢鲁山庄的园林空间要素为载体，将“文、绘、器、园”四者结合起来思考，日常之物、常物反思、小中见大、见微知著。器房，器和房是一个合词，器物与建筑形成互塑，是双向的，房子带入器物，这件对器物是一定的革命。然后反之，再将器物带入房子，对房子也是新意[2]。园林是否可进行此种实验？讨论具有园林空间意识的器物设计？

2.1 关于“灯台”的实践

谢鲁山庄因依山就势形成的空间格局同等于立轴式的绘画形式，游人游览的线路便似盘旋而上的螺旋符号。首先联想到的是古人用的灯台：灯盘—灯柱—灯座，形成较为明显的三段式几何结构属性，继而是一首“小老鼠，上灯台，偷油吃，下不来”老鼠偷油的姿态不就是游人游园的经历吗？

灯台整体分为上中下三段式构成，下为灯盘，谢鲁山庄空间节点：迎屐、树人书屋大门为主体；中为灯柱，由荷包塘、折柳亭、听松涛阁、琅嬛福地为构成要素；上为灯盘，由谢鲁山庄后山为原型，结合“彭罗斯楼梯”为设计形态，简喻老鼠因偷油下不了灯台的焦急心理过程（图6）。

从灯座开始，开启关于一只“老鼠偷油”叙事线路，老鼠站在“迎屐”门前，从山脚仰望山巅，谋划“偷油”路线，瑶草琼花斜绕径，行至山腰，立于听松涛阁，望至山巅，猫过“九曲巷道”终于到达灯盘，烛火摇曳，无尽梯步，哪里才是能尝到“灯油”的端口？

灯台的整体设计以中国山水画的立轴绘画形式为形式架构，总体分为前景—后景—远景，依此为上中下三处空间构件，老鼠喻意游人的游览姿态，山下仰望山巅的灯油符合高远观法视角（图7）。

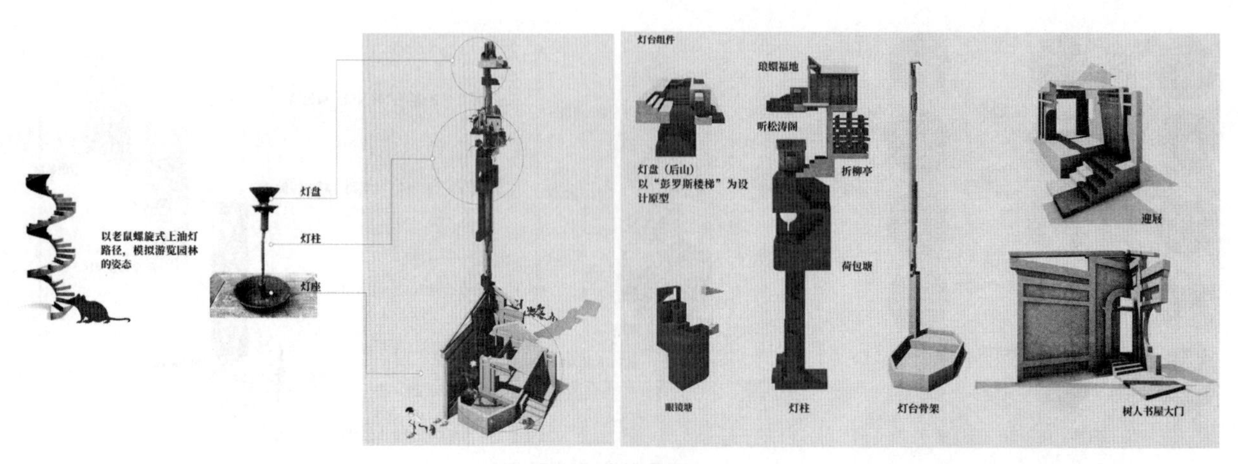

图6 灯台构成组件

(a) 灯台 · 灯座

(b) 灯台 · 灯柱

(c) 灯台 · 灯盘

图 7 灯台三段式组件放大

2.2 关于“鸟架”的实践

中国山水绘画中的册页绘画形式是一页一景，讲求系统且串联式，册页渐次展开，每一折都是谢鲁山庄的空间镜头：一折树人书屋、二折迎屐、三折就去巷道，四折琅嬛福地、五折听松涛阁、六折折柳亭，飞鸟的行径便是谢鲁山庄的空间的叙事过程（图8）。

将“册页”的单元组件依次置入架构中，折合翻转，添置“园林采景”的方法，框景、借景将自然之景，整合于鸟架中，飞入“迎屐”迎好友，落入“福地”会好友，踩入“亭中”送友人，一切发生的这鸟架的动线，便是谢鲁山庄园林中的叙事体的集合（图9）。

关于鸟架的器物设计采取的是长卷与册页结合的单元空间的形式。册页展开，便是一幅长卷的绘图形式，画面采用大面积留白，飞鸟平缓的行径姿态便是自近而眺望远山的“平远”的视角，长卷折合转化为册页，册页依次拆分构成独个且联系的单位组件，置入鸟架之中，形成以谢鲁山庄空间特征为依托的一件器物（图10）。

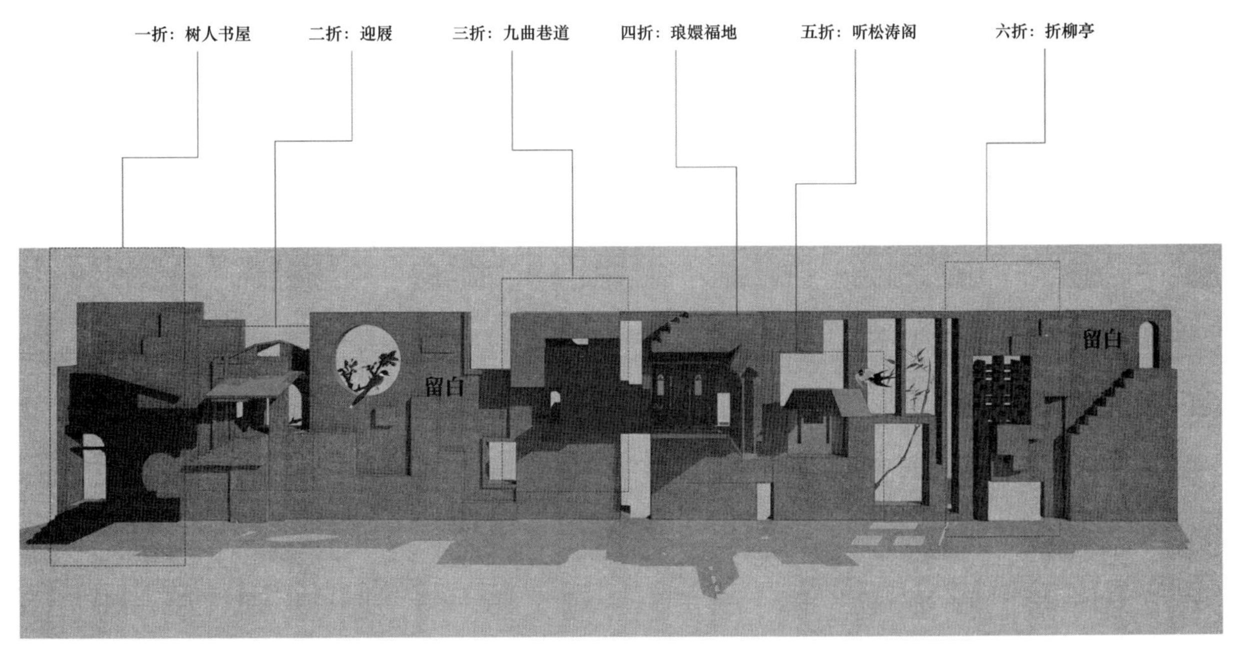

图 8 鸟架组合长卷样式

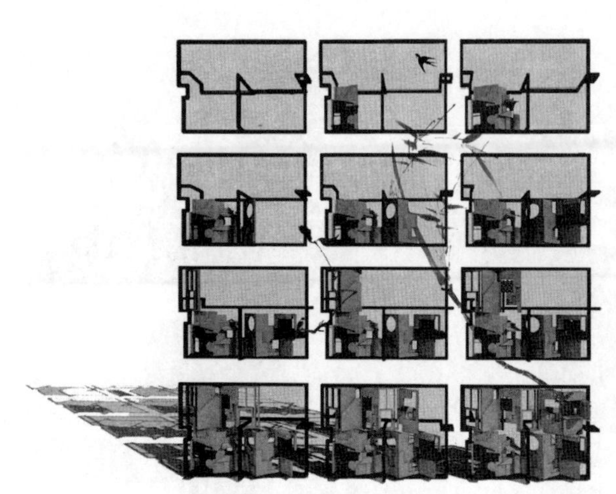
图 9　册页单元组件置入鸟架演绎

这对于它来说，是一个微小的世界，还是偌大的山水空间?

图 10　鸟架整体效果

3　总结

谢鲁山庄是广西传统园林保存下来最为完好的园林之一，在当下科技发展飞速的局势下，兴建一个园子并不难，振兴、重拾过去的诗意园林也是现在美味设计师们、造园师们所关注的，实践的振兴很重要，意识记忆振兴也同等重要，将谢鲁山庄的空间形态融于生活的器具，只是一个实验，这获取达不到重拾、振兴的目的，但或许能牵动关于对谢鲁山庄的一丝记忆线，就如王欣老师说的那样，这是为自己制造的一个园林梦，是对现实的逃逸抵御寄托，是对内心故园的不断重建，也是对未来的期许，建一个园林很难，但想像却一刻也不要停下来。

参考文献

[1] 张茹，刘斯萌. 广西传统庭园——谢鲁山庄文化解读 [J]. 中国园林，2010，26 (01)：88-91.
[2] 王欣. 乌有园实验 [J]. 新美术，2015，36 (08)：57-67.

作者简介

钟雯婧，1996年生，女，风景园林在读硕士。电子邮箱：871987294@qq.com。

彭颖，1973年生，女，风景园林方向硕士研究生导师，现任广西艺术学院建筑艺术学院建筑设计系副教授。

风景园林植物

谐趣园盛期水生植物历史景观与现状对比研究①

Comparative Study on the Historical and Current Landscape of Aquatic Plants in the Peak Period of Garden of Harmonious Pleasures

臧茜彤　邢小艺　韩　凌　孙　震　董　丽

摘　要：本文基于清帝御制诗及谐趣园匾额楹联等历史资料的研究，对谐趣园盛期的水生植物景观进行考证，归纳各代表性景点历史时期水生植物景观的植物种类构成、配置方式及景观风貌；同时基于现状植物调研将谐趣园水生植物历史景观与现状进行对比，分析古今景观之异同并以此为基础，对古今相似的植物景观提出维护及提升策略，对古今相左的景观提出改造意见；以期为改善谐趣园整体景观效果提供参考。

关键词：谐趣园；水生植物景观；历史考证；现状调研；古今对比

Abstract: Based on the study of historical materials such as the poems made by the emperors of Qing Dynasty and inscribed tablets and couplets in Garden of Harmonious Pleasures, this article studies the aquatic plant landscape in the peak period of Garden of Harmonious Pleasures, and summarizes the plant species composition, configuration mode and landscape features of the aquatic plant landscape in the historical period of each representative scenic spot. Meanwhile, based on the current plants research, the historical landscape of the aquatic plant in Garden of Harmonious Pleasures is compared with the current plant landscape, and the similarities and differences between the ancient and the modern landscapes are analyzed. This paper puts forward further maintenance and improvement strategies for similar aquatic plant landscapes while proposing to transform different ones, so that it can provide a reference for improving the overall landscape effect of the Garden of Harmonious Pleasures.

Keyword: Garden of Harmonious Pleasures; Aquatic Plant Landscape; Historical Study; Current Situation Research; Ancient and Modern Contrast

引言

颐和园作为世界文化遗产，是世界上现存古建筑规模最大、保存最完整的皇家园林之一[1]，为兼有杭州西湖、太湖、洞庭湖、昆明湖（汉武帝时西安昆明湖）四大名湖特色的自然山水园。代表了中国皇家园林修造的最高水平。谐趣园作为颐和园的重要组成部分，以中国最负盛名的“园中之园”著称。其三步一回，五步一折的百间游廊将楼、亭、堂、斋、桥、榭相连接，方塘数亩却由建筑环绕，外兼水陆草木多姿、步步皆景、步移景异、是北京仿文人园林中现存唯一有遗存仿造蓝本的实例。谐趣园内各景点依水而建，在全盛时期（清乾隆—嘉庆年间）水生植物配置考究，水生植物景观自身具有的观赏价值与文化意义使其与其

① 本文由北京市颐和园管理处项目“颐和园水生植物景观研究与规划”资助。

他造园要素互为呼应，烘托淡雅、宁静的风韵意境。然而时过境迁，谐趣园的水生植物随园子兴废几异其态，现今园内水生植物景观与谐趣园盛期相去甚远。本文基于历史文献资料研究，对谐趣园盛期时的水生植物景观特征进行考证和归纳总结，试图还原其水生植物历史景观的植物种类构成、配置方式及景观风貌等，并将其与现状景观进行对比，分析一致与相左之处，对古今相似的植物景观提出维护措施，对相左之处提出改造意见，以期为改善谐趣园整体景观效果提供参考。

1 研究地及研究方法

1.1 研究地概况

谐趣园前身为惠山园，为乾隆仿建无锡惠山脚下寄畅园而建，因名惠山园。明代无锡造园繁盛，园史记载中以惠山东麓寄畅园最为著名。王稚登《寄畅园记》有“环惠山而园者，若棋布然”[2]。乾隆六下江南，7次住在寄畅园，且“喜其幽静，携图以归”。乾隆“肖其意于万寿山之东麓”[3]，仿寄畅园而造惠山园。惠山园借景万寿山与寄畅园借景锡山类似[4]。据《日下旧闻考》[3]载：“惠山园门西向，门内池数亩，池东为载时堂，其北为墨妙轩，园池之西为就云楼，稍南为澹碧斋，池南折而东为水乐亭、北为知鱼桥，就云楼之东为寻诗径，径侧为涵光洞。”该段文字记载的8处景点即为乾隆御题的“惠山八景”（图1）。

嘉庆十六年（1811年）嘉庆改建惠山园，增建涵远堂，将载时堂更名知春堂，墨妙轩改为湛清轩，就云楼更名瞩新楼，澹碧斋改名澄爽斋，水乐亭改名饮绿亭，另建澹碧敞厅。并以乾隆《题惠山园八景 有序》[5]句“一亭一径，足谐奇趣”为意将园名改为谐趣园。竣工时，嘉庆写下《谐趣园记》，文中“以物外之静趣，谐寸田之中和，故名谐趣，乃寄畅之意也。”再一次点明园名由来。咸丰十年（1860年）清漪园被英法联军烧毁，谐趣园一并罹难。光绪十八年（1892年）重建谐趣园，并在宫门南增建知春亭和引镜，涵远堂东增建兰亭和小有天两座亭子。又以曲廊百间，将五处轩堂、七座亭榭联为一体，并将池岸改为规则形[6]。19世纪20～30年代，社会动荡，谐趣园只被零星修补养护。新中国成立后，谐趣园分别于1960～1961年、1976年、2009～2010年期间得到比较完整的修缮[6]。

1.2 研究方法

1.2.1 文献资料法

本文通过查阅与谐趣园相关的诗文、匾额楹联等古代原始资料及现代关于谐趣园研究的相关著作和文献，抽提与水生植物景观相关的记载并整理归纳，从而获得清代谐趣园水生植物景观特征等相关研究结果。

1.2.2 实地调研法

以谐趣园现状水生植物为研究对象，通过实地测绘、拍照记录等手段，对谐趣园水生植物景观进行普查。对样

（a）

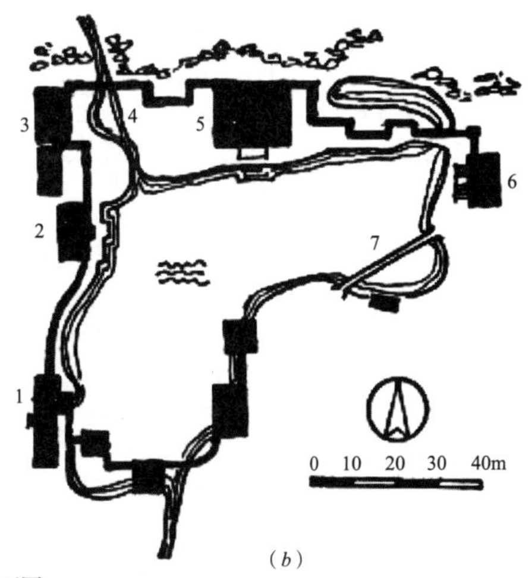

（b）

图1 惠山园、谐趣园平面图

（图片来源：编辑委员会. 科技史文集 第7辑 建筑史专辑3［M］. 上海：上海科学技术出版社，1981.）

（a）惠山园平面图；

1. 园门 2. 澹碧斋 3. 就云楼 4. 寻诗径 5. 玉琴峡 6. 墨妙轩 7. 载时堂 8. 水乐亭 9. 知鱼桥

（b）谐趣园平面图

1. 园门 2. 澄爽斋 3. 瞩新楼 4. 玉琴峡 5. 涵远堂 6. 知春堂 7. 饮绿亭

区内所有水生植物进行逐种记录，内容包括生境、生活习性、栽植面积等。

2 研究结果

2.1 惠山园时期水生植物种类及景观风貌考证

现存关于谐趣园水生植物景观的文字记载主要见于乾隆皇帝游园时题写的御制诗文及惠山园建成后、后期改建修缮谐趣园时悬挂或雕刻在景点的匾额楹联。“一切景语皆情语”[7]，再加上乾隆“涉笔成章，以昭纪实”[5]的习惯，使得由他亲作的诗文、匾额、题名、石刻等都可作为史料佐证研究。与清王朝由盛转衰相似，清代皇帝御制诗数量自乾隆后大幅减少。乾隆于乾隆十九年（1754年）至乾隆六十年（1795年）共写作风景诗160首吟咏惠山园景色。其中涉及水生植物相关诗作共13首，涉及景点包括澹碧斋（今澄爽斋）、知鱼桥及惠山园池塘。嘉庆只于嘉庆十七年（1812年）写作风景诗1首吟咏谐趣园、道光于道光三年（1823年）写作2首诗、咸丰仅于咸丰六年（1856年）写作1首诗。然嘉庆、道光、咸丰三位皇帝诗作内容并未涉及谐趣园水生植物景观。谐趣园内匾额楹联内容与水生植物相关的楹联共2副，涉及景点包括知鱼桥、引镜。

2.1.1 澹碧斋（今澄爽斋）

“澹碧”即淡淡的青绿色，意指初春时节，惠山园内池水碧波，新绿始发的景象。如乾隆在《澹碧斋》（乾隆三十年）中写道：“小池冰解作波光，新水容容绿草黄。”又乾隆《澹碧斋》（乾隆三十七年）诗句“一泓澹碧斋前漾，无忽有还有若无。”

乾隆在《题惠山园八景有序・澹碧斋》（乾隆十九年）中以“藻渊潜赤鲤，锦浪泛文鹭。”来记述水中红鲤鱼在绿藻下穿梭的情景。在《澹碧斋》（乾隆二十年）中以“高斋俯碧塘，幽兴托沧浪。荇带闲联藻，荷衣细纫香。”来描述从澹碧斋俯瞰池塘，所看到的藻荇交横，荷叶田田的景象。《惠山园八景・澹碧斋》（乾隆六十年）“凭栏底识澹然意，似待条风拂绿蒲。”句则表明澹碧斋处存在香蒲（*Typha orientalis*）。这些诗句点明了此处旨在营造澹然脱尘的境趣。而《再题惠山园八景・澹碧斋》（乾隆二十五年）一诗中关于“咫尺出宫墙，稻田灌千顷”的记述，也表明当时惠山园外存在千顷稻田（表1）。

2.1.2 惠山园池塘

根据乾隆相关诗作（表2），可判断出惠山园池塘中

基于诗词对澹碧斋（今澄爽斋）水生植物景观的描述 表1

诗名/匾额	诗句/楹联	涉及水生植物	拉丁名	水生植物景观风貌
题惠山园八景有序澹碧斋 乾隆十九年	藻渊潜赤鲤， 锦浪泛文鹭	藻类	*Thallophytes*	红鱼在绿藻中游曳
澹碧斋 乾隆二十年	荇带闲联藻， 荷衣细纫香	荇菜 藻类 荷花	*Nymphoides peltatum* *Thallophytes* *Nelumbo nucifera*	藻荇交横，荷叶田田
再题惠山园八景 澹碧斋 乾隆二十五年	咫尺出宫墙， 稻田灌千顷			惠山园外存在千顷稻田
惠山园八景 澹碧斋 乾隆六十年	凭栏底识澹然意， 似待条风拂绿蒲	香蒲	*Typha orientalis*	

注：绿蒲：指香蒲，如唐・王维《白石滩》“绿蒲向堪把”[8]。

基于诗词对惠山园水塘水生植物景观的描述 表2

诗名/匾额	诗句/楹联	涉及水生植物	拉丁名	水生植物景观风貌
惠山园观荷花 乾隆二十五年	偶来正值荷花开， 雨后风前散清馥。 汗牛充栋咏莲人， 面目谁真识净植	荷花	*Nelumbo nucifera*	雨后荷花清香更加馥郁
题惠山园 乾隆二十九年	台榭全将秦氏图， 宛如摘藻咏游吴	藻类	*Thallophytes*	
惠山园荷花 乾隆二十九年	山园过雨看荷花， 如濯蜀锦浣越纱。 陆葩水卉真鲜比， 梁溪想亦舒芳矣	荷花	*Nelumbo nucifera*	雨后观荷，红色的荷花染上轻薄的水汽，好似浣洗过的蜀锦和越纱
惠山园 乾隆三十六年	水花红馥递风细， 林叶翠新过雨浓	荷花	*Nelumbo nucifera*	荷花盛开

注：①莲，指荷花。《尔雅疏》“北人以莲为荷”[9]。又《说文》[10]芙蕖之实也。《尔雅・释草》[11]荷，芙蕖。其实莲。
②梁溪，水名，为流经无锡市的一条重要河流，其源出于无锡惠山，历史上梁溪为无锡之别称。

种植有荷花和藻类植物。这些诗句描绘了“雨后观荷，红色的荷花染上轻薄的水汽，好似浣洗过的蜀锦和越纱，其清香也更加馥郁”的图景。

2.1.3 知鱼桥

知鱼桥是一座汉白玉石桥，该桥以“知鱼”为名，引用的是《庄子·秋水》篇庄子与惠子游于濠梁之上，辩论“子非鱼，安知鱼之乐”的典故。桥身造型古朴，用来模拟两千多年前濠梁之桥的情景[12]。桥面较低，贴近水面，意在便于人与鱼进行更好的交流，文化意趣浓厚。

现存知鱼桥石牌坊坊柱联：“回翔凫雁心含喜，新茁蘋蒲意总闲。”语出乾隆御制诗《过玉蝀桥》(乾隆十九年)：“明当启跸谒桥山，此日清宫夙驾还。迤逦蝀桥过玉马，涟漪春水漾银湾。回翔凫雁心含喜，新茁蘋蒲意总閒。韶景方欣遍融冶，轻云又见羃孱颜。”“蘋”即苹属植物(*Marsilea*. spp)，为水中常见野生植物。“蒲”即香蒲，此处“蘋”“蒲”连用应为泛指各种水生植物[12]。全联运用拟人手法，描述的是一幅水鸟心怀喜悦，在此处悠游自在地飞来飞去，新萌发的水生植物生机勃勃也悠闲自得的画卷。水生植物不只用作观赏，还作为鱼、鸟的栖息地。楹联与题额“知鱼”二字相匹配，使得此处桥趣、鱼趣、鸟趣、植趣浑然一体，景观意趣如映眼帘。文字表面描述的是物趣，实则体现的是造园者以庄子自况，表达自己具有“泛爱万物，天地一体(《庄子·天下》)”“天地与我并生，而万物与我为一(《庄子·齐物论》)”的精神(表3)。

知鱼桥上刻有乾隆吟咏知鱼桥的全部诗作。诗句描绘了游鱼在荷花、水藻中穿行，悠闲自适，人则赏荷、望水、知鱼的意趣。(表)立桥上，春季看鲦鱼由绿藻中跃出水面；夏季蒲荷相伴，藻类丛生，赏花观鱼，香远益清。诚如宋荦题沧浪亭句“共知心似水，安见我非鱼?”。

2.2 谐趣园时期水生植物种类及景观风貌考证

谐趣园时期涉及水生植物景观相关记载仅为“引镜”处楹联一副。“菱花晓映雕栏日，莲叶香涵玉沼波”。意指夏季时节，阳光照耀下，华美的栏杆倒映在如镜般的水面上，荷花的香气氤氲在水中。此处水域种植荷花作为点景植物，为游览者提供了视觉及嗅觉方面的观赏体验。引镜为光绪重修谐趣园时增建，“引镜”二字意指谐趣园池塘水平如镜[12]。谐趣园池塘西部向南弯曲，形成水湾。池塘如果被比作镜子，则水湾就像镜子的把手。引镜恰好在把手处，题额“引镜”，可谓应题切景。

2.3 归纳与总结

通过比较不同诗句对同一景点水生植物景观的描述及综合各景点水生植物景观风貌，可推演出谐趣园全盛时期(清乾隆—嘉庆年间)水生植物景观的整体风貌特征，归纳为“蒲荷相伴、藻荇交横”。考证的水生植物5种(不含藻类植物)，隶属5科5属(表4)。

基于诗词对知鱼桥水生植物景观的描述　　表3

诗名/匾额	诗句/楹联	涉及水生植物	拉丁名	水生植物景观风貌
题惠山园八景有序 知鱼桥 乾隆十九年	知鱼桥坊柱联： 回翔凫雁心含喜， 新茁蘋蒲意总闲	浮萍和香蒲，此处泛指水草		鸟类悠游自在地飞来飞去，新萌发的水生植物生机勃勃也悠闲自得
再题惠山园八景 知鱼桥 乾隆二十年	琳池春雨足， 菁藻任潜浮	藻类	*Thallophytes*	藻类浮沉
再题惠山园八景 知鱼桥 乾隆二十五年	林泉咫尺足清娱， 拨刺文鳞动绿蒲	香蒲	*Typha orientalis*	描绘鱼在香蒲中穿梭的情景
再题惠山园八景 知鱼桥 乾隆二十八年	饮波练影无痕， 戏莲闯藻便蕃	荷花 藻类	*Nelumbo nucifera* *Thallophytes*	游鱼在荷花、水藻中穿行，悠闲自适
再题惠山园八景 知鱼桥 乾隆三十一年	繄予乐欲公天下， 那向区区在藻求	藻类	*Thallophytes*	水中分布藻类
	石栏雁齿亘春池， 出水轻鲦在藻思	藻类	*Thallophytes*	春季藻类浮沉，鲦鱼由绿藻中跃出水面

注：蘋：《说文解字注》[13]指出“蘋”就是大萍。《左传》[14]中有“蘋蘩蕰藻之菜，可荐於鬼神，可羞於王公”的说法。唐朝陈藏器《本草拾遗》[15]中记载：“蘋叶圆阔寸许，叶下有一点如水沫，一名芣菜。”“芣菜”指的是“水鳖”这种植物。花期在夏秋季，花白色，伸出水面，因此古人称为“白蘋”。

蒲：古代中蒲以单字出现，且上下文表明是水生植物，则指香蒲。如东汉·许慎《说文》有“蒲，水草也。可以作席。[10]”汉·王褒《九怀·尊嘉》[16]中“抽蒲兮陈坐”，意指船中坐席就是用香蒲编成的。

谐趣园盛期水生植物种类及分布 表 4

植物名称	科	属	拉丁名	生境	生活型
苹	苹科	苹属	*Marsilea quadrifolia* L.Sp.	水生	浮叶
荇菜	龙胆科	荇菜属	*Nymphoides peltatum* (S.G.Gmelin) Kunte	水生	浮叶
荷花	睡莲科	莲属	*Nelumbo nucifera*	水生	挺水
香蒲	香蒲科	香蒲属	*Typha orientalis* Presl	水生	挺水
稻	禾本科	稻属	*Oryza sativa* L.	湿生	挺水
藻类*				水生	沉水

注：标*为无法确定种类植物

2.4 谐趣园现状水生植物种类及景观研究

谐趣园现有水生植物共10种，隶属9科9属。其中栽培植物7种，野生植物3种。挺水植物6种，浮叶植物1种，沉水植物3种（表5）；分布情况见图2。谐趣园池塘主水面水生植物种类并不丰富，种植面积最大的植物为荷花，其次为睡莲（*Nymphaea tetragona*），荷花为单一优势种。现状水生植物与谐趣园盛期植物种类相符的共2种，分别为荷花（*Nelumbo mucifera*）、黑藻（*Hydrilla verticillata*）。

谐趣园现状水生植物分布与历史时期存在极大差异，水域只有荷花，无荇菜、香蒲与藻类植物。引镜处只种有睡莲，不再以藻类植物为主景，处处皆荷花的现状水生植物景观已失去最初与各景点文化意境相符的历史原真性（图3）。

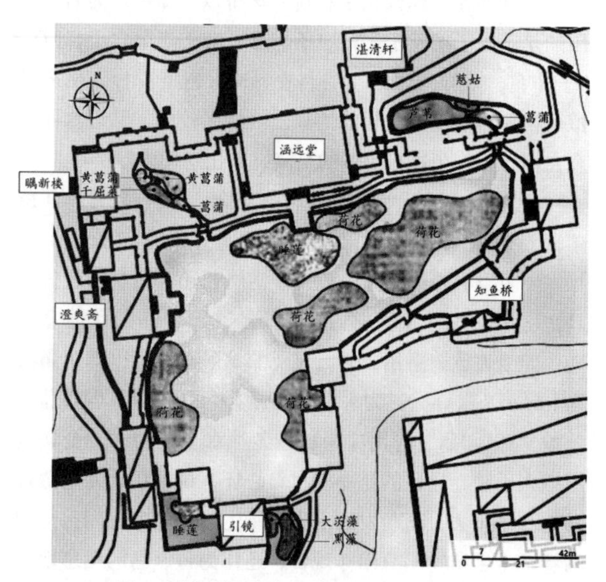

图 2 谐趣园现状水生植物种类分布平面图

谐趣园现状水生植物种类 表 5

植物名称	科	属	拉丁名	野生/栽培	生境	生活型	
菖蒲	天南星科	菖蒲属	*Acorus calamus*	栽培	湿生或水生	多年生	挺水
荷花	莲科	莲属	*Nelumbo nucifera*	栽培	水生	多年生	挺水
黄菖蒲	鸢尾科	鸢尾属	*Iris pseudacorus*	栽培	水生	多年生	挺水
芦苇	禾本科	芦苇属	*Phragmites australis*	栽培	水生或湿生	多年生	挺水
慈姑	泽泻科	慈姑属	*Sagittaria trifolia* var. *sinensis*	栽培	湿生或水生	多年生	挺水
千屈菜	千屈菜科	千屈菜属	*Lythrum salicaria*	栽培	陆生、湿生	多年生	挺水
睡莲	睡莲科	睡莲属	*Nymphaea tetragona*	栽培	水生	多年生	浮叶
黑藻	水鳖科	黑藻属	*Hydrilla verticillata*	栽培	水生	多年生	沉水
大茨藻	茨藻科	茨藻属	*Najas marina*	野生	水生	一年生	沉水
小茨藻	茨藻科	茨藻属	*Najas minor*	野生	水生	一年生	沉水

图 3 谐趣园现状水生植物景观

3 结论

探讨谐趣园水生植物的历史变迁，对于恢复谐趣园的历史原真性具有重要意义。而“真实性”的认识是建立在客观、详尽基础资料的基础上，缺乏充分的文字、图片基础资料的考证，对于历史园林遗产的真实价值和意义的认识就无从谈起[17]。通过查阅文献、诗歌、研究匾额楹联等资料，方能汲古论今，对植物景观改造提出更具有针对性的意见。植物景观因其本身具有生命力，其随时间发生变化的程度极大，是最需要进行有效保护管理的部分。基于对谐趣园水生植物景观历史与现状的对比研究，我们建议对谐趣园水生植物景观提出如下提升策略：

（1）维持现有稳定水生植物群落，增加符合原观赏意境与生态功能的水生植物，如在澄爽斋周边水域种植香蒲、荇菜和藻类植物，在引镜周围水域种植荷花，在知鱼桥周边补植香蒲；

（2）针对谐趣园匾额楹联等遗产价值载体保持其特色水生植物的真实性、完整性；

（3）重建水生植物群落，改善水域生态环境质量，实现可持续发展，提高谐趣园的生态价值。

从而在满足当代人对景观需求的同时，使全园的历史风貌整体性、原真性得以提升并实现可持续性发展。使谐趣园整体景观在历史的发展变化中与最初景观意境的表达归于统一，实现园林意境的重现和生态质量的提高。

参考文献

[1] 潘怿晗. 皇家园林文化空间与文化遗产保护［D］. 中央民族大学，2010.
[2] 刘珊珊，高居翰，黄晓. 不朽的林泉［M］. 北京：生活·读书·新知三联书店，2012.
[3]（清）于敏中等. 日下旧闻考［M］. 北京：北京古籍出版社，1983.
[4] 周维权. 中国古典园林史［M］. 北京：清华大学出版社，2007.
[5] 北京市颐和园管理处. 清代皇帝咏万寿山清济园风景诗［M］. 北京：中国旅游出版社，2010：449.
[6] 北京市颐和园管理处. 颐和园谐趣园修缮实录［M］. 天津：天津大学出版社，2014.
[7]（清）王国维. 人间词话［M］. 北京：中国华侨出版社，2018.
[8]（唐）王维，杨文生. 王维诗集笺注［M］. 成都：四川人民出版社，2003.
[9]（宋）邢昺疏. 尔雅疏10卷［M］. 1878.
[10]（东汉）许慎著. 说文解字［M］. 杭州：浙江古籍出版社，2016.
[11]（晋）郭璞注. 尔雅［M］. 上海：上海古籍出版社，2015.
[12] 史元海. 山湖清韵——颐和园匾额楹联浅读［M］. 北京：中国文史出版社，2016.
[13]（清）段玉裁，（汉）许慎. 说文解字注［M］. 郑州：中州古籍出版社，2006.
[14]（春秋）左丘明. 春秋左传［M］. 朱墨青（整理）. 沈阳：万卷出版公司，2009.
[15]（唐）陈藏器. 本草拾遗［M］. 尚志钧（辑校）. 皖南医学院科研科，1983.
[16]（汉）刘向辑. 楚辞［M］. 上海：上海古籍出版社，2015.
[17] 曹丽娟. 关于保护历史园林遗产的真实性［J］. 中国园林，2004（09）：29-31.

作者简介

臧茜彤，1994年生，女，北京林业大学在读硕士研究生，北京林业大学。研究方向为园林植物应用与园林生态。电子邮箱：945196653@qq.com。

邢小艺，1993年生，女，北京林业大学在读博士研究生，北京林业大学。研究方向为园林植物应用与园林生态。

韩凌，1973年生，女，本科，北京市颐和园管理处高级工程师，北京市颐和园管理处。研究方向为园林植物应用与园林绿化工程。

孙震，1980年生，男，硕士，北京市颐和园管理处高级工程师，北京市颐和园管理处。研究方向为园林植物应用与园林绿化工程。

董丽，1965年生，女，博士，北京林业大学园林学院教授、副院长，北京林业大学。研究方向为植物景观规划设计。

城市综合公园植物群落多样性与固碳效益研究

Study on Plant Community Diversity and Carbon-fixing Benefit of Urban Comprehensive Park

李佳滢　张　颖　王洪成

摘　要：气候变化带来的环境问题严重阻碍了城市的可持续发展，作为城市中的重要固碳单元——植物群落，探索其固碳效益具有重要的作用。本文以天津市南翠屏公园为例，通过调查公园内的40个植物群落的基本特征，计算其植物群落多样性与固碳效益。研究结果显示植物群落多样性各个指标之间存在一定差距，整体上南翠屏公园植物群落的多样性较低，但植物群落的均匀度较高，这也是长期稳定发展的结果。植物群落的固碳量与碳储量变化趋势大体相似，但个别样地存在一定差距，其中以乔灌草型表现出较高的日固碳量与碳储量，植物多样性与固碳效益之间并无相关性。研究结果以期为城市综合公园植物群落的选择与构建提供参考。

关键词：植物群落；固碳效益；多样性；可持续

Abstract: Environmental problems caused by climate change have seriously hindered the sustainable development of cities. As an important carbon sequestration unit in cities, plant communities play an important role in exploring their carbon sequestration benefits. Based on the investigation of the basic characteristics of 40 plant communities in Nancuiping Park of Tianjin, the diversity and carbon sequestration benefit of plant communities were calculated. The results show that there is a gap between the indicators of plant community diversity. On the whole, the diversity of plant community in Nancuiping park is low, but the evenness of plant community is high, which is also the result of long-term stable development. The change trend of carbon-fixing and carbon storage of plant community is similar, but there is a certain gap in different plots, among which arbor shrub grass type shows a higher daily carbon sequestration and carbon storage. The results are expected to provide reference for the selection and construction of plant communities in urban comprehensive parks.

Keyword: Plant Community; Carbon-fixing Benefit; Diversity; Sustainability

引言

严峻的气候变化形势是人类目前面临的最重要的环境问题之一，随着城市化进程的加快，由二氧化碳浓度增加引起的各种问题已严重阻碍了人类的可持续发展。城市是人口、交通、建筑、工业与物流的集中区域，同时也是高耗能、高排放的主要区域。《联合国气候变化框架公约》以及《京都议定书》都重点论述了二氧化碳浓度升高给人类生活带来的负面影响，并倡导各国实行有效的增汇减排措施。城市综合公园具有无可替代的固碳释氧生态功能，尤其是公园中的植物群落，作为城市范围内重要的碳汇单元，为减缓城市中心区的热岛效应发挥着重要的作用。

近年来大量研究表明，城市绿地呈现碳汇特征，并强调了城市绿色系统作为天然碳汇的作用[1]。包志毅在研究中发现植物的景观结构、类型和特性、设计风格、规格和种植密度都会影响到植物景观的碳效应[2]。植物群落的层次与固碳效率呈现正相关，多层林＞复层林＞单层林；郁闭度越高，植物固碳效率也随之提高；乔木和落叶植物的整株植物的固碳释氧量大于灌木和常绿植物[3]；速生植物的固碳量大于慢生植物；彩叶植物大于常绿植物；一些乡土植物也具有很强的固碳能力[4]，年龄相对较低的植物固碳能力高于相对高龄的树木。植物碳贮量随群落演替进程逐渐提高，乔木阶段＞灌丛阶段＞草本阶段[5]。赵艳玲等人通过测量上海市27种社区常见植物，得出单株植物的固碳量与树冠直径、叶面积指数、胸径、树高等呈正相关，而单位土地面积的日固碳量与胸径和叶面积指数呈正相关[6]。Muñoz-Vallés等对整个城市绿地系统进行评估，确定了不同气候条件下最具潜力的城市树木和灌木的种类，提出了新的园林管理方案[7]。

基于以上研究基础本文以天津市南翠屏公园为例，通过对其中具有代表性的40个植物群落进行实地调研，分析研究植物群落生物多样性与固碳效益之间的相互关系。明确可持续视角下植物群落建设的重点，以期为提升城市公园植物群落生态质量以及科学管理提供参考依据。

1 材料与方法

1.1 研究地概况

天津市为北方重要的滨海城市之一（38° 33′～40° 15′ N，116° 42′～118° 04′ E），也是中国北方最大的开放城市和工商业城市。该地区属于温带大陆性季风气候，季风盛行，全年平均气温12～15° C，年降水量为544mm。南翠屏公园建设于2009年，至今已有10余年的时间，公园整体植物规划参考天津市蓟县植物群落结构，打造近自然的植物生态群落。由于山体土壤原为建筑垃圾，因此在建设初期多选择了根系发达、适应性强的植物。

1.2 研究方法

1.2.1 调查方法

在公园中选取40个具有代表性的人工观赏型植物群落植物群落进行实地调查，每个样方面积为20m×20m。依《中国植物志》鉴定植物种类、植物个数、并实地调研记录乔木的胸径现场调研测量记录乔木的胸径（cm）、高度（m）、枝下高（m）、冠幅（m）等，灌木和草本在确定植物种类的同时测量植物高度、盖度等[8]。

1.2.2 多样性计算

本文结合前任对于植物群落各个方面的研究，共选取4个植物群落多样性指标[8]。

（1）香农维尔（Shannon－Wiener index）多样性指数用来描述种的个体出现的紊乱程度与不确定性，不确定性越高，多样性也就越高，计算公式：

$$H=-\Sigma N_i/N\,(\ln N_i/N)$$

（2）辛普森（Simpsonindex）多样性指数中稀有物种作用较小，而普遍物种作用较大，计算公式：

$$\lambda=1-\Sigma\,(N_i/N)^2$$

（3）马加利夫（Margalef index）丰富度指数主要考虑群落的物种数量和总个体数，计算公式：

$$D=(S-1)/\ln(N)$$

（4）皮卢（Pielouindex）均匀度指数反映物种个体数目在群落中均匀度状况，计算公式：

$$P=(-\Sigma_S^S N_i \ln N)\ln S$$

式中：S为每个样方的物种总数；N为S个物种的全部重要值之和；N_i为第i个物种的重要值。

1.2.3 固碳效益计算

（1）植物群落日固碳量计算

现有大多数研究集中于植物个体日固碳量的计算与研究，本文参考美国学者Whitting的相关研究，其在计算屋顶花园植物群落固碳量时，主要利用植物碳储量与其郁闭度的比值进行计算，其具体公式如下所示[9]：

$$Z=\Sigma\,(W_i\times c_i)\div c$$

式中：W_i 为第i株植物的日固碳量，c_i为第i株植物的郁闭度，c为该群落植物的总郁闭度。

（2）植物群落碳储量计算

研究参考在林业系统中对植物碳储量的估算，分别获取群落中乔木灌木的基本参数，进行其生物量的计算[10]，具体公式如下所示：

$$T_c=\Sigma n_i=V_i\times D_i\times R_i\times C_i\times N_i$$

式中，i为树木类型（分为乔木、灌木、其他），T_c为植物总碳储量（t），V_i为i种树干材积量（m^3），D_i为树干密度（t/m^3），R_i生物量扩展系数（树干生物量占树木总生物量的比例）（表1），C_i为植物中的碳含量。

2 结果与分析

2.1 植物群落多样性分析

通过实测与计算可以看出，40个植物群落的多样性结果如图1所示，总体来看表征多样性的Simpson指数与Shannon—Wiener指数结果相近（图2、图3），数值变化较为稳定；表征丰富度的Margalef指数的波动比较大，说明各个样地之间存在明显的差异性（图4）；在物种均匀度Pielou指数中，各个群落之间呈现较高的稳定性（图5）。整体上南翠屏公园植物群落的多样性较低，但植物群落的均匀度较高，这也是长期稳定发展的结果。根据实验数据可知，群落12、群落16、群落33等植物群落整体结构稳定，物种丰富，生长状况较好。

2.2 植物群落固碳效益研究

通过对40个植物群落的进行植物固碳量的测定，并将数据输入PowerMap进行可视化展示，结果如图6、图7所示。由于不同植物种类数量均不相同，因此植物群落的固碳效益也有很大差异。植物群落日固碳量与碳储量整体上呈现出较高的一致性，但某些样地两者的变化趋势仍存在不同。这是因为虽然某些植物个体其固碳能力较强，但是由于植物群落的生长限制，影响其碳储量的胸径、冠幅

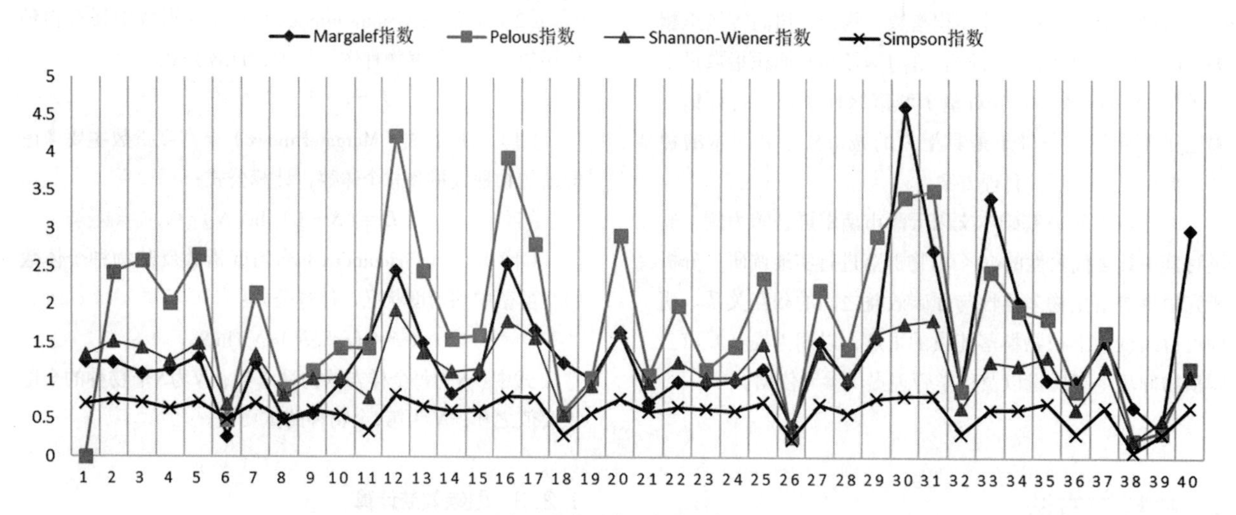

图1 植物群落的多样性结果

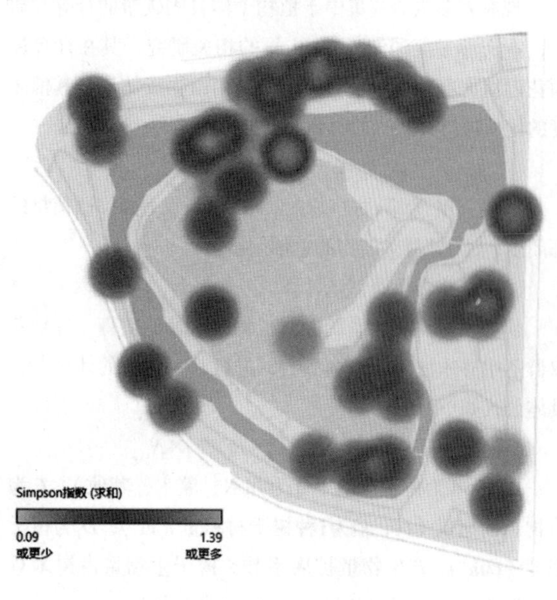

图2 Simpson指数结果

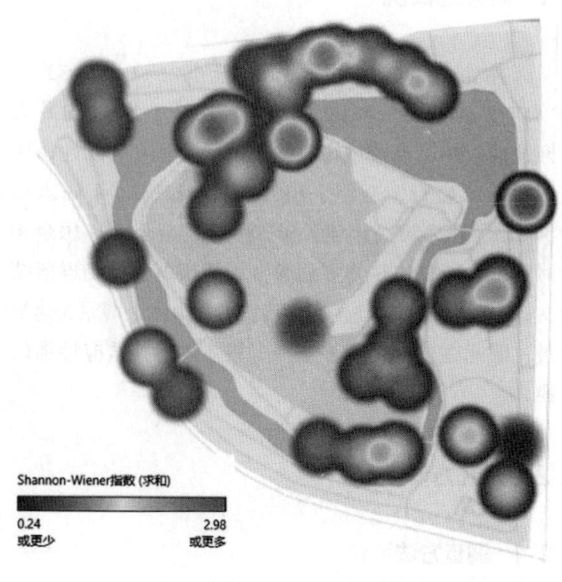

图3 Shannon-Weiner指数结果

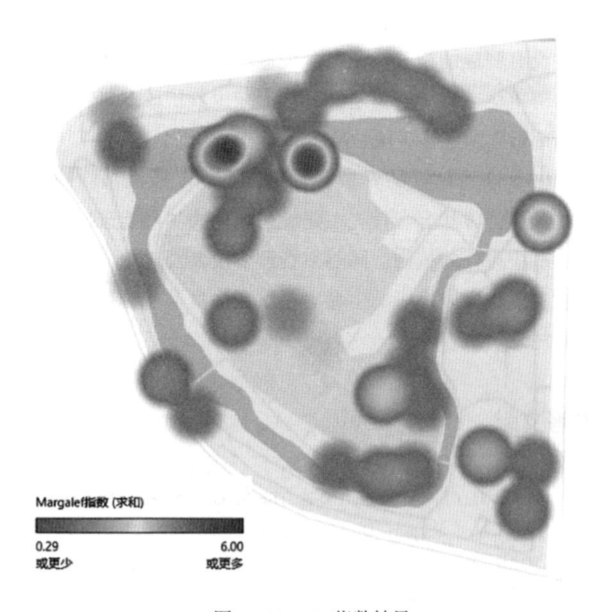

图 4 Margalef指数结果

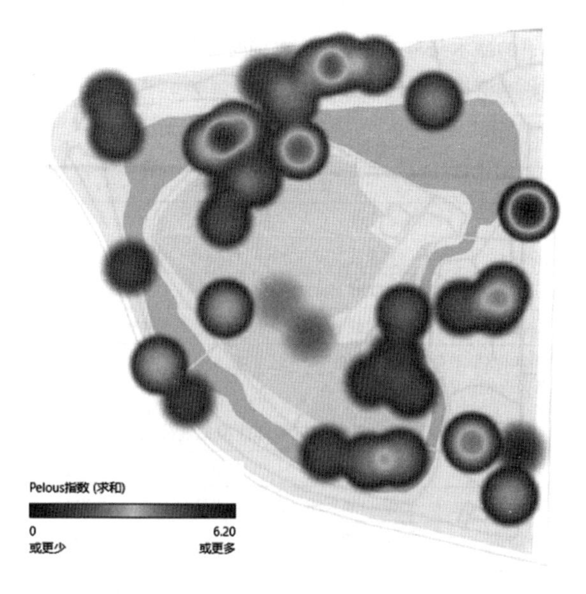

图 5 Pielou指数结果

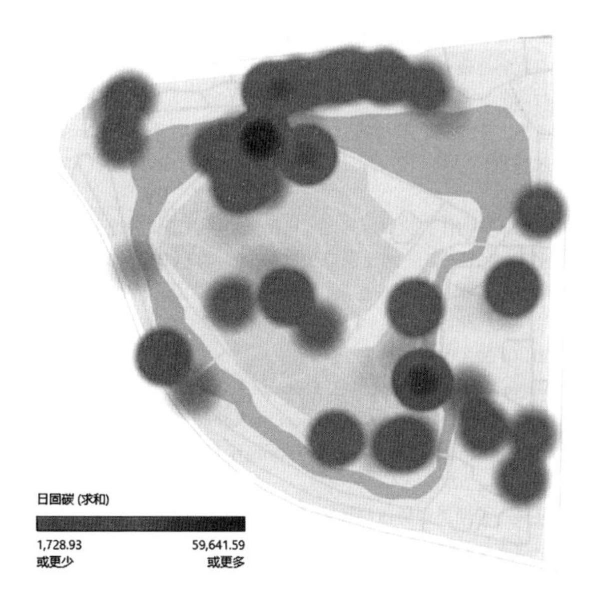

图 6 植物日固碳量

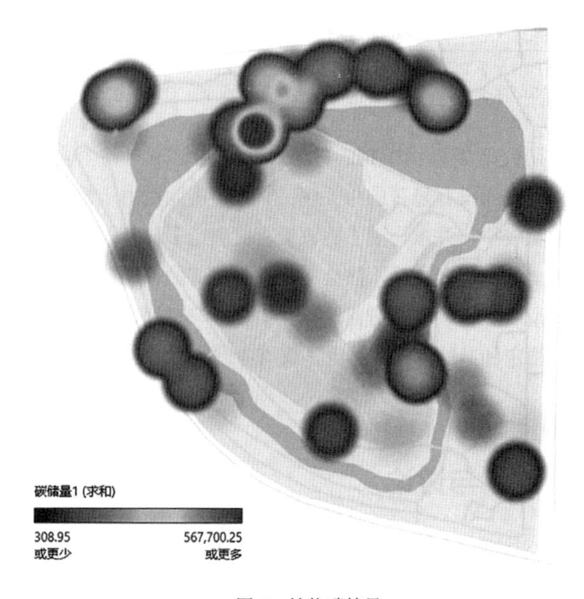

图 7 植物碳储量

与高度等因子产生一定的限制作用。

整体上可以看出，道路、湖边、公园入口处等植物群落由于良好的配置与管理，植物群落生长状况较为良好，整体植物固碳效益较高。其中具有代表性的植物群落搭配为：毛白杨（*Populus tomentosa* Carr.）+绦柳（*Salix matsudana* f. pendula）+海棠（*Malus spectabilis*（Ait.）Borkh.）+金枝槐（*Sophora japonica* cv. Golden Stem）+油松（*Pinus tabuliformis* Carr.）、绦柳（*Salix matsudana* f. pendula）+国槐（*Sophora japonica* Linn）—紫叶李（*Prunus cerasifera*）+碧桃（*Prunus persica*）+油松（*Pinus tabuliformis* Carr.）。

2.3 相关性模型构建

研究利用SPSS statistics 21，将40个群落的多样性指数与固碳效益进行相关分析，研究结果如表1、表2所示，4个多样性指标之间表现出正相关关系，由此说明各个样本的群落特征具有一致性。其中多样性Simpson指数与ShannonWiener指数表现出极高的相关性，丰富度Margalef指数与各个指数之间也具有一定的相关性，但相关性不强，均匀度Pielou指数与各个指数之间相关性中等。这暗示在影响群落综合多样性水平上，乔木层均匀度导致冠幅变化，从而引起林下光照和湿度等生长条件的差异，降低了林下的灌木与草本的利用率，同时群落之间的种间竞争也会影响植物的多样性分布。

4个多样性指标的相关性分析 表1

		Margalef	Pelous	ShannonWiener	Simpson
Margalef	Pearson相关性	1	.524**	.473**	.385*
Pielous	Pearson相关性	.524**	1	.899**	.775**
ShannonWiener	Pearson相关性	.473**	.899**	1	.954**
Simpson	Pearson相关性	.385*	.775**	.954**	1

**. 在.01水平（双侧）上显著相关
*. 在0.05水平（双侧）上显著相关

植物群落固碳效益与多样性相关性分析 表2

		日固碳量	碳储量
Margalef	Pearson相关性	−.077	−.211
Pelous	Pearson相关性	−.112	−.042
ShannonWiener	Pearson相关性	−.244	−.060
Simpson	Pearson相关性	−.305	−0.59
日固碳量	Pearson相关性	1	.554**
碳储量	Pearson相关性	.554**	1

**. 在.01水平（双侧）上显著相关
*. 在0.05水平（双侧）上显著相关

研究结果显示植物的日固碳量与碳储量与各个多样性指标之间没有显著的相关性，其原因可能是由于植物样方面积较小，乔木与灌木的数量直接决定了群落固碳量的大小，然而过多的乔木层会影响整个群落的多样性发展。由此说明在低碳植物群落的构建中，不应过度追求固碳效益，稳定和谐的群落关系也是重点考虑的因素之一。

3 结论与讨论

植物群落营造是城市综合公园建设的重点内容之一，随着城市森林建设要求的提出，实现公园植物群落的生态多元发展是今后发展的重要方向。本研究结果显示植物群落的物种多样性与植物固碳效益之间并未存在明显的相关性，其原因可能是植物群落的固碳效益主要受到乔木数量、冠幅、胸径、高度等影响，但是过度的乔木生长不利于整个群落关系的健康与多样性发展，由此依据本文的研究结果对城市综合公园可持续植物群落构建主要提出以下几点建议：

（1）注重植物的层次构建与物种选择，在一定面积内不要过量追求植物个数与种类，建议选择适宜场地生长的乡土植物，合理的垂直结构与种间关系有利于植物群落的稳定，从而促进其长期的发展。

（2）增加植物种类的多样性。虽然植物多样性与固碳效益没有明显的相关性，但合理地增加植物种类能够增加植物群落生态系统的稳定性，从而减少养护成本与使用化学药剂带来的危害，从而减少碳排放。

（3）注意植物的养护与管理，不间断监测植物的生长状况及健康状况。首先在建设初期植物尽可能选择抗性强、适应力好的植物。同时在管理阶段要及时检测植物的生长状况，良好健康的生命力是景观优良群落的基础，因此要注意病虫害管理。

参考文献

[1] Godwin C, Chen G, Singh K K. The Impact of Urban Residential Development Patterns On Forest Carbon Density: An Integration of LiDAR, Aerial Photography and Field Mensuration[J]. Landscape and Urban Planning, 2015, 136: 97–109.

[2] 包志毅，马婕婷．试论低碳植物景观设计和营造［J］．中国园林，2011，27（1）：7–10.

[3] 史红文，秦泉，廖建雄，等．武汉市10种优势园林植物固碳释氧能力研究［J］．中南林业科技大学学报，2011，31（09）：87–90.

[4] 王恩，章银柯，马捷婷，等．低碳经济发展背景下的低碳高效城市园林绿化建设［J］．山东林业科技，2010，40（03）：97–99.

[5] 赵勇，吴明作，樊巍，等．太行山丘陵区群落演替进程中碳贮量变化特征［J］．水土保持学报，2009，23（04）：208–212.

[6] 赵艳玲，阚丽艳，车生泉．上海社区常见园林植物固碳释氧效应及优化配置对策［J］．上海交通大学学报（农业科学版），2014，32（04）：45–53.

[7] Muñoz–Vallés S, Cambrollé J, Figueroa–Luque E, et al. An Approach to the Evaluation and Management of Natural Carbon Sinks: From Plant Species to Urban Green Systems[J]. Urban Forestry & Urban Greening, 2013, 12(4): 450–453.

[8] 吴昊．不同类型群落物种多样性指数的比较研究[J]. 中南林业科技大学学报，2015，35（05）：84–89.

[9] Agra H E, Klein T, Vasl A, et al. Measuring the Effect of Plant–Community Composition On Carbon Fixation On Green Roofs[J]. Urban Forestry & Urban Greening, 2017, 24:1–4.

[10] 黄柳菁，张颖，邓一荣，等．城市绿地的碳足迹核算和评估——以广州市为例［J］．林业资源管理，2017（02）：65–73.

作者简介

李佳滢，1994年生，女，山西人，天津大学风景园林系在读博士。研究方向为风景园林理论与设计、低碳园林。

张颖，1995年生，女，山西人，天津大学风景园林系硕士。研究方向为风景园林理论与设计、低碳园林。

王洪成，1965年生，男，吉林人，天津大学风景园林系教授，博士生导师。研究方向为风景园林理论与设计、低碳园林。电子邮箱：532171843@qq.com。

观赏植物种名文化比较

Comparison of Ornamental Plant Species Naming Cultures

刘　敏

摘　要：本文以观赏植物拉丁名与中文名为主要研究对象，探寻其命名来源，分析观赏植物拉丁名与中文名的文化性，进而比较观赏植物拉丁名与中文名文化的共性与差异，折射出不同文化背景、时代下人们对植物的认知程度、价值观念、生活志趣以及语言特质等。
关键词：观赏植物；种名；文化

Abstract: This article takes the Latin and Chinese names of ornamental plants as the main research objects, explores the source of their names, analyzes the cultural characteristics of the Latin and Chinese names of ornamental plants, and then compares the similarities and differences between the Latin names and Chinese names of ornamental plants, reflects people's degree of cognition on plants, values, life interests and language characteristics etc. in different cultural backgrounds and times.
Keyword: Ornamental Plants; Specific Name; Culture

引言

人类自古以来便对自己所认识的世界进行命名和分类，这不仅可以满足生活的基本要求，还可以促进交流，让我们更好地认知世界。诞生于200多年前的植物拉丁学名是全世界公认的唯一合法名字，拉丁名的统一使用可以让全球的植物学者更方便地进行国际交流。在此之前，各地都有自己的地方名，即英文名、法语名、德语名，中文名……这些不同的地方名均包含有正名、别名、俗名、商品名以及各类雅名等来源多样的名字。无论是哪一类植物的名字，都体现了命名者所处时代背景下的社会状况、认知程度、文化历史等方面的情况。

追寻植物种名的历史渊源，可以更深刻的理解不同文化背景下，人们对观赏植物的认知与利用情况，更好地挖掘植物文化的深层内涵，重塑人与自然之间的精神家园。

本文中的种名主要指植物拉丁名与中文名。

1　植物种名的来源

植物种名主要指以林奈创建的双名法与植物中文名。植物拉丁名代表西方生物学中的科学分类观念，无论属名或种加词均有一定的含义。而植物中文名虽然历史悠久，但受时代变迁、语言差异、文字演变等多种因素的影响，发展至今天，目前已形成各类不同植物名，且植物的中文名中同名异物或同物异名现象较为普遍。可以说，无论是中文名还是拉丁名，都代表了命名者对植物细致的观察和深刻的认知。

2 植物拉丁名文化

2.1 植物拉丁名起源

18世纪瑞典植物学家林奈（Linnaeus）创造了一套极简单的植物性分类体系，试图从中找到并建立植物的秩序。他通过对植物的研究，依据植物的雌蕊将植物分为24个纲、65个目[1]。林奈对当时欧洲使用不同文字描述的植物也进行了整理、翻译和研究，将早期的植物学拉丁文变成符合语法规则、语句排列有序的专业语言，同时提出双名法给植物命名。即每种植物的学名必须由两个拉丁文词汇组成，即前一字为属名，第一个字母要大写，大部分由拉丁文名词构成；后一字为种名（又称为种加词），主要由形容词和名词构成，据此便可区分、记录同属中的不同植物。至此，他统一了植物命名的问题，在不同地区、不同国家之间，最大限度消除了“同物异名”“同名异物”现象。

林奈的双名法并没有明确植物命名的具体规则，直到1867年在巴黎召开的第一届万国植物学会上，学者们才对植物命名规则进行了讨论。1900年，巴黎世界博览会上召开的第一届国际植物学大会公布了68条国际植物命名条约，至此林奈的双名法得到了国际公认，历届国际植物学会议决议维护拉丁文，《国际植物命名法规》规定一切新分类（新科、新属、新种等）的有效发表均要求用拉丁文描述，否则不予公认，至此植物命名走向“国际化”与“标准化”，植物的拉丁名即为植物学名[2]。

2.2 植物拉丁名命名来源

2.2.1 植物拉丁名语法规则

植物的拉丁命名具有一定语法要求。通常，植物属名为主语，种加词作定语，修饰主语。作植物属名的名词，不管其性别如何，均以阴性看待，在用形容词作种加词时，通常选用阴性形容词，与植物属名保持性、数、格的一致，被称为一致性定语，但有的分类学家在给植物命名时，不按此规则，而严格按拉丁语语法，如鹅掌楸（马褂木）(*Liriodendron chinense*)，植物属名为中性名词，种加词用中性形容词，这也是可以的；用名词作种加词时，如用第一格（单数或复数）不要求性、数与属名一致，被称为同位定语；如用第二格（单数或复数），亦不要求性、数、格一致，被称为非一致性定语。

2.2.2 观赏植物拉丁名来源

观赏植物拉丁名属名来源多样，以取自人名、地名、体现该属植物主要的生长习性或是生境特征、表达该属植物典型的形态特征、体现该属植物主要的用途或功能等方面是较多的植物属名来源，其次也有用古希腊词或是经典拉丁文词语、地方土名、增加前缀或后缀、改变拉丁文构词方式等命名植物属名。

观赏植物的种加词可取自任何来源的单词，与植物属名来源相似，多取自表示植物种的形态特征、特性、生境、习性、产地、采集地、用途、植物物候特征以及纪念人名等。种加词来源中也有少部分是来自于植物的属名或科名，但植物的种加词不可以重复属名，而是把科名、属名拉丁化后用到不同属上作种加词。例如，肉桂 *Cinnamomum cassia*，*cassia*是一种豆科植物的古名，后转为苏木科决明属的属名[3]。还有一些来自于音译、当地古名；或是通过借喻的方式说明植物的特色，或美丽、或高大、或可爱等，如凤凰木、垂笑君子兰等[4]。

3 观赏植物中文名文化

3.1 观赏植物中文名研究来源

我国对植物的运用与研究，历史非常悠久，通过植物的中文名，可了解到其名不仅表现了中国各地传统文化，而且也展示了中国人对于植物学习、利用的发展历史。《尔雅》作为中国辞书之祖，全书共有20篇，现存19篇，其中“释草”“释木”两篇专门对植物进行训释，由此可见古人对植物的认识与理解相当深入。东汉许慎的《说文解字》中通过字形与声训的方式推求植物名字来源。此后北宋陆佃《尔雅新义》、罗愿《尔雅翼》、清代王念孙《广雅疏证》等都是为《尔雅》而集中编著解释名物的著作，这些书中均集中收录了植物名的解释[4]。

长期以来，受各地方言的影响，植物当中“同名异物”“同物异名”现象亦非常严重，李时珍为了改变当时植物命名的混乱情况，在《本草纲目》中规定了植物命名的原则，书中专列有“释名”部分，以探求书中的名物来源，并且把古今不同的名物称谓分为“正名”和“别名”，按时代先后为序，以著录较早的为“正名”，余为“别名”，广加辑录。据统计，《本草纲目》中收录植物正名827个（不含附录），别名2272个，共解释了886个植物名释[5]。此后，我国著名的农业学家与植物学家夏纬瑛出版了《植物名释札记》，这是继《本草纲目》之后具有植物学背景的学者在探讨我国古代植物命名来由，这促进了植物知识的普及，也可以更好的帮助后人了解我国古代植物名称的来龙去脉[6]。

3.2 植物中文名命名来源

观赏植物的中文名，来源悠久，对于其名字的研究饱含了中国从上古时期开始至今悠久的传统文化，也可以说是我国文化、技术前进的反映，同时也是中国人认识自然、利用自然的历史书。

3.2.1 源于植物形态

在观赏植物的中文名中，无论是学名还是俗名，以形态来取名的植物是最多的，这最容易反映植物的特征，同时也有利于人们认识该植物。

3.2.2 源于植物的功能

观赏植物的命名有的是来源于植物本身可利用的功能，特别是一些具有特殊功能的植物，有利于人们的认识与记忆，包括植物的药用功能、食用功能、经济功能以及其他特殊功能等。例如，糖胶树，植株有乳汁，可提取制口香糖的胶质；接骨木，具接骨药效的木本植物。

3.2.3 源于植物产地

以植物的产地给植物命名对于植物学家或是命名人来说是最常利用的方式，这样可以比较直观的表达植物的来源地，在此主要包含植物的原产地、植物的分布地、植物的模式标本采集地。例如，尼泊尔桤木，尼泊尔指其模式标本采集地在尼泊尔[7]。

3.2.4 源于植物的寓意

中国人在给植物命名时，还特别注意在植物名中用寓意的方式，借用植物喻人、喻动物、喻物，也有借用典故表达植物名，或是借用植物名表达美好的祝愿，也有从植物名中暗指性别。例如，蜘蛛抱蛋，浆果球状成熟后油亮，似蜘蛛卵，靠在不规则、形似蜘蛛的白块茎上生长而得名[8]；太平花，相传宋仁宗曾赐名从四川青城山贡献的此花为太平瑞圣花[9]，而得名太平花；合欢，“合欢”二字在具有美好的寓意，指欢乐无忧。

3.2.5 源于中国人对自然的观察

我们的祖先在长期的生产实践中，逐渐认识到在不同环境、不同气候条件下，植物生长的规律性变化，遂将这些突出特点用在植物的命名上。例如，落花生，花谢时，根部开始结实；忍冬，绿叶临冬不凋，至春天发芽前才脱落[9]。这种命名方式既是古人热爱生活，用心观赏世界的表现，也体现了中国文化内涵的精深。

3.2.6 源于地方土名

有些植物名称来源于地方土名，例如，苏木，来源于马来土名；番木瓜，番来自于国外，木瓜是南美土名。在植物名中会看到一些带“番、胡、洋”的植物，这通常是指来源于海外。

3.2.7 源于植物拉丁名命名

现代植物命名多采用与拉丁学名相似的双命名法，但在命名的时候种加词在前，属名在后。例如，多叶羽扇豆 *Lupinus polyphyllus*（*Lupinus*—羽扇豆属，*polyphyllus*—多叶的）。

3.2.8 源于其他

（1）音转、词义的组合

在观赏植物的命名中还有一类是通过音转、词义的组合，或是结合植物本身的特殊性来命名植物。音转是从语音的角度上来分析植物的命名，李时珍在《本草纲目》释名中有不少通过音近、音讹、音转来分析植物名称。楝树，子可练丝，在此通过音转为楝树[9]。

（2）拟声命名

还有的用语音来描述植物，即拟声命名。例如，砰砰果，由其果实掉落在地上发出“砰砰”的声音而得名。

（3）外来词音译

一些来自其他国家的植物，其名字发音简单，易于用本国文字直译，并且具有较高的影响力的植物常用此种方法命名。例如，咖啡是属名*Coffea*的音译。有一些佛教植物，其名字为梵语音译。例如，优昙花，是梵音“udumbara”的直译[10]。

（4）组合命名

植物的名字由两个以上的语义构成，便是组合命名，在观赏植物中较为常见。例如：光叶决明＝光叶（叶无毛）＋决明（该属植物的统称，有治疗眼的功效）。

4 观赏植物种名文化比较

在国际上，全世界的植物工作者均使用拉丁名进行交流，林奈在1753年创建拉丁名时，除了满足不同语言背景的交流外，其拉丁名的命名也反映了林奈想建立的物种秩序。植物拉丁名的命名方法发展至今约有200多年的历史，植物学者以科技拉丁文对植物命名的方法反映了西方对于自然的认识与西方文化的发展史。而观赏植物的中文名历史悠久，可追溯到上古时期，中国古人对植物的取名同样也包含了古人对自然的认识与东方文化的发展史。

在不同文化的背景下看植物的命名，他们之间有着非常相似的特点，也有独特的认知模式。

4.1 共性

无论东方人还是西方人在给植物取名时，均同样反映了植物的形态特征，体现了人们对世界的观察力。在给植物取名的时候，善于运用所观察到的事物特征去定义，也有借植物纪念人或事。例如，舞草，拉丁名和中文名中同样反映了枝叶会随音律有动感反应；四照花*Dendrobenthamia capitata*，种加词指头状花序，中文名指花的四苞片。

4.2 差异

4.2.1 思维模式

在拉丁名的属名、种加词的命名中更多体现了植物的自然特征、纪念人物、产地来源或是功能等特征。在林奈看来，来自于各地的地方名或俗名并不具有科学价值，甚至不能反映宗教认可，因而，以林奈、布丰为首的博物学家力图通过对物种的重新命名建立地球物种清单，最终形成西方世界所构建的物种秩序，从而理解自然的秩序。博物学家们在为来自全球的产物命名、分类的同时也进一步推动了西方帝国向海外扩张，去搜寻更多的可利用资源，特别是有经济价值的资源。基于这样的背景，植物拉丁名的命名方式相对于中名更趋向于理性的方式，更有利于世界产物的分类，也就是一元即中心主义的认知模式[11]，这是一种单向的思维[11]。

相对西方而言，中国人在给植物命名时，更多体现了一元暨多元主义的认知模式[11]，青睐于天人合德，物我唯一。植物名称不仅体现植物特点，反应自然知识，而且还体现在借用植物喻人、喻动物、喻物，也有借用典故表达植物名，或是表达美好的祝愿。这是在植物拉丁名命名中很少出现的。例如，吉祥草、水仙、忘忧草、瑞香等。

4.2.2 构词方式

植物拉丁名双名法（属名＋种加词），其中属名作为主语，种加词遵循语法规则作属名的定语，修饰主语，这种主语＋定语的构词方式为正偏结构。

植物的中文名构词方式，以偏正结构较常见，即主语位于后面，定语在前修饰主语，如五彩芋，芋为主语，五彩修饰芋，说明该植物的叶面具有五彩斑纹。除此以外，在中文名的构词方式中，还有并列式，即植物命名时的依据特征不相关联，也无主次之分，如芭蕉、芦苇、牡丹等。支配式，附加式也都是中文名的构词方式，但相对较少。

植物的名字无论中文名还是拉丁文名均有相似的文化特点，以植物的特征、习性作为植物名字的命名例子较为常见。而伴随着5000年中华文明的延续，植物的中文名历史悠久，除体现植物的特征外，还折射出历史背景、价值观念、生活志趣以及语言特质等方面的特征与特性，可以说无论是拉丁名还是中文名，既是传递知识的符号，又是地方文化的代表。

5 结语

探求植物命名的含义，不仅可以揭示植物名的词义，而且可以更深刻地认识植物的特征，进而折射出相应的社会形态、价值观念、文化内涵以及语言特质等深层含义。

植物的名字不仅是认识与区分的符号，透过植物的种名，还可看到植物与历史、文化发展的脉络，是人们认知发展过程的历史见证。

参考文献

[1] 保罗·劳伦斯·法伯. 探寻自然的秩序：从林奈到E·O·威尔逊的博物学传统［M］. 北京：商务印书馆，2017.
[2] 沈显生. 植物学拉丁文［M］. 北京：中国科学技术大学出版社，2005.
[3] 丁广奇，王学文. 植物学名解释［M］. 北京：科学出版社，1986.
[4] 胡继明，周勤，向学春.《广雅疏证》词汇研究［M］. 北京：商务印书馆，2015.
[5] 谭宏姣. 古汉语植物命名研究［D］. 杭州：浙江大学，2004.
[6] 夏纬瑛. 植物名释札记［M］. 北京：农业出版社，1990.
[7] 中国科学院中国植物志编辑委员会. 中国植物志［M］. 北京：科学出版社，1978–2004.
[8]（明）李时珍. 本草纲目（金陵版排印本）［M］. 北京：人民卫生出版社，2004.
[9]（清）陈淏. 花镜［M］. 杭州：浙江人民美术出版社，2016.
[10] 全佛编辑部. 佛教的植物［M］. 北京：中国社会科学出版社，2003.
[11] 徐扬尚. 比较文学中国化［M］. 北京：中央编译出版社，2006.

作者简介

刘敏，1979年生，女，硕士，扬州工业职业技术学院，教授。研究方向为植物景观设计与植物文化。电子邮箱：31000193@qq.com。

多彩桂林：桂林市特色植物景观感知与旅游吸引①

Colorful Guilin: Perception and Tourism Attraction of Characteristic Plant Landscape in Guilin

孙正阳　樊亚明　刘　慧

摘　要：随着美丽中国建设的不断推进，植物景观作为重要的旅游资源，近年来深受广大人民群众的青睐，全国各地以观花赏叶为主题的旅游活动如火如荼。本文以桂林市域植物景观为研究对象，通过收集、整理相关网络文本等获得相关数据，研究探讨在大数据时代背景下的游客感知的桂林市特色植物景观与旅游吸引力的关系，进而提出桂林市植物旅游景观营造与优化的建议。

关键词：植物景观；网络文本；桂林市；旅游吸引物

Abstract: with the continuous promotion of the construction of beautiful China, plant landscape as an important tourism resource has been favored by the masses of people in recent years, and tourism activities with the theme of flower and leaf viewing are in full swing all over the country. This paper takes the plant landscape of Guilin as the research object, through collecting and sorting out the relevant network text and other relevant data, studies and discusses the relationship between the characteristic plant landscape of Guilin and tourism attraction perceived by tourists under the background of big data era, and then puts forward suggestions for the construction and optimization of the plant tourism landscape of Guilin.

Keyword: Plant Landscape; Online Text; Guilin City; Tourist Attractions

引言

苏雪痕教授（1994年）认为，植物景观是利用自身颜色、形态、大小等特有属性，创造一定美感，与周边环境融合协调的景观。对于人们生产生活具有重要的影响。孟瑾（2006年）和田安康（2016年）等人认为植物景观能够改善人居环境，促进城市与居民的健康发展。同时学者们对于植物景观与旅游之间的关系也做出了阐述。如施奠东（2009年）提出西湖传统文化促使了西湖植物景观形成。郭立冬（2011年）提出包括植物景观在内的旅游风景资源是旅游发展的强有力基础，只有风景美，才能够吸引游客，进一步才能留住游客。廖圣晓等（2011年）认为森林公园自然景观最重要的组成部分为植物景观，相较于水、建筑等景观，植物景观能够最大限度地满足游客休闲游憩、亲近自然的需求。陈绍红（2016年）提出植物景观是风景名胜区的重要环境景观，全面衡量植物景观的重要性以及质量等级，能够为风景名胜区植物景观合理利用管理提供参考依据。

植物景观作为重要的景区的构成要素，是景区文化的外在表现。通过多样化的植物群落

① 广西自然科学基金（2018GXNSFAA050068）；广西社科基金（18FSH003）；广西旅游产业研究院开放基金项目（GXTA201705）。

景观构建，植物塑造了景区的认知形象，创造了缤纷的体验空间。对特定地域空间的植物景观进行研究，有助于解读当地植物景观形象的认知，有助于景区的形象营造及景区景观可持续发展策略。

本文以桂林市植物景观的网络文本为基础进行调查统计，根据植物景观对游客的吸引力，对桂林市植物景观资源进行探究。通过分析桂林市植物景观的特征及其对游客吸引力的探究，拓展更多旅游景观资源，从而满足桂林市打造国际旅游胜地和全域旅游的需求，协助构建区域生态廊道和生物多样性保护网络，提升桂林市生态系统质量和稳定性，并为今后风景园林人提供相关理论依据。

1 研究区域概况与研究方法

1.1 桂林市植物资源与旅游发展

1.1.1 植物资源概况

桂林市森林资源丰富，森林覆盖率高达71%。优越的气候条件给桂林市丰富的植物种类奠定了基础，桂林市以亚热带常绿阔叶林和石灰岩落叶阔叶林及石灰岩灌木丛为主要植被类型，拥有200多个植物品种，亚热带植物占很大比例，热带植物位居其次[1]。市域内有高等植物1000多种，包括银杉、银杏等名贵树种。林业主产杉木和毛竹，自然植被则以马尾松为主。

桂林市区以人工栽植的桂花、荷花玉兰、樟树、阴香、榕树、红花羊蹄甲、银杏、枫香、桂林白蜡、竹类、夹竹桃、山茶、白蝉、南迎春等为主；以构树、苦楝、枫杨、枫香、朴树、乌桕、厚壳、皂荚、翅荚香槐等为主的树种呈野生零星分布；石山则以石灰岩落叶阔叶林和石灰岩灌木丛为主要类型的自然植被，乔木有青冈栎、石山榕等常绿树以及青檀、翅荚香槐、榔榆、朴树等落叶树[2]。

1.1.2 桂林市植物景观旅游资源概况

在统计的所有植物旅游景观中，桂林市植物景观旅游资源主要分为三类。

（1）通常位于景区或者景点内，主要种植目的是为了营造景区环境，为游人服务而设计种植，后逐渐成为该景区或景点的特色季相植物景观，如南溪山公园樱花、西山公园荷花及梅花、穿山公园梅花、七星公园桂花、尧山杜鹃和芒草、龙脊梯田水稻等。再者，处在市域内的旅游景点有园博园虞美人、乌桕滩红叶、恭城月柿、海洋乡银杏、訾洲郁金香及訾洲红叶等。

（2）分布于郊野的村庄、农田、山岭的农业生产性景观。统计中的大部分为稻田、油菜花观赏地、观果类植物景观、梨花林、桃花林、山楂花林等，很大程度上基于农业生产目的而进行大规模的种植。如大岭山桃花、阳朔葡萄镇橘子、泗水县梯田等。

（3）野生植物景观。该类植物景观往往因地形地势及气候等多方面因素，在山岭湖泊等地形成特有的植物类型。如资源十里平坦的高山杜鹃、尧山芒草等，覆盖山体的原生植被景观是桂林山水旅游意向的原形，具有当地生态特点。

1.2 研究方法

本文首先用百度搜索引擎搜索关于桂林植物景观的介绍。然后在携程网、马蜂窝网等网站上以(景点名称例如“阳朔大榕树”为关键词进行聚焦搜索，收集关于目的地的点评和游记。在筛选过程中，只选择中文样本，人工删除小部分与旅游无关的点评，由于主要进行文本分析，将评论和游记中的图片全部删除，把每个网站上关于目标景点的点评和游记复制到一个Word文档中，然后复制到“.txt”格式的文本文档中，方便进行数据处理。

1.2.1 分析工具

研究采用Rost Content Mining文本挖掘软件进行分析。Rost Content Mining是由武汉大学沈阳教授研发编码的国内的一款内容挖掘软件，可以对文本进行词频、语义、情感、聚类等分析。在阅读Rost Content Mining软件的使用说明以及考虑到论文的研究方向后，用于本次网络文本分析的功能有：分词、词频分析、语义网络分析。

1.2.2 样本处理

采用Rost Content Mining内容挖掘系统软件对保存好的Word文档进行内容分析。首先利用该软件的“分词”功能将文档内容分成若干个词汇，然后用“过滤词汇表”功能过滤掉与研究无关的词，形成新的分析文档作为后续分析的基础。基于此，在统计词汇时对意思相近的词汇进行整合，如“桂林市”“桂林”等统一命名为桂林。

搜索的范围将限定在区域和植物景观上，不限定站点，进行全网相关的搜索，同时将文件类型设置为“全部网页和文件”，以增加数据的全面性。为保证时效性，结果的选取将限定在最近一年。百度高级搜索的条件有包含以下全部的关键字、包含以下的完整关键字、包含以下任意一个关键词、不包括以下关键词4个。“不包括以下关键词”条件不需要使用，利用百度高级搜索，限定语法得出的大约搜索结果[2]。

2 研究结果分析

2.1 植物景观旅游热点景区

从搜索结果来看，桂林市的重要植物旅游景观总体上知名度不高，排名前十的植物景观为大榕树景区、龙脊梯田、海洋乡银杏、西山公园荷花、乌桕滩、南溪山樱花、恭城桃花、恭城月柿、訾洲红叶及訾洲郁金香。在这10个植物景观中，以秋季及春季的植物景观为主，而秋季占比最多，说明人们更倾向于在春、秋两季出游。秋季植物季相变化鲜明，色彩浓郁，在四季中对游人的出行更具有吸引力。夏季是桂林市旅游的旺季，而春季和秋季植物景观的较高吸引力，正是对桂林市非旅游旺季的景观弥补。

虽然桂林市的植物景观对游人具有吸引力，但对比象鼻山（相关搜索结果4050000个），要想让植物景观成为一张名片，依靠植物景观来吸引游客，需要在宣传力度、景观营造、基础设施建设等方面仍需要加强和优化。统计的52个植物旅游景观整体上的知名度较低，但是植物景观各具特色，在桂林市范围内观赏度较高，都具有一定的旅游开发价值。

2.2 植物景点高频词统计分析

2.2.1 高频词统计表

大榕树景区　　表1

次序	词汇	词频	次序	词汇	词频
1	榕树	133	16	古树	10
2	景区	50	17	成林	10
3	刘三姐	44	18	根系	9
4	景点	32	19	景色	9
5	电影	22	20	取景	9
6	阳朔	21	21	桂林	9
7	千年	19	22	独木	9
8	门票	18	23	拍摄	9
9	值得	16	24	值得	9
10	画廊	16	25	游客	8
11	十里	16	26	壮观	8
12	对歌	12	27	公园	7
13	竹筏	11	28	不大	7
14	地方	11	29	祈福	7
15	茂密	10	30	历史	7

龙脊梯田景区　　表2

次序	词汇	词频	次序	词汇	词频
1	梯田	303	16	寨子	21
2	金坑	47	17	广西	21
3	景区	45	18	缆车	21
4	平安	43	19	观景台	21
5	景色	36	20	山路	18
6	小时	35	21	壮族	18
7	桂林	30	22	门票	17
8	时间	30	23	地方	17
9	龙胜	30	24	竹筒	16
10	大寨	25	25	下山	16
11	建议	25	26	上山	16
12	风景	24	27	最好	16
13	季节	23	28	上去	15
14	景点	22	29	金佛	15
15	壮观	21	30	公里	15

海洋银杏景区　　表3

次序	词汇	词频	次序	词汇	词频
1	银杏	59	16	每年	8
2	海洋	57	17	时间	8
3	桂林	24	18	观赏	8
4	地方	17	19	白果	7
5	银杏树	13	20	落叶	7
6	杏林	12	21	交通	6
7	叶子	12	22	游客	6
8	一片	12	23	月份	6
9	秋天	11	24	小时	6
10	金黄	11	25	金黄色	6
11	桂林市	9	26	村庄	6
12	灵川县	9	27	门票	5
13	桐木	9	28	风景	5
14	深秋	9	29	农家	5
15	漂亮	9	30	值得	5

西山公园　　表4

次序	词汇	词频	次序	词汇	词频
1	西山	91	6	风景	49
2	景区	76	7	景点	48
3	景色	63	8	地方	41
4	导游	56	9	免费	35
5	门票	54	10	爬山	29

续表

次序	词汇	词频	次序	词汇	词频
11	西湖	26	21	特色	19
12	荷花	26	22	值得	19
13	游客	25	23	时刻	19
14	值得	25	24	门口	18
15	环境	24	25	优美	16
16	进去	23	26	山上	16
17	小时	21	27	去处	16
18	讲解	21	28	普通	16
19	时间	21	29	漂亮	15
20	适合	20	30	山水	15

乌桕滩红树林景区　表5

次序	词汇	词频	次序	词汇	词频
1	乌桕	39	16	景区	5
2	桂林	12	17	一片	5
3	漓江	11	18	红叶	4
4	水墨画	10	19	钱的	4
5	市区	7	20	垃圾	4
6	附近	7	21	向日葵	4
7	美丽	7	22	门票	4
8	大桥	7	23	路边	4
9	诗意	6	24	柏油	4
10	自行车	6	25	竹江村	4
11	浅滩	6	26	景色	4
12	枫叶	5	27	地方	4
13	出发	5	28	阿姨	4
14	路上	5	29	拍照	4
15	马路	5	30	回来	4

南溪山公园　表6

次序	词汇	词频	次序	词汇	词频
1	南溪山	118	11	导游	25
2	樱花	97	12	地方	24
3	春天	88	13	值得	23
4	观赏	46	14	环境	21
5	门票	40	15	风景	19
6	景色	38	16	方便	17
7	景点	35	17	讲解	16
8	白龙	33	18	漂亮	16
9	龙洞	25	19	空气	16
10	免费	25	20	山水	16

续表

次序	词汇	词频	次序	词汇	词频
21	拍照	16	26	进去	13
22	旅游	15	27	清新	12
23	特色	15	28	山石	12
24	溶洞	14	29	游客	12
25	岩洞	14	30	美丽	12

恭城月柿　表7

次序	词汇	词频	次序	词汇	词频
1	柿子	49	16	油茶	5
2	红岩村	23	17	大概	5
3	恭城	15	18	马头山	4
4	柿饼	14	19	别墅	4
5	月饼	12	20	度假	4
6	村子	10	21	时间	4
7	莲花	8	22	位于	4
8	欣赏	7	23	小时	4
9	公里	7	24	吃饭	4
10	进村	6	25	漫山遍野	4
11	发展	5	26	空气	4
12	休闲	5	27	住宿	4
13	拍照	5	28	值得	4
14	水果	5	29	游览	4
15	县城	5	30	新鲜	4

訾洲公园　表8

次序	词汇	词频	次序	词汇	词频
1	红叶	93	16	春节	7
2	象鼻	61	17	导游	6
3	訾洲	44	18	最佳	6
4	象山	26	19	相望	6
5	桂林	23	20	花展	6
6	门票	23	21	本地	5
7	郁金香	17	22	银杏	5
8	漓江	15	23	下雨	5
9	免费	9	24	市区	5
10	游泳	9	25	市民	5
11	拍照	9	26	游客	5
12	角度	8	27	位于	5
13	休闲	7	28	对岸	5
14	漂亮	7	29	园里	5
15	值得	7	30	早上	5

大岭山桃花 表9

次序	词汇	词频	次序	词汇	词频
1	桃花	24	16	观光	5
2	大岭	18	17	阳春	5
3	桃园	15	18	契机	5
4	景色	14	19	政府	5
5	渲染	13	20	开展	4
6	交通	11	21	花色	3
7	盛开	11	22	绝对	3
8	充分	11	23	三月	3
9	李花	11	24	漂亮	3
10	烂漫	10	25	绯红	2
11	位于	8	26	生态	2
12	仙境	8	27	跋涉	2
13	洁白	8	28	山头	2
14	美景	6	29	山桃	2
15	项目	5	30	枯死	2

两江四湖景区 表10

次序	词汇	词频	次序	词汇	词频
1	两江四湖	20	16	步行	4
2	桂林	17	17	银杏	4
3	桂湖	12	18	景区	3
4	夜景	11	19	散步	3
5	晚上	11	20	位于	3
6	游览	9	21	美景	3
7	灯光	9	22	岸边	3
8	风景	8	23	花香	3
9	湖边	7	24	得名	3
10	坐船	6	25	夜晚	3
11	桂花	6	26	老人	2
12	漂亮	6	27	夜游	2
13	白天	5	28	龙湖	2
14	景色	5	29	也好	2
15	漓江	5	30	印象	2

（注：以上表格均为笔者自绘）

2.2.2 统计结果分析

对桂林市排名前十的植物景点的相关高频词汇进行统计，其知名度越高的景点，相关网络文本越丰富，词频基数越高。现将排名前十的植物景观依据其知名度大致分为三类进行分析。

（1）吸引力较高的植物景观

阳朔大榕树景区、龙脊梯田景区为知名度最高的两个植物景观为主的景区。从表1和表2可以看出，①从词类分析，名词偏多，频数较高的词除描写植物景观的例如：榕树（133）、梯田（303）、茂密（10）、古树（10）的词之外，非物质文化景观：刘三姐（44）、对歌（12）等词频也较高。地名：十里画廊（16）、阳朔（21）、金坑（47）、平安（43）以及描写游客感受的形容词：值得（9）、壮观（21）、美丽（15）的词汇也不少。②从关注度来分析，大榕树、梯田为吸引游客的核心要素，在高频词中排第一。一些文化因素也成为影响植物景观吸引力的重要因素，如大榕树是电影《刘三姐》的取景地且受到了桂林著名的遇龙河景区的带动，而龙脊梯田则伴随着丰富的壮族文化和村寨景观，两者都是造成其知名度领先于其他植物景观的重要原因。

（2）吸引力一般的植物景观

通过百度搜索指数和网络文本数量来看，海洋银杏、西山公园荷花、竹江红树林乌桕滩、南溪山樱花四个植物景观的知名度相较于阳朔大榕树和龙脊梯田略低。从表3～表6可以看出，①从词类来看，名词偏多，第一类频数较高的词以描写植物景观的为主例如：银杏（59）、荷花（26）、桐木（9）、乌桕（39）、樱花（97）、向日葵（4）。第二类为描写地名、时间的词汇如：海洋（57）、灵川（9）、西山（91）、漓江（11）、竹江村（4）、景区（30）等。第三类为描写游客感受的形容词：漂亮（9）、观赏（8）、值得（25）、诗意（6）、方便（17）等。②从关注度来分析，银杏、乌桕、樱花等代表性景观为吸引游客的核心要素。这些景点的宣传往往较好，以及一些活动的开展也扩大了其知名度如南溪山公园的樱花节。而西山公园的荷花一词词频排序较后，可以看出荷花作为该公园的特色景观，其吸引力还有待提高。

（3）吸引力较低的植物景观

从百度高级搜索和词频统计结果来看，恭城月柿、訾洲公园红叶、郁金香、大岭山桃花、两江四湖景区的植物景观知名度较低（表7～表10）。其相关的网络文本和评论资料较少。第一类词频较高的为植物景观相关的词汇如：柿子（49）、红叶（93）、郁金香（17）、桃花（24）等词，该类词词频较高且次序靠前，是吸引游客的核心因素。第二类词汇为与之相关的景点和地名如：红岩村（49）、马头山（4）、象山（62）、大岭山（18）、岸边（3）。第三类为描写游客感受的词汇：欣赏（7）、值得（4）、漂亮（7）、散布（3）、仙境（8）等。

3 结论与对策

3.1 结论

本文基于对市域内植物旅游景观进行调查统计，对梳理的结果进行分析陈述，发现该资源与旅游业有着较强的关联性，高品质的植物景观资源能作为有利的旅游资源，拓宽当地旅游业的发展空间。再者植物景观资源包容性强，与农事、传统文化相融，形成具有人文内涵的景观，且能通过人工手段打造，具可塑造力[3]。

桂林市植物资源丰富，但以植物为主要旅游资源的景点较少，知名度整体上不高，（1）如恭城月柿、大岭山桃花等景点。这些景点在各大旅游网站的相关游记与评论都甚少，宣传力度与景观规划都不足。（2）海洋银杏、南溪山樱花等景点虽有一定的知名度，但其名气远远不如桂林市其他景点，例如日月双塔文化公园，七星公园等。往往会被外地游客忽视，其知名度还不足以成为桂林市植物景观的一张名片。（3）知名度较高的植物景观大榕树、龙脊梯田除了植物本身的观赏性，还依赖于特定的文化内涵，地理位置，其他景点的带动等。但其景色过于单一，如大榕树景区的负面评论往往集中在景点过小，只有一棵树，体验感不佳等。

3.2 改善对策

3.2.1 丰富季相变化

桂林市植物资源虽丰富，但可满足四季观赏的植物旅游景观较少。应在现有景观基础上，延长单个植物景点的季相变化，如在梯田水稻收割之后，可种植油菜花、杜鹃等植物丰富来年春景。亦可多增加一些菊科（大丽花、非洲菊等）、茉莉科（四季三角梅等）花卉所营造的四季性的花海，使同一植物景点四季皆有景可观，增加游客对桂林的“色彩”感知。塑造“多彩”桂林。

3.2.2 植物空间营造

想要加强游客对植物景观的感知程度，除了视觉体验外，不同种类植物群落带给游客的空间体验感也尤为重要。在进行植物景观改善和营建的过程中，搭配上要注意虚实结合，疏密有度。开敞空间和私密空间结合，半遮半掩往往会引发游客的好奇心。还要注重利用植物的封闭性和通透性，丰富空间层次感和景深感[4、5]。另外，植物单体形态对空间营造和提升吸引力也具有重要作用。如桂林常见的榕树姿态奇异优美，与不同地被灌木搭配可营造出不同样式的空间。因此，加强植物景观带给游客的空间体验，营造出丰富的植物空间，也是加强植物景观吸引力的重要一环。

3.2.3 拓展植物景观体验类型

“桂林山水甲天下，阳朔山水甲桂林”，阳朔是桂林风景最盛处，要想将植物景观打造成桂林市旅游的一张名片，阳朔植物景观营建的重要性自然不言而喻。经笔者调查发现，游客对阳朔的印象往往集中于山水地貌（喀斯特地貌、漓江、遇龙河等）、历史文化（西街、古镇等）。很少涉及植物和色彩等方面描述。例如阳朔十里画廊骑行道沿途两侧虽有起伏山形衬托，但在色彩方面难免单调。仅有的一两个人造花海景观需要收费才能进入参观，性价比较低，游客体验不佳，负面评论较多。因此：（1）在重要的游览线路或景点（如十里画廊骑行道两侧、大榕树景区等）增加四季花海景观，适当栽种一些观色、观叶、观型的树种，营建季相变化丰富的且可以免费参观体验的植物景点，使游客在驾车或骑行往返切换景区的途中有丰富的色彩和穿行体验，进一步体会“多彩”桂林。（2）保留并完善原有植物景观，如遇龙河游步道沿岸的农庄田园，可在保留其农田肌理的基础上适当增加花卉类植物，使郊野风光和田园风光相结合，丰富并深化游客对桂林植物景观的感知。

3.2.4 提升植物景观知名度

挖掘植物观赏价值与文化内涵。植物不仅具有观赏价值，自古以来便被人们赋予深刻的象征意义和文化内涵。开展与植物相关的活动亦体现着人们的精神向往。所以，要大力开展植物相关的展览、科普活动，如南溪山樱花节、大岭山桃花节、訾洲公园郁金香花展等。活动可集音乐、交友、美食于一体，从民间竞技到养生保健，从山歌会到游览观光，其丰富的活动内容可以：（1）对民俗文化继承与发展，有利于提升桂林旅游质量和档次。（2）一些郊野的植物景观活动有利于增加农民收入，促进农旅结合快速健康发展（如恭城柿子节）。（3）增加桂林植物景观知名度，提升植物景观吸引力。

加强区域合作，打造“多彩”形象。植物景观之间及植物景观与旅游景区空间之间可以进行联动合作。（1）各个植物景观之间可以进行整体营销，提升桂林市植物景观在国内的知名度和影响力。（2）植物景观可与周边景区或者其他旅游地结合，强化对桂林市地域植物景观旅游点的整体形象和包装策划，衍生出与景区联动的植物旅游产品，拓展桂林市植物旅游景观的市场。（3）打造区域植物旅游景观的色彩形象，重点优化桂林市知名的植物旅游景观。

3.2.5 完善和优化基础设施，增强景观点管理。

加强对植景观的文化打造，做具有地域特色的植物旅游景观；重视与旅行社的合作，推出精品游线，创新“多彩”路线；注重服务品质，增加植物旅游景观点的服务人员，提高植物旅游景观点的服务水平。

3.3 研究展望

第一，本文统计的植物旅游景观的网络文本的统计以及百度高级搜索的相关结果数据仅截至本文完成的写作日期，采集的研究对象样本仅为笔者为在植物景观研究用作旅游目的方向上的探究数据基础，不代表桂林市域内全部的植物景观资源。同时用网络文本的数据作为植物景观对游客的吸引力的依据还有待进一步验证。

第二，研究植物景观与旅游结合的课题相对较少，涉及的相关理论知识丰富，本文所探究的内容仅为这个方向的尝试，所进行的研究还是初步的，尚需要大量细致的实地调查研究及长时间的数据积累，才能得出更加完善的研究结果。

参考文献

[1] 文友. 桂林市园林绿地植物景观空间营造研究 [J]. 农业与技术，2015，35（04）：145.
[2] 梁慧敏，孙冕. 基于网络文本分析的崂山景区旅游体验研究 [J/OL]. 无锡商业职业学院.
[3] 钟舜杰. 漳州市郊野公园植物景观构建与评价 [D]. 中国林业科学研究院，2014.
[4] 魏彦会，赵明秀，陈芳，李海防. 桂林市园林绿地植物景观空间营造研究 [J]. 南方园艺，2014，25（04）：34-37.
[5] 李雄. 园林植物景观的空间意象与结构解析研究 [D]. 北京林业大学，2006.

作者简介

孙正阳，1996年生，男，本科，桂林理工大学旅游与风景园林学院，在读硕士研究生，风景园林规划设计。

樊亚明，1978年生，男，博士，桂林理工大学旅游与风景园林学院副教授，广西旅游产业研究院研究员。研究方向为旅游与风景园林规划设计。

刘慧，1979年生，女，硕士，桂林理工大学旅游与风景园林学院讲师，广西旅游产业研究院研究助理。研究方向为园林植物与景观文化。电子邮箱：253450704@qq.com。

绿篱：英国乡村绿基的一支诗意生态大军

Hedgerow: A Poetic Ecological Force of UK Rural Green Infrastructure

李 莎 董昭含

摘 要：绿篱是英国乡村绿色基础设施中的重要组成部分，软质线性特征及地域化较普及的多品种比例混合在乡村植被功能建设与生态属性中，以量变形成质变，诗意地实现了单一景观元素的模式化多功能复合需求。文章从英国绿篱的起源、特点及重要性出发，讨论英国环境建设政策法规对于绿篱的保护和补助，通过英格兰地区代表案例总结绿篱诗意生态属性及应用范围，以期对我国乡村发展的生态建设提供借鉴与参考。

关键词：英国绿篱；绿色基础设施；诗意生态；生物多样性

Abstract: Hedgerows are important components of the green infrastructure in countries of the UK, characterized by soft linear patterns that commonly found in mixed native species for country planting structure and ecological purposes, from quantitative change to qualitative change, fulfilling multi-functional mode as single landscape element as poem. This research starts from hedgerow background, features and importance, discusses relevant environmental development policies of hedgerow protection and allowances, and summarizes hedgerow implementation through local cases, aiming to seek references and lessons for country ecological development of China.

Keyword: UK Hedgerow; Green Infrastructure; Ecological as Poem; Biodiversity

（图片来源：https://www.wildlifetrusts.org/habitats/farmland/hedgerow）

（图片来源：https://mosesorganic.org/hedgerows/）

（图片来源：https://hedgerowsurvey.ptes.org/）

图 1 英国绿篱典型风貌

英国作家帕克斯曼曾说，“在英国人的脑海里，英国的灵魂在乡村”；黑格尔曾说：“围墙是修剪整齐的篱笆，这样就把大自然改造成为一座露天的广厦”。绿篱是英国乡村普遍而传统的特色风光之一，也是英国乡村不可或缺的生态绿色廊道[1]，其存在首先为乡村生态多样性提供了连贯保护空间；第二，在土地产权所属界定层面起到明确划分作用；第三，以屏障的形式围合与防御属性。英国19世纪以来实施的多重生态建设调控政策取得显著成果，其中形式简约、易模式化种植设立的绿篱成为兼顾诗意地貌特征与绿色基础设施生态载体的重要一环[2]。

1 英国乡村绿篱的起源与特点

英国乡村绿篱种植历史起源于农耕，由灌木丛或生长密集的低矮树丛构成，在定期管理维护下，形貌呈现为相对紧凑连续的屏障，最初作为逐步扩张的土地产权边界使用，可追溯至罗马时期甚至更早。19世纪中叶圈地运动结束，英国已形成近20万英里（约32.2万km）的成熟绿篱带[3]。

伴随这一时期农牧场在乡村中兴起，田野功能不再限于单一耕种目的，大型牲畜饲养产业在乡村开发中的比重增加，绿篱在地域边界功能以外，拓展出阻止牛羊觅食、减免农牧产主矛盾的功能[2]。

英国农业总面积约为1760万hm^2，其中有320万hm^2被林地和森林覆盖，而农业非林地面积占72%，因此全英国土风貌可见“疏林＋草地”或者“丛林＋耕地”的植物景观类型[4]，从国土空间规划尺度看，绿篱元素连线成网，多呈现气势恢宏的庞大棋盘网络特征。自然英格兰机构①发布的2014版国家特征区域文档（National Character Area Profile）与景观特征评估（Landscape Character Assessment），将英格兰地域风貌格局分区归类，可深入挖掘更详尽的区域景观绿篱特征信息。

绿篱作为英国乡村重要地貌元素，总长度约有50万英里（约80.5万km），覆盖了大约2.5%的国土面积，它们为众多种类的动物提供栖息地和庇护所。绿篱构成的物种丰富度对依托其生存的鸟类、小型哺乳动物、蝴蝶和其他无脊椎动物的多样性影响呈现正相关性[5]。过去的半个多世纪以来，英国乡村绿篱总量呈现明显下降趋势，第二次世界大战后农业的全面现代化导致了大量绿篱被清除及其管理方式改变。20世纪80年代后，英国研究者开始着眼英

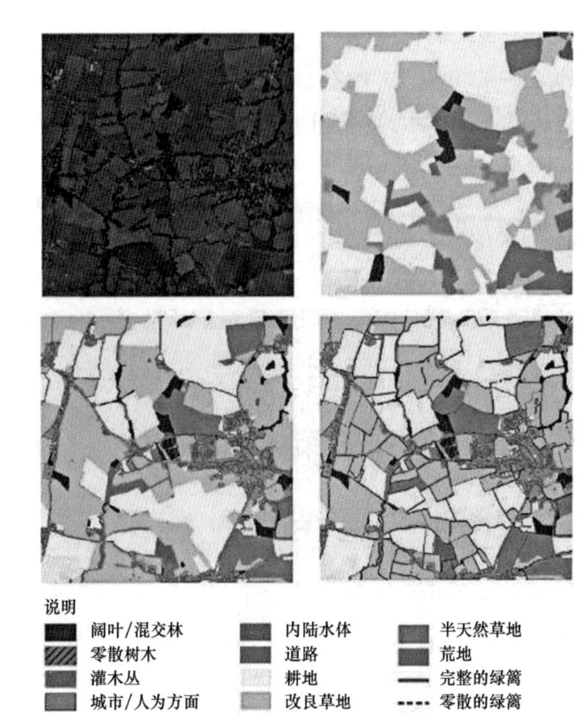

图2 绿篱格局示意一：多塞特郡部分农田的数字化绿篱地图②
（图片来源/整理依据：https://iale.uk/hedgerows-landscape-scale）

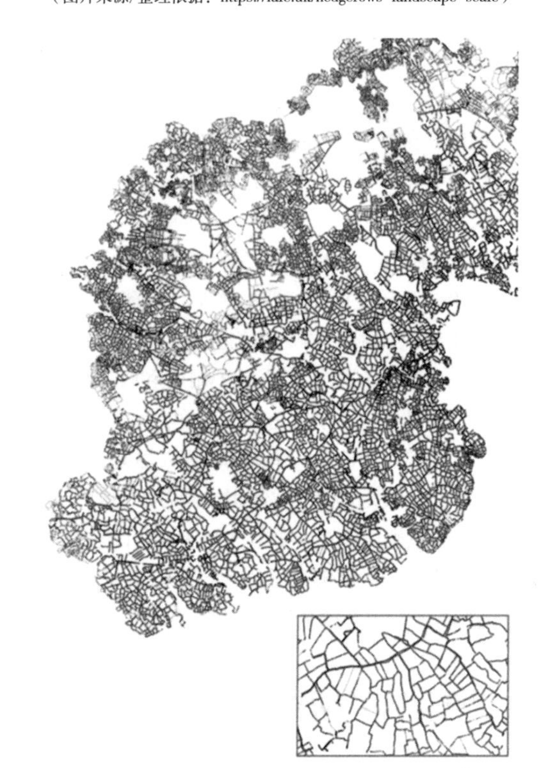

图3 绿篱格局示意二：康沃尔郡绿篱数字地图②
（图片来源：https://erccis.org.uk/Mapping Hedges）

① 资料来源：https://www.gov.uk/government/organisations/natural-england

② 康沃尔郡绿篱总长超过3万英里（约4.8km），2017年-2018年间Environmental Records Centre for Cornwall and the Isles of Scilly组织20多名工作人员花费近3000个小时绘制，成为第一张涵盖整个康沃尔郡的详细绿篱数字地图。

国乡村绿篱，并在《新自然主义者》系列著作中出版关于绿篱的研究；根据1990年的乡村调查报告中所示，英国绿篱的总长度在1984～1990年间减少了23%，这直接引起政府与专家对绿篱问题的重视，从而引发1994年出台英国生物多样性行动计划（The United Kingdom Biodiversity Action Plan：UK BAP），现已被由2010英国生物多样性框架（UK Post-2010 Biodiversity Framework）取代，其中已将绿篱列为优先受到保护的野生动物栖息地[3]。

2 英国绿篱保护政策与补助津贴

2.1 绿篱保护政策的历史演进

17世纪英国已出现绿篱保护条例。在1765年《弗兰伯乐圈地法》（Flamborough Enclosure Act）所作出的一项裁决中要求土地产权者“建立和永久保存”沿境与公共道路之间圈定的“速生林绿篱”。至今古老的圈地法仍可适用于保护几百年前依循公共用地圈地所建立起来的绿篱[1]。第一次世界大战后，人们为了扩大机械工具使用范围，清除了较小块田地的绿篱边界，导致了绿篱数量和长度的急剧下降；第二次世界大战后直至20世纪90年代，英国绿篱有过30年因管理和保护不够的非破坏性的缓慢消退现象（消失了近15万英里），导致一些野生动物失去了栖息场所。1995年英国颁布《环境法》（Environmental Act 1995），将绿篱的保护制度写入法令，再到1997年《绿篱法》（The Hedgerows Regulations 1997）正式颁布，将绿篱的受保护等级进一步分类，制定明确的移除或砍伐评定过程和惩罚措施，至此英国对于绿篱的保护制度和政策进一步完善[6-8]。20世纪下半叶，农业一体化导致农田的普遍扩大和草地向永久性耕地的转化，许多现有边界逐渐失去作为牧场边界的作用，成为大型机械使用的障碍，大量绿篱为主的线性特征景观遭到砍除。自20世纪80年代以来，绿篱的保护与维护成为公众聚焦问题之一，国家建设政策在改革中跟进发布保护保留与提升英国乡村景观生存特征[9]。

2.2 国家级相关保护政策

英国国家规划政策框架（National Planning Policy Framework NPPF）作为国家级纲领性文件，以可持续发展为目标，对经济发、城镇活力、乡村建设、可持续交通、通信保障、住房供应、设计、社区发展、绿带、应对气候变化、自然环境保护、历史文化遗产保护和矿产可持续利用这13个方面进行战略性的宏观引导[10]。在生态多样性保护层面，NPPF第十五项明确提出，规划政策和决定应保护和增强有价值的景观保护地区的生态多样性；规划应采取战略方针来保护和增强栖息地绿色基础设施网络。在确定规划审批程序时，如环境建设无法避免或充分缓解规划开发时对生物多样性产生的重大损害，则不应当给予规划许可①。此政策是乡村生态景观绿篱保护的最高级法定条例。

2.3 专项法规政策

《绿篱法》（The Hedgerows Regulations，1997年）是当前生效且明确对现存绿篱免受挖掘和损坏的具体法令，是1995年环境法Environment Act 1995年的分支。环境法涉及了英国本土的环境保护法令，其致力于空气、水污染、人为气候变化等问题；绿篱法的创建宗旨即为维护绿篱及其中生物现存量，并通过管理达到生物多样性量增目的，主要致力于保护生长年龄超过30年，具有历史性、生态性和景观特征的重要乡村绿篱。该法规生效后，违反法令擅自铲除/移走绿篱的行为属刑事犯罪。

绿篱法规定如绿篱满足以下条件之一，即具重要性标准，将受到法律保护：

长度：大于20m的绿篱或两端与其他段绿篱相连接的小于20m的绿篱。

位置：用作地区边界，如农林地边界、养殖区边界、特殊保护区边界。

重要性：已经存在30年以上，且满足以下标准的绿篱：（1）标记1850年之前就存在的区域边界；（2）完全或部分处在历史环境记录（Historic Environment Record：HER）遗迹中；（3）标记现存建筑或庄园的边界；与1600年之前存在的建筑或庄园边界遗迹有关；（4）绿篱中生存有《1981年野生动物和乡村法》（Wildlife and Countryside Act 1981）中列出的受保护物种；（5）含《英国红色数据》（British Red Data）濒临灭绝物种；（6）含《绿篱法》附表中所列本土植物。

2.4 补助津贴

限制兼惩罚性政策详规，是英国绿篱得以可持续人为保护与维持的硬性保障，而政府设立的绿篱与边界补助津

① NPPF信息来源：https://www.gov.uk/government/publications/national-planning-policy-framework--2

贴 Hedgerows and Boundaries Grant，是针对农村管理事务的促进性资金，主要发放于帮助农民和土地管理者维护恢复土地边界设施（含绿篱）、增加生物多样性、改善栖息地、提高景观效益等。此项津贴正向促进绿篱可持续发展，兼顾共有和私有重要绿篱，弱化了民众对强制性法令的被动心态，激发当地管理者主观能动维护绿篱诗意风光的热情。图4举例以米为单位的绿篱津贴。

编码	资助项目	资助标准（英镑/m）
BN5	绿篱铺设	9.4
BN6	绿篱更新砍伐	4
BN7	绿篱空隙填补	9.5
BN8	绿篱－统计补贴	3
BN10	绿篱－捆绑支撑补贴	3.4

图 4　绿篱补助津贴案例①

3　英国绿篱的诗意生态属性

3.1　野生动物的诗意栖居

绿篱网络具备成熟的生态链条，以不同高度、密度及植物配置，增加改善乡村生态通量。种类繁多的野生生物依托于其间，包括哺乳动物、鸟类、爬行动物、两栖动物和许多无脊椎动物等，是它们赖以安全觅食、生存繁殖的庇护环境。土生混合物种的绿篱，叶子、花蜜、浆果、种子和坚果等为素食生命供能，同时也为杂食/肉食类提供了觅食昆虫和其他无脊椎动物的场所。英国的乡村绿篱能够为多达80%的林地鸟类，50%的哺乳动物和30%的蝴蝶提供栖息场所。与绿篱生长所在环境密切相关的沟渠河岸也为青蛙、蟾蜍等爬行动物提供栖息地。在林地匮乏的乡村地区，绿篱对生物物种的庇护作用更加重要，如在绿篱中筑巢的鸟类可达30种之多；不同高度的绿篱不同栖息类型的鸟提供多种生存选择空间，如红腹灰雀和海龟鸽子通常在高超过4m的绿篱上筑巢；白喉，红雀和黄锤则筑巢在较低一些2～3m的绿篱②。

英国生物多样性行动计划（UK BAP）认为，由原生植被组成的绿篱是优先保护的栖息地。尽管被人为修建和养护，绿篱是林地、灌木丛和草地的混合体，容纳和连通生物活动与诗情画意的乡村景观。BAP优先保护鸟类中有21种与绿篱相关，其中13种主要栖息在绿篱内③。

3.2　景观功能的诗意拓展

纯粹而恢宏的连贯绿篱通常高达1.5m以上，在人视景观层面，无论以点观赏或以车行动态观景，均可获得较完整的诗意视觉体验。从作为土地产权边界的绿篱到作为畜牧与作物屏障的绿篱，绿篱的种类不局限于植物物种本身[11]。在气候、海拔和海风的共同作用下，自新石器时代时期传承下来的石材结合植被的“康沃尔绿篱”在英格兰西南区使用为农业用地边界。现在，富有优美风景感染力的康沃尔郡仍保有许多古老绿篱网络。“康沃尔绿篱”具有质朴稳定独特外观特征，石块上搭倾斜矮墙，中空填土。石墙以上向内弯曲，顶部宽度约为底部宽度的1/2，整个剖面呈现出梯形的特征[12]。富含盐分的海风从多个海岸向内陆延伸直至康沃尔郡中部的山顶，导致侧面偏风的地表受到侵蚀和裸露的树木高度的降低。高于地面的石墙将地表绿篱抬升，用以减缓或阻隔强烈的海风，缓解对地面植被的侵蚀作用，另一方面根部的抬升可以提供给狭窄的绿篱以充分的生长空间。

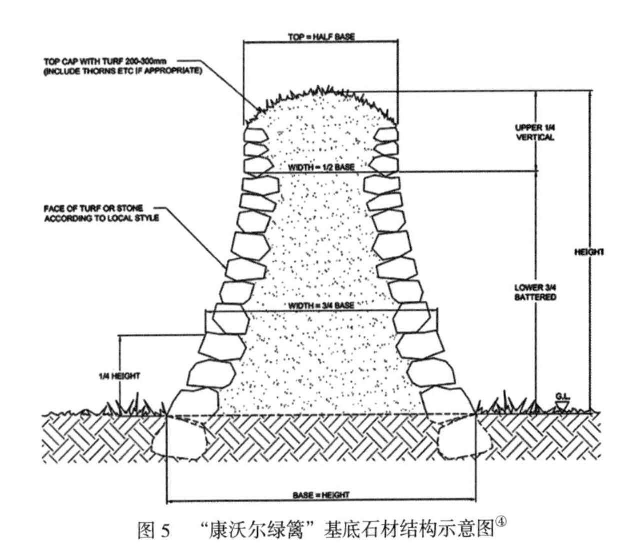

图 5　“康沃尔绿篱”基底石材结构示意图④

4　对我国的借鉴与启示

我国快速城镇化进程中，乡村开发带来的高额回报

① 资料来源：https://www.gov.uk/government/collections/countryside-stewardship-get-paid-for-environmental-land-management

② 资料来源 / 整理依据：https://www.agricology.co.uk/field/blog/mays-green-corridors

③ 资料来源：http ://porturbanism.com/work/national-hedge/

④ 资料来源：https://www.cornwall.gov.uk/environment-and-planning/trees-hedges-and-woodland/hedges/hedge-structure/

与可能引发的生态危机并存。部分典型调查研究表明，林网残缺受损率高约40%，缺乏生态景观化河道的比例占60%～80%，沟渠需要生态景观修复的比例约占56%；近30%的田间空地、田边道路裸露严重[12]。乡村景观中硬质元素空间的使用对生物的生存造成负面影响，应在非必要时减少硬质景观元素的使用。绿篱在我国拥有悠久的应用历史，但其体现的功能主要只是充当边界[13]。在此情况下，提高我国乡村景观的自然和半自然生境面积，增加土地的生态多样性和景观要素之间的"镶嵌性"尤为重要[12]。

十九大报告中提出要实施乡村振兴战略，走生态良好的文明发展道路。我国幅员辽阔，在生态乡村的建设过程中，根据不同的地区情况着手开展不同地区的乡村生态多样性战略与保护计划刻不容缓。绿篱作为绿色基础设施的一种，形式简单、易模式化以本土适地性植物种类协调配比种植，一旦形成体量，能在国土规划空间层面以质变方式，控制生物多样性减少，调整田间微气候，降低土壤表层风蚀问题，减小地表风速，过滤地表径流，降低场地区域的污染[14]，为地区构架生物绿色廊道，为动物提供栖息繁衍和躲避天敌的场所，能够形成一支诗意生态大军，增进和捍卫动物、植物、人与空气水土之间的联系。

参考文献

[1] Chirstopher.P.Rudgers．英国自然保育法［M］．姜双林译．北京：法律出版社，2016.

[2] FrançoiseBurel. Hedgerows and Their Role in Agricultural Landscapes[J], Critical Reviews in Plant Sciences, 1996(15:2): 169-190.

[3] Laura Gosling, Tim H. Sparks, YosephAraya,Martin Harvey, JaniceAnsine. Differences between urban and rural hedges in England revealed by a citizen science project[J]. BMC Ecology, 2016. 16(15): 47-55.

[4] 李冠衡．从植物景观多样性的视角理解英国乡村景观［J］，风景园林，2015（8）：20-24.

[5] R.A. Garbutt, T.H. Sparks. Changes in the botanical diversity of a species rich ancient hedgerow between two surveys (1971 - 1998). Biological Conservation 106 (2002) 273 - 278.

[6] Garbutt RA, Sparks TH. Changes in the botanical diversity of a species rich ancient hedgerow between two surveys (1971 - 1998) [J]. Biological Conservation, 2002, 106(2):273-278.

[7] McCollin D. Editorial Hedgerow policy and protection—changing paradigms and the conservation[J]. Journal of Environmental Management, 2000. 60(1):3-6.

[8] Barr C J, Gillespie M K. Estimating hedgerow length and pattern characteristics in Great Britain using Countryside Survey data[J]. Journal of Environmental Management, 2000, 60(1): 23-23.

[9] Petit, S; Stuart, R; Gillespie, M. K; Barr, C. J. Field boundaries in Great Britain: stock and change between 1984, 1990 and 1998[J]. Journal of Environmental Management, 2003. 67(3)229-238.

[10] 罗超，王国恩，孙靓雯．从土地利用规划到空间规划：英国规划体系的演进［J］，国际城市规划，2017（32）：90-97.

[11] Paul Scholefield, Dan Morton, Clare Rowland, Peter Henrys, David Howard, Lisa Norton. A model of the extent and distribution of woody linear features in rural Great Britain[J]. Ecology and evolution, 2016. 6(24): 8893-8902.

[12] 宇振荣，苗利梅．土地整治应注重生态景观服务功能［J］．南方国土资源，2013，（4）：19 - 21.

[13] 牛立新，张延龙．关于篱的几个问题［J］．中国园林，2003，19（5）29-31.

[14] Abhijith, KV, Kumar, P , Gallagher, J, McNabola, A, Baldauf, R, Pilla, F, Broderick, B , Di Sabatino, S, Pulvirenti, B. Air pollution abatement performances of green infrastructure in open road and built-up street canyon environments - A review[J]. Atmospheric Environment, 2017. 162: 71-86.

作者简介

李莎，1982年生，女，博士，中国矿业大学建筑与设计学院副教授。研究方向为景观主导的多学科交叉生态规划。

董昭含，1996年生，女，中国矿业大学建筑与设计学院。硕士在读，研究方向为弹性景观策略研究。电子邮箱：68724976@qq.com。

上海松柏古树生长与周边环境的相关性研究①

Correlation Between the Growth of Trees and the Surrounding Environment About Old Pine and Old Cypress in Shanghai

汤珧华 刘家雄

摘 要：对上海松柏古树和后续资源的生长现状、菌根侵染率、周边环境、伴生植物等进行调查与分析，结果表明：松柏古树中，后续资源的生长比古树好，松类古树创伤和截口容易出现流胶，松柏古树的生长与菌根侵染率、堆土、排水及地表情况，呈极显著相关。根系的菌根侵染率低、根系上部堆土、排水状况差、周边种植根系密集的地被，均会引起松柏古树生长不良。针对引起生长不良的原因，宜采取提高根系的菌根侵染率、禁止对根系堆土、改善排水状况、改变地表种植方式等措施。

关键词：松柏古树；周边环境；相关性；措施

Abstract: This paper deals with the characteristic such as growth traits, mycorrhizal infection rate, surrounding and the plants of old trees and potential resource of old trees about pine and cypress. The results show that: The growth of potential resource of old trees is better than the growth of old threes. The woods and interfaces of old pinus often outflow colloidal liquid. There is significant correlation between the growth of old tress and mycorrhizal infection rate, accumulation of soil, removing water, planting. The lower mycorrhizal infection rate, depth of accumulating soil, poor drainage conditions and densely root planting often lead to poor growth of old pines and cypress. For the cause of poor growth of pine and cypress trees, we should be taken to improve the mycorrhizal infection rate, prohibit bulldozers, improve the drainage conditions, change the planting patterns and other measures.

Keyword: Old Pine and Old Cypress; Surrounding Environmental; Correlation; Measures

上海地处长江入海口冲积平原，地势平坦，地下水位较高，土壤偏盐碱，尤其是绿化种植土壤黏性高，不利于松柏植物生长[1-4]。目前生长在上海的松柏古树和古树后续资源（以下简称古树）有白皮松、五针松、大王松、黑松、雪松、龙柏、桧柏等7个树种，有许多生长不良，其中不少处于濒危临死状态。因此，对松柏古树开展生长环境的调查与研究，确定影响松柏古树的关键因子，显得十分迫切与重要。

1 调查内容与方法

1.1 调查内容

2014年10～12月，实地调查上海地区松柏古树的生长现状、树体和截面流胶情况、距建

① 本项目由上海市绿化和市容管理局资助，项目编号 G150501。

筑物距离、地面铺装、堆土、排水、地被种植、土壤标高等，部分古树调查了菌根侵染率。

1.2 方法

1.2.1 生长情况

1.2.1.1 生长现状分级

松柏古树的生长现状划分为良好、一般、衰弱和濒危4级。良好指生长势好、树冠完整，基本无枯枝和病虫害等情况；一般指生长势一般、树冠基本完整，有枯枝但不明显，有少量病虫害；衰弱指生长势差，树冠不完整，有少量枯枝和明显的病虫害；濒危是指生长势极差，树体残缺严重，枯干、枯枝或严重病虫害[5-9]。

1.2.1.2 实地调查

对每株松柏古树进行实地调查，记录生长状况，同时记录树体和创口的流胶情况。

1.2.2 环境因子及分析方法

调查因子：距周边建筑物距离、地面铺装、堆土、排水情况、伴生植物、土壤标高。根据实际情况填写，最后统计结果。

1.2.3 侵染率的调查、测定及等级划分

侵染率的调查：挖取表层土壤中的细根，带回进行处理。

侵染率的测定：选取5mm已染色的样品根段50条，整齐放置于载玻片上，滴1～2滴浮载剂，盖上盖玻片，在光学显微镜下，逐条观测每条根段上的每一毫米根段上有无侵染，计算出每条根段上侵染的总长度，同时测定菌根侵染率，计算公式如下：

侵染率（%）＝菌根侵染的毫米/检查根段的总长度（mm）×100%

侵染等级的划分主要参照《菌根研究及应用》[10]一书，将菌根侵染率划分成5个等级。

1级：没有菌根或侵染率在1%以下；

2级：菌根侵染率1%～10%；

3级：菌根侵染率11%～30%；

4级：菌根侵染率31%～50%；

5级：菌根侵染率50%以上。

2 结果与分析

2.1 松柏古树的数量、分布与生长情况

调查结果表明，上海的松柏古树中树种有五针松、白皮松、大王松、雪松、黑松、桧柏、龙柏7个树种，古树131株，后续资源190株，数量以龙柏最多，其次是雪松、桧柏，大王松最少，只剩1株，黑松次之，尚余3株，详见表1。

松柏古树树种与数量　　表1

树种	古树（株）	后续资源（株）	树种	古树（株）	后续资源（株）
五针松	17	0	雪松	30	62
白皮松	19	3	龙柏	36	109
大王松	1	0	黑松	3	4
桧柏	25	12	—	—	—

主要分布在徐汇、长宁、静安、杨浦、黄浦、松江、嘉定等17个区县的古宅、古庙、宾馆、学校以及公园中，以松江、嘉定、徐汇、长宁最多，宝山、奉贤、金山较少。这与当地的地下水系相吻合，地下水位低的，分布多，地下水位高的，分布少。

调查结果可以看出，后续资源的生长情况比古树要好，在古树中，衰弱与濒危的比例较高，约为30%，而后续资源只占11.6%。详见表2。

松柏古树的生长等级及所占比例　　表2

生长等级	古树数量（株）	所占百分比（%）	后续资源数量（株）	所占百分比（%）
良好	30	22.7	64	33.6
一般	64	49.3	104	54.8
衰弱	28	21.2	22	11.6
濒危	9	6.8	0	0

2.2 松柏古树的树体情况

松树体内有树脂道，可产生松脂，正常情况下，树脂道产生的松脂不会溢出。若枝干上有创伤或修剪后的截口，则会出现从创伤或截口处流出胶状松脂的现象，即流胶，统计流胶的创伤和截口（表3）。

调查结果表明，五针松、白皮松、大王松、雪松、黑松的截口与创伤都会出现流胶情况，龙柏和桧柏不会出现此种现象。每株松树有2～3处创伤或截口流胶，雪松因数量多，流胶的截口与创伤数量最多。流胶会影响古松树的生长，流胶严重的古树，生长也不好，因而需对松树的创伤和截口进行处理。

流胶截口与创伤情况　表3

树种	株数	流胶截口（处）	流胶创伤（处）	树种	株数	流胶截口（处）	流胶创伤（处）
五针松	17	28	12	雪松	92	176	104
白皮松	22	23	29	龙柏	145	0	0
大王松	1	0	2	黑松	7	10	4
桧柏	37	0	0	—	—	—	—

2.3　松柏古树的周边环境情况

2.3.1　松柏古树周边的建筑物

周边建筑物的存在，减少了古树的光照时间，光照强度也受到影响，同时也限制了古树的发展空间，影响古树的生长。调查结果表明，有69株古树和91株后续资源，其保护范围区域内，存在建筑物，分别占总数的52.6%和47.9%。

2.3.2　松柏古树的地面铺装

无地面铺装是指保护范围区内为泥土、植被或水面。在调查的松柏古树和古树后续资源中，只有89株是无地面铺装的，其他都存在不同程度的铺装。调查结果表明，地面铺装会严重影响松柏古树生长，铺装影响了根系的呼吸和生长，导致古树生长受阻。目前有59株古树周围是用不透气材料铺装的，高达总数的19.5%。

2.3.3　松柏古树排水与周边浇水

排水分为通畅，半通畅和不通畅三种情况。通畅是指下完雨后雨停，水即排完，不积水；半通畅指暴雨后第二天才排完水；不通畅指暴雨后2天仍有积水。

古树周边排水不通畅或在周边浇水势必造成土壤的水分过多，根系呼吸受阻，影响古树生长，尤其影响松树的生长。调查结果表明，目前排水通畅的有300株，半通畅的有17株，不通畅的有4株。

2.3.4　松柏古树保护范围内的伴生植被

调查表明，保护范围内的伴生植被以麦冬、草坪、三叶草为主，其次为常春藤、鸢尾、红花酢浆草、沿阶草、吉祥草、虎耳草、活血丹、马蹄筋、杜鹃、青云实等；也有种植紫云英、一叶兰、过路黄、含羞草、毛豆、青菜、红枫、地被竹、黄杨球、八角金盘、薜荔、蕨类、月季、十大功劳等。也有在古松柏下铺设枯树皮、陶粒、甚至泥炭。在古树下种植花叶蔓、草坪、薜荔等植物因其根系过密会影响松柏树的生长，属不当种植。目前古松柏下地被种植不当的有38株，约占总数的11.8%。

2.3.5　松柏古树周围堆土

调查表明，一些养护单位改建时为了省事，把改建后的建筑渣土直接堆在古松柏旁，目前古松柏树周边堆土情况的有12株，比例为3.7%。堆土比例虽然很低，但后果严重，轻则造成古树生长不良，重者导致死亡。因此，发现古树有堆土行为，必须立即制止。

2.4　古松柏类古树菌根侵染率

菌根是绿色植物幼嫩吸收根与土壤中的真菌形成的共生体。松柏科植物对菌根已产生了依赖性，在自然条件下没有菌根就不能正常生长，甚至死亡。菌根的侵染率是指在测试根系中侵染了真菌的根占总根的比率。菌根的侵染率越高，宿主植物的吸收面积越大，越有利于宿主植物的生长[10-12]。

2015年4月，对26株松柏树的菌根侵染率进行了调查与测试，结果如表4。

菌根化程度按小根分叉数占总小根数百分比分为6个等级：0级为10%以下；1级为10%～19%；2级为20%～29%；3级为30%～39%；4级为40%～49%；5为50%以上。

松柏古树的侵染率与等级　表4

编号	侵染率	等级	编号	侵染率	等级
五针松0562	14	1	桧柏0574	26	2
五针松0560	38	3	桧柏0567	26.0	2
五针松0563	17	1	雪松0517	26	2
五针松0557	15	1	雪松1587	32.8	3
白皮松0530	27	2	雪松0580	35.0	3
白皮松0531	15	1	雪松0522	0	0
白皮松0527	0	0	雪松0521	0	0
白皮松0541	16	1	黑松1523	26	2
白皮松0542	14	1	黑松0525	24	2
白皮松1595	16	1	黑松12-017	15	1
白皮松0535	10	1	黑松12-003	12	1
白皮松0534	10	1	桧柏0581	14	1
桧柏0500	12	1	桧柏0572	14	1

测试结果表明，有3株松树找不到菌根，其等级为0，等级为1级的有12株，等级为2级的有6株，等级为3级的有3株。调查结果表明，侵染等级高的松柏古树，生长越好，未找到菌根的松柏古树，有3株，编号0527白皮松生长在嘉定宾馆，生长非常不好，编号0521、0522的雪松生长在闵行精神卫生中心，生长濒危。

2.5 松柏古树的生长与周边环境的相关关系

调查结果表明，菌根侵染率高、远离建筑、排水良好、无堆土、无不当种植，古树生长良好。为了进一步了解古树生长与周边环境因子的关系，对他们作相关分析，结果见表5。

古树生长情况与周边环境相关分析表 表5

	生长等级	侵染率	流胶	堆土	周边建筑	地表情况	排水状况
生长等级	1	0.612**	−0.607**	−0.617**	−0.227	0.359**	0.555**
侵染率		1	−0.507**	−0.581**	−0.203	0.301*	0.322*
流胶			1	0.693**	0.314*	0.519**	0.602**
堆土				1	−0.127	0.336*	0.883**
周边建筑					1	0.107	−0.161
地表情况						1	0.219
排水状况							1

注：相关性在0.05水平显著，相关性在0.01水平极显著，$N=26$。

相关分析结果表明：松柏类古树生长等级与菌根侵染率、流胶情况及外部堆土、排水和地表情况呈极显著相关，这些因素极大影响松柏古树的生长。菌根侵染率越高，植物的吸收面积越大，越有利于松柏古树的生长；古树流胶，会影响古树生长，流胶越严重，古树生长越不好。松柏古树的周边环境，如周边建筑的距离、地表种植、堆土情况、排水情况也会影响古树的生长。建筑物离古树越远，影响越小；堆土对古松柏的生长呈极显著关系，在古松柏上堆土，可直接导致其死亡；排水也是一个重要因子，排水越通畅，对古树的影响越小，地被和地面铺装等地表情况对古树的生长也呈极显著相关，松树古树下硬铺装或种植地下根系过密植被，不利于松树古树生长。

3 结论

在松柏古树中和古树后续资源中，后续资源的生长情况比古树要好很多。在古树中，有生长衰弱和濒危的树存在，衰弱与濒危的比例为28%，在后续资源中，衰弱的比例为11%，无濒危树的存在。五针松、白皮松、大王松、雪松、黑松等古松的截口与创伤都会出现流胶情况，龙柏和桧柏基本不会出现流胶现象，对流胶的伤口与截口，应及时处理。

影响松柏古树生长的因素主要有菌根侵染率、距周边建筑物的距离、地面铺装、外部堆土、排水和古树下的地被种植等因素。相关分析表明，松柏类古树生长与侵染率及外部立地条件堆土、排水和地被呈极显著相关，菌根的侵染率越高，宿主植物的吸收面积越大，越有利于宿主植物的生长。调查表明，堆土或排水不畅会导致古松柏死亡或生长不良；另不当的地被种植，在古树下种植根系密集的地被如花叶蔓、草坪、薜荔等也会造成松柏古树生长不良。因此，为了保证松柏古树的生长，除了提高菌根侵染率外，还应做好防止创伤或截口流胶的措施、及时排水，禁止在松柏树古下堆土、禁止在古树下种植草坪、花叶蔓等地被。

参考文献

[1] 聂雅萍，刘敬，杨增星．昆明黑龙潭公园古梅现状及应用[J]．北京林业大学学报，2010，32（增2）：227-230.
[2] 汤珧华，潘建萍，邹福生，乐笑玮，傅徽楠，周圣贤．上海松柏古树生长与土壤肥力因子的关系[J]．植物营养与肥料学报，2017，23（5）：1402-1408.
[3] 王天，林谨，王维奇，曾从盛．闽江河口湿地植物与土壤灰分及其影响因子分析[J]．生态科学，2010，29（3）：268－273.
[4] 李锦龄．北京松柏类古树濒危原因及复壮技术的研究[J]．北京园林，2001，（1）：24-31.
[5] 尤扬，张晓云等．卫辉市区古树名木现状调查及保护探讨[J]．河南科技学报，2012，10（15）：14-16.
[6] 张树民．古树名木衰弱诊断及抢救技术[J]．中国城市林业，2012．05：44-47.
[7] 刘瑜，徐程扬．古树健康评价研究进展[J]．世界林业研究，2013（01）.
[8] Kelsey P.Hootman R.Soil resource evaluation for a group of sidewalk street tree planters[J]. Journal of Arborictulture, 1990. 16(5): 113.
[9] Jim C Y. Soil compaction as a constraint to tree growth in tropical & subtropical urban habitats[J]. Environnental Conservation. 1993, 20(1): 35.
[10] 弓明钦，陈应龙．菌根研究及应用[M]．中国林业出版社，1997.
[11] 冯乐，宋福强．外生菌根真菌与丝状真菌混合对红松凋落物降解效能的影响[J]．生态科学，2011，30（3）：315-320.
[12] 李雪峰，韩士杰，郭忠玲，郑兴波，宋国正，李考学．红松阔叶林内凋落物表层与底层红松枝叶的分解动态[J]．北京林业大学学报，2006，3（28）：8-31.

作者简介

汤珧华，1970年生，女，硕士，高级工程师，一直从事古树的保护、复壮与科研工作。电子邮箱：tysh0201@foxmail.com。

刘家雄，1972年生，男，硕士，一直从事数理统计的教学与研究工作。